Der
Kraftfahrsachverständige

Lehrbuch für die
Aus- und Weiterbildung
der aaSoP (PI)

Der Kraftfahrsachverständige

Lehrbuch für die Aus- und Weiterbildung der aaSoP (PI)

Herausgegeben
von
Dipl.-Ing. Klaus Bierhoff
Dipl.-Ing. Heribert Braun
Dipl.-Ing. Johann Meyer
Dipl.-Ing. Bruno Möbus
Dipl.-Ing. Gerd Mylius

KIRSCHBAUM VERLAG BONN

ISBN 978-3-7812-1840-6

Siegfriedstraße 28, 53179 Bonn
Telefon 02 28/9 54 53-0 · Internet www.kirschbaum.de

Lektorat: Marcel Diel, Berlin
Satz und Lithographie: Mohr Mediendesign, Bonn
Druck: SDV Saarländische Druckerei & Verlag GmbH, Saarwellingen
Oktober 2013 · Best.-Nr. 1840

Vorwort der Autoren

Vom Hochschulabsolventen bis zum amtlich anerkannten Sachverständigen oder Prüfer für den Kraftfahrzeugverkehr (aaSoP) ist es ein „langer“ Weg, der von Zusatzausbildungen in der Technischen Prüfstelle, dem Erwerb von Fahrerlaubnissen, den vorgeschriebenen Prüfungen und schließlich der Anerkennung selbst, die durch die Aushändigung des Ausweises für den aaSoP ihren formalen Abschluss erhält, geprägt ist.

Das Kraftfahrsachverständigengesetz (KfSachvG), die darauf aufbauende Kraftfahrsachverständigen-Verordnung (KfSachvV) und die Allgemeine Verwaltungsvorschrift (VwV) geben den rechtlichen Rahmen und damit auch die Anforderungen an den aaSoP vor.

Anfragen aus dem Kreis der Auszubildenden sowie aus Hochschulen, von denen das Prüfwesen im Kraftfahrzeugbereich gelehrt wird, haben Autoren und Verlag veranlasst, das vorliegende „Sachverständigenbuch“ zu erarbeiten.

Das Werk behandelt alle Inhalte des Grundlagenstoffes für aaSoP, also Teil C des Rahmenlehrplans aaSoP, der die rechtliche Grundlage für die nach dem KfSachvG vorgeschriebene Ausbildung ist. Die Autoren haben selbst die Ausbildung zum aaSoP erfolgreich bestanden und lange Erfahrung in der Fortentwicklung des Sachverständigenwesens, sowohl auf Seite des Verordnungsgebers als auch als TP-Leiter und in den Prüfungskommissionen für aaSoP.

Die Tätigkeit des aaSoP umfasst eine Fülle von Aufgaben. Neben dem erheblichen Umfang zeichnet sie sich aber auch durch reiche Vielfalt und Komplexität aus – von der abstrakten Vorschriftenlage bis hin zur praxisgerechten Anwendung. Dieses Werk soll den Umfang der Aufgaben und das abwechslungsreiche Spektrum in einem Gesamtzusammenhang darstellen und so einen Überblick über das gesamte Aufgabenfeld des aaSoP geben.

Ziel war es dabei, nicht einfach nur die Tätigkeitsbereiche des aaSoP darzustellen, sondern auch die Hintergründe und rechtlichen Zusammenhänge verständlich zu machen. Dabei ist nicht zuletzt auch die Darstellung der Vorschriftenentwicklung sowie des historischen Werdegangs und der aktuellen Begründungen für das Verständnis des „Lernenden“ wichtig. Denn der Anspruch an einen aaSoP besteht nicht nur darin, dass er – zum Teil abstrakte – Vorschriften umsetzt, sondern deren Zielsetzungen auch in grenzwertigen Bereichen nach „pflichtgemäßem sachverständigen Ermessen“ auslegt und dies in seinen Gutachten und Feststellungen berücksichtigt.

Das Buch enthält im Teil I „Vorschriftenentwicklung“ eine Darstellung der Vorschriften bis zurück zur Mitte des 19. Jahrhundert. Zusätzlich wurden in einzelnen Sachgebieten des Buches die Entwicklung einzelner Vorschriftenteile, wie z. B. in Teil III die „Regelmäßige technische Überwachung“, dezidiert und mit den entsprechenden Erläuterungen über die Fortschreibung aufgenommen. Nach Auffassung der Autoren erleichtert dies das Verständnis für die insgesamt als komplex einzustufende „Materie“.

Die Autoren waren bemüht, die einzelnen Begriffe wie „Typgenehmigung, Einzelgenehmigung, Betriebserlaubnis und deren Erlöschen“ verständlich darzustellen, mussten hierbei aber den Wortlaut der geltenden Vorschriften berücksichtigen. Infolge der Übernahme von EU-Vorschriften (Typgenehmigung, Einzelgenehmigung usw.) bedarf es der Anpassung der im nationalen Recht wie der StVZO noch verwendenden Begriffe wie z. B. „Betriebserlaubnis“, der im Zuge der Überarbeitung der StVZO zu ändern sein wird.

Ein Teil der aaSoP-Tätigkeiten, insbesondere die HU und die Abnahme von technischen Änderungen, kann auch von Prüfingenieuren (PI) wahrgenommen werden. Das vorliegende Werk richtet sich entsprechend seines Aufbaus und seiner Diktion in erster Linie an den aaSoP. Dennoch sind die einzelnen Teile, Kapitel und Abschnitte so aufgebaut, dass sie auch für die Aus- und Weiterbildung der Prüfingenieure (PI) geeignet sind; dies umso mehr, da die jeweiligen Befugnisse für aaSoP einerseits und PI andererseits deutlich hervorgehoben werden. Als wertvolle Hilfe leistet das Buch auch hier einen Beitrag zum besseren Selbstverständnis der beruflichen Aufgaben.

Hinweise zur Fortentwicklung und weitere Anregungen nehmen Autoren und Verlag gerne entgegen unter info@kirschbaum.de.

Bonn, im Oktober 2013 Autoren und Verlag

Inhaltsübersicht

Teil II Genehmigung und Zulassung

Teil III Regelmäßige Technische Überwachung

Kapitel 4 Technische Änderung 232

Teil VII Anhang

Grundlagen

Dipl.-Ing. Klaus Bierhoff
Dipl.-Ing. Heribert Braun
Dipl.-Ing. Gerd Mylius

Kapitel 1
Allgemeines

1 System und Intention der Technischen Überwachung[1]

1.1 Es begann mit Dampf

Mit der Nutzung der Dampfenergie anstelle von Wind- und Wasserkraft begann von England ausgehend im 18. Jahrhundert eine tiefgreifende Veränderung der sozialen und wirtschaftlichen Verhältnisse, die rückblickend als „Industrielle Revolution" bezeichnet wird. Die Dampfmaschine wurde innerhalb kurzer Zeit zur wichtigsten Arbeitsmaschine in den verschiedenen Bereichen; Pumpen, Hämmer, Gebläse und Walzen wurden dadurch angetrieben. Ab Mitte des 19. Jahrhunderts wurde sie auch zur Antriebsquelle von Straßen- und Schienenfahrzeugen.

Die Unabhängigkeit von Jahreszeit und Wetter sowie von der Lage der Wasserläufe, geringer Platzbedarf bei vergleichsweise hoher Leistung und nicht zuletzt die Unabhängigkeit von der Muskelkraft der Menschen und Tiere eröffneten den Unternehmern der damaligen Zeit enorme Chancen, die sie selbstverständlich nutzen wollten. Die Risiken der neuen Technik zeigten sich schon bald. Schätzungen zufolge sollen sich in England zwischen 1800 und 1869 mindestens 69 Kesselexplosionen ereignet haben. 160 Menschen fanden dabei den Tod, 180 wurden verletzt.

Noch verheerender liest sich eine Statistik des amerikanischen Patentamtes über 233 Explosionen auf Dampfschiffen, die in den Jahren zwischen 1 816 und 1 848 insgesamt 2 563 Menschen töteten und 2 097 verletzten. Es liegt nahe, dass die Menschen angesichts derartiger Katastrophen den Bedarf an technischer Sicherheit erkannten. „Fortschritt in Sicherheit" wurde zum bestimmenden Postulat des 19. Jahrhunderts und ist, wie sich bei der heutigen Diskussion um die Energieressourcen und den Energiewandel zeigt, immer noch aktuell.

Während sich heute gelegentlich der Streit zwischen Gegnern und Befürwortern neuer Technologien um die Frage „ob überhaupt" dreht, ging es damals im Wortsinn um Schadensbegrenzung.

1.2 Sporadische Überwachung in England

Die staatlichen Stellen in England sahen sich einer außerordentlich erfolgreichen Industrie gegenüber, deren Interesse an vorgegebenen Bauanforderungen und an staatlicher Überwachung gering war. Man setzte traditionell auf die Versicherung des Betreiberrisikos. Ein Beispiel hierfür war die Manchester Steam Users Association, eine Kombination aus Prüfungsgesellschaft und Versicherung auf Gegenseitigkeit. Diese Organisation bot eine Überwachung der Dampfkesselanlagen durch Versicherungsingenieure und den Ersatz etwaiger Schäden an. Dieses Angebot wurde aber nach Einschätzung des ersten deutschen Revisionsingenieurs Carl Isambert von den Betreibern nur zögernd angenommen. Von 60–80 Tsd. Dampfkesseln, die im Jahre 1869 in England betrieben wurden, sind nur etwa 20–30 % regelmäßig überwacht worden. Staatliche Vorschriften gab es

1 Der Kraftfahrsachverständige (Brauckmann, Hähnel, Mylius), Kirschbaum Verlag

zunächst nicht. Lediglich eine Anzeigepflicht für Kesselexplosionen wurde mit den „Boiler Explosions Acts" von 1882 und 1890 eingeführt. Nur auf Dampfschiffen gab es bereits seit 1854 eine Verpflichtung zur halbjährlichen Kesselrevision.

1.3 Genehmigung und Überwachung in Deutschland

Obwohl sich die technische Entwicklung in Deutschland wesentlich langsamer vollzog als in England, sah eine „Allerhöchste Kabinettsorder" bereits *1831* eine Genehmigungspflicht für Dampfmaschinen in Bergwerken vor. *„Instruktionen zur Vollziehung der Allerhöchsten Kabinettsorder"* enthielten Verfahrensvorschriften und sogar technische Einzelvorschriften zur Aufstellung und Konstruktion derartiger Anlagen. Die Kabinettsorder galt ab 1837 auch für Dampfkesselanlagen. Anfangs fehlten allerdings Vorgaben für die regelmäßige Überwachung vollständig. Diese kamen erst im Jahr *1856* mit dem *„Gesetz, den Betrieb von Dampfkesseln betreffend"* hinzu.

Die regelmäßige Überwachung bestand zunächst aus einer äußeren Besichtigung der Kesselwandung durch Baubeamte und führte nicht zu einer Verbesserung der Unfallsituation. Erst mit dem gleichnamigen Gesetz des neu gegründeten Deutschen Reiches von 1872[2] kamen qualifizierte Prüfvorschriften mit entsprechenden Prüfintervallen hinzu (innere und äußere Besichtigung alle zwei Jahre, Wasserdruckprüfung alle sechs Jahre). Von dieser „amtlichen Revision" durch Baubeamte wurden in den Folgejahren diejenigen Betreiber entlastet, die als Angehörige eines so genannten Dampfkesselüberwachungsvereins eine sorgfältige Kesselrevision durchführen ließen. Zu diesem Zweck stellten die Dampfkesselüberwachungsvereine technisch qualifiziertes Personal ein, damals auch als Vereinsingenieure bezeichnet. Wichtigstes Ergebnis dieser Entwicklung in Deutschland war ein beeindruckender Rückgang der Unfallzahlen.

Tabelle 1 Dampfkesselbestand und Unfälle, 1879 und 1899

	1879	1899
Dampfkesselbestand	60000	140000
Explosionen	18	14
Verunglückte (Tote und Verletzte)	78	35

Ähnlich wie in England war das Interesse der Betreiber an „nichtamtlicher" Überwachung keineswegs besonders ausgeprägt. Im Jahre 1884 gehörten nicht mehr als 21 % der Dampfkesselbesitzer in Preußen einem Dampfkesselüberwachungsverein an. Hier wird auch der Preis eine Rolle gespielt haben, denn die staatliche Überwachung war billiger als die des eigenen Vereins. Diese Wahlmöglichkeit bestand aber nicht lange. Gegen Ende des Jahrhunderts – mittlerweile hatten die Dampfkesselüberwachungsvereine vom amtierenden Handelsminister und Reichskanzler auch das Recht zur Genehmigungsprüfung erhalten – war die technische Überwachung in Deutschland endgültig zur industriellen Selbstüberwachung geworden.

1.4 Neue Aufgaben für Revisionsingenieure

Die Erfindung der Dampfmaschine war der Auftakt zu einer rasanten technischen Entwicklung, die im Laufe des 19. Jahrhunderts unter anderem die Nutzbarmachung der Elektrizität, die Erfindung des Verbrennungsmotors und damit verbunden eine vielfältige Industrielandschaft hervorbrachte. Die meisten der um 1900 existierenden Dampfkesselüberwachungsvereine (DÜV) hatten keine Berührungsängste, sich auch mit der Überwachung anderer Anlagen mit Gefahrenpotential zu befassen.

2 Gesetz, den Betrieb der Dampfkessel betreffend, vom 3. Mai 1872, Preußische Gesetzsammlung, S. 515

Tabelle 2 Entwicklung des Kfz-Bestandes zwischen 1907 und 1951

	Kfz-Bestand
1907	27 000
1914	64 000
1923	210 000
1951	2 500 000

So kam es bereits im Jahr 1904 zu ersten Prüfungen an Kraftwagen und zu Fahrerlaubnisprüfungen, die durch den mittelrheinischen Dampfkesselüberwachungsverein in Koblenz – trotz fehlender Vorschriften – vorgenommen wurden.

Einige Jahre später erhielten die DÜV-Ingenieure dann endgültig den Auftrag, regelmäßige Prüfungen an Kraftwagen durchzuführen und sich von den Kenntnissen und Fähigkeiten ihrer Führer zu überzeugen. Der Fahrzeugbestand war mit 27 000 Stück im Jahr 1907 allerdings noch gering. Zu hoch waren der technische Aufwand und die Produktionskosten, so dass sich nur wenige einen Kraftwagen leisten konnten. Umso beachtlicher ist die Steigerung des Kfz-Bestands in dem Zeitabschnitt bis zur Nachkriegszeit, wohlgemerkt trotz der beiden Weltkriege. Zu dieser Steigerung trug zum einen die beginnende Serienproduktion von Automobilen bei. Ab 1924 lief der „Opel Laubfrosch" vom Fließband. 4 500 Rentenmark kostete der „Wagen für Jedermann" zum Produktionsstart; das war zur damaligen Zeit immerhin der Wert eines Eigenheims. Nach 100 000 verkauften Exemplaren im Jahre 1930 war der Opel in der einfachen Ausführung ab 1990 Reichsmark erhältlich.

Zum anderen hatte die Entwicklung des ersten Kraftwagens der „Gesellschaft zur Vorbereitung des deutschen Volkswagens mbH", des Käfers,

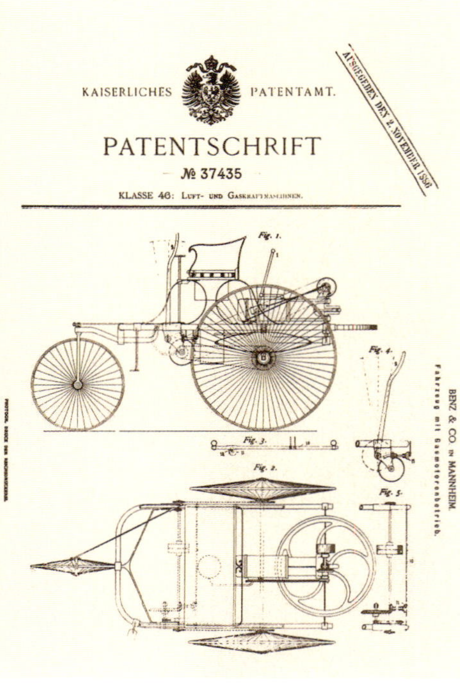

Bild 1 Patentschrift Nr. 37435 von 1886 für ein dreirädriges Fahrzeug und dessen Erfinder Carl Benz

Bild 2 Benz' Fahrzeug im Betrieb. Kraftfahrzeug mit Verbrennungsmotor und elektrischer Zündung, das 1886 erstmals in Mannheim fuhr; Leistung 0,6 kW, Höchstgeschwindigkeit 16 km/h

Bild 3 Nachkriegsfahrzeug des Herstellers Ford, 1951[3]

Bild 4 Fließbandfertigung 1933 bei der Ford Motor Company AG in Köln[4]

an der weiteren Zunahme des Kfz-Bestandes entscheidenden Anteil. Ursprünglich sollte das Auto für 990 Reichsmark verkauft werden. Bis Kriegsanfang wurden allerdings weniger als 700 Käfer fertiggestellt. Weil im Werk Wolfsburg ab 1939 ausschließlich für den Kriegsbedarf produziert wurde, bekam keiner der über 330 000 Interessenten, von denen viele bereits Geld für den Wagen angespart hatten, einen Käfer geliefert. Im Jahr 1946 wurde der erste planmäßig gebaute Käfer in Wolfsburg, damals noch unter der britischen Militärregierung, produziert, dessen zahlenmäßiger Erfolg außergewöhnlich war. In den Jahren bis 1955 wurden von diesem Typ eine Million Fahrzeuge gebaut. Gesetzliche Regelungen, Genehmigungs- und Überwachungspflichten für diesen Technikbereich, der sich zu dem wichtigsten in Deutschland entwickeln sollte, gab es bereits seit 1909.

3 Ford-Taunus, Werksbezeichnung G93A, Spitzname: Buckeltaunus. Modifiziertes Vorkriegsmodell, gebaut ab 1948. Bis zur Einstellung 1952 wurden 76 590 Exemplare gebaut.

4 Die Fließbandfertigung in Deutschland wurde erstmals zu Beginn der 1930er Jahre im Daimler-Benz-Werk in Sindelfingen eingeführt.

2 Staatlicher Auftrag für Überwachungsvereine

Die staatliche Gewerbeaufsicht bediente sich der Ingenieure der Dampfkesselüberwachungsvereine, um in so unterschiedlichen Technikbereichen wie der Azetylenerzeugung, der Elektrotechnik, dem Betrieb von Aufzügen, der Verwendung von Druckgasflaschen und schließlich dem Kraftfahrzeugverkehr eine sachgerechte Überwachung sicherzustellen. Die Beamten der staatlichen Gewerbeaufsicht hatten nicht den speziellen Sachverstand und die praktische Erfahrung der Experten.

Es zeigte sich hierüber jedoch keineswegs nur Freude bei den Beauftragten. Sogar im Kreis der Dampfkesselüberwachungsvereine gab es eine Zeit lang Diskussionen, welche Aufgaben denn nun übernommen und sachgerecht bearbeitet werden könnten. Denn die Ressourcen der Vereine an unabhängigem technischem Personal mit Sachverstand in den neuen, sich rasant entwickelnden Technikbereichen waren naturgemäß begrenzt. Hinzu kamen Forderungen des Staates nach besonderer Qualifizierung der Revisionsingenieure, die ein Studium an einer Technischen Hochschule vorweisen mussten.

2.1 Private und organisierte Sachverständige

Mit dem Aufkommen des Kraftverkehrs wurden Schutz- und Überwachungsmaßnahmen auch im Straßenverkehr notwendig. Anfänglich wurden diese sowohl privaten Sachverständigen als auch bestimmten Überwachungsorganisationen übertragen. Es zeigte sich jedoch, dass eine gleichartige Handhabung der Prüfungen an Kraftfahrzeugen schwierig zu erreichen war. Gerade dies war aber für die Akzeptanz des Überwachungssystems bei den Fahrzeughaltern unbedingt erforderlich. Die zuständigen Ministerien verhandelten in den Jahren *1907 bis 1911* deshalb mit den Überwachungsvereinen, die sich bis dahin bereits eine gewisse Reputation als unabhängige und unparteiische Stellen erworben hatten. Folglich wurden auch in einem Erlass des Preußischen Ministers für Arbeit, Handel und Gewerbe und des Inneren die Ingenieure der Vereine für die Prüfungen als alleinige Kraftfahrsachverständige anerkannt; die anderen Sachverständigen bis dahin erteilten Befugnisse wurden zurückgezogen. Die grundsätzliche Zusage, andere Sachverständige als die Ingenieure der Dampfkesselüberwachungsvereine nicht zuzulassen, wurde später[5] erneut bestätigt.

Während die Dampfkesselüberwachung professionell vonstatten ging, wobei der Staat weitgehend auf eine Beeinflussung der Vereine verzichtete, spielte sich die Kraftfahrzeugüberwachung eher im nicht-professionellen Bereich ab. Der Bürger musste sich staatlichen Prüfforderungen unterwerfen, die von nichtstaatlichen Stellen ausgeführt wurden. Dies war neu und deckte sich nicht mit dem Grundsatz, dass die Technische Überwachung eine dem Staat vorbehaltene hoheitliche Tätigkeit ist. Daher versuchten die staatlichen Stellen durch Kontrolle der Arbeit der Kraftfahrsachverständigen ihren Einfluss zu behalten. Der Wunsch nach autonomer Selbstverwaltung der Überwachungsvereine kollidierte mit dem Bestreben des Staates nach einer Oberaufsicht über deren Angestellte.

Klare Verhältnisse schafften erst die Gesetze und Polizeiverordnungen, die der preußische Staat und später das Kaiserreich erließen. Innerhalb von etwa 50 Jahren nach Inkrafttreten des Preußischen „Gesetzes, den Betrieb der Dampfkessel betreffend" aus dem Jahre 1872 hatte der Staat alle Überwachungsaufgaben für Dampffässer, Mineralwasserapparate, Aufzüge, Kraftfahrzeuge, Tankanlagen, elektrotechnische Anlagen, Druckgasflaschen und Azetylenanlagen endgültig an Sachverständigenorganisationen übertragen. Erst wesentlich später wurde

5 Anerkennung von Sachverständigen im Kraftfahrzeugverkehr, Reichsverkehrsblatt 1935, S. 138, Berlin, den 7. September 1935

dies allerdings auch formal eindeutig geregelt, nämlich im Jahr 1940 durch den Erlass der *Verordnung über Einrichtung und Betrieb der Technischen Prüfstellen*, welche auch detaillierte Vorschriften hinsichtlich der staatlichen Aufsicht über deren Tätigkeit enthielt. Nach dem Zweiten Weltkrieg gab es Versuche staatlicher Stellen, einzelne Überwachungsaufgaben durch die Beamten der technischen Gewerbeaufsicht durchführen zu lassen und damit dem direkten Verfügungsbereich des Staates wieder zuzuführen. Sie stießen natürlich auf Protest der Sachverständigenorganisationen und blieben bis auf wenige Ausnahmen letztlich ohne Erfolg.

2.2 Vom Revisionsingenieur zum Kraftfahrsachverständigen

Dem technischen Fortschritt entsprechend hat sich die Arbeit der „Vereinsingenieure" im Laufe der Zeit von der Allround- zur Spezialistentätigkeit gewandelt. Aus den Dampfkesselüberwachungsvereinen sind moderne Dienstleistungsorganisationen geworden, die Sachverständige und andere Spezialisten in ganz unterschiedlichen Arbeitsgebieten beschäftigen. Eine Besonderheit in diesen Unternehmen ist nach wie vor die Zusammenfassung der Kraftfahrsachverständigen für die Fahrzeug- und Fahrerlaubnisprüfungen in einer Technischen Prüfstelle für den Kraftfahrzeugverkehr.

Aber selbst in den Technischen Prüfstellen ist mittlerweile eine gewisse Spezialisierung vor allem bei den Prüfungen im Rahmen des Typgenehmigungsverfahrens erforderlich geworden. Zu unterschiedlich sind z. B. die Fertigungs- und Prüfverfahren im Einzelfall, als dass ein Kraftfahrsachverständiger Spezialkenntnisse im gesamten Spektrum vorweisen könnte.

2.3 Zunehmender Bedarf an Sachverstand

Umwelt- und Klimagefahren werden heute viel stärker als zu Beginn der „Industriellen Revolution" vom Bürger wahrgenommen. Vom Staat wird Vorsorge gegen technische Risiken und Umweltgefahren erwartet, die Bürger akzeptieren insgesamt auch den damit verbundenen Aufwand.

Großtechnische Projekte, z. B. zur Energieumwandlung, sind daher heute nur mit aufwändigen Planungs- und Prüfverfahren durchführbar, eine Bürgerbeteiligung der zunehmend kritischen Öffentlichkeit ist vorgesehen und findet auch regelmäßig statt. Dies verlangt von den staatlichen Stellen, die für die Genehmigung zuständig sind, objektive und fachgerechte Beurteilung, die auch einer gerichtlichen Prüfung standhält. Es ist kaum vorstellbar, dass sie dabei auf die Unterstützung durch Sachverständige und deren Organisationen verzichten könnten.

Aber auch eher begrenzte Fallgestaltungen, z. B. nach Zulassung eines einzelnen importierten oder geänderten Kraftfahrzeugs, sind heute aufgrund der komplexen nationalen und internationalen Vorschriften nicht mehr ohne Sachverständigengutachten zu erledigen.

Im Zuge der Harmonisierung der unterschiedlichen europäischen Regelungen stehen die nationalen Vorschriften, z. B. zum Führerschein, auf dem Prüfstand. Hier finden sich nun plötzlich der Staat und die Überwachungsorganisationen auf derselben Seite des Verhandlungstisches und sind bemüht, bei den anderen europäischen Ländern für das in Deutschland „gewachsene" System zu werben, in dem die staatsentlastende Tätigkeit der Sachverständigenorganisationen einen festen Platz einnimmt.

3 Rapide Entwicklung des Straßenverkehrs

Deutlicher Beweis für den Bedarf an Mobilität ist die Zunahme der Motorisierung nach dem Zweiten Weltkrieg, woran deutsche Hersteller erheblichen Anteil hatten.

Der Fahrzeugbestand in Deutschland wuchs erheblich, während die Einwohnerzahlen sich bei weitem nicht so stark veränderten. Um die Städte vom Fernverkehr zu entlasten, war der Bau von „Schnellstraßen" und Ortsumgehungen zunächst das Mittel der Wahl. Erst viel später kamen in der öffentlichen Diskussion die Schlagworte „Neue Straßen ziehen Verkehr an" in Mode, was darauf schließen lässt, dass eine Begrenzung oder gar Reduzierung des Straßenverkehrs damals von den Menschen nicht ernsthaft gewollt wurde.

3.1 Schnell wachsender Fahrzeugbestand

Das Anwachsen des Kfz-Bestands in Deutschland von 2,5 Millionen (1951) auf 58,7 Millionen (am 1.1.2013) ging bei im Wesentlichen unveränderter Flächendichte[6] von etwa fünf Quadratkilometern pro tausend Einwohner vor sich. Außer den tausend Menschen bewegen sich heute auf dieser Fläche auch noch fast siebenhundert Kraftfahrzeuge, im Jahr 1951 waren es umgerechnet gerade mal einunddreißig. Und was den Platzbedarf angeht: Damals gab es noch mehr Motorräder als Pkw, da sie kostengünstiger zu beschaffen und zu unterhalten waren. Auch dieses Verhältnis hat sich deutlich zugunsten der mehrspurigen Kraftfahrzeuge geändert. Heute sind weniger als zehn Prozent der Kraftfahrzeuge Motorräder, sie werden überwiegend im Freizeitbereich verwendet. Anlässlich des Richtfestes des Kraftfahrtbundesamtes (1961) kommentierte der damalige Verkehrsminister Seebohm den Bestand von mehr als fünf Millionen Pkw: „Immerhin sind diesem Wachstum auch natürliche Grenzen gesetzt, die bei einem Pkw aus vier, höchstens drei Einwohnern bestehen; denn von drei Einwohnern ist einer ein Kind und einer ist alt." Er sollte nicht Recht behalten. Heute teilen sich – statistisch gesehen – weniger als zwei Einwohner ein Auto.

6 Destatis, Statistisches Bundesamt Deutschland, Flächendichte 1951: 5,1 km²/1 000 Einwohner

Tabelle 3 Kfz-Bestand und Flächendichte

	1951	2013
Fahrzeugbestand [Mio.]	2,5	58,7
Kfz/1 000 Einw.	31	716
Flächendichte ca. [km²/1 000 Einw.]	5,1	4,4

Bild 5 Zum Export bereitstehende VW-Käfer (1956)

3.2 Verkehrsleistungen und Verkehrswege

Der Verkehrsraum Straße musste in Qualität und Quantität diesem gewaltigen Zuwachs an Kraftfahrzeugen irgendwann folgen. Neu- und Ausbauprojekte der überörtlichen Straßen, Ortsumgehungen, Lückenergänzungen und der Versuch, einen Teil des Güterverkehrs auf andere Verkehrsträger zu verlagern, sollten die auftretenden Defizite beseitigen. Wegen der immer weiter zunehmenden Verkehrsleistungen und vor allem wegen der regional unterschiedlichen Verkehrsdichte gelang das aber nur unzureichend. Die täglichen Staumeldungen in den Spitzenzeiten des Berufsverkehrs und die gemeldeten Staulängen im Ferienreiseverkehr belegen das. Die Verkehrsnetze in den Ballungsgebieten scheinen bei der vorhandenen Motorisierung an ihre Grenzen zu stoßen. Ungeplante Vollsperrrungen einzelner Hauptverkehrswege führen regelmäßig zum Kollaps im regionalen Umfeld. Dabei ist, vor allem in der Zeit nach dem Zweiten Weltkrieg, die Verkehrsinfrastruktur erheblich verbessert worden. In den neuen Bundesländern sind erhebliche Anstrengungen unternommen worden, um das Verkehrswegenetz nach dem Standard in den alten Bundesländern zu modernisieren.

Die Fahrleistungen[7] von Pkw und Lkw zusammen betrugen im Jahr 2011 insgesamt 1588 Mrd. Fahrzeug-km [Fzkm].

Im Verhältnis zu den anderen Verkehrsträgern Luft, Wasser und Schiene wird heute tatsächlich auf der Straße im Individual- und Güterverkehr die mit Abstand größte Verkehrsleistung erbracht. Daran hat auch die jüngste Entwicklung mit Flugzeugen im Personenverkehr nichts geändert. Im Güterverkehr liegt die Straße ebenfalls weit vor den anderen Zweigen Wasser und Schiene.

Tabelle 4 Fahrleistungen und Straßenlänge im Jahr 2011

	2011
Fahrleistungen Pkw + Lkw 2011 [Mrd. Fzkm]	1588
Überörtliche Straßen ca. [km]	231000

3.3 Optimierung der Straßennutzung

Neben der Abschätzung des für das Aufkommen erforderlichen Verkehrsraums ist natürlich auch zu überlegen, ob der vorhandene von den Teilnehmern ökonomisch genutzt wird. In jüngster Zeit werden hierfür die Möglichkeiten der Verkehrsprognose mit theoretischen Modellen[8] zur Vorhersage des Verkehrs auf den Bundesautobahnen eingesetzt. Baustellen auf den Bundesautobahnen führen jedem Nutzer die Störanfälligkeit des Verkehrsflusses vor Augen. Schon das Verhalten einzelner Verkehrsteilnehmer (nämlich abrupt zu bremsen oder zu trödeln) kann den optimalen Verkehrsfluss bis hin zum Stau unterbrechen und die anschließende Stauauflösung in die Länge ziehen. Dieses Verhalten wird bei der Prognose einkalkuliert.

In Nordrhein-Westfalen und Hessen beispielsweise kann die Verkehrslage auf den Bundesautobahnen nach diesem theoretischen Modell 30 und 60 Minuten im Voraus prognostiziert werden. Die Ergebnisse können vom Verkehrsmanagement[9] zur Streckenbeeinflussung über das Baustellenmanagement bis zur präventiven Netzsteuerung auf länderübergreifender Ebene durch die automatische Aktivierung zahlreicher Wechselwegweiser genutzt werden. An Stellen mit hoher Stauwahrscheinlichkeit[10] sind zusätzlich Anzeigen installiert, die den Nutzern die voraussichtliche Verspätung durch Zähflüssigkeit oder Stau anzeigen. Hierdurch wird ihnen eine

7 Statistisches Bundesamt, Statistisches Jahrbuch 2012, S. 585 und 587

8 Nagel, K. und Schreckenberg, M.: A cellular automaton model for freeway traffic, J. Phys. I France 2221–2229, 2 (1992)

9 Das Land Hessen betreibt hierzu die Verkehrszentrale Hessen

10 Z. B. Autobahnkreuz Wiesbaden, Kreuzung zwischen den Autobahnen A3 und A66

Wahlmöglichkeit zwischen Stau und Stauumgehung geboten und einige können, sofern sie sich nicht ohnehin auf Navigationshilfen verlassen, die angebotene Alternative wählen.

3.4 Prognose bis 2015

In der Fortschreibung der Verkehrsnachfrage für den Bundesverkehrswegeplan[11] sind auch die erwarteten Zuwächse bis zum Jahr 2015 prognostiziert. Mit 20 % im Individualverkehr und 64 % im Güterverkehr werden Steigerungen angegeben, die auf die Notwendigkeit weiterhin hoher Investitionen in die Verkehrsinfrastruktur hinweisen.

Die erforderlichen Investitionen lassen sich wegen ihrer Höhe nur im Rahmen langfristiger Finanzplanungen realisieren. Die Mittel für den weiteren Ausbau der Netze bis zum Jahr 2015 im Rahmen des Bundesverkehrswegeplanes 2003 betragen 150 Mrd. Euro. Andererseits stellen lange Planungszeiträume die Beteiligten wegen Änderungen in der Sicherheits- und Umweltgesetzgebung und im Zusammenhang mit Einsprüchen Betroffener vor neue Herausforderungen. Die Autoren sprechen deshalb von „Grobeinschätzung" und einem Szenario, das „die nicht immer widerspruchsfreien ökonomischen, ökologischen und sozialen Anforderungen an die Verkehrspolitik soweit wie möglich in Übereinstimmung bringt".[12] Der Fertigstellungstermin der neuen Bundesautobahn A72 von Leipzig nach Chemnitz kann sich beispielsweise verzögern, weil infolge einer Entscheidung des Europäischen Gerichtshofes hier das Europäische Umweltrecht anstelle des bisher bei der Planung berücksichtigten Bundesnaturschutzgesetzes anzuwenden ist.

Strategische Umweltprüfungen für neue Verkehrsprojekte sind seit 2004 vorgeschrieben. Allen Beteiligten ist klar, welch gravierende Einschnitte in ökologische und städtische Strukturen mit Straßenneubauprojekten verbunden sind. In der Tat stagniert das Netz der überörtlichen Straßen in Deutschland.

3.5 Die Instandhaltung der Verkehrswege

Zusätzlich zu den „Hindernissen" bei der Erweiterung des Straßennetzes ist auch der Erhalt der Qualität vorhandener Straßen eine wichtige, aber teure Aufgabe. Abnutzung und Alterung der Straßen führen zu kontinuierlicher Abwertung und Substanzverlust. Ausgehend von einem Bruttowert der Bundesfernstraßen von 175 Mrd. Euro im Jahr 2001 belief sich der

Tabelle 5 Prognose Individualverkehr (in Mrd. Personen-km)

	1997	Prognose 2015
Luft/Schiene	110	171
Individualverkehr	750	873
Öffentlicher Straßenverkehr	83	86

Tabelle 6 Prognose Güterverkehr (in Mrd. Tonnen-km)

	1997	Prognose 2015
Wasser/Schiene	135	234
Straßengüterverkehr	236	374

Tabelle 7 Entwicklung überörtliches Straßennetz[13]

Länge des überörtlichen Straßennetzes jeweils am 1. Januar in 1000 km			
2004	**2010**	**2011**	**2012**
231,4	231,0	230,8	230,7

11 Bundesverkehrswegeplan 2003, S. 11
12 Siehe Fußnote 11, dort Fußnote 14
13 Destatis, Statistisches Bundesamt Deutschland, 2013

Tabelle 8 Nutzbarkeit der Straßen in Prozent (Länge in km); Status-quo 2000 der Qualität der Fahrbahnoberfläche

	Uneingeschränkt	Eingeschränkt	Erheblich eingeschränkt
Bundesautobahnen [%]	90	8	2 [1 000 km]
Bundesstraßen [%]	81	15	4 [1 400 km]

Zeitwert (Netto-Anlagevermögen) 2003 nur noch auf 120 Mrd. Euro und soll bis zum Jahr 2020 weiter auf ca. 110 Mrd. Euro sinken. Das ist angesichts steigender Verkehrsnachfrage ein großes Problem. Die Instandhaltung der Bundesautobahnen und Fernstraßen ist deshalb ein wichtiges Thema der Verkehrsplanung des Bundes.

Investitionen in den Erhalt der Straßen haben über ihre verkehrstechnische Notwendigkeit hinaus eine Reihe von erwünschten Effekten. So sind sie im Allgemeinen lohnintensiver als Neubauprojekte und haben daher auch beschäftigungspolitisch eine besondere Wirkung.

Zur Selektierung der Instandhaltungsprioritäten werden besonders an Bundesautobahnen seit dem Jahr 1996 Zustandserfassungen der Oberfläche durch Messfahrzeuge durchgeführt.

Es zeigten sich aber nach genaueren Analysen des Ober- und Unterbaus wesentlich ungünstigere Ergebnisse, nämlich mit 1 500 km bei den Autobahnen und 3 700 km bei den Bundesstraßen ein Mehrfaches der laut Messergebnis erheblich beeinträchtigten Fahrbahnlänge. Nach diesen Analysen sind im Bundesverkehrswegeplan bis 2015 folgende Prioritäten festgelegt:

- Erreichen des Substanzniveaus zu Beginn der 90er Jahre auf allen Bundesautobahnen.
- Erhalten des Substanzniveaus des Jahres 2000 für die Bundesstraßen.
- Einheitliche Substanzpotentiale und Fahrbahnqualitäten bei Straßen und Brücken bis 2015.

Die im Bundesverkehrswegeplan dafür berücksichtigten Mittel betragen rund 34,4 Mrd. Euro.[14]

3.6 Nationale Verkehrspolitik im Spannungsfeld

Deutschland profitiert als Industrienation mit starker Automobil- und Investitionsgüterindustrie insoweit von der Zunahme des Straßenverkehrs und der Nachfrage nach neuer Technik in allen Bereichen des Straßenverkehrs. Der Straßenverkehr ist nach wie vor wichtigster Verkehrsträger in Deutschland und wird es in den nächsten Jahren bleiben, auch wenn nach heutigem Stand die Straßenverkehrsinfrastruktur verbesserungswürdig erscheint. Es ist offensichtlich, dass in der Verkehrspolitik des Bundes eine leistungsfähige Verkehrsinfrastruktur als zentrale Voraussetzung für Wachstum und Beschäftigung angesehen wird.[15] Mit der Mobilität von Menschen und Unternehmen ist nach allgemeiner Ansicht und nach den Aussagen der Bundesregierung eine bessere Erreichbarkeit und höhere Lebensqualität verbunden. Sie wird vorausgesetzt, um im nationalen und internationalen Wettbewerb der Regionen mithalten zu können.

Auch die Umweltschutzerfordernisse sind kein ernstes Hindernis für die weitere Zunahme des Straßenverkehrs. Hier ist das Ziel, eine nachhaltige[16] Verkehrsentwicklung in Deutschland zu erreichen. Die Schwerpunkte liegen zur Zeit in der Anwendung der besten verfügbaren Technik zur Emissionsminderung und zur Effizienzsteigerung, d.h. verbrauchs- und schadstoffarme Antriebe sowie in der weiteren Verbesserung

14 Siehe Fußnote 11, dort S. 46 ff.
15 Siehe Fußnote 11, dort Vorwort des Verkehrsministers
16 Nachhaltige Entwicklung ist eine Entwicklung, die den Bedürfnissen der heutigen Generation entspricht, ohne die Möglichkeiten künftiger Generationen zu gefährden, Brundtland-Bericht (1987)

der Fahrzeuge durch Minimierung der Fahrwiderstände usw.

Im Bezug auf die Sicherheit zeigen die jüngsten Unfallzahlen, dass Deutschland auf dem richtigen Weg ist, die Ziele der EU-Charta 2020 langfristig zu erfüllen.

Selbst der Zero-Ansatz verschiedener Interessengruppen[17], welche die Zahl der Verkehrstoten, der Umweltschädigungen und den Landschaftsverbrauch – um nur einige zu nennen – vollständig reduzieren wollen, ist nicht zwangsweise mit einer Forderung nach Reduzierung des Straßenverkehrs verbunden. Auch diesen Gruppen ist klar, dass mit dem Straßenverkehr verbundene Risiken und Schäden nur langfristig und im Konsens mit den verschiedenen politischen Entscheidungsträgern reduziert werden können. Eine nationale Einschränkung des Straßenverkehrs zugunsten anderer Verkehrsträger, vor allem im Güterverkehr, wird seit Jahren immer wieder gefordert, doch scheint die Umsetzung einer solchen Verlagerung der Verkehrsleistung an den Erfordernissen der Märkte zu scheitern.

Umgekehrt muss natürlich auch die Frage gestellt werden, ob das Wachstum des Straßenverkehrs und der mit ihm verbundenen Branchen nicht von außen, nämlich durch Veränderungen auf dem Energiesektor gefährdet ist. Die Einschränkungen zu Zeiten der ersten Ölkrise (1973) mit Sonntagsfahrverbot und Tempolimits fanden politisch weitgehend Zustimmung, war doch die Preiserhöhung für ein Fass Öl von 3 auf 5 US-Dollar ein echter Schock. Im Nachhinein können die damaligen Maßnahmen nur als kurzes Innehalten beim Wachstum bezeichnet werden, denn die Verkehrsleistungen auf der Straße sind ständig weiter gestiegen und der Ölpreis je Fass lag Mitte 2006 bei über 70 US-Dollar und Mitte 2012 bei 108 US-Dollar. Langfristig muss damit gerechnet werden, dass die Energiepreise noch weiter steigen. Der hohe Ölpreis wird als Gefahr für die konjunkturelle Entwicklung angesehen. Die Öl-Ressourcen sind endlich und zahlreiche Förderregionen sind Krisengebiete, z. B. der Irak und Nigeria. Kriegerische Auseinandersetzungen in diesen Gebieten haben unmittelbar Einfluss auf den Ölpreis, weil der Ausfall von Förderkapazität nicht kurzfristig kompensiert werden kann. Über die weitere Entwicklung kann nur spekuliert werden. Es gibt aber auch Stimmen, die steigende Ölpreise als Chance für die nationale Wirtschaft beurteilen, weil dies zu einem Umdenken zwingt. Es ist unumstritten, dass die Entwicklung alternativer Technik zumindest zeitweise Wachstum generieren kann.

Vor diesem Hintergrund ist eine konsequente Erledigung der Aufgaben aus dem Verkehrswegeplan noch nicht gesichert. Der Handlungsspielraum der Politik wird nicht nur durch die Abhängigkeit von der nationalen Wirtschaftsentwicklung und den zur Verfügung stehenden Mitteln für den Verkehrsbereich begrenzt, sondern auch zunehmend durch die Entscheidungen der EU-Kommission.

3.7 Die Verkehrspolitik der Europäischen Gemeinschaft

Da die Europäische Kommission zunehmend viele Felder der Verkehrspolitik besetzt, ist es nur konsequent, dass die deutsche Seite ihre Forderungen an die europäische Verkehrspolitik formuliert. An oberster Stelle dieser Forderungen steht ein effizientes und integriertes Verkehrssystem, das den europäischen Bürgern und Unternehmen die notwendige Mobilität sichert. Die weiteren Forderungen nach Vernetzung der Verkehrsträger, nach fairem Wettbewerb und hohen Sicherheits- und Umweltstandards belegen die Wettbewerbssituation in europäischen Verkehrssystemen, für welche die deutsche Seite nun mindestens einheitliche Spielregeln festschreiben möchte. Ein wichtiges Beispiel hierfür ist die umstrittene Beteiligung der europäischen Nachbarn an der Finanzierung des deutschen Verkehrswegenetzes, das

17 Vision Zero – Null Verkehrstote, Verkehrsclub Deutschland VCD e.V., Bonn 2004

nach hiesiger Ansicht in erheblichem Umfang allein zum Transit genutzt wird.

Mit dem Wunsch nach Förderung sicherer, umweltfreundlicher und europaweit interoperabler Verkehrsmittel und einem Europäischen Beitrag zur zivilen Satellitennavigation im Rahmen des transeuropäischen Verkehrsnetzes sind innovative Aufgaben angesprochen, deren Finanzierung wegen der Bedeutung für alle Mitglieder in die Zuständigkeit der Gemeinschaft fällt.

Bereits beschlossene Projekte der EU werden in diesem Sinn ausgeführt. Hinsichtlich des Straßenverkehrs ist das „Operationelles Programm Verkehrsinfrastruktur“[18] zu nennen.

Im Rahmen dieses Programms werden der Neubau von Bundesautobahnen (Lückenschlüsse und Autobahnen zur Anbindung an das transeuropäische Verkehrsnetz) sowie der Neubau von Bundesstraßen mit Anbindungsfunktionen an das transeuropäische Verkehrsnetz gefördert.

4 Straßenverkehr und Sicherheit

Das Risiko für den Tod eines Verkehrsteilnehmers bei einem Straßenverkehrsunfall in Deutschland über einen längeren Zeitraum betrachtet, begründete die Sorge um die Sicherheit zu Beginn des motorisierten Straßenverkehrs. Laut Statistischem Bundesamt war das Risiko, bezogen auf den Kraftfahrzeugbestand 1906/1907, um den Faktor 56 höher als im Jahr 2005. Schon die Technik der Kraftfahrzeuge schien damals die überwiegende Zahl der Fahrzeuglenker zu überfordern. Von 54 Kraftfahrzeugen mit mehr als 40 PS waren 48 im Berichtsjahr 1906/1907 in Unfälle verwickelt. Kollisionen der Kraftfahrzeuge untereinander waren mit 4 % eher selten, dazu war die Fahrzeugdichte einfach zu gering. Häufiger waren Kollisionen mit anderen Verkehrsteilnehmern.

In den Anfängen ihrer Nutzung wurden die Kraftfahrzeuge selbst aufgrund ihrer Masse und Geschwindigkeit als Sicherheitsrisiko angesehen, obwohl die anfangs erreichten Geschwindigkeiten nicht höher waren als die eines Fahrrades oder schnellen Pferdefuhrwerks. Das änderte sich jedoch schnell. Der Geschwindigkeitsrekord für Landfahrzeuge lag im Jahr 1898 bei 62,8 km/h und wurde mit einem Elektrofahrzeug aufgestellt. 30 Jahre später erreichte der Fahrer Fritz von Opel mit einem strahlbetriebenen Kraftfahrzeug die fast vierfache Geschwindigkeit mit 238 km/h, heute sind die meisten Serienfahrzeuge der Oberklasse schneller. Selbst leicht motorisierte Kraftfahrzeuge sind heute in der Lage, sich dauerhaft und zuverlässig schnell zu bewegen. Höchstgeschwindigkeiten und Motorleistungen der Kraftfahrzeuge sind in den letzten Jahren immer weiter gestiegen. Manipulationsversuche zur Steigerung der durch Vorschriften begrenzten Höchstgeschwindigkeiten sind zahlreich. Dort, wo keine Vorschriften für die maximale Geschwindigkeit existieren, werden Höchstgeschwindigkeiten heute von den Herstellern auf freiwilliger Basis durch Eingriff in die Motorsteuerung so begrenzt, dass eine weitere Steigerung technisch verhindert wird, obwohl die Antriebsmaschine aufgrund ihrer Bauart dazu durchaus noch in der Lage wäre. Die Nutzer solcher Fahrzeuge sind andererseits trotz hoher Geschwindigkeiten komfortabel unterwegs, weil die Kraftfahrzeuge und die Verkehrswege entsprechend ausgelegt und gebaut sind.

Mit zunehmender Motorisierung hat sich aber längst auch die Ansicht durchgesetzt, dass nicht mehr die Fahrzeuge, sondern die Verkehrsteilnehmer selbst den größeren Beitrag zur Sicherheit leisten können. Heute wird nicht mehr bezweifelt, dass eine Fahrerlaubnis erforderlich ist und dass Kraftfahrzeuge regelmäßig

18 Operationelles Programm „Verkehrsinfrastruktur der BRD“ Europäischer Fonds für Regionale Entwicklung (EFRE), Förderperiode 2007–2013

auf ihren technischen Zustand untersucht werden müssen. Die jüngste Studie „Mehr Sicherheit für unsere Fahrer auf Europas Straßen“[19] (2004) zeigt, dass sich die meisten Autofahrer nicht nur in Deutschland trotz Zulassungsvorschriften für Fahrer und Fahrzeuge, trotz regelmäßiger Überwachung und trotz ständiger Weiterentwicklung der Sicherheitsfunktionen der Fahrzeuge um die Verkehrssicherheit immer noch Sorgen machen, sich der Wichtigkeit ihres eigenen Verhaltens in Bezug auf das Thema Verkehrssicherheit bewusst sind und sogar zugeben, sich oft gefährlich und nicht vorschriftsmäßig zu verhalten.

Die tatsächlichen Verhältnisse im Straßenverkehr in Deutschland sind teilweise von den Vorgaben der Verkehrsordnung, in welcher die Verkehrsteilnehmer Vorsicht walten lassen und gegenseitige Rücksicht üben und außerdem noch Schaden, Gefahr, Belästigung oder Behinderung vermeiden, weit entfernt. Die Unfallzahlen sprechen eine eindeutige Sprache. Die Zahl der Verkehrstoten ist immer noch zu hoch, wenngleich Erfolge der Verkehrssicherheitspolitik trotz steigenden Verkehrsaufkommens in den letzten Jahren nicht zu übersehen sind.

4.1 Verkehrssicherheit in Deutschland

Seit 1953 werden Straßenverkehrsunfälle in Deutschland statistisch erfasst. Die absolut höchste Zahl der im Straßenverkehr Getöteten seither gab es im Jahr 1970. Bis zur Halbierung dieses Werts vergingen etwa siebzehn Jahre. In den Jahren 1987 bis 1991 stieg die Zahl der im Straßenverkehr Getöteten erneut an. Seit etwa 1991 ist ein kontinuierlicher Rückgang festzustellen. In den Zeitraum ab 1970 fielen die Einführung der Höchstgeschwindigkeit 100 km/h auf Landstraßen (10/1972), zwei neue Grenzen für den Blutalkoholkonzentrationswert, 0,8 Promille (7/1993) und 0,5 Promille (5/1998), die Einführung der Richtgeschwindigkeit 130 km/h auf Bundesautobahnen (3/1974), die Helmtragepflicht (8/1980) und die Gurtausrütungs- und -anlegepflicht (1/1974 und 8/1984).

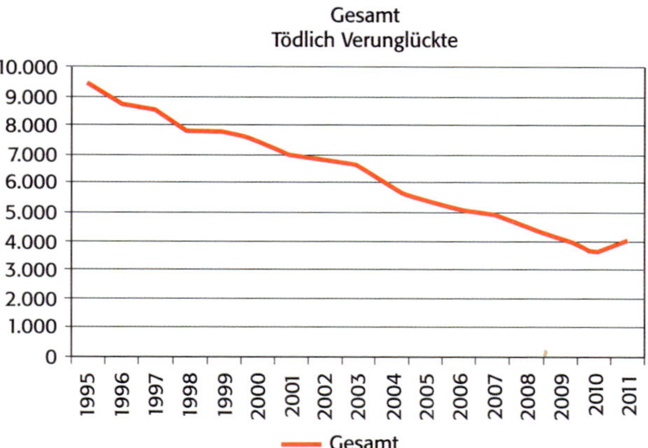

Quelle: ADAC/Statistisches Bundesamt

Diese Änderungen der Vorschriften haben erheblichen Anteil am Rückgang der Verkehrsopferzahlen, allerdings haben auch Verbesserungen in der Infrastruktur, in der Fahrschulausbildung, beim technischen Fahrzeugzustand, der Verkehrserziehung, dem Rettungswesen und der Unfallmedizin dazu beigetragen.

Die Entwicklung geht in die gewünschte Richtung, zumal sich der Fahrzeugbestand im Zeitraum ab 1970 stetig erhöht hat; der Bestand an Pkw ist heute fast dreimal so hoch wie im Jahr 1970 mit dem Höchststand an Verkehrstoten.

In Deutschland starben im Jahr 2011 insgesamt immer noch 4009 Personen bei Unfällen im Straßenverkehr. Gegenüber 2010 ergibt sich eine Steigerung von 352 Unfällen mit Todesfolgen Das höchste Todesrisiko gegenüber anderen Verkehrsteilnehmern bzw. Verkehrsmittelbenutzern tragen die Nutzer von Personenkraftwagen im Straßenverkehr.

Wie in den Vorjahren ist das Risiko für einen Unfall mit Personenschaden auf den Bundesautobahnen und außerorts wesentlich geringer als innerorts. Für einen Unfall mit Todesfolge ist das Risiko allerdings außerorts am höchsten.

19 Cauzard, J.-P.: SARTRE-Projekt, Ausgewählte Ergebnisse einer europäischen Umfrage, November 2004

Ein besonders hohes Unfallrisiko tragen jugendliche Fahranfänger. Sie stellen den überwiegenden Teil aller Fahranfänger und sind auch stärker an der Zahl der Verkehrstoten beteiligt. Von den ca. 4 000 Straßenverkehrstoten des Jahres 2011 waren 720 im Alter von 18 bis unter 25 Jahren, d. h. jeden Tag starben zwei junge Erwachsene im Straßenverkehr. Damit gehörten achtzehn Prozent der Verkehrstoten zu dieser Altersgruppe, deren Anteil an der Gesamtbevölkerung aber nur etwas mehr als acht Prozent betrug.

4.2 Die Statistik der Straßenverkehrsunfälle

In Deutschland ist im „Gesetz über die Statistik der Straßenverkehrsunfälle“[20] geregelt, welche Informationen für eine Bundesstatistik durch die zuständigen Behörden bei Straßenverkehrsunfällen mit Personenschaden aufzunehmen sind. Dies ist neben anderen Angaben zu den am Unfall beteiligten Verkehrsmitteln auch deren technischer Zustand. Das entsprechende Merkblatt[21] sieht für die Erfassung technischer Mängel oder von Wartungsmängeln die vier Gruppen Beleuchtung, Bereifung, Bremsen und Lenkung vor. Es ist anzunehmen, dass aufgrund dieser groben Einteilung eine differenzierte Zuordnung der Unfallursachen zu den technischen Mängeln an den Fahrzeugen nicht möglich ist. Weiter ist davon auszugehen, dass insbesondere bei der Feststellung anderer Unfallursachen, z. B. offensichtliches Fehlverhalten des Fahrzeugführers, der Frage nach technischen Mängeln am Fahrzeug nicht mehr so große Bedeutung beigemessen wird, zumal die genaue Feststellung möglicher Mängel durch Sachverständigen-Gutachten mit Kosten verbunden ist.

Eine technische Möglichkeit zur Erfassung wesentlicher Daten für die Rekonstruktion eines Unfallablaufs ist der Unfalldatenspeicher, der bereits verfügbar ist und auf freiwilliger Basis genutzt wird. Es hat sich als positiver Nebeneffekt erwiesen, dass Fahrer von Fahrzeugen mit einem Unfalldatenspeicher sich im Straßenverkehr vorsichtiger verhalten. Andererseits wird das Interesse von Fahrern, die sich im Straßenverkehr riskant verhalten, am Einbau eines Unfalldatenspeichers gering sein. Dem haben die Hersteller Rechnung getragen, indem sie eine Funktion zum Löschen der gespeicherten Daten nach einem Unfall durch den Fahrer vorgesehen haben. Im normalen Betrieb nimmt das Gerät ständig verschiedene Daten des Fahrzeugs auf (wie Geschwindigkeit, Bewegungsrichtung, Fahrzeugbeschleunigung in Längs- und Querrichtung, Status der Beleuchtung, Blinker- und Bremstätigkeit) und zeichnet diese einige Minuten auf, bevor sie automatisch gelöscht bzw. „überschrieben“ werden. Erkennt der Unfalldatenspeicher eine starke Beschleunigung/Verzögerung des Fahrzeuges, bleiben mindestens die letzten 30 Sekunden dauerhaft gespeichert. Der Unfalldatenspeicher kann nach Zustimmung des Fahrers (Halters) nach Unfällen ausgewertet werden, z. B. dann, wenn der Unfall auf Fremdverschulden zurückzuführen ist.

Die Problematik unzureichender Erfassung des Hergangs von Straßenverkehrsunfällen ist auch von der EU-Verkehrspolitik aufgegriffen worden. Im zivilen Luftverkehr ist eine technische Untersuchung von Unfällen seit mehreren Jahren verbindlich vorgeschrieben, in den Vorschriften für den Schienenverkehr ist sie ebenfalls enthalten. Die Kommission plant die Einführung derartiger unabhängiger Untersuchungen auch für den Seeverkehr und für den Straßenverkehr.

4.3 Das Verkehrssicherheitskonzept in Europa

In Bezug auf den Straßenverkehr sind die Verhältnisse in Europa noch Harmonisierungsbedürftig. Das beginnt mit unterschiedlicher Verkehrsinfrastruktur, setzt sich mit unter-

20 Gesetz über die Statistik der Straßenverkehrsunfälle (StVUnfStatG) vom 15.6.1990, letzte Änderung vom 29.10.2001

21 Straßenverkehrsunfallstatistik-Merkblatt (MerkBlStVUnfStatG), gültig seit 1.1.1975

schiedlichen Kontrollsystemen und unterschiedlicher Kontrolldichte fort und endet mit unterschiedlichen Geschwindigkeitslimits und verschiedenen Grenzen für den Alkoholkonsum. Fahrten über Ländergrenzen hinweg sind heute, besonders im gewerblichen Straßenverkehr, an der Tagesordnung. Abgesehen von Wettbewerbsverfälschungen sind die unterschiedlichen Sicherheitsrisiken der Verkehrsteilnehmer in der Gemeinschaft mit dem politischen Anspruch der EU noch nicht vereinbar. In den anzuwendenden Normen wird von der Gemeinschaft Harmonisierung vorgegeben; in vielen Fällen bestehen aber Zweifel an der Einhaltung der Vorschriften in den Mitgliedstaaten, da deren Kontrollsysteme und -praktiken unterschiedlich entwickelt sind.

Nur selten lassen sich Vorgaben und Kontrollen derart gebündelt abhandeln, wie das bei der kürzlich erfolgten Einführung des digitalen Kontrollgeräts der Fall war. Die Richtlinie zur Angleichung der Sozialvorschriften im Straßenverkehr[22] hat zum Ziel, einheitliche Lenk- und Ruhezeiten für das Personal im gewerblichen Straßengüterverkehr herbeizuführen und mittels eines Kontrollgeräts zu überwachen. In diesem Fall schreibt die Gemeinschaft den Mitgliedstaaten nicht nur die zulässigen Lenkzeiten im Güterkraftverkehr vor, sie legt auch gleichzeitig fest, dass alle neu zugelassenen Lastkraftwagen mit einem digitalen Kontrollgerät ausgerüstet sein müssen. Der Aspekt der Straßenverkehrssicherheit stand bei dieser Regelung zur Vermeidung von Wettbewerbsverzerrungen im gewerblichen Gütertransport zwar nicht direkt im Vordergrund, die Verkehrsteilnehmer werden aber eine europaweit einheitliche Regelung der zulässigen Lenkzeiten positiv aufnehmen.

4.3.1 Gestaffelte Verantwortung in Europa

Das Beispiel Sicherheitsgurt wird in einem Bericht der Kommission zur Verkehrssicherheit dazu genutzt, um die unterschiedliche Rolle der Beteiligten bei den Maßnahmen zur Erhöhung der Gurtanlegequote zu demonstrieren. Während die Europäische Union selbst im Wesentlichen für die Vorschriften und Normen, deren Umsetzung in den Mitgliedstaaten und für die Unterstützung von einschlägigen Kampagnen zuständig ist, haben die Mitgliedstaaten für die nationale Zieldefinition, Durchsetzung der Gurtanlegepflicht, Kontrollen, Information und nationale Unterstützung zu sorgen. Den regionalen/lokalen Strukturen obliegen die Aufgabe der Information und Aufklärung in Schulen, die Durchführung der Kontrollen und Erhebung von Gurtanlegequoten und die Unterstützung lokaler Vereinigungen, die sich mit diesem Thema beschäftigen. Der private Sektor schließlich kann Initiativen zur Erhöhung der Gurtanlegequote ergreifen, Rückhaltesysteme einbauen, wo sie nicht vorgeschrieben sind, und Prämienvorteile für Versicherte einführen, die solche Rückhaltesysteme nutzen.

Erst wenn alle Ebenen zur Beteiligung an derartigen Maßnahmen mobilisiert sind, bestehen Chancen, die Ziele der Union in Bezug auf die Straßenverkehrssicherheit zu erreichen. Die Kommission sieht steuerliche Anreize als gutes Mittel zur Mobilisierung und verweist in diesem Zusammenhang auf die Erfolge bei der Reduzierung der Fahrzeugemissionen. Auch die Aufnahme von Sicherheitsanforderungen in öffentliche Ausschreibungen hält die Kommission in diesem Zusammenhang für geeignet. Und schließlich wird die Zusammenarbeit mit der Versicherungswirtschaft befürwortet, die für eine gerechtere Anlastung der Kosten von Personenschadensrisiken gewonnen werden muss. Dies könnte dann zu einer entsprechenden Anpassung der Versicherungsprämien führen.

Mit diesen Aussagen zu den Verantwortlichkeiten werden aber auch die Handlungsgrenzen der Gemeinschaft aufgezeigt. Nach dem EU-Vertrag und dem AEUV gilt das Subsidiaritätsprinzip, d. h. die Nachrangigkeit der

22 Verordnung (EG) Nr. 561/2006 des Europäischen Parlaments und des Rates vom 15. März 2006 zur Harmonisierung bestimmter Sozialvorschriften im Straßenverkehr und zur Änderung der Verordnungen (EWG) Nr. 3821/85 und (EG) Nr. 2135/98 des Rates sowie zur Aufhebung der Verordnung (EWG) Nr. 3820/85 des Rates

Gesetzgebung, durch die Union, solange die Mitgliedstaaten dazu selbst in der Lage sind. Die Vorschriften und Normen für den sicheren Straßenverkehr existieren weitgehend. Es liegt also bei den Mitgliedstaaten selbst, deren Umsetzung voranzutreiben. Dazu braucht es den politischen Willen und die Bereitschaft, im Sinne von „best practice" Verkehrssicherheitsmodelle und Maßnahmen anderer Länder zu übernehmen, wobei aufgrund der unterschiedlichen Lebens- und Verkehrsverhältnisse die größten Umsetzungsprobleme liegen.

4.3.2 Verkehrssicherheit als politische Herausforderung

Bereits 1993 hat der Rat eine Entscheidung über die Einrichtung einer gemeinschaftlichen Datenbank über Straßenverkehrsunfälle beschlossen. Diese Entscheidung war Voraussetzung für die Formulierung eines quantitativen und damit bewertbaren Verkehrssicherheitsziels. In der Europäischen Charta zur Straßenverkehrssicherheit, verbunden mit einem Aktionsprogramm, ist das Ziel die nochmalige Halbierung der Zahl der Verkehrstoten bis zum Jahr 2010.[23]

Diese richtet sich an alle gesellschaftlichen Gruppierungen, einen konkreten Beitrag zur Verbesserung der Straßenverkehrssicherheit in Europa zu leisten. Sie ist – über staatliche Grenzen hinweg – Forum und Plattform für die Unterzeichner zum Austausch von Erfahrungen und neuen Ideen bei ihrem Bemühen um mehr Sicherheit auf Europas Straßen.

Das Aktionsprogramm sieht Maßnahmen vor, die sich auf das Verhalten der Verkehrsteilnehmer, die Verbesserung der Fahrzeugsicherheit und die Qualität der Straßeninfrastruktur beziehen. In einem Bericht an das EU-Parlament wird davon ausgegangen, dass die Zahl der im Straßenverkehr Getöteten um 90 % sinken könnte, wenn jeder Verkehrsteilnehmer die Verkehrsregeln befolgen würde.

Hinsichtlich der Fahrzeugsicherheit stehen Maßnahmen zum Schutz schwächerer Verkehrsteilnehmer, der Einbau von Fahrassistenzsystemen und die Verbesserung durch Nutzung elektronischer Syseme im Vordergrund. Auch die Qualität der Straßeninfrastruktur ist in vielen Bereichen verbesserungsfähig, Stichworte sind hier der Einsatz hochwertiger Straßenbeläge, die regelmäßige Instandhaltung der Fahrbahnen und umfassendes Verkehrsmanagement mit den heute zur Verfügung stehenden technischen Mitteln.

Mit ca. 31 000 Verkehrstoten im Jahr 2010 wurde das Halbierungsziel von 25 000 Verkehrstoten im Jahr 2010 nicht erreicht. Ein neues EU-Aktionsprogramm soll eine weitere Senkung der Verkehrstoten bewirken. Es begann im Jahre 2011 und läuft bis 2020. Es enthält eine Kombination von Initiativen, deren Schwerpunkte auf Verbesserungen von Fahrzeugen, Infrastrukturen und des Verhaltens der Verkehrsteilnehmer liegt.

Sieben strategische Ziele wurden festgelegt[24]:

- Verbesserte Sicherheitsmaßnahmen für Lkw und Pkw
- Sicherere Verkehrswege
- Entwicklung intelligenter Fahrzeuge
- Verbesserungen bei Führerscheinerwerb und Fahrschulausbildung
- Bessere Durchsetzung der Vorschriften
- Gezielte Maßnahmen bezüglich Verletzungen
- Verstärktes Augenmerk auf Motoradfahrer.

---

23 Care-Datenbank, http://ec.europa.eu/transport/roadsafety/charter_de.htm

24 Europäische Kommission – Pressemitteilung IP/12/326

Kapitel 2

Der aaSoP nach dem KfSachvG

1 Der aaSoP im Wandel der Zeit

Nachdem zunächst sowohl anerkannte Freiberufler wie auch staatliche Sachverständige und Ingenieure der Dampfkesselüberwachungsvereine (DÜV) mit der Prüfung beauftragt waren, wurden durch das erste Kraftverkehrsgesetz von 1909, das 1910 in Kraft trat, offizielle Regelungen für die Prüfung festgelegt, für die ab diesem Zeitpunkt nur noch Sachverständige der DÜV zuständig waren. In der Bekanntmachung des Reichsministers über Kraftfahrzeugverkehr von 1923, veröffentlicht im Reichsministerialblatt, wurden verbindliche Anforderungen für die Anerkennung der Sachverständigen, die Prüfungen von Kraftfahrzeugführern und Kraftfahrzeugen vornahmen, vorgeschrieben.

Neben dem Nachweis eines abgeschlossenen Studiums an einer Technischen Hochschule, einer mindestens zweijährigen Ingenieurtätigkeit sowie eingehender Kenntnis des Baues und Betriebes von Kraftfahrzeugen, musste der Nachweis völliger Sicherheit und Gewandtheit in der Führung der Klassen von Kraftfahrzeugen, für die der Bewerber die Anerkennung als Sachverständiger für die Abnahme von Führerprüfungen beantragte, erbracht werden. Für diesen Nachweis genügte die Vorlage des Führerscheins. Die Prüfung zum Sachverständigen musste vor einer von der obersten Landesbehörde bestimmten Stelle (Regierungspräsident bzw. Polizeipräsident) abgelegt werden.

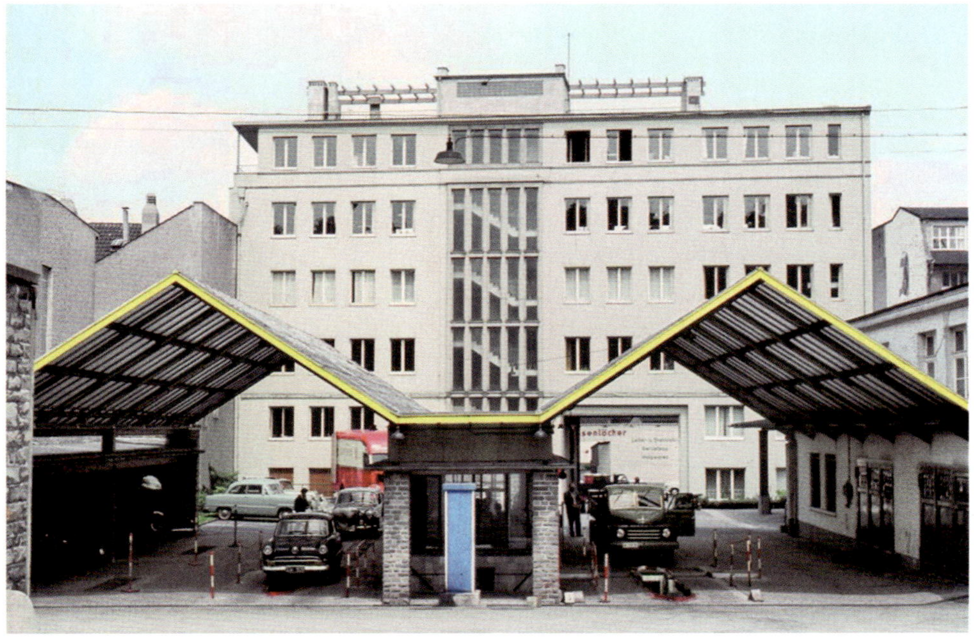

Bild 6 Prüfstelle Wuppertal 1960, TÜV Rheinland

Bild 7 Prüfstelle Wuppertal 1960, TÜV Rheinland

Bild 8 Prüfstelle der 2. Generation (1970)

Rückblick eines Prüfers

Der Zeitzeuge Lothar Schulte lächelt verschmitzt, greift in seinen grauen Kittel und holt einen kleinen Hammer hervor. „Mein Hämmerchen war damals besonders gefürchtet", schmunzelt der 72-jährige TÜV-Prüfer im Ruhestand. „Damit habe ich verdächtige Stellen auf Rostbefall untersucht. Gab es einen hellen Klang, war alles in Ordnung, ein dumpfer Widerhall bedeutete Probleme für den Besitzer."

Seit Mitte der sechziger Jahre arbeitet Schulte beim TÜV Rheinland und gibt auch heute seine Erfahrungen in Schulungen an seine Nachfolger weiter, die nach bestandener Untersuchung die begehrte Plakette verteilen.

Als der Maschinenbauingenieur seine Laufbahn begann, war die Plakette noch relativ jung. Vor mehr als 50 Jahren, am 1. Januar 1961, wurde die regelmäßige technische Überprüfung von Automobilen zur Pflicht, und die ersten, damals noch weißen Plaketten wurden von den Prüfern zugeteilt. Die wechselnden Farben Orange, Blau, Gelb, Braun, Rosa und Grün kamen erst 1974 ins Spiel.

Bis 1961 erhielten die Autobesitzer Einladungen zur sogenannten Hauptuntersuchung. „Die wurden dann meistens bei der Polizei durchgeführt", erinnert sich der Leiter der TÜV-Prüfstellen in Nordrhein-Westfalen, Gerd Mylius. Allerdings folgte längst nicht jeder Autofahrer der Aufforderung, und weil es an Personal für wirksame Kontrollen fehlte, war das Risiko, erwischt zu werden, relativ gering. Auch angesichts der einsetzenden Massenmotorisierung und der ständig wachsenden Zahl der Verkehrsopfer griff der Gesetzgeber daher durch und ordnete die regelmäßige Kontrolle der Fahrzeuge an.

Die TÜV-Prüfstellen sahen sich in der Folge durch eine Blechlawine überrollt. „Zeitweise drängelten sich bis zu 400 Fahrzeuge auf dem Hof", erinnert sich Egon Seul, der damals als Sachverständiger in Köln arbeitete. „Der Ansturm war kaum zu bewältigen." Lange Wartezeiten waren an der Tagesordnung. Heute verpflichtet sich der TÜV Rheinland bei einer Wartezeit von mehr als 15 Minuten (bei einem bestätigten Termin), die Gebühren zu erlassen.

In den sechziger Jahren war noch körperlicher Einsatz gefordert, um den technischen Defiziten auf die Spur zu kommen. Schulte geht in die Knie und zeigt, wie er die Radaufhängung an einem Mercedes 190 SL, Baujahr 1960, überprüft. „Die Kniescheibe musste schon einiges aushalten", berichtet er lächelnd und rüttelt kräftig an dem Vorderrad, um das Spiel des Rads zu überprüfen. „Wir hatten damals kaum Hubbühnen. Stattdessen fuhren die Autos auf eine Rampe, damit wir den Unterboden untersuchen konnten." Unterdessen lässt sein Kollege Thorsten Rechtien einen SL 63 AMG auf einer Arbeitsbühne nach oben schweben, greift sich ein an einen Akkuschrauber erinnerndes Gerät und überprüft die Frontaufhängung des Sportwagens. Zwei Rüttelplatten bewegen die Fronträder und Rechtien überprüft mit einem festen Griff die Mechanik. „Wie früher benötigen wir noch immer Fingerspitzengefühl, um den Zustand der Aufhängung zu untersuchen", erklärt der Maschinenbauingenieur die Gemeinsamkeiten zwischen früher und heute.

Pressemitteilung TÜV Rheinland anlässlich des „50. Geburtstages" der HU-Plakette, 2011

Als amtlich anerkannter Sachverständiger im Sinne der gesetzlichen Vorschriften über den Straßenverkehr, insbesondere über die Prüfung von Kraftfahrzeugen, Kraftfahrzeugführern und Fahrlehrern, galt, wer vom Reichsverkehrsminister als Sachverständiger für den Kraftfahrzeugverkehr anerkannt worden war. Die Anerkennung setzte voraus, dass der Bewerber seine Eignung, insbesondere seine Sachkunde und Unparteilichkeit nachwies.

Aufgrund des § 6 des Gesetzes über den Verkehr mit Kraftfahrzeugen in der Fassung von 1937 wurde 1940 eine eigene Verordnung für den amtlich anerkannten Sachverständigen veröffentlicht, nämlich die Verordnung über Sachverständige für den Kraftfahrzeugverkehr.

Bild 9 Seit 1961 gibt es die Prüfplakette – eine deutsche „Institution"

Bild 10 Zeitzeuge Lothar Schulte im damaligen Outfit neben Thorsten Rechtien einem Prüfer der derzeitigen Generation und einen gut erhaltenen Oldtimer aus den 1960 Jahren

Die amtlich anerkannten Sachverständigen mussten für ihre Tätigkeit einer vom Reichsverkehrsminister genehmigten Prüfstelle, in deren Bereich sie ihre Tätigkeit ausüben wollten, angehören. Mit der Änderung der Kraftfahrsachverständigen-Verordnung von 1956 wurden neben den amtlich anerkannten Sachverständigen auch amtlich anerkannte Prüfer aufgenommen. Ihre Tätigkeit konnte auf die Abnahme von Prüfungen für Fahrerlaubnisse oder auf die Prüfung von Fahrzeugen beschränkt werden.

Die Verordnung über amtlich anerkannte Sachverständige und amtlich anerkannte Prüfer für den Kraftfahrzeugverkehr musste aus rechtlichen Gründen 1971 durch das Kraftfahrsachverständigengesetz ersetzt werden.

2 Begriff des aaSoP

Drei wesentliche Merkmale prägen den Begriff des aaSoP. Sie sind im Gesetz über amtlich anerkannte Sachverständige und amtlich anerkannte Prüfer für den Kraftfahrzeugverkehr (KfSachvG) vorgeschrieben.

- Der aaSoP muss bei einer Technischen Prüfstelle (TP) tätig sein. Die TP ist von der jeweiligen Landesregierung oder der von ihr bestimmten Behörde mit der Begutachtung von Personen (Fahrerlaubnisprüfung) und Fahrzeugen (Zulassungsfähigkeit und regelmäßige Überwachung) beauftragt.
- Der aaSoP muss eine amtliche Anerkennung besitzen, die er durch einen Ausweis nachweist. Nur im Rahmen seiner amtlichen Anerkennung ist er befugt, hoheitliche (staatsentlastende) Tätigkeiten auszuführen.
- Der aaSoP darf nur im Zuständigkeitsbereich der TP hoheitliche Tätigkeiten wahrnehmen.

3 Aufgaben und Alleinstellung der aaSoP

Im Rahmen der Personenprüfungen (Fahrerlaubnisprüfungen) und Fahrzeugprüfungen (Begutachtungen für die Zulassungsfähigkeit und regelmäßige Überwachung) bedienen sich die staatlichen Stellen der Technischen Prüfstellen (TP) für den Kraftfahrzeugverkehr.

Für den von der Landesregierung oder der von ihr bestimmten Behörde festgelegten Bereich der TP dürfen nicht mehrere TP errichtet und unterhalten werden.

Die staatsentlastenden Tätigkeiten werden für den Zuständigkeitsbereich der TP von den aaSoP dieser TP ausgeführt. Andere als die von der Landesregierung beauftragten TP dürfen diese Tätigkeiten nicht ausüben, das heißt, sie dürfen nur alleine von den aaSoP dieser TP ausgeübt werden.

Der aaSoP muss seine Aufgaben zuverlässig, objektiv, unabhängig und unparteiisch ausüben.

4 Staatsentlastende Tätigkeiten des aaSoP

Der aaSoP befasst sich im Rahmen seiner Anerkennung mit unterschiedlichen Aufgabenbereichen. Die Anerkennung kann auf Teilbefugnisse beschränkt werden. Grundsätzlich bestehen für den aaS (Vollsachverständigen) keine Einschränkungen hinsichtlich der Aufgabenwahrnehmung, es sei denn, die Anerkennung ist auf Teilbefugnisse beschränkt. Die Befugnisse sind je nach der beruflichen Ausbildung unterschiedlich festgelegt. AaS dürfen in der Regel alle staatsentlastenden Aufgaben bei der Technischen Prüfstelle wahrnehmen. Dagegen sind alle anderen Anerkennungen (aaSmT, aaP und aaPmT) auf bestimmte Aufgabenbereiche begrenzt.

Als staatsentlastend sind im Wesentlichen die nachfolgend aufgeführten Aufgabenbereiche anzusehen:

- Gutachten zur Erteilung einer allgemeinen Betriebserlaubnis für Fahrzeugtypen gemäß § 20 StVZO (Fz-ABE) – nur noch im geringen Umfang
- Gutachten zur Erteilung einer Einzel-Betriebserlaubnis für Fahrzeuge gemäß § 21 StVZO (Fz-EBE oder nach § 13 EG-FGV)
- Gutachten zur Erteilung einer allgemeinen Betriebserlaubnis für Fahrzeugteile gemäß § 22 StVZO (Teile-ABE)
- Gutachten zur Erteilung einer Bauartgenehmigung für Fahrzeugteile, die gemäß § 22a StVZO in einer amtlich genehmigten Bauart ausgeführt sein müssen (Teile ABG)
- Änderungsabnahmen an Fahrzeugen gemäß § 19 Abs. 3 StVZO
- Erstellen von Teilegutachten gemäß Anlage XIX StVZO (für Änderungsabnahmen)
- Wiederkehrende Hauptuntersuchungen (HU) gemäß § 29 StVZO
- Wiederkehrende Sicherheitsprüfungen (SP) gemäß § 29 StZVO
- Teiluntersuchung des Abgasverhaltens i. R. der Hauptuntersuchung
- Gutachten zur Vorschriftsmäßigkeit von Fahrzeugen nach Verkehrskontrollen
- Gutachten zur Feststellung möglicher unfallursächlicher technischer Mängel
- Führerscheinprüfungen gemäß FeV
- Gassystemeinbauprüfungen gemäß § 41a StVZO.

5 Voraussetzungen zum aaSoP

Die Wahrnehmung der Prüfaufgaben durch den aaSoP setzt ein hohes Maß an Verantwortungsbewusstsein und fachliches Wissen voraus. Deswegen wird vom aaSoP eine hohe Eignungsqualifikation und eingehende Ausbildung gefordert.

Im Rahmen ihrer Tätigkeit müssen aaSoP in der Lage sein, neue und komplizierte Fahrzeugtechniken bei der Fahrzeugüberwachung und schwierige Verkehrssituationen bei Führerscheinprüfungen zu beherrschen, um als neutrale und qualifizierte Unterstützung des Staates vom Bürger wahrgenommen zu werden. Der Gesetzgeber hat die Eignungsqualifikation für die Anerkennung im Kraftfahrsachverständigengesetz geregelt.

Grundvoraussetzung für die Anerkennung des amtlich anerkannten Sachverständigen (aaS) ist der Nachweis eines erfolgreich abgeschlossenen Studiums des Maschinenbaufachs, des Kraftfahrzeugbaufachs oder der Elektrotechnik an einer deutschen Universität oder Technischen Hochschule. Hingegen muss ein amtlich anerkannter Sachverständiger mit Teilbefugnissen (aaSmT) ein Studium des Maschinenbaufachs, des Kraftfahrzeugbaufachs oder der Elektrotechnik an einer öffentlichen oder staatlich anerkannten deutschen Fachhochschule oder Ingenieurschule erfolgreich abgeschlossen haben.

Für amtlich anerkannte Prüfer (aaP) ist ein nachgewiesenes Studium des Maschinenbaufachs, des Kraftfahrzeugbaufachs oder der Elektrotechnik an einer öffentlichen oder staatlich anerkannten deutschen Fachhochschule oder Ingenieurschule mit erfolgreichem Abschluss die Voraussetzung für die Anerkennung.

Als weitere Variante sieht der Gesetzgeber den Prüfer mit Teilbefugnissen (aaPmT) vor. Dieser muss eine Ausbildung als Kraftfahrzeugmechaniker- oder Kraftfahrzeugelektrikermeister oder eine Ausbildung als Kraftfahrzeugtechniker an einer staatlich anerkannten Fachschule erfolgreich abgeschlossen haben.

Über die Anerkennung der Gleichwertigkeit von ausländischen Zeugnissen entscheiden die zuständigen Behörden der Länder.

6 Anerkennung als aaSoP

Die Anerkennung als aaSoP wird durch Aushändigung oder Zustellung eines Ausweises von der nach Landesrecht zuständigen Behörde erteilt. Der Ausweis ist vom Sachverständigen an die Anerkennungsbehörde unverzüglich zurückzugeben, wenn die Anerkennung ruht oder wenn sie erloschen, zurückgenommen oder widerrufen ist.

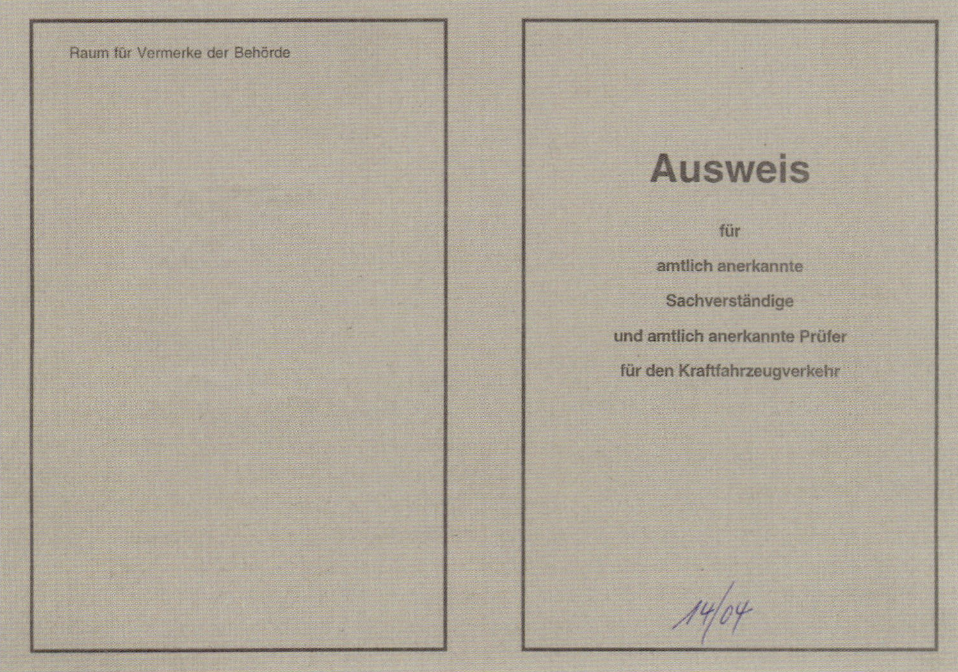

Bild 11 Der Sachverständigenausweis (Außenseite)

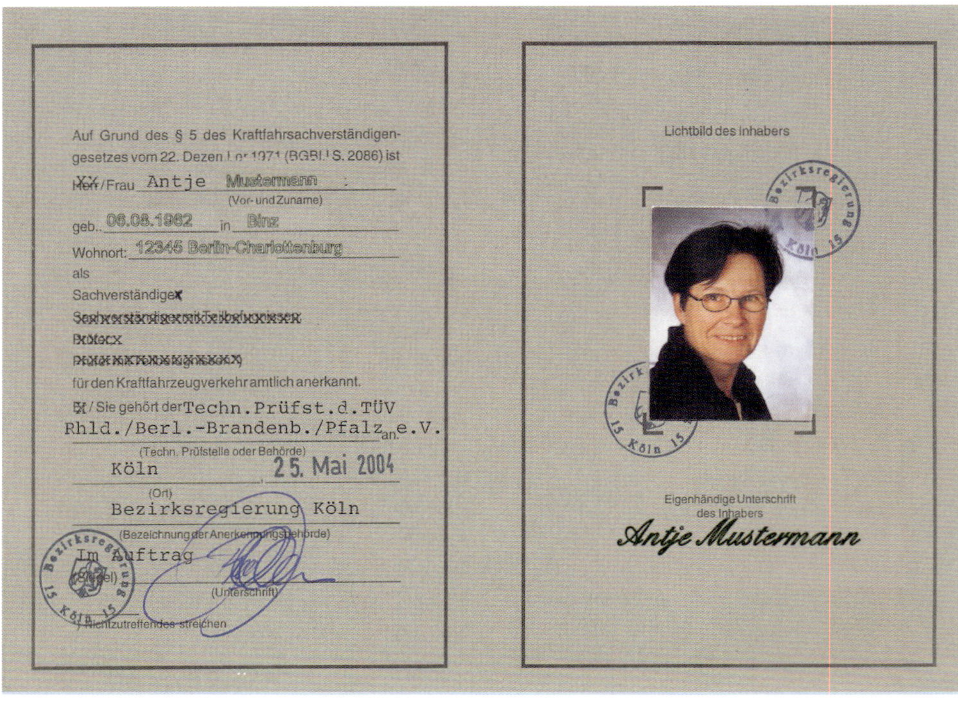

Auf Grund des § 5 des Kraftfahrsachverständigengesetzes vom 22. Dezember 1971 (BGBl. I S. 2086) ist

Herr/Frau Antje Mustermann
(Vor- und Zuname)

geb. 06.08.1962 in Binz

Wohnort: 12345 Berlin-Charlottenburg

als

Sachverständige

für den Kraftfahrzeugverkehr amtlich anerkannt.

Sie gehört der Techn. Prüfst. d. TÜV Rhld./Berl.-Brandenb./Pfalz e.V. an.
(Techn. Prüfstelle oder Behörde)

Köln, 25. Mai 2004
(Ort)

Bezirksregierung Köln
(Bezeichnung der Anerkennungsbehörde)

Im Auftrag

(Siegel) (Unterschrift)

Bezirksregierung 15 Köln 15

*) Nichtzutreffendes streichen

Lichtbild des Inhabers

Eigenhändige Unterschrift des Inhabers

Antje Mustermann

Bild 12 Der Sachverständigenausweis (Innenseite)

Notwendigkeit der Anerkennung

Das Aufgabenbild des aaSoP setzt eine hohe Eigenverantwortung, Zuverlässigkeit sowie ein fundiertes technisches Wissen zur Ausübung seiner Tätigkeit voraus. Innerhalb der Anerkennung sind die Befugnisse genau definiert. Die Befugnisse können je nach Qualifikation beschränkt sein. Die Beschränkung hat der Gesetzgeber entsprechend der beruflichen Ausbildung festgelegt; Tätigkeiten über den Rahmen der Befugnisse hinaus sind nicht zulässig.

Zuständigkeit und Überwachung der Anerkennung

Die Landesregierungen bestimmen die zuständigen Anerkennungsbehörden sowie für die Technischen Prüfstellen die zuständigen Aufsichtsbehörden. Darüber hinaus führen die nach Landesrecht zuständigen Überwachungsbehörden für die amtliche Anerkennung von aaSoP ein örtliches Kraftfahrsachverständigenregister, in welchem die aaSoP erfasst sind. In dem Register sind außerdem die Leiter der Technischen Prüfstellen und deren Stellvertreter sowie die Leiter der unmittelbar nachgeordneten Dienststellen erfasst.

In einem weiteren Register, dem Zentralen Fahrerlaubnisregister des Kraftfahrt-Bundesamtes, wird vermerkt, ob die dort erfassten Inhaber von Fahrerlaubnissen zugleich amtlich anerkannte Sachverständige oder Prüfer für den Kraftfahrzeugverkehr sind und welche Behörde sie anerkannt hat.

7 Ruhen und Erlöschen der Anerkennung

Die Wahrnehmung staatsentlastender Aufgaben setzt nicht nur die Anerkennung als aaSoP voraus, sondern auch, dass dieser sich in besonderem Maße regelkonform verhält. Darüber hinaus muss er sicherstellen, dass keine Zweifel an seiner Zuverlässigkeit im Sinne des KfSachvG aufkommen.

Verstößt der aaSoP gegen diese Grundsätze, so muss er mit ernsthaften Konsequenzen durch die für die Anerkennung zuständige Behörde rechnen. Diese Konsequenzen können darin bestehen, dass die Anerkennung ruht oder erlischt.

Die Anerkennung *ruht,* solange für den aaSoP ein Fahrverbot besteht oder der Führerschein in Verwahrung genommen, sichergestellt oder beschlagnahmt ist. Die Anerkennung ruht auch, wenn der aaSoP vorübergehend – jedoch höchstens für einen Zeitraum von sechs Monaten – einer TP nicht mehr angehört.

Die Anerkennung *erlischt*, wenn der aaSoP die Fahrerlaubnis rechtskräftig oder unanfechtbar entzogen bekommen hat, befristete Fahrerlaubnisse nicht verlängert wurden oder die Fahrerlaubnis, deren Umstellung vorgeschrieben ist, nicht umgestellt wurde.

Ist die Fahrerlaubnis wegen körperlicher Mängel entzogen oder ist sie nicht verlängert oder nicht umgeschrieben worden, so kann die Anerkennungsbehörde eine erneute Anerkennung unter Beschränkung auf die Wahrnehmung bestimmter Aufgaben erteilen.

Die Anerkennung als aaSoP ist zurückzunehmen, wenn bei ihrer Erteilung eine der Voraussetzungen für die Anerkennung nicht vorgelegen hat und keine Ausnahme genehmigt worden ist.

Die Anerkennung als aaSoP ist zu widerrufen, wenn eine der Voraussetzungen für die Anerkennung nicht mehr vorliegt.

8 Fortbildung

Die TP hat die laufende Weiterbildung der aaSoP sowie einen ständigen Erfahrungsaustausch unter ihnen sicherzustellen. Sie hat die Erfahrungen im kraftfahrtechnischen Prüf- und Überwachungswesen zu sammeln, auszuwerten und der Aufsichtsbehörde sowie dem Kraftfahrt-Bundesamt weiterzuleiten. Grundlage der Fortbildung soll die Aktualisierung des Wissensstandes der aaSoP sein. Darüber hinaus hat die Technische Prüfstelle (TP) ihre Erfahrungen und ihr bekannt gewordene auffällige Besonderheiten aus der Untersuchungspraxis in den „Arbeitskreis Erfahrungsaustausch in der technischen Fahrzeugüberwachung nach § 19 Abs. 3, § 23 und § 29 StVZO (AKE)“ einzubringen. Mitglieder im AKE sind das BMVBS, Vertreter der zuständigen obersten

Bild 13 Erfahrungsaustausch zur Aktualisierung des Wissensstandes

Landesbehörden und alle technischen Leiter der Überwachungsorganisationen sowie die Leiter der TP, um so über Beschlussfassungen eine über die TP hinaus bundesweite gleiche Handhabung/Auslegung zu erreichen. Die Fortbildung erfolgt regelmäßig und soll sich grundsätzlich aus einer mehrtägigen Schulung sowie aus einzelnen Lehrveranstaltungen zusammensetzen. Analog zum Prüfingenieur (Anlage VIIIb StZVO) werden in der Regel fünf Tage pro Jahr für die Fortbildung des aaSoP vorgesehen. Hierbei müssen landesspezifische Besonderheiten/Abweichungen berücksichtigt werden. Neben internen Veranstaltungen sollen dem aaSoP auch externe Veranstaltungen angeboten werden. Außerdem sind die aaSoP verpflichtet, im Rahmen ihrer Tätigkeit ihr Wissen durch Selbststudium zu erweitern.

Bild 14 Teilnehmer des 42. AKE am 26. und 27.9.2011 in Köln

Kapitel 3
Organisationsformen und Wettbewerbssituation

1 Organisationsformen – TD, TP und ÜO

Betrachtet man die Stufen im Lebenszyklus eines Fahrzeugs, ergeben sich hinsichtlich der Verantwortung für die Sicherheitsstufen unterschiedliche Zuständigkeiten gemäß nachfolgender Darstellung (*Bild 15*).

Für einen völlig neuen Fahrzeugtyp vergeht heute üblicherweise von der ersten Idee über Forschung und Entwicklung bis zur Markteinführung eine Zeitspanne von ca. 3–5 Jahren.

Die für die Markteinführung erforderliche Typgenehmigung wird auf der Grundlage des Gutachtens eines benannten Prüflabors (Technischer Dienst) durch die zuständige Genehmigungsbehörde eines EU-Mitgliedstaates erteilt. Damit ist das Fahrzeug innerhalb der EU ohne weitere Prüfungen zuzulassen. Nach der Zulassung beginnen die Fristen für die periodische technische Fahrzeugüberwachung (PTI) durch die anerkannten Überwachungsinstitutionen. In Deutschland haben sich zu den vorbeschriebenen Tätigkeiten folgende Organisationsformen etabliert:

■ Technischer Dienst (TD)

Während die Randbedingungen der Tätigkeiten des aaSoP im Kraftfahrsachverständigengesetz (nationales Recht) geregelt sind, entstammt die Definition des Technischen Dienstes dem Europäischen Rechtskreis. Kurz zusammengefasst handelt es sich bei dem Technischen Dienst um ein nach den Normen DIN-EN ISO/IEC 17025 oder 17020 organisiertes Prüflabor bzw. eine Inspektionsstelle, die von der zuständigen Behörde eines Mitgliedsstaates für bestimmte Aufgaben (Anwendung bestimmter Prüfverfahren) anerkannt wurde. Verfahren und Zuständigkeiten regelt für die Bundesrepublik Deutschland das Kapitel 6 der EG-FGV.

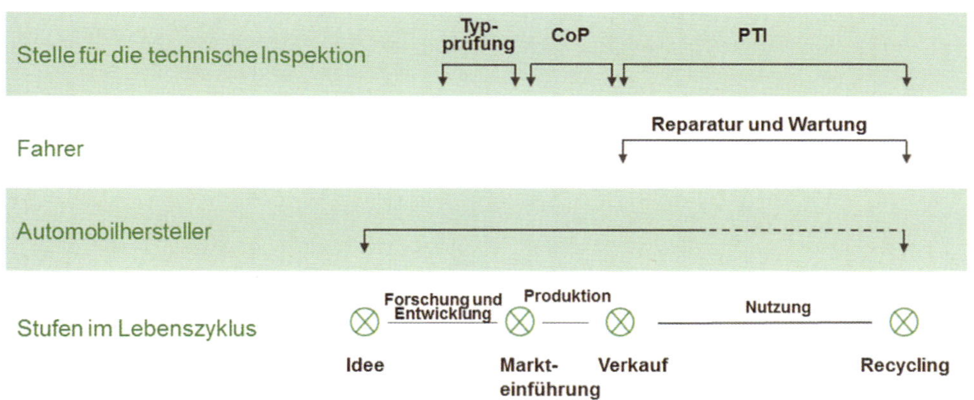

Bild 15 Verantwortung für Sicherheitsstufen, eigene Darstellung

Mit Einführung der EG-Typgenehmigung für Fahrzeuge und Fahrzeugteile wurden die Anforderungen an die Begutachtungsstellen auf europäischer Ebene harmonisiert.

Gutachten für EG-Typgenehmigungen können nun von anerkannten Technischen Diensten erstellt werden.

■ Technische Prüfstelle (TP)

Die TP als nationale Institution für „staatsentlastende Tätigkeiten“ für den Kraftfahrzeugverkehr wird von dem jeweiligen Landesministerium beauftragt. Die hier tätigen aaSoP dürfen nur die ihnen übertragenen Aufgaben im Anerkennungsgebiet der TP ausüben.

■ Überwachungsorganisation (ÜO)

Wegen der fortschreitenden Zunahme des Fahrzeugbestandes, der damit einhergehenden Zunahme der Fahrzeugprüfungen sowie zur Vereinfachung für den Fahrzeughalter hat der Verordnungsgeber 1989 Überwachungsorganisationen zugelassen. Die hier betrauten Prüfingenieure dürfen wiederkehrende Prüfungen und Änderungsabnahmen, im Regelfall in dafür anerkannten Kfz-Werkstätten, den Prüfstützpunkten, durchführen.

2 Wettbewerbssituation

Durch die Übertragung der Gutachteraufgaben im Typgenehmigungsverfahren an die Technischen Dienste hat sich die Aufgabenverteilung zu Lasten der Technischen Prüfstelle verschoben. Bis zur Einführung des EU-weiten Typgenehmigungsverfahrens für Gesamtfahrzeuge durch die Richtlinie 92/53/EWG und deren nationale Umsetzung war der aaS der TP für die Erstellung der Gutachten für die Typgenehmigung (ABE, ABG, ECE und EG-(Teil) Genehmigungen) zuständig.

Mit Einführung der EG-Fahrzeug-Gutachten-Verordnung (EG-FGV) zum 29.4.2009 (nationale Umsetzung der Richtlinie 2007/46/EG) hat sich die Situation für die Technischen Prüfstellen weiter verschärft. Ab diesem Datum dürfen auch die Technischen Dienste für Einzelfahrzeuge der Klassen M, N und O entsprechende Gutachten im Wettbewerb mit der Technischen Prüfstelle erstellen.

Dies gilt auch für die Neuausstellung von ADR-Zulassungsbescheinigungen (vormals B3-Bescheinigung), die mit der Änderung des § 14 Abs. 4 GGVSEB seit 2012 durch Mitarbeiter benannter Technischer Dienste erstellt werden dürfen.

Die Technischen Prüfstellen stehen darüber hinaus seit 1989 mit den Überwachungsorganisationen bei der wiederkehrenden technischen Fahrzeugüberwachung im Wettbewerb. Zwischenzeitlich wurden den Prüfingenieuren der ÜO weitere Tätigkeitsfelder übertragen, z. B. Änderungsabnahmen und Gutachten zur Einstufung von Oldtimern.

3 Abgrenzung des aaSoP vom PI

Die technische Fahrzeugüberwachung in Deutschland in ihrer heutigen Form ist ein historisch gewachsenes System, das sich eng an die Zulassungszahlen der Kraftfahrzeuge und deren technische Fortentwicklung anlehnt. Bei einem rasant zunehmenden Fahrzeugbestand, wie er in den 1960er und 1970er Jahren zu verzeichnen war, erhöhte sich folglich auch die Anzahl der zu untersuchenden Fahrzeuge. Damit einhergehend haben sich auch die Untersuchungsformen angepasst: Zum einen können die Hauptuntersuchungen auf den TP durchgeführt werden. Zum anderen kann die Durchführung der Hauptuntersuchung (HU) in Kraftfahrzeugwerkstätten (Prüfstützpunkten), die bestimmte Voraussetzungen erfüllen müssen, erfolgen.

Die rechtlichen Grundlagen bezüglich der TP sind im Kraftfahrsachverständigengesetz (KfSachvG) geregelt. Danach hat die TP eine Betriebspflicht und muss die ihr übertragenen Aufgaben ordnungsgemäß wahrnehmen. Zu diesen Aufgaben zählen:

1. Erstellung von Gutachten zur Erteilung von allgemeinen Betriebserlaubnissen oder Einzelbetriebserlaubnissen für Fahrzeuge und Fahrzeugteile
2. Erstellung von Gutachten gem. § 19 Abs. 2 und 21 StVZO nach technischen Änderungen an Fahrzeugen
3. Erstellung von Änderungsabnahmen gem. § 19 Abs. 3 StVZO
4. Durchführung der gesetzlich vorgeschriebenen wiederkehrenden technischen Untersuchung der Fahrzeuge, z. B. HU, AU, SP, GWP, GSP, BOKraft
5. Durchführung von Prüfungen zur Erlangung einer Fahrerlaubnis nach § 69 der Fahrerlaubnis-Verordnung (FeV).

Nach § 11 des KfSachvG hat die Technische Prüfstelle Sachverständige und Prüfer in der erforderlichen Zahl anzustellen. Die Sachverständigen und Prüfer müssen nach dem KfSachvG amtlich anerkannt sein.

Der aaS darf alle oben genannten zugeordneten Aufgaben der Technischen Prüfstelle in deren Zuständigkeitsbereich ausüben.

Der aaSmT darf dieselben Tätigkeiten ausführen wie der aaS, mit Ausnahme der Erstellung von Gutachten für

1. die Erteilung von Allgemeinen Betriebserlaubnissen für Fahrzeuge oder Fahrzeugteile,
2. die Erteilung von Betriebserlaubnissen für Einzelfahrzeuge, wenn sich die Gutachten auf Fahrzeuge beziehen, die erstmals in den Verkehr kommen,
3. die Erteilung von Betriebserlaubnissen für Fahrzeugteile, die nicht zu einem genehmigten Typ gehören.

Der aaP darf dieselben Tätigkeiten ausführen wie der aaSmT, mit Ausnahme der Erstellung von Gutachten gem. § 19 Abs. 2 und 21 StVZO nach technischen Änderungen an Fahrzeugen.

Mit der Anerkennung als aaPmT ist nur die Berechtigung für die amtlich vorgeschriebenen technischen Untersuchungen erteilt.

Angaben zu den Voraussetzungen zum aaSoP siehe Kapitel 2, Abschnitt 5.

Wird die Untersuchung in einem Prüfstützpunkt durchgeführt, muss dies durch einen Prüfingenieur (PI), der von einer amtlich anerkannten Überwachungsorganisation betraut ist, erfolgen. Die Anforderungen an die Überwachungsorganisationen sowie die Anerkennung und Betrauung von Prüfingenieuren sind in der Anlage VIII b zur StVZO geregelt.

Voraussetzung für PI ist zwingend der Abschluss eines Studiums im Fach Maschinenbau, Kraftfahrzeugbau oder Elektrotechnik an einer Hochschule oder Fachhochschule. Danach folgt eine besondere Ausbildung von acht Monaten. Wenn die fachliche Eignung in einer Prüfung nachgewiesen wurde und die zuständige Anerkennungsbehörde zugestimmt hat, wird die Betrauung des PI durch die Überwachungsorganisation ausgesprochen.

Der PI darf im Rahmen seiner amtlichen Tätigkeiten folgende Prüfungen durchführen:

1. die gesetzlich vorgeschriebenen wiederkehrenden technischen Untersuchungen an Fahrzeugen, z. B. HU, AU, SP, GWP, GSP, BOKraft
2. Erstellung von Änderungsabnahmen gem. § 19.3 StVZO.

Wo der PI tätig werden darf, hat der Gesetzgeber in der Anlage VIII Nr. 4.2 der StVZO festgeschrieben. Danach gilt die Regel, dass die PI die HU in den eigenen Prüfstellen der Überwachungsorganisationen, Prüfstützpunkten oder auf Prüfplätzen im Anerkennungsgebiet durchführen dürfen.

Kapitel 4
Weitere Tätigkeitsfelder von aaSoP

1 Polizei- und Gerichtsgutachten, Unfallanalyse und Forensik

1.1 Polizei- und Gerichtsgutachten

Bei Polizeikontrollen im fließenden Verkehr werden in Ergänzung zu Geschwindigkeitskontrollen und Kontrollen auf Alkohol- und Drogenkonsum auch die Vorschriftsmäßigkeit und die Verkehrssicherheit von Fahrzeugen überprüft. Bei Verstößen können Anordnungen getroffen werden (Opportunitätsprinizip), nach denen der Fahrzeughalter aktiv werden muss.

■ Verstoß gegen die Vorschriftsmäßigkeit

Beispiel: Es wird festgestellt, dass ein Personenkraftwagen mit unzulässigen Leuchten (z.B. nach außen hin wirkender Unterbodenbeleuchtung) ausgestattet ist.

Nach § 56, § 57 und § 58 des Ordnungswidrigkeitengesetz (OWiG) kann die Polizei dafür ein Verwarnungsgeld (aktuell zwischen 5 und 35 €) erheben.

■ Verstoß gegen die Verkehrssicherheit

Beispiel: Im Rahmen einer Polizeikontrolle wird festgestellt, dass die Auflaufbremsanlage eines Anhänger-Wohnwagens ohne ausreichende Funktion ist (Auflaufweg der Bremsanlage erheblich zu lang). Dem Fahrzeughalter wird auferlegt, dass er sein Fahrzeug einem aaSoP/PI vorstellen muss.

Das reparierte Fahrzeug wird dem aaSoP/PI vorgestellt, dieser prüft die Bremsanlage und erstellt einen positiven Prüfbericht. Dieser Prüfbericht dient zur Vorlage bei der Zulassungsbehörde.

Die Rechtsgrundlage für diese Entscheidung bildet wiederum § 56 OWiG; das OWiG regelt auch den Ablauf zur Wiederherstellung der Verkehrssicherheit.

1.1.1 Schwerpunktkontrollen

In regelmäßigen Abständen und zu besonderen Zeiten und Anlässen führt die Polizei Kontrollen durch. Unterstützt werden diese Maßnahmen häufig durch aaSoP/PI, die von der Polizei hinzugezogen werden.

In den 1970er/80er Jahren hatte der Sachverständige die Aufgabe, die Polizei dabei zu unterstützen, dass festgestellte Verstöße gegen die Vorschriftsmäßigkeit und Verkehrssicherheit schon vor Ort – zum Zeitpunkt der Kontrolle – geahndet wurden. Dadurch entstand in der Bevölkerung fälschlich der Eindruck, dass der Sachverständige selbst „ermittelt, beweist und bestraft“.

Um dem entgegenzuwirken, wurde die Teilnahme des Sachverständigen ab Mitte der 1980er Jahre nur noch erlaubt, wenn er die Rolle des Beraters der Polizei, aber auch des kontrollierten Fahrzeugführers einnimmt.

■ Ein Beispiel für diesen Wandel

Jedes Frühjahr treffen sich Motorradfahrer an festen Punkten (z. B. einem See, einer Burg), um gemeinsam die erste „Ausfahrt“ des

Jahres zu begehen. Früher war es so, dass Schwerpunktkontrollen genau zu dieser Zeit und an diesen Orten stattfanden. Zweiräder wurden kontrolliert sowie die Umbauten, die in den Wintermonaten erfolgt waren, wurden von Sachverständigen begutachtet. Kam der Sachverständige zu dem Ergebnis, dass ein Erlöschen der Betriebserlaubnis nach § 19 Abs. 2 StVZO vorlag, verfasste die Polizei eine Ordnungswidrigkeitsanzeige. Das eigentlich harmonische Stimmungsbild dieser Treffen litt dadurch natürlich erheblich.

Heute tritt der Sachverständige als Berater auf. Er ist Ansprechpartner der Polizei und Ratgeber für die Fahrer und Eigentümer der Zweiräder. Wenn möglich, werden Eintragungen vor Ort besprochen und Termine dafür vereinbart. Nur bei eklatanten Fällen greift die Polizei zu strengeren Maßnahmen.

1.1.2 Gerichtsgutachten

■ Beispiel zur Vorschriftsmäßigkeit

Bei einer Verkehrskontrolle stellt die Polizei fest, dass die an einem Fahrzeug befindliche Rad-Reifen-Kombination unzulässig und die Radabdeckung unzureichend ist. Den festgehaltenen Sachverhalt leitet sie an die untere Verwaltungsbehörde (Ordnungsamt) weiter. Die Behörde prüft den Bericht, erstellt ggf. einen Bußgeldbescheid und sendet diesen an den Fahrzeughalter. Der Fahrzeughalter akzeptiert den Bußgeldbescheid nicht und legt Rechtsmittel ein.

Die untere Verwaltungsbehörde erhält den Widerspruch, prüft den Sachverhalt erneut und leitet ggf. den Vorgang an das zuständige Amtsgericht weiter. Wenn der Richter sich eine eigene Entscheidung nicht erarbeiten kann, schaltet er einen aaSoP/PI zur Entscheidungsfindung ein. Der Sachverständige prüft den Vorgang, führt mit den ihm zur Verfügung stehenden Datenbanken eine Recherche durch und erstellt ein Gutachten.

Der verhandelnde Richter hat nun eine sachverständige Expertise, anhand dieser prüft er den Vorgang erneut und stützt unter Umständen sein Urteil darauf ab.

■ Beispiel zur Verkehrssicherheit

Im Rahmen einer Verkehrskontrolle wird ein Lastkraftwagen überprüft. Nach Auffassung der Polizei ist die Ladung des Fahrzeugs nicht ausreichend gesichert. Sie beschreibt dies und fertigt Fotos an. Der Fahrzeugführer hingegen ist gegenteiliger Auffassung.

Mit Eingang des Bußgeldbescheides erhält der Halter des Fahrzeuges die Möglichkeit, Stellung zum Sachverhalt zu nehmen. Der Fahrzeughalter nutzt diese Möglichkeit und legt Widerspruch ein. Die Verkehrsbehörde hält an den Aussagen der Polizei fest und leitet den Vorgang mit der Bitte um weitere Verfolgung an das zuständige Amtsgericht weiter.

Wenn der Richter sich aufgrund der vorliegenden Unterlagen kein eigenes Urteil bilden kann, beauftragt er einen aaSoP/PI mit der Untersuchung. Dieser erstellt ein Gutachten und teilt dem Gericht seine sachverständige Auffassung mit (siehe hierzu auch „Handbuch Mängelerkennung am Lkw und Kleintransporter“, Kirschbaum Verlag). Dieses Gutachten ist nunmehr Grundlage für die Gerichtsentscheidung.

1.2 Unfallanalyse und Forensik

Die Forensik ist ein Schwerpunktfeld der medizinischen Psychologie. Die Medizinisch-Psychologischen Institute (MPI) bei TÜV und DEKRA leisten mit ihren Verkehrspsychologen täglich wertvolle Arbeit im Sinne der Verkehrssicherheit (siehe hierzu auch „Fahrerflucht – Vorsatz oder nicht?“, Kirschbaum Verlag).

Die MPI waren lange Zeit ein fester Bestandteil der TP. Heute sind sie eigenständige Gesellschaften von TÜV und DEKRA und stehen in freiem Wettbewerb.

Als Auftraggeber für Unfallanalysen kommen Zivilgerichte, Staatsanwaltschaften, Rechtsanwälte und Versicherungen in Betracht.

Bild 16 Schwerer Lkw-Unfall auf der A 20, der Kieslaster fuhr ungebremst in einen Sattelzug
Foto: Christian Nimtz; Quelle: www.herzogtum-direkt.de

Dieses Tätigkeitsfeld gehört nicht zu den Routineaufgaben eines jeden aaSoP/PI. Es ist Sachverständigen mit großer, langjähriger Erfahrung und sehr spezieller Aus- und Weiterbildung in diesem Bereich vorbehalten.

Die Aufgabe des Sachverständigen besteht darin, seine speziellen Kenntnisse auf technischen Gebieten entsprechend seiner Aufgabenbereiche bei der rechtlichen Bewertung von Unfällen einzubringen.

Es geht darum, Darlegung und Interpretation der vorherrschenden Lehrmeinung mit dem technischen Wissen des Sachverständigen sowie den ersichtlichen Tatsachen des Unfalls und den physikalischen Gesetzmäßigkeiten so zu verknüpfen, dass daraus Rückschlüsse zum Unfallhergang gezogen werden können.

1.2.1 Beispiele für die Tätigkeit

Nicht selten behaupten Fahrer von Nutzfahrzeugen, die auf ein stehendes Hindernis aufgefahren sind, dass die Bremsanlage versagt hat.

Der Sachverständige, der durch ein Gericht oder die Staatsanwaltschaft beauftragt wurde, wird die Bremsanlage, so erforderlich, bis ins Kleinste untersuchen und ggf. zerlegen. Um sich ein gerichtsfestes Urteil zu bilden, wird er selbstverständlich Unterlagen über Wartung, Reparatur sowie die letzten Untersuchungsberichte (HU, SP etc.) ebenfalls einsehen.

Behauptet der Fahrer eines Unfallfahrzeuges, dass er seine Abbiegeabsicht mittels Fahrtrichtungsanzeiger deutlich gemacht hat, muss der Sachverständige nachweisen, ob die Lichtquelle zum Zeitpunkt des Unfalls tatsächlich geleuchtet hat oder nicht.

Der Sachverständige kann auch externe Hilfe, z. B. von Laboren in Anspruch nehmen. Die Ergebnisse werden grundsätzlich in einem schriftlichen Gutachten festgehalten.

Nicht selten muss der Sachverständige sein Gutachten in einer folgenden Gerichtsverhandlung nochmals persönlich erläutern und vertreten.

1.2.2 Unfallforschung und Crash-Tests

Im Aufgabenspektrum eines Sachverständigen stellt sowohl die Unfallforschung als auch die Durchführung von Crash-Tests eine spezielle Aufgabe dar.

Auch hier findet sein umfassendes, detailliertes Wissen Anwendung. Besonders die Automobilindustrie, aber auch Versicherungen, der Gesetzgeber und die Gerichtsbarkeit ziehen daraus gezielten Nutzen. Letztendlich profitieren alle Sachverständigen durch die Weitergabe der Erfahrungen in ihrer täglichen Arbeit davon.

2 Schaden- und Wertgutachten

2.1 Schadengutachten

Jeder Bürger in Deutschland ist dazu verpflichtet, sein Eigentum zu schützen. Jedem steht aber auch das Recht zu, dass sein Eigentum geschützt wird. Wird Eigentum beschädigt oder zerstört, hat der Geschädigte Anspruch auf Wiederherstellung oder Ersatz. Da man vernünftigerweise nicht davon ausgehen kann, dass jeder Schädiger über die finanziellen Eigenmittel verfügt, jedem noch so hohen Anspruch gerecht zu werden, gibt es für die unterschiedlichsten Lebensbereiche und Teile Versicherungen.

Das Betreiben eines Kraftfahrzeuges oder Anhängers birgt in sich schon eine Gefahr, die aus dem Betrieb des Fahrzeugs resultiert. Deshalb überlässt man es nicht – wie z. B. bei einer Hausratsversicherung oder Privathaftpflichtversicherung – der Freiwilligkeit des Fahrzeughalters, eine Versicherung abzuschließen, sondern verpflichtet ihn dazu.

Das Pflichtversicherungsgesetz für Kraftfahrzeughalter besagt in § 1:

„Der Halter eines Kraftfahrzeugs oder Anhängers mit regelmäßigem Standort im Inland ist verpflichtet, für sich, den Eigentümer und den Fahrer eine Haftpflichtversicherung zur Deckung der durch den Gebrauch des Fahrzeugs verursachten Personenschäden, Sachschäden und sonstigen Vermögensschäden […] abzuschließen und aufrechtzuerhalten, wenn das Fahrzeug auf öffentlichen Wegen oder Plätzen verwendet wird."

Der Geschädigte wird dementsprechend die Kosten der Reparatur seines Fahrzeugs der Pflichtversicherung des Schädigers anlasten. Um die Schadenshöhe, den Reparaturweg, die Reparaturdauer und weitere Parameter festzustellen, hat der Geschädigte das Recht, einen Gutachter mit einem Schadengutachten zu beauftragen. Ab einer bestimmten Schadenshöhe werden auch diese Kosten von der Versicherung getragen.

2.1.1 Ablauf eines Schadengutachtens

Schaden ➜ Versicherer ➜ Auftraggeber ➜ Gutachter ➜ Reparatur ➜ Rechnung an Versicherer

■ Schaden

Im klassischen Fall werden durch einen Unfall zwei Fahrzeuge beschädigt: das des Unfallverursachers als Schädiger und das des Geschädigten.

■ Versicherer

Sowohl der Schädiger als auch der Geschädigte informieren ihre Versicherungen. Bei eindeutiger Rechtslage übernimmt die Versicherung des Schädigers die Kosten des Geschädigten.

■ Auftraggeber

Bei einem Haftpflichtschaden beauftragt der Geschädigte einen Gutachter und eine Reparaturwerkstatt seines Vertrauens.

Wenn der Fahrzeughalter eine sog. Vollkasko-Versicherung abgeschlossen hat (eine freiwillige Zusatzversicherung zur Ergänzung der gesetzlich vorgeschriebenen Kfz-Haftpflichtversicherung, die auch die Schäden am eigenen Fahrzeug abdeckt), behält sich der Versicherer die Wahl des Gutachters und die Reparaturwerkstatt vor.

■ Gutachter

In der Regel hat ein Gutachter die Qualifikation eines Diplomingenieurs oder Kraftfahrzeugmeisters, verfügt also über fundierte Kenntnisse der Fahrzeug- und Reparaturtechnik. In einer mindestens sechsmonatigen Ausbildung wird er zusätzlich auf die Aufgabe als Gutachter vorbereitet. Durch eine jährliche Weiterbildung wird gewährleistet, dass er immer auf dem aktuellen Stand der Technik ist.

■ Reparatur

Auf der Grundlage des Gutachtens setzt die Fachwerkstatt das Fahrzeug instand.

2.1.2 Tätigkeit des Gutachters zur Gutachten-Erstellung

1. Auftrag

- Auftraggeber und Datum der Auftragserteilung
- Inhalt und Zweck des Auftrages (Kasko oder Haftpflicht)
- Angabe zum Schadenstag

2. Besichtigung

- Ort und Zeit der Besichtigung
- Besichtigungsbedingungen
- Beteiligte

3. Technische Daten des Fahrzeugs und Angaben, die den Zustand betreffen

- Halter, amtliches Kennzeichen, Fahrzeugart, Fabrikat und Typ/Verkaufsbezeichnung, Tag der Erst- bzw. Letztzulassung
- Gewicht, Leistung, Hubraum
- Zustand der Bereifung
- Farbe
- Sonderausstattung und Zubehör
- Fälligkeitstermin der nächsten vorgeschriebenen Prüfung
- Angaben zum allgemeinen Zustand des Fahrzeugs

4. Angabe des Wiederbeschaffungswertes

- Der Wiederbeschaffungswert ist der Wert, der bei der Anschaffung eines Ersatzfahrzeuges gleicher Art und Güte in gleichem Abnutzungszustand bei einem seriösen Händler in dem betreffenden Marktgebiet durchschnittlich aufgewendet werden muss.
- Bei Totalschäden bzw. in Grenzfällen (Reparaturkosten erreichen 50 % des Wiederbeschaffungswertes) ist eine Aussage zum Wert des Fahrzeuges in beschädigtem Zustand, dem sog. Restwert, zu treffen (siehe hierzu auch „Der merkantile Minderwert in der Praxis“, Kirschbaum Verlag).

5. Feststellung der Unfallschäden

- Detaillierte Beschreibung des Schadensbildes nach Lage, Intensität und Charakteristik
- Ergänzung der Beschreibung durch Lichtbilder

6. Voraussichtliche Instandsetzungskosten

- Ersatzteil-, Lohn- und Lackierkosten in Stunden bzw. Arbeitszeitwerten (AW)

7. Voraussichtliche Reparaturdauer (Angabe in Arbeits- oder Kalendertagen)

8. Zusammenfassung: Kurzform der Begutachtungsergebnisse

9. Ort und Datum der Fertigstellung des Gutachtens, Stempel und Unterschrift des Sachverständigen.

Bei der Ermittlung und Festlegung der erforderlichen Ersatzteile im Karosseriebereich und der Arbeitszeitwerte bedient sich der Gutachter einschlägiger Datenbanken (z. B. Audatex, Schwacke).

2.2 Wertgutachten

Wertgutachten dienen dazu, den Wert des Fahrzeugs zum Zeitpunkt der Begutachtung festzustellen und festzuhalten.

2.2.1 Ablauf eines Wertgutachtens

Auftraggeber ➜ Gutachter ➜ Rechnung an Auftraggeber

Beispiele:

■ Auftraggeber

1. Eigentümer eines Oldtimers

Gerade bei Oldtimern ist es wichtig, den Wert des Fahrzeugs belegen zu können. Die Notwendigkeit dazu besteht etwa im Fall eines Verkaufs bzw. für die Versicherung.

2. Leasinggesellschaft

Nach Ablauf der Leasingzeit ist der Wert des Fahrzeugs z. B. dann von Bedeutung, wenn der Leasingnehmer das Fahrzeug übernehmen will.

Gutachter

An den Gutachter werden prinzipiell die gleichen Anforderungen wie an den Gutachter für Schadengutachten gestellt.

2.2.2 Tätigkeit des Gutachters zur Gutachten-Erstellung

Baugruppen der Begutachtung sind:

- Karosserie außen und innen
- Elektronik und Beleuchtung
- Motor und Nebenaggregate
- Antriebsstrang
- Bremsanlage
- Kraftstoffanlage
- Zubehör
- Achsaggregate und Aufhängung
- Federung.

Die genannten Baugruppen werden im Detail geprüft und begutachtet nach:

- Funktion
- Beschädigung
- Fehlteil
- Geräusch
- Vibrationen
- Optischer Eindruck
- Gebrauchszustand
- Spaltmaße/Einpassungen
- Unfallfreiheit.

Die Einzelergebnisse können z. B. in einer Matrix festgehalten werden. Anhand der Ergebnisse der technischen und optischen Begutachtung sowie nach einer Recherche der aktuellen Marktlage wird ein Preis festgelegt. Mit der Rechnungsstellung wird dem Auftraggeber das Gutachten überlassen.

3 Ladungssicherung[25]

Der Trend, mehr und mehr Güter auf der Straße von Punkt A nach Punkt B zu befördern, wird in Zukunft noch stärker zunehmen. Umso wichtiger ist die richtige Sicherung des zu transportierenden Guts in seiner unterschiedlichen Gestaltung, wie die nachfolgenden *Bilder* verdeutlichen.

3.1 Rechtliche Grundlagen

3.1.1 Straßenverkehrs-Ordnung (StVO) und Straßenverkehrs-Zulassungs-Ordnung (StVZO)

§ 22 StVO („Ladung"). Dieser Paragraph ist die Grundlage für das Bundesamt für Güterverkehr (BAG), das die Einhaltung der Vorschriften im fließenden Verkehr prüft, und für die Polizei, um Verstöße im Rahmen der Ladungssicherung nach dem Gesetz über Ordnungswidrigkeiten (OWiG) zu ahnden.

„Die Ladung einschließlich Geräte zur Ladungssicherung sowie Ladeeinrichtungen sind so zu verstauen und zu sichern, dass sie selbst bei Vollbremsung oder plötzlicher Ausweichbewegung nicht verrutschen, umfallen, hin- und herrollen, herabfallen oder vermeidbaren Lärm erzeugen können. Dabei sind die anerkannten Regeln der Technik zu beachten."

Unter dem Begriff „anerkannte Regeln der Technik" versteht man unter anderem DIN- und EN-Normen, aber auch die VDI-Richtlinien und Verladeanweisungen.

Laut § 23 StVO („Sonstige Pflichten des Fahrzeugführers") kommt dem Fahrzeugführer eine besondere Verpflichtung zu:

25 Siehe hierzu Braun/Kolb: LKW, Ein Lehrbuch und Nachschlagwerk, 11. Auflage; Köhler: Handbuch Mängelerkennung am LKW und Kleintransporter, 2. Auflage; Beide Bücher erschienen im Kirschbaum Verlag

„... Er muss dafür sorgen, dass das Fahrzeug, der Zug, das Gespann sowie die Ladung und die Besetzung vorschriftsmäßig sind und dass die Verkehrssicherheit des Fahrzeugs durch die Ladung oder die Besetzung nicht leidet."

§ 30 StVZO („Beschaffenheit der Fahrzeuge") enthält dagegen Vorschriften an die Fahrzeuge selbst: *„Fahrzeuge müssen so gebaut und ausgerüstet sein, dass ... ihr verkehrsüblicher Betrieb niemanden schädigt oder mehr als unvermeidbar gefährdet, behindert oder belästigt."*

3.1.2 Weitere nationale Vorschriften und Richtlinien

Berufsgenossenschaftliche Anforderungen

BGV A1 — Grundsätze der Prävention
BGV D19 — Unfallverhütungsvorschriften – Fahrzeuge
BGV 649 — Ladungssicherung auf Fahrzeugen

Verein Deutscher Ingenieure (VDI-Richtlinie)

Die VDI-Richtlinie 2700 „Ladungssicherung auf Straßenfahrzeugen" ist die Grundlage. In weiteren Blättern dieser Richtlinie findet man spezielle Regeln der Technik, so z. B.

VDI 2700 Blatt 3 — Ladungssicherungshilfsmittel
VDI 2700 Blatt 6 — Zusammenladung von Stückgütern
VDI 2700 Blatt 8 — Autotransporter
VDI 2700 Blatt 12 — Ladungssicherung bei Getränketransportern

Mit den gleichen Themen befassen sich über Deutschland hinaus Europäische Normen (DIN EN):

DIN EN 12195 — Zurrketten und Zurrdrahtseile
DIN EN 12640 — Zurrpunkte an Nutzfahrzeugen zur Güterbeförderung
DIN EN 12642 — Aufbauten an Nutzfahrzeugen – Mindestanforderungen.

Bild 17[26]

26 Bilder 17 bis 25 und 27 Quelle: Schulungsunterlage Ladungssicherung, mit freundlicher Genehmigung von Herrn Dipl.-Ing. Bastian Bierhoff (aaSmT), TNM GmbH & Co. KG

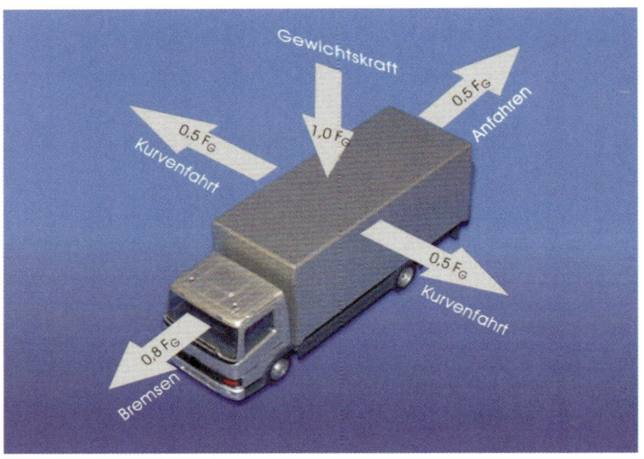

Bild 18 Kräfte die auf die Ladung im Fahrbetrieb wirken können

1 Durch Verwendung von Gurtschonern/Kantenschonern wird nicht nur der Verschleiß des Gurtes verringert, sondern auch der Reibungsverlust gering gehalten.
2 Die Zurrmittel müssen an geeigneten Zurrpunkten befestigt werden.
3 Zurrmittel mit nicht mehr als 50 % der maximalen Zugkraft vorspannen.

Die Ratschen sollten wechselseitig angebracht werden, da an den Auflagen des Gurtes auf dem Ladegut Reibungsverluste entstehen.

Wie viele Zurrmittel verwendet werden müssen, hängt von den Einflussfaktoren beim Niederzurren ab.

Bild 19 Niederzurren (kraftschlüssige Ladungssicherung)

Änderung des Gleitreibbeiwertes μ von 0,3 auf 0,6 durch Unterlegung von Antirutschmatten. Die Palette ist mit Antirutschmatten unterlegt, die Anzahl der Zurrmittel verringert sich von 12 auf 3.

Bild 20 Verringerung des Gleitreibbeiwertes bei einer freistehenden und standfesten Ladung

Bild 21 Netz und Zwischenlagen aus Holz

Bild 22 Ladungssicherungsplane, hier zur Sicherung von Papierrollen

Bilder 23 und 24 Staupolster aus Schaumstoff oder Luft zum Ausfüllen von Zwischenräumen dienen zur Bildung von formschlüssiger Ladung

3.2 Beispiele der Ladungssicherung

Beim Fahren entstehen Beschleunigungs-, Verzögerungs-, Flieh- und Vertikalkräfte, die im Schwerpunkt der Ladung wirken (*Bild 18*).

Die Ladung kann auf der Ladefläche verrutschen, umfallen oder gar von ihr herunterfallen. Dieses gilt es zu verhindern.

Die Annahme, dass allein die Gewichtskraft des Ladeguts das Verrutschen verhindert, ist physikalisch leicht zu widerlegen.

3.3 Aufgaben des Sachverständigen

3.3.1 Im Rahmen der Hauptuntersuchung nach § 29 StVZO

Der Ladungssicherung wird in Anlage 2 zu Nr. 4 der HU-Richtlinie mit der Nr. 615 besonders Rechnung getragen.

Nr. 615 Laderaum – Kipp-/Ladungssicherung

Geprüft und ggf. bemängelt wird (*Bilder 25 bis 27*):

■ **Niederspanneinrichtung**

Bild 25

■ **Ladeaufnahme**

Bild 26 Quelle: Steine und Erden 4/2010

■ **Am Fahrzeug angebrachte Zurr- und Aufnahmepunkte**

Bild 27

Dem aaSoP/PI obliegt im Rahmen der HU nach § 29 StVZO die Begutachtung aller Einrichtungen zur Ladungssicherung, die fest mit dem Fahrzeug verbunden sind. Stellt der aaSoP/PI bei seiner Prüfung hierbei Mängel fest, so sind diese nach der Richtlinie für die Durchführung von Hauptuntersuchengen (HU) nach § 29 Anlage VIII und Anlage VIIIa StVZO („HU-Richtlinie") einzustufen.

Nicht in der Verantwortung des aaSoP im Rahmen der Hauptuntersuchung liegen die mitgeführten Einrichtungen wie z. B. Zurrkette oder Zurrgurte.

Alle Aufnahme- und Befestigungspunkte dieser Einrichtungen sind Bestandteil des Aufbaus oder der Ladefläche. Die durch den Sachverständigen festgestellten und dokumentierten Mängel sind nach der Richtlinie des Fahrzeug- oder Aufbauherstellers instand zu setzen.

Ein Erlöschen der Betriebserlaubnis des Fahrzeugs liegt hierbei nicht vor.

3.3.2 Sachverständige mit fachbezogener Zusatzausbildung

Mit den nachfolgend beschriebenen Tätigkeiten befassen sich Sachverständige mit fachbezogener Zusatzausbildung:

- Ausbildung von Fahrzeugführern, Verladepersonal, Fahrzeugbauern, aber auch von Kontrollorganen wie z. B. der Polizei und der BAG.
- Erstellen von Zertifikaten für Fahrzeugaufbauten.

  Die Grundlage zur Zertifizierung bildet die DIN EN 12642. In dieser EU-Norm ist definiert, wie ein verstärkter Fahrzeugaufbau in der Lage ist, die Kräfte zur Ladungssicherung bei formschlüssiger Ladung aufzunehmen. Die Notwendigkeit zusätzlicher Ladungssicherungsmaßnahmen muss jedoch in jedem konkreten Fall vom Verlader, Betreiber oder Fahrer entschieden werden.

  Ein zertifizierter Aufbau bedeutet also nicht, dass in jedem Fall weitere Maßnahmen zur Ladungssicherung entbehrlich sind.

  Die Norm enthält Prüfkriterien für:

  - Standortaufbauten (Code L)
  - verstärkte Aufbauten (Code XL).

- Erstellen von Verladeanweisungen zu Transporteinheiten und Sicherung des zu transportierenden Ladeguts.
- Erstellen von Gutachten bei nicht eindeutiger Ladungssicherung, die durch die Polizei bzw. das BAG im Rahmen von allgemeinen Verkehrskontrollen oder bei Unterwegskontrollen festgestellt wird, in deren Auftrag.

4 Bau und Betrieb von pferdebespannten Fahrzeugen (Kutschenprüfung)

4.1 Verordnungsrechtliche Herleitung

Grundlage sind § 16 Abs. 1 i.V.m. § 64 Abs. 2 und § 65 StVZO. Weiter heißt es in § 30 StVZO („Beschaffenheit der Fahrzeuge"):

„Fahrzeuge müssen so gebaut und ausgerüstet sein, dass

1. *ihr verkehrsüblicher Betrieb niemanden schädigt oder mehr als unvermeidbar gefährdet, behindert oder belästigt,*
2. *die Insassen insbesondere bei Unfällen vor Verletzungen möglichst geschützt sind und das Ausmaß und die Folge von Verletzungen möglichst gering bleiben."*

§ 31 StVZO („Verantwortung für den Betrieb der Fahrzeuge") ergänzt:

„(1) Wer ein Fahrzeug oder einen Zug hintereinander verbundener Fahrzeuge führt, muss zur selbstständigen Leitung geeignet sein.

(2) Der Halter darf die Inbetriebnahme nicht anordnen oder zulassen, wenn ihm bekannt ist oder bekannt sein muss, dass der Führer nicht zur selbstständigen Leitung geeignet oder das Fahrzeug, der Zug, das Gespann, die Ladung oder die Besetzung nicht vorschriftsmäßig ist ..."

Aus diesen Vorschriften lassen sich Anforderungen sowohl an den Fahrzeugführer als auch an das Fahrzeug ableiten.

Das allein war und ist allerdings nicht der Grund dafür, dass Bau und Betrieb von pferdebespannten Fahrzeugen systematisiert in einer „Richtlinie" (erarbeitet durch: Deutsche Reiterliche Vereiniung (FN), Dekra AG, Verband der Technischen Überwachungsvereine e.V. (VDTÜV)) bearbeitet wurden. Hinzu kam, dass gerade bei Planwagenfahrten in Feriengebieten immer wieder Unfälle, zum Teil mit Personenschäden, passierten.

4.2 „Richtlinie" für den Bau und Betrieb pferdebespannter Fahrzeuge

Die Richtlinie ist in zwei Teile gegliedert.

Teil I behandelt den Bau und die Ausrüstung pferdebespannter Fahrzeuge, die unter besonderer Berücksichtigung der StVZO, der StVO sowie unter Anwendung der anerkannten Regeln der Technik – z. B. DIN-Normen,– erfolgen sollen.

Teil II befasst sich mit dem Betrieb pferdebespannter Fahrzeuge. Der Fahrer muss gem. § 31 StVZO für das Fahren eines Gespannes geeignet, also fachlich qualifiziert sein. Diese Qualifikation ist mit dem Nachweis einer Fahrerlaubnis der Klassen 3 und 4 der Deutschen Reiterlichen Vereinigung e.V. (FN) gegeben. Jeder Sachverständige, der Gutachten nach dieser Richtlinie erstellt, muss im Besitz dieser Fahrerlaubnis sein.

Für jedes Fahrzeug, das dieser Richtlinie (Teil I) entspricht und durch einen autorisierten Sachverständigen begutachtet wurde, stellt der Sachverständige einen FN-Wagenpass aus und

Bild 28 Deckblatt zur Richtlinie für den Bau und Betrieb pferdebespannter Fahrzeuge
Quelle: FN-Verlag Warendorf, 4. Auflage 2007

kennzeichnet es mit einer Plakette. Die Plakette trägt das FN-Emblem als organisationsübergreifendes Merkmal.

4.3 Bau- und Prüfgrundlagen für den aaSoP/PI

4.3.1 Fahrgestell

Das Fahrgestell muss bei Auslastung bis zum zulässigen Gesamtgewicht allen betriebsüblich auftretenden Belastungen ohne bleibende Verformung oder Beschädigung standhalten. Bei der nachfolgenden Auflistung wird deutlich, dass der Sachverständige bei der Begutachtung sich mit Themen beschäftigen muss, die sonst nicht zum täglichen Aufgabengebiet gehören.

Zu beachten sind insbesondere die Wirkung

- der Gewichtskräfte,
- der Windkräfte (insbesondere des Seitenwinds),
- der Zug- und Bremskräfte,
- der Biege- und Torsionsmomente

auf die Stabilität und Verwindungsfähigkeit des Fahrgestells.

Der Nachweis für die Stabilität und Verwindungsfähigkeit des Fahrgestells kann im Zweifelsfall entweder durch eine Berechnung oder über eine Testfahrt von mindestens 10 km auf unbefestigten Wegen mit maximaler Anspannung und einer Belastung mit dem 1,4-fachen der zul. Gesamtmasse erfolgen.

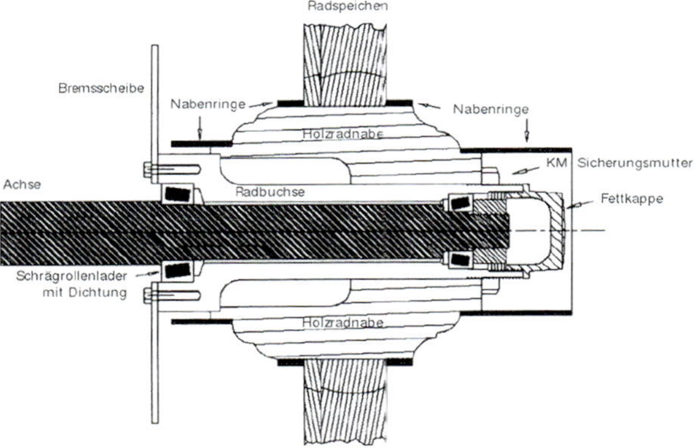

Bild 29 Radbuchse mit Aufnahmeflansch für Bremsscheibe mit formschlüssiger Verbindung zur Radnabe nach Anhang 3a der Richtlinie für den Bau und Betrieb pferdebespannter Fahrzeuge

4.3.2 Bremsen

Pferdebespannte Fahrzeuge zur gewerblichen Personenbeförderung müssen mit einer Allradbetriebsbremse und einer Feststellbremse ausgerüstet sein.

Die Allradbetriebsbremse muss mit zwei dicht nebeneinander angeordneten Fußpedalen zu bedienen sein; hierbei wirkt das rechte Pedal immer auf die Hinterachse.

Mit der Betriebsbremse muss eine Mindestbremsung von 25 % (bezogen auf die zul. Gesamtmasse) ohne die Bremswirkung der Zugtiere erreicht werden.

Die Feststellbremse muss mit einer eigenen mechanischen Betätigungs- und Übertragungseinrichtung auf mindestens eine Achse wirken. Die zu erreichende Mindestabbremsung beträgt 15 % (bezogen auf die zul. Gesamtmasse) ohne die Bremswirkung der Zugtiere.

Sogenannte Klotzbremsen, die mittels Backen auf die Radreifen wirken, sind als Feststellbremse erlaubt, sofern sie ausreichend wirksam sind.

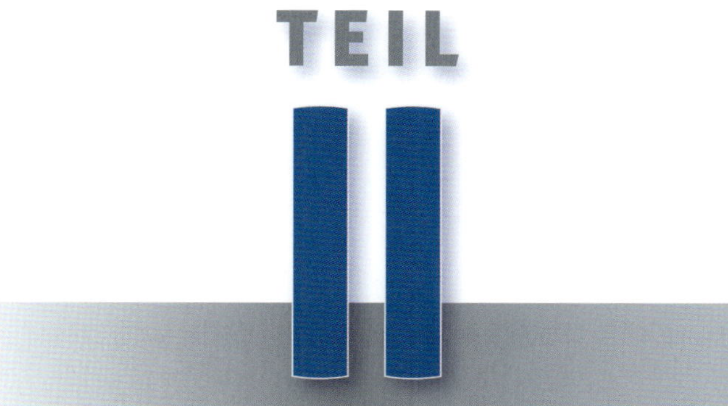

Genehmigung und Zulassung

Dipl.-Ing. Klaus Bierhoff
Dipl.-Ing. Johann Meyer (Kap. 4 Nr. 2.4 und 5)
Dipl.-Ing. Gerd Mylius

Kapitel 1
Genehmigungsverfahren und Genehmigungsgutachten

1 EU-Typgenehmigung, national und international

Manfred Hoogen (TÜV Rheinland) und Christian von Stosch (TÜV Rheinland)

Grundlagen und Zielsetzung

Für serienmäßig hergestellte bzw. herzustellende Fahrzeuge oder Fahrzeugteile erteilt das Kraftfahrt-Bundesamt (KBA) Typgenehmigungen mit bundes- und/oder europaweiter Geltung.

Drei wesentliche Ziele der Typgenehmigung sind:

1. der Inhaber erhält die Möglichkeit, seine Produkte mit einer Typgenehmigung in der EU in den Verkehr zu bringen
2. durch das Typgenehmigungsverfahren werden Verkehrssicherheit und Umweltschutz in angemessener Weise berücksichtigt und
3. durch die Typgenehmigung werden einzelstaatliche Genehmigungen in allen EU-Mitgliedstaaten entberlich mit der Folge, dass Zeit und Kosten für die Genehmigungsinhaber eingespart werden.

Im Sinne der Rahmenrichtlinie 2007/46/EG[1] ist die Typgenehmigung definiert als das Verfahren, mit welchem ein EU-Mitgliedstaat bescheinigt, dass ein Typ eines Fahrzeugs, eines Systems, eines Bauteils oder einer selbstständigen technischen Einheit (siehe *Tabelle 1*) allen Verwaltungsvorschriften und technischen Anforderungen entspricht.

1 Die Richtlinie 2007/46/EG vom 5.9.2007 hat derzeit den Stand VO(EU) Nr. 65/2012

Tabelle 1 Produkte, für die eine Typgenehmigung im Sinne der Richtlinie 2007/46/EG beantragt werden kann (Typdefinition)

Typ eines/einer			
Fahrzeugs	**Systems**	**Bauteils**	**selbstständigen technischen Einheit**
Fahrzeuge einer bestimmten Fahrzeugklasse, die sich gemäß der wesentlichen Merkmale der Richtlinie 2007/46/EG Anhang II Teil B nicht unterscheiden *Beispiel:* Gesamtfahrzeug	Einrichtung, die gemeinsam eine oder mehrere Funktionen eines Fahrzeugs erfüllt *Beispiel:* Bremssystem	Einrichtung, die Bestandteil eines Fahrzeugs ist, für die unabhängig vom Fahrzeug eine Typgenehmigung erteilt werden kann *Beispiel:* Nebelscheinwerfer	Einrichtung, die Bestandteil eines Fahrzeugs sein soll, für die in Bezug auf einen Typ eines Fahrzeugs eine Typgenehmigung erteilt werden kann *Beispiel:* hinterer Unterfahrschutz

Für die Erteilung von Typgenehmigungen sind drei „Rechtskreise" von Bedeutung. Im Nachfolgenden seien diese Rechtskreise in kurzgefassten Übersichten dargestellt.

National, Rechtskreis Bundesrepublik Deutschland

Nach § 6 Abs. 1 des Straßenverkehrsgesetzes in der Fassung vom 19.12.1952 ist das Bundesministerium für Verkehr, Bau- und Stadtentwicklung (BMVBS) ermächtigt, mit Zustimmung des Bundesrates Rechtsverordnungen und Verwaltungsvorschriften für die im Einzelnen festgelegten Vorschriften zu erlassen.

§ 6 Abs. 1 StVG bildet unter anderem die Grundlage für die

- Straßenverkehrs-Zulassungs-Ordnung (StVZO),
- Fahrzeugteileverordnung (FzTV),

sowie zur Anerkennung von Genehmigungen nach der

- Verordnung über die EG-Genehmigung für Kraftfahrzeuge und ihre Anhänger sowie für Systeme, Bauteile und selbstständige technische Einheiten (EG-FGV).

Mit diesen Verordnungen regelt die Bundesrepublik Deutschland das Typgenehmigungsverfahren auf nationaler Ebene. Dieses Verfahren berücksichtigt die Notwendigkeit, international vereinbarte Vorschriften und Verfahren rechtsverbindlich für die Bundesrepublik Deutschland umzusetzen. Als rein nationale Typgenehmigungsverfahren sind an dieser Stelle zu nennen:

- die allgemeine Betriebserlaubnis für Fahrzeuge und Fahrzeugteile (ABE) und
- die allgemeine Bauartgenehmigung für bestimmte Fahrzeugteile (ABG).*

Die wesentlichen Randbedingungen zu vorstehenden Verfahren sind in den §§ 20, 22 und 22a StVZO beschrieben.

International, Rechtskreis Europäische Union

Die Europäische Wirtschaftsgemeinschaft (heute: Europäische Union, kurz EU) wurde mit den Römischen Verträgen von 1957 gegründet. Die Verträge verfolgen das Ziel, einen Binnenmarkt in der Europäischen Wirtschaftsgemeinschaft zu schaffen und vorhandene Handelshemmnisse zwischen den Mitgliedstaaten zu beseitigen. Die EU erlässt EU-Richtlinien und -Verordnungen mit dem Ziel der Angleichung der Rechtsvorschriften in den Mitgliedstaaten.

Im Gegensatz zu den EU-Verordnungen gelten EU-Richtlinien nicht unmittelbar in den Mitgliedstaaten. Nach Veröffentlichung einer EU-Richtlinie im Amtsblatt der Europäischen Gemeinschaft ist regelmäßig eine Frist zur nationalen Umsetzung vorgegeben, innerhalb derer die Mitgliedstaaten eine Umsetzung in das nationale Recht vornehmen müssen. Bei der EU-Verordnung entfällt die nationale Umsetzung, da die EU-VO unmittelbare Rechtswirksamkeit in allen Mitgliedstaaten besitzt.

Die EG-Typgenehmigung von Kraftfahrzeugen und Kraftfahrzeuganhängern wurde erstmalig 1970 durch die EG-Richtlinie 70/156/EWG innerhalb der EWG geregelt. Sie bildet die Ausgangsvorschrift für die heute anzuwendende Rahmenrichtlinie:

- **2007/46/EG** für die Typgenehmigung von Kraftfahrzeugen und Kraftfahrzeuganhängern (diese ersetzt die Richtlinie 70/156/EWG).

Darüber hinaus sind zwei weitere Fahrzeugrahmenrichtlinien in Kraft:

- **2003/37/EG** für die Typgenehmigung von land- und forstwirtschaftlichen Zugmaschinen auf Rädern
- **2002/24/EG** für die Typgenehmigung von zwei- und dreirädrigen Kraftfahrzeugen.

Neben diesen Rahmenrichtlinien beschreiben Einzelrichtlinien die technischen Anforderungen an Systeme, Bauteile und selbstständige technische Einheiten.

Zurzeit besteht die EU aus 27 Mitgliedstaaten (siehe *Bild 1*). Bauteile und selbstständige technische Einheiten mit EU-Typgenehmigung

* *Hinweis:* Die nationalen Begriffe „Betriebserlaubnis" und „Bauartgenehmigung" bedürfen der Anpassung an die internationalen Vorschriften.

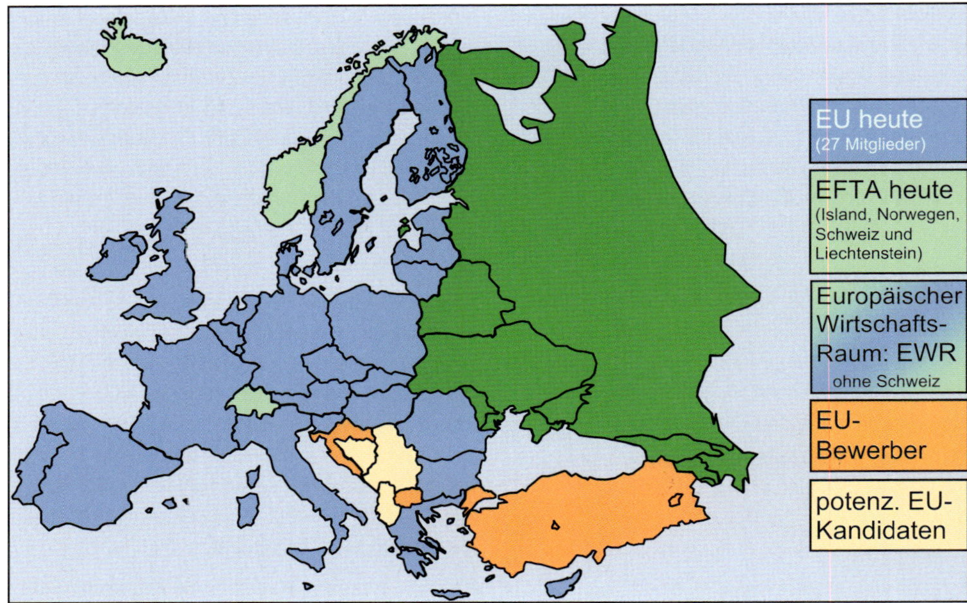

Bild 1 Übersicht über die Staaten der EU und der EFTA

werden stets mit dem EU-Genehmigungszeichen gekennzeichnet; dieses besteht aus einem Rechteck, in dem sich ein „**e**" und die Kennzahl des EU-Mitgliedstaates befindet. Darüber hinaus sind ggf. weitere Kennzeichnungsmerkmale vorgesehen, die sich aus den Bestimmungen der relevanten Einzelrichtlinie/Verordnung ergeben.

Neben den EU-Mitgliedstaaten wenden die EFTA-Staaten (Mitglieder der Europäischen Freihandelsassoziation) mit dem Abkommen über den Europäischen Wirtschaftsraum (EWR) bestimmte EU-Richtlinien an. Diese verwenden ebenfalls das EG-Genehmigungszeichen (Schweiz e14, Norwegen e16, Liechtenstein FL, Island IS). Die Kennzahlen der Staaten (siehe *Tabelle 7*) wurden mit Ausnahme von Liechtenstein und Island von der ECE übernommen.

■ International, Rechtskreis UN/ECE

Die Economic Commission for Europe der Vereinten Nationen (UN/ECE) wurde bereits 1947 eingerichtet mit dem Ziel, die wirtschaftliche Zusammenarbeit unter den Mitgliedstaaten zu fördern. Sie stellt eine von fünf regionalen Kommissionen der Vereinten Nationen dar, im Rahmen derer aktuell 56 Mitgliedstaaten kooperieren. Neben den europäischen Staaten sind heute die EU als Gesamtorganisation, Japan, Korea, Australien, Neuseeland, Südafrika, Staaten Zentralasiens, Türkei, Tunesien, USA, Kanada und Israel Mitglieder der UN/ECE.

Von der UN/ECE wurde das sogenannte „Genfer Übereinkommen von 1958 über die Annahme einheitlicher Bedingungen für die Genehmigung von Ausrüstungsgegenständen und Teilen von Kraftfahrzeugen und über die gegenseitige Anerkennung der Genehmigungen" erarbeitet, welches 1995 in wesentlichen Punkten revidiert wurde.

Gründe für die Revision waren insbesondere eine Vereinfachung des Verfahrensablaufes sowie die Öffnung für weitere Mitgliedstaaten und Organisationen. Erst mit diesen Änderungen war es möglich, die Europäische Gemeinschaft als Gesamtorganisation als Mitglied der UN/ECE aufzunehmen. *Bild 2* zeigt die Vertragsparteien der UN/ECE des Abkommens von 1958 nach heutigem Stand.

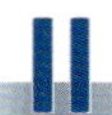

Wesentlicher Teil dieses Übereinkommens sind UN/ECE-Regelungen, die dem Übereinkommen von 1958 angehangen werden. Erarbeitet werden die UN/ECE-Regelungen durch regelmäßig am Sitz der UN/ECE in Genf tagende Arbeitsgruppen. Dabei wird den Themen Sicherheit und Umweltschutz eine besondere Vorrangstellung eingeräumt. Nach Durchlaufen eines definierten Verfahrens werden die neuen/geänderten Regelungen vom UN-Generalsekretär formal in Kraft gesetzt.

Die UN/ECE-Regelungen gelten nur für die Vertragsparteien, die sich nicht gegen eine Anwendung ausgesprochen haben. Jede UN/ECE-Vertragspartei hat dabei die Möglichkeit, einer UN/ECE-Regelung, die sie bisher nicht angewendet hat, zu einem späteren Zeitpunkt beizutreten oder eine bisher angewendete UN/ECE-Regelung wieder – mit entsprechenden Übergangsfristen – zu kündigen.

Auf Basis der UN/ECE-Regelungen können UN/ECE-Genehmigungen für Ausrüstungsgegenstände, Bauteile, selbstständige technische Einheiten und Systeme von Fahrzeugen erstellt werden, ohne dass weitere nationale Genehmigungen erteilt werden müssen. Im Gegensatz zum EU-Typgenehmigungsverfahren ist hierbei bislang keine UN/ECE-Genehmigung für ein Gesamtfahrzeug möglich.

Das Genehmigungszeichen der UN/ECE wurde aus dem Genehmigungszeichen der EU abgeleitet. Es besteht aus einem Kreis, in dem ein „E" und die Kennzahl der jeweiligen ECE-Vertragspartei angegeben sind. Darüber hinaus sind ggf. weitere Kennzeichnungsmerkmale vorgesehen, die sich aus den Bestimmungen der relevanten Regelung ergeben. Die Kennzahlen der Vertragspartner sind in *Tabelle 2* dargestellt.

Damit auf nationaler Ebene eine UN/ECE-Regelung Rechtskraft erlangen kann, trat am 12.6.1965 das Gesetz zum Übereinkommen von 1958 in Kraft. Das BMVBS wird durch dieses Gesetz ermächtigt, nach Anhörung der obersten Landesbehörden UN/ECE-Regelungen in Kraft zu setzen. Die Ermächtigung gründet sich auf den im Artikel 3 dieses Gesetzes enthaltenen Bezug zu § 6 StVG.

Typgenehmigungsverfahren – Arten und Partner

Innerhalb der zuvor erwähnten Rechtskreise (Europäische Union, UN/ECE) verfügt jeder Mitgliedstaat über die Befugnis, Genehmigungen gemäß den anwendbaren UN/ECE-Regelungen und EU-Richtlinien/Verordnungen über die zuständige nationale Genehmigungsbehörde zu erteilen. Für die

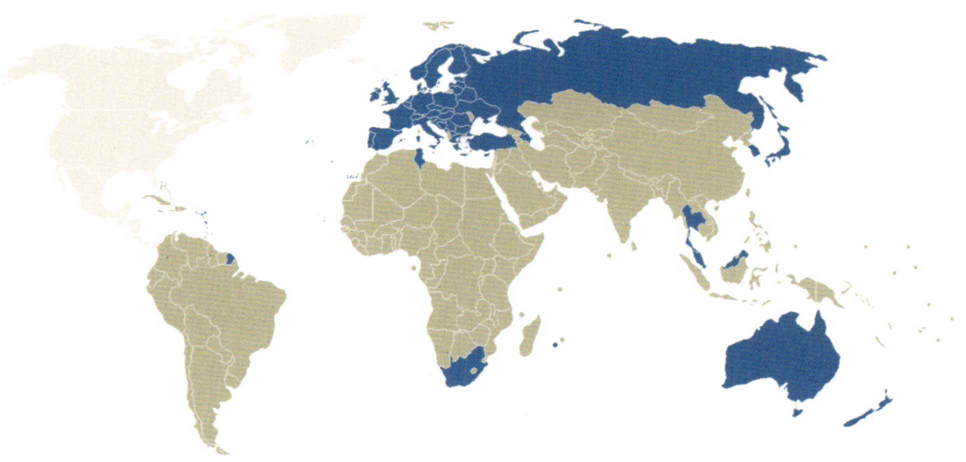

Bild 2 Vertragsparteien der ECE des Abkommens von 1958 nach heutigem Stand

Tabelle 2 Kennzahlen der Zeichner des Übereinkommens von 1958 (ECE-Vertragsparteien)

E1	Deutschland	E21	Portugal	E41	–
E2	Frankreich	E22	GUS (Russland)	E42	Europ. Gemeinschaft
E3	Italien	E23	Griechenland	E43	Japan
E4	Niederlande	E24	Irland	E44	–
E5	Schweden	E25	Kroatien	E45	Australien
E6	Belgien	E26	Slowenien	E46	Ukraine
E7	Ungarn	E27	Slowakei	E47	Republik Südafrika
E8	Tschechien	E28	Weißrussland	E48	Neuseeland
E9	Spanien	E29	Estland	E49	Zypern
E10	Serbien	E30	–	E50	Malta
E11	Großbritannien	E31	Bosnien und Herzegowina	E51	Republik Korea
E12	Österreich	E32	Lettland	E52	Malaysia
E13	Luxemburg	E33	–	E53	Thailand
E14	Schweiz	E34	Bulgarien	E54	–
E15	– (ehemals DDR)	E35	Kasachstan	E55	–
E16	Norwegen	E36	Litauen	E56	Montenegro
E17	Finnland	E37	Türkei	E57	–
E18	Dänemark	E38	–	E58	Tunesien
E19	Rumänien	E39	Aserbaidschan		
E20	Polen	E40	Mazedonien		

Bundesrepublik Deutschland werden diese Aufgaben vom Kraftfahrt-Bundesamt (KBA) in Flensburg wahrgenommen.

So verantwortet das KBA folgende Genehmigungsverfahren:

- **National**
  - Allgemeine Betriebserlaubnis für Typen (Fahrzeuge) nach § 20 StVZO
  - Allgemeine Bauartgenehmigung für Fahrzeugteile nach § 22a StVZO in Verbindung mit der Fahrzeugteileverordnung (FzTV)
  - Allgemeine Betriebserlaubnis für Fahrzeugteile nach § 22 i. V. m. § 20 StVZO
- **EU**
  - EU-Typgenehmigung für Fahrzeuge (Gesamtfahrzeug)
  - EU-Typgenehmigung für Systeme, Bauteile oder selbstständige technische Einheiten
- **UN/ECE**
  - UN/ECE-Genehmigungen für Ausrüstungsgegenstände, Bauteile, selbstständige technische Einheiten und Systeme von Fahrzeugen

Neben der vorstehenden Klassifizierung sind im EU-Verfahren zur Typgenehmigung des

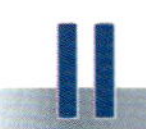

Gesamtfahrzeuges weitere Unterscheidungen möglich. Diese werden in Abschnitt 1.1 näher behandelt.

Einhergehend mit einer erteilten Genehmigung ergeben sich definierte Aufgaben und Pflichten für die im Verfahren zusammenarbeitenden Partner:

- den Hersteller (in der Regel der Genehmigungsinhaber),
- den Technischen Dienst und
- die Genehmigungsbehörde.

Eine wesentliche Verpflichtung des **Herstellers** besteht darin, im Rahmen der Produktion die Konformität des Objektes mit dem positiv begutachteten und genehmigten Baumuster sicherzustellen. Hierzu hat er geeignete Verfahren und Prüfungen zu etablieren und eine nachvollziehbare Dokumentation kontinuierlich zu pflegen. Änderungen in Bezug auf die typgenehmigten Parameter (technische Beschreibungsmerkmale und dokumentierte Randbedingungen der Produktion) des Produktes dürfen nur dann eingeführt werden, wenn eine erteilte Typgenehmigung durch Nachtrag/Erweiterung diesem Sachverhalt angepasst wurde. Die Inhaber von Fahrzeug-Typgenehmigungen sind darüber hinaus berechtigt und verpflichtet, die im nationalen ABE-Verfahren vorgesehenen bzw. in den entsprechenden Rahmenrichtlinien vorgeschriebenen Dokumente (z. B. CoC-Dokument) auszufertigen.

Hervorzuheben ist, dass der Hersteller im Sinne des Typgenehmigungsverfahrens nicht zwingend der Produzent des Genehmigungsobjektes sein muss. Gemäß Definition der Richtlinie 2007/46/EG ist der Hersteller die Person oder Stelle, die gegenüber der Genehmigungsbehörde für alle Belange des Typgenehmigungs- oder Autorisierungsverfahrens verantwortlich ist.

Der **Technische Dienst** ist die Organisation oder Stelle, die von der Genehmigungsbehörde eines Mitgliedstaates als Prüflabor für die Durchführung von Prüfungen oder als Konformitätsbewertungsstelle für die Durchführung der Anfangsbewertung oder anderer Prüfungen und Kontrollen im Auftrag der Genehmigungsbehörde benannt wurde. Grundsätzlich ist die Genehmigungsbehörde autorisiert, diese Aufgabe in eigener Verantwortung durchzuführen.

Die Typgenehmigungen können als Einzelgenehmigung, EU-Kleinserien-Typgenehmigung oder als Typgenehmigung für Produkte einer reihenweisen (bzw. serienmäßigen) Fertigung erstellt werden. Auf die Unterschiede wird in den folgenden Abschnitten bzw. Kapiteln eingegangen, die sich auf die Typgenehmigung innerhalb des Rechtskreises der Europäischen Union, durchgeführt in der Bundesrepublik Deutschland, konzentrieren.

Die **Genehmigungsbehörde** ist zuständig für alle Belange der Typgenehmigung sowie für das Autorisierungsverfahren und für die Ausfertigung und ggf. den Entzug von Genehmigungsbögen. Gleichzeitig ist sie Kontaktstelle für die Genehmigungsbehörden anderer Mitgliedstaaten, benennt die Technischen Dienste und sorgt dafür, dass der Hersteller seine Pflichten in Bezug auf die Übereinstimmung der Produktion erfüllt.

1.1 EU-Typgenehmigung

Als „Vorläufer" der EU-Typgenehmigung wurde 1970 die Betriebserlaubnis durch die Richtlinie 70/156/EWG für Fahrzeuge der Klassen M, N und O eingeführt und durch Revision in Form der Richtlinie 92/53/EWG praktisch anwendbar. Heute wird das EU-Typgenehmigungsverfahren mittels der drei Rahmenrichtlinien 2007/46/EG, 2003/37/EG und 2002/24/EG praktiziert. Die *Tabellen 3*, *4* und *5* geben einen Überblick über die in den spezifischen Richtlinien behandelten Fahrzeugklassen. Vorstehende Rahmenrichtlinien wurden über die EG-Fahrzeuggenehmigungsverordnung (EG-FGV) in das deutsche Rechtssystem eingebunden (siehe Abschnitt 1.2). Von den drei genannten Rahmenrichtlinien hat die 2007/46/EG den derzeit höchsten Entwicklungsstand erreicht. Zu erwarten ist, dass eine Entwicklung der beiden anderen Rahmenrichtlinien in gleicher Weise

Tabelle 3 Fahrzeugklassen der Rahmenrichtlinie 2007/46/EG

Rahmenrichtlinie 2007/46/EG für die Betriebserlaubnis von Kraftfahrzeugen und Kraftfahrzeuganhängern	
M	**Kraftfahrzeuge für die Personenbeförderung**
M1	≤ 8 Sitzplätze außer dem Fahrersitz
M2	> 8 Sitzplätze außer dem Fahrersitz und zulässige Gesamtmasse < 5 t
M3	> 8 Sitzplätze außer dem Fahrersitz und zulässige Gesamtmasse > 5 t
N	**Kraftfahrzeuge für die Güterbeförderung**
N1	zulässige Gesamtmasse < 3,5 t
N2	zulässige Gesamtmasse > 3,5 t und < 12 t
N3	zulässige Gesamtmasse > 12 t
O	**Kraftfahrzeuganhänger**
O1	zulässige Gesamtmasse < 0,75 t
O2	zulässige Gesamtmasse > 0,75 t und < 3,5 t
O3	zulässige Gesamtmasse > 3,5 t und < 10 t
O4	zulässige Gesamtmasse > 10 t
G	Die Zusatzbezeichnung G als ergänzende weitere Stelle zur Klassifizierung von Kraftfahrzeugen beschreibt das Fahrzeug als **Geländefahrzeug**

erfolgen wird. Dies dürfte eine weitgehende Harmonisierung der Verfahren – absehbar auch unter Berücksichtigung der Aspekte der Marktbeobachtung – zur Folge haben. Aus den dargelegten Gründen werden sich die folgenden Ausführungen auf die Inhalte der wegweisenden Rahmenrichtlinie 2007/46/EG konzentrieren.

Die EU-Typgenehmigung bietet gegenüber einer nationalen Genehmigung den Vorteil, dass der EU-Typgenehmigungsinhaber (Hersteller) sein Produkt ohne weitere nationale Genehmigungsverfahren im gesamten Europäischen Wirtschaftsraum in den Verkehr bringen kann. Die im EU-Typgenehmigungsverfahren jeweils anzuwendenden Einzelrichtlinien ergeben sich aus den verbindlichen Auflistungen in den Anhängen IV zur Rahmenrichtlinie. In ausgewiesenen Fällen gestattet das EU-Verfahren die Verwendung erteilter UN/ECE-Genehmigungen bzw. von Prüfergebnissen, die auf der Basis von UN/ECE-Regelungen erteilt wurden. Zukünftig wird dieses Verfahren an Bedeutung gewinnen.

Die Richtlinie 2007/46/EG beschreibt folgende Varianten des EU-Typgenehmigungsverfahrens:

a) Gegliedert nach Serienvolumen:

- **die EU-Typgenehmigung für in Serie** (ohne Stückzahlbegrenzung) hergestellte Produkte. Im Verfahren bescheinigt ein Mitgliedstaat, dass ein Typ eines Fahrzeugs, Systems, Bauteils oder einer selbstständigen technischen Einheit den einschlägigen

Verwaltungsvorschriften und den technischen Anforderungen entspricht;

- **die Kleinserien-Typgenehmigung** (für in geringen Stückzahlen produzierte Fahrzeuge) ermöglicht es Herstellern solcher Fahrzeuge, unter Inanspruchnahme eines reduzierten Anforderungsprofils (Verzicht auf zerstörende Prüfungen) eine Typgenehmigung für eine festgelegte Höchstzahl produzierter Fahrzeuge zu erlangen. Zu unterscheiden ist die EG-Kleinserien-Typgenehmigung mit EU-weiter Gültigkeit (Artikel 22) von
- **der nationalen Kleinserien-Typgenehmigung** mit nur nationaler Gültigkeit (Artikel 23). Die begrenzte Gültigkeit der nationalen

Tabelle 4 Fahrzeugklassen der Rahmenrichtlinie 2002/24/EG

Rahmenrichtlinie 2002/24/EG für die Betriebserlaubnis von zwei-/dreirädrigen Kraftfahrzeugen und vierrädrigen Leichtkraftfahrzeugen	
L1e	**Zweirädrige Kleinkrafträder** Höchstgeschwindigkeit < 45 km/h und Hubraum < 50 cm³ bei Verbrennungsmotoren oder Nenndauerleistung < 4 kW bei Elektromotoren
L2e	**Dreirädrige Kleinkrafträder** Höchstgeschwindigkeit < 45 km/h und Hubraum < 50 cm³ bei Fremdzündungsmotoren oder Nutzleistung < 4 kW bei anderen Verbrennungsmotoren Nenndauerleistung < 4 kW bei Elektromotoren
L3e	**Zweirädrige Krafträder ohne Beiwagen** Hubraum > 50 cm³ bei Verbrennungsmotoren und/oder Höchstgeschwindigkeit > 45 km/h
L4e	**Krafträder mit Beiwagen** Hubraum > 50 cm³ bei Verbrennungsmotoren und/oder Höchstgeschwindigkeit > 45 km/h
L5e	**Dreirädrige Kraftfahrzeuge** Hubraum > 50 cm³ bei Verbrennungsmotoren und/oder Höchstgeschwindigkeit > 45 km/h
L6e	**Vierrädrige Leichtkraftfahrzeuge** Leermasse < 350 kg (bei Elektrofahrzeugen ohne Batterie) Höchstgeschwindigkeit < 45 km/h und Hubraum < 50 cm³ bei Fremdzündungsmotoren oder Nutzleistung < 4 kW bei anderen Verbrennungsmotoren oder Nenndauerleistung < 4 kW Elektromotoren
L7e	**Vierrädrige Leichtkraftfahrzeuge** Leermasse < 400 kg bzw. 550 kg bei Güterbeförderung (bei Elektrofahrzeugen ohne Batterie) Nutzleistung < 15 kW

Tabelle 5 Fahrzeugklassen der Rahmenrichtlinie 2003/37/EG

Rahmenrichtlinie 2003/37/EG für die Betriebserlaubnis von land- und forstwirtschaftlichen Zugmaschinen, deren Anhängern und gezogenen auswechselbaren Maschinen	
T	**Zugmaschinen auf Rädern**
T1	Höchstgeschwindigkeit < 40 km/h Spurweite der Fahrer am nächsten liegenden Achse > 1 150 mm Bodenfreiheit < 1 000 mm und Leermasse im fahrbereiten Zustand > 600 kg
T2	Höchstgeschwindigkeit < 40 km/h Spurweite < 1 150 mm Bodenfreiheit < 600 mm und Leermasse im fahrbereiten Zustand > 600 kg Bei einem Quotienten aus der Höhe des Schwerpunkts der Zugmaschinen und der mittleren Spurweite der Achsen > 0,9 ist die Höchstgeschwindigkeit < 30 km/h zu begrenzen
T3	Höchstgeschwindigkeit < 40 km/h und Leermasse im fahrbereiten Zustand < 600 kg
T4	besondere Zweckbestimmung bauartbedingte Höchstgeschwindigkeit < 40 km/h
T5	Höchstgeschwindigkeit > 40 km/h
C	**Zugmaschinen auf Gleisketten** **(Einteilung der Fahrzeugklassen C1 bis C5 analog der Klassen T1 bis T5)**
R	**Anhänger**
R1	zulässige Massen je Achse < 1 500 kg
R2	zulässige Massen je Achse > 1 500 kg und < 3 500 kg
R3	zulässige Massen je Achse > 3 500 kg und < 21 000 kg
R4	zulässige Massen je Achse > 21 000 kg
S	**Gezogene auswechselbare Maschinen**
S1	zulässige Massen je Achse < 3 500 kg
S2	zulässige Massen je Achse > 3 500 kg
	Geschwindigkeitskennzeichnung zu den Fahrzeugklassen R und S
a	Höchstgeschwindigkeit ≤ 40 km/h
b	Höchstgeschwindigkeit > 40 km/h

Kleinserien-Typgenehmigung begründet sich damit, dass im Rahmen dieses Verfahrens national alternative Verfahren angewendet werden dürfen. Dabei wird allerdings vorausgesetzt, dass diese Verfahren – soweit praktisch machbar – das gleiche Maß an Verkehrssicherheit und Umweltschutz gewährleisten, wie es die entsprechenden harmonisierten Verfahren aufweisen.

b) Gegliedert nach Anzahl der Genehmigungsstufen zu den drei Varianten von a):

Die Rahmenrichtlinie 2007/46/EG sieht ergänzend zum **(einstufigen) Typgenehmigungsverfahren** (das Verfahren, nach dem ein Mitgliedstaat bescheinigt, dass ein Typ eines Fahrzeuges, eines Systems, Bauteils oder einer selbstständigen technischen Einheit den Verwaltungsvorschriften und technischen Anforderungen entspricht) die Option der **Mehrstufen-Typgenehmigung** vor. Dieses Verfahren eröffnet die Möglichkeit der Beteiligung mehrerer Hersteller im Rahmen der Entstehung des letztendlich vervollständigten Fahrzeugs. Jeder Hersteller einer Stufe im Mehrstufen-Typgenehmigungsverfahren trägt die Verantwortung für seinen Genehmigungsumfang. Nach 2007/46/EG ist die Mehrstufen-Typgenehmigung konkret definiert als das Verfahren, nach dem ein oder mehrere Mitgliedstaaten bescheinigen, dass je nach Fertigungsstand ein Typ eines unvollständigen oder vervollständigten Fahrzeugs den einschlägigen Verwaltungsvorschriften und den technischen Anforderungen der Richtlinie 2007/46/EG entspricht. Anwendung findet dieses Verfahren z. B. bei Fahrzeugen, bei denen das „Grundfahrzeug" mit einem oder unterschiedlichen Aufbauteil eines anderen Herstellers i. R. einer Mehrstufen-Typgenehmigung genehmigt wird.

c) Verschiedene Nachweisverfahren zu a) und b):

Hierzu definiert die Rahmenrichtlinie die **Mehrphasen-Typgenehmigung**, die **Einphasen-Typgenehmigung** und die **gemischte Typgenehmigung**. Diese Begriffe verdeutlichen, wie der Nachweis im Gesamttypgenehmigungsverfahren zu den einzelnen Rechtsakten geführt werden soll. Im Falle der Mehrphasentypgenehmigung liegen zu allen Rechtsakten Genehmigungen vor, die schließlich als Grundlage zur Genehmigung der vollständigen Fahrzeuge dienen. Im Falle der Einphasentypgenehmigung liegen hierzu keine Genehmigungen vor; die Genehmigung des Gesamtfahrzeuges erfolgt in einem einzigen Vorgang. Bei der gemischten Typgenehmigung handelt es sich um eine Mischform der zuvor erwähnten Typgenehmigungen.

Bild 3 zeigt schematisch vereinfacht den grundsätzlichen Ablauf und die Zusammenarbeit der beteiligten Partner im EU-Typgenehmigungsverfahren. Dieser Ablauf gilt grundsätzlich für alle Typgenehmigungsverfahren in Zusammenhang mit dem KBA.

Die Beteiligten im EU-Typgenehmigungsverfahren sind, wie bereits erwähnt, der Hersteller, der Technische Dienst und die Genehmigungsbehörde. Der Hersteller initiiert durch seinen schriftlichen Antrag das EU-Typgenehmigungsverfahren. Dieser wird in der Regel durch eine Beschreibungsmappe ergänzt (Fahrzeugbeschreibung gemäß Anhang I oder III der Rahmenrichtlinie bzw. Beschreibung des Genehmigungsobjektes gemäß Vorgaben der relevanten Einzelrichtlinie). Die Beschreibungsmappe enthält Daten, Zeichnungen, Lichtbilder, ggf. System-/Bauteilgenehmigungen und Genehmigungen von selbstständigen technischen Einrichtungen, die der Typgenehmigung zugrunde gelegt werden sollen.

Handelt es sich um das erste Genehmigungsverfahren dieser Produktart eines Herstellers, ist seine Fähigkeit zur Gewährleistung der Konformität der Produktion (CoP) noch festzustellen. Dieses Verfahren bezeichnet die Rahmenrichtlinie mit dem Begriff „Anfangsbewertung" und es liegt in den Händen der Genehmigungsbehörde. Das KBA kann die notwendigen Feststellungen selbst treffen (Bewertung durch einen Mitarbeiter der Behörde) oder an eine andere Stelle delegieren. Auch kann das KBA zur Vorbereitung seiner Entscheidung auf eine bestehende geeignete Zertifizierung oder Verifizierung des Herstellers zurückgreifen oder eine

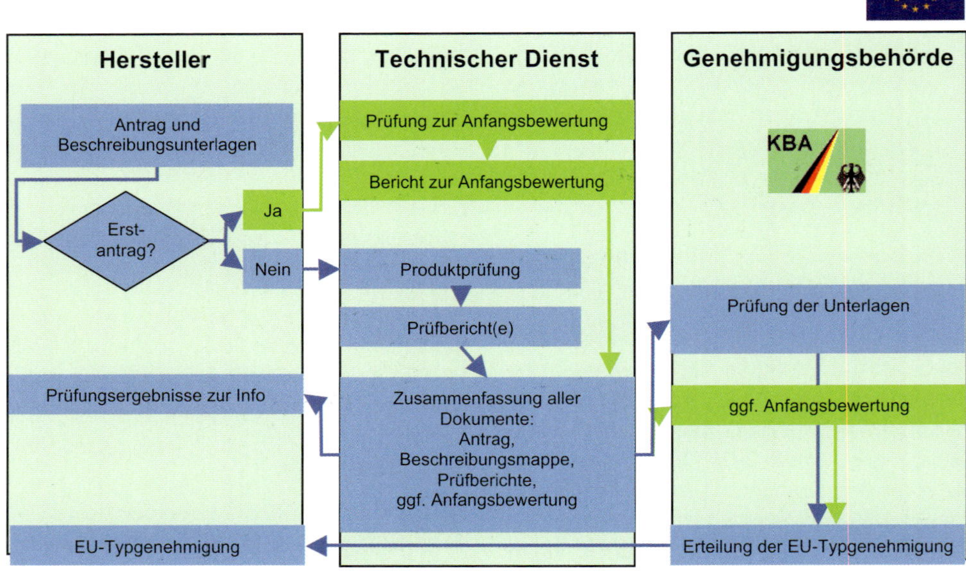

Bild 3 Grundsätzlicher Ablauf des Typgenehmigungsverfahrens

bereits bestehende Anfangsbewertung einer anderen Genehmigungsbehörde zugrunde legen. Eine Zertifizierung ist regelmäßig dann geeignet, wenn sie durch einen vom KBA benannten Technischen Dienst der Kategorie C vorgenommen wurde.

Geübte Praxis ist, dass ein vom KBA benannter Technischer Dienst alle notwendigen Feststellungen trifft, diese in einer vom KBA vorgegebenen Form darstellt und das KBA darauf basierend die formelle Anfangsbewertung ausspricht. Mit der Anfangsbewertung wird dem Hersteller bescheinigt, dass er in der Lage ist, die Konformität der Produktion für die zu genehmigenden Produkte sicherzustellen (siehe Abschnitt 1.4).

Gegebenenfalls parallel zum Anfangsbewertungsverfahren führt der Technische Dienst die erforderlichen Produktprüfungen gemäß den relevanten Vorgaben aus den Rahmenrichtlinien, EU-Einzelrichtlinien und/oder den UN/ECE-Regelungen durch und dokumentiert diese in einem oder mehreren Prüfberichten. Diese Unterlagen, ergänzt um die Dokumente des Herstellers, leitet der Technische Dienst an die Genehmigungsbehörde weiter.

Das KBA prüft die Unterlagen und erteilt nach positivem Prüfabschluss, vorliegender Anfangsbewertung und aller verwaltungsrechtlich notwendigen Voraussetzungen die Typgenehmigung. Die Erteilung der Typgenehmigung erfolgt stets durch einen förmlichen Bescheid, in dem die Rechte und Pflichten des Genehmigungsinhabers dargestellt werden (siehe Abschnitt 1.4).

Abschließend noch der *Hinweis*, dass es je nach Verwendungszweck eines Fahrzeuges (z. B. privat oder gewerblich) ggf. noch der Beachtung weiterer Rechtsvorschriften (z. B. der Vorschriften des Gefahrgutrechtes, der entsprechenden Unfallverhütungsvorschriften oder der besonderen Vorschriften im Rahmen der gewerblichen Personenbeförderung) bedarf. Zweckmäßigerweise sollte dies ebenfalls bereits im Rahmen des Typgenehmigungsverfahrens durch den Hersteller geschehen, um etwaigen „Vorschriftenkollisionen" im Rahmen des Zulassungsverfahrens vorzubeugen.

1.2 EG-Fahrzeuggenehmigungsverordnung (EG-FGV)

Kernstück der „Verordnung zur Neuordnung des Rechts der Erteilung von EG-Genehmigungen für Kraftfahrzeuge und ihre Anhänger sowie für Systeme, Bauteile und selbstständige technische Einheiten dieser Fahrzeuge" – EG-Fahrzeuggenehmigungsverordnung (EG-FGV) – vom 21.4.2009 ist die Übernahme der Rahmenrichtlinie 2007/46/EG des Europäischen Parlaments und des Rates vom 5.9.2007 zur Schaffung eines Rahmens für die Genehmigung von Kraftfahrzeugen und Kraftfahrzeuganhängern sowie von Systemen, Bauteilen und selbstständigen technischen Einheiten in das deutsche Rechtssystem.

Weiter wurde mit der EG-FGV der Forderung nach Reduzierung von Vorschriften entsprochen, indem die Inhalte

- der Verordnung über die EG-Typgenehmigung für zwei- oder dreirädrige Kraftfahrzeuge vom 7.2.2004 sowie
- der Verordnung über die EG-Typgenehmigung für land- oder forstwirtschaftliche Zugmaschinen, ihre Anhänger und die von ihnen gezogenen auswechselbaren Maschinen sowie die Systeme, Bauteile und selbstständigen technischen Einheiten dieser Fahrzeuge vom 12.12.2004

als jeweils ein Kapitel in die EG-FGV übernommen wurden. Die EG-FGV bestimmt somit das Antrags- und Genehmigungsverfahren für alle aufgrund der EG-Richtlinien 2007/46/EG, 2002/24/EG und 2003/37/EG vorgeschriebenen Genehmigungen sowie die Anerkennung von Technischen Diensten. Durch die Verordnung wurde auch eine Rechtsvereinfachung und ein Bürokratieabbau erreicht.

Die EG-FGV basiert auf der Ermächtigung des § 6 des Straßenverkehrsgesetzes und erfüllt folgende zentrale Aufgaben:

1. Überführung der EU-Vorschriften in das nationale Recht
2. Adaption dieser Vorschriften an die nationalen Gegebenheiten (z. B. Verwaltungsverfahren)
3. Eindeutige und rechtsverbindliche Definition der Zuständigkeiten.

Einen Gesamtüberblick über die Struktur der EG-FGV zeigt die Inhaltsübersicht in *Tabelle 6*.

Tabelle 6 Inhaltsübersicht der EG-FGV

Kapitel	Inhalt
1	Allgemeines
2	Genehmigung für Kraftfahrzeuge mit mindestens vier Rädern und ihre Anhänger sowie deren Systeme, Bauteile und selbstständige technische Einheiten
2.1	Anwendungsbereich und EG-Typgenehmigung
2.2	Kleinserien-Typgenehmigung
2.3	Einzelgenehmigung
2.4	EG-Autorisierung für risikobehaftete Teile und Ausrüstungen
3	EG-Typgenehmigung für zweirädrige oder dreirädrige Kraftfahrzeuge
4	EG-Typgenehmigung für land- und forstwirtschaftliche Zugmaschinen, ihre Anhänger und die von ihnen gezogenen auswechselbaren Maschinen sowie für Systeme, Bauteile und selbstständige technische Einheiten dieser Fahrzeuge
5	Gemeinsame Vorschriften
6	Anerkennung und Akkreditierung von Technischen Diensten
7	Durchführungs- und Schlussvorschriften

1.3 Genehmigungsbehörde

Die Genehmigungsbehörden der Mitgliedstaaten sind für alle Aspekte der Genehmigung eines Fahrzeugtyps, eines Systems, einer Komponente oder einer selbstständigen technischen Einheit beziehungsweise für die Einzelgenehmigung eines Fahrzeugs zuständig. Eine weitere Hauptaufgabe besteht in der Benennung Technischer Dienste. Innerhalb der Europäischen Union gibt es keine zentrale Genehmigungsbehörde.

Die Genehmigungsbehörden werden von den Mitgliedstaaten für ihre Hoheitsgebiete festgelegt und der EU mitgeteilt.

Für die Bundesrepublik Deutschland erfolgt diese Festlegung nach § 2 EG-FGV wie folgt:

- Das **KBA** für
  - das Typgenehmigungsverfahren
  - den Verkauf, das Anbieten zum Verkauf oder die Inbetriebnahme von Teilen oder Ausrüstungen, von denen ein erhebliches Risiko für das einwandfreie Funktionieren von Systemen ausgehen kann, die für die Sicherheit des Fahrzeugs oder für seine Umweltwerte von wesentlicher Bedeutung sind. (Weitere Zuständigkeiten des KBA, z. B. im nationalen und UN/ECE-Typgenehmigungsverfahren, leiten sich aus dem Gesetz über die Einrichtung eines Kraftfahrt-Bundesamtes vom 4.8.1951 in der heute gültigen Fassung ab.)
- Die nach **Landesrecht** zuständigen Stellen
  - für Einzelgenehmigungen (Kapitel 2, Abschnitt 3 EG-FGV). Das Einzelgenehmigungsverfahren wird ausführlich in Teil II, Kapitel 2 dieses Buches behandelt.

Tabelle 7 gibt einen Überblick über die im Typgenehmigungsverfahren tätigen Genehmigungsbehörden der EU-Mitgliedstaaten.

Die Typgenehmigungsbehörden nehmen folgende zentrale Aufgaben wahr:

- Benennung von Technischen Diensten
- Prüfung von Anträgen auf eine EU-Typgenehmigung, EU-Kleinserien-Typgenehmigung und deren Erteilung
- Überwachung der von den Herstellern (Typgenehmigungsinhabern) vorgesehenen bzw. angewendeten Maßnahmen zur Konformität der Produktion.

Tabelle 7 Typgenehmigungsbehörden der EU und Kennzahlen der Mitgliedstaaten

Gen. Zeichen	Mitgliedstaat	Genehmigungsbehörde
e1	Deutschland	Kraftfahrt-Bundesamt
e2	Frankreich	1. DRIRE – Centre National de Réception des Véhicules 2. UTAC – Direction Technique
e3	Italien	Ministero delle Infrastrutture e dei Trasporti, Dipartimento per I Trasporti Terrestri e per I Sistemi Informativi e Statistici, Direzione Generale della Motorizzazione e della Sicurezza del Trasporto Terrestre
e4	Niederlande	RWD Vehicle Technology and Information Centre
e5	Schweden	Swedish Transport Agency/Road Traffic Department
e6	Belgien	Service public fédéral Mobilité et Transports Direction générale Mobilité et Sécurité Routière

Gen. Zeichen	Mitgliedstaat	Genehmigungsbehörde
e7	Ungarn	1. Nemzeti Közlekedési Hatóság (National Transport Authority) 2. Magyar Kereskedelmi Engedélvezési Hivatal (Hungarian Trade Licensing Office)
e8	Tschechien	Ministerstvo dopravy – Ministry of Transport of the Czech Republic Vehicle Approval and legislation Department
e9	Spanien	Ministerio de industria, turismo y comercio – Subdirección General de Calidad y Seguridad Industrial
e11	Großbritannien	Vehicle Certification Agency
e12	Österreich	Bundesministerium für Verkehr, Innovation und Technologie
e13	Luxemburg	Société Nationale de Certification et d'Homologation (SNCH) s.àr.l.
e17	Finnland	Liikenteen turvallisuusvirasto (Finnish Transport Safety Agency)
e18	Dänemark	1. Danish Working Environment Authority 2. Færdselsstyrelsen (Road Safety and Transport Agency)
e19	Rumänien	Romanian Automotive Register (Registrul Auto Roman)
e20	Polen	1. Ministry of Infrastructure, Department for Road Transport 2. Instytut Transportu Samochodowego (Motor Transport Institute)
e21	Portugal	Instituto da Mobilidade e dos Transportes Terrestres, I.P.
e23	Griechenland	Ministry of Transport and Communications
e24	Irland	National Standards Authority of Ireland
e26	Slowenien	Javna agencija Republike Slovenije za varnost prometa (Slovenian Traffic Safety Agency)
e27	Slowakei	Ministry of Transport, Construction and Regional Development of Slovak Republic
e29	Estland	Estonian Road Administration
e32	Lettland	Road Traffic Safety Directorate
e34	Bulgarien	1. Executive Agency Road Transport Administration 2. TCI – Technical Control Inspectorate
e36	Litauen	State Road Transport Inspectorate under the Ministry of Transport and Communications
e49	Zypern	1. Ministry of communication & works Department of Road Transport 2. Department of Electrical and Mechanical Services
e50	Malta	Consumer and Industrial Goods Directorate

1.4 Voraussetzungen

Eine EU-Typgenehmigung setzt immer voraus, dass eine reihenweise Fertigung (Serienfertigung) unter beherrschten Bedingungen gegeben ist. Ergänzend zu dieser Kernvoraussetzung hat der Hersteller weitere verwaltungsrechtliche Randbedingungen zu erfüllen.

Selbstverständlich muss für das zu genehmigende Produkt im Rahmen festgelegter oder mit der Genehmigungsbehörde vereinbarter Prüfungen nachgewiesen werden, dass die in den Vorschriften definierten Kriterien erfüllt sind. Dieser Nachweis wird regelmäßig durch entsprechende Prüfberichte der für die spezifischen Aufgaben benannten Technischen Dienste geführt.

Die europäischen Typgenehmigungsbehörden legen im Rahmen ihrer Ermessensspielräume und ihres nationalen Verwaltungsrechtssystems die Regeln „ihres" Typgenehmigungsverfahrens fest.

Für das KBA erfolgen diese Festlegungen in diversen Schriften; von zentraler Bedeutung ist hierbei das „Merkblatt zur Anfangsbewertung (MAB)" in jeweils aktueller Fassung. Die weiteren Ausführungen beschreiben die wesentlichen Aspekte der derzeitigen Verfahrensweise in Zusammenarbeit mit dem KBA.

Gemäß MAB muss bei erstmaliger Antragsstellung der Hersteller/Typgenehmigungsinhaber mindestens folgende Dokumente dem KBA vorlegen:

- Handelsregisterauszug oder Gewerbeanmeldung
- Unterlagen zur Anfangsbewertung:
  - Selbstauskunft (Vordruck 5.1)
  - Erklärung hinsichtlich der Durchführung einer Begehung (Vordruck 5.2)
  - Erklärung zum Nachweis der genehmigungsrelevanten Anforderungen (Vordruck 5.3)
  - ein gültiges, geeignetes **Zertifikat** entsprechend der Norm EN ISO 9001:2008 oder einer mindestens gleichwertigen Norm oder
  - eine **Bestätigung** einer anderen europäischen Typgenehmigungsbehörde über die von ihr erfolgreich durchgeführte Anfangsbewertung oder
  - eine gültige **Verifizierungsbestätigung**
- „Antrag auf Erteilung einer Typgenehmigung" (Vordruck 9).

Sind diese Vorraussetzungen erfüllt, kann das KBA die Typgenehmigung erteilen. Mit dieser werden dem Hersteller/Genehmigungsinhaber Rechte, aber auch Pflichten übertragen. So muss er beachten, dass die Fertigung des genehmigten Produktes stets **genehmigungskonform** und **vorschriftsmäßig** ist. Bei einer vorübergehenden oder endgültigen Einstellung der Produktion oder wenn die Produktion nicht aufgenommen wird, ist das KBA zu verständigen. Die Erteilung der Typgenehmigung und der damit verbundenen Rechte und Pflichten erfolgt durch förmlichen Bescheid.

Vorkehrungen für qualitätssichernde Maßnahmen (vor Genehmigungserteilung)

Als Voraussetzung für die Typgenehmigung muss der Hersteller/Genehmigungsinhaber nachweisen, dass er ausreichend wirksame qualitätssichernde Maßnahmen anwendet. Dies erfolgt durch die sogenannte „Anfangsbewertung". Dabei wird das angewendete Qualitätsmanagementsystem (QM-System) detailliert betrachtet und bewertet. Der Hersteller/Genehmigungsinhaber legt folgende Sachverhalte offen:

- Verantwortlichkeiten
- Verfahrensschritte
- Produktionseinrichtungen
- Dokumentation (Vorgaben und Nachweise) zum gesamten QM-System und seine Vorkehrungen zur Eigenüberwachung
- Möglichkeiten der Fehlererkennung und -behebung
- Verfahren zur Durchführung eines Rückrufes.

Eine ggf. „vor Ort" notwendige Überprüfung des QM-Systems (Zertifikat, Bestätigung oder Verifizierungsbestätigung liegen nicht vor bzw. sind nicht geeignet) kann entweder durch das

KBA oder durch eine vom KBA benannte Stelle durchgeführt werden.

Die Bewertung des QM-Systems erfolgt regelmäßig nicht im Hinblick auf ein konkretes Produkt, sondern wird auf eine Produktart (Genehmigungsobjekt) bezogen. Dies bietet den Vorteil, dass für die Genehmigung gleichartiger Produkte keine erneute Überprüfung des QM-Systems erforderlich ist. Die Ergebnisse der Anfangsbewertung unterliegen einer fortlaufenden Überprüfung, wie im nachfolgenden Abschnitt beschrieben.

Vorkehrungen zur Überwachung der Produktion (nach Genehmigungserteilung)

Nach Erteilung der Genehmigung hat die Genehmigungsbehörde jederzeit die Möglichkeit und das Recht gemäß des Anhangs X Abschnitt 3 der Rahmenrichtlinie sowohl Produktprüfungen aus der laufenden Produktion als auch Systemüberprüfungen zur Konformitätsgewährleistung durchzuführen. Auslöser dieses Verfahrens kann beispielsweise sein:

- eine Überwachung der Produktion durch behördeninterne, systematische Vorgehensweisen oder durch Erkenntnisse aus der EU-Typgenehmigung oder
- durch einen externen Hinweis (z. B. durch eine andere Genehmigungsbehörde, einen Technischen Dienst, Gerichte, Polizei oder Andere).

Die Produktprüfung, die stichprobenartig aus der laufenden Fertigung vorgenommen wird, aber auch die Systemüberprüfung kann das KBA selbst vornehmen oder vornehmen lassen. Nimmt das KBA die Prüfung nicht selbst vor, vergibt es einen entsprechenden Auftrag z. B. an einen Technischen Dienst.

Dieser überprüft dann, ob das Produkt den gestellten Anforderungen gemäß der Typgenehmigung und den geltenden Rechtsvorschriften entspricht bzw. ob die qualitätssichernden Maßnahmen des Genehmigungsinhabers hinreichend wirken und erstellt im Anschluss einen schriftlichen Bericht als Entscheidungsgrundlage für die Behörde.

Bei Beanstandungen erfolgt eine Aufarbeitung des Sachverhaltes gemeinsam mit dem Hersteller/Genehmigungsinhaber. In schwerwiegenden Fällen kann das KBA die Typgenehmigung widerrufen.

2 Kleinserien-Typgenehmigungen

Steffen Mißbach (TÜV Rheinland)

Neben der Harmonisierung der technischen Anforderungen für Systeme, Bauteile, selbstständige technische Einheiten und Fahrzeuge mit dem Ziel einer hohen Verkehrssicherheit und eines hohen Umweltschutzes, einer rationellen Energienutzung und eines wirksamen Schutzes gegen unbefugte Benutzung, diente die Einführung der Richtlinie 2007/46/EG auch dem Ersatz der Genehmigungssysteme der Mitgliedstaaten durch ein gemeinschaftliches Genehmigungsverfahren im Interesse der Verwirklichung und des Funktionierens eines einheitlichen europäischen Binnenmarktes. Gerade Hersteller von Kleinserienfahrzeugen konnten die Vorteile eines einheitlichen europäischen Binnenmarktes bisher nur mit zusätzlichem Aufwand in den einzelnen Mitgliedsstaaten nutzen.

In den Erwägungsgründen zur Richtlinie wird dazu Folgendes ausgeführt: „die Erfahrung hat gezeigt, dass sich die Verkehrssicherheit und der Umweltschutz deutlich verbessern lassen, wenn Kleinserienfahrzeuge vollständig in das gemeinschaftliche Typgenehmigungssystem für Fahrzeuge einbezogen werden“. Vor diesem Hintergrund muss die Schaffung von Genehmigungsverfahren für kleine Serien von Fahr-

Tabelle 8 Genehmigungsarten der drei Rahmenrichtlinien

Richtlinien/ Fahrzeugklasse	2007/46/EG M, N, O	2003/37/EG T	2002/24/EG L
EG-Typgenehmigungen	ja	ja	ja
EG-Kleinserien-Typgenehmigungen	ja	nein	nein
Nationale Kleinserien-Typgenehmigungen	ja	erwähnt*	ja
Einzelgenehmigungen	ja	nein	nein
Auslaufende Serien	ja	ja	ja
Mehrstufen-Typgenehmigungen	ja	ja	nein
Neue Technologien	ja	ja	ja

* kein Genehmigungsverfahren

Quelle: KBA

zeugen, der EG-Kleinserientypgenehmigung und der nationalen Kleinserien-Typgenehmigung gesehen werden. Beide Formen der Genehmigung finden sich allerdings derzeit nur in der Rahmenrichtlinien 2007/46/EG und sind damit nur für die Fahrzeugklassen M, N und O möglich. Die Rahmenrichtlinien 2003/37/EG und 2002/24/EG für die Fahrzeugklassen T und L kennen noch eine nationale Kleinserien-Typgenehmigung. Eine Umsetzung durch die EG-FGV und damit die Schaffung eines Genehmigungsverfahrens ist zu erwarten.

2.1 EG-Kleinserien-Typgenehmigung

Artikel 22 der Richtlinie 2007/46/EG beschreibt die Möglichkeit der Erteilung von EG-Kleinserien-Typgenehmigungen. § 9 der EG-FGV setzt diesen Artikel in das deutsche Recht um. Eine EG-Kleinserien-Typgenehmigung kann erteilt werden, wenn die in der Anlage zu Teil I des Anhangs IV der Richtlinie 2007/46/EG genannten Anforderungen erfüllt werden. Gegenüber den für die normale EG-Typgenehmigung geltenden Anforderungen des Anhangs IV enthält dieser Anhang nicht unwesentliche Erleichterungen.

Aus diesem Grund enthält Anhang XII Teil A Abschnitt 1 höchstzulässige Stückzahlen, die nicht überschritten werden dürfen.

In Abhängigkeit von der Fahrzeugklasse wird die Anzahl der Einheiten eines Fahrzeugtyps, die innerhalb eines Jahres in der EU zugelassen, verkauft oder in Betrieb genommen werden dürfen, beschränkt.

Derzeit sind in Anhang XII nur M1-Fahrzeuge (Pkw) mit einer maximalen Stückzahl von 1 000 vorgegeben (*Tabelle 9*).

Für alle anderen Fahrzeugklassen ist damit eine EG-Kleinserien-Typgenehmigung noch nicht möglich. Durch die Aufstellung zu erfüllender gesetzlicher Vorschriften in einer separaten Anlage zu Teil 1 des Anhangs IV der Richtlinie können Hersteller von M1-Fahrzeugen von einem vereinfachten Verfahren profitieren. Erleichterungen sind vor allem in den Anforderungen, welche einen erheblichen konstruktiven Aufwand oder auch Prüfaufwand erfordern, möglich.

So wird unter anderem auf die Anforderungen des Crashverhaltens, die Einhaltung der Anfor-

Beispiele zur **Nummerierung von Fahrzeuggenehmigungen**

Zweite Erweiterung zur vierten vom Vereinigten Königreich erteilten Fahrzeug-Typgenehmigung:
e11*2007/46*0004*02

Von Luxemburg gemäß Artikel 22 erteilte Typgenehmigung für ein vollständiges Kleinserienfahrzeug:
e13*KS07/46*00001*00

Von den Niederlanden gemäß Artikel 23 erteilte nationale Typgenehmigung für ein Kleinserienfahrzeug:
e4*NKS*0001*00

Bild 4 Nummerierung von Fahrzeuggenehmigungen Quelle: KBA

derungen der Fußgängerschutzrichtlinie und den Einbau eines On-Board-Diagnosesystems verzichtet (*Tabelle 10*).

Bei der EG-Kleinserien-Typgenehmigung handelt es sich um eine EG-Typgenehmigung. Diese muss auch von anderen Mitgliedstaaten anerkannt werden.

Der Hersteller stellt für die EG-Kleinserien-Typgenehmigung eine Übereinstimmungsbescheinigung aus (§ 10 EG-FGV).

Diese muss im Titel „für vollständige/vervollständigte (Anzahl der Fahrzeuge der Kleinserie)

Tabelle 9 Anzahl möglicher Einheiten eines Fahrzeugtyps bei EG-Kleinserien-Genehmigungen

Klasse	Einheiten (pro Jahr innerhalb der EG)
M1	1 000
M2, M3	0
N1, N2, N3	0
O1, O2, O3, O4	0

Quelle: 2007/46/EG

Bild 5 Fahrzeugtyp SR3 SL der Firma Radical Sportcars mit EG-Kleinserien-Genehmigung
Quelle: TÜV Rheinland Kraftfahrt

Tabelle 10 Anforderungen an ein Fahrzeug mit EG-Kleinserien-Genehmigung

Art	Anforderung
EG-Kleinserie (nur M1)	2007/46/EG Anhang IV, Teil 1, Anlage ohne Fußgängerschutz, Frontcrash, Seitencrash, Recycling, OBD und weitere Erleichterungen

Quelle: 2007/46/EG

Fahrzeuge, die als Kleinserien-Fahrzeuge typgenehmigt wurden." lauten.

Die Genehmigungsnummer weist ebenfalls auf eine EG-Kleinserie hin.

Radical

COMPLETE VEHICLES TYPE-APPROVED IN SMALL SERIES

Year: ______ Sequential Certificate Number: ______

EC CERTIFICATE OF CONFORMITY

The undersigned hereby certifies that the vehicle:

0.1.	Make:	Radical Sportscars
0.2.	Type:	SR3 SL
	Variant:	1
	Version:	A
0.2.1.	Commercial Name:	Radical SR3 SL
0.4.	Category:	M1
0.5.	Name and address of the manufacturer:	Radical Motorsport Ltd. Unit 24-26 Ivatt Way Business Park Westwood, Peterborough Cambs PE3 7PG United Kingdom
0.6.	Location and method of attachment of the statutory plates:	Riveted on interior right-hand-side panel below instrument panel
	Location of the vehicle identification number:	Right-hand-side steering column mounting bracket under nose
0.9.	Name and address of the manufacturer's representative (if any):	Not applicable
0.10.	Vehicle identification number:	

conforms in all respects to the type described in approval E11*...... issued on xx/xx/xxxx and can be permanently registered in Member States having ______-hand traffic and using metric or imperial units for the speedometer.

Place: Peterborough, United Kingdom Date: ______

Signature: Print Name: ______

VCA 31-Oct-11 UK Approval Authority

Bild 6 Übereinstimmungsbescheinigung zum Fahrzeugtyp SR3 SL der Firma Radical Sportcars mit EG-Kleinserien-Genehmigung Quelle: KBA

2.2 Nationale Kleinserien-Typgenehmigung

Artikel 23 der Richtlinie 2007/46/EG beschreibt die Möglichkeit der Erteilung einer nationalen Kleinserien-Typgenehmigung. In das nationale Recht umgesetzt wurde dieser Artikel durch § 11 der EG-FGV.

Für die Erteilung einer nationalen Kleinserien-Typgenehmigung sind die Forderungen der Anhänge IV oder XI der Richtlinie 2007/46/EG zu erfüllen (*Tabelle 11*). Eine Abweichung von einzelnen Forderungen dieser Anhänge ist möglich, wenn das Fahrzeug die entsprechenden Bestimmungen der StVZO erfüllt.

Für nationale Kleinserien-Typgenehmigungen können damit (im nationalen Geltungsbereich) gleichwertige nationale Vorschriften angewandt werden (gleichwertige Vorschriften sind solche, die ein vergleichbares Maß an Verkehrssicherheit und Umweltschutz gewährleisten).

Weiterhin ist es möglich für diese Kleinserien im nationalen Geltungsbereich Abweichungen von geltenden Vorschriften zu genehmigen, wenn entsprechende Ausnahmegenehmigungen erteilt werden.

Auch für die nationale Kleinserien-Typgenehmigung gilt eine Stückzahlbegrenzung (*Tabelle 12*), geregelt in Anhang XII Teil A Abschnitt 2 der 2007/46/EG.

Für eine begrenzte Anzahl von Fahrzeugen kann also eine nationale Genehmigung erteilt werden. Den Mitgliedstaaten wird die Möglichkeit eingeräumt, dass Serienfahrzeuge, die aufgrund ihrer geringen Stückzahl nicht alle technischen Vorschriften, die für Kleinserien vorgeschrieben sind, erfüllen können, eine Genehmigung erhalten.

Die nationale Kleinserien-Typgenehmigung gilt nur im jeweils erteilenden Mitgliedstaat.

Der Hersteller stellt keine EG-Übereinstimmungsbescheinigung (COC), sondern nach § 12 EG-FGV eine Datenbestätigung in der Form des Musters 2d der StVZO aus. In anderen EG-Mitgliedsstaaten erfolgt ebenfalls die

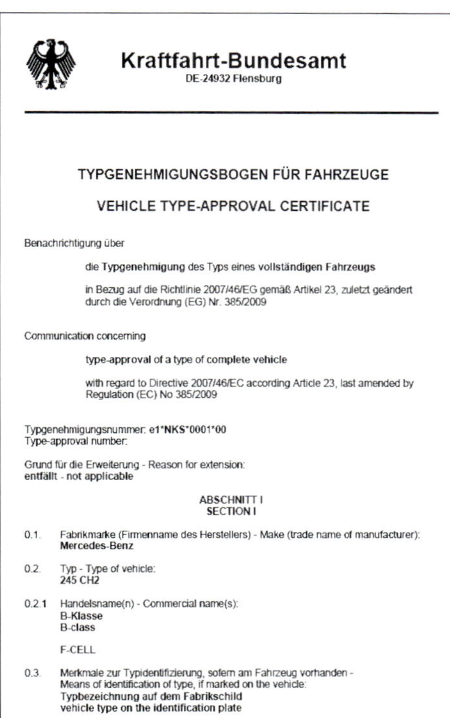

Kraftfahrt-Bundesamt
DE-24932 Flensburg

TYPGENEHMIGUNGSBOGEN FÜR FAHRZEUGE

VEHICLE TYPE-APPROVAL CERTIFICATE

Benachrichtigung über

die **Typgenehmigung** des Typs eines **vollständigen Fahrzeugs**

in Bezug auf die Richtlinie 2007/46/EG gemäß Artikel 23, zuletzt geändert durch die Verordnung (EG) Nr. 385/2009

Communication concerning

type-approval of a type of complete vehicle

with regard to Directive 2007/46/EC according Article 23, last amended by Regulation (EC) No 385/2009

Typgenehmigungsnummer: **e1*NKS*0001*00**
Type-approval number:

Grund für die Erweiterung - Reason for extension:
entfällt - not applicable

ABSCHNITT I
SECTION I

0.1. Fabrikmarke (Firmenname des Herstellers) - Make (trade name of manufacturer):
Mercedes-Benz

0.2. Typ - Type of vehicle:
245 CH2

0.2.1 Handelsname(n) - Commercial name(s):
B-Klasse
B-class

F-CELL

0.3. Merkmale zur Typidentifizierung, sofern am Fahrzeug vorhanden - Means of identification of type, if marked on the vehicle:
Typbezeichnung auf dem Fabrikschild
vehicle type on the identification plate

Bild 7 Beispiel einer nationalen Kleinserien-Typgenehmigung – Brennstoffzellenfahrzeug Mercedes-Benz F-CELL Quelle: KBA

Tabelle 11 Anforderungen an ein Fahrzeug mit nationaler Kleinserien-Typgenehmigung

Art	Anforderung
Nationale Kleinserie	Nationale Anforderungen (Einzelrichtlinien der 2007/46/EG Anhang IV/XI oder alternative Anforderungen)

Quelle: 2007/46/EG

Tabelle 12 Anzahl möglicher Einheiten eines Fahrzeugtyps bei nationaler Kleinserien-Typgenehmigung

Klasse	Einheiten (pro Jahr und Mitgliedstaat)
M1	75
M2, M3	250
N1, O1, O2	500
N2, N3, O3, O4	250

Quelle: 2007/46/EG

Ausstellung einer nationalen Übereinstimmungserklärung.

Wie bei der EG-Kleinserien-Typgenehmigung weist die Genehmigungsnummer auf diese besondere Form der Genehmigung hin (siehe *Bild 7*).

Auf Antrag des Herstellers ist es möglich, dass das KBA den Genehmigungsbehörden der vom Hersteller angegebenen anderen Mitgliedstaaten eine Kopie des Typgenehmigungsbogens und der zugehörigen Anlagen überstellt.

Diese entscheiden dann, ob in ihrem Mitgliedsstaat ebenfalls eine Anerkennung der vom KBA erteilten nationalen Kleinserien-Typgenehmigung erfolgt.

3 Einzelgenehmigung für Fahrzeuge

Hermann Blick (TÜV Rheinland)

Im Regelfall werden Kraftfahrzeuge und ihre Anhänger in Serie gefertigt. Für die Serienfertigung ist die Erteilung einer EG-Typgenehmigung der heutige Standardfall. Diese Fahrzeuge können dann bei Vorlage der entsprechenden Dokumente und ohne weitere Begutachtung innerhalb der EU zugelassen werden. Daneben gibt es auch noch Fahrzeuge, die individuell im Einzelfall hergestellt oder vor der Zulassung technisch verändert werden, wie z. B. Nutzfahrzeuge, die nachträglich einen, dem Erfordernis des Kunden angepassten, Aufbau erhalten. Des Weiteren werden Fahrzeuge aus Drittländern importiert und sollen hier zugelassen werden. Da diese Fahrzeuge keiner EG-Typgenehmigung entsprechen, hat der Gesetzgeber für diese Fahrzeuge die Möglichkeit der Einzelgenehmigung vorgesehen. In jedem dieser Fälle ist die Begutachtung jedes einzelnen Fahrzeugs durch einen aaS erforderlich.

Einzelgenehmigungen für oben genannte Fahrzeuge werden in Deutschland ausschließlich auf der Grundlage des nationalen Rechts gemäß § 21 StVZO erteilt. Eine EU einheitliche Regelung besteht nicht. Jedes Mitgliedsland hatte eigene Regelungen geschaffen.

Die „Richtlinie 2007/46/EG, kurz Rahmenrichtlinie genannt (siehe unter 2), befasst sich erstmals auf EU-Ebene auch mit dem Thema Einzelgenehmigungen. In Artikel 24 dieser Richtlinie sind die Regelungen hierzu beschrieben.

Im § 13 EG-FGV sind die Voraussetzungen für die Einzelgenehmigung für Fahrzeuge beschrieben.

Demnach müssen die Fahrzeuge die Einzelrichtlinien gemäß Anhang IV (Aufstellung der Rechtsakte für M-, N- und O-Fahrzeuge) oder Anhang XI (Rechtsakte für Fahrzeuge mit besonderer Zweckbestimmung wie Wohnmobile, Krankenwagen und Leichenwagen) der Richtlinie 2007/46/EG, d.h. die Anforderungen der Typgenehmigung, erfüllen. Von diesen Einzelrichtlinien darf in begründeten Fällen abgewichen werden, wenn national entsprechende „alternative Anforderungen" festgelegt sind. Unter „alternativen Anforderungen" sind technische Anforderungen zu verstehen, die so weit als möglich, dass gleiche Maß an Verkehrssicherheit und Umweltschutz gewährleisten sollen wie die jeweiligen Vorschriften der EG-Richtlinie (siehe Kapitel 2 unter 8). Damit besteht auch die Möglichkeit der Erteilung von nationalen Ausnahmegenehmigungen nach § 70 StVZO. Die Notwendigkeit einer Ausnahme muss in jedem Fall eingehend begründet werden.

Weiterhin müssen gemäß Artikel 24, Absatz 2 der Richtlinie 2006/47/EG bei Einzelgenehmigungen keine zerstörenden Prüfungen durchgeführt werden. Hierzu müssen vom Antragsteller entsprechende einschlägige Informationen vorgelegt werden, welche die Einhaltung der alternativen Anforderungen belegen. Auf der Grundlage dieser Unterlagen beurteilt der aaS oder der Technische Dienst die alternativen Anforderungen. Um möglichen Missbrauch der Einzelgenehmigung entgegen zu wirken, wurde die Anzahl gleichartiger Fahrzeuge der Klasse M1 im Einzelgenehmigungsverfahren auf max. 15 Stück je Antragsteller begrenzt.

Gutachten für die Erteilung einer Einzelgenehmigung dürfen von den amtlich anerkannten Sachverständigen (aaS) der Technischen Prüfstellen und den für die Begutachtung von Gesamtfahrzeugen zugelassenen Technischen Diensten erstellt werden.

Die Einzelgenehmigung gilt nur für das Hoheitsgebiet des Mitgliedstaates, der sie erteilt hat. Sollen die Fahrzeuge in einen anderen Mitgliedstaat verkauft oder dort zugelassen werden, muss dieser das bei Vorliegen der erforderlichen Unterlagen genehmigen. Es sei denn, er hat begründeten Anlass zu der Annahme, dass die technischen Vorschriften, nach denen das Fahrzeug genehmigt wurde, seinen eigenen Vorschriften nicht gleichwertig sind. Dies ist

bei Fahrzeugen denkbar, die auf der Grundlage von alternativen Anforderungen oder einer Ausnahme nach § 70 StVZO genehmigt wurden.

Das technische Gutachten, das die Grundlage für die Erteilung der Einzelgenehmigung bildet, muss eine umfangreiche Dokumentation enthalten. Von den für die Erstellung der Gutachten zuständigen Stellen müssen umfangreiche Qualitätssicherungssysteme nachgewiesen werden.

Nach dieser Vorschrift dürfen nur Fahrzeuge genehmigt werden, die noch nicht zugelassen waren. Für Fahrzeuge, die bereits im Verkehr waren, z. B. Importfahrzeuge, gilt § 21 StVZO für die Einzelgenehmigung und die dafür erforderlichen Gutachten.

Für die Einzelgenehmigung von Fahrzeugen aus oder für Drittstaaten, die in Serie produziert wurden und die nicht älter als 6 Monate sind, hat die EU die Verordnung 183/2011 erlassen. Diese kann seit dem 26.2.2012 angewendet werden (siehe Abschnitt 4). Um die geforderte umfangreiche Dokumentation in Deutschland einheitlich zu gestalten, haben die in der ARGE TP21 zusammengefassten Technischen Prüfstellen ein einheitliches DV-Programm erstellt. Dieses Programm (EG-Dok) wird von allen aaS angewandt und beinhaltet auch die geforderten Qualitätssicherungsmerkmale. Weiterhin haben die TP in Deutschland ein abgestimmtes Vorgehen für die Einzelgenehmigungen festgelegt. Das Verfahren nach § 13 EG-FGV muss für die Neufahrzeuge der Klassen M, N und O zwingend angewendet werden.

Am Beispiel eines Aufbaus mit geschlossenem Kasten (*Bild 8*) auf einem Lkw-Fahrgestell (*Bild 9*) wird das Verfahren nachfolgend dargestellt.

Vom Fahrzeughersteller wird zu dem Fahrgestell eine Datenbestätigung geliefert, die dem aaS als Grundlage für die technischen Daten des unvollständigen Fahrzeugs dienen (*Bild 10 und 11*). Die fehlenden Daten, wie z. B. Abmessungen, Gewichte (s. a. *Bilder 17–19*), Anbau der Beleuchtungseinrichtungen, ggf. Geräuschwerte usw. werden bei der Einzelbegutachtung vom aaS ermittelt.

Auf der Grundlage seiner Begutachtung erstellt der aaS das Gutachten für die Einzelgenehmigung (*Bild 12*), aus dem hervorgeht, dass das Fahrzeug richtig beschrieben und vorschriftsmäßig ist. Weiterhin müssen darin alle Angaben enthalten sein, die notwendig sind, um die Zulassungsbescheinigung Teil I und Teil II vollständig auszufüllen.

Das Gutachten ist die Zusammenfassung der Ergebnisse der Begutachtung. Für die einzelnen

Bild 8 Lkw, geschlossener Kasten, Zustand bei der Begutachtung

Bild 9 Lkw-Fahrgestell, Zustand entsprechend der Datenbestätigung Quelle: Mercedes Benz

DAIMLER

Mercedes-Benz

Bescheinigung

hiermit bescheinigen wir die Zulassungsdaten für das nachfolgende Fahrzeug im Auslieferungszustand.

Feld	Bezeichnung		Daten
D.1	Marke		MERCEDES-BENZ
D.2	Typ		930.20
	Variante		-
	Version		-
D.3	Handelsbezeichnung(en)		2544 L 6X2
E	Fahrzeug-Identifizierungsnummer		WDB9302081L373379
F.1	Technisch zulässige Gesamtmasse in kg		26000
F.2	Im Zulassungsmitgliedstaat zulässige Gesamtmasse in kg		26000
G	Masse des in Betrieb befindlichen Fahrzeugs in kg		
J	Fahrzeugklasse		
K	Nummer der EG-Typgenehmigung oder ABE		L181*09
L	Anzahl der Achsen		3
O	Technisch zulässige Anhängelast in kg	O.1 gebremst in kg	3500
		O.2 ungebremst in kg	750
P.1	Hubraum in cm^3		11946
P.2 P.4	Nennleistung in kW / Nenndrehzahl bei min^{-1}		320 / 1800
P.3	Kraftstoffart oder Energiequelle		DIESEL
Q	Leistungsgewicht in kW/kg (nur bei Krädern)		-
R	Farbe des Fahrzeugs		-
S.1	Sitzplätze einschließlich Fahrersitz		2
S.2	Stehplätze		-
T	Höchstgeschwindigkeit in km/h		90
U.1	Standgeräusch in dB (A)		90
U.2	Drehzahl in min^{-1} zu U.1		1350
U.3	Fahrgeräusch in dB (A)		80
V.7	CO_2 (in g/km)		-
V.9	Angabe der für die EG-Typgenehmigung maßgebliche Schadstoffklasse		2005/55*2008/74G
2	Hersteller-Kurzbezeichnung		DAIMLER (D)
2.1	Code zu 2		1313
2.2	Code zu D.2 mit Prüfziffer	Typ/Variante/Version	
		Prüfziffer	

Daimler AG, Stuttgart, Germany
Vorstand/Board of Management: Dieter Zetsche, Vorsitzender/Chairman; Wilfried Porth, Andreas Renschler, Bodo Uebber, Thomas Weber

Daimler AG
Sitz und Registergericht/Domicile and Court of Registry: Stuttgart
HRB-Nr./Commercial Register No.: 19 360
Vorsitzender des Aufsichtsrats/Chairman of the Supervisory Board: Manfred Bischoff

Bild 10 Seite 1 der Datenbestätigung des Fahrzeugherstellers

DAIMLER

Fortsetzung: Seite 2 — Bescheinigung für das Fahrzeug

(2) Hersteller-Kurzbezeichnung: DAIMLER (D)

(E) Fahrzeug-Identifizierungsnummer: WDB9302081L373379

Feld	Bezeichnung		Daten
3	Prüfziffer zur Fahrzeug-Identifizierungsnummer		X
4	Art des Aufbaus		
5	Bezeichnung der Fahrzeugklasse und des Aufbaus		
6	Datum zu K		29.10.2009
7.1	Technisch zulässige maximale Achslast/Masse je Achsgruppe in kg:	Achse 1	8000
7.2		Achse 2	19000
7.3		Achse 3	-
8.1	Zulässige maximale Achslast im Zulassungsmitgliedstaat in kg	Achse 1	8000
8.2		Achse 2	19000
8.3		Achse 3	-
9	Anzahl der Antriebsachsen		1
10	Code zu P.3		0002
11	Code zu R		-
12	Rauminhalt des Tanks bei Tankfahrzeugen in m^3		-
13	Stützlast in kg		-
14	Bezeichnung der nationalen Emissionsklasse		1999/96/EG;B2, GKL:G1
14.1	Code zu V.9 oder 14		0684
15.1	Bereifung Achse 1		385/55 R 22,5 156/— G
15.2	Bereifung Achse 2		315/70 R 22,5 —/145 G
15.3	Bereifung Achse 3		385/55 R 22,5 154/— G
18	Länge in mm		-
19	Breite in mm		-
20	Höhe in mm		-
22	Bemerkungen und Ausnahmen: ZUL.ZUG-GES-GEW.:40000KG.*ZGG IM KOMBIN.VERKEHR 44000,ACHSL.U.GES.GEW.BEACHTEN*AN FAHRHILFE ENTSPRICHT EG* - - -		
22a	V.BEG.E.FAHRT A.OEFFENTL.STR.I.D.LUFTFEDERSTEUERGERAETA.FAHRTSTELLUNG ZU SCHALTEN*D.FZ.I.M.EINER V.AZT ANERK.WEGFAHRSPERRE AUSGER.* - - -		
23	Raum für interne Vermerke des Herstellers WDB9302081L373379		Zulassungsbescheinigung Teil II ausgegeben am: mit der Nummer:

Datum: 27.01.2010
Firma: Daimler AG, Stuttgart

Unterschrift: i.V. — i.A.

Daimler AG, Stuttgart, Germany
Vorstand/Board of Management: Dieter Zetsche, Vorsitzender/Chairman; Wilfried Porth, Andreas Renschler, Bodo Uebber, Thomas Weber

Daimler AG
Sitz und Registergericht/Domicile and Court of Registry: Stuttgart
HRB-Nr./Commercial Register No.: 19 360
Vorsitzender des Aufsichtsrats/Chairman of the Supervisory Board: Manfred Bischoff

Bild 11 Seite 2 der Datenbestätigung des Fahrzeugherstellers

Ergebnisse müssen Prüfprotokolle erstellt und archiviert werden, aus denen hervorgeht, dass die notwendigen Prüfungen durchgeführt und die geforderten Ergebnisse erreicht wurden. Die Vorlage dieser Prüfprotokolle kann von der Genehmigungsbehörde verlangt werden.

Weiterhin ist der Genehmigungsbehörde eine Aufstellung der Vorschriften, Nachweisliste genannt (*Bild 13 und 14*), vorzulegen, denen das Fahrzeug entspricht und die somit die Grundlage für die Genehmigung darstellt.

Der Genehmigungsbogen (*Bild 15 und 16*) wird durch den aaS erstellt und zusammen mit den vorgenannten Unterlagen der Genehmigungsbehörde vorgelegt. Die Genehmigungsbehörde ergänzt die fehlenden Angaben und erteilt bei Einhaltung der Voraussetzungen die Genehmigung.

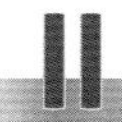

TÜV Rheinland Berlin Brandenburg Pfalz e.V.
Technische Prüfstelle für den Kraftfahrzeugverkehr
Vogelsanger Weg 6, 40470 Düsseldorf
Tel.: 0211/6354-238 Fax: -

GUTACHTEN zur Erlangung einer Einzelgenehmigung nach §13 EG-FGV

mit Nr. **270/3654/12428-01** vom **10.07.2012**

Fahrzeugbeschreibung (nur gültig in Verbindung mit zugehörigem Untersuchungsbericht)

B	-	2.1	1313	2.2	00000000 -	L	2	9	1	P.2/P.4	175	/	2200	T	90
J	10	4	2400			18	9150			19	2550				
E	WDB9702571L616929	3	6			20	3900			G	7175				
D.1	MERCEDES-BENZ					12	-	13	-			Q	-		
D.2	970.25					V.7	-	F.1	11990			F.2	11990		
	-					7.1	4400	7.2	8100			7.3	-		
	-					8.1	4400	8.2	8100			8.3	-		
	-					U.1	88	U.2	1650			U.3	80		
D.3	1224 L ATEGO 3					O.1	3500	O.2	750	S.1	2	S.2	-		
2	Daimler (D)					15.1	265/70R19,5 136/---G								
5	LKW PLANE U.SPRIEGEL M.LADEGERAET					15.2	265/70R19,5 ---/133G								
						15.3	-								
V.9	2005/55*2008/74G					R	-			11	-	/	-		
14	1999/96/EG;B2,GKL:G1					K	-								
P.3	Diesel					6	-	17	-	16	-				
10	0002	14.1	0684	P.1	6374	21	-								
22	zu J (EG): N2*Zu O:M.AHK,e11 00-6291*96/53/EG Mass(A): 9040mm*Zu O.1:16000 m.durchgeh.Bremsanl.;f.SDAH/ZANH 12000KG*S:1000KG;V-Rahmen:38KN*Max.Zuggesamtgewicht b.Steig.grösser 8% 22000KG, dann O.1:14000 ausreichende Ballastier.Achse 2 erforderl.*M.Ladebordwand Bär, Typ BC1500S4-B3*														

Zusätzliche Bemerkungen zur Fahrzeugbeschreibung:

M.anerkannter Wegfahrsperre*

Notizen / zusätzliche Angaben:

-
-
-
-

Dieses Gutachten ist nur gültig mit Original-Stempel und Unterschriften und in Verbindung mit Anlage 1 (Aufstellung der Vorschriften, denen der Fahrzeugtyp entspricht).
Bescheinigung des amtlich anerkannten Sachverständigen:
Es wird bescheinigt, dass die vorstehend aufgeführten Angaben zur Fahrzeugbeschreibung zutreffen und das Fahrzeug den geltenden Vorschriften entspricht.

aaS Michael Michael Keins Stempel

Düsseldorf, 10.07.2012 Unterschrift des amtlich anerkannten Sachverständigen

Seite 1 von 1 des Gutachtens zum Untersuchungsbericht mit Nr.: 270/3654/12428-01 vom 10.07.2012

Bild 12 Beispiel für ein Einzelgutachten mit allen erforderlichen Angaben zum Ausfüllen der Zulassungsbescheinigungen Teil I und Teil II

TÜV Rheinland Berlin Brandenburg Pfalz e.V.
Technische Prüfstelle für den Kraftfahrzeugverkehr
Vogelsanger Weg 6, 40470 Düsseldorf
Tel.: 0211/6354-238 Fax: -

Aufstellung der Vorschriften, denen das Fahrzeug entspricht

Anlage 1 zum Gutachten nach §13 EG-FGV

mit Nr. **270/3654/12428-01** vom **10.07.2012**
Fahrzeug-Ident.-Nr.: **WDB9702571L616929**
Seite **1** von **2**

Genehmigungsgegenstand		Rechtsakt/Vorschrift	Geändert durch/ alternative Anforderungen	Nachweis [1)]
1	Zulässiger Geräuschpegel (RL70/157/EWG)	70/157/EWG	1999/101/EG	X
2	Emissionen (RL70/220/EWG)	70/220/EWG		N/A
2a	Emissionen leichter Nutzfahrzeuge (Euro 5 und 6)/Zugang zu Informationen (VO(EG)715/2007)	VO(EG)715/2007		N/A
3a	Kraftstoffbehälter (RL70/221/EWG)	70/221/EWG	2006/96/EG	X
3b	Unterfahrschutz hinten (RL70/221/EWG)	70/221/EWG	2006/96/EG	B
4	Anbringung hinteres Kennzeichen (RL70/222/EWG)	70/222/EWG		B
5	Lenkanlagen (RL70/311/EWG)	70/311/EWG	1999/7/EG	X
6	Türverriegelungen und -scharniere (RL70/387/EWG)	70/387/EWG	2001/31/EG	B
7	Schallzeichen (RL70/388/EWG)	70/388/EWG	2006/96/EG	X
8	Einrichtungen für indirekte Sicht (RL2003/97/EG)	2003/97/EG	2006/96/EG	B
9	Bremsanlagen (RL71/320/EWG)	71/320/EWG	2006/96/EG	X
10	Funkentstörung (RL72/245/EWG)	72/245/EWG	2009/19/EG	X
11	Emissionen von Dieselmotoren (RL72/306/EWG)	72/306/EWG	2005/21/EG	X
13	Diebstahlsicherung (RL74/61/EWG)	74/61/EWG	2006/96/EG	X
15	Sitzfestigkeit (RL74/408/EWG)	74/408/EWG	2006/96/EG	X
17	Geschwindigkeitsmesser und Rückwärtsgang (RL75/443/EWG)	75/443/EWG	97/39/EG	X
18	(Vorgeschriebene) Schilder (RL76/114/EWG)	76/114/EWG	2006/96/EG	B
19	Gurtverankerungen (RL76/115/EWG)	76/115/EWG	2005/41/EG	X
20	Anbau der Beleuchtungs- und Lichtsignaleinrichtungen (RL76/756/EWG)	76/756/EWG	97/28/EG	B
21	Rückstrahler (RL76/757/EWG)	76/757/EWG	97/29/EG	X
22	Umriss-, Begrenzungs-, Schluss-, Brems-, Tagfahr- und Seitenmarkierungsleuchten (RL76/758/EWG)	76/758/EWG	97/30/EG	X
23	Fahrtrichtungsanzeiger (RL76/759/EWG)	76/759/EWG	1999/15/EG	X
24	Hintere Kennzeichenbeleuchtung (RL76/760/EWG)	76/760/EWG	97/31/EG	X
25	Scheinwerfer (einschließlich Glühlampen) (RL76/761/EWG)	76/761/EWG	2006/96/EG	X
26	Nebelscheinwerfer (RL76/762/EWG)	76/762/EWG	2006/96/EG	X
27	Abschleppeinrichtung (RL77/389/EWG)	77/389/EWG	96/64/EG	X
28	Nebelschlussleuchten (RL77/538/EWG)	77/538/EWG	2006/96/EG	X
29	Rückfahrscheinwerfer (RL77/539/EWG)	77/539/EWG	2006/96/EG	X
30	Parkleuchten (RL77/540/EWG)	77/540/EWG		N/A
31	Rückhaltesysteme und Rückhalteeinrichtungen (RL77/541/EWG)	77/541/EWG	2006/96/EG	X
33	Kennzeichnung der Betätigungseinrichtungen, Warn- und Kontrollleuchten (RL78/316/EWG)	78/316/EWG	94/53/EG	X
34	Entfrostung/Trocknung (RL78/317/EWG)	78/317/EWG		N/A
35	Scheibenwischer/-wascher (RL78/318/EWG)	78/318/EWG		N/A

Bild 13 Beispiel für die Nachweisliste, aus der die technischen Vorschriften hervorgehen (Seite 1)

TÜV Rheinland Berlin Brandenburg Pfalz e.V.
Technische Prüfstelle für den Kraftfahrzeugverkehr
Vogelsanger Weg 6, 40470 Düsseldorf
Tel.: 0211/6354-238 Fax: -

Anlage 1 zum Gutachten nach §13 EG-FGV

mit Nr. **270/3654/12428-01** vom **10.07.2012**
Fahrzeug-Ident.-Nr.: **WDB9702571L616929**
Seite **2** von **2**

Genehmigungsgegenstand		Rechtsakt/Vorschrift	Geändert durch/ alternative Anforderungen	Nachweis [1)]
36	Heizung (RL2001/56/EG)	2001/56/EG		N/A
40	Motorleistung (RL80/1269/EWG)	80/1269/EWG	1999/99/EG	X
41	Emissionen (Euro IV und V) schwerer Nutzfahrzeuge (RL2005/55/EG)	2005/55/EG	2008/74/EG	X
41a	Emissionen (Euro VI) schwerer Nutzfahrzeuge/Zugang zu Informationen (VO(EG)595/2009)	VO(EG)595/2009		N/A
42	Seitliche Schutzvorrichtungen (RL89/297/EWG)	89/297/EWG		X
43	Spritzschutzsystem (RL91/226/EWG)	§36a StVZO		C
45	Sicherheitsglas (RL92/22/EWG)	92/22/EWG	2001/92/EG	X
46	Reifen (RL92/23/EWG)	92/23/EWG	2005/11/EG	X
47	Geschwindigkeitsbegrenzungseinrichtungen (RL92/24/EWG)	92/24/EWG	2004/11/EG	X
48	Massen und Abmessungen (außer Pkw der Nr. 44) (RL97/27/EG)	97/27/EG		C
49	Führerhaus-Außenkanten (RL92/114/EWG)	92/114/EWG		X
50	Verbindungseinrichtungen (RL94/20/EG)	94/20/EG		B
56	Fahrzeuge zur Beförderung gefährlicher Güter (RL98/91/EG)	98/91/EG		N/A
57	Vorderer Unterfahrschutz (RL2000/40/EG)	2000/40/EG		X
62	Wasserstoffsystem (VO(EG)79/2009)	VO(EG)79/2009		N/A
63	Allgemeine Sicherheit (VO(EG)661/2009)	VO(EG)661/2009		N/A

1) X — vollständige Einhaltung des Rechtsaktes mit Genehmigung. Dokument liegt vor oder Genehmigung konnte am Fahrzeug/Bauteil ermittelt werden.

A — Anforderungen der Systemgenehmigung geprüft / vollständige Einhaltung des Rechtsaktes (ohne Genehmigung); Prüfprotokoll eines TD / aaS

B — technische Vorschriften oder alternative Anforderungen gem. Anhang IV, Anlage 2 Nr. 4 eingehalten, alle Prüfungen durchgeführt (Prüfprotokoll, Herstellerbescheinigung oder Anbauprüfung (Sichtprüfung, ggf. mit Messung))

C — Nachweis der wesentlichen Bestimmungen; Bewertung des Systems (für Importfahrzeuge gesonderte Bewertung), Ersatzverfahren oder Prüfprotokoll

G — Genehmigungsgegenstand ist im Rahmen der o.g. ABE/Typgenehmigung des Basisfahrzeuges nachgewiesen

Z — Ausnahmegenehmigung erforderlich (Vorschriften nicht erfüllt, aber in Deutschland nationale Ausnahmegenehmigung möglich) / Ausnahmegenehmigung vorhanden

nicht erfüllt — Anforderungen Rechtsakt nicht erfüllt

N/A — Dieser Rechtsakt ist nicht anwendbar (keine Vorschriften) / System, Baugruppe oder -teil nicht verbaut

Bild 14 Beispiel für die Nachweisliste, aus der die technischen Vorschriften hervorgehen (Seite 2)

DE - Fahrzeuggenehmigungsbogen
DE Vehicle-approval certificate

Stempel der nach Landesrecht zuständigen Stelle
Stamp of approval authority

Benachrichtigung über
die **Einzelgenehmigung** eines **vollständigen Fahrzeugs**
in Bezug auf die Richtlinie 2007/46/EG; zuletzt geändert durch die
Verordnung (EU) Nr. 678/2011

Communication concerning
individual-approval** of a **complete vehicle
with regard to Directive 2007/46/EC as last amended by
Regulation (EU) No 678/2011

Nummer der Genehmigung: ....
Approval No.:

ABSCHNITT I
SECTION I

0.1. Fabrikmarke (Firmenname des Herstellers) - *Make (trade name of manufacturer)*:
MERCEDES-BENZ

0.2. Typ - *Type of vehicle*:
970.25

0.2.1 Handelsname(n) (sofern vorhanden) - *Commercial name(s) (if available)*:
1224 L ATEGO 3

0.4. Fahrzeugklasse - *Category of vehicle*:
N2

Fahrzeug-Identifizierungsnummer - *Vehicle identification number*:
WDB9702571L616929

Fahrzeuggenehmigungsbogen Seite 1 von 2 zu FIN: WDB9702571L616929
Vehicle-approval certificate page 1 of 2 to VIN:

Bild 15 Beispiel für einen Genehmigungsbogen für das begutachtete Fahrzeug, erstellt vom aaS zur Vorlage bei der Genehmigungsbehörde (Seite 1)

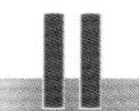

ABSCHNITT II
SECTION II

Der Unterzeichnende bestätigt hiermit die Richtigkeit der Angaben in dem beigefügten Beschreibungsbogen des oben genannten Fahrzeugs.
The undersigned hereby certifies the accuracy of the description in the attached information document of the vehicle described above.

Das Fahrzeug **erfüllt/erfüllt nicht** [1] die technischen Anforderungen aller einschlägigen in Anhang IV bzw. Anhang XI [2] der Richtlinie 2007/46/EG vorgeschriebenen Rechtsakte oder deren alternativen Anforderungen gemäß Art. 24 der benannten Richtlinie.
The vehicle ***meets/does not meet*** *[1] the technical requirements of all the relevant separate directives as prescribed in Annex IV resp. Annex XI [2] to Directive 2007/46/EC or the alternative requirements as laid out in Article 24 of said Directive.*

Die Einzelgenehmigung wird **e r t e i l t .**

Individual-approval is ***g r a n t e d .***

Ort: ....
Place:

Datum: ....
Date:

Unterschrift:
Signature:

1) Nichtzutreffendes streichen / *Delete where not applicable*
2) Siehe Aufstellung der Rechtsakte / *See List of regulatory acts*

Fahrzeuggenehmigungsbogen Seite 2 von 2 zu FIN: WDB9702571L616929
Vehicle-approval certificate page 2 of 2 to VIN:

Bild 16 Beispiel für einen Genehmigungsbogen für das begutachtete Fahrzeug, erstellt vom aaS zur Vorlage bei der Genehmigungsbehörde (Seite 2)

48 Arbeitsanleitung zu Massen und Abmessungen (97/27/EG)

Allgemeine Daten

Zu GA Nr.:	R-270/3654/12475-05		
Prüfstelle:	Technische Prüfstelle für den Kraftfahrzeugverkehr		
Prüfort:	Düsseldorf		
Prüfer:	Michael Michael Keins	Fahrzeughersteller:	Daimler (D)
Prüfdatum:	21.07.2012	Typ:	930.20
zus. Personen:		FIN:	WDB9302031L676856

Erforderlich bei Fahrzeugklassen: M2, M3, N1, N2, N3, O1, O2, O3, O4

Allgemeines

(Angaben optional)

	Anzahl:	**Lage:**	**Anordnung:**
Achsen / Räder	3 / 8	-	-
gelenkte Achsen	2	v + h	-
Antriebsachsen	1	☐ Achse 1 ☑ Achse 2 ☐ Achse 3 ☐ Achse 4 ☐ Achse 5	-
Antriebsmaschine	-	Bitte ausw.	Bitte auswählen

	Bereifung:	**Felge:**
Achse 1	315/80R22,5 154/---G	
Achse 2	315/80R22,5 ---/145G	
Achse 3	315/80R22,5 154/---G	
Achse 4		
Anzahl der Sitzplätze	2	

nur für KOM:

Fahrzeugklasse	Bitte ausw.
Anzahl Fahrgäste gesamt[1]	
Anzahl Stehplätze[1]	-
Anzahl Rollstuhlplätze[1]	

[1]) nicht immer erforderlich

Anforderungen **erfüllt**

48 Arbeitsanleitung zu Massen und Abmessungen (97/27/EG)
GA-Nr: R-270/3654/12475-05 EG-DOK V2.3.1.008 - Nachweise V2.3.1
FIN: WDB9302031L676856 Seite 1 von 3

Bild 17 Beispiel Prüfprotokoll für Massen und Abmessungen mit Prüfergebnis (Seite 1)

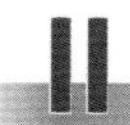

Abmessungen ◉ Ja ○ Nein

(Angaben optional)

	Wert (mm):		
Radstand Achse 1 - 2 (bei Vollbelastung)	4500	Spurweite der Achse 1	
Radstand Achse 2 - 3 (bei Vollbelastung)	1350	Spurweite der Achse 2	
Radstand Achse 3 - 4 (bei Vollbelastung)		Spurweite der Achse 3	
Radstand Achse 4 - 5 (bei Vollbelastung)		Spurweite der Achse 4	
Sattelvormaß (größtes und kleinstes; bei unvollständigen Fahrzeugen Angabe der zulässigen Werte)[1]		Spurweite der Achse 5	
Größte Höhe der (genormten) Sattelkupplung[1]		ausziehbar bis[1]	
Maße über alles - Länge	8850	Maße über alles - Breite	2500-
ausziehbar bis[1]		Maße über alles - Höhe	3300-
Überhang vorn		Überhang hinten	
Dicke der Wände (nur bei Kühlfahrzeugen)[1]			
Zulässige Extremanlagen des Schwerpunkts von Aufbau und/oder Innenausstattung und/oder Ausrüstung und/oder Nutzlast		Achsabstände (bei Mehrfachachsen)	
Länge der Ladefläche[1]			

[1]) nicht immer erforderlich

Massen ◉ Ja ○ Nein

(Angaben optional)

	Wert (kg):		Wert (kg):
Leermasse	10935-	techn. zulässige Achslast - Achse 1	7500
Achslast leer Achse 1		techn. zulässige Achslast - Achse 2	19000
Achslast leer Achse 2		techn. zulässige Achslast - Achse 3	-
Achslast leer Achse 3		techn. zulässige Achslast - Achse 4	
Achslast leer Achse 4		techn. zulässige Achslast - Achse 5	
Achslast leer Achse 5		techn. zulässige Anhängelast gebremst	3500
techn. zulässige Gesamtmasse	26000	Höchstmasse des ungebremsten Anhängers	750
		Stützlast auf dem Kupplungspunkt	-

Nutzlast ◉ Ja ○ Nein

(Nachweis anhängen)

48 Arbeitsanleitung zu Massen und Abmessungen (97/27/EG)
GA-Nr: R-270/3654/12475-05 EG-DOK V2.3.1.008 - Nachweise V2.3.1
FIN: WDB9302031L676856 Seite 2 von 3

Bild 18 Beispiel Prüfprotokoll für Massen und Abmessungen mit Prüfergebnis (Seite 2)

Kurvenlaufeigenschaften ◉ Ja ○ Nein

praktisch oder rechnerisch (Nachweis anhängen)

bei SANH:

L = Breite SANH (m): ______

Radstand[1] (m): ______ ≤ ______ $\sqrt{(12,50-2,04)^2-(5,30+L/2)^2}$

[1]) Achsabstand Zugsattelzapfen zu Mittellinie des Achsaggregat

zusätzliche Angaben Geländefahrzeuge ○ Ja ○ Nein ○ nicht zutreffend

(Angaben optional)

Überhangwinkel vorne	______	Bodenfreiheit unter Achse 1	______
Überhangwinkel hinten	______	Bodenfreiheit unter Achse 2	______
Bodenfreiheit zwischen den Achsen	______	Bodenfreiheit unter Achse 3	______
Rampenwinkel	______	Bodenfreiheit unter Achse 4	______
Anfahrvermögen an Steigungen	______	Bodenfreiheit unter Achse 5	______
Differenzialsperre	○ Ja ○ Nein ○ wahlweise		

Die Massen und Abmessungen des Fahrzeuges wurden gemäß Arbeitsanleitung ermittelt. Die Messwerte sind korrekt, entsprechende Vorschriften sind eingehalten. ◉ Ja ○ Nein

Bemerkungen:

______

48 Arbeitsanleitung zu Massen und Abmessungen (97/27/EG)
GA-Nr: R-270/3654/12475-05 EG-DOK V2.3.1.008 - Nachweise V2.3.1
FIN: WDB9302031L676856 Seite 3 von 3

Bild 19 Beispiel Prüfprotokoll für Massen und Abmessungen mit Prüfergebnis (Seite 3)

4 Besondere Verfahren

Neben einzeln hergestellten Fahrzeugen sowie den komplettierten Nutzfahrzeugen werden auch Fahrzeuge aus Drittstaaten außerhalb der EU importiert. Diese Fahrzeuge werden in der Regel durch einzelne Personen individuell eingeführt und bedürfen somit einer Einzelgenehmigung.

Da diese Fahrzeuge meist in Serie gefertigt wurden, entsprechen sie in wesentlichen Bauteilen oder Systemen den Vorschriften des jeweiligen Herkunftslandes, die jedoch nicht mit den Anforderungen der EU-Typgenehmigung übereinstimmen. Vor der Umsetzung der Richtlinie 2007/46/EG durch die EG-FGV zum 29.4.2009 (siehe Abschnitt 3) wurden diese Fahrzeuge nach § 21 StVZO und dem dazu erlassenen Merkblatt (siehe Kapitel 2, Abschnitt 7) geprüft und entsprechende Ausnahmen erteilt oder die „Etwa-Wirkung" bescheinigt.

Mit dem Erlass der Verordnung (EU) Nr. 183/2011 hat die EU nun einheitlich festgelegt, für welche Rechtsvorschriften innerhalb der EU Ausnahmen für solche Fahrzeuge zulässig sind. Damit können genau festgelegte Anforderungen der Drittländer den EG-Richtlinien als gleichwertig anerkannt werden. Hierbei ist berücksichtigt, dass diese Vorschriften nach den vorliegenden Informationen die gleichen Anforderungen an die Verkehrssicherheit und den Umweltschutz gewährleisten und somit als gleichwertig zu betrachten sind. Welche Regelungen anerkannt werden können, wird in der Verordnung explizit aufgeführt. Zum Beispiel kann für die Prüfung der Lenkanlage bei Unfallstößen an Stelle des Nachweises der Richtlinie 74/297/EWG als gleichwertig der Nachweis nach der US-Regelung FMVSS Nr. 203 und FMVSS Nr. 204 oder der Japanischen Regelung nach Artikel 11 der JSRRV anerkannt werden. Das gilt z. B. auch für die Gurtverankerungen, bei denen der US-Nachweis FMVSS Nr. 210 oder der japanische Nachweis des Artikels 22-3 der JSRRV der Genehmigung nach der Richtlinie 76/115/EWG gleichgesetzt werden.

Einzelgenehmigungen, die nach dieser Verordnung erteilt werden, sind innerhalb der EU ohne weitere Genehmigungen zulassungsfähig. Da es sich um eine EU-Verordnung handelt ist keine nationale Umsetzung in das nationale Recht erforderlich. Die Verordnung trat zum 26.2.2012 in Kraft. Sie kann auf neue vollständige Fahrzeuge der Klassen M1 und N1 angewendet werden, die in Drittländern oder für Drittländer in Großserie hergestellt wurden. Für die Anwendung die Verordnung bedeutet „neu", dass das Fahrzeug zuvor noch nicht zugelassen war oder es zum Zeitpunkt der Beantragung der Einzelgenehmigung weniger als sechs Monate zugelassen war.

Wird das Fahrzeug nach dieser Verordnung begutachtet und erfüllt alle Anforderungen, wird ein EG-Genehmigungsbogen erstellt. Dieser weicht in Form und Inhalt von dem Genehmigungsbogen nach der Richtlinie 2007/46/EG erheblich ab. Er ist inhaltlich an den Genehmigungsbogen für die EG-Typgenehmigung angeglichen. Auch hier wird, wie bei dem Genehmigungsbogen nach der Richtlinie 2007/46/EG, der Vordruck durch den Gutachtenersteller vorbereitet und von der Genehmigungsbehörde mit Datum und Unterschrift bestätigt.

Bild 20 Beispiel eines Fahrzeugimports
Quelle: Ford Windstar

Die ebenfalls beizustellende Nachweisliste wurde gegenüber der Rili 2007/46/EG geändert und weist inhaltliche Anpassungen an die Vorgaben der Verordnung, wie z. B. die Möglichkeit zur Auflistung der nicht europäischen Prüfzertifikate, auf. Grundsätzlich gilt, dass alle technischen Anforderungen nach der Anlage 2 erfüllt sein müssen. Das bedeutet, wird ein Fahrzeug nach VO (EU) 183/2011 genehmigt, sind keine Ausnahmen nach nationalem Recht möglich. Können nicht alle Anforderungen erfüllt werden, muss das Fahrzeug nach § 13 EG-FGV, sofern es ein Neufahrzeug ist, d. h. es war noch nicht zugelassen, begutachtet werden.

War das Fahrzeug bereits im Ausland zugelassen, muss es national nach § 21 StVZO begutachtet werden. In diesem Fall gelten nicht die sechs Monate entsprechend der VO (EU) 183/2011.

Für die Erstellung der notwendigen Unterlagen und zur Sicherstellung der erforderlichen Qualität wurde auch hier von der ARGE TP 21 das einheitliche Dokumententool (EG_Dok) an die Vorgaben angepasst.

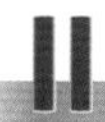

EG-GENEHMIGUNGSBOGEN FÜR DIE EINZELGENEHMIGUNG EINES FAHRZEUGS

e(4) — Name, Anschrift, Telefonnummer und E-Mail-Adresse der Behörde, die die Einzelgenehmigung erteilt hat

Benachrichtigung über die Einzelgenehmigung eines Fahrzeugs in Bezug auf Artikel 24 der Richtlinie 2007/46/EG

Abschnitt 1

Der Unterzeichnete [… … *Name und Position*] bestätigt hiermit, dass das unten bezeichnete Fahrzeug:

0.1. Fabrikmarke (Firmenname des Herstellers): ……

0.2. Typ: Variante: Version:

0.2.1. Handelsbezeichnung: ……

0.4. Fahrzeugklasse ([2]): ……

0.5. Name und Anschrift des Herstellers: ……

0.6. Anbringungsstelle und Anbringungsart der vorgeschriebenen Schilder: ……

Anbringungsstelle der Fahrzeug-Identifizierungsnummer: ……

0.9. Ggf. Name und Anschrift des Bevollmächtigten des Herstellers:

0.10. Fahrzeug-Identifizierungsnummer:

zur Genehmigung vorgeführt am […… *Datum der Antragstellung*]

von […… *Name und Anschrift des Antragstellers*]

die Genehmigung gemäß Artikel 24 der Richtlinie 2007/46/EG erhält. Zu Urkund dessen wurde die folgende Genehmigungsnummer zugeteilt: ……

Das Fahrzeug entspricht Anhang IV Anlage 2 der Richtlinie 2007/46/EG. Es kann in Mitgliedstaaten mit Rechts-/Linksverkehr ([1]) und in denen metrische Einheiten/Einheiten des englischen Maßsystems (*Imperial system*) ([1]) für das Geschwindigkeitsmessgerät verwendet werden, ohne weitere Genehmigungen unbefristet zugelassen werden.

(Ort) (Datum)	(Unterschrift ([3])):	(Stempel der Genehmigungsbehörde)
[…]	[…]	[…]

Anlagen

2 Fotos ([5]) des Fahrzeugs (Mindestauflösung 640 × 480 Pixel, ~7 × 10 cm)

([1]) Unzutreffendes streichen.
([2]) Gemäß der Definition in Anhang II Teil A.
([3]) Oder die visuelle Darstellung einer fortgeschrittenen elektronischen Signatur im Sinne der Richtlinie 1999/93/EG, einschließlich Signaturprüfdaten.
([4]) Kennzahl des Mitgliedstaats, der die Einzelgenehmigung erteilt hat: (siehe „Abschnitt 1" in Anhang VII Nummer 1 der Richtlinie 2007/46/EG).
([5]) Ansicht ¾ von vorn und Ansicht ¾ von hinten.

Bild 21 Seite 1 des Genehmigungsbogens gem. VO (EU) 183/2011

Abschnitt 2

Allgemeine Baumerkmale

1. Anzahl der Achsen: ....und Räder: ....

1.1. Anzahl und Lage der Achsen mit Doppelbereifung: ....

3. Antriebsachsen (Anzahl, Lage, gegenseitige Verbindung): ....

Hauptabmessungen

4. Radstand ([a]): .... mm

4.1. Achsabstände: 1-2: ... mm 2-3: ... mm 3-4: ... mm

5. Länge: ... mm

6. Breite: ... mm

7. Höhe: ... mm

Massen

13. Masse des fahrbereiten Fahrzeugs: .... kg ([b])

16. Technisch zulässige Höchstmassen

16.1. Technisch zulässige Gesamtmasse in beladenem Zustand: .... kg

16.2. Technisch zulässige maximale Masse je Achse: 1. .... kg 2. .... kg 3. .... kg usw.

16.4. Technisch zulässige Gesamtmasse der Fahrzeugkombination: ....kg

18. Technisch zulässige maximale Anhängemasse bei Beförderung eines:

18.1. Deichselanhängers: .... kg

18.2. Sattelanhängers: ....kg

18.3. Zentralachsanhängers: ....kg

18.4. Ungebremsten Anhängers: ....kg

19. Technisch zulässige Stützlast am Kupplungspunkt: .... kg

Antriebsmaschine

20. Hersteller des Motors: ....

21. Baumusterbezeichnung gemäß Kennzeichnung am Motor: ....

22. Arbeitsverfahren: ....

23. Reiner Elektrobetrieb: ja/nein ([1])

23.1. Hybrid-[Elektro-]Fahrzeug: ja/nein ([1])

24. Anzahl und Anordnung der Zylinder: ....

25. Hubraum: ....cm³

26. Kraftstoff: Diesel/Benzin/Flüssiggas/Erdgas oder Biomethan/Ethanol/Biodiesel/Wasserstoff ([1])

26.1. Fahrzeug mit Einstoffbetrieb, Fahrzeug mit Zweistoffbetrieb/Flexfuel- Fahrzeug ([1])

27. Nennleistung ([c]): .... kW bei .... min^{-1} oder maximale Nenndauerleistung (Elektromotor) .... kW ([1]):

Höchstgeschwindigkeit

29. Höchstgeschwindigkeit: .... km/h

Achsen und Radaufhängung

30. Spurweite: 1. ....mm 2. ....mm 3. .... mm

35. Reifen/Radkombination: ....

Bild 22 Seite 2 des Genehmigungsbogens gem. VO (EU) 183/2011 (Auszug)

TÜV Rheinland Berlin Brandenburg Pfalz e.V.
Technische Prüfstelle für den Kraftfahrzeugverkehr
Hans-Böckler-Str.6, 56070 Koblenz

Tel.: 0261/8085-127 Fax: -

Nachweis gem. Anhang IV, Anlage 2 Nr. 4 der RL 2007/46/EG

Anlage 1 zum GUTACHTEN nach § 13 EG-FGV
mit der Nr.: **370/8782/99191-01** vom **TT.MM.**JJJJ
Fahrzeug-Ident.-Nr.: **VF1TESTGUTACHTEN1**
Seite **1** von **2**

	Genehmigungsgegenstand	Rechtsakt/Vorschrift	Geändert durch/alternative Anforderung	Nachweis [1]
1	Zulässiger Geräuschpegel	70/157/EWG	1999/101/EG	B
2	Emissionen	70/220/EWG	2006/96/EG	B
2a	Emissionen leichter Nutzfahrzeuge (Euro 5 und 6)/ Zugang zu Informationen	VO (EG) 715/2007		A
3a	Unterfahrschutz hinten	70/221/EWG	VO (EU) 183/2011	B
3b	Kraftstoffbehälter	ECE-R67	02	B
4	Anbringung hinteres Kennzeichen	70/222/EWG	VO (EU) 183/2011	B
5	Lenkanlagen	70/311/EWG	VO (EU) 183/2011	B
6	Türverriegelungen und -scharniere	70/387/EWG	98/90/EG	B
7	Schallzeichen	70/388/EWG	VO (EU) 183/2011	B
8	Einrichtungen für indirekte Sicht	2003/97/EG	2005/27/EG	B
9	Bremsanlagen	71/320/EWG	VO (EU) 183/2011	B
10	Funkentstörung/elektromagnetische Verträglichkeit	ECE-R10	02	B
11	Emissionen von Dieselmotoren	72/306/EWG	97/20/EG	N/A
12	Innenausstattung	74/60/EWG	VO (EU) 183/2011	B
13	Diebstahlsicherung	74/61/EWG	VO (EU) 183/2011	B
14	Lenkanlage bei Unfallstößen	74/297/EWG	91/662/EWG	B
15	Sitzfestigkeit	74/408/EWG	VO (EU) 183/2011	B
16	Außenkanten	74/483/EWG	87/354/EWG	B
17	Geschwindigkeitsmesser und Rückwärtsgang	75/443/EWG	97/39/EG	B
18	(Vorgeschriebene) Schilder	76/114/EWG	87/354/EWG	B
19	Gurtverankerungen	76/115/EWG	VO (EU) 183/2011	B
20	Anbau der Beleuchtungs- und Lichtsignaleinrichtungen	ECE-R48	04 m. Erg.02	A
21	Rückstrahler	76/757/EWG	97/29/EG	X
22	Umriss-, Begrenzungs-, Schluss-, Tagfahr-, Brems- und Seitenmarkierungsleuchten	ECE-R 7	ÄS 02	X
22	Umriss-, Begrenzungs-, Schluss-, Tagfahr-, Brems- und Seitenmarkierungsleuchten	ECE-R 87		X
22	Umriss-, Begrenzungs-, Schluss-, Tagfahr-, Brems- und Seitenmarkierungsleuchten	ECE-R 91	VO (EU) 183/2011	B
23	Fahrtrichtungsanzeiger	76/759/EWG	89/277/EWG	X
24	Hintere Kennzeichenbeleuchtung	76/760/EWG	97/31/EG	X
25	Scheinwerfer (einschließlich Glühlampen)	76/761/EWG	89/517/EWG	X
26	Nebelscheinwerfer	76/762/EWG	87/354/EWG	X
27	Abschleppeinrichtung	77/389/EWG	VO (EU) 183/2011	NA
28	Nebelschlussleuchten	77/538/EWG	89/518/EWG	X

Bild 23 Auszug aus Nachweisliste gem. VO (EU) 183/2011

Kapitel 2
Bauartgenehmigung und Betriebserlaubnis

Grundsätzliche Erläuterungen zur Bauartgenehmigung für Fahrzeugteile

Für Einrichtungen, die für die Verkehrs- und Betriebssicherheit von besonderer Bedeutung sind, ist nach § 22a StVZO eine Bauartgenehmigung vorgeschrieben. Solche Teile sind z. B. Scheiben aus Sicherheitsglas, Auflaufbremsen, Verbindungseinrichtungen von Fahrzeugen, lichttechnische Einrichtungen, Kinderrückhaltesysteme, Sicherheitsgurte und Warndreiecke. Sie dürfen nur dann angeboten, verkauft oder verwendet werden, wenn sie in amtlich genehmigter Bauart ausgeführt sind. Außerdem ist jegliche Änderung an solchen Teilen untersagt.

In diesem Zusammenhang wird darauf hingewiesen, dass bei Missachtung der Vorschriften der Bauartgenehmigungspflicht für Fahrzeugteile auch die Betriebserlaubnis des Fahrzeugs tangiert werden kann, wenn diese Teile am Fahrzeug angebaut sind. Dabei ist es unerheblich, ob diese Teile an zulassungspflichtigen oder -freien Fahrzeugen verwendet werden. Um unbillige Härten, z. B. bei importieren Fahrzeugen, zu vermeiden, sind Ausnahmen von der Bauartgenehmigungspflicht möglich. Teile an Fahrzeugen, die außerhalb des Geltungsbereiches dieser Verordnung hergestellt worden sind, können im Rahmen der Ausnahme nach § 70 StVZO verwendet werden, wenn die sogenannte „Etwa-Wirkung" bescheinigt wird.[2] Die „Etwa-Wirkung" kann nur dann bescheinigt werden, wenn diese Teile den bauartgenehmigungspflichtigen Teilen gleicher Art in ihrer Wirkung entsprechen.

Für die Ausstellung der Bescheinigung ist der aaS zuständig. Er hat sorgfältig die Merkmale für die Verkehrs- und Betriebssicherheit zu prüfen. Erst wenn er zu der Erkenntnis kommt, dass keine Bedenken gegen die Verwendung bestehen, kann er die „Etwa-Wirkung" bescheinigen, die Grundlage für die Genehmigungsbehörde zur Erteilung erforderlicher Ausnahmegenehmigungen sein kann. An Fahrzeugen mit einer EG-Typgenehmigung findet § 22a StVZO keine Anwendung.

Die Bauartgenehmigung nach § 22a StVZO für Fahrzeugteile wird zukünftig auf die Teile beschränkt werden, für die es keine anwendbaren internationalen Vorschriften gibt.

2 Der Kraftfahrzeug-Sachverständige (Brauckmann, Hähnel, Mylius), Kirschbaum Verlag

1 Allgemeine Bauartgenehmigung für Fahrzeugteile (§ 22a StVZO)

Ähnlich der Allgemeinen Betriebserlaubnis für Fahrzeuge kann dem Hersteller für reihenweise zu fertigende oder gefertigte Fahrzeugteile nach der Fahrzeugteileverordnung (FzTV) eine Allgemeine Bauartgenehmigung erteilt werden, wenn er die Gewähr für eine zuverlässige Ausübung der durch die Bauartgenehmigung verliehenen Befugnisse bietet.

Für die Erteilung der Allgemeinen Bauartgenehmigung ist das Kraftfahrt-Bundesamt zuständig. Der Antrag auf Erteilung ist schriftlich unter Angabe der Typbezeichnung und mit beigefügtem Gutachten der zuständigen Prüfstelle beim Kraftfahrt-Bundesamt zu stellen.

Mit der Allgemeinen Bauartgenehmigung hat der Teilehersteller die Möglichkeit, diese Teile bundesweit zum Verkauf anzubieten, ohne dass für das Teil selbst eine weitere Prüfung erforderlich ist. Dass eine Allgemeine Bauartgenehmigung erteilt wurde, wird durch ein Prüfzeichen am betreffenden Fahrzeugteil kenntlich gemacht. Das Prüfzeichen besteht aus einer Wellenlinie mit drei Perioden, einem oder zwei Kennbuchstaben, einer Nummer und, soweit erforderlich, zusätzlichen Zeichen.

Dem bauartgenehmigungspflichtigen Teil wird eine Unterlage (Ein- oder Anbauanleitung) beigefügt, aus der hervorgeht, ob die Wirksamkeit der Bauartgenehmigung für das Teil an Bedingungen geknüpft ist. Eine Bedingung kann z. B. die Abnahme des Ein- oder Abbaus sein.

Werden bauartgenehmigungspflichtige Teile an einem Fahrzeug ein- oder ausgebaut, kann dies zum Erlöschen der Betriebserlaubnis des Fahrzeugs führen; diese kann aber bei Erfüllung der Bedingung ohne Weiteres erneuert werden. Wird ein solches Teil jedoch verändert, ist für die Erneuerung der Betriebserlaubnis eine umfangreiche Prüfung erforderlich.

Die Bauartgenehmigung kann auf bestimmte Fahrzeugtypen und insoweit auf die jeweiligen Fahrzeughersteller beschränkt sein. Auch dies geht aus der beigefügten Unterlage zum Fahrzeugteil hervor.

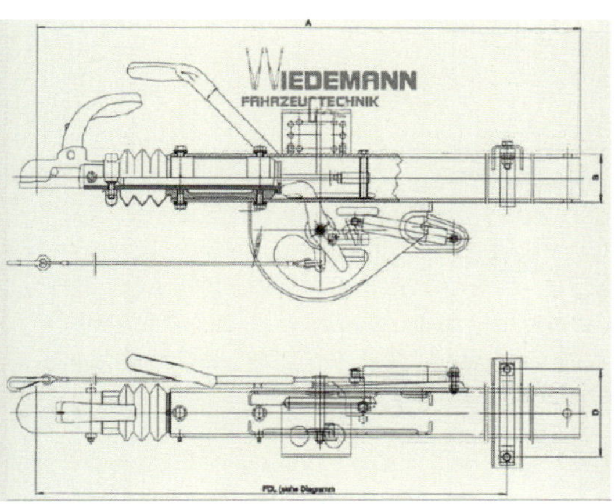

Bild 24 Bauartgenehmigte Auflaufbremse und Zugrohr (Knott-Zugeinrichtung)

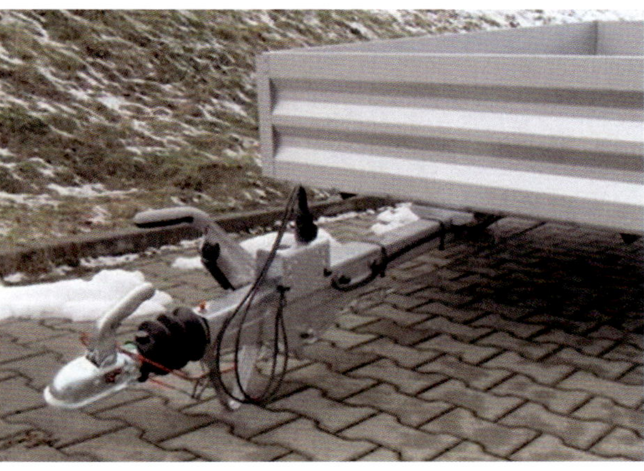

Bild 25 Bauartgenehmigte Auflaufbremse und Zugrohr (Westfalia)

2 Bauartgenehmigung im Einzelfall – Einzelgenehmigung (§ 22a StVZO)

Eine Bauartgenehmigung für Fahrzeugteile kann für alle Fahrzeugarten, aber ebenso nur für bestimmte Fahrzeughersteller und Fahrzeugtypen erteilt werden.

Es ist darauf zu achten, dass nur solche bauartgenehmigten Teile verbaut werden, die auch tatsächlich für das betreffende Fahrzeug genehmigt sind.

Die Einzelgenehmigung ist unter Vorlage des Gutachtens eines aaS bei der Zulassungsbehörde zu beantragen.

Die Zulassungsbehörde erteilt die Einzelgenehmigung, indem sie auf dem Gutachten des aaS unter Angabe von Ort und Datum vermerkt: „Einzelgenehmigung erteilt".

Etwaige Beschränkungen oder Ausnahmen von den Bestimmungen der StVZO sind in der Genehmigung aufzunehmen.

Um die Zuordnung und Identität des Fahrzeugteils sicherzustellen, wird das Fahrzeugteil durch den aaS im Gutachten mit einer Kennzeichnung belegt. In der Regel handelt es sich dabei um eine sogenannte „TP-Nummer" der TP. Diese Kennzeichnung ist an dem Fahrzeugteil dauerhaft anzubringen.

Wird das Fahrzeugteil an einem Kraftfahrzeug oder an einem Kraftfahrzeuganhänger verwendet, so ist die Einzelgenehmigung bei zulassungspflichtigen Fahrzeugen in der Zulassungsbescheinigung Teil I und II einzutragen.

Die Zulassungsbehörde kann zur Prüfung etwa erforderlicher Maßnahmen die Vorführung des Fahrzeuges verlangen. In der Regel reicht die Vorlage des Gutachtens aus.

Die Einzelgenehmigung erlischt bei Rückgabe, nach Ablauf einer etwa festgesetzten Frist, bei Rücknahme oder Widerruf der Zulassungsbehörde. Sie erlischt weiterhin, wenn sie den jeweiligen geltenden Rechtsvorschriften nicht mehr entspricht und dies durch die aaSoP/PI oder die untere Verwaltungsbehörde bzw. Zulassungsbehörde festgestellt worden ist.

3 Betriebserlaubnis

3.1 Historischer Rückblick – Zulassung, Betriebserlaubnis, Typprüfung

Mit der Entwicklung des Automobils begann nicht nur ein neues Zeitalter im Hinblick auf die Mobilitätsmöglichkeiten der Menschen. Es zeigte sich auch, dass durch den wachsenden Automobilverkehr die Unfallhäufigkeit im Straßenverkehr sehr schnell anstieg.

Zunächst verlief der Straßenverkehr in Deutschland ohne entsprechende Vorschriften. Der Ruf nach Maßnahmen gegen den steilen Anstieg der Straßenunfälle führte dazu, dass der Gesetzgeber vor der Zulassung eines Automobils einen Nachweis in Form einer behördlichen Bescheinigung darüber forderte, dass das Fahrzeug den Vorschriften der Polizeiverordnungen entsprach.

Das Mitführen der behördlichen Bescheinigung über die Eintragung des Fahrzeuges in die polizeiliche Liste und die Erteilung einer Erkennungsnummer wurden zur Pflicht.

Mit dem Gesetz über den Verkehr mit Kraftfahrzeugen vom 3.5.1909 und der darauf beruhen-

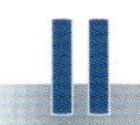

den Verordnung vom 3.2.1910 wurden für ganz Deutschland verbindliche Vorschriften erlassen. Gleichzeitig führte dieses Gesetz klare Begriffe für die Zulassung von Fahrzeugen zum Verkehr auf öffentlichen Straßen ein, u.a. die Erteilung der Betriebserlaubnis für das Fahrzeug.

Zum Antrag für die Zulassung eines Fahrzeuges musste das Gutachten eines von der höheren Verwaltungsbehörde anerkannten Sachverständigen über die Vorschriftsmäßigkeit des Fahrzeuges beigefügt werden.

Abweichend davon konnte die höhere Verwaltungsbehörde unter bestimmten Voraussetzungen Herstellerfirmen von der Vorlage des Gutachtens eines anerkannten Sachverständigen befreien. Voraussetzung dafür war, dass die Herstellerfirma eine Bescheinigung über eine von ihr durchgeführte Prüfung (Typprüfung) ausstellte und darin bescheinigte, dass eine von ihr fabrikmäßig gefertigte Gattung von Kraftfahrzeugen den Anforderungen der geltenden Verordnung genügt (Typenbescheinigung).

Damit waren die Begriffe Zulassung, Betriebserlaubnis und Typprüfung „geboren", die bis heute im Prüf- und Zulassungsverfahren verwendet werden.

Konkreter wurden diese Vorschriften mit der Vorgabe, dass Kraftfahrzeuge auf öffentlichen Straßen nur in Betrieb gesetzt werden durften, wenn zusätzlich zur Betriebserlaubnis auch ein amtliches Kennzeichen zugeteilt worden war (Reichs-Straßenverkehrsordnung von 1934).

Neben der Betriebserlaubnis für Kraftfahrzeuge bestand auch die Möglichkeit, eine Betriebserlaubnis für Fahrzeugteile zu erhalten.

Die Betriebserlaubnis für Kraftfahrzeuge blieb wirksam, solange nicht Teile verändert wurden, deren Betrieb eine Gefährdung anderer Verkehrsteilnehmer verursachen konnte. Als Beispiel ist der Einbau einer geänderten Bremse, Lenkung oder ähnlicher Einrichtungen genannt. Nach solchen Änderungen musste der Eigentümer eine erneute Betriebserlaubnis beantragen. Dem Antrag musste das Gutachten eines anerkannten Sachverständigen über den vor-

Bescheinigung

IV 65105

Düsseldorf

Die Polizeiverwaltung

in Vertretung

310

Bild 26 Zulassungspapier von 1932 mit Erkennungsnummer

Firma, die die Antriebsmaschine hergestellt hat	[illegible]
Fabriknummer der Antriebsmaschine	1487
Pferdestärken der Antriebsmaschine	3,7
Hubraum der Antriebsmaschine in ccm	154
Zahl der Zylinder	1
Durchmesser der Zylinder in mm	54
Kolbenhub in mm	70

Die Bescheinigung ist ausgehändigt.

, den 15ten Juli 1932

Die Polizeiverwaltung

Der Landrat des Kreises Düsseldorf-Mettmann

In Vertretung

Raum für nachträgliche Eintragungen.

Bild 27 Zulassungspapier von 1932

schriftsmäßigen Zustand beigefügt werden. Eine neue Betriebserlaubnis für das Fahrzeug war nicht erforderlich, wenn für die eingebauten Teile einzeln eine besondere Betriebserlaubnis erteilt worden war.

Für reihenweise gefertigte Kraftfahrzeuge oder Fahrzeugteile wurde die Betriebserlaubnis allgemein durch Ausstellen des sogenannten Typscheins erteilt. Voraussetzung war eine durchgeführte Prüfung (Typprüfung) der Kraftfahrzeuge bzw. der Fahrzeugteile auf Kosten

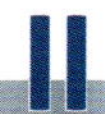

UNGÜLTIG

Walter König, Verlagsanstalt, München 13, Schellingstraße 44

Kraftfahrzeugbrief

Amtliches Kennzeichen des Kraftrads:

FR-41-2352/
AW-891

Bayerisches Staatsministerium des Innern – Sammelstelle für Nachrichten über Kraftfahrzeuge

Kraftfahrzeugbrief II
Bavarian

№ 377528

Vordruck II für Krafträder

Bild 28 Kfz-Brief (Außenseite)

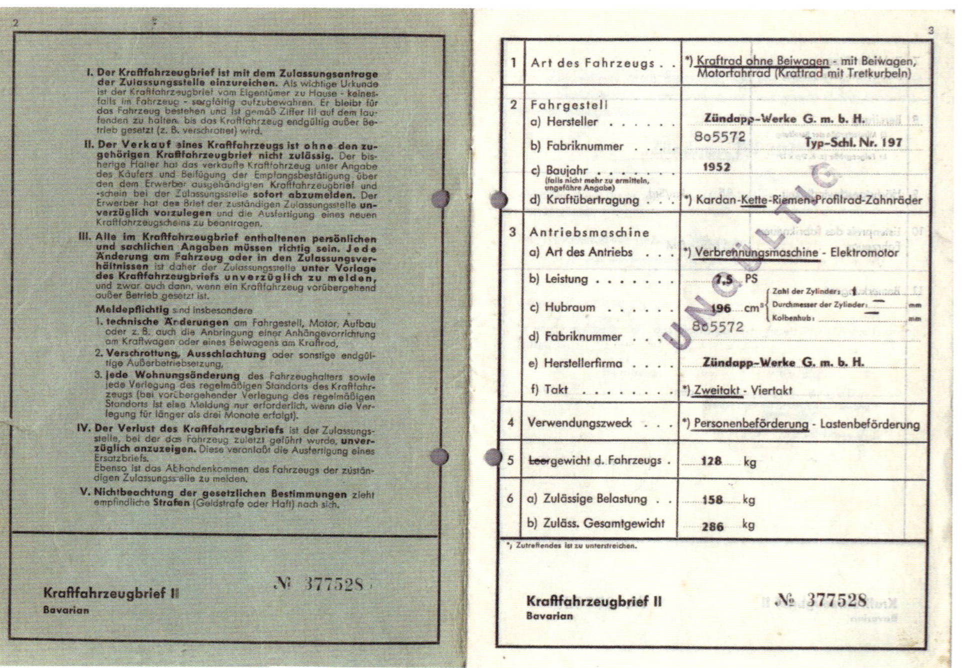

2

I. Der Kraftfahrzeugbrief ist mit dem Zulassungsantrage der Zulassungsstelle einzureichen. Als wichtige Urkunde ist der Kraftfahrzeugbrief vom Eigentümer zu Hause - keinesfalls im Fahrzeug - sorgfältig aufzubewahren. Er bleibt für das Fahrzeug bestehen und ist gemäß Ziffer III auf dem laufenden zu halten, bis das Kraftfahrzeug endgültig außer Betrieb gesetzt (z. B. verschrottet) wird.

II. Der Verkauf eines Kraftfahrzeugs ist ohne den zugehörigen Kraftfahrzeugbrief nicht zulässig. Der bisherige Halter hat das verkaufte Kraftfahrzeug unter Angabe des Käufers und Beifügung der Empfangsbestätigung über den dem Erwerber ausgehändigten Kraftfahrzeugbrief und -schein bei der Zulassungsstelle **sofort abzumelden.** Der Erwerber hat den Brief der zuständigen Zulassungsstelle **unverzüglich vorzulegen** und die Ausfertigung eines neuen Kraftfahrzeugscheins zu beantragen.

III. Alle im Kraftfahrzeugbrief enthaltenen persönlichen und sachlichen Angaben müssen richtig sein. Jede Änderung am Fahrzeug oder in den Zulassungsverhältnissen ist daher der Zulassungsstelle **unter Vorlage des Kraftfahrzeugbriefs unverzüglich zu melden,** und zwar auch dann, wenn ein Kraftfahrzeug vorübergehend außer Betrieb gesetzt ist.

Meldepflichtig sind insbesondere

1. **technische Änderungen** am Fahrgestell, Motor, Aufbau oder z. B. auch die Anbringung einer Anhängevorrichtung am Kraftwagen oder eines Beiwagens am Kraftrad,
2. **Verschrottung, Ausschlachtung** oder sonstige endgültige Außerbetriebsetzung,
3. **jede Wohnungsänderung** des Fahrzeughalters sowie jede Verlegung des regelmäßigen Standorts des Kraftfahrzeugs (bei vorübergehender Verlegung des regelmäßigen Standorts ist eine Meldung nur erforderlich, wenn die Verlegung für länger als drei Monate erfolgt).

IV. Der Verlust des Kraftfahrzeugbriefs ist der Zulassungsstelle, bei der das Fahrzeug zuletzt geführt wurde, **unverzüglich anzuzeigen.** Diese veranlaßt die Ausfertigung eines Ersatzbriefs.
Ebenso ist das Abhandenkommen des Fahrzeugs der zuständigen Zulassungsstelle zu melden.

V. Nichtbeachtung der gesetzlichen Bestimmungen zieht empfindliche **Strafen** (Geldstrafe oder Haft) nach sich.

Kraftfahrzeugbrief II
Bavarian

№ 377528

3

1	Art des Fahrzeugs . .	*) Kraftrad ohne Beiwagen - mit Beiwagen, Motorfahrrad (Kraftrad mit Tretkurbeln)
2	Fahrgestell	
	a) Hersteller	Zündapp-Werke G. m. b. H.
	b) Fabriknummer	805572 Typ-Schl. Nr. 197
	c) Baujahr . . . . (falls nicht mehr zu ermitteln, ungefähre Angabe)	1952
	d) Kraftübertragung . . .	*) Kardan-Kette-Riemen-Profilrad-Zahnräder
3	Antriebsmaschine	
	a) Art des Antriebs . . .	*) Verbrennungsmaschine - Elektromotor
	b) Leistung	7,5 PS
	c) Hubraum	196 cm³ (Zahl der Zylinder: 1; Durchmesser der Zylinder: — mm; Kolbenhub: — mm)
	d) Fabriknummer . . .	805572
	e) Herstellerfirma	Zündapp-Werke G. m. b. H.
	f) Takt	*) Zweitakt - Viertakt
4	Verwendungszweck . . .	*) Personenbeförderung - Lastenbeförderung
5	~~Leer~~gewicht d. Fahrzeugs .	128 kg
6	a) Zulässige Belastung . .	158 kg
	b) Zuläss. Gesamtgewicht	286 kg

*) Zutreffendes ist zu unterstreichen.

UNGÜLTIG

Kraftfahrzeugbrief II
Bavarian

№ 377528

Bild 29 Entwerteter Kfz-Brief (Innenseite) (im Besitz von Hermann Blick, TÜV Rheinland)

Betriebserlaubnis erteilt
– § 21 StVZO –
(§ 18 [3 und 5] StVZO)

für das im nebenstehenden Gutachten beschriebene zulassungsfreie Fahrzeug (§ 18 [2] Ziff. 1, 2, 4, 4a, 5, 6a, c - p StVZO).

Es ist nach § 18 Abs. 4 StVZO* zu kennzeichnen.

Dem Fahrzeug ist das amtliche Kennzeichen

zugeteilt worden.

Ort und Datum

Siegel

Name der Verwaltungsbehörde
Kreis Unna
Der Landrat
Fachbereich Straßenverkehr

* Nichtzutreffendes streichen

00/124/6901/01 W. Kohlhammer (06010)
Deutscher Gemeindeverlag GmbH

Bild 30 Muster für die Erteilung einer Betriebserlaubnis[3]

des Herstellers. Der Inhaber des Typscheins musste für jedes dem Typ entsprechende Kraftfahrzeug einen Kraftfahrzeugbrief ausstellen und darin die Richtigkeit seiner Angaben über die Beschaffenheit des Fahrzeugs und dessen Übereinstimmung mit dem genehmigten Typ bescheinigen.[4]

3.2 Erteilung und Wirksamkeit

Abgesehen von wenigen Ausnahmen, mussten Kraftfahrzeuge und Anhänger, bevor sie auf öffentlichen Straßen in Betrieb gesetzt werden durften, von der zuständigen Verwaltungsbehörde (Zulassungsbehörde) zunächst einmal zum Verkehr zugelassen werden. Eine Voraussetzung für die Zulassung konnte der Nachweis sein, dass das Fahrzeug einer Allgemeinen Betriebserlaubnis entsprach oder den Angaben eines Gutachtens eines aaS, in dem bestätigt wurde, dass das Fahrzeug den geltenden Vorschriften der StVZO entsprach.

Wurde eine dieser Voraussetzungen nachgewiesen, entweder durch Dokumentation der Allgemeinen Betriebserlaubnis in dem vom Fahrzeughersteller ausgestellten Fahrzeugbrief oder durch das Gutachten eines aaS, stand in der Regel einer Zulassung nichts mehr im Wege. Damit erhielt die Betriebserlaubnis ihre Wirksamkeit. Mit der Zulassung des Fahrzeugs hatte der Fahrzeughalter das Recht, es in den Verkehr zu bringen.

Nachgewiesen wurde die rechtmäßige Zulassung durch den von der Zulassungsbehörde ausgestellten Fahrzeugschein (heute ZB I).

Über viele Jahre hatten der Fahrzeugbrief und der Fahrzeugschein ihre Bedeutung. Diese Zulassungsdokumente verloren mit der 38. Verordnung zur Änderung straßenverkehrsrechtlicher Vorschriften vom 24.9.2004 ihre Bedeutung und wurden ersetzt im Verfahren zur Umsetzung der EU-Richtlinie des Rates über die Zulassungsdokumente für Fahrzeuge. Grund für die Änderung war die EU-Harmonisierung der unterschiedlichen nationalen Zulassungsdokumente, die danach als Zulassungsbescheinigung bezeichnet werden.

Die Zulassungsbescheinigung besteht aus zwei Teilen. Teil I ersetzt den bisherigen Fahrzeugschein, Teil II den Fahrzeugbrief.

3 Kreis-Unna.de
4 Der Kfz-Sachverständige (Brauckmann, Hähnel, Mylius)

Durch die Einfügung der Zulassungsbescheinigung Teil I und Teil II in die StVZO und ab dem 1.3.2007 in die FZV wurden die neuen Fahrzeugdokumente in das nationale Recht eingeführt. Allerdings wurden die seit Jahrzehnten eingeführten Bezeichnungen „Fahrzeugschein" und „Fahrzeugbrief" zusätzlich beibehalten, d.h. auf der Zulassungsbescheinigung Teil I ist zusätzlich „Fahrzeugschein" und auf der Zulassungsbescheinigung Teil II „Fahrzeugbrief" aufgeführt.

Für Fahrzeughalter zugelassener Fahrzeuge mit alten Zulassungsdokumenten (Fahrzeugbrief/ Fahrzeugschein) ändert sich nur dann etwas, wenn die Zulassungsbehörde, z.B. aufgrund von Änderungen, sich mit den Zulassungsdokumenten befassen muss. Bei dieser Befassung wird die neue Zulassungsbescheinigung ausgestellt. Generell behalten alte Dokumente so lange ihre Gültigkeit, bis neue Zulassungsdokumente ausgestellt werden müssen.

Abweichend davon gibt es Arten von Fahrzeugen (zulassungsfreie Fahrzeuge), die diesem Zulassungsverfahren nicht vollständig unterliegen. Diese Fahrzeuge (z.B. Bootstrailer, Pferdetransportanhänger) benötigen ausschließlich einen Nachweis, der inhaltlich der Zulassungsbescheinigung Teil I entspricht. Eine Betriebserlaubnis ist jedoch immer Voraussetzung.

3.3 Erlöschen

Pflichten des Fahrzeughalters und Ausnahmeregelungen

Werden Fahrzeugänderungen vorgenommen, die zum Erlöschen der Betriebserlaubnis führen (§ 19 StVZO), ist es unzulässig, das Fahrzeug weiterhin im öffentlichen Straßenverkehr zu betreiben. In solchen Fällen ist es die Pflicht des Fahrzeughalters, dafür zu sorgen, dass die Betriebserlaubnis wieder wirksam wird. Hierzu ist das Fahrzeug in Abhängigkeit von den Fahrzeugänderungen einem aaSoP oder einem PI einer amtlich anerkannten Überwachungsorganisation zur Abnahme vorzuführen.

Im Gegensatz zu früher ist eine sofortige Änderung der Fahrzeugpapiere nur noch in Ausnahmefällen erforderlich. Es handelt sich dabei um Änderungen, die in § 13 Abs. 1 Satz 1 FZV aufgeführt sind. In den übrigen Fällen ist die Berichtigung der Fahrzeugpapiere bei nächster Befassung der Zulassungsbehörde nachzuholen. Für diese Fälle reicht es aus, dass der Fahrzeughalter den in § 19 Abs. 4 Satz 1 StVZO geforderten Nachweis mitführt und auf Verlangen zuständigen Personen zur Prüfung aushändigt.

Erlöschen der Betriebserlaubnis

Die Betriebserlaubnis erlischt, wenn das genehmigte Fahrzeug in bestimmten Bereichen geändert wird oder wenn eine konkrete Gefährdung von Verkehrsteilnehmern durch die Fahrzeugänderung zu erwarten ist.

Darüber hinaus erlischt die Betriebserlaubnis, wenn Änderungen vorgenommen werden, durch die eine Verschlechterung des Abgas- oder Geräuschverhaltens des Fahrzeugs eintritt.

Zur Erleichterung und zur einheitlichen Anwendung dieser Vorschrift wurde ein Beispielkatalog erstellt, aus dem hervorgeht, welche Änderungen am Fahrzeug die Betriebserlaubnis nicht beeinträchtigen oder zu deren Erlöschen führen.

Aufgrund der vielfältigen möglichen Fahrzeugänderungen ist der Katalog nicht vollständig, so dass nur eine Auswahl von möglichen Änderungen aufgeführt wird.

3.4 Allgemeine Betriebserlaubnis für Fahrzeugtypen (§ 20 StVZO)

Unter der Voraussetzung reihenweiser Fertigung kann dem Fahrzeughersteller eine

ABE-Inhaber	Sitz des Herstellers			
	Deutschland	Europäischer Wirtschaftsraum (EWR)	Land außerhalb des EWR, Produkt wird aber über einen Staat des EWR nach Deutschland eingeführt	Land außerhalb des EWR, Produkt wird direkt von dort nach Deutschland eingeführt
Hersteller	ja	ja	nein	nein
Beauftragter im EWR	nein	ja	ja	nein
Alleinvertriebsberechtigter Händler in BRD	nein	nein	nein	ja

Betriebserlaubnis allgemeiner Form für einen Fahrzeugtyp erteilt werden, wenn er die Gewähr für eine zuverlässige Ausübung der dadurch verliehenen Befugnis bietet. Wem eine Allgemeine Betriebserlaubnis (ABE) erteilt werden darf, ist in oben stehender Matrix dargestellt[5].

Über den Antrag auf Erteilung einer ABE entscheidet das Kraftfahrt-Bundesamt (KBA).

Das KBA kann einen aaS oder eine andere Stelle mit der Begutachtung beauftragen. Es bestimmt, welche Unterlagen für den Antrag vorzulegen sind.

Mit der Erteilung der ABE wird deren Inhaber die Kompetenz für die Ausstellung von Fahrzeugbriefen für zulassungspflichtige Fahrzeuge erteilt.

Abweichungen von den technischen Inhalten zum Zeitpunkt der Erteilung der ABE bedürfen der Zustimmung des KBA.

Die ABE erlischt nach Ablauf einer festgesetzten Frist, bei Widerruf durch das KBA. Der Widerruf kann z. B. ausgesprochen werden, wenn der genehmigte Typ nicht mehr den Rechtsvorschriften entspricht.

Das KBA kann jederzeit beim Genehmigungsinhaber die Erfüllung der mit der ABE verbundenen Pflichten nachprüfen oder durch einen Technischen Dienst bzw. einen aaS nachprüfen lassen.

Mit dem vom Inhaber der ABE ausgestellten ZB I kann die Fahrzeugzulassung erfolgen. Der in der ZB I enthaltene Vermerk über die ABE genügt als Nachweis dafür, dass das Fahrzeug den geltenden Vorschriften entspricht.

Die ABE enthält wesentlich mehr Angaben zum Fahrzeug als die ZB I, insbesondere bezüglich möglicher Umrüstungen, die ohne Weiteres erlaubt sind. Sie ist daher auch für den Fahrzeughalter von Bedeutung. Zusammenfassend kann gesagt werden, dass die ABE die gesamte Beschreibung des Fahrzeugs beinhaltet.

Seit dem 1.1.1998 wird keine ABE für Personenkraftwagen mehr erteilt, da hierfür nur noch das Verfahren der EG-Typgenehmigung vorgeschrieben ist. Inzwischen gilt dies auch für Krafträder und Lastkraftwagen.

5 Der Kraftfahrzeug-Sachverständige (Brauckmann, Hähnel, Mylius), Kirschbaum Verlag

3.5 Betriebserlaubnis für Einzelfahrzeuge (§ 21 StVZO)

Gehört ein Fahrzeug nicht zu einem genehmigten Typ, wird die Vorschriftsmäßigkeit des Fahrzeugs über die Erteilung einer Betriebserlaubnis für Einzelfahrzeuge (EBE) nachgewiesen. Hierzu ist die Übereinstimmung des Fahrzeuges mit den Vorschriften der StVZO sowie die technische Beschreibung des Fahrzeugs in dem Umfang, der für die Ausfertigung der ZB Teil I und Teil II notwendig ist, durch das Gutachten eines aaS nachzuweisen.

Dem Gutachten werden vom aaS Prüfprotokolle beigefügt, aus denen hervorgeht, dass die notwendigen Prüfungen durchgeführt und die geforderten Ergebnisse erreicht wurden.

Bei Übereinstimmung mit den Vorschriften wird auf Antrag von der Zulassungsbehörde die EBE erteilt. Dazu ist bei zulassungspflichtigen Fahrzeugen der Vordruck der ZB Teil II vorzulegen.

Eine EBE erhalten z. B. Sonderanfertigungen oder ausländische Fahrzeuge, für die der Hersteller wegen der geringen Stückzahl keine ABE angestrebt hat. Handelt es sich um zulassungsfreie Fahrzeuge, z. B. um Anhänger für Sportzwecke, bestätigt der aaS die Vorschriftsmäßigkeit und richtige Beschreibung des Fahrzeugs in seinem Gutachten. Als Vereinfachung für die Zulassungsbehörde erstellt der aaS zu seinem Gutachten auch einen Nachweis, der inhaltlich der ZB Teil I entspricht. Auf dieser bestätigt die Zulassungsbehörde die Erteilung der EBE.

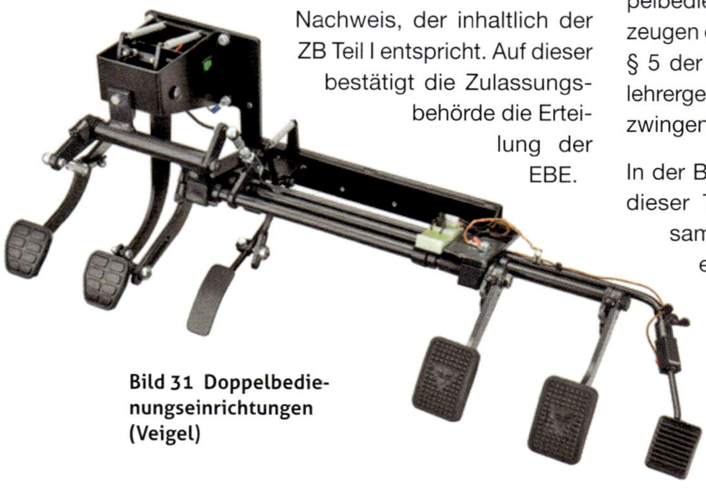

Bild 31 Doppelbedienungseinrichtungen (Veigel)

3.6 Betriebserlaubnis für Fahrzeugteile (§ 22 StVZO)

Wie bereits erwähnt, wurden schon frühzeitig hohe Anforderungen an bestimmte Fahrzeugteile gestellt, deren Sicherheit für das Fahrzeug von wesentlicher Bedeutung ist. Schon damals machte der Gesetzgeber die Wirksamkeit der Betriebserlaubnis für Fahrzeuge davon abhängig, dass Fahrzeugteile nicht so verändert werden dürfen, dass deren Betrieb nach Änderung z. B. eine Gefährdung anderer Verkehrsteilnehmer verursachen kann. Diese Sicherheitsstandards bestehen auch heute noch.

Die Betriebserlaubnis eines Fahrzeugs erlischt nach § 19 Abs. 2 StVZO, wenn Änderungen vorgenommen werden, durch die

1. die in der Betriebserlaubnis genehmigte Fahrzeugart geändert wird,
2. eine Gefährdung von Verkehrsteilnehmern zu erwarten ist oder
3. das Abgas- oder Geräuschverhalten verschlechtert wird.

Auch um derartige Fälle von vorneherein zu vermeiden kann für bestimmte Fahrzeugteile auch gesondert eine Betriebserlaubnis erteilt werden, wenn das Teil eine technische Einheit bildet, die im Erlaubnisverfahren selbstständig behandelt werden kann.

Diese Kann-Vorschrift ist jedoch z. B. bei Doppelbedienungseinrichtungen in Fahrschulfahrzeugen eine Pflichtvorschrift. Für diese ist nach § 5 der Durchführungsverordnung zum Fahrlehrergesetz (DV-FahrlG) eine Betriebserlaubnis zwingend vorgeschrieben.

In der Betriebserlaubnis wird die Verwendung dieser Teile genau beschrieben. Die Wirksamkeit der Betriebserlaubnis kann von einer Ein- oder Anbauprüfung dieser Teile abhängig gemacht werden. Ihre Abnahme ist von einem aaSoP oder PI durchzuführen.

Das Verfahren der ABE für Fahrzeugteile ist ähnlich dem einer

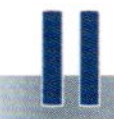

ABE für Fahrzeuge. Der Teilehersteller stellt beim KBA einen entsprechenden Antrag. Das KBA lässt das Teil durch den hierfür zuständigen Technischen Dienst oder durch einen aaS der Technischen Prüfstelle untersuchen. Bei Vorschriftsmäßigkeit des Teils wird dem Teilehersteller eine ABE für das Teil ausgestellt; dies gilt dann auch für alle Teile des gleichen Typs, die er herstellt.

Die Teile werden mit einem Prüfzeichen versehen, das in der ABE angegeben ist. Ebenso werden Hinweise über die Verwendung der Teile in der ABE aufgeführt. Dies können z. B. Angaben darüber sein, für welche Fahrzeuge die Teile verwendungsfähig sind. Außerdem können Hinweise/Maßnahmen für den Ein- oder Anbau aufgeführt sein.

Für Fahrzeugteile, die nicht zu einem genehmigten Typ gehören ist die Begutachtung durch einen aaS erforderlich. Sofern das Fahrzeugteil den geltenden Vorschriften entspricht, bestätigt der aaS in seinem Gutachten, dass keine Bedenken gegen die Erteilung der Betriebserlaubnis bestehen; er überträgt das Gutachten bei zulassungspflichtigen Fahrzeugen in die ZB I.

4 Anerkennung von Genehmigungen und Prüfungen

4.1 Grundsätzliche Erläuterungen

Schon sehr frühzeitig hatte man erkannt, dass der Betrieb von Fahrzeugen im Straßenverkehr nicht nur Nutzen, sondern auch Gefahren mit sich brachte. Als Reaktion darauf wurden Vorschriften im Hinblick auf die Verkehrssicherheit der Fahrzeuge und deren Prüfung erlassen. Mit den Prüfungen der Fahrzeuge wurden von Anfang an Sachverständige der Technischen Überwachungsvereine – damals noch Sachverständige des DÜV – betraut.

Der technischen Entwicklung folgend, wurden vom Gesetzgeber die gesetzlichen Rahmenbedingungen an die Fahrzeuge bezüglich Verkehrs- und Umweltsicherheit ständig angepasst.

Darüber hinaus hat der Gesetzgeber nicht nur Vorgaben für den Bau der Fahrzeuge festzulegen, sondern auch Maßnahmen, wie die Fahrzeuge in einem verkehrssicheren Zustand während ihres Einsatzes erhalten bleiben. Um diese Ziele zu erreichen, stehen nationale und internationale Vorschriften für die Zulassung von Fahrzeugen und Fahrzeugteilen zur Verfügung.

Als nationale Vorschrift gelten hierfür die StVZO und FZV. Als internationale Vorschriften gelten die EG-Richtlinien und die ECE-Regelungen. Diese Vorschriften bilden die Grundlage für die Anerkennung von Genehmigungen und Prüfungen.

4.2 Nationale Vorschriften

Über viele Jahre war die Straßenverkehrs-Zulassungs-Ordnung (StVZO) in Deutschland die alleinige gesetzliche Grundlage für die Zulassung von Fahrzeugen zum Straßenverkehr. Zwischenzeitlich wurden verschiedene Teile aus der StVZO in andere Verordnungen überführt.

In einem ersten Schritt erfolgte im Jahre 1989 die Herausnahme des Führerscheinrechts aus der StVZO mit gleichzeitiger Aufnahme in eine eigene Verordnung, nämlich die Fahrerlaubnis-Verordnung (FeV). Ein weiterer Schritt folgte am 1. März 2007 mit der Inkrafttretung der Fahrzeug-Zulassungsverordnung (FZV).

Dabei wurden alle zulassungsrechtlichen Paragraphen und Anlagen aus der StVZO mit entsprechenden Änderungen in die FZV übernommen.

In diesem Zusammenhang ist als letzte Änderung die Fahrzeuggenehmigungs-Verordnung (EG-FGV) zu benennen. Sie gilt für erstmals in Verkehr kommende Kraftfahrzeuge und ihre Anhänger, sowie für Systeme, Bauteile und selbständige technische Einheiten für diese Fahrzeuge; sie trat am 29.4.2009 in Kraft.

Wie bereits oben erläutert, kommt als nationale Vorschrift die StVZO nur in Verbindung mit der FZV für die Zulassung und Prüfung von Fahrzeugen zum Tragen. Beide Verordnungen bilden im nationalen Bereich die Grundlage für die Zulassung und Prüfung von Fahrzeugen und Fahrzeugteilen.

Die FZV regelt im Einzelnen die für das Zulassungsverfahren von Fahrzeugen zu beachtenden Vorschriften. Als wesentliche Bestandteile dieser Verordnung sind das Zulassungsverfahren an sich, die zeitweilige Teilnahme eines Fahrzeugs am Straßenverkehr, die Teilnahme ausländischer Fahrzeuge am Straßenverkehr, die Überwachung des Versicherungsschutzes sowie das Fahrzeugregister zu benennen.

Es muss darauf hingewiesen werden, dass mit Einführung der EG-FGV die StVZO nur noch für bestimmte Bereiche Geltung besitzt. Diese beziehen sich besonders auf den Bereich der Altfahrzeuge.

4.3 Internationale Vorschriften

4.3.1 EG-Richtlinie

In allen Mitgliedstaaten der Europäischen Union (EU) gibt es nationale Zulassungsvorschriften für Fahrzeuge und Fahrzeugteile und unterschiedliche Genehmigungsvorschriften, häufig auch unterschiedliche Anforderungen.[6] Ein wesentliches Ziel der EU besteht darin, einheitliche Vorschriften in allen Mitgliedstaaten zu verwirklichen und dadurch, ihrem Grundgedanken folgend, Handelshemmnisse abzubauen. Heute stellt die Gesetzgebung der EU in Bezug auf die Genehmigung von Fahrzeugen und Fahrzeugteilen ein vollständiges und umfassendes Vorschriftenwerk zur Verfügung, das die Typgenehmigung für das Gesamtfahrzeug und einheitliche Genehmigungsverfahren beinhaltet.[7] Fahrzeuge mit einer EU-Typgenehmigung können in allen Mitgliedstaaten der Gemeinschaft vertrieben und zugelassen werden. Eine nationale Betriebserlaubnis ist nicht mehr erforderlich.

Das Gesetzgebungswerk der EU besteht aus Verordnungen und Richtlinien. Eine Verordnung ist eine EG-weit sofort und uneingeschränkt geltende Rechtsvorschrift, die über dem nationalen Recht steht und unmittelbar gilt. Eine Richtlinie hingegen legt lediglich verbindliche Ziele fest, die von den Mitgliedstaaten in nationales Recht umzusetzen sind. Erst nach Umsetzung in das nationale Recht wird die Richtlinie für den Bürger verbindlich.

Was „national" die ABE ist, ist seit 1.1.1993 europaweit die EG-Typgenehmigung. Die EG-Tygenehmigung erfolgte zunächst auf der Grundlage der Betriebserlaubnisrichtlinie 70/156/EWG, dann auf der Richtlinie 2007/46/EG.

Rahmenrichtlinien enthalten alle Detailanforderungen an Kraftfahrzeuge und ihre Anhänger und verbindliche Hinweise auf Einzelrichtlinien für Systeme, Bauteile, selbstständige technische Einheiten und das Gesamtfahrzeug, welche zu Bauteil- bzw. Systemgenehmigungen führen.

Zur Genehmigung von Fahrzeug und Fahrzeugteilen gibt es derzeit Rahmenrichtlinien für

- Kraftfahrzeuge und ihre Anhänger,
- zwei- und dreirädrige Kraftfahrzeuge,
- land- oder forstwirtschaftliche Zugmaschinen.

6 Der Kraftfahrsachverständige (Brauckmann, Hähnel, Mylius), Kirschbaum Verlag

7 Der Kraftfahrsachverständige (Brauckmann, Hähnel, Mylius), Kirschbaum Verlag

Nachfolgend sind die EU-Fahrzeugklassen definiert, mit denen der Geltungsbereich der Rahmenrichtlinien (siehe Anlage XXIX StVZO) eindeutig beschrieben werden kann:

- M Fahrzeuge zur Personenbeförderung
- N Fahrzeuge zur Güterbeförderung
- O Anhänger
- L Kraftfahrzeuge mit weniger als vier Rädern (hierzu gehören auch vierrädrige Leicht-Kraftfahrzeuge bis 350 kg und vierrädrige Kraftfahrzeuge bis 400 kg zur Personenbeförderung bzw. bis 550 kg zur Güterbeförderung)
- T Land- oder forstwirtschaftliche Zugmaschinen.[8]

Auf der Grundlage der EG-Typgenehmigung ist vom Fahrzeughersteller eine Übereinstimmungsbescheinigung (COC-Papier: Certificate of Conformity) auszustellen.

Das COC-Papier ist mit jedem neuen Fahrzeug mitzuliefern und dient bei dessen Zulassung als technische Datenbasis.

Nach Erteilung einer Typgenehmigung durch einen Mitgliedstaat besteht ein Anspruch auf Zulassung in jedem Mitgliedstaat.

Um ein Höchstmaß an Sicherheit für alle Teilnehmer im Straßenverkehr zu gewährleisten und zur Verbesserung des Binnenmarktes sowie des Umweltschutzes werden von der EU in regelmäßigen Abständen Anpassungen der Vorschriften, etwa zur Typgenehmigung für Kraftfahrzeuge, vorgenommen.

Eine umfangreiche Anpassung der Vorschriften ist seit dem 29.4.2009 in Kraft. Es handelt sich dabei um die Verordnung zur Neuordnung des Rechts der Erteilung von EG-Genehmigungen für Kraftfahrzeuge und ihre Anhänger sowie für Systeme, Bauteile und selbstständige technische Einheiten für Fahrzeuge (EG-FGV).

Mit der EG-FGV wurde die Richtlinie 2007/46/EG vom 6.9.2007 zur Schaffung eines Rahmens für die Genehmigung von Kraftfahrzeugen und deren Anhängern sowie von Systemen, Bauteilen und selbstständigen technischen Einheiten für diese Fahrzeuge in nationales Recht umgesetzt.

Vor Inkrafttreten der EG-FGV stand der Zugang zum Binnenmarkt über das europäische Typgenehmigungssystem nur für serienmäßig gefertigte Personenkraftwagen, Motorräder und Kleinkrafträder sowie landwirtschaftliche Zugmaschinen offen. Einzelfahrzeuge waren bis dato ausschließlich in nationalen Rechtsbereichen geregelt.

Das gemeinschaftliche Typgenehmigungssystem sieht auch eine fortlaufende Kontrolle vor, ob die Produktion mit den einschlägigen Vorschriften übereinstimmt.

8 Der Kraftfahrsachverständige (Brauckmann, Hähnel, Mylius), Kirschbaum Verlag

5 Ermessensspielraum bei der Anwendung von EG-Richtlinien und ECE-Regelungen bei EBE nach § 21 StVZO

Wie vorstehend beschrieben, gibt es ein Nebeneinander von nationalen und internationalen technischen Vorschriften zur Prüfung und Genehmigung von Fahrzeugen und Fahrzeugteilen. Ein gewisser Freiraum bei der Anwendung der unterschiedlichen Rechtsvorschriften besteht lediglich im Rahmen der Genehmigung von Einzelfahrzeugen.

In diesen Fällen müssen bei der Anerkennung von Einzelgenehmigungen für Fahrzeugteile neben den nationalen Prüfungen auch die harmonisierten EG-Einzelrichtlinien anerkannt werden (§ 21a Abs. 1a StVZO). Bei der Anerkennung von ECE-Regelungen bestimmt das jeweilige Vertragsland, welche ECE-Regelungen im Hoheitsgebiet angewendet werden. Kann eine ECE-Regelung im Hoheitsgebiet angewendet werden, muss ein Fahrzeugteil, das entsprechend genehmigt wurde, im Genehmigungsverfahren akzeptiert werden.

Beispielsweise kann eine Scheibe aus Sicherheitsglas nach der Richtlinie 92/22/EWG oder nach der ECE-Regelung 43, der auch Deutschland beigetreten ist, genehmigt werden. Folglich wird im Rahmen der Einzelgenehmigung im Regelfall aus wirtschaftlichen Gründen das Sicherheitsglas nach der ECE-R 43 genehmigt sein.

6 Merkblatt für die Begutachtung von Fahrzeugen nach nationalen Vorschriften und mögliche Ausnahmen

Für Fahrzeuge (Importfahrzeuge), die außerhalb des Geltungsbereiches der EU-Typgenehmigungsvorschriften hergestellt werden, kann aufgrund geringer Stückzahlen eine Betriebserlaubnis für Einzelfahrzeuge (EBE) gemäß § 21 StVZO beantragt werden.

Obwohl es sich jeweils um Einzelabnahmen handelt, ist die Zahl der Prüfungen bei den zuständigen TP nicht unbedeutend. Daher wurden Vereinbarungen getroffen, die einheitliche Bewertungen zum Ziel hatten.

Um eine bundesweit einheitliche Verfahrensweise zu erreichen und den aaS einen gewissen Rahmen vorzugeben, wurden 1981 im Einvernehmen mit den für den Straßenverkehr zuständigen obersten Landesbehörden Hinweise über die Genehmigung von Ausnahmen nach § 70 StVZO für diese Fahrzeuge in einem Merkblatt festgehalten.

Dieses Merkblatt wurde in regelmäßigen Abständen an die sich ändernden technischen und rechtlichen Gegebenheiten angepasst. Die Veröffentlichung erfolgt im Verkehrsblatt. Das zurzeit gültige Merkblatt vom 18.11.1998 ist im Verkehrsblatt auf Seite 1314 veröffentlicht. Es gilt, wie erwähnt, für Fahrzeuge, die in den Geltungsbereich der StVZO eingeführt werden und vom Hersteller nicht entsprechend den EU- oder StVZO-Vorschriften ausgerüstet werden.

Das Merkblatt beinhaltet Abweichungen von den Bau- und Betriebsvorschriften der StVZO bei Pkw, die regelmäßig bei der Begutachtung festgestellt werden. Für vergleichbare Abweichungen bei anderen Fahrzeugen als Pkw ist das Merkblatt sinngemäß anzuwenden.

Das Ablaufschema einer Begutachtung wird in Anlage 1 zum Merkblatt dargestellt.

Weicht das Fahrzeug von den nationalen sowie den harmonisierten Vorschriften ab, besteht die Möglichkeit für diese Bauteile oder Systeme eine Ausnahme nach § 70 StVZO durch den aaS zu begründen oder abzulehnen.

Ist für bauartgenehmigungspflichtige Teile die „Etwa-Wirkung“ nach § 22a Abs. 3 Nr. 2 (d. h. ausschließlich für im Ausland hergestellte Fahrzeuge) nachgewiesen, hat der aaS dies unter Angabe dieser Teile und deren Kennzeichnung im Fahrzeuggutachten zu vermerken.

Für Teile, deren „Etwa-Wirkung“ der aaS durch Inaugenscheinnahme (umfasst eine Funktions- und Wirkungsprüfung und eine Feststellung eventueller ausländischer Prüfzeichen sowie Herstellerbezeichnungen) feststellen kann, ist die Dokumentation im Gutachten entbehrlich (z. B. Verglasung, Sicherheitsgurte, lichttechnische Einrichtungen – ausgenommen Scheinwerfer).

Ausnahmen von umweltrelevanten Vorschriften werden grundsätzlich nicht erteilt.

Von anderen Vorschriften können Ausnahmen genehmigt werden:

- wenn die Abweichungen von den Vorschriften sicherheitstechnisch unbedenklich sind und die Umrüstung entsprechend StZVO technisch nicht möglich oder unzumutbar ist,
- bei Fahrzeugtypen, die auch in StVZO-konformer Ausführung in Deutschland vertrieben werden, grundsätzlich in dem Umfang, wie sie für die in oder für Deutschland hergestellten Ausführungen des Typs gelten,
- bei Umzugsgut.

Das Merkblatt ist nach den fortlaufenden §§ aufgebaut. Wird eine Ausnahme für möglich gehalten (s. Spalte 3), so ist sie im Regelfall bundesweit zu erteilen. Die für die Erteilung der Ausnahmen zuständigen Landesbehörden können in begründeten Einzelfällen weitergehende Auflagen und Bedingungen festlegen.

Für andere als die in der Liste genannten Abweichungen von der StVZO sollten grundsätzlich keine Ausnahmegenehmigungen befürwortet bzw. erteilt werden.

Es kann festgehalten werden, dass sich das Merkblatt über viele Jahre als Entscheidungshilfe für den aaS und der zuständigen Behörden bewährt hat. Nicht zuletzt haben auf der Grundlage des Merkblattes auch die Fahrzeughalter erhebliche Umrüstkosten einsparen können.

Allerdings muss die Verkehrssicherheit der Fahrzeuge bei der Anwendung des Merkblattes immer im Vordergrund stehen. Vom aaS begründete Ausnahmen von der StVZO müssen nachvollziehbar und begründet sein.

7 Alternative Prüfverfahren bei nationalen Einzelbegutachtungen unter Beachtung der Schutzziele hinsichtlich Verkehrssicherheit und des Umweltschutzes

Im Abschnitt 6 wurde das „Merkblatt für die Begutachtung von Fz (insbesondere Pkw) nach § 21 und über mögliche Ausnahmen nach § 70 StVZO“ erläutert. Damit entsprechend den Anforderungen des Merkblattes Ausnahmen durch den aaS begründet werden können sind entsprechende eigene Prüfungen an den Bauteilen oder Systemen erforderlich.

Für die Begründung einer Ausnahme muss der aaS anhand folgender Bewertungskriterien seine Entscheidung vorbereiten:

1. Wird das Fahrzeug in Deutschland in StVZO konformer Ausführung vertrieben?
2. Ist die Umrüstung entsprechend der StVZO technisch nicht möglich oder ist sie unzumutbar?
3. Handelt es sich um Umzugsgut?
4. Ist die Abweichung von den Vorschriften sicherheitstechnisch unbedenklich?

Trifft Punkt 1 zu, ist die Umrüstung grundsätzlich in dem Umfang durchzuführen, wie sie für die in oder für Deutschland hergestellten Ausführungen dieses Typs gelten.

Im Fall 2 sind die Umrüstkosten ins Verhältnis zum aktuellen Fahrzeugwert zu stellen. Als Richtwert gelten hier ca. 5 % vom Zeitwert für Fahrzeug mit einem Alter von bis zu zwei Jahren. Bei älteren Fahrzeugen gilt Sachverständiges ermessen.

Im Fall 3 bei Umzugsgut werden in der Regel zusätzlich Ausnahmen von den Abgas- und Geräuschvorschriften genehmigt. Der Punkt 4 muss auch hier beachtet werden.

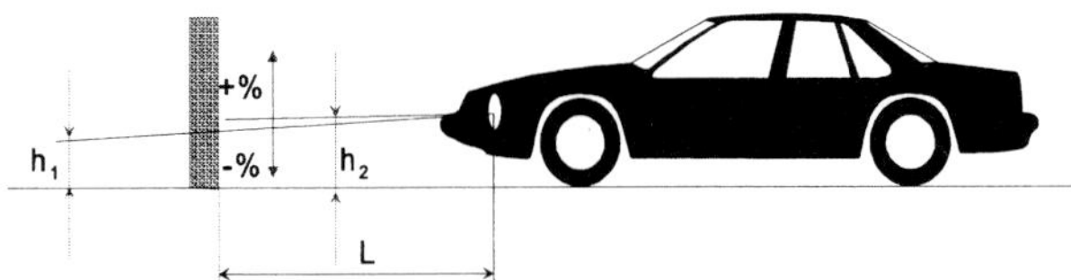

Bild 32 Darstellung der Messung der Neigung des Abblendlichtbündels an einem Pkw nach ECE R 48

Kommt der Sachverständige nach intensiven Recherchen nun zu dem Ergebnis, dass die Umrüstung nicht vertretbar ist, muss er die im Punkt 4 genannten sicherheitstechnischen Bedenken durch eigene Prüfungen entkräften.

Im Folgenden wird beispielhaft die Möglichkeit der Prüfung für die Notwendigkeit oder die Befürwortung einer Ausnahme für eine Leuchtweitenregelung (LWR), die für Fahrzeuge mit Erstzulassung seit dem 1.1.1990 vorgeschrieben ist, an einem aus den USA importierten Pkw, der nicht mit einer LWR ausgerüstet ist, dargestellt.

Der Sachverständige kommt im Rahmen seiner Begutachtung zu dem Ergebnis dass eine Nachrüstung mit der vorgeschriebenen LWR nicht möglich ist. In der weiteren Begutachtung muss er nun den Nachweis erbringen, dass das Fahrzeug auch ohne LWR sicherheitstechnisch unbedenklich ist.

Dies kann wie folgt durchgeführt werden: Die vertikale Ausrichtung der Scheinwerfer ist mit einem, auch für die HU vorgesehenen, Scheinwerfereinstellprüfgerät auf einer ebenen Fläche durchzuführen.

Die Messungen erfolgen analog der „Rili für die Einstellung von Scheinwerfern von Kfz" mit den unter Punkt 2 die „Prüfung der Scheinwerfereinstellung bei Fahrzeuguntersuchungen nach § 29 StVZO" beschrieben ist, nach folgenden Kriterien:

Die erste Messung erfolgt nur mit einer Person auf dem Fahrersitz. Dies ist die Grundeinstellung, wobei die Neigung des Abblendlichtbündels zwischen –1,0 % und –1,5 % liegen darf (laut ECE R 48).

Die nächste Messung erfolgt mit dem bis zu den zulässigen Achslasten bzw. bis zur zulässigen Gesamtmasse beladenen Fahrzeug. Hierbei darf sich die Neigung des Abblendlichtbündels entsprechend der zulässigen Toleranzen der vorgenannten Richtlinie um nicht mehr als 5 % nach oben oder nach unten verändern.

Bei diesem Messergebnis kann eine Ausnahme von der erforderlichen LWR bedenkenlos befürwortet werden, da keine unzulässige Gefährdung, z. B. durch Blendung des Gegenverkehrs oder zu geringe Ausleuchtung der Fahrbahn, zu erwarten ist.

Werden die vorgenannten Kriterien knapp verfehlt, kann im Einzelfall die Befürwortung einer Ausnahme erwogen werden. Ist die Abweichung von den vorgenannten Kriterien erheblich überschritten, muss geprüft werden, ob durch Begrenzung der zulässigen Gesamtmasse bzw. der zulässigen Achslasten und ggf. der Sitzplatzanzahl die vorgenannten Kriterien erfüllt werden und dann eine Ausnahme befürwortet werden kann.

Können die Kriterien nicht eingehalten werden, ist eine Befürwortung der Ausnahme und daraus folgernd eine positive Begutachtung des Fahrzeugs nicht möglich.

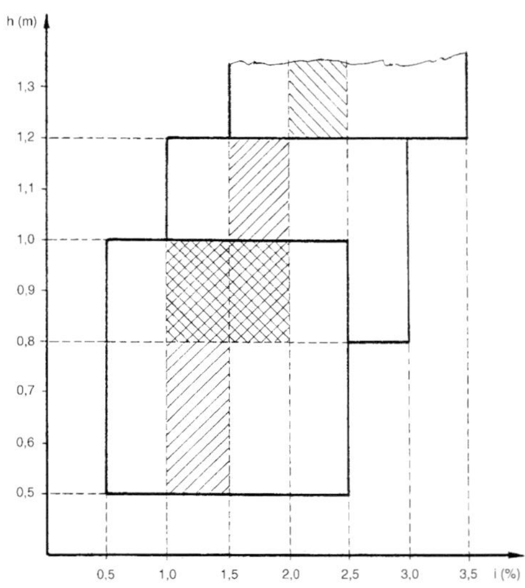

Bild 33 Darstellung der Grundeinstellung und der zulässigen Toleranzen der Neigung des Abblendlichts in Abhängigkeit von der Anbauhöhe der Scheinwerfer nach ECE R 48

8 Ausnahmen/Ausnahmeverordnung

8.1 Ausnahmen

Ausnahmen bestätigen die Regel, heißt es im Volksmund. Im Umkehrschluss bedeutet dies, dass Ausnahmen nur erforderlich sind, wenn Regeln vorliegen.

Der Verordnungsgeber hat die entsprechenden Verfahren zur Erteilung von Ausnahmen in § 70 StVZO und § 47 FZV vorgeschrieben. Die §§ 70 StVZO und 47 FZV behandeln Sachverhalte, die unter bestimmten Voraussetzungen für die Erteilung von Ausnahmen in Frage kommen. So ist immer zu prüfen, warum die Fahrzeuge nicht entsprechend der geltenden Vorschriften zugelassen werden sollen; die Notwendigkeit der Ausnahmen ist zu begründen.

Außerdem ist zu prüfen, ob die Herstellung eines vorschriftsmäßigen Zustandes des Fahrzeugs verhältnismäßig wäre; hierbei sind auch wirtschftliche Aspekte zu berücksichtigen.

Je nach Bedeutung, Umfang und Geltungsbereich der Ausnahme gelten für die Erteilung der Genehmigung unterschiedliche Zuständigkeiten. Die Genehmigung von Ausnahmen kann mit Auflagen verbunden sein.

Ausnahmen können entsprechend den Vorschriften der §§ 70 StVZO und 47 FZV genehmigen:

a) die höheren Verwaltungsbehörden (das sind in der Regel die Regierungspräsidenten bzw. Bezirksregierungen) nach § 70 StVZO
b) die Länderbehörden (das sind die für den Verkehr zuständigen Ministerien in den Ländern oder die Senate in den Stadtstaaten) nach § 70 StVZO und § 47 FZV bzw. die von diesen dazu benannten Länderbehörden
c) das Bundesministerium für Verkehr, Bau und Stadtentwicklung (BMVBS) nach § 70 StVZO und § 47 FZV soweit die Länder nicht zuständig sind; allgemeine Ausnahmen werden durch Ausnahmeverordnungen von ihm „verordnet“
d) das KBA in der Regel bei Erteilung von ABE nach § 20 StVZO und nach entsprechender Ermächtigung durch das BMVBS von § 70 StVZO.[9]

Um eine möglichst einheitliche Behandlung von Ausnahmegenehmigungen zu erreichen, hat das BMVBS zusammen mit den Ländern Richtlinien zu § 70 StVZO erarbeitet, die zwischenzeitlich überarbeitet wurden und im Verkehrsblatt 2013 veröffentlicht sind.

Für die betroffenen Fahrzeughersteller und/oder -betreiber empfiehlt es sich, schon sehr frühzeitig Kontakt mit den für eventuell zu erteilende Ausnahmegenehmigungen zuständigen Genehmigungsbehörden aufzunehmen.

Die Richtlinien betreffen:

1. Turmdrehkräne (Sattelkraftfahrzeuge und Züge mit Turmdrehkrananhänger)
2. selbstfahrende Kräne (Autokräne und Mobilkräne)
3. Bagger (ausgenommen Schaufellader)
4. Planiermaschinen (Motorgrader)
5. Schaufellader
6. Autoschütter (Dumper)
7. Muldenkipper
8. Züge für Großraum- und Schwertransporte
9. Sattelkraftfahrzeuge für Langmaterial-, Großraum- und Schwertransporte
10. Langmaterialzüge mit selbstlenkendem Nachläufer.

Möglichkeiten zur Genehmigung von Ausnahmen, wie sie § 70 StVZO vorsieht, sind in den EG-Richtlinien nicht vorgesehen. In Artikel 13 der Richtlinie über die Betriebserlaubnis (BE) ist jedoch ein Verfahren

a) zur Lösung technischer Streitfragen,
b) zur Abwehr von Gefahren und
c) zur Anpassung der Richtlinie an den technischen Fortschritt

festgelegt.

9 Die Hauptuntersuchung (H. Braun), Vogel Verlag München

8.2 Ausnahmeverordnung

Es ist nicht immer zweckmäßig, alle Änderungen, deren Umsetzung z. B. kurzfristig notwendig ist, direkt in die StVZO aufzunehmen. Manche Änderungen oder Neuerungen sind nur für eine begrenzte Zeit vorgesehen oder werden versuchsweise bzw. zur Erprobung eingeführt. Um nicht den Text der StVZO ständig ändern zu müssen, kann das BMVBS nach Anhörung (nicht Zustimmung) der zuständigen obersten Landesbehörden allgemeine Ausnahmen von der StVZO in Form von Rechtsverordnungen, den Ausnahmeverordnungen (sogenannte Ministerverordnungen), erlassen (§ 6 Abs. 3 StVG). Die Zustimmung des Bundesrates ist hierbei nicht erforderlich. Dies gilt sinngemäß auch für die FzV.[10]

10 Die Hauptuntersuchung (H. Braun), Vogel Verlag München

Kapitel 3
Zulassung

Nach entsprechenden Vorschriften in den ersten fünf Jahrzehnten des vergangenen Jahrhunderts trat im Januar 1953 das Straßenverkehrsgesetz (StVG) der Bundesrepublik Deutschland in Kraft. In der Folge wurden einige Vorschriften des Gesetzes der aktuellen Rechtsentwicklung angepasst.

Das Straßenverkehrsgesetz benennt im Teil 1 **„Verkehrsvorschriften“** die grundlegenden Voraussetzungen für die Zulassung von Kraftfahrzeugen und Anhängern, um diese im öffentlichen Verkehrsraum betreiben (§ 1 StVG) und als Fahrzeugführer fahren zu dürfen (§ 2 StVG). Die Zulassung von Personen ist detailliert in der Fahrerlaubnis-Verordnung (FeV) ausgeführt.

Das Zulassungsverfahren ist in Deutschland seit dem 1. März 2007 durch die Fahrzeug-Zulassungs-Verordnung (FZV) geregelt. Ziel der Verordnung war es, die vorher in verschiedenen Vorschriften geregelten Rechtsbereiche zusammenzufassen und somit übersichtlicher zu gestalten.

Wer in Deutschland ein Fahrzeug auf öffentlichen Straßen betreiben will, muss es zuvor für die Zulassung der zuständigen Straßenverkehrsbehörde anmelden.

Öffentliche Straßen im v. g. Sinne sind alle Straßen, Wege und Plätze, die der Allgemeinheit zugänglich und nach den Vorschriften des Straßenrechts für den Verkehr gewidmet sind. Die Widmung ist hierbei ein Verwaltungsakt in Form einer Allgemeinverfügung, der in amtlichen Mitteilungsblättern, z. B. im Verkehrsblatt, verkündet wird. Bei einer Privatstraße kann deshalb keine Widmung stattfinden. Diese kann allerdings durch den Besitzer für die Allgemeinheit freigegeben werden (siehe VwV zu § 1 StVO).

Im Sinne des Zulassungsrechts versteht man unter dem Begriff „Fahrzeug“ alle Kraftfahrzeuge und Anhänger, wobei Kraftfahrzeuge wie folgt definiert sind:

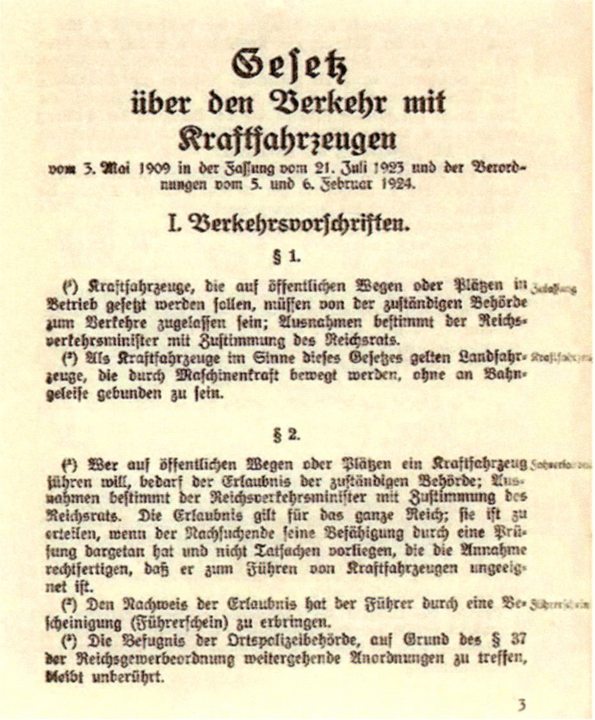

Gesetz über den Verkehr mit Kraftfahrzeugen

vom 3. Mai 1909 in der Fassung vom 21. Juli 1923 und der Verordnungen vom 5. und 6. Februar 1924.

I. Verkehrsvorschriften.

§ 1.

(1) Kraftfahrzeuge, die auf öffentlichen Wegen oder Plätzen in Betrieb gesetzt werden sollen, müssen von der zuständigen Behörde zum Verkehre zugelassen sein; Ausnahmen bestimmt der Reichsverkehrsminister mit Zustimmung des Reichsrats.

(2) Als Kraftfahrzeuge im Sinne dieses Gesetzes gelten Landfahrzeuge, die durch Maschinenkraft bewegt werden, ohne an Bahngeleise gebunden zu sein.

§ 2.

(1) Wer auf öffentlichen Wegen oder Plätzen ein Kraftfahrzeug führen will, bedarf der Erlaubnis der zuständigen Behörde; Ausnahmen bestimmt der Reichsverkehrsminister mit Zustimmung des Reichsrats. Die Erlaubnis gilt für das ganze Reich; sie ist zu erteilen, wenn der Nachsuchende seine Befähigung durch eine Prüfung dargetan hat und nicht Tatsachen vorliegen, die die Annahme rechtfertigen, daß er zum Führen von Kraftfahrzeugen ungeeignet ist.

(2) Den Nachweis der Erlaubnis hat der Führer durch eine Bescheinigung (Führerschein) zu erbringen.

(3) Die Befugnis der Ortspolizeibehörde, auf Grund des § 37 der Reichsgewerbeordnung weitergehende Anordnungen zu treffen, bleibt unberührt.

3

Bild 34 Vorläufer des StVG – Gesetz über den Verkehr mit Kraftfahrzeugen vom 3. Mai 1909

Bild 35 Öffentliche Straße – Myliusstraße in Frankfurt am Main

Bild 36 Kraftfahrzeug

Bild 37 Kraftfahrzeug mit Anhänger

Kraftfahrzeuge: nicht spurgeführte Landfahrzeuge, die durch Maschinenkraft bewegt werden (siehe § 1 Abs. 2 StVG).

Unter den Begriff Kraftfahrzeug fallen hiernach nicht die Schienenfahrzeuge, jedoch Fahrzeuge wie Motorschlitten oder Schneeraupen, die auf Gleisketten oder Kufen bewegt werden.

Anhänger: zum Anhängen an ein Kraftfahrzeug bestimmte und geeignete Fahrzeuge.

Unter dem Begriff Anhänger versteht man jedes hinter einem Kraftfahrzeug mitgeführte Fahrzeug, soweit es sich nicht um ein betriebsunfähiges Kraftfahrzeug und damit um einen Abschleppvorgang oder um ein Schleppen i. S. des § 33 StVZO handelt.

1 Grundlagen der Fahrzeugzulassung

In der **Straßenverkehrs-Zulassungs-Ordnung (StVZO)** enthält der § 16 StVZO die Grundregel der Zulassung. Hiernach sind zum Verkehr auf öffentlichen Straßen alle Fahrzeuge zugelassen, die den Vorschriften der StVZO und der Straßenverkehrs-Ordnung (StVO) entsprechen, soweit nicht für die Zulassung einzelner Fahrzeugarten ein Erlaubnisverfahren vorgeschrieben ist.

Hieraus folgt, dass man zwischen zwei Arten der Zulassung unterscheidet, und zwar **mit** und **ohne besonderes Erlaubnisverfahren**. Die Zulassung ohne behördliches Verfahren gilt für folgende Fahrzeuge:

- Kraftfahrzeuge mit bauartbedingter Höchstgeschwindigkeit von nicht mehr als 6 km/h
- die bisher in § 18 Abs. 3 Satz 2 StVZO genannten Fahrzeuge (Alt-Mofas und Kleinkrafträder sowie land- und forstwirtschaftliche Arbeitsgeräte bis 3 t zulässiges Gesamtgewicht)[11]
- alle nicht motorisierten Fahrzeuge mit Ausnahme von Kraftfahrzeuganhängern.

Kraftfahrzeuge mit bauartbedingter Höchstgeschwindigkeit von nicht mehr als 6 km/h sowie alle nicht motorisierten Fahrzeuge fallen weiter in den Regelbereich der StVZO. Die zu überarbeitende StVZO muss den geänderten Gegebenheiten entsprechend Rechnung tragen.

11 Siehe auch § 50 Abs. 1 FZV und Begründung in VkBl. 2006, S. 602 und 614

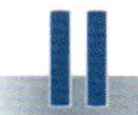

Bild 38 Kein Fahrzeug im Sinne der StVZO: Kinderfahrrad

Bild 39 Fahrzeug im Sinne der StVZO: Erwachsenenfahrrad

§ 16 StVZO Abs. 2 gibt vor, dass z. B. Kinderfahrräder und andere dort genannte Fortbewegungsmittel keine Fahrzeuge im Sinne dieser Verordnung sind. „Erwachsenenfahrräder" wiederum sind Fahrzeuge im Sinne des Straßenverkehrsrechts. Fahrräder sind von der Zulassungspflicht ausgenommen. Die Bau- und Betriebsvorschriften der StVZO fordern für „andere Straßenfahrzeuge" jedoch bestimmte Ausrüstungen. Diese sind in § 63 ff StVZO vorgegeben.

1.1 Grundregel der Zulassung

Die Zulassung ist die behördliche Genehmigung, ein Fahrzeug auf öffentlichen Straßen in Betrieb nehmen zu können. Sie erfolgt durch die Zuteilung eines eigenen Kennzeichens und die Ausfertigung einer Zulassungsbescheinigung.

Beim **besonderen Erlaubnisverfahren** ist eine Voraussetzung, dass das **Fahrzeug einem genehmigten Typ** entspricht **oder eine Einzelgenehmigung erteilt ist** und weiterhin eine dem Pflichtversicherungsgesetz entsprechende Kraftfahrzeug-Haftpflichtversicherung besteht.

Die EU-Typgenehmigung oder eine nationale Betriebserlaubnis ist nicht Bestandteil der Zulassung, sondern eine Voraussetzung.

Eine Zulassung muss beantragt werden. Kennzeichen müssen zugeteilt und mit dem Siegel der zuständigen Zulassungsbehörde versehen sein (Verwaltungsakt).

Die Zulassung erfolgt somit durch

- Zuteilung eines eigenen gesiegelten Kennzeichens und
- Ausfertigung der Zulassungsbescheinigung.

1.2 Erforderliche Antragsunterlagen

Bei der Zulassung von Kraftfahrzeugen sind nachfolgend genannte Unterlagen des Halters erforderlich:

a) **Zulassung eines fabrikneuen Fahrzeugs**

- Personalausweis des Halters, bei Reisepass ist zusätzlich eine Meldebestätigung erforderlich; Nachweis über Bankverbindung; Firmen: Handelsregisterauszug
- Versicherungsbestätigung, i. d. R. in elektronischer Form
- Zulassungsbescheinigung Teil II
- Vollmacht, falls ein Beauftragter handelt, zur Einzugsermächtigung für die Kfz-Steuer.

b) **Zulassung eines gebrauchten Fahrzeugs**

Zusätzlich zu den unter a) genannten Unterlagen sind vom Halter vorzulegen:

- Zulassungsbescheinigung Teil I; bei einem vor dem 1.10.2005 stillgelegten Fahrzeug ist die Abmeldebestätigung vorzulegen

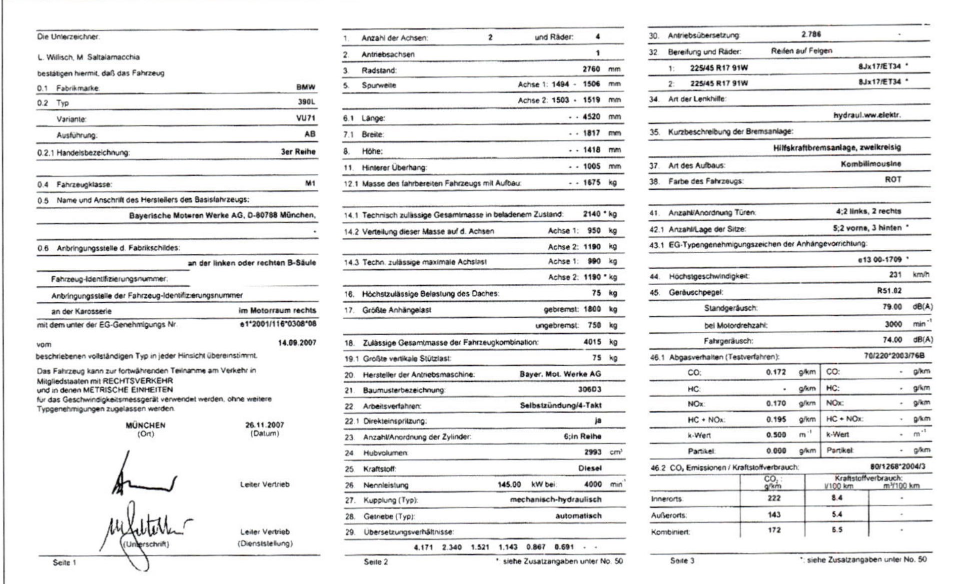

Die Unterzeichner:

L. Willisch, M. Saltalamacchia

bestätigen hiermit, daß das Fahrzeug

0.1 Fabrikmarke: **BMW**

0.2 Typ **390L**

Variante: **VU71**

Ausführung: **AB**

0.2.1 Handelsbezeichnung: **3er Reihe**

0.4 Fahrzeugklasse: **M1**

0.5 Name und Anschrift des Herstellers des Basisfahrzeugs:

Bayerische Moteren Werke AG, D-80788 München,

0.6 Anbringungsstelle d. Fabrikschildes:

an der linken oder rechten B-Säule

Fahrzeug-Identifizierungsnummer:

Anbringungsstelle der Fahrzeug-Identifizierungsnummer

an der Karosserie **im Motorraum rechts**

mit dem unter der EG-Genehmigungs Nr. **e1*2001/116*0308*08**

vom **14.09.2007**

beschriebenen vollständigen Typ in jeder Hinsicht übereinstimmt.

Das Fahrzeug kann zur fortwährenden Teilnahme am Verkehr in Mitgliedstaaten mit RECHTSVERKEHR und in denen METRISCHE EINHEITEN für das Geschwindigkeitsmessgerät verwendet werden, ohne weitere Typgenehmigungen zugelassen werden.

MÜNCHEN (Ort) **26.11.2007** (Datum)

Leiter Vertrieb

(Unterschrift) Leiter Vertrieb (Dienststellung)

Seite 1

1. Anzahl der Achsen: **2** und Räder: **4**

2. Antriebsachsen **1**

3. Radstand: **2760** mm

5. Spurweite Achse 1: **1494 - 1506** mm; Achse 2: **1503 - 1519** mm

6.1 Länge: **- - 4520** mm

7.1 Breite: **- - 1817** mm

8. Höhe: **- - 1418** mm

11. Hinterer Überhang: **- - 1005** mm

12.1 Masse des fahrbereiten Fahrzeugs mit Aufbau: **- - 1675** kg

14.1 Technisch zulässige Gesamtmasse in beladenem Zustand: **2140 *** kg

14.2 Verteilung dieser Masse auf d. Achsen Achse 1: **950** kg; Achse 2: **1190** kg

14.3 Techn. zulässige maximale Achslast Achse 1: **990** kg; Achse 2: **1190 *** kg

16. Höchstzulässige Belastung des Daches: **75** kg

17. Größte Anhängelast gebremst: **1800** kg; ungebremst: **750** kg

18. Zulässige Gesamtmasse der Fahrzeugkombination: **4015** kg

19.1 Größte vertikale Stützlast: **75** kg

20. Hersteller der Antriebsmaschine: **Bayer. Mot. Werke AG**

21. Baumusterbezeichnung: **306D3**

22. Arbeitsverfahren: **Selbstzündung/4-Takt**

22.1 Direkteinspritzung: **ja**

23. Anzahl/Anordnung der Zylinder: **6;in Reihe**

24. Hubvolumen: **2993** cm^3

25. Kraftstoff: **Diesel**

26. Nennleistung **145.00** kW bei: **4000** min^{-1}

27. Kupplung (Typ): **mechanisch-hydraulisch**

28. Getriebe (Typ): **automatisch**

29. Übersetzungsverhältnisse:

4.171 2.340 1.521 1.143 0.867 0.691 - -

Seite 2 *: siehe Zusatzangaben unter No. 50

30. Antriebsübersetzung: **2.786** -

32. Bereifung und Räder: Reifen auf Felgen

1: **225/45 R17 91W** **8Jx17/ET34** *

2: **225/45 R17 91W** **8Jx17/ET34** *

34. Art der Lenkhilfe: **hydraul.ww.elektr.**

35. Kurzbeschreibung der Bremsanlage: **Hilfskraftbremsanlage, zweikreisig**

37. Art des Aufbaus: **Kombilimousine**

38. Farbe des Fahrzeugs: **ROT**

41. Anzahl/Anordnung Türen: **4;2 links, 2 rechts**

42.1 Anzahl/Lage der Sitze: **5;2 vorne, 3 hinten** *

43.1 EG-Typengenehmigungszeichen der Anhängevorrichtung: **e13 00-1709** *

44. Höchstgeschwindigkeit: **231** km/h

45. Geräuschpegel: **R51.02**

Standgeräusch: **79.00** dB(A)

bei Motordrehzahl: **3000** min^{-1}

Fahrgeräusch: **74.00** dB(A)

46.1 Abgasverhalten (Testverfahren): **70/220*2003/76B**

CO:	0.172	g/km	CO:	-	g/km
HC:	-	g/km	HC:	-	g/km
NOx:	0.170	g/km	NOx:	-	g/km
HC + NOx:	0.195	g/km	HC + NOx:	-	g/km
k-Wert	0.500	m^{-1}	k-Wert	-	m^{-1}
Partikel:	0.000	g/km	Partikel:	-	g/km

46.2 CO_2 Emissionen / Kraftstoffverbrauch: **80/1268*2004/3**

	CO_2: g/km	Kraftstoffverbrauch: l/100 km	m^3/100 km
Innerorts:	222	8.4	-
Außerorts:	143	5.4	-
Kombiniert:	172	6.5	-

Seite 3 *: siehe Zusatzangaben unter No. 50

Bild 40 EU-Übereinstimmungsbescheinigung (CoC)

- bisherige Kfz-Kennzeichen zur Entstempelung (Entfernung des Siegels)
- Kfz-Kennzeichen, falls reserviert
- Gutachten nach § 21 StVZO
- letzter HU-Untersuchungsbericht.

c) **EU-Übereinstimmungsbescheinigung**

Hersteller von Neufahrzeugen, die Inhaber einer EU-Typgenehmigung sind, legen gemäß Artikel 18 der Richtlinie 2007/46/EG jedem entsprechend dem genehmigten Typ hergestellten vollständigen oder unvollständigen Fahrzeug eine Übereinstimmungsbescheinigung (CoC) nach einem der Muster des Anhangs IX der Richtlinie bei. Die Übereinstimmungsbescheinigung muss fälschungssicher sein. Zu diesem Zweck muss für den Druck Papier verwendet werden, das entweder durch farbige graphische Darstellungen geschützt ist oder das Herstellerzeichen als Wasserzeichen enthält.

Jeder Mitgliedstaat ermöglicht nach Artikel 7 dieser Richtlinie die Zulassung bzw. gestattet den Verkauf oder das Inverkehrbringen neuer Fahrzeuge ohne weitere technische Prüfung, wenn sie mit einer gültigen Übereinstimmungsbescheinigung versehen sind. Eine EU-Typgenehmigung ist für Fahrzeuge der Klassen M1, M2, M3, N1, N2, N3, N4, O1, O2, O3 vorgeschrieben.

Bei erstmaliger Zulassung ist der Nachweis, dass das Fahrzeug einem genehmigten Typ entspricht, durch Vorlage der Übereinstimmungsbescheinigung zu führen. Diese Nachweispflicht besteht unabhängig davon, ob für das Fahrzeug eine Zulassungsbescheinigung Teil II vorgelegt wird.

Der Nachweis ist auch zu führen, wenn für das Fahrzeug ausländische Fahrzeugpapiere vorgelegt werden. Werden harmonisierte Fahrzeugpapiere (Rili 1999/37EG) vorgelegt, ist die Übereinstimmungsbescheinigung entbehrlich.

Zweitschriften des Herstellers sind anzuerkennen.

1.3 Ausnahmen von der Zulassungspflicht

In § 16 StVZO sowie in § 3 FZV **(Notwendigkeit einer Zulassung)** werden unter Absatz 2 die Kraftfahrzeuge und Anhänger aufgeführt, die

Tabelle 13 Zusammenstellung der Fz, die zulassungsfrei sind, jedoch einem Typ entsprechen bzw. eine Einzelgenehmigung haben müssen

FZV	Zulassungfreie FzArten		Kennzeichen		
			Keine	Vers.-Kennzeichen (§ 26 FZV)	amtl. Kennzeichen (§ 4 Abs. 1 FZV)
§ 1	**Kfz mit einer bbH ≤ 6 km/h und Ihre Anh.**		X		
§ 3 Abs. 2 Nr. 1a	**Selbstfahrende ArbMasch** (Kfz, die nach ihrer Bauart und ihren besonderen, mit dem Fz fest verbundenen Einrichtungen zur Verrichtung von Arbeiten, jedoch nicht zur Beförderung von Personen oder Gütern bestimmt sind) und Stapler (Kfz, die nach ihrer Bauart für das Aufnehmen, Heben, Bewegen und Positionieren von Lasten bestimmt und geeignet sind)		≤ 20 km/h		> 20 km/h Ja
§ 3 Abs. 2 Nr. 1b	**einachsige Zgm**, wenn sie nur für lof-Zwecke verwendet werden		≤ 20 km/h		> 20 km/h Ja
§ 3 Abs. 2 Nr. 1c	**Leichtkrafträder** (Krafträder mit einer Nennleistung von nicht mehr als 11 kW und im Falle von Verbrennungsmotoren mit einem Hubraum von mehr als 50 cm^3, aber nicht mehr als 125 cm^3)	E-Motor 11 kW > 50 cm^3 ≤ 125 cm^3			Ja
§ 3 Abs. 2 Nr. 1d	**2- oder 3-rädrige Kleinkrafträder** (2-rädrige oder 3-rädrige Kfz mit einer bbH ≤ 45 km/h und folgenden Eigenschaften: a) 2-rädrige Kkr: mit Verbrennungsmotor, dessen Hubraum ≤ 50 cm^3 beträgt, oder mit E-Motor dessen max. Nenndauerleistung ≤ 4 kW beträgt; b) 3-rädrige Kkr: mit Fremdzündungsmotor, dessen Hubraum ≤ 50 cm^3 beträgt, mit einem anderen Verbrennungsmotor, dessen max. Nutzleistung ≤ 4 kW beträgt, oder mit einem E-Motor, dessen max. Nenndauerleistung ≤ 4 kW beträgt)	≤ 45 km/h ≤ 50 cm^3 ≤ 4 kW E-Motor ≤ 50 cm^3 ≤ 50 cm^3 ≤ 4 kW		Ja	

→

Tabelle 13 Zusammenstellung der Fz, die zulassungsfrei sind, jedoch einem Typ entsprechen bzw. eine Einzelgenehmigung haben müssen (Fortsetzung)

FZV	**Zulassungfreie FzArten**		**Kennzeichen**		
			Keine	**Vers.-Kennzeichen (§ 26 FZV)**	**amtl. Kennzeichen (§ 4 Abs. 1 FZV)**
§ 3 Abs. 1 Nr. 1e	**motorisierte Krankenfahrstühle** (einsitzige nach der Bauart zum Gebrauch durch körperlich behinderte Personen best. Kfz mit Elektroantrieb, einer Leermasse ≤ 300 kg einschließlich Batterien jedoch ohne Fahrer, einer zul. Gesamtmasse ≤ 500 kg, einer bbH ≤ 15 km/h und einer Breite über alles von max. 110 cm)	≤ 300 kg ≤ 300 kg ≤ 15 km/h		Ja	
§ 3 Abs. 1 Nr. 1f	**4-rädrige LeichtKfz** (mit einer Leermasse ≤ 350 kg, ohne Masse der Batterien bei E-Fz, mit einer bbH ≤ 45 km/h, mit Fremdzündungsmotor, dessen Hubraum ≤ 50 cm^3 beträgt oder mit einem anderen Verbrennungsmotor dessen max. Nennleistung ≤ 4 kW beträgt oder mit einem E-Motor, dessen max. Nennlesitung ≤ 4 kW beträgt)	≤ 350 kg ≤ 45 km/h ≤ 4 kW		Ja	

von dem Zulassungsverfahren ausgenommen sind.

Generell ausgenommen von der Betriebserlaubnis- und Zulassungspflicht sind

- Kraftfahrzeuge mit einer bauartbedingten Höchstgeschwindigkeit von nicht mehr als 6 km/h und ihre Anhänger (§ 1 FZV),
- land- und forstwirtschaftliche Arbeitsgeräte mit einer zulässigen Gesamtmasse von nicht mehr als 3 t (§ 2 Abs. 2 Buchst. h und § 4 Abs. 1 FZV),
- Sitzkarren, die hinter land- oder forstwirtschaftlichen einachsigen Zug- oder Arbeitsmaschinen mitgeführt werden (§ 3 Abs. 2 Buchst. i FZV).

In § 3 Abs. 2 ff. FZV heißt es:

„(2) Ausgenommen von den Vorschriften über das Zulassungsverfahren sind

1. *folgende Kraftfahrzeugarten (Begriffsbestimmungen sind im § 2 FZV beschrieben):*
   a. *selbstfahrende Arbeitsmaschinen und Stapler,*
   b. *einachsige Zugmaschinen, wenn sie nur für land- oder forstwirtschaftliche Zwecke verwendet werden,*
   c. *Leichtkrafträder,*
   d. *zwei- oder dreirädrige Kleinkrafträder,*
   e. *motorisierte Krankenfahrstühle,*
   f. *vierrädrige Leichtkraftfahrzeuge,*
   g. *Elektronische Mobilitätshilfe*

Bild 41 Anhänger Arbeitsmaschine (Kompressor)

Bild 42 Bootstrailer, Firma Brenderup

2. folgende Arten von Anhängern:
- *a. Anhänger in land- oder forstwirtschaftlichen Betrieben, wenn die Anhänger nur für land- oder forstwirtschaftliche Zwecke verwendet und mit einer Geschwindigkeit von nicht mehr als 25 km/h hinter Zugmaschinen oder selbstfahrenden Arbeitsmaschinen mitgeführt werden,*
- *b. Wohnwagen und Packwagen im Schaustellergewerbe, die von Zugmaschinen mit einer Geschwindigkeit von nicht mehr als 25 km/h mitgeführt werden,*
- *c. fahrbare Baubuden, die von Kraftfahrzeugen mit einer Geschwindigkeit von nicht mehr als 25 km/h mitgeführt werden,*
- *d. Arbeitsmaschinen,*
- *e. Spezialanhänger zur Beförderung von Sportgeräten oder Tieren für Sportzwecke, wenn die Anhänger ausschließlich für solche Beförderungen verwendet werden,*
- *f. einachsige Anhänger hinter Krafträdern, Kleinkrafträdern und motorisierten Krankenfahrstühlen,*
- *g. Anhänger für Feuerlöschzwecke,*
- *h. land- oder forstwirtschaftliche Arbeitsgeräte,*
- *i. hinter land- oder forstwirtschaftlichen einachsigen Zug- oder Arbeitsmaschinen mitgeführte Sitzkarren.*

Anhänger im Sinne des Satzes 1 Nr. 2 Buchstabe a bis c sind nur dann von den Vorschriften über das Zulassungsverfahren ausgenommen, wenn sie für eine Höchstgeschwindigkeit von nicht mehr als 25 km/h in der durch § 58 der Straßenverkehrs-Zulassungs-Ordnung vorgeschriebenen Weise gekennzeichnet sind.

(3) Auf Antrag können die nach Absatz 2 von den Vorschriften über das Zulassungsverfahren ausgenommenen Fahrzeuge zugelassen werden.

(4) Der Halter darf die Inbetriebnahme eines nach Absatz 1 zulassungspflichtigen Fahrzeugs nicht anordnen oder zulassen, wenn das Fahrzeug nicht zugelassen ist."

Anhänger gemäß Buchstabe d und e sind wie vorbeschrieben vom Zulassungsverfahren ausgenommen.Für diese Fahrzeuge gilt ein besonderes Verfahren.

Im § 4 FZV werden diese besonderen Voraussetzungen für die Inbetriebnahme der zulassungsfreien Fahrzeuge beschrieben. So dürfen Arbeitsmaschinen und Anhänger für Sportzwecke auf öffentlichen Straßen nur in Betrieb gesetzt werden, wenn sie entweder einem genehmigten Typ entsprechen oder für sie eine Einzelgenehmigung erteilt wurde und diese Fahrzeuge mit einem eigenen Kennzeichen ausgestattet sind.

Durch das vorgeschriebene eigene Kennzeichen unterliegen diese Anhänger-Arbeitsmaschinen und Sportanhänger der Untersuchungspflicht nach § 29 StVZO.

Die Untersuchungspflicht nach § 29 StVZO ist wie folgt begründet:

- Die vorgenannten Anhänger unterliegen besonderen Einsatzbedingungen, werden vielfach wenig gefahren und schlecht gewartet. Sie weisen häufig erhebliche Mängel auf und können somit ein Sicherheitsrisiko darstellen.
- Bootstrailer stehen beim Wassern oder bei der Wiederaufnahme des Bootes mit der(n) Achse(n), den Rahmenteilen und der Beleuchtungseinrichtung komplett im Wasser. Die Folge sind häufig festsitzende Radlager, sowie eine defekte Beleuchtungseinrichtung. Bei schlechter Pflege und Wartung ist dies der Verkehrssicherheit dieser Fahrzeuge abträglich. Arbeitsmaschinen, die als Kompressoren oder Schweißtransformatoren auf Baustellen zum Einsatz kommen, unterliegen erschwerten Einsatzbedingungen und besonderem Verschleiß, was sich ebenfalls auf die Verkehrssicherheit dieser Fahrzeuge negativ auswirken.

1.4 EU-Fahrzeugpapiere

1.4.1 Die neuen Fahrzeugpapiere seit dem 1.10.2005

Die unterschiedlichen nationalen Zulassungsverfahren erschwerten den freien Handel innerhalb der Gemeinschaft und mussten deshalb vereinheitlicht werden. Es war z. B. bis dato mit erheblichen Mühen verbunden, ein Fahrzeug zuzulassen, das in einem anderen Mitgliedstaat bereits einmal zugelassen war. Im Zuge der Verwirklichung des freien Binnenmarktes wurde das Zulassungsverfahren innerhalb der EU neu geregelt.

Schließlich sollten die neuen Zulassungsdokumente helfen, Missbräuche zu verhindern. Diverse eingearbeitete oder drucktechnisch aufgebrachte zusätzliche Sicherheitsmerkmale wie Wasserzeichen, sichtbare und nicht sichtbare fluoreszierende Fasern und Planchetten, Mikroschriften und einen nur unter UV-Licht sichtbaren Bundesadler sollen Fälschungen erschweren.

Zusätzlich enthält die Zulassungsbescheinigung Teil I (ZB I) ein optisch-variables Element in Form eines Kinegramms. Es stellt ein weiteres Echtheitsmerkmal dar und kann von den Polizeibehörden maschinell kontrolliert werden. Weitere Absicherungen gegen Missbrauch bilden eindeutige Nummerierungen der Blankovordrucke und die von der Zulassungsbehörde aufgebrachte Nummer, die mit der in den Fahrzeugregistern gespeicherten identisch ist. Bei Fahrzeugkontrollen kann die Polizei die Echtheit der Zulassungsbescheinigungen über eine elektronische Abfrage durch Vergleich der Dokumentennummer mit der im Zentralen Fahrzeugregister gespeicherten überprüfen.

Durch die Änderung 2003/127/EG wurde auch die Möglichkeit von Zulassungsdokumenten in Form der Chipkarte, auf der die Daten gespeichert werden, anstelle von Papierdokumenten eröffnet. Hiervon hat Deutschland bisher keinen Gebrauch gemacht.

Seit dem **1.10.2005** werden neue EU-einheitliche Fahrzeugpapiere ausgestellt: die zweiteilige Zulassungsbescheinigung.

Der bisherige Fahrzeugschein entspricht der **Zulassungsbescheinigung Teil I** (ZB I) und beinhaltet vorgeschriebene Fahrzeugdaten. Sie ist beim Betrieb des Fahrzeuges stets mitzuführen und auf Verlangen zuständigen Personen vorzulegen.

Die **Zulassungsbescheinigung Teil II** (ZB II) ersetzt den bisherigen Fahrzeugbrief und ist ebenso wie dieser grundsätzlich als Nachweis über die Verfügungsberechtigung anzusehen.

Wird ab dem 1.10.2005 eine neue ZB I ausgestellt, muss zugleich auch eine ZB II ausgestellt werden. Gleichzeitig werden die alten Dokumente ungültig, d. h. ein Nebeneinander einer neuen Zulassungsbescheinigung und eines alten Dokuments ist nicht zulässig. Ziel ist eine EU-einheitliche Darstellung der Fahrzeugdaten und eine Erhöhung der Fälschungssicherheit. Die bisherigen Dokumente – Fahrzeugschein und Fahrzeugbrief – behalten so lange ihre Gültigkeit, bis die Ausstellung neuer Dokumente erforderlich wird.

Bild 43 Muster für die Zulassungsbescheinigung Teil I (Vorderseite)

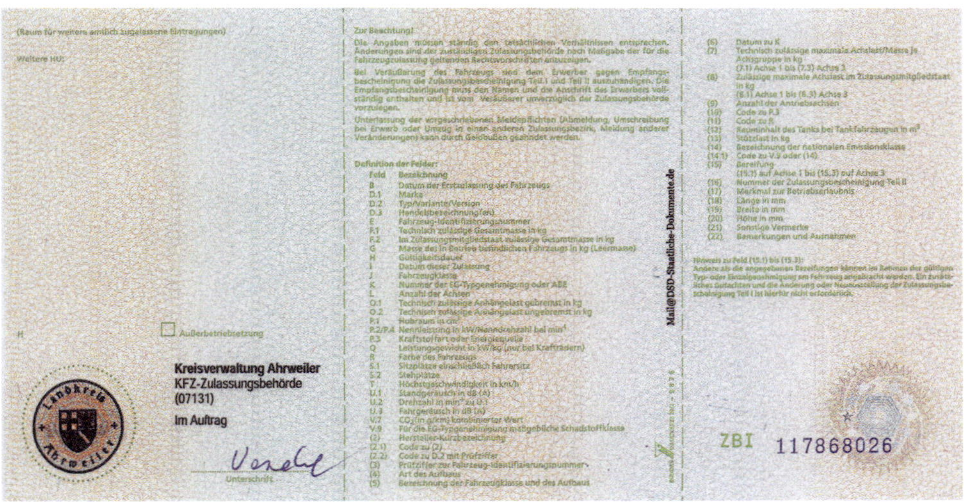

Bild 44 Muster für die Zulassungsbescheinigung Teil I (Rückseite)

Rollentausch: Die ZB I (Fahrzeugschein) und ZB II (Fahrzeugbrief) sehen nicht nur anders aus als die bisherigen Dokumente, ihre Bedeutung im Zulassungsverfahren und bei der regelmäßigen Überwachung hat sich umgekehrt. Während bisher alle wesentlichen Daten im **Fahrzeugbrief** zu finden waren, sind diese nunmehr in der ZB I eingetragen. Diese enthält alle für die Zulassung und Überwachung des Fahrzeugs relevanten Einzeldaten und muss bei der Fahrzeuguntersuchung, bei Begutachtungen/Änderungsabnahmen und bei Kontrollen vorgelegt werden.

Auf bestimmte, bisher ausgewiesene Einzeldaten wurde verzichtet. So wird beispielsweise nur eine der mit EU-Typgenehmigung, ABE bzw. Einzelgutachten genehmigten Bereifun-

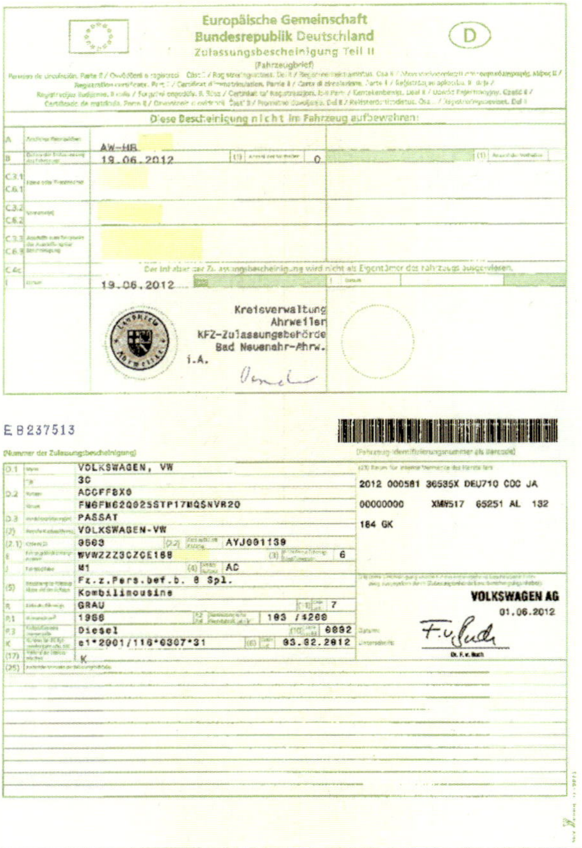
Europäische Gemeinschaft
Bundesrepublik Deutschland
Zulassungsbescheinigung Teil II
(Fahrzeugbrief)
D
Diese Bescheinigung nicht im Fahrzeug aufbewahren!
AW-HR
19.06.2012
19.06.2012
Kreisverwaltung Ahrweiler KFZ-Zulassungsbehörde Bad Neuenahr-Ahrw.
i.A.
E B237513
VOLKSWAGEN, VW
3C
ACCFFBX0
FM6FM62Q025STP17MQ5NVR20
PASSAT
VOLKSWAGEN-VW
0603
AYJ001139
WVWZZZ3CZCE188
6
M1
AC
Fz.z.Pers.bef.b. 8 Spl.
Kombilimousine
GRAU
7
1968
103 / 4200
Diesel
6892
e1*2001/116*0307*31
03.02.2012
2012 000581 36535X DEU710 COC JA
00000000 XMN517 65251 AL 132
184 GK
VOLKSWAGEN AG
01.06.2012

Bild 45 Muster für die Zulassungsbescheinigung Teil II

gen eingetragen. Zulässig ist, dass innerhalb des Genehmigungsumfangs **Rad-/Reifenkombinationen** gewechselt werden können, ohne dass hierfür die Angabe in der Zulassungsbescheinigung Teil I (Angabe ist im Teil II nicht enthalten) geändert werden muss. Dies ist rechtlich deshalb nicht zu beanstanden, da die in den Fahrzeugpapieren eingetragenen und damit genehmigten Reifen die Mindestanforderungen für das betreffende Fahrzeug darstellen (z. B. Tragfähikeits-/Geschwindigkeitindizes). Welche Rad-/Reifenkombinationen zulässig sind, kann z. B. den Webauftritten der Fahrzeughersteller entnommen, bei Fachbetrieben angefragt oder dem CoC, der Datenbestätigung oder der Betriebserlaubnis entnommen werden. Allerdings gilt nach wie vor: Alles, was nicht genehmigt ist, muss über ein Einzelgutachten „abgesegnet“ werden.

In der ZB II sind lediglich die wichtigsten Fahrzeugdaten aufgeführt. Die Bescheinigung enthält statt wie bisher sechs nur noch **zwei Haltereintragungen**. Ihre Größe entspricht dem DIN-A4-Format. Alle Angaben sind auf der Vorderseite vorhanden. Durch das neue Format und durch die Reduzierung des Datenumfangs ergeben sich erhebliche Erleichterungen, weil bei Änderungen der Fahrzeugtechnik die bisher im Fahrzeugbrief vorzunehmenden gebührenpflichtigen Korrekturen entfallen. Weil nur noch zwei Halter- bzw. Zulassungseinträge enthalten sind, muss bei der dritten Umschreibung eines Fahrzeugs eine neue ZB II ausgestellt werden. Ersichtlich sind dann nur die Halter, die auf dem Dokument eingetragen sind, und die Anzahl sämtlicher Halter. Der Käufer erkennt insoweit, wieviele Halter das gebrauchte Fahrzeug bereits hatte. Angaben über ehemalige Fahrzeughalter gehen aber nicht verloren. Sie werden bereits seit Mitte 2003 im Zentralen Fahrzeugregister gespeichert. Auskünfte gibt es im gesetzlich zulässigen Rahmen.

1.4.2 Was ist neu?

In den EU-Richtlinien ist der Rahmen für die harmonisierten Zulassungsdokumente vorgegeben. Die Mitgliedstaaten können innerhalb dieses Rahmens die Dokumente gestalten. Damit aber das Ziel der Harmonisierung erreicht wird, wurden für die Angaben zum Fahrzeug EU-einheitliche Nummerierungen (Codes) vergeben. Die EU-weiten Codes bestehen aus Buchstaben und ggf. Unternummern. Die nationalen Codes enthalten Angaben, die nur national von Bedeutung sind; sie bestehen aus in Klammern dargestellten Nummern.

In den bisherigen Zulassungsdokumenten war die Fahrzeugbeschreibung in fortlaufend nummerierte Felder aufgeteilt, deren Inhalt im Klartext angegeben war (Ziff. 1–33). In der neuen Zulassungsbescheinigung findet man nur noch Kürzel vor jedem Feld.

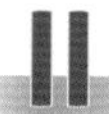

Tabelle 14 Übersicht der Daten für die Zulassungsbescheinigung Teil I und Teil II

Feld 1	enthalten in 2 Teil I	 Teil II	Bezeichnung 3	Fahrzeugschein oder -brief alt [1] 4	Nummer im CoC 5	Fahrzeugklassen mit Hinweis auf die Nummer im CoC 6	max. Druckzeichen 7
o.N.	X	--	Nummer der Zulassungsbescheinigung Teil I	-----	-----		20
o.N.	(16)	X	Nummer der Zulassungsbescheinigung Teil II	-----	-----		8
A	X	X	Zulassungsnummer (amtliches Kennzeichen)	o.N.	-----		11
B	X	X	Datum der Erstzulassung des Fahrzeugs	32	-----		10
C.1.1	X	--	Name oder Firmenname	o.N.	-----		
C.1.2	X	--	Vorname(n)	o.N.	-----		
C.1.3	X	--	Anschrift	o.N.	-----		
C.3.1 C.6.1	--	X	Name oder Firmenname	o.N.	-----		
C.3.2 C.6.2	--	X	Vorname(n)	o.N.	-----		
C.3.3 C.6.3	--	X	Anschrift zum Zeitpunkt der Ausstellung der Bescheinigung	o.N.	-----		
C.4c	X	X	Der Inhaber der Zulassungsbescheinigung wird nicht als Eigentümer des Fahrzeugs ausgewiesen.	o.N.	-----		------
D.1	X	X	Marke	------	0.1	alle Fahrzeugklassen	25
D.2	X	X	Typ	3	0.2	alle Fahrzeugklassen	25
	X	X	Variante	------			25
	X	X	Version	------			35
D.3	X	X	Handelsbezeichnung(en)	o.N.	0.2.1	alle Fahrzeugklassen	25
E	X	X	Fahrzeug-Identifizierungsnummer	4	0.6	alle Fahrzeugklassen	17
F.1	X	--	Technisch zulässige Gesamtmasse in kg	15 bzw. 33	14.1 2.2.1	M, N, O, L T	6
F.2	X	--	Im Zulassungsmitgliedstaat zulässige Gesamtmasse in kg	15	------		6
G	X	--	Masse des in Betrieb befindlichen Fahrzeugs in kg (Leermasse)	14 bzw. 33	12.1 2.1.1	M, N, O, L T	11
H	X	--	Gültigkeitsdauer	------	------		10
I	X	X	Datum dieser Zulassung	o.N.	------		10
o.N.	X	X	Platzierung für die vollständige Bezeichnung und den Sitz der Zulassungsbehörde	-----	-----		
J	X	X	Fahrzeugklasse	1.	0.4	alle Fahrzeugklassen	4
K	X	X	Nummer der EG-Typgenehmigung oder ABE	S.4	0.6	alle Fahrzeugklassen	25
L	X	--	Anzahl der Achsen	18	1. 1.1	M, N, O, L T	2
O	X	--	Technisch zulässige Anhängelast – O.1 gebremst in kg	28	17. 17.1 17.2 17.3 2.4.3 2.4.4	M, L N T	5
			Technisch zulässige Anhängelast – O.2 ungebremst in kg	29	17. 17.4 2.4.1	M, L N T	4
P.1	X	X	Hubraum in cm^3	8	24. 3.2.1.7	M, N, O, L T	5
P.2 P.4	X	X	Nennleistung in kW Nenndrehzahl bei min^{-1}	7	26. 3.6.	M, N, L T	10
P.3	X	X	Kraftstoffart oder Energiequelle	5	25. 3.1.7	M, N, L T	20
Q	X	--	Leistungsgewicht in kW/kg (nur bei Krafträdern)	------	26.1	L	6
R	X	X	Farbe des Fahrzeugs	------	38.	M1	15

Die Feldinhalte der bisherigen Dokumente stimmen nicht immer genau mit den neuen Feldinhalten überein, da für die neue Feldeinteilung die EU-Vorschriften zugrunde gelegt wurden.

Bisher wurde bei der **Abmeldung eines Fahrzeugs** der Fahrzeugschein durch die Zulassungsbehörde eingezogen und die Abmeldung im Fahrzeugbrief vermerkt bzw. dieser durch Abschneiden der rechten unteren Ecke unbrauchbar gemacht. Neu ist, dass die Abmeldung in der ZB I eingetragen und das Dokument wieder ausgehändigt wird. Somit stehen dem Fahrzeughalter immer beide Teile der Zulassungsbescheinigungen zur Verfügung. Soll das Fahrzeug im EU-Ausland zugelassen werden, müssen, um Probleme zu vermeiden, bei der dort zuständigen Stelle beide Zulassungsbescheinigungen vorgelegt werden. Die Mitgliedstaaten unterrichten sich gegenseitig, wenn ein zugelassenes Fahrzeug aus einen Mitgliedstaat in einem anderen Mitgliedstaat verbracht und dort zugelassen wird. Sie ziehen auch die jeweiligen ausländischen Fahrzeugdokumente ein.[12]

1.4.3 Mitteilungspflichtige Änderungen

Mit der Zulassung eines Fahrzeuges wird dem Halter eine Reihe von Verpflichtungen auferlegt. Neben Mitteilungspflichten obliegt ihm die Verantwortung eines durchgängigen Versicherungsschutzes sowie die Verantwortung für den verkehrssicheren Zustand (§ 31 Abs. 2 StVZO) seines Fahrzeugs.

Die Änderungen, die eine unmittelbare Meldepflicht des Halters nach sich ziehen, werden im § 13 Abs. 1 FZV vorgegeben.

Nachfolgende Änderungen sind der Zulassungsbehörde unter Vorlage der ZB I und ZB II sowie des Anhängerverzeichnisses **unverzüglich** mitzuteilen:

1. Änderungen von Angaben zum Halter, jedoch braucht bei alleiniger Änderung der Anschrift innerhalb des Zulassungsbezirks die ZB II nicht vorgelegt zu werden
2. Änderung der Fahrzeugklasse nach Anlage XXIX StVZO
3. Änderung von Hubraum, Nennleistung, Kraftstoffart oder Energiequelle.

Folgende Änderungen sind der Zulassungsbehörde unter Vorlage der **ZB I** sowie des Anhängerverzeichnisses **unverzüglich** mitzuteilen:

1. Änderung der Anschrift innerhalb des Zulassungsbezirkes
2. Erhöhung der bauartbedingten Höchstgeschwindigkeit
3. Verringerung der bauartbedingten Höchstgeschwindigkeit, wenn diese fahrerlaubnisrelevant oder zulassungsrelevant ist
4. Änderung der zulässigen Achslasten, der Gesamtmasse, der Stützlast oder der Anhängelast
5. Erhöhung der Fahrzeugabmessungen, ausgenommen bei Personenkraftwagen und Krafträdern
6. Änderung der Sitz- oder Stehplatzzahl bei Kraftomnibussen
7. Änderungen der Abgas- oder Geräuschwerte, sofern sie sich auf die Kraftfahrzeugsteuer oder Verkehrsverbote auswirken
8. Änderungen, die eine Ausnahmegenehmigung nach § 47 erfordern
9. Änderungen, deren unverzügliche Eintragung in die Zulassungsbescheinigung aufgrund eines Vermerks im Sinne des § 19 Abs. 4 Satz 2 der StVZO erforderlich ist.

Andere Änderungen von Fahrzeug- oder Halterdaten sind der Zulassungsbehörde bei deren nächster Befassung mit den Zulassungsbescheinigungen mitzuteilen.

12 KBA-Jahresbericht 2004

2 Untersuchungen an Fahrzeugen, vorzulegende Nachweise

Im Rahmen der Zulassung gebrauchter Fahrzeuge sind üblicherweise folgende technische Untersuchungen durch den Antragsteller nachzuweisen:

- Sicherheitsprüfung (SP)
- Hauptuntersuchung (HU).

Dementsprechend sind der Zulassungsbehörde der (HU-)Untersuchungsbericht und bei SP-pflichtigen Fahrzeugen zusätzlich das (SP-) Prüfprotokoll und das Prüfbuch vorzulegen (§ 29 StVZO).

2.1 Fahrten im Zusammenhang mit der Zulassung[13] eines gebrauchten Fahrzeugs

Dem Fahrzeughalter kann sich das Problem stellen, ob er erforderliche Fahrten durchführen darf, um notwendige Nachweise über eine Sicherheitsprüfung, Hauptuntersuchung oder Abgasuntersuchung erbringen zu können, wenn ihm solche nicht vorliegen.

§ 10 Abs. 4 FZV erlaubt, dass bestimmte Fahrten mit dem Fahrzeug ohne dessen Zulassung durchgeführt werden dürfen:

„(4) Fahrten, die im Zusammenhang mit dem Zulassungsverfahren stehen, insbesondere Fahrten zur Anbringung der Stempelplakette sowie Fahrten zur Durchführung einer Hauptuntersuchung oder einer Sicherheitsprüfung dürfen innerhalb des Zulassungsbezirks und eines angrenzenden Bezirks mit ungestempelten Kennzeichen durchgeführt werden, wenn die Zulassungsbehörde vorab ein solches zugeteilt hat und die Fahrten von der Kraftfahrzeug-Haftpflichtversicherung erfasst sind. Rückfahrten nach Entfernung der Stempelplakette dürfen mit dem bisher zugeteilten Kennzeichen bis zum Ablauf des Tages der Außerbetriebsetzung des Fahrzeugs durchgeführt werden, wenn sie von der Kraftfahrzeug-Haftpflichtversicherung erfasst sind.“

Die Aufzählung in § 10 Abs. 4 FZV ist nicht abschließend. So sind auch Fahrten zu Reparaturwerkstätten im Zusammenhang mit einer HU oder SP möglich.

Für das Fahrzeug muss in jedem Falle Versicherungsschutz gegeben sein.

Fahrten zur Erlangung einer Betriebserlaubnis sind allerdings nicht durch § 10 Abs. 4 FZV erfasst.

3 Neuzulassung

Bei der Zulassung eines Neufahrzeuges mit EU-Typgenehmigung ist die EG-Übereinstimmungsbescheinigung im Original oder in Zweitschrift des Herstellers vorzulegen.

Der Fahrzeughersteller (OEM) stellt für jedes Fahrzeug im Geltungsbereich der StVZO eine ZB II aus und übergibt diese bzw. liefert sie mit dem Fahrzeug und der EU-Übereinstimmungsbescheinigung (CoC) über ein autorisiertes Händlernetz an den Kunden (FZ-Halter) aus.

Unter einem **Erstausrüster** bzw. **Original-Equipment-Manufacturer** (**OEM**, Originalausrüstungshersteller) versteht man in der Maschinenbau- und Automobilindustrie ein Unternehmen, das Produkte unter eigenem Namen in den Handel bringt.

13 Bernhard Zunner, Praxiswissen Fahrzeug-Zulassung, 3. Auflage

VOLKSWAGEN

EG - Übereinstimmungsbescheinigung

Vollständige Fahrzeuge

Der Unterzeichner Dr. F. v. Buch
bestätigt hiermit, dass das unten bezeichnete Fahrzeug

0.1.	Fabrikmarke:	VOLKSWAGEN, VW
0.2.	Typ: Variante: Version:	3C ACCFFBX0 FM6FM62Q025STP17MQSNVR2O
0.2.1.	Handelsbezeichnung:	PASSAT
0.4.	Fahrzeugklasse:	M1
0.5.	Name und Anschrift des Herstellers:	Volkswagen AG Berliner Ri ng 2 D-38440 Wolfsburg
0.6.	Anbringungsstelle und Anbringungsart der vorgeschriebenen Schilder:	auf der linken ww. rechten B - Säule, geklebt
	Anbringungsstelle der Fahrzeug-Identifizierungsnummer:	Rechts im Motorraum
0.10.	Fahrzeug-Identifizierungsnummer:	WVWZZZ3CZCE188

mit dem in der am 2012-02-03 erteilten Genehmigung e1*2001/116*0307*31 beschriebenen Typ in jeder Hinsicht übereinstimmt.

Das Fahrzeug kann zur fortwährenden Teilnahme am Straßenverkehr in Mitgliedsstaaten mit Rechtsverkehr und in denen metrische Einheiten für das Geschwindigkeitsmeßgerät verwendet werden, ohne weitere Typengenehmigungen zugelassen werden.

Wolfsburg, den 2012-06-01

Dr. F. v. Buch

F. v. Buch

Leiter Typprüfung

49. CO2 Emissionen / Kraftstoff-, Stromverbrauch:

	CO2 [g/km]:	Kraftstoffverbrauch [l/100km] oder [m³/100km]:
innerorts:	147 --- ---	5.6 ---- ----
außerorts:	106 --- ---	4.0 ---- ----
kombiniert:	120 --- ---	4.6 ---- ----
Gewichtet, kombiniert:	--- --- ---	---- ---- ----

Reine Elektrofahrzeuge und extern aufladbare Hybridelektrofahrzeuge

Stromverbrauch [Wh/km]: ------

Elektrische Reichweite [km]: ------

51. Bei Fahrzeugen mit besonderer Zweckbestimmung: ----

52. Anmerkungen:

#NO 16.1.: mit Anhaenger:+25 kg##NO 16.2
.: mit Anhaenger Achse 2:+70 kg##NO 35.: 205/50 R17 93V#6,5Jx17 ET42;##205/50 R1
7 93V#6Jx17 ET45;##205/55 R16 91V#6,5Jx16 ET42;##205/55 R16 91V#7Jx16 ET45;##215
/55 R16 93V#6,5Jx16 ET42;##215/55 R16 93V#7Jx16 ET45##NO 5.: max 4881##NO 7.: ma
x 1536;##

AW-HB 1950
Kreisverwaltung Ahrweiler
Bad Neuenahr-Ahrweiler den 19. JUN. 2012
Im Auftrag

Interne Hersteller Daten

DEU710 B 65251 R11 ZBT II wurde erstellt WVWZZZ3CZCE188
HSN:0603 AYJ001139Original XMW5171842012 000581
00000000

Bild 46 Muster einer EG-Übereinstimmungsbescheinigung (Vorderseite)

1.	Anzahl der Achsen / Räder:	2 / 4
3.	Antriebsachsen Anzahl Lage der Antriebsachsen: Verbindung der Antriebsachsen:	1 Achse 1 -------------------- --------------------
4.	Radstand [mm]:	2711
4.1	Achsabstände [mm]:	2711
5.	Länge [mm]:	4771
6.	Breite [mm]:	1820
7.	Höhe [mm]:	1464
13.	Masse des fahrbereiten Fahrzeugs [kg]:	1571
16.	Technisch zulässige Höchstmassen	
16.1	Technisch zulässige Gesamtmasse in beladenem Zustand [kg]:	2180
16.2	Technisch zulässige maximale Masse je Achse 1/2 [kg]:	1120 / 1110
16.4	Technisch zulässige Gesamtmasse der Fahrzeugkombination [kg]:	4005
18.	Technisch zulässige max. Anhängemasse bei Beförderung eines	
18.1	Deichselanhängers [kg]:	-----
18.3	Zentralachsenanhängers [kg]:	1800
18.4	ungebremsten Anhängers [kg]:	750
19.	Technisch zulässige Stützlast am Kupplungspunkt [kg]:	90
20.	Hersteller der Antriebsmaschine:	Volkswagen AG
21.	Baumusterbezeichnung gemäß Kennzeichnung am Motor:	*CFF??????*
22.	Arbeitsverfahren:	Selbstzündung/ 4-Takt
23.	Reiner Elektroantrieb:	nein
23.1	Hybrid Elektro-Fahrzeug:	nein
24.	Anzahl und Anordnung der Zylinder:	4 in Reihe
25.	Hubraum [cm³]:	1968
26.	Kraftstoff:	Diesel
26.1	Fahrzeug mit Einstoffbetrieb / Fzg. mit Zweistoffbetrieb / Flexfuel-Fzg.:	Fzg. mit Einstoffbetrieb
27.	Nennleistung [kW bei min⁻¹]:	103.00 / 4200 -------
29.	Höchstgeschwindigkeit [km/h]:	210
30.	Spurweite(n) Achsen 1/2 [mm]:	1542 / 1541
35.	Reifen-/Radkombination	
	Achse 1:	195/60 R16 93V / 6Jx16 ET42
	Achse 2:	195/60 R16 93V / 6Jx16 ET42
36.	Anhänger-Bremsanschlüsse:	nicht vorhanden
38.	Code des Aufbaus:	AC
40.	Farbe des Fahrzeugs:	GRAU C9C9
41.	Anzahl und Anordnung der Türen:	4 / 2 links, 2 rechts
42.	Anzahl der Sitzplätze (einschl. Fahrersitz):	5
42.1	Sitz(e), der (die) nur zur Verwendung bei stehendem Fahrzeug bestimmt ist (sind):	---
42.3	Anzahl der für Rollstuhlfahrer zugänglichen Sitzplätze:	---
46.	Geräuschpegel:	
	Standgeräusch [dB(A) bei Motordrehzahl: min⁻¹]:	72.00 / 2375
	Fahrgeräusch [dB(A)]:	70.00
47.	Abgasnorm [Euro]:	EURO 5 F
48.	Abgasverhalten:	715/2007*566/2011F

1.1.			2. Prüfverfahren	
CO [g/km]:	--------	--------	CO [g/KWh]:	--------
HC [g/km]:	--------	--------	No_x [g/KWh]:	--------
No_x [g/km]:	--------	--------	NMHC [g/KWh]:	--------
HC + No. [g/km]:	--------	--------	THC [g/KWh]:	--------
Partikel [g/km]:	--------	--------	CH4 [g/KWh]:	--------
Rauchgastrübung [m-1]:	--------	--------	Partikel [g/KWh]:	--------

1.2.			
CO [mg/km]:	196.5	--------	--------
THC [mg/km]:	--------	--------	--------
NMHC [mg/km]:	--------	--------	--------
No_x [mg/km]:	94.1	--------	--------
THC + No_x [mg/km]:	125.3	--------	--------
Partikelmasse [mg/km]:	0.32	--------	--------
Partikelanzahl:	0.04	----	----
Exponent Partikelzahl:	11	--	--

48.1. Rauch [m-1]: 0.500

Bild 47 Muster einer EG-Übereinstimmungsbescheinigung (Rückseite)

4 Importfahrzeuge aus der EU

Zur Zulassung von Fahrzeugen aus anderen Mitgliedstaaten des EU-/EWR-Raumes hat die EU-Kommission in ihrer Mitteilung 2007/C68/04 unter dem Titel „Erläuternde Mitteilung zu den Zulassungsverfahren für Kraftfahrzeuge, die aus einem Mitgliedstaat in einen anderen verbracht wurden“ entsprechende Verfahrenshinweise vorgegeben.

Bei der Erstzulassung eines Neufahrzeuges mit EU-Typgenehmigung, dass in einem anderen Mitgliedstaat gekauft wurde, ist eine EG-Übereinstimmungsbescheinigung (CoC) zwingend vorzulegen. Ist das Original nicht mehr vorhanden, ist über den Fahrzeughersteller eine Zweitschrift zu beschaffen. Ist auch diese nicht zu beschaffen, kann die Zulassungsbehörde eine Begutachtung nach § 21 StVZO durch einen aaS zur Erlangung einer Einzelbetriebserlaubnis verlangen.

Der Zulassungsbehörde ist des Weiteren der Eigentumsnachweis durch den Antragsteller zu erbringen; dies kann durch einen Kaufvertrag, eine Originalrechnung oder vergleichbare Unterlagen erfolgen.

5 Erstzulassung eines Gebrauchtfahrzeugs innerhalb der EU

Der Kauf oder die Einfuhr eines in einem anderen EU-Mitgliedstaat bereits zugelassenen Fahrzeugs ist heute sehr viel einfacher, als noch vor einigen Jahren. Dies begründet sich durch die seit Januar 1996 bzw. Juni 2003 für die meisten Pkw und Krad verbindlich vorgegebene EU-Typgenehmigung, die die bis dahin geltenden unterschiedlichen nationalen Typgenehmigungsverfahren oder Betriebserlaubnisse ersetzt hat.

Ein weiterer wesentlicher Punkt war die Einführung der harmonisierten Zulassungsbescheinigung. Damit soll gewährleistet werden, dass in einem Mitgliedstaat zugelassene Fahrzeuge in einem anderen Mitgliedstaat ungehindert verkehren können und Fahrzeuge, die bereits in einem Mitgliedstaat zugelassen waren, auch in einem anderen Mitgliedstaat zugelassen werden können.

So ist bei Fahrzeugen, für die eine EU-Typgenehmigung vorliegt und die bereits in einem anderen Mitgliedstaat der Europäischen Union oder in einem anderem Vertragsstaat des Abkommens über den Europäischen Wirtschaftsraum in Betrieb waren, im Rahmen der Zulassung die EU-Übereinstimmungsbescheinigung (CoC) vorzulegen. Dies ist dann entbehrlich, wenn für das Fahrzeug bereits harmonisierte Fahrzeugpapiere eines anderen EU-Mitgliedstaates vorliegen.

Unter „bereits in Betrieb bzw. zugelassen waren“ versteht man, dass die zuständige Behörde des jeweiligen Mitgliedstaats dafür bereits die amtliche Erlaubnis zur Teilnahme am Straßenverkehr erteilt und darüber eine Bescheinigung mit Identifizierung des Fahrzeugs ausgestellt und dem Fahrzeug ein Kennzeichen zugeteilt hatte.

Diese Mitteilung betrifft folglich auch Fahrzeuge mit Kurzzeit- und Händlerkennzeichen. Es ist unerheblich, wie lange das Fahrzeug vor der Verbringung in einen anderen Mitgliedstaat im Herkunftsstaat zugelassen war.

Aus Gründen der Verkehrssicherheit und des Umweltschutzes wird auch überprüft, ob am Fahrzeug zum Zeitpunkt der Zulassung eine Untersuchung unter Zugrundelegung der in Anlage VIII StVZO vorgeschriebenen Fristen hätte durchgeführt werden müssen. Kann dies nicht z. B. durch Nachweis einer Untersuchung nach der Richtlinie 2009/40/EG (EU-weite technische Überwachung) nachgewiesen werden, ist eine Untersuchung nach § 29 StVZO durchzuführen (§ 7 Abs. 1 FZV).

6 Außerbetriebsetzung/Wiederzulassung

Soll ein zugelassenes Fahrzeug **außer Betrieb gesetzt** werden, hat der Fahrzeughalter oder Verfügungsberechtigte dies unverzüglich der Zulassungsbehörde anzuzeigen. Hierzu sind die ZB I, ggf. der Nachweis über die Zuteilung des Kennzeichens, die ZB II sowie die bisherigen Kennzeichen zur Entstempelung vorzulegen. Der Fahrzeughalter oder Eigentümer hat zu erklären, dass das Fahrzeug nicht als Abfall nach § 4 Abs. 1 der Altfahrzeug-Verordnung zur Verwertung überlassen worden ist (§ 15 Abs. 1 und 2 FZV).

Die Zulassungsbehörde vermerkt die Außerbetriebsetzung des Fahrzeugs unter Angabe des Datums auf der ZB I und händigt die vorgelegten Unterlagen sowie die entstempelten Kennzeichenschilder wieder aus. Bei Bedarf kann das Kennzeichen für das gleiche Fahrzeug zum Zwecke der Wiederzulassung kostenlos 18 Monate reserviert werden. Dies ist allerdings nur bei der kennzeichenführenden Zulassungsbehörde möglich.

Bei der **Wiederzulassung** sind der Zulassungsbehörde die ZB I und die ZB II vorzulegen. Der Untersuchungsbericht über eine gültige Hauptuntersuchung nach § 29 StVZO sowie eine Versicherungsbestätigung sind ebenfalls vorzulegen.

Wurden die bisherigen Kennzeichen bei der Außerbetriebsetzung reserviert, sind auch diese Kennzeichenschilder erforderlich.

Fahrzeuge dürfen nach einer Frist bis zu sieben Jahre (84 Monate) ohne erneute Abnahme nach § 21 StVZO wieder zum Verkehr zugelassen werden.

Erst wenn die Fahrzeug- und Halterdaten im Zentralen Fahrzeugregister endgültig gelöscht wurden und die Übereinstimmungsbescheinigung, die Datenbestätigung oder die Bescheinigung über die Einzelgenehmigung nicht mehr erbracht werden können, ist ein Gutachten nach § 21 StVZO durch die Zulassungsbehörde zu verlangen.

7 Verkehrskontrollen und daraus resultierende Beschränkungen und Untersagungen des Betriebs von Fahrzeugen

Erweist sich ein Fahrzeug als nicht vorschriftsmäßig, kann die Zulassungsbehörde dem Eigentümer oder Halter eine angemessene Frist zur Beseitigung der Mängel setzen oder den Betrieb des Fahrzeugs auf öffentlichen Straßen beschränken oder untersagen. Die Zulassungsbehörden bedienen sich hierzu verschiedener Stellen wie Polizei, Sachverständiger usw.

Nach § 36 Abs. 5 StVO dürfen Polizeibeamte Verkehrsteilnehmer zur Verkehrskontrolle einschließlich der Kontrolle der Verkehrstüchtigkeit und zu Verkehrserhebungen anhalten. Die Verkehrsteilnehmer haben die Anweisungen der Polizeibeamten zu befolgen.

Bei Verkehrskontrollen kann das Fahrzeug somit auch auf Verkehrssicherheit überprüft werden. Dabei werden z. B. die Fahrzeugbeleuchtung und andere lichttechnische Einrichtungen, die Profiltiefe der Reifen, scharfkantige oder hervortretende äußere Fahrzeugteile überprüft. Eine Kontrolle der Übereinstimmung der Eintragungen in der ZB I mit dem Fahrzeug z. B. nach Umbauten ist möglich. So kann beispielsweise bei Änderungen am Auspuff das

Geräuschverhalten des Fahrzeugs mit einem Präzisions-Schallpegelmesser überprüft werden. Bei Nutzfahrzeugen kann zusätzlich eine Überprüfung der Beladung und Ladungssicherung erfolgen, bei Kraftomnibussen eine Kontrolle der mitzuführenden Ausrüstungsgegenstände, z. B. Feuerlöscher, Erste-Hilfe-Material.

Werden bei diesen Kontrollen Mängel festgestellt, wird dem Halter eine sogenannte Mängelkarte mit den dokumentierten Abweichungen übergeben. Für die Mängelbeseitigung wird dem Halter eine Frist gesetzt, in der er der Zulassungsbehörde die Mängelbeseitigung durch ein Gutachten nachweisen muss. Auf der Mängelkarte ist auch vermerkt, wer die Überprüfung des Fahrzeugs durchführen kann.

Die Begutachtung erfolgt nach § 5 Abs. 3 Nr. 1 FZV ausschließlich durch aaSoP oder PI.

Die Anordnung der Behörde, ein Gutachten beizubringen oder das Fahrzeug vorzuführen, ist nicht selbstständig anfechtbar. Der Weigerung des **Eigentümers** oder **Halters** kann die Behörde mit einem Betriebsverbot nach § 5 Abs. 1 FZV begegnen (Lütkes/Ferner/Kramer, Rnr. 11 zu § 17 StVZO). Die Verpflichtung zur Beachtung des Betriebsverbotes ergibt sich für Eigentümer und Halter aus § 5 Abs. 2 Satz 1 FZV.

Halter des Fahrzeugs ist, wer das Fahrzeug für eigene Rechnung in Gebrauch hat und die Verfügungsgewalt besitzt, die ein solcher Gebrauch voraussetzt[14]. Der Begriff „Halter" findet sich in zahlreichen Vorschriften der FZV, wo er als Allein- oder Hauptverantwortlicher angesprochen wird, z. B. in § 6 Abs. 1 FZV.

Der **Eigentümer** ist neben dem Halter ebenfalls verantwortlich für das Fahrzeug, z. B. nach § 5 Abs. 1 FZV. Der Begriff des Eigentümers stammt aus dem Zivilrecht. Eigentümer kann hiernach auch der Vorbehalts- und der Sicherungseigentümer sein.

14 BGH VRS 7/30; Hentschel, Straßenverkehrsrecht, Rnr. 14 zu § 7 StVG

Bild 48 Verkehrskontrolle durch Polizeibeamte

In dem in *Bild 49* vorgestellten Beispiel war die Geräuschemission des kontrollierten Fahrzeugs zu hoch. In den Fahrzeugpapieren (ZB I) ist ein Standgeräusch eingetragen, das bei Verkehrskontrollen als Anhaltspunkt dafür dient, ob das kontrollierte Fahrzeug den Vorgaben entspricht oder möglicherweise an Motor oder Auspuffanlage manipuliert wurde.

In den Durchführungsbestimmungen der entsprechenden Richtlinie werden die zu beachtenden Details sowie die einzusetzenden Messgeräte, Prüfplatz, Toleranzen usw. beschrieben.

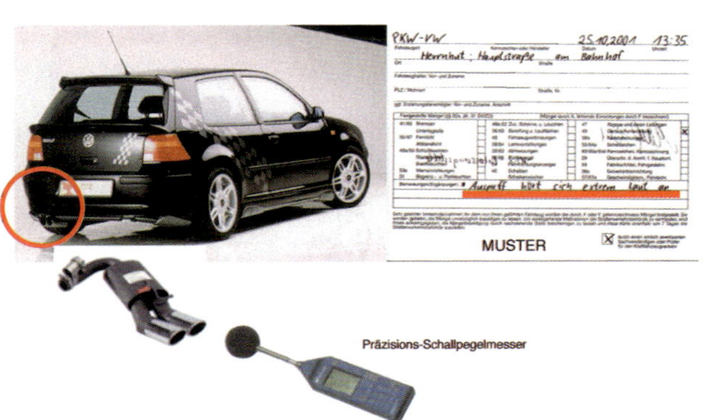

Bild 49 Mängelkarte

Polizei stoppt Schulbus

Von Günter Tewes, Solinger Morgenpost, 14.10.2011

Solingen (RP). **Die Polizei hat in Ohligs einen Schulbus mit einer defekten Lenkung und weiteren Schäden aus dem Verkehr gezogen. Im lädierten Fahrzeug saßen 26 Grundschulkinder der Waldorfschule aus der Nachbarstadt.**

Eigentlich ist es eher die Ausnahme, dass ein mit Kindern vollbesetzter Schulbus von der Polizei während der Fahrt gestoppt wird. Doch den Beamten ist das ältere Fahrzeug angesichts des optisch schlechten Zustands am Mittwochmorgen gegen 7.40 Uhr sogleich aufgefallen.

26 Grundschulkinder einer Waldorfschule in Haan-Gruiten sitzen im Bus. Seit Jahren werden die Solinger Kinder von dem Busunternehmen, das in der Klingenstadt ansässig ist, morgens zum Unterricht in die Nachbarstadt gebracht und mittags nach Schulschluss wieder zurückgefahren.

Doch der 43-jährige Fahrer des Schulbusses wird vorgestern Morgen von den Polizeibeamten des Verkehrsdienstes noch auf der Bebelallee in Ohligs in Höhe der Einmündung Röntgenstraße angehalten und überprüft. Ihnen fallen sogleich diverse Mängel am Bus auf, wie ein gebrochenes Spiegelglas, Defekte an der Beleuchtung, Reifen nahe der Verschleißgrenze sowie eine unsachgemäße Verlegung der Kabel. Außerdem stellt die Polizei Mängel an der Lenkung fest.

Die Beamten schicken den Bus zu einer Prüfstelle in Solingen. Bei der sicherheitstechnischen Untersuchung bestätigt sich denn auch ein gravierender Mangel am Achsschenkel. Der Bus wird noch auf dem Hof der Prüfstelle außer Betrieb genommen.

Die Kinder, die eigentlich zur Waldorfschule in Gruiten gebracht werden sollten, mussten zunächst in einem nahe gelegenen Restaurant im Bereich der Bebelallee warten. Dort wurden sie dann von den Eltern abgeholt, teilt die Polizei in ihrem Bericht mit.

„Das ist ein extremer Ausnahmefall“, sagt Bernd Kruse, Leiter des Verkehrsdienstes der Polizei im Städtedreieck, über den offensichtlich schlechten Zustand des Schulbusses. Doch das ist noch nicht alles. Bei ihren Ermittlungen stellt die Polizei zudem fest, dass der Fahrer die zulässige Lenkzeit überschritten hat. Zudem ist die vorgeschriebene Sicherheitsprüfung des Busses seit mehr als drei Monaten abgelaufen. Laut Polizei erwarten den 43-jährigen Fahrer des Busses sowie die 40-jährige Fahrzeughalterin mehrere Ordnungswidrigkeiten beziehungsweise Anzeigen.

Schon 25 Busse kontrolliert

Noch am Mittwoch hat die Waldorfschule Gruiten den Vertrag mit dem Solinger Busunternehmen fristlos gekündigt. Im sogenannten Schülertransport bei Solinger Schulen ist die Firma nach den Worten von Lutz Peters, Pressesprecher der Stadt, jedoch nicht tätig. Bei der städtischen Ausschreibung der Aufträge dazu habe sich das Unternehmen schon seit Jahren nicht mehr beworben, berichtet Peters.

Wenn Eltern und Schulen vor Antritt einer Klassenfahrt ein mulmiges Gefühl haben angesichts des Zustandes des Busses, so können sie sich grundsätzlich an die Polizei wenden. Beamte erscheinen dann vor der Schule und nehmen die Technik des Fahrzeugs unter die Lupe, aber auch die Zuverlässigkeit des Fahrers.

„Man soll sich lieber einmal zu viel als einmal zu wenig an uns wenden“, sagt Polizei-Verkehrsdienstleiter Bernd Kruse. 25 Mal sind in diesem Jahr auf Wunsch der Eltern beziehungsweise der Schulen bereits Schulbusse von der Überwachungsgruppe Sonderverkehr der Polizei kontrolliert worden.

„Kennzeichen entsiegelt“ – die TÜV-Plakette ist abgekratzt, das Stadtsiegel des Nummerschildes überklebt

Dass Unternehmen mit einer Überprüfung zu rechnen haben, sollte Firmen nach Kruses Worten bei der Erteilung des Auftrags bereits mitgeteilt werden. Das wirkt. Die Polizei beobachtet jedenfalls, dass Busunternehmen dann von vornherein sorgfältiger agieren und neuere Fahrzeuge zu den Schulen schicken. ■

Beispiel einer Unterwegskontrolle (Presseartikel) Quelle: www.rp-online.de

Bei der Standgeräuschmessung im Verkehr befindlicher Fahrzeuge durch die Polizei ist zu prüfen, ob bei erhöhtem Standgeräusch ein Erlöschen der Betriebserlaubnis nach § 19 Abs. 2 StVZO vorliegt. Liegt kein Verstoß gegen § 19 Abs. 2 StVZO vor, ist ein Verstoß gegen § 49 Abs. 1 StVZO festzustellen[15].

Übersteigt der Standgeräuschvergleichswert (SGVWt) den in den Fahrzeugpapieren eingetragenen Standgeräuschmesswert, so ist von den aaSoP/PI bei der HU ein erheblicher Mangel (EM) festzustellen (vgl. HU-Richtlinie, VkBl. 2012, S. 419).

Das im Presseartikel aufgeführte *Beispiel* zeigt die Notwendigkeit vorgeschriebener Untersuchungen (HU, SP) auf, die fristgerecht durchgeführt werden müssen, um negative Folgen für die Verkehrssicherheit zu vermeiden. Für den Fahrzeughalter und oder Fahrer ergeben sich weitere Konsequenzen (OWI oder Strafverfahren und Eintragungen im VZR) sowie zusätzliche Kosten für z. B. Abschleppen des Fahrzeugs, zusätzliche Fahrzeuguntersuchungen und mögliche erhöhte Instandsetzungskosten. Der Vertrauensverlust des Busunternehmers oder Spediteurs gegenüber Auftraggebern ist nicht abschätzbar.

15 Richtlinie für die Messung des Standgeräuschs von Krafrädern (VkBl. 2006, S. 338)

Kapitel 4 Außerordentliche Genehmigung

1 Oldtimer

Oldtimer werden immer beliebter. Die Zahl der Autos und Motorräder mit H-Kennzeichen ist im Jahr 2011 um rund 11 % auf 231 064 Fahrzeuge gestiegen. Nach Aussagen der Automobilindustrie (VDA) ist der VW Käfer am häufigsten anzutreffen: Von diesem Fahrzeugtyp waren 2011 noch 26 857 Exemplare für den Straßenverkehr zugelassen, 5 % mehr als im Vorjahr. Insgesamt stellen Oldtimer mit H-Kennzeichen ca. 0,5 % des gesamten Pkw-Bestandes in Deutschland.

1.1 Was ist ein Oldtimer?

Der aus dem Englischen stammende Begriff „Oldtimer" bedeutet eigentlich „alter Mann". Während in Deutschland Fahrzeuge als Oldtimer bezeichnet werden, verwendet man im englischsprachigen Raum dafür ausschließlich die Begriffe „classic", „vintage", „veteran" oder „antique cars". Eine einheitliche Definition für den Begriff Oldtimer gibt es nur vom Weltverband der Oldtimer-Clubs (FIVA) und im rechtlichen Bereich.

Laut Duden handelt es sich bei einem Oldtimer um ein „altes, gut gepflegtes Modell eines Fahrzeuges mit Sammler- oder Liebhaberwert". Auch in Deutschland nutzt man den Begriff „Veteran" zum Teil synonym zu Oldtimer. Oft wird er in Kennerkreisen als Bezeichnung für Fahrzeuge bis zum Baujahr 1918 verstanden. Die sogenannten „Klassiker" sind Fahrzeuge bis Baujahr 1945. Die früher verbreitete Bezeichnung „Schnauferl" findet hingegen heute kaum noch Anwendung.

Viele Oldtimer haben Seltenheitswert und erzielen als Sammlerstücke bei Liebhabern immer wieder hohe Summen. Dabei handelt es sich in erster Linie um Pkw-Automobile, selbstverständlich fallen aber auch Motorräder, Kraftomnibusse und Nutzfahrzeuge in die Rubrik Oldtimer.

Der Begriff „Oldtimer" steht in der FZV in Zusammenhang mit dem Begriff „Kulturgut". Kulturgut ist ein Ergebnis künstlerischer Produktion oder ein anderes menschliches Zeugnis, das als wichtig und erhaltenswert anerkannt ist. Es umfasst sowohl bewegliche als auch unbewegliche Güter. Mit Verweis auf die Volks-, Alltags- und Industriekultur fallen auch Oldtimer unter diesen Begriff, da sie kraftfahrtzeugtechnisches Kulturgut darstellen.

1.2 Clubs und Verbände

1.2.1 National

In Deutschland gibt es eine Vielzahl örtlicher Oldtimer-Clubs, die im Bundesverband für Clubs klassischer Fahrzeuge e. V., ehemals DEUVET (Abk. für „Deutsche Veteranen"), organisiert sind.

Der Verband hat sich folgende Aufgaben gestellt:

- Beratung und Unterstützung der Mitglieder bei Clubgründung und Organisation
- Organisation von Veranstaltungen
- Lobbyarbeit in Bund und Ländern
- Vertretung der Mitglieder bei Behörden und Ämtern
- Erstellung und Bewertung von Statistiken.

Der Verband besteht seit 1976 und hat sich auch über Deutschland hinaus einen Namen gemacht.

Eine ebenso wertvolle Arbeit leisten in diesem Zusammenhang

- die ADAC Oldtimer-Sektion,
- der Allgemeine Schnauferl-Club (ASC) und
- der Deutsche Automobil-Veteranen-Club e. V. (DAVC).

1.2.2 International

Die „Federation Internationale des Vehicules Anciens“ (FIVA) ist der Oldtimer-Weltverband und vereinigt weltweit über eine Million Oldtimer-Enthusiasten aus über 60 Ländern.

Das Präsidium der FIVA vergibt in den einzelnen Ländern jeweils einem Mitgliedsverband den sogenannten ANF-Status (Autorité Nationale de la FIVA). Mit Beschluss des FIVA-Präsidiums vom 12. April 2008 hat in Deutschland die ADAC Oldtimer-Sektion diesen Status inne.

Ziel des Verbandes ist die Förderung weltweiter Freundschaften und des gegenseitigen Verständnisses durch Unterstützung und Mithilfe in Zusammenhang mit historischen Fahrzeugen und somit die Erhaltung eines wichtigen Teils unserer Industriegeschichte.

Um diese Ziele auch strategisch anzugehen, wurde die “FIVA Charta von Turin“ erstellt. Der Weltverband möchte mit diesem Grundsatzpapier einen Leitfaden für die Nutzung, den Unterhalt, die Konservierung, die Restaurierung und die Reparatur von im Betrieb stehenden Fahrzeugen geben und die Besitzer dabei unterstützen, sinnvolle und nachhaltige Entscheidungen hierbei zu treffen.

■ Definitionen laut Charta von Turin in der Fassung vom 4. Juli 2010

Historische Fahrzeuge im Sinne dieser Charta schließen ein: Automobile, Motorräder, Nutzfahrzeuge, Anhänger, Fahrräder und andere mechanisch angetriebene Fahrzeuge sowie schienenunabhängige Landfahrzeuge, die mit Dampf-, Kraftstoff- sowie mit Muskelkraft betrieben werden.

Der Schutzumfang dieser Charta kann auch Gebäude oder Infrastrukturen umfassen, die sich mit historischen Fahrzeugen und deren zeitgenössischem Betrieb befassen, wie beispielsweise Fabriken, Tankstellen oder spezielle Verkehrswege. Des Weiteren sollen so die besonderen Kenntnisse und Fähigkeiten bewahrt werden, die zur Herstellung und zum Betrieb solcher Fahrzeuge historisch verwendet worden sind.

Erhaltung meint die Pflege und den Schutz eines Fahrzeuges vor Beschädigung und Verfall, so dass sein Zustand, seine individuelle Qualität und sein spezifischer Erinnerungswert gewahrt bleiben.

Konservierung umfasst alle Eingriffe, die das Objekt sichern und seiner Stabilisierung dienen, ohne den Bestand zu verändern und ohne seinen historischen oder materiellen Zeugniswert in irgendeiner Weise zu gefährden. Es wird damit also ausschließlich der weitere Verfall verhindert oder zumindest aufgehalten. Solche Maßnahmen sind meist äußerlich nicht sichtbar.

Restaurierung umfasst alle Maßnahmen zur Ergänzung von fehlenden Teilen oder Bereichen mit dem Ziel, einen früheren Zustand des Objektes wieder ablesbar zu machen und/oder die Struktur des Objektes im Vergleich zum Zustand vor den Arbeiten zu verstärken. Die Restaurierung wird generell weiter in das Objekt eingreifen als eine Konservierung. Dabei orientiert sich die Restaurierung am historischen Bestand und versucht, die authentische Substanz möglichst zu schonen. Restaurierte Bereiche sollen sich harmonisch in den historischen Bestand einfügen, bei genauerer Untersuchung jedoch sicher von diesem unterscheidbar sein.

Reparatur meint die Anpassung, Instandsetzung oder den Ersatz von vorhandenen oder fehlenden Bauteilen. Es wird dabei ein vorher festgelegter Standard z. B. des Oberflächendrucks, zur mechanischen Festigkeit oder für eine geplante Nutzung angestrebt. Die Reparatur hat zum Ziel, die volle Funktionsfähigkeit des Objektes wiederherzustellen, und nimmt üblicherweise keine Rücksicht auf die authentische, zum Fahrzeug gehörende Substanz.

Restaurierung meint eine Bearbeitung, die sich vor allem um die mehr oder weniger genaue Imitation einer fabrikneuen Erscheinung bemüht. Ziel einer solchen Bearbeitung ist es, die Spuren des realen Alters und der Geschichte am Fahrzeug zu tilgen, meist ohne Rücksicht und auf Kosten von historischer Substanz.

Derart veränderte Fahrzeuge laufen Gefahr, ihren kulturhistorischen Quellenwert zu verlieren. Die Restaurierung entspricht üblicherweise nicht der in der Charta vertretenen Herangehensweise an historische Fahrzeuge.

1.3 Verordnungsrechtliche Entwicklung

1.3.1 25. Änderungsverordnung straßenverkehrsrechtlicher Vorschriften

Mit der 25. ÄndVStVR (BGBl 1997 Teil I S. 1899 VkBl. S. 536) wurde § 21c StVZO „Gutachten für die Erteilung einer Betriebserlaubnis als Oldtimer" neu in die StVZO aufgenommen. Dieses Gutachten musste mindestens folgende Angaben enthalten:

- Feststellung, dass dem Fahrzeug ein Oldtimerkennzeichen nach § 23 Abs. 1c StVZO zugeteilt werden kann
- Hersteller des Fahrzeugs einschließlich seiner Schlüsselnummer
- Fahrzeugidentifizierungsnummer (FIN)
- Jahr der Erstzulassung
- Ort und Datum des Gutachtens
- Unterschrift mit Stempel und Kennnummer des amtlich anerkannten Sachverständigen.

Eine Betriebserlaubnis für Oldtimer war hiernach unter folgenden Voraussetzungen möglich:

- Das Fahrzeug musste vor 30 Jahren oder eher erstmals zum Verkehr auf öffentlichen Straßen zugelassen worden sein. Entscheidend war hier also nicht das Baujahr, sondern das Jahr der Erstzulassung.
- Das Fahrzeug musste vornehmlich zur Pflege des kraftfahrzeugtechnischen Kulturgutes eingesetzt werden. Somit wurde dem Fahrzeug kein Alltags- oder gar gewerblicher Einsatz zugebilligt.
- Für die Erteilung der Betriebserlaubnis galten die §§ 20 und 21 StVZO.
- Zusätzlich war das Gutachten eines aaS/aaSmT nach § 21c StVZO erforderlich.

Die Begutachtung erfolgte nach einer im Verkehrsblatt (VkBl. 1997, S. 515) veröffentlichten Richtlinie. Im Rahmen der Begutachtung war eine Untersuchung im Umfang einer HU durchzuführen, es sei denn, dass mit der Begutachtung gleichzeitig ein Gutachten nach § 21c StVZO erstellt wurde.

Bei der Untersuchung im Umfang einer HU handelt es sich rechtlich zwar nicht um eine HU im Sinne einer wiederkehrende Untersuchung nach § 29 StVZO. Da diese aber der normalen HU gleichzusetzen ist (gleicher Umfang, gleiche Tiefe), kann die Zulassungsbehörde bei Erteilung der Betriebserlaubnis als Oldtimer und der Zuteilung des Oldtimerkennzeichens eine „neue" HU-Plakette entsprechend dem Zeitpunkt der Begutachtung nach § 21c StVZO ausgeben.

■ Oldtimer-Kennzeichen

Das „H" im Kennzeichen ist ein nach außen hin deutliches Zeichen, dass es sich hier um ein Fahrzeug handelt, welches nicht nur den technischen Anforderungen entspricht. Es soll darüber hinaus insbesondere einen guten Pflegezustand ausweisen.

Der Anreiz, ein H-Kennzeichen zu führen, liegt außerdem in der Besteuerung des Fahrzeugs. Während z. B. Kraftfahrzeuge mit einer Erstzulassung vor dem 1.7.2009 nach Hubraum und Schadstoffklasse und Kraftfahrzeuge mit Erstzulassung ab dem 1.7.2009 nach Hubraum und CO_2-Ausstoß besteuert werden, werden Oldtimer mit H-Kennzeichen pauschal besteuert:

Krafträder 46,02 €/Jahr
Andere Kfz 191,73 €/Jahr.

Insofern ergibt sich für Kraftfahrzeuge, die als Oldtimer eingestuft werden, eine teilweise hohe Einsparung bei der Kfz-Steuer. Nach positiver Begutachtung gem. § 21c StVZO wurde auf Antrag bei der unteren Verwaltungsbehörde (Straßenverkehrsamt) ein amtliches Kennzeichen nach Anlage Vc StVZO zugeteilt.

Dieses Kennzeichen gibt es nur als Euro-Kennzeichen.

Hinter der letzten Ziffer der Erkennungsnummer folgt der Buchstabe „H" (für „historisches Fahrzeug"). Der Buchstabe ist auf dem Kennzeichenschild einzuprägen. Er ist Bestandteil der Erkennungsnummer.

1.3.2 Fahrzeug-Zulassungs-Verordnung

Zum 1.3.2007 wurden mit der Einführung der FZV der § 21c StVZO sowie die 49. AusnahmeVO zur StVZO aufgehoben. Auch nach dieser neuen Verordnung ist sowohl die Zuteilung eines Oldtimer-Kennzeichens (H-Kennzeichen) als auch die Zuteilung eines roten Kennzeichens möglich. Für beide Fälle bildet § 2 Nr. 22 FZV die Grundlage, in dem der Begriff Oldtimer definiert ist:

„Fahrzeuge, die vor mindestens 30 Jahren erstmals in Verkehr gekommen sind, weitestgehend dem Originalzustand entsprechen, in einem guten Erhaltungszustand sind und zur Pflege des kraftfahrzeugtechnischen Kulturgutes dienen."

Wie zuvor ist die Verwendung roter Kennzeichen auch nach dieser Verordnung für bestimmte Fälle möglich und zulässig.

Die Rahmenbedingungen hierzu werden in § 17 FZV geregelt. Hiernach sind Oldtimer von der Betriebserlaubnispflicht und der Zulassung befreit, wenn sie nur für die im §17 FZV geregelten Fälle genutzt werden. Die für Oldtimer ausgegebenen roten Kennzeichen (beginnend mit 07) dürfen für folgende Fahrten verwendet werden:

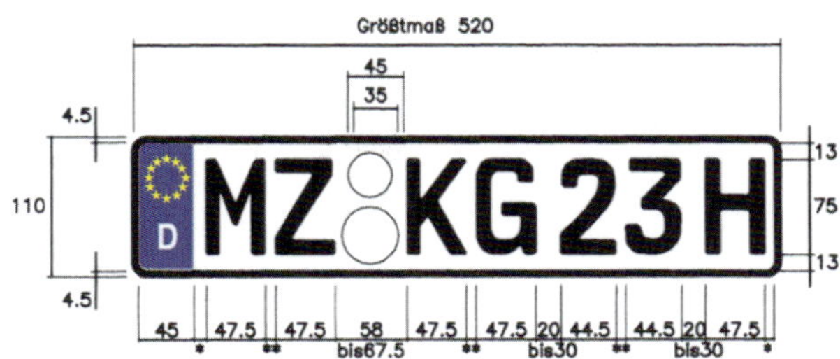

Bild 50 Oldtimer-Kennzeichen
Quelle: www.guttstein-schilder.de

- Fahrten zu, ab und an Veranstaltungen, die der Darstellung von Oldtimer-Fahrzeugen und der Pflege des kraftfahrzeugtechnischen Kulturgutes dienen
- Probefahrten (§ 16 Abs. 1 FZV)
- Überführungsfahrten
- Fahrten zum Zweck der Reparatur und Wartung der Fahrzeuge.

Die Ausgestaltung und Anbringung ist in § 10 i.V.m. Anlage 4 Abschnitt 1 und 2 FZV vorgegeben.

Jede Fahrt ist in einem besonderen Fahrzeugscheinheft gemäß Anlage 10 FZV nachzuweisen.

Die roten Kennzeichen können an die Fahrzeughalter zur einmaligen (für ein Fahrzeug für eine Fahrt) wie auch zur wiederkehrenden Verwendung (für ein Fahrzeug und mehrere Fahrten, aber auch für mehrere Fahrzeuge) ausgegeben werden.

Im Fall der wiederkehrenden Verwendung muss die Zuverlässigkeit des Antragstellers gegeben sein. Das bedeutet, der Antragsteller muss ein aktuelles polizeiliches Führungszeugnis und einen Auszug aus dem Verkehrsregister vorlegen.

Ablauf und Einstufung als Oldtimer mit H-Kennzeichen

Die Rahmenbedingungen werden in § 9 Abs. 1 und Anlage 4 Abschnitt 1 und 4 FZV geregelt. In § 9 Abs. 1 FZV heißt es:

„Auf Antrag wird für ein Fahrzeug, für das ein Gutachten nach §23 StVZO vorliegt, ein Oldtimer-Kennzeichen zugeteilt."

Nach § 23 StVZO wird ein Gutachten für die Einstufung des Fahrzeugs als Oldtimer im Sinne des § 2 Nr. 22 FZV durch einen aaS, aaSmT, aaP oder PI gefordert.

Die Begutachtung hat nach einer im Verkehrsblatt im Einvernehmen mit den zuständigen obersten Landesbehörden bekannt gemachten Richtlinie zu erfolgen.

Die Richtlinie vom 6. April 2011 wurde im VkBl. 2011 S. 257 ff., veröffentlicht.

1.3.3 Zweck und Aufgabe der Richtlinie

Nationale Richtlinien haben das Ziel, dem aaSoP/ PI „Leitlinien" an die Hand zu geben, bei deren Einhaltung das Ergebnis der Prüfung als den Anforderungen entsprechend gilt. Deshalb wurde im Rahmen der Richtlinie ein Anforderungskatalog erstellt, der einer Begutachtung zugrunde gelegt werden **muss**. Grund dafür ist, dass man mit der Klassifizierung als Oldtimer steuerliche Vergünstigungen erlangt.

Das Vorwort zu dieser Richtlinie macht das Ziel deutlich:

„Im Rahmen von Begutachtungen gemäß § 23 StVZO können Unterschiede bei der Beurteilung der Fahrzeuge auftreten. Gerade der Begriff ‚Kraftfahrzeugtechnisches Kulturgut', der in der Richtlinie für die Begutachtung von Oldtimern genannt ist und als Grundvoraussetzung für die Zuteilung eines Oldtimerkennzeichens gilt, ermöglicht unterschiedliche Interpretationen bei der Begutachtung von Fahrzeugen nach § 23 StVZO."

Vor der Anwendung dieser Richtlinie sind selbstverständlich die Grundvoraussetzungen zur Zulassung von Fahrzeugen einzuhalten. Zum Beispiel muss das Fahrzeug bereits in Deutschland zugelassen sein. Somit ist vor der Anwendung der Richtlinie/des Anforderungskataloges eine Untersuchung im Rahmen einer HU durchzuführen.

Ein Beispiel aus dem Anforderungskatalog:

„3.2.2 Rahmen und Fahrwerk

3.2.2.1 Rahmen

Nur Originalausführung, Originalersatzteile oder vom Hersteller freigegebene Nachfertigung zugelassen.

3.2.2.2 Fahrwerk

Nur Originalausführung oder Originalersatzteile und zeitgenössische Umrüstung(en) mit Werksfreigabe und/oder Prüfzeugnis zulässig."

Eine positive Begutachtung nach § 23 StVZO setzt grundsätzlich die Einhaltung des „Mindestzustands des Fahrzeugs" voraus. Dies bedeutet, dass sich wesentliche Baugruppen des Fahrzeugs im Originalzustand oder in nachweislich zeitgenössischem Zustand befinden müssen.

2 Gefahrgut (GGVSEB)

2.1 Zweck der Vorschrift

Gefährliche Güter werden in einer hoch industrialisierten Gesellschaft häufig verwendet und natürlich auch befördert. Wichtig bei Transporten ist es, Leben und Gesundheit von Menschen und Tieren zu schützen sowie Gefahren für die öffentliche Sicherheit und Ordnung und die Umwelt abzuwenden.

Für den Transport gefährlicher Güter wurde deshalb ein internationales Regelwerk geschaffen, mit dem der sichere Transport dieser sensiblen Güter grundsätzlich gewährleistet ist. Die

Vorschriften werden unter Berücksichtigung von Erkenntnissen in Wissenschaft und Technik laufend überprüft und weiterentwickelt. Im BGBl. I und II werden die Vorschriften verkündet und bei Bedarf durch Bekanntmachungen im VkBl. ergänzt.

Besondere Aufmerksamkeit gilt hierbei

- der Klassifizierung, der Verpackung und der Kennzeichnung der gefährlichen Güter,
- der Ausbildung von Gefahrgutbeauftragten, Fahrzeugführern und anderen mit dem Transport gefährlicher Güter befassten Personen sowie
- dem Bau, der Ausrüstung und der Überprüfung der Fahrzeuge und der Tanks.

2.2 Begriffe

Fahrzeug EX/II oder **Fahrzeug EX/III:** ein Fahrzeug zur Beförderung von explosiven Stoffen oder Gegenständen mit Explosivstoff (Klasse 1);

Fahrzeug FL: ein Fahrzeug zur Beförderung flüssiger Stoffe mit einem Flammpunkt von höchstens 61 °C (mit Ausnahme von Dieselkraftstoffen entsprechend Norm EN 590:1993, Gasöl oder Heizöl (leicht) – UN-Nummer 1202 – mit einem Flammpunkt entsprechend Norm EN 590:1993) oder entzündbarer Gase in Tankcontainern, ortsbeweglichen Tanks oder MEGC mit einem Fassungsraum von mehr als 3 m³ oder in festverbundenen Tanks oder Aufsetztanks mit einem Fassungsraum von mehr als 1 m³; oder ein Batterie-Fahrzeug mit einem Fassungsraum von mehr als 1 m³ zur Beförderung entzündbarer Gase;

Fahrzeug OX: ein Fahrzeug zur Beförderung von Wasserstoffperoxid, stabilisiert, oder von Wasserstoffperoxid, wässerige Lösung, stabilisiert mit mehr als 60 % Wasserstoffperoxid (Klasse 5.1 UN-Nummer 2015) in Tankcontainern oder ortsbeweglichen Tanks mit einem Fassungsraum von mehr als 3 m³ oder in festverbundenen Tanks oder Aufsetztanks mit einem Fassungsraum von mehr als 1 m³;

Fahrzeug AT: ein nicht den Fahrzeugen FL oder OX zugehöriges Fahrzeug zur Beförderung gefährlicher Güter in Tankcontainern, ortsbeweglichen Tanks oder MEGC mit einem Fassungsraum von mehr als 3 m³ oder in festverbundenen Tanks oder Aufsetztanks mit einem Fassungsraum von mehr als 1 m³ oder ein Batterie-Fahrzeug mit einem Fassungsraum von mehr als 1 m³, das kein Fahrzeug FL ist;

ADR-Zulassung: eine durch eine zuständige Behörde einer Vertragspartei des Europäischen Übereinkommens über die Beförderung gefährlicher Güter auf der Straße (ADR) ausgestellte Bescheinigung, wonach ein für die Beförderung gefährlicher Güter vorgesehenes Fahrzeug die anwendbaren technischen Vorschriften dieses Teils als Fahrzeug EX/II, EX/III, FL, OX oder AT erfüllt;

MEMU: ein Fahrzeug, das der Begriffsbestimmung für „Mobile Einheit zur Herstellung von explosiven Stoffen oder Gegenständen mit Explosivstoff" entspricht.

2.3 Zuständigkeiten

Gemäß § 14 Abs. 4 der Gefahrgutverordnung Straße, Eisenbahn und Binnenschifffahrt (GGVSEB) sind die aaS und die TD, die im Rahmen der Benennung für die Prüfung von Gesamtfahrzeugen mindestens für die Prüfung von Gefahrgutfahrzeugen benannt sind, zuständig für

- die erste Untersuchung eines vollständigen oder vervollständigten Fahrzeugs auf die Übereinstimmung mit den technischen Vorschriften des ADR (Kapitel 9.2 bis 9.8) und
- die Ausstellung einer ADR-Zulassungsbescheinigung.

Als zuständige Personen im Sinne der GGVSEB sind darüber hinaus auch die aaSmT anzusehen, Deren Tätigkeit ist wohl nach dem KfSachvG beschränkt (keine Gutachten zur Erteilung von ABE und Einzelbetriebserlaubnissen für erstmals in den Verkehr kommende Fahrzeuge). Sie dürfen jedoch Aufgaben gemäß § 14 GGVSEB wahrnehmen.

2.4 Zulassung der Fahrzeuge EX/II, EX/III, FL, OX und AT und der MEMU

Fahrzeuge EX/II, EX/III, FL, OX und AT und MEMU müssen den anzuwendenden Vorschriften des Teils 9 ADR entsprechen.

Jedes vollständige oder vervollständigte Fahrzeug muss gemäß den administrativen Vorschriften des Kapitels 9 ADR einer ersten Untersuchung unterzogen werden, um die Übereinstimmung mit den anwendbaren technischen Vorschriften der Kapitel 9.2 bis 9.8 ADR zu überprüfen.

Die Übereinstimmung des Fahrzeugs muss durch die Ausstellung einer Zulassungsbescheinigung (siehe *Bild 51*) bescheinigt werden.

Die Zulassungsbescheinigung muss dem nachstehend dargestellten Muster entsprechen. Ihre Abmessungen entsprechen dem Format DIN A4 (210 mm x 297 mm).

Es dürfen Vorder- und Rückseite verwendet werden. Die Farbe ist weiß mit einem diagonalen rosafarbenen Strich. Die Zulassungsbescheinigung für ein Saug-Druck-Tankfahrzeug für Abfälle muss folgenden Vermerk tragen: „Saug-Druck-Tankfahrzeug für Abfälle“.

2.5 Prüfliste für die Prüfung von Fahrzeugen nach den Vorschriften des ADR zur Ausstellung der ADR-Zulassungsbescheinigung

Die GGVSEB-Durchführungsrichtlinien (RSEB) sollen den Umgang mit den Gefahrgutvorschriften erleichtern. Für die Durchführung der

ZULASSUNGSBESCHEINIGUNG FÜR FAHRZEUGE ZUR BEFÖRDERUNG BESTIMMTER GEFÄHRLICHER GÜTER

Mit dieser Bescheinigung wird bestätigt, dass das nachstehend bezeichnete Fahrzeug die Anforderungen des Europäischen Übereinkommens über die internationale Beförderung gefährlicher Güter auf der Straße (ADR) erfüllt.

1. Bescheinigung Nr.:	**2. Fahrzeughersteller:**	**3. Fahrzeug-Ident.-Nr.:**	**4. amtl. Kennz.** (wenn vorhanden):

5. Name und Betriebssitz des Beförderers, Betreibers (Halters) oder Eigentümers:

6. Beschreibung des Fahrzeugs:[1]

7. Fahrzeugbezeichnung(en) gemäß 9.1.1.2 des ADR[2]
EX/II EX/III FL OX AT MEMU

8. Dauerbremsanlage:[3]
☐ Nicht zutreffend
☐ Die Wirkung nach 9.2.3.1.2 des ADR ist ausreichend für eine Gesamtmasse der Beförderungseinheit von ____ t[4]

9. Beschreibung des (der) festverbundenen Tanks / des (der) Batterie-Fahrzeuge(s) (wenn vorhanden)
9.1 Tankhersteller:
9.2 Zulassungsnummer des Tanks/des Batterie-Fahrzeugs:
9.3 Herstellungsnummer des Tanks/Identifizierung der Elemente des Batterie-Fahrzeugs:
9.4 Herstellungsjahr:
9.5 Tankcodierung gemäß 4.3.3.1 oder 4.3.4.1 des ADR:
9.6 Sondervorschriften TC und TE gemäß 6.8.4 des ADR (falls zutreffend)[6]

10. Zur Beförderung zugelassene gefährliche Güter:
Das Fahrzeug erfüllt die Anforderungen zur Beförderung gefährlicher Güter entsprechend der (den) unter Nummer 7 angegebenen Fahrzeugbezeichnung(en).
10.1 Im Falle eines EX/II- bzw. EX/III-Fahrzeugs[3]
☐ Güter der Klasse 1 einschließlich Verträglichkeitsgruppe J
☐ Güter der Klasse 1 ausgenommen Verträglichkeitsgruppe J
10.2 Im Falle eines Tankfahrzeugs/Batterie-Fahrzeugs[3]
☐ Es dürfen nur Stoffe befördert werden, die gemäß der unter Nummer 9 angegebenen Tankcodierung und den unter Nummer 9 angegebenen eventuellen Sondervorschriften zugelassen sind.[5]
oder
☐ Es dürfen nur die folgenden Stoffe (Klasse, UN-Nummer, und falls erforderlich Verpackungsgruppe und offizielle Benennung für die Beförderung) befördert werden:

Es dürfen nur Stoffe befördert werden, die nicht dazu neigen, gefährlich mit den Werkstoffen des Tankkörpers, der Dichtungen, der Ausrüstung und der Schutzauskleidung (falls vorhanden) zu reagieren.

11. Bemerkungen:

12. Gültig bis:

Stempel der Ausgabestelle

Ort, Datum, Unterschrift

[1] Entsprechend den Begriffsbestimmungen für Kraftfahrzeuge und Anhänger der Kategorien N und O gemäß Anlage 7 der Gesamtresolution über die Konstruktion von Fahrzeugen (R.E.3) oder der Richtlinie 97/27/EG

[2] Nicht Zutreffendes streichen

[3] Zutreffendes ankreuzen

[4] Zutreffenden Wert eintragen. Ein Wert von 44 t beschränkt nicht die im (in den) Zulassungsdokument(en) angegebene „zulässige Zulassungs-/Betriebsmasse“

[5] Stoffe, die der unter Nummer 9 angegebenen oder einer anderen gemäß der Hierarchie in Absatz 4.3.3.1.2 oder 4.3.4.1.2 zugelassenen Tankcodierung unter Berücksichtigung der eventuellen Sondervorschrift(en) zugeordnet sind

[6] Nicht erforderlich, wenn die zugelassenen Stoffe unter Nummer 10.2 aufgeführt sind

Vorderseite

13. Verlängerung der Gültigkeit

Gültigkeit verlängert bis	Stempel der Ausgabestelle, Ort, Datum, Unterschrift

Bemerkung: Diese Bescheinigung ist der Ausgabestelle zurückzugeben, wenn das Fahrzeug aus dem Verkehr gezogen wird, bei einem Wechsel des unter Nummer 5 genannten Beförderers, Betreibers (Halters) oder Eigentümers, bei Ablauf der Gültigkeit und im Falle einer nennenswerten Änderung wesentlicher Merkmale des Fahrzeugs.

Rückseite

Bild 51 Zulassungsbescheinigung für Fahrzeuge zur Beförderung bestimmter gefährlicher Güter

Technischen Untersuchung durch die aaSoP und das Ausstellen der ADR-Zulassungsbescheinigung sowie eventuell erforderliche Einträge werden in den „Erläuterungen zum Teil 9 des ADR“ entsprechende Hinweise gegeben. Die Anlage 15 der RSEB enthält eine „Checkliste“ als Hilfestellung für die Technische Untersuchung.

		Fahrzeugbezeichnung						Fundstelle	Prüfungsumfang	
		EX/II	EX/III	MEMU	AT	FL	OX		Ausstellung	Verlängerung
1.	**Ausrüstung**									
1.1	**Hinterer Anfahrschutz**				x	x	x	9.7.6	Erfordernis, Ausführung, Wirksamkeit	Erfordernis, Zustand
				x				9.8.5		
1.2	**Verhütung von Feuergefahren**									
	– Motor	x	x	x		x	x	9.2.4.4; 9.3.5	Erfordernis, Ausführung, Wirksamkeit,	Erfordernis, Zustand
	– Feuerlöschsystem für Motorraum			x				9.8.7.1	Ausführung Einsatzbereitschaft (z.B. Plombierung)	Zustand Einsatzbereitschaft (z.B. Plombierung)
	– Reifen (Abdeckung)			x				9.8.7.2	Ausführung, Wirksamkeit	Zustand
	– Auspuffanlage	x	x	x		x		9.2.4.5; 9.3.6	Erfordernis, Wirksamkeit, Ausführung	Erfordernis, Zustand
	– Kraftstoffbehälter	x	x	x		x	x	9.2.4.3	Erfordernis, Wirksamkeit, Ausführung	Erfordernis, Zustand
	– Dauerbremse (Abdeckung)		x	x	x	x	x	9.2.4.6	Erfordernis, Wirksamkeit, Ausführung	Erfordernis, Zustand
	– Verbrennungs-heizgeräte	x	x	x	x	x	x	9.2.4.7.1; 9.2.4.7.2; 9.2.4.7.5	Einbau/Funktionsprüfung	Zustand
						x		9.2.4.7.3; 9.2.4.7.4	Funktionsprüfung, Kontrolle Herstellernachweis	Zustand
		x	x	x				9.2.4.7.6	Einbau/Funktionsprüfung	Zustand
	– Verbrennungs-heizgeräte Laderaum				x	x	x	9.7.7	Einbau/Funktionsprüfung	Zustand
		x	x					9.3.2	Einbau/Funktionsprüfung	Zustand
				x				9.8.6.2	Einbau/Funktionsprüfung	Zustand
	– Fahrerhaus/Werkstoffe/ Wärmeschild						x	9.2.4.2	Kontrolle Herstellernachweis	Plausibilität
2.	**Bremsanlage**	x	x	x	x	x	x	9.2.3.1	Erfordernis, Ausführung	Zustand
2.1	– Automatischer Blockierverhinderer		x	x	x	x	x		Erfordernis, Ausführung	Zustand
2.2	– Dauerbremse		x	x	x	x	x		Erfordernis, Ausführung und Kontrolle Herstellernachweis	ggf. Wirkungsprüfung
3.	**Geschwindigkeits-begrenzer**	x	x	x	x	x	x	9.2.5	Nachweis	Zustand
4.	**Elektrische Ausrüstung**									
4.1	– Leitungen (mechanischer und thermischer Schutz)		x	x	x	x	x	9.2.2.2.1; 9.2.2.2.2	Ausführung, Wirksamkeit	Zustand
4.2	– Batterietrennschalter		x	x		x		9.2.2.3.1; 9.2.2.3.2; 9.2.2.3.4	Erfordernis, Ausführung, Wirksamkeit	Zustand, Funktion
4.3	– Gehäuse Batterietrenn-schalter					x		9.2.2.3.3	Kontrolle Herstellernachweis	Zustand
4.4	– Batterien	x	x	x		x		9.2.2.4	Ausführung	Zustand
4.5	– Dauerstromkreise					x		9.2.2.5.1; 9.7.8.3	Erfordernis, Ausführung, Kontrolle Nachweise	Zustand

Bild 52 Prüfliste für die Prüfung von Fahrzeugen nach den Vorschriften des ADR zur Ausstellung/Verlängerung der ADR-Zulassungsbescheinigung Quelle: Anlage 15 RSEB

		Fahrzeugbezeichnung						Fundstelle	Prüfungsumfang	
		EX/II	EX/III	MEMU	AT	FL	OX		Ausstellung	Verlängerung
4.6	– Dauerstromkreise		x	x				9.2.2.5.2	Erfordernis, Ausführung, Wirksamkeit	Zustand
4.7	– elektrische Anlage hinter Fahrerhaus		x	x		x x		9.2.2.6; 9.7.8.2	Erfordernis, Ausführung, ggf. Kontrolle Nachweise	Zustand
4.8	– Elektrische Einr chtung	x	x					9.3.7.1; 9.3.7.2; 9.3.7.3	Erfordernis, Ausführung, ggf. Kontrolle Nachweise	Zustand
5.	**Verbindungseinrichtung des Anhängers**	x	x	x				9.2.6	Anbau, Kontrolle Nachweise	Zustand
6.	**Tank**									
6.1	– Tankprüfbescheinigung			x	x	x	x	9.7.2; 6.8.3.4.5	Prüfung, Kontrolle, Übernahme in Zulassungsbescheinigung	Kontrolle
6.2	– Betreiberangaben			x	x	x	x	9.7.2	Identität, Vollständigkeit	Identität, Vollständigkeit
6.3	– Angaben auf Tankschild			x	x	x	x	9.7.2	Identität, Vollständigkeit	Identität, Vollständigkeit
6.4	– Tankwandung			x	x	x	x	9.1.2.1; 9.1.3.4; 9.7.2	äußerer Zustand	äußerer Zustand
6.5	– Tankausrüstung			x	x	x	x	9.1.2.1; 9.1.3.4; 9.7.2	äußerer Zustand	äußerer Zustand
6.6	– Tankbefestigung			x	x	x	x	9.7.3	Wirksamkeit, Ausführung	äußerer Zustand
6.7	– Erdung von Tanks und Symbol			x	*)	x		9.7.4; 6.8.2.1.27; 9.8.3	Wirksamkeit, Ausführung	äußerer Zustand
6.8	– Stabilität			x	x	x	x	9.7.5.1; 9.8.4	Berechnung	--------
6.9	– Kippstabilität				x	x	x	9.7.5.2	Erfordernis, Kontrolle Nachweis	--------
7.	**Fahrzeugaufbau**	x						9.3.3	Erfordernis, Ausführung	Zustand
			x					9.3.4.1; 9.3.4.2		
	– Schlösser, Herstelleinrichtung, Laderäume			x				9.8.8	Erfordernis, Ausführung	Zustand
	– Erdung			x				9.8.3	Erfordernis, Ausführung	Zustand
8.	**Unterlagen gem. BAM-GGR 010**			x				BAM-GGR 010 Anhang 3	Vorhandensein, Identität	--------
9.	**Wiederkehrende Prüfung gem. Zulassung MEMU**			x				gem. Zulassung der BAM	--------	Vorhandensein, Identität

*) Fahrzeuge „AT“, die auch UN 1202 DIESELKRAFTSTOFF, der Norm EN 590:2004 entsprechen, oder GASÖL oder HEIZÖL, LEICHT mit einem Flammpunkt gemäß EN 590:2004 befördern dürfen, müssen mit Erdungsanschluss und Symbol versehen sein. Das gilt auch für die Beförderung von UN 1361 KOHLE oder RUSS der Verpackungsgruppe II.

Erfordernis: Feststellung anhand der Vorschriftentexte, ob diese auf das Fahrzeug zutreffen.
Ausführung: Feststellung, ob das Bauteil den Anforderungen genügt.
Wirksamkeit: Prüfung des Anbaues, ggf. erforderliche Messungen.

Bild 52 Prüfliste für die Prüfung von Fahrzeugen nach den Vorschriften des ADR zur Ausstellung/Verlängerung der ADR-Zulassungsbescheinigung (Fortsetzung) Quelle: Anlage 15 RSEB

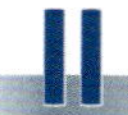

3 Ausnahmen und deren Genehmigung

Nur auf den ersten Blick scheinen mit der Unterscheidung in Gesetz, Verordnung, Richtlinie und Erlass alle Möglichkeiten der Kaskadierung rechtlicher Vorschriften abgedeckt zu sein. Wie so oft gilt auch hier „keine Regel ohne Ausnahme“ und insbesondere aus den Transportbedürfnissen des Wirtschaftslebens ergibt sich immer wieder der Bedarf, mit bestimmten Fahrzeugen von den rechtlichen Vorgaben abweichen zu dürfen. Die häufigsten Anträge werden zu Ausnahmen von Beschränkungen für Länge und Breite (§ 32 StVZO) in Verbindung mit dem zulässigen Gesamtgewicht (§ 34 StVZO) von Kraftfahrzeugen und deren Anhängern gestellt.

Vor Erteilung einer Ausnahme ist immer zu prüfen, warum die Fahrzeuge nicht entsprechend der geltenden Vorschriften zugelassen werden sollen, die Notwendigkeit der Ausnahme ist durch den Antragsteller zu begründen. Außerdem ist zu prüfen, ob die Herstellung eines vorschriftsmäßigen Zustandes des Fahrzeugs verhältnismäßig wäre. Dabei sind auch wirtschaftliche Aspekte zu berücksichtigen.

3.1 Geschichte

Erste Ansätze für Ausnahmen gab es bereits im frühen 20. Jahrhundert: In der Verordnung über den Verkehr mit Kraftfahrzeugen vom 3. Februar 1910 wurde etwa festgelegt, dass Kraftfahrzeuge Zulassungsbescheinigungen und ein gestempeltes Kennzeichen haben mussten. Ausgenommen hiervon waren

- Feuerwehrfahrzeuge,
- Kraftfahrzeuge zur Straßenreinigung sowie
- Kraftfahrzeuge des Militärs und der Postverwaltung.

Eine besondere Ausnahme findet sich in § 35 dieser Verordnung: „Auf die Kraftfahrzeuge der Landesherren und der Mitglieder der landesherrlichen Familie sowie der fürstlichen Familien Hohenzollern finden die Vorschriften keine Anwendung.“

Mit der Überarbeitung der „Verordnung über den Kraftfahrzeugverkehr“ vom 15. Juli 1930 wurde erstmals ein klarer Bezug zwischen dem zulässigen Gesamtgewicht und den Achslasten bei Kraftfahrzeugen hergestellt. Außerdem wurde festgelegt, wer Ausnahmen erteilen darf.

Die erste Richtlinie über Ausnahmen nach § 70 StVZO wurde im Verkehrsblatt von 1967 (Seite 218 ff.) veröffentlicht. Eine Überarbeitung dieser Richtlinie erfolgte 1980. Sie ist wieder in Überarbeitung und soll neu veröffentlicht werden.

3.2 Rechtliche Grundlagen

Die Fahrzeugzulassungs-Verordnung (FZV) und die Straßenverkehrs-Zulassungs-Ordnung (StVZO) bilden die Grundlage zum In-den-Verkehr-Bringen von Kraftfahrzeugen und deren Anhängern. Während die FZV Zulassungsfragen im Detail regelt, finden sich in der StVZO „Grundregeln der Zulassung“ in den §§ 16 und 17. Den umfangreichsten Teil der StVZO bilden die Bau- und Betriebsvorschriften der §§ 30 bis 67.

Die FZV ist anzuwenden auf die Zulassung von Kraftfahrzeugen und Anhängern mit einer bauartbedingten Höchstgeschwindigkeit von mehr als 6 km/h. Sie ist in sieben Abschnitte unterteilt. Nach Abschnitt 7 § 47 FZV sind Ausnahmen möglich von

- Abschnitt 1: Allgemeine Regeln,
- Abschnitt 2: Zulassungsverfahren,
- Abschnitt 3: Zeitweilige Teilnahme am Straßenverkehr,
- Abschnitt 4: Teilnahme ausländischer Fahrzeuge am Straßenverkehr,
- Abschnitt 5: Überwachung des Versicherungsschutzes am Fahrzeug.

Zu Abschnitt 6 „Fahrzeugregister“ (hier wird die Datenspeicherung und deren Übermittlung geregelt) werden keine Ausnahmen erteilt.

3.3 Zuständigkeit für Ausnahmegenehmigungen (§ 70 StVZO)

Ausnahmegenehmigungen erteilen

- das **Bundesministerium für Verkehr, Bau und Stadtentwicklung (BMVBS)** für alle Vorschriften der StVZO, sofern nicht die Landesbehörden zuständig sind. Allgemeine Ausnahmen werden dabei durch Rechtsverordnung ohne Zustimmung des Bundesrates nach Anhörung der obersten Landesbehörden angeordnet.
- das **Kraftfahrt-Bundesamt (KBA)**, nach vorheriger Ermächtigung durch das BMVBS, bei Erteilung oder Ergänzung einer Allgemeinen Betriebserlaubnis (ABE) oder einer Allgemeinen Bauartgenehmigung (ABG).
- die **Obersten Landesbehörden** oder die von ihnen bestimmten oder nach Landesrecht zuständigen Stellen. Sofern die Ausnahmen erhebliche Auswirkungen auf das Gebiet anderer Länder haben, ergeht die Entscheidung in Einvernehmen mit den zuständigen Behörden dieser Länder („Anhörungsverfahren“).

§ 47 FZV bestimmt für die FZV, dass

- der örtliche Geltungsbereich jeder Ausnahme festzulegen ist (§ 47 Abs. 2 FZV),
- bei in der Ausnahmegenehmigung festgelegten Auflagen oder Bedingungen die Genehmigung vom Fahrzeugführer bei Fahrten mitzuführen ist (§ 47 Abs. 3 FZV).

Ausnahmen von umweltrelevanten Vorschriften (Abgase und Geräusche) werden grundsätzlich nur erteilt:

- bei Umzugsgut, wenn der Antragsteller zukünftig Halter des Fahrzeugs ist, dieses vorher mindestens sechs Monate auf seinen Namen im Ausland zugelassen war und dort schwächere Anforderungen bestanden,
- bei sogenannten Lagerfahrzeugen, die zu einem genehmigten Typ gehören, aber in der Zeit einer VO-Änderung (etwa Verschärfung der Abgasvorschriften) noch nicht zum Verkehr zugelassen werden konnten, also z. B. beim Autohändler „auf Lager standen“.

3.4 Aufgaben des amtlich anerkannten Sachverständigen nach dem KfSachvG

In Auslegung des KfSachvG und weiterführender Vorschriften, Richtlinien und Bestimmungen obliegt die Begutachtung zur Feststellung der Notwendigkeit und Genehmigungsfähigkeit von Ausnahmen dem amtlich anerkannten Sachverständigen.

3.4.1 Begutachtung nach der Richtlinie für die Erteilung von Ausnahmegenehmigungen nach § 70 StVZO für bestimmte Arbeitsmaschinen und bestimmte andere Fahrzeugarten (Bild 53)

3.5 Richtlinie für die Erteilung von Ausnahmegenehmigungen nach § 70 StVZO für bestimmte Arbeitsmaschinen und bestimmte andere Fahrzeugarten[16]

Diese Richtlinie befasst sich nicht in erster Linie mit einzelnen Ausnahmen für einzelne Fahrzeuge sondern mit Fahrzeugen, die aufgrund ihres Einsatzzweckes Abweichungen von den Vorschriften aufweisen und von daher Ausnahmegenehmigungen benötigen, um am öffentlichen Straßenverkehr teilnehmen zu können.

16 Die nachstehend veröffentlichten Richtlinien sind teilweise nicht mehr aktuell bzw. es wurden von den Ländern abweichende Festlegungen getroffen. Die Richtlinien sollen insgesamt überarbeitet und neu veröffentlicht werden.

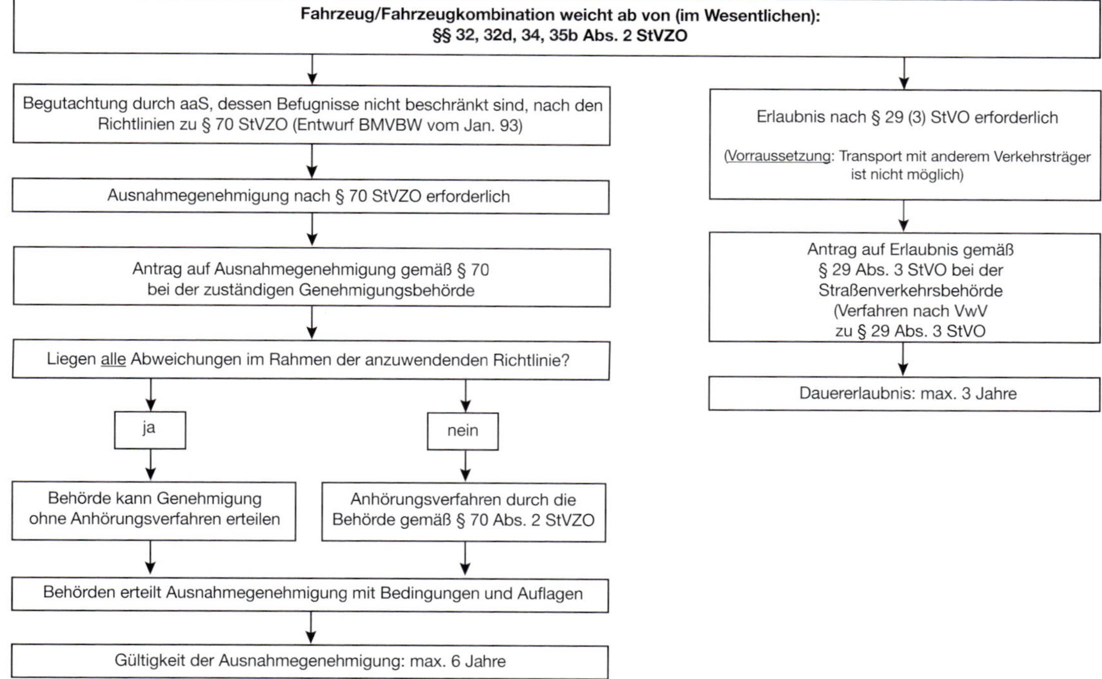

Bild 53 Ablaufdiagramm Fz und Fz-Kombinationen für den Großraum- und Schwerverkehr, Arbeitsmaschinen und andere Fz-Arten – BMV StV 13/36.39.21-00, Stand 1/93 (Neufassung in 2013)
Quelle: SachVIP, ARGE TP21, StVZO-Kommentar, Kirschbaum Verlag

Da Gesetze und Verordnungen im Regelfall Rahmenvorschriften für sogenannte „Massenfahrzeuge“ darstellen, sind solche Besonderheiten in Einzelfällen zumeist nicht berücksichtigt. Die Richtlinie soll sicherstellen, dass bei der Begutachtung bundesweit gleiche Ergebnisse zum Tragen kommen.

3.5.1 Erläuterung zur Richtlinie

StV 13/36.39.21-00 vom 12.5.1980, VkBl 1980, S. 433 ff.:

„Nach § 70 Abs. 2 müssen vor Genehmigung einer Ausnahme von den §§ 32, 32d, 34 und 36 die obersten Straßenbaubehörden der Länder und, wo noch nötig, die Träger der Straßenbaulast gehört werden. Die zuständigen Länderbehörden sind bemüht, das Anhörverfahren zu vereinfachen und zu beschleunigen, außerdem streben sie ein einheitliches Vorgehen bei der Genehmigung oder Versagung von Ausnahmen an. Hierzu wurden im VkBl 1967 S. 218 die Rili für die Durchführung des Anhörverfahrens nach § 70 Abs. 2 StVZO bei Ausnahmegenehmigungen für bestimmte Arbeitsmaschinen und bestimmte andere Fahrzeugarten veröffentlicht, die zuletzt durch die Veröffentlichung vom 6. Mai 1970 (VkBl 1970 S. 294) neu gefasst worden sind. Aufgrund von Anregungen und inzwischen gesammelten Erfahrungen sind diese Rili überarbeitet und auf weitere Fahrzeugarten ausgedehnt worden, während die Rili über angehängte Kräne, Schürfwagen (Scraper) und Frontstapler entfallen sind.

Unter Aufhebung der Veröffentlichung Nr. 152 im VkBl 1970 S. 294 werden mit Zustimmung der zuständigen obersten Landesbehörden die Rili zu § 70 StVZO nachstehend bekanntgegeben. Die Vwv zur Änderung der Vwv-StVO vom 22. Juni 1979 (Bundesanzeiger Nr. 118 [VkBl 1979 S. 390]) ist am 1. Januar 1980 in Kraft getreten. Für die in den Rili beschriebenen Ausnahmen ist das Anhörverfahren allgemein durchgeführt worden; ein besonderes Anhörverfahren in jedem Einzelfall entfällt. Die Rili begründen keinen Anspruch auf Genehmigung einer Ausnahme. Insbesondere bleibt die Berechtigung der zuständigen Länderbehörden zu weitergehenden Auflagen und Bedingungen, als in den Rili vorgesehen, unberührt.

Die Rili betreffen

1. *Turmdrehkräne (SattelKfz und Züge mit TurmdrehkranAnh)*
2. *selbstfahrende Kräne (Autokräne und Mobilkräne)*
3. *Bagger (ausgenommen Schaufellader)*
4. *Planiermaschinen (Motorgrader)*
5. *Schaufellader*
6. *Autoschütter (Dumper)*
7. *Muldenkipper*
8. *Züge für Großraum- und Schwertransporte*
9. *SattelKfz für Langmaterial-, Großraum- und Schwertransporte*
10. *Langmaterialzüge mit selbstlenkendem Nachläufer*

Vorbemerkungen

1. *Ausnahmen dürfen nur genehmigt werden, wenn alle zumutbaren Möglichkeiten zur Einhaltung der Vorschriften der StVZO voll ausgeschöpft sind. Hierbei ist ein strenger Maßstab anzulegen.*
2. *Ausnahmen dürfen nur genehmigt werden, wenn der Antragsteller das Gutachten eines aaS vorlegt, aus dem die erforderlichen Ausnahmen, die Eignung des Fz oder Zuges und die im Interesse der Verkehrssicherheit für erforderlich gehaltenen Auflagen und Bedingungen hervorgehen.*
3. *Im Rahmen der Rili erteilte Ausnahmegenehmigungen von den §§ 32 und 34 sollen auf höchstens 3 Jahre befristet werden. Vor der Erneuerung oder Verlängerung ist zu prüfen, ob die Ausnahmegenehmigungen, besonders die Auflagen und Bedingungen, der Verkehrsentwicklung und dem Stand der Technik angepasst werden müssen. In die Ausnahmegenehmigung ist ein Widerrufsvorbehalt aufzunehmen.*
4. *Die Genehmigungsbehörde übersendet der in dem jeweiligen Land zuständigen Anhörungsbehörde jeweils eine Durchschrift der erteilten Genehmigungen, wenn eine oder*

mehrere Vorschriften der §§ 32, 34 und 36 nicht eingehalten sind.

5 *Ausnahmen sollen nur in dem Umfang genehmigt werden, der unumgänglich notwendig ist, um den beabsichtigten Zweck zu erreichen. Es ist in jedem Einzelfall zu prüfen, ob eine Beschränkung des Geltungsbereichs möglich ist.*

6 *Bei Ausnahmegenehmigungen für Fz, welche die in den Rili aufgeführten Grenzwerte nicht einhalten, bedarf es zur Ausdehnung des Geltungsbereichs auf andere Länder des Anhörverfahrens nach § 70 Abs. 2 StVZO. Hierbei sind der Genehmigungsbehörde und wo noch nötig, das Gutachten des aaS beizufügen.*

7 *Eine Ausnahmegenehmigung nach § 70 StVZO schließt die Erlaubnis nach § 29 Abs. 3 StVO (Erlaubnis für den Verkehr mit Fz, deren Abmessungen, Achslasten oder Gesamtgewichte die gesetzlich zugelassenen Grenzen überschreiten oder deren Bauart dem Führer kein ausreichendes Sichtfeld lässt) nicht ein, kann jedoch mit ihr verbunden werden, soweit die Vwv-StVO zu § 29 Abs. 3 StVO dies zulässt. Auf eine eventuelle erforderliche Erlaubnis nach § 29 Abs. 3 StVO ist in der Ausnahmegenehmigung nach § 70 StVZO hinzuweisen.*

8 *Anträge auf Ausnahmen können sowohl die Hersteller als auch die FzHalter, bei Fz, die außerhalb des Geltungsbereichs der StVZO hergestellt worden sind, auch die im Inland ansässigen Importeure stellen. Für Halter außerdeutscher Kfz und Anh, die nach der VO über den internationalen KfzVerkehr zum vorübergehenden Verkehr in der Bundesrepublik Deutschland zugelassen werden sollen, erteilen Ausnahmegenehmigungen von den Vorschriften der §§ 32 und 34 StVZO die zuständigen Behörden, in deren Gebiet die Grenzübergangsstelle liegt.*

9 *In die Ausnahmegenehmigung ist als Bedingung eine Haftungsklausel folgenden Inhalts aufzunehmen: Soweit durch den Transport Schäden entstehen, hat der Halter für Schäden an Straßen und deren Einrichtungen sowie an Eisenbahnanlagen, Eisenbahnfahrzeugen, sonstigen Eisenbahngegenständen und Grundstücken aufzukommen und Straßenbaulastträger, Polizei, Verkehrssicherungspflichtige und Eisenbahnunternehmer von Ersatzansprüchen Dritter, die aus diesen Schäden hergeleitet werden, freizustellen. Es können ferner keine Ansprüche daraus hergeleitet werden, dass die Straßenbeschaffenheit nicht den besonderen Anforderungen des Transports entspricht.*

10 *In die Genehmigung ist als Bedingung aufzunehmen, dass von der Genehmigung nur dann Gebrauch gemacht werden darf, wenn Versicherungsschutz besteht.*

11 *Sollen bei Zügen oder SattelKfz andere als in der Ausnahmegenehmigung unter Angabe der Fahrgestellnummer aufgeführte ZugFz verwendet werden, so ist hierfür eine Ergänzungs-Ausnahmegenehmigung erforderlich.*

12 *In die Genehmigung ist als Auflage aufzunehmen, dass die Ausnahmegenehmigung und der Versicherungsnachweis im Original oder in beglaubigter Form mitzuführen sind."*

3.5.2 § 32d StVZO „Kurvenlaufeigenschaften"

Die Vorschrift gibt vor, dass Kraftfahrzeuge und Fahrzeugkombinationen so gebaut sein müssen, dass sie einschließlich mitgeführtem austauschbaren Ladungsträger (§ 42 Abs. 3) die hier geforderten Maße einhalten. Diese Forderung ergibt sich aus Straßenbaulichen Gegebenheiten, damit auch die hier behandelten Fahrzeuge „noch um die Kurve kommen".

Die nachfolgende Skizze zeigt den Aufbau des „BO-Kraft-Kreises".

Die zu jeder einzelnen der folgenden Richtlinien (1–11) zu erfüllenden Kriterien sind der jeweiligen Richtlinie zu entnehmen.

Selbstverständlich sind die ermittelten Werte im Gutachten festzuhalten.

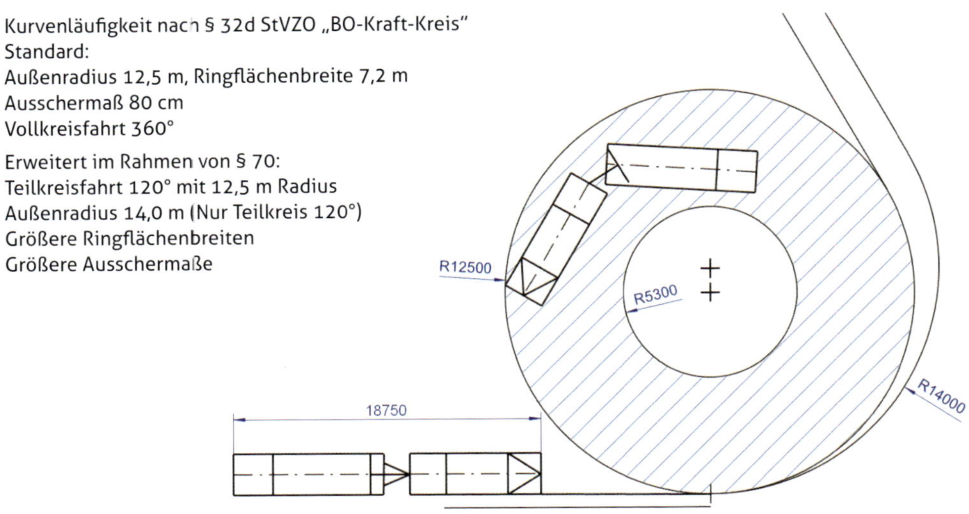

Bild 54 Diagramm Kurvenlaufeigenschaften
Quelle: Schulungsunterlage Dipl.-Ing. (aaS) Andreas Mehlhorn, mit Genehmigung der TÜV Nord Akademie

3.5.3 Richtlinien 1–11 zu § 70 StVZO

Richtlinie 1

Turmdrehkräne (Sattelkraftfahrzeuge und Züge mit Turmdrehkränen)

Ausnahmen von der StVZO:

Bei Sattelkfz mit einer zulässigen Höchstgeschwindigkeit von nicht mehr als 25 km/h

Länge des Sattelkfz	>15,5 m*–20 m	>20 m–27 m
(* 16,5 m bei Erfüllung der Teillänge nach § 32 Abs. 4 Nr. 2)		
Außenradius	12,5 m	14,0 m
Kreisfahrt	120°	120°
Ringflächenbreite	7,5 m	9,0 m
Ausschermaß	1,1 m	1,4 m

Bei Zügen mit einer zulässigen Höchstgeschwindigkeit von nicht mehr als 25 km/h

Länge des Zuges	> 18,0 m–27 m
Außenradius	12,5 m
Kreisfahrt	120°
Ringflächenbreite	7,5 m
Ausschermaß	1,6 m

Bild 55

Bild 56

Richtlinie 2

Selbstfahrende Kräne (Autokräne und Mobilkräne), Gelenkmastfahrzeuge (Betonpumpen, Arbeitsbühnen, Feuerlöschfahrzeuge)

Bild 57

Bild 58 Straßenkran fahrbereit für den Straßenverkehr

Bild 59 Straßenkräne im Arbeitseinsatz

Richtlinie 3

Bagger (ausgenommen Schaufellader)

Bild 60

Richtlinie 4

Planiermaschinen (Motorgrader)

Bild 61

Richtlinie 5

Schaufellader

Bild 62

Richtlinie 6

Autoschütter (Dumper)

Bild 63

Richtlinie 7

Muldenkipper

Bild 64

Richtlinie 8

Züge für Großraum- und Schwertransporte

Bild 65

Bild 66

Dabei können Ausnahmen von § 32d StVZO bis zu folgenden Grenzwerten erteilt werden:

Länge des Zuges		
< 23 m	> 23 m–27 m	> 27 m–32 m
Außenradius		
12,5 m	12,5 m	14,0 m
Kreisfahrt		
360°	120°	120°
Ringflächenbreite		
7,2 m	7,2 m	8,5 m
Ausschermaß		
1,3 m	1,6 m	1,6 m

Richtlinie 9

Sattelkraftfahrzeuge für Langmaterial, Großraum- und Schwertransporte

Bild 67

Bild 68

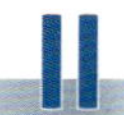

Richtlinie 10

Langmaterialzüge (Zugfahrzeuge mit gelenktem Nachläufer)

Bild 69

Bild 70

Bild 71

Dabei können Ausnahmen von § 32d StVZO bei einer Stützweite der Ladung von:

<13 m	>13 m–16 m	>16 m–18 m	<20 m
bis zu folgenden Grenzwerten:			
Zuglänge			
20 m	23 m	27 m	32 m
Außenradius			
12,5 m	14 m	16,5 m	16,5 m
Kreisfahrt			
120°	120°	120°	120°
Ringflächenbreite (ohne Betätigung einer Zusatzlenkung)			
7,2 m	7,5 m	8,5 m	8,5 m
Ausschermaß (ohne Betätigung einer Zusatzlenkung)			
1,0 m	0,8 m	1,1 m	1,4 m
Ringflächenbreite (mit Zusatzlenkung)			
–	7,2 m	7,2 m	7,2 m
Ausschermaß (mit Zusatzlenkung)			
–	0,8 m	0,8 m	0,8 m

erteilt werden.

Richtlinie 11 (Besonderheit in Niedersachsen)

Fahrzeugkombination im Schaustellergewerbe

3.5.4 Gutachten

Gutachten

Nr.

über die Prüfung eines
zur Erlangung von Ausnahmegenehmigungen gemäß § 70 StVZO

Antragsteller:

Gemäß den Richtlinien zur Erteilung von Ausnahmegenehmigungen nach § 70 StVZO ist die Einzelrichtlinie Nr. anzuwenden.

1 Fahrzeugbeschreibung	Kraftfahrzeug	Anhänger	Transporteinheit
1.1 amtl. Kennzeichen			
1.2 Fahrzeug- u. Aufbauart			
1.3 Fahrzeughersteller			
1.4 Typ und Ausführung			
1.5 Fz-Ident.-Nr.			
1.6 Tag der 1. Zulassung			
1.7 Motorleistung (kW)		----	kW / t
1.8 Höchstgeschw. (km / h)			
1.9 Maße über alles, L (m)		/ *	/ *
B (m)		/ **	/ **
H (m)			
1.10 Zahl der Achsen			
1.11 zul. Gesamtgew. (t)			
1.12 zul. Achslast (t) Achse 1			
Achse 2			
Achse 3			
Achse 4			
Achse 5			
Achse 6			
1.13 vorderer Überhangradius (m)			
Maße "a" bzw. "b" (m)			
1.14 Teillängen des LKW - Zuges nach § 32 (4) StVZO	Abstandsmaß nach Nr. 4 a (m)		
	Abstandsmaß nach Nr. 4 b (m)		
1.15 Abstand letzte Achse Zugfahrzeug bis 1. Achse Anhänger (m)			

* mit ausgezogener Ladefläche / Ladestütze
** mit seitlich ausgeklappter Ladestütze

Maße gemäß RL 96 / 53 / EG Anh. III :
"a" : Vorderkante Zugfahrzeug bis Mitte Zugeinrichtung
"b" : Mitte Zugeinrichtung des Anhängers bis Fz-Ende

Seite 1 von 4 des Gutachtens Nr.

	Kraftfahrzeug	Anhänger
1.16 Radstand (m)		
1.17 zul. Anhängelast (t)		
1.18 zul. Sattel-/ Aufliegel. (t)		
1.19 D-Wert / V-Wert		
1.20 Sattelvormaß (mm)		---
1.21 Anhängelastverh. (§ 42)		---
1.22 Reifengröße Achse 1		
(e = einfach) Achse 2		
(d = doppelt) Achse 3		
Achse 4		
Achse 5		
Achse 6		
1.23 *) Achsen:	☐ starr ☐ geteilt ☐ ungefedert ☐ gefedert ☐ Luftfederung	☐ starr ☐ geteilt ☐ ungefedert ☐ gefedert ☐ Luftfederung

1.24 *) Lenkung des Anhängers :	☐ ungelenkt ☐ Reibungslenkung ☐ Achsschenkellenkung ☐ Drehschemellenkung	☐ Zwangslenkung Seil ☐ Zwangslenk. Gestänge ☐ Zwangslenk. Hydraulik	☐ Zusatzlenkung Mechan. ☐ Zusatzlenkung Elektrik ☐ Zusatzlenkung Hydraulik

2 Bemerkungen - technische Erläuterungen - Skizze
(soweit erforderlich / siehe Anlage)

3 Kreisfahrt gemäß § 32 d der StVZO

Zuglänge m	Stützweite m	Außenradius m	Vollkreis (V) Teilkreis (T)	Ringfl.-breite m	Abweichung	Ausschermaß m	Abweichung	Bemerkungen
			☐ V ☐ T					
			☐ V ☐ T					
			☐ V ☐ T					
			☐ V ☐ T					
			☐ V ☐ T					
			☐ V ☐ T					
			☐ V ☐ T					

Die Vorschriften des § 32 d StVZO werden - nicht - eingehalten **).

Die in den Richtlinien zu § 70 StVZO angegebenen Grenzwerte werden eingehalten / um folgende Werte überschritten **) :

*) Zutreffendes ankreuzen **) Nichtzutreffendes streichen

Seite 2 von 4 des Gutachtens Nr.

4 Abweichungen von den Vorschriften der StVZO *)
(Nur aufgeführt, soweit sie nicht bereits in den Fahrzeugbriefen der Einzelfahrzeuge vermerkt sind)

☐ § 32 (1) Nr.	Breite über alles	m
☐ § 32 (4) Nr.	Länge über alles	m
☐ § 32 (4) Nr. 2	Abst. Zugsattelzapfen bis Fz-Ende	m
	Vorderer Überhangradius	m
☐ § 32 (4) Nr. 4	Teillängen des Zuges siehe Blatt 1 Ziffer 1.14	
☐ § 32 b	Unterfahrschutz	
☐ § 32 c (2)	Seitliche Schutzvorrichtung	
☐ § 32 d	Kreisfahrt siehe Blatt 2 Ziffer 3	
☐ § 34 (4) Nr. 1	Einzelachslast	t
☐ § 34 (4) Nr. 2	Doppelachslast Kfz t / Achsabstand	m
☐ § 34 (4) Nr. 3	Doppelachslast Anh. t / Achsabstand	m
☐ § 34 (4) Nr. 4	Dreifachachslast t / Achsabstand	m
☐ § 34 (5) Nr. 1	Gesamtgewicht der / des Fz mit nicht mehr als 2 Achsen	t
☐ § 34 (5) Nr. 2	Kfz mit mehr als 2 Achsen	t
☐ § 34 (5) Nr. 2c	Anh. mit mehr als 2 Achsen	t
☐ § 34 (5) Nr. 3	Kfz mit mehr als 3 Achsen	t
☐ § 34 (6) Nr. 1	Fz-Kombinationen mit weniger als 4 Achsen	t
☐ § 34 (6) Nr. 2	Fz-Kombinationen mit 4 Achsen	t
☐ § 34 (6) Nr. 3	Fz-Kombinationen aus 2 achsiger Sattelzugmaschine und 2 achsigem Sattelanhänger	t
	Achsabstand des Sattelanhängers	m
☐ § 34 (6) Nr. 4	Andere Fz. Kombinationen mit 4 Achsen	t
☐ § 34 (6) Nr. 5	Fz Kombination mit mehr als 4 Achsen	t
☐ § 34 (6) Nr. 6	Sattelkraftfahrzeug im kombinierten Verkehr	t
☐ § 34 (9)	Abstand letzte Achse Kfz. bis 1 Achse Anh.	m
☐ § 35	Motorleistung	kW/t
☐ § 35 b (2)	geringfügige Sichtfeldbeeinträchtigung	
	Abstand Lenkradmitte bis Fahrzeugvorderkante	m
☐ § 35 e (3)	Türen hinten angeschlagen	
☐ § 36 a (1)	Radabdeckungen	
☐ § 38	Lenkeinrichtung	
☐ § 42 (1)	Die Anhängelast beträgt das -fache des zulässigen Gesamtgewichtes des Zugfahrzeuges	
☐ § 43 (4)	Verbindungseinrichtung nicht selbsttätig wirkend	
☐ § 49 a (1)	Abnehmbare Beleuchtungseinrichtungen	
☐ § 50 (3)	Höchster Punkt der leuchtenden Fläche der Abblendlichtscheinwerfer mm über der Fahrbahn	
☐ § 60 (2)	Hinteres amtliches Kennzeichen abnehmbar	
☐		
☐		

*) zutreffendes ankreuzen

Seite 3 von 4 des Gutachtens Nr.

5 Technisch erforderliche Auflagen für den Betrieb auf öffentlichen Straßen

- Auflagen gemäß Richtlinie Nr. zu § 70 StVZO

(siehe auch Vwv zu § 29 StVO)

Eine besondere Prüfung des Fahrzeugs / der Fahrzeugkombination auf Verkehrssicherheit ist durchgeführt worden.

Gegen die Erteilung einer Ausnahmegenehmigung werden unter Berücksichtigung der in den Richtlinien zu § 70 StVZO enthaltenen allgemeinen und ggf. in diesem Gutachten vorgeschlagenen besonderen Auflagen und Beschränkungen keine Bedenken erhoben.

Dieses Gutachten besteht aus Seiten und Anlage(n); es darf nur in vollem Wortlaut weitergegeben werden.

Ort :

Datum :

Amtlich anerkannter Sachverständiger für den Kraftfahrzeugverkehr

Seite 4 von 4 des Gutachtens Nr.

Bild 72 Beispiel eines Gutachtens Quelle: Software ARGE TP21

4 Verordnung über den Betrieb von Kraftfahrunternehmen im Personenverkehr (BOKraft)

4.1 Historie

Der Erlass einer Verordnung über den Betrieb von Kraftfahrunternehmen im Personenverkehr erfolgte erstmals am 13. Februar 1939 (RGBl. I S. 231) aufgrund des § 39 des Gesetzes über die Beförderung von Personen zu Lande. Die erste BOKraft trat am 1. April 1939 in Kraft und wurde später als Bundesrecht fortgeführt.

Die Verordnung über den Betrieb von Kraftfahrunternehmen im Personenverkehr (BOKraft) ist eine am 1. Mai 1982 in der letzten Gesamtausgabe in Kraft getretene Ausführungsbestimmung zum Personenbeförderungsgesetz (PBefG).

4.2 Begründung, Ziele

Nach § 57 Abs. 1 Nr. 2 PBefG enthält die Verordnung Vorschriften „über den Betrieb von Kraftfahrunternehmen im Personenverkehr". Der Gesetzgeber hat es aber bei dieser allgemeinen Umschreibung nicht bewenden lassen, sondern macht – in Präzisierung dieser Umschreibung – dem Verordnungsgeber in zwei Richtungen genauere Vorgaben: Die Verordnung soll

1. Anforderungen an den Bau und die Einrichtungen der in diesen Unternehmen verwendeten Fahrzeuge vorgeben,
2. die Sicherheit und Ordnung des Betriebs sowie den Schutz der Betriebsanlagen und Fahrzeuge gegen Schäden und Störungen regeln.

Die BOKraft regelt damit den Betriebsablauf in einem Verkehrsunternehmen mit Kraftfahrzeugen und definiert die Mindestanforderungen an Ausrüstung und Beschaffenheit von diesen. Diese betreffen den Gelegenheitsverkehr und Linienverkehr von Kraftomnibussen, Taxis, Mietwagen mit Fahrer und Oberleitungsbussen. Unternehmer, die im Bereich der gewerblichen Personenbeförderung tätig sind, unterliegen den Bestimmungen der BOKraft. Die BOKraft enthält somit Vorgaben, die eine zuverlässige und sichere Beförderung von Personen in Kraftfahrzeugen oder Kraftomnibussen sicherstellen sollen.

4.3 Untersuchungsinhalte

Neben einer wiederkehrenden Prüfung im Rahmen der HU schreibt die BOKraft auch eine außerordentliche HU vor der ersten Inbetriebnahme eines Fahrzeuges in einem Unternehmen vor.

Bei einer HU werden die Fahrzeuge nach Maßgabe der Vorschriften des § 29 sowie der Anlagen VIII und VIIIa StVZO auf ihre Verkehrssicherheit, ihre Umweltverträglichkeit und auf Einhaltung der für sie geltenden Bau- und Wirkvorschriften untersucht. Dabei hat die HU die in den Nummern 6.1 bis 6.10 der Anlage VIIIa StVZO vorgeschriebenen Pflichtuntersuchungen sowie ggf. Ergänzungsuntersuchungen zu umfassen. Nummer 6.9 enthält zusätzliche Untersuchungen für Kfz, die zur gewerblichen Personenbeförderung eingesetzt werden, und gliedert sich in die Nummer 6.9.1 „Kfz zur Personenbeförderung mit mehr als 8 Fahrgastplätzen" und 6.9.2 „Taxis". Die dort genannten Vorgaben zu den Ausrüstungs- und Beschaffenheitsvorschriften decken die in den §§ 16 bis 36 der BOKraft genannten Bestimmungen ab.

Die Auflistung der Ausrüstungs- und Beschaffenheitsvorschriften sowohl in der StVZO als auch in der BOKraft macht den Stellenwert deutlich, den der Verordnungsgeber diesem Untersuchungsabschnitt beimisst. Die Fahrzeuge müssen also nicht nur der StVZO (§ 29 einschl. Anlagen), sondern auch der BOKraft (§ 41 Abs. 1) entsprechen. Sie sollen den besonderen Anforderungen genügen, die sich aus dem Vertrauen in eine sichere und ordnungsgemäße Beförderung ergeben.

4.4 Untersuchungsanlässe, Untersuchungsfristen

Alle Fahrzeuge, die unter den Geltungsbereich der BOKraft fallen, sind regelmäßig, in einheitlich kurzen Zeitabständen von 12 Monaten zu untersuchen (§ 41 Abs. 1 BOKraft). KOM und andere Fahrzeuge mit mehr als acht Fahrgastplätzen sind darüber hinaus 12 bis 36 Monate nach Erstzulassung einer SP im jährlichen Abstand und nach mehr als 36 Monaten im vierteljährlichen Abstand zu unterziehen.

Der Untersuchungsbericht, bei KOM das Prüfbuch, ist nach der HU der Genehmigungsbehörde nach dem BPefG vorzulegen, die bei Unregelmäßigkeiten einzuschreiten hat.

Vor der ersten Inbetriebnahme eines Fahrzeugs ist eine außerordentliche HU durchzuführen (§ 42 Abs. 1 BOKraft) und der Genehmigungsbehörde der Untersuchungsbericht bzw. das Prüfbuch vorzulegen.

Bei fabrikneuen Fahrzeugen mit Typgenehmigung kann sich die HU auf die Feststellung der Übereinstimmung mit den Vorschriften der BOKraft beschränken.

Bei KOM, in deren Typgenehmigung die Übereinstimmung mit der BOKraft bereits enthalten ist, kann die außerordentliche HU unterbleiben; dies ist z. B. dann gegeben, wenn der KOM den Vorschriften der Richtlinie 2001/85/EG, die national in die StVZO übernommen wurde, entspricht.

4.5 Wichtige Prüfpositionen

Gemäß § 16 BOKraft gelten für Bau, Ausrüstung und Beschaffenheit der Fahrzeuge neben den Vorschriften der BOKraft auch die aufgrund des StVG erlassenen straßenverkehrsrechtlichen Verordnungen.

Für **KOM** sind bei HU nach §§ 41 und 42 BOKraft nachstehende wichtige Prüfpositionen zu beachten:

■ Beschriftung/Kennzeichnung außen und innen

- Halteranschrift: Name und Anschrift an den Längsseiten
- Ein-/Ausstiege: Bezeichnung der Türen (Sinnbilder zulässig)
- Angabe zul. Sitz-/Stehplatzzahl (gut sichtbar/gut lesbar)
- Hinweis Verbandskästen
- Hinweis Sitzplätze für Schwerbehinderte (mindestens 1 Sitzplatz im Linienverkehr erforderlich)
- Kennzeichnung Notausstiege

Im Linienverkehr:

- Stirnseite: Zielschild (Endpunkt, Liniennummer)
- rechte Längsseite: Streckenschild (bei mehr als 35 Fahrgastplätzen Vorschrift)
- Rückseite: Liniennummer

■ Ein-/Ausstiege

- Trittstufenbeleuchtung
- Trittstufenhöhe max. 400 mm
- fremdkraftbetätigte Einstiegshilfen vorschriftsmäßig, erforderliche Blinkleuchten vorhanden
- Schutzleisten an den Türen vorhanden
- Einklemmschutzvorrichtung
- Fahrgasttüren von innen zu öffnen (Nothahn)
- Kontrollmechanismus der Türendstellung

■ Einrichtung zur Verständigung

- optisches/akustisches Warnsystem

■ Sitz-/Stehplätze, Haltegriffe

- Stehplatzbegrenzung
- Anzahl Haltegriffe
- Anbringung Haltegriffe
- Sicherer Halt auf Sitzplätzen
- Anzahl der Plätze stimmt mit Fahrzeugpapieren überein

■ Bodenbelag

- ausreichend rutschsicher auch bei Feuchtigkeit

- Übergang bei Gelenkbussen ausreichend sicher
- nicht schadhaft (Stolpergefahr)

Sicherheitsgurte

- Funktion der Sicherheitsgurte
- Vorhandensein und Bauart (2- oder 3-Punkt) in Abhängigkeit von Erstzulassung des Busses, zulässiger Gesamtmasse und Einsatzart (keine Gurte für KOM, die sowohl für Nahverkehr als auch für stehende Fahrgäste gebaut sind)

Innenbeleuchtung

- ausreichend wirksam, zum Fahrerplatz abgeschirmt

Notausstiege

- Anzahl und Abmessungen
- Vorhandensein der Nothämmer bzw. anderer Betätigungseinrichtungen
- Wirksamkeit der Betätigungseinrichtung (außer Nothämmer)
- Zugänglichkeit

Feuerlöscher

- Anzahl (1 mit 6 kg für Brandklassen A, B, C; 2 im Doppeldecker)
- Prüfschild vorhanden, Frist nicht abgelaufen
- gut sichtbar und erreichbar angebracht

Verbandskästen

- Anzahl (1 bei ≤ 22 Fahrgastplätzen, 2 bei > 22 Fahrgastplätzen)
- nach DIN 13164

Handlampe

- vorhanden und funktionsfähig.

Bei Hauptuntersuchungen an **Taxis** ist besonders zu achten auf:

Zulässige Fahrzeuge

- Fahrzeuge mit mindestens 2 Achsen und 4 Rädern, die auch bei vollständiger Besetzung mind. 50 kg Gepäck befördern können

Farbe/Werbung

- Farbe nach RAL 1015 (hell-elfenbein), sofern keine Ausnahme erteilt
- Werbung nur an seitlichen Türen (Sondergenehmigung)

Taxischild/Ordnungsnummer

- Taxischild vorhanden, auf dem Dach, quer zur Fahrtrichtung (kann abnehmbar sein)
- von innen beleuchtet; Beleuchtung erlischt, wenn Taxameter eingeschaltet
- Ordnungsnummer hinten rechts an der Heckscheibe angebracht

Unternehmeranschrift

- Name und Betriebssitz deutlich sichtbar im Innenraum angebracht

Fahrpreisanzeiger

- gültig und jährlich geeicht
- lösbare Teile verplombt

Alarmanlage

- vom Fahrersitz zu aktivieren; abschaltbar außerhalb Innenraum
- nur zulässige Signale (Scheinwerfer oder Fernscheinwerfer, Blinker hinten, Hupe in Intervallen, ggf. Taxischild).

4.6 Zuständigkeiten, befugte Personen

Für Untersuchungen nach StVZO und BOKraft sind aaSoP/PI zuständig, insbesondere für

- die regelmäßige jährliche technische Untersuchung und
- die außerordentliche HU vor der Fahrzeuginbetriebnahme in einem Unternehmen.

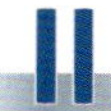

4.7 Anforderungskatalog für Schulbusse

Der Anforderungskatalog für KOM und Kleinbusse (Pkw), die besonders zur Beförderung von Schülern und Kindergartenkindern eingesetzt werden, soll die über die StVZO bzw. die Richtlinie 2001/85/EG und die BOKraft hinaus bereits bestehenden Anforderungen vereinheitlichen und ergänzen, damit die in aller Regel für Erwachsene gebauten Fahrzeuge stärker den Belangen der Kinder und, soweit möglich, ihren Verhaltensweisen Rechnung tragen.

Außerdem fasst der Katalog die wichtigsten Vorschriften für die in dieser Verkehrsart eingesetzten KOM zusammen. Der Anforderungskatalog sollte mithin Bestandteil der Verträge zwischen Verkehrsunternehmern und den Trägern für die Schülerbeförderung sein, die in den Ländern als verantwortliche Stellen die Beförderungsleistungen vergeben.

Zur Feststellung, ob die einzusetzenden Kfz den einschlägigen Vorschriften sowie den Anforderungen dieses Katalogs entsprechen, kann die zuständige Behörde die Vorlage eines Gutachtens/einer Bestätigung eines aaS oder von einer nach § 29 StVZO zuständigen Person verlangen.

Der Träger für die Schülerbeförderung ist berechtigt, den Schulbusverkehr einschließlich des Zustandes und der Ausrüstung der Kfz sowie des eingesetzten Fahrpersonals in unregelmäßigen Abständen zu überprüfen oder überprüfen zu lassen, beispielsweise durch aaSoP/PI.

4.8 Gebühren

Für die Prüfungen nach den §§ 41 und 42 BOKraft durch aaSoP der TP ist die Gebühren-Nummer 415 der GebOSt anzuwenden, und zwar differenziert nach KOM, Taxi/Mietwagen und ggf. deren Nachprüfungen.

Von der Überwachungsorganisation sind die zu entrichtenden Entgelte für Prüfungen nach §§ 41 und 42 BOKraft in eigener Verantwortung für den Bereich der jeweils örtlich zuständigen Technischen Prüfstelle einheitlich festzulegen (Nummer 6.2 der Anlage VIIIb StVZO).

5 Pannenhilfsfahrzeuge

5.1 Rechtsgrundlage

Gemäß § 52 Abs. 4 StVZO dürfen mit einer oder, wenn die horizontale und vertikale Sichtbarkeit (geometrische Sichtbarkeit) es erfordert, mehreren Kennleuchten für gelbes Blinklicht (Rundumlicht) folgende Fahrzeuge ausgerüstet sein:

- Fahrzeuge, die dem Bau, der Unterhaltung oder Reinigung von Straßen oder von Anlagen im Straßenraum oder die der Müllabfuhr dienen,
- Fahrzeuge mit ungewöhnlicher Breite oder Länge oder mit ungewöhnlich breiter oder langer Ladung, sofern die genehmigende Behörde die Führung der Kennleuchten vorgeschrieben hat,
- Fahrzeuge, die aufgrund ihrer Ausrüstung als Schwer- oder Großraumtransport-Begleitfahrzeuge ausgerüstet und nach dem Fahrzeugschein anerkannt sind, sowie
- Kraftfahrzeuge, die nach ihrer Bauart oder Einrichtung zur Pannenhilfe geeignet und nach dem Fahrzeugschein als Pannenhilfsfahrzeug anerkannt sind.

5.2 Aufgabe der Zulassungsbehörde

Die Zulassungsbehörde kann zur Vorbereitung ihrer Entscheidung die Beibringung des Gutachtens eines aaSoP darüber anordnen, ob das

Kraftfahrzeug nach seiner Bauart oder Einrichtung zur Pannenhilfe geeignet ist. Pannenhilfsfahrzeuge sind Abschleppwagen, Bergungsfahrzeuge, Fahrzeuge mit entsprechender Ausrüstung vornehmlich zur Behebung technischer Störungen bzw. Reifenpannen an Ort und Stelle.

Die Anerkennung ist nur zulässig für Fahrzeuge von Betrieben, die gewerblich oder innerbetrieblich Pannenhilfe leisten, von Automobilclubs und von Verbänden des Verkehrsgewerbes und der Autoversicherer.

Der Vermerk in Feld 22 der Zulassungsbescheinigung I über die Anerkennung als Pannenhilfsfahrzeug soll lauten: „Als Pannenhilfsfahrzeug nach § 52 Abs. 4 Nr. 2 StVZO anerkannt."

5.3 Gutachten des aaSoP

Bei der Begutachtung von Pannenhilfsfahrzeugen hat der aaSoP die Richtlinie über die Mindestanforderungen an Bauart oder Ausrüstung von Pannenhilfsfahrzeugen (VkBl. 1997 S. 472) zugrunde zu legen. Im Besonderen gilt dabei für:

Abschleppwagen

Bei der Begutachtung von Abschleppwagen durch den aaSoP ist die Richtlinie für die Begutachtung von Abschleppwagen (Kranwagen) als Arbeitsmaschinen vom 9.6.1967 (VkBl. 1967 S. 394) zu beachten. Abschleppwagen können als Arbeitsmaschinen (Begriff „selbstfahrende Arbeitsmaschine" siehe § 2 Nr. 17 FZV) anerkannt werden, jedoch nur dann, wenn sie ausschließlich zum Abschleppen von Fahrzeugen bestimmt und geeignet sind. Der Kran muss auf dem Fahrzeug fest angebracht sein. Die Mitnahme zum Abschleppen notwendiger Geräte, sonstiger Hilfsmittel und Personen steht der Anerkennung des Abschleppwagens (Kranwagen) als Arbeitsmaschine nicht entgegen.

In seinem Gutachten hat der aaSoP Abschleppwagen gemäß dem KBA-Verzeichnis zur Systematisierung von Kfz und ihren Anhängern die Fahrzeugklasse und Fahrzeug-/Aufbauart zu beschreiben in Feld 5, 1. Zeile: „SELBSTF. ARBEITSMASCH.", 2. Zeile: „ABSCHLEPPWAGEN" sowie mit den Schlüsselnummern in Feld J: „16" und Feld 4 „0100".

Bergungsfahrzeuge

Bergungsfahrzeuge sind Fahrzeuge, bestehend aus Lkw-Fahrgestell, Aufbau mit Spurschienen oder durchgehend glatter Ladefläche, elektrisch oder mechanisch betriebenen Winden, hydraulischen Hebeeinrichtungen oder Auffahrtschienen. Es können sowohl betriebsunfähige Fahrzeuge als auch betriebsfähige Neu- oder Gebrauchtfahrzeuge befördert werden. Sie schleppen die Fahrzeuge nicht, sondern befördern sie auf der Ladefläche. Damit sind die Fahrzeuge auch zur Beförderung von Gütern geeignet und bestimmt. Die Voraussetzungen zur Anerkennung als selbstfahrende Arbeitsmaschine sind damit nicht gegeben.

Im Gutachten des aaSoP sind Bergungsfahrzeuge zu beschreiben in Feld 5, 1. Zeile: „LKW F. FZ.-BEFOERDERUNG" sowie mit den Schlüsselnummern in Feld J: „08" und Feld 4 „2800".

Fahrzeuge mit entsprechender Ausrüstung vornehmlich zur Behebung technischer Störungen an Ort und Stelle

Das sind Fahrzeuge zur Behebung technischer Störungen vor Ort mit Bordmitteln. Die Ausrüstung dieser Kfz oder Anhänger muss gemäß Richtlinie folgende Gegenstände umfassen:

- Ausrüstung zur Absicherung der Unfall- oder Arbeitsstelle
- bestimmtes, genau vorgegebenes Werkzeug zur Störungsbeseitigung
- bestimmtes Ersatzmaterial
- Kraft- und Schmierstoffe sowie Wasser.

Die Fahrzeuge können durch den aaSoP im Gutachten beschrieben werden als Sonstige Kraftfahrzeuge in Feld 5, 1. Zeile: „SO.KFZ PANNENHILFE" sowie mit den Schlüsselnummern in Feld J: „18" und Feld 4 „2900". Es kann allerdings auch die ursprüngliche Fahrzeugart (z. B. Pkw) unverändert bleiben.

Fahrzeuge mit entsprechender Ausrüstung vornehmlich zur Behebung von Reifenpannen an Ort und Stelle

Mit der letzten Fortschreibung der Anerkennungsrichtlinie wurde die Berechtigung, gelbe Rundumleuchten zu führen, ausgeweitet auf entsprechend ausgerüstete Fahrzeuge speziell zur Behebung von Reifenpannen. Die Ausrüstung dieser Fahrzeuge muss mindestens umfassen:

- bestimmtes Werkzeug insbesondere zum Radwechsel und zur Reifenmontage
- Geräte zum Anheben und Aufbocken der Fahrzeuge und zum Befüllen der Reifen
- Ersatzmaterial wie Ventile und Reparaturmittel.

Zusätzlich muss im Fahrzeug ein entsprechendes Transportmittel für die im Pannenfall zu ersetzenden Reifen zur Verfügung stehen.

Die Fahrzeuge sind durch den aaSoP im Gutachten zu beschreiben als Sonstige Kraftfahrzeuge in Feld 5, 1. Zeile: „SO.KFZ PANNENHILFE" sowie mit den Schlüsselnummern in Feld J: „18" und Feld 4 „2900".

In allen Gutachten ist in Feld 22 folgender Vermerk anzubringen: „Fahrzeug entspricht Pannenhilfsfahrzeug nach § 52 Abs. 4 Nr. 2 StVZO."

6 Erprobungsfahrzeuge

6.1 Rechtsgrundlage

Werden an Fahrzeugen von Fahrzeugherstellern, die Inhaber einer Allgemeinen Betriebserlaubnis oder einer Typgenehmigung sind, Teile verändert und würde dadurch normalerweise nach § 19 Abs. 2 StVZO die Betriebserlaubnis erlöschen, hat dies auf die Wirksamkeit der Betriebserlaubnis dennoch keinen Einfluss, solange die Fahrzeuge ausschließlich zur Erprobung verwendet werden.

Das Fahrzeug muss allerdings in der ZB I als Erprobungsfahrzeug bezeichnet sein. Sinn und Zweck der Vorschrift ist es, den Fahrzeugherstellern das Testen neuer Fahrzeugteile und Komponenten zu erleichtern. Damit soll technischer Fortschritt ermöglicht werden. Der Verordnungsgeber geht davon aus, dass aufgrund des technischen Sachverhalts keine Gefahren für die Verkehrssicherheit bestehen. Der Fahrzeughersteller soll die Möglichkeit haben, Neuentwicklungen auf ihre Einsatzfähigkeit im normalen Fahrbetrieb zu testen.

Im verstärkenden Umfang wird von den Fahrzeugherstellern jedoch die Entwicklung und Erprobung neuer Komponenten ausgelagert bzw. outgesourct an externe Ingenieurbüros und Zulieferer. Diese wiederum können – da sie nicht Typgenehmigungsinhaber sind – die Erleichterungen des § 19 Abs. 6 StVZO nicht in Anspruch nehmen.

Deshalb werden von den zuständigen obersten Landesbehörden oder den von ihnen bestimmten oder nach Landesrecht zuständigen Stellen zunehmend Ausnahmen gemäß dem § 70 Abs. 1 Nr. 2 StVZO gewährt.

6.2 Gutachten des aaS

Die Behörden stützen sich bei der Genehmigung von Ausnahmen auf das Gutachten eines aaS.

Als Grundlage für die Erteilung der Ausnahme soll im Gutachten zu folgenden Punkten – auch in Verbindung mit einer Betriebsbegehung – Stellung genommen werden:

- Verantwortliche Personen
- Sachkenntnis: Grundlegende Kenntnisse der StVZO (betreffend insbesondere Bau- oder Ausrüstungsvorschriften) und der FZV (Verfahrensvorschriften) sowie der einschlägigen EG-Verordnungen/-Richtlinien müssen im ausreichenden Maße vorhanden sein
- Anzahl der Beschäftigten im Unternehmen
- Ausstattung (auch Vorschriftensammlung), Qualitätssicherungssystem
- beabsichtigte Fahrzeugänderungen (Benennung der Baugruppen)
- empfohlene Auflagen, falls eine Ausnahme befürwortet wird.

Als Ergebnis der Begutachtung hat der aaS festzustellen, dass keine Bedenken gegen die Erteilung einer Ausnahme von § 19 Abs. 6 StVZO bestehen und dass der Antragsteller die Gewähr für eine zuverlässige Ausübung der dadurch verliehenen Befugnisse bietet (vgl. § 20 Abs. 1 StVZO in Analogie zu Fahrzeugherstellern).

Regelmäßige Technische Überwachung

Dipl.-Ing. Heribert Braun (Kap. 1–3, Nr. 3)
Dipl.-Ing. Johann Meyer (Kap. 3, Nr. 4–Kap. 5)

Kapitel 1
Grundlagen der regelmäßigen technischen Überwachung

1 Intention der regelmäßigen technischen Überwachung (TÜ)

1.1 Technische Systeme – grundsätzliche Betrachtung

Die „erfolgreiche" Nutzung eines technischen Systems, einer Einrichtung oder eines Produktes ist eine Bestätigung der richtigen Planung, Entwicklung (Konstruktion) und des Baus dieses Systems.

Jeder Einzelne hat ein vitales Interesse daran, dass die Systeme „erfolgreich" – also auch sicher – genutzt werden können und dass eine Gefährdung, sei es durch die Konstruktion selbst oder durch einzelne Prozessabläufe, so gut wie ausgeschlossen ist.

Ausfälle oder Fehlfunktionen der Systeme im Betrieb müssen als Hinweise, besser noch als Ansatzpunkte bewertet werden, die Systeme selbst oder auch einzelne Prozessabläufe zu verbessern. Das heißt, die kontinuierliche Bewertung eines Systems im Betrieb zeigt wichtige Informationen und Erfahrungen auf, die benötigt werden, um die Systeme weiterzuentwickeln und zu verbessern.

Zusätzlich zu dieser Bewertung bedarf es, je nach Art und Nutzung der Systeme, einer übergreifenden, unabhängigen Kontrolle, und zwar immer dann, wenn diese Systeme durch die Art ihres Betriebes ein Gefährdungspotenzial für den Benutzer oder andere Beteiligte darstellen oder auch nur darstellen können. Diese Systeme bedürfen mithin einer technischen Kontrolle oder, anders ausgedrückt, einer regelmäßigen TÜ.

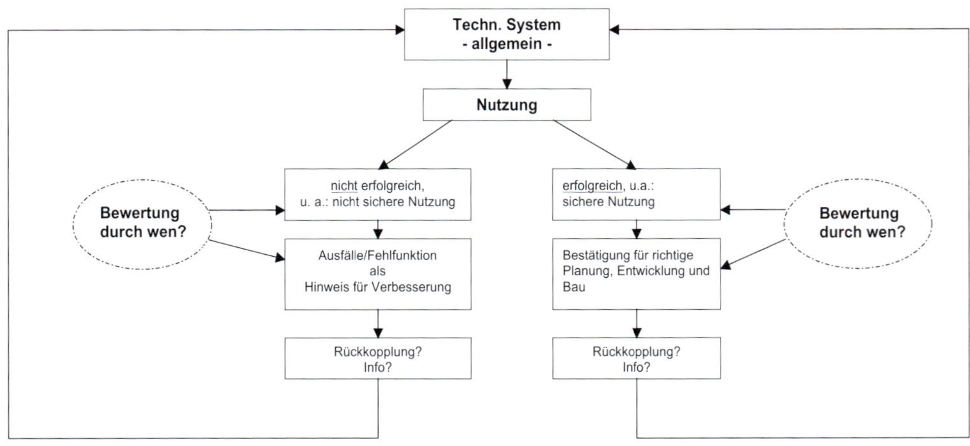

Bild 1 Technische Systeme – grundsätzliche Betrachtung, eigene Darstellung

1.2 Aufgaben der regelmäßigen TÜ

Die Aufgaben einer TÜ als übergreifendes und – was von ausschlaggebender Bedeutung ist – als unabhängiges Regularium lassen sich insoweit wie folgt darstellen:

Die TÜ muss

- die im Betrieb befindlichen Systeme mit den existierenden Regeln/Vorschriften (z. B. Bau-, Wirkvorschriften) vergleichen,
- Abweichungen und, sofern möglich, auch die Gründe dafür feststellen und bewerten,
- basierend auf rechtlichen Rahmenvorschriften Betriebsuntersagungen, Änderungen von Prozessabläufen sowie „Reparaturen" verfügen können, wenn die Bewertung dies rechtfertigt.

Zusammenfassend gilt, dass die TÜ als eine überwachende Tätigkeit zu bezeichnen ist, die das Aufrechterhalten oder Herbeiführen eines bestimmten Zustands oder Vorgangs im Bereich der Technik sichern soll.

1.3 Wissenspotenziale aus der TÜ

Resultierend aus vorgenannter Aufgabenstellung besitzt die TÜ eine umfangreiche Informationsbasis über alle am Markt befindlichen und überwachten Systeme, die es möglich macht, einschlägige Erfahrungswerte zu nutzen für die

a) Weiterentwicklung der Systeme durch die Hersteller,
b) Fortschreibung/Änderung der maßgeblichen Bau- und Typvorschriften,
c) Anpassung der Vorschriften über die TÜ.

Die Zeitabstände (Fristen) von TÜ zu TÜ sind von mehreren Faktoren abhängig, die sich teilweise gegenseitig beeinflussen:

- **System:** konstruktionsbedingte Eigenschaften, mögliche systembedingte Gefährdungspotenziale, Ausfallwahrscheinlichkeiten
- **Einsatz (Betrieb):** schwere Einsatzbedingungen, aber auch die Betriebsart und damit einhergehende mögliche Gefährdungen

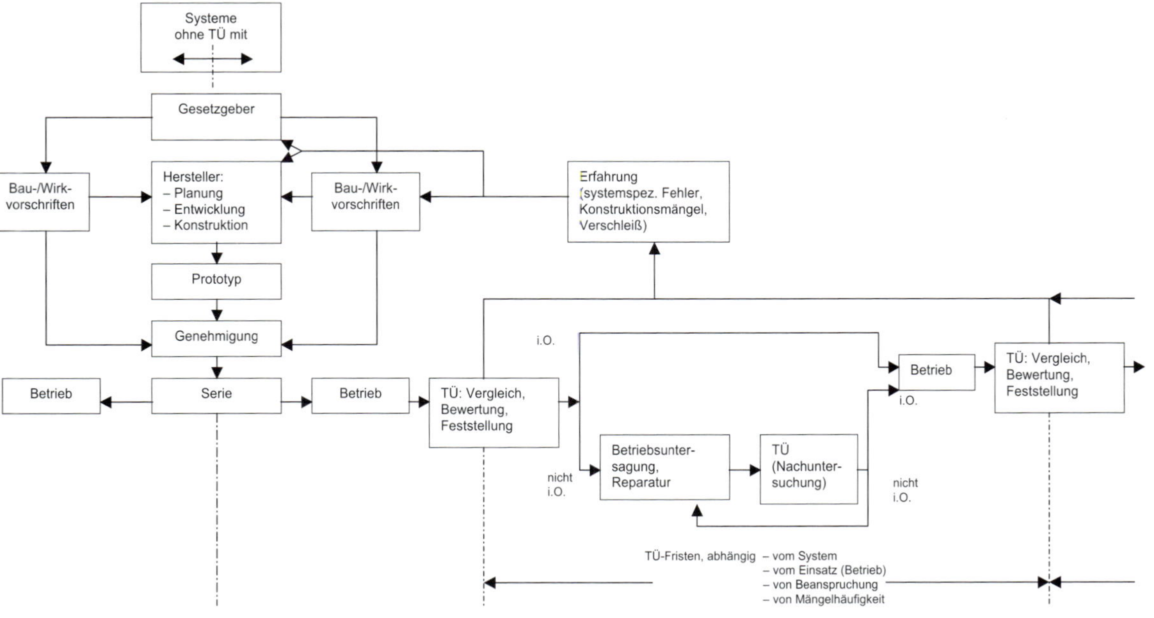

Bild 2 Technische Systeme – Einbindung der TÜ in Regelkreis (H. Braun: Vortrag über TÜ am 22.10.1999, an der FH Trier)

- **Beanspruchung:** mögliche und tatsächliche von z. B. Verschleißteilen
- **Mängelhäufigkeit:** während des Betriebs festgestellte Mängel (Häufigkeit, Gefährdungspotenziale).

Dabei können die Zeitabstände in Abhängigkeit von Betriebsstunden (Betriebsstundenzähler), bei fahrbaren Systemen von den gefahrenen Strecken (Wegstreckenzähler), oder aufgrund von Erfahrungswerten, die sich im Wesentlichen auf in der Vergangenheit festgestellte Mängel, Ausfälle, Unfälle usw. abstützen, als feststehende Zeitabstände (Fristen) festgelegt werden.

2 Entstehung der regelmäßigen technischen Überwachung

2.1 Historie

2.1.1 Industrialisierung und ihre Folgen

Bis in das 17. Jahrhundert hinein vorgenommene Versuche, die Dampfkraft in maschineller Form zu nutzen, scheiterten. Ein erstes Modell einer atmosphärischen Dampfmaschine von Dennis Martin Papin aus dem Jahre 1690 ist bekannt. Weitere Entwicklungsstufen, im Besonderen für den Einsatz in Kohlegruben zur Wasserhaltung, folgten. Der entscheidende Durchbruch gelang 1769 James Watt, einem schottischen Mechaniker, der für seine verbesserte und gewerblich nutzbare Dampfmaschine ein Patent erhielt.[1]

Die nun einsetzende, erst noch langsam fortschreitende Industrialisierung war geprägt von den jeweils verfügbaren Technologien und den Ergebnissen aus Forschertätigkeiten. Die Technik wurde zunehmend bestimmende Kraft für das herstellende Gewerbe und die daraus entstehenden Fabrikationsstellen, die Fabriken. Letztere benötigten eine leicht verfügbare Energie, die ortsungebunden einsetzbar war. Damit war die schnelle Verbreitung von Dampfkraftmaschinen vorgegeben.

Die in dieser Zeit von den Ingenieuren und Herstellern beherrschbare Technologie sowie insbesondere auch die unzureichenden Kenntnisse des Betriebspersonals führten dazu, dass weltweit Dampfkesselexplosionen mit schrecklichen Folgen zu beklagen waren, u. a.

- 1854 im englischen Rochdale: 1 Explosion mit 10 Toten und zahlreichen Verletzten,
- 1867 bis 1888 in Boston: 976 Explosionen mit 700 Toten sowie Verletzten.[2]

Davon blieb auch Deutschland nicht verschont. Zwar gab es bereits Bauvorschriften, die sich auf Dampfmaschinen bezogen – der Dampfkessel wurde zunächst als Zubehörteil eingestuft – und die auf das Jahr 1828 zurückgehen. Die Preußische Gewerbeordnung von 1845 unterwarf dann neben der Dampfmaschine auch den Dampfkessel einer eigenen (Bau-)Genehmigung. Danach folgten weitere behördliche Anforderungen, so etwa an die Wandstärken der Dampfkessel aus den Jahren 1848 und 1855.[1]

2.1.2 Gründung der ersten Dampfkessel-Überwachungsvereine

Es würde den Rahmen dieses Buches sprengen, die gesamte historische Entwicklung der Dampfkessel-Überwachungsvereine als Vorläufer der späteren Technischen Überwachungs-

1 W. E. Hoffmann, Die Organisation der TÜ in der BRD, S. 39 ff., 1980, Droste Verlag Düsseldorf
2 TÜV Bayern e. V., Sicherheit in der Technik, S. 14 ff., 1970, Festschrift, eigene Veröffentlichung

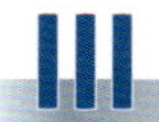

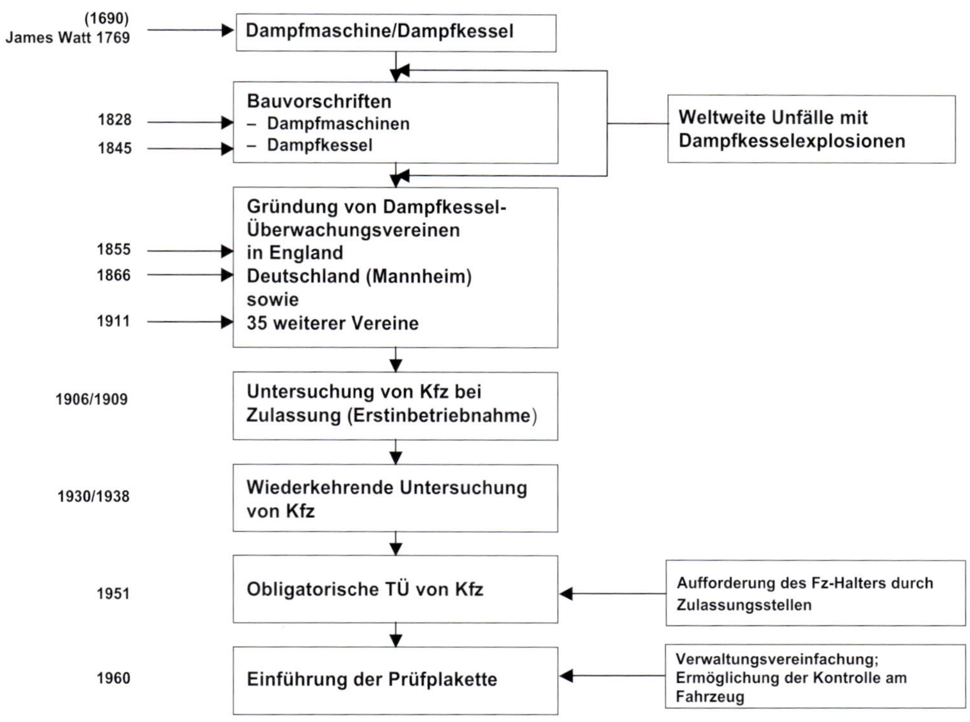

Bild 3 Anfänge der regelmäßigen TÜ, eigene Darstellung

vereine (TÜV) darzustellen. Die zeitliche Abfolge der Gründungen stellt sich wie folgt dar:

- 1855 in England
- 1866 in Baden (Gesellschaft zur Überwachung und Versicherung von Dampfkesseln mit Sitz in Mannheim)
- bis 1873 entstanden weitere 12 Überwachungsvereine[3]
- 1899 Gründung eines Vereins in Trier[1]
- bis 1911 standen insgesamt 36 Vereine zur Verfügung[1].

Die zentrale Aufgabenstellung dieser Vereine war

- Verhütung von Kesselexplosionen durch periodische Untersuchungen,
- wirtschaftliche und betriebssichere Gestaltung des Dampfkesselbetriebs,
- monetäre Versicherung der Betriebe gegen Dampfkesselexplosionen (eine Aufgabe, die später entfiel).

Auch soll an dieser Stelle nicht vertieft werden, warum der Staat diese – zumindest aus der damaligen Sicht – originäre Aufgaben nicht selbst übernahm, sondern „privaten" Organisationen überließ bzw. sie mit der Aufgabenwahrnehmung beauftragte (belieh).

2.1.3 Von der Dampfkessel-Überwachung zur regelmäßigen TÜ von Fahrzeugen

Im ersten Jahrzehnt des 20. Jahrhunderts wurde der Aufgabenbereich erweitert (preußisches Kostengesetz von 1905[1].

Nunmehr mussten neben Dampfkesseln

- Elektrizitätsanlagen,
- Aufzüge,

3 Jahrbuch der Technischen Überwachung Hessen 1999/2000, S. 28 ff., eigene Veröffentlichung

- Gefäße für verdichtete und verflüssigte Gase (Druckgasflaschen),
- Tankanlagen,
- Mineralwasserapparate,
- Acetylenanlagen,
- Kraftfahrzeuge

überprüft/untersucht werden, und zwar entweder vor ihrer Erstinbetriebnahme und/oder wiederholt während ihres Betriebes.

Die Prüfung der Kraftfahrzeuge erfolgte ab 1906 – andere Quellen: 1910 –, die Prüfung der Kraftfahrzeugführer ab 1911[1].

Die Untersuchung der Kraftfahrzeuge beschränkte sich allerdings auf Prüfungen im Zusammenhang mit der Zulassung der Kraftfahrzeuge, also bei neuen, erstmals in den Verkehr kommenden Kraftfahrzeugen.

2.2 Einführung der regelmäßigen technischen Überwachung von Fahrzeugen in Deutschland und ihre Fortschreibung

2.2.1 1938

Der entscheidende Durchbruch für die regelmäßige TÜ wurde durch die Verordnung über den Kraftfahrzeugverkehr vom 15. Juni 1930 (§ 35)[4] und die Verordnung über die Zulassung von Personen und Fahrzeugen zum Straßenverkehr (StVZO) vom 13. November 1938[5], hier durch § 29, eingeleitet. Der Text des § 29 in der damaligen Fassung lautet:

*„§ 29 Überwachung der Kraftfahrzeuge und Anhänger**

(1) Neben der ständigen Überwachung der Fahrzeuge im Straßenverkehr können Kraftfahrzeuge und ihre Anhänger von den Zulassungsstellen zur Prüfung durch amtlich anerkannte Sachverständige vorgeladen werden. Die Fahrzeuge sind zur Prüfung an dem in der Vorladung bestimmten Ort zur bestimmten Zeit vorzuführen. Die Prüfung ist in angemessenen Zeiträumen zu wiederholen.

(2) Hauptsächlich sind zu prüfen: Lenkung, Bremsen, Beleuchtung (besonders die Abblendung der Scheinwerfer und die Deutlichkeit der Schluss- und Bremslichter), Bereifung und Fahrtrichtungsanzeiger; außerdem sind namentlich die amtlichen Kennzeichen und ihre Beleuchtung und die etwaige Geräusch- und Rauchentwicklung zu prüfen.

Zum § 29 Abs. 1:

(1) Bei den Vorladungen ist darauf Rücksicht zu nehmen, dass der Aufwand an Zeit für die Beteiligten möglichst gering ist; infolgedessen wird es in der Regel zweckmäßig sein, die Prüfung mit einem auf Grund der Kraftfahrzeugergänzungsvorschrift etwa angeordneten militärischen Vormusterung zeitlich und örtlich zu verbinden.

(2) Als amtlich anerkannte Sachverständige können auch die nach § 2 der Verordnung über die Anerkennung von Sachverständigen im Kraftfahrzeugverkehr anerkannten amtlichen Sachverständigen tätig werden. Die Zulassungsstellen haben sich über Ort und Zeit der Prüfung und über die Zahl der zu prüfenden Fahrzeuge mit den zuständigen amtlich anerkannten Sachverständigen rechtzeitig zu verständigen. In der Regel können in der Stunde 6 Fahrzeuge von einem Sachverständigen mit einem Gehilfen geprüft werden. Die Zeiteinteilung ist zur schnellen und gleichmäßigeren Abfertigung genau vorzunehmen. Werden Fahrzeuge nicht in Ordnung befunden, so sind sie häufiger als andere zu prüfen.

(3) Bei Abhaltung der Prüfung kann ein Pol.-Beamter hinzugezogen werden, der die nötige sofortige Außerbetriebsetzung eines Fahrzeugs oder andere polizeiliche Maßnahmen veranlasst, sofern nicht ein Beamter der Zulassungsstelle diese Maßnahmen treffen kann.

(4) Vom allgemeinen Zulassungsverfahren befreite Arbeitsmaschinen (§ 18 Abs. 2 StVZO)

* i.d.F. der VO vom 13.11.1937 (Reichsgesetzblatt I, S. 1215)

sind auch zu Prüfungen heranzuziehen. Sie werden den Zulassungsstellen bei der jährlichen Statistik über den Kraftfahrzeugbestand bekannt.“

2.2.2 1951

Mit der Verordnung zur Änderung der StVZO vom 25. November 1951[6] (Anwendung ab 1.12.1951) wurde die wiederkehrende Überwachung von Kraftfahrzeugen und Anhängern obligatorisch eingeführt. § 29 StVZO enthielt folgende „Kernvorschriften“:

Abs. 1: Vorführung der Kfz und ihrer Anhänger nach Bestimmung durch Zulassungsstellen; Fristen wurden durch Länder festgelegt. Untersuchung durch amtl. anerkannte Sachverständige. Ort und Zeit der Prüfung wurden vorgegeben.

Abs. 2: Prüfung umfasste alle für die Verkehrssicherheit wichtigen Teile und Einrichtungen, die amtl. Kennzeichen und die Geräusch- und Rauchentwicklung.

Abs. 3: Fz-Halter, die über entsprechend geschultes Personal und technische Einrichtungen verfügten, konnten ihre Fahrzeuge selbst untersuchen (sog. Eigenüberwacher). Dies bedurfte der Anerkennung durch zuständige oberste Landesbehörde.

Abs. 4: Erleichterung bei der Untersuchung für Fahrzeuge, die regelmäßig von anerkannten Kundendiensten oder Bremsendiensten überwacht wurden.

Nachteil dieser Vorschrift war, dass die Bestimmungen sehr verwaltungsintensiv waren, da die Fz-Halter jeweils schriftlich zur Vorführung aufgefordert werden mussten. Außerdem wurde festgestellt, dass der Personalmangel bei den Stadt- und Kreisbehörden die rechtzeitige Einberufung zur Untersuchung erheblich erschwerte und dass viele Fz-Halter trotz mehrmaliger Aufforderung die Fahrzeuge nicht vorführten.

2.2.3 1960

Durch die Verordnung zur Änderung von Vorschriften des Straßenverkehrsrechts vom 7. Juli 1960[7] wurden die Bestimmungen über die technische Überwachung der Kraftfahrzeuge erheblich geändert und ergänzt. Die Neufassung strebte die Heranziehung aller überwachungspflichtigen Fahrzeuge, die Entlastung der Stadt- und Kreisbehörden sowie die Einführung einer wirksamen Kontrolle durch Einführung einer Plakette am Fahrzeug an. Wegen der Notwendigkeit einer besonders eingehenden Untersuchung auch der Fahrzeuge, die der Personenbeförderung dienten, wurden die Vorschriften des damaligen 5. Abschnittes der Verordnung über den Betrieb von Kraftfahrunternehmen im Personenverkehr – BOKraft – (§§ 47 bis 87) im Wesentlichen in die StVZO übernommen. Dem Fz-Halter wurde die Pflicht auferlegt, ohne behördliche Aufforderung dafür zu sorgen, dass die vorgeschriebenen Untersuchungen durchgeführt wurden. Zur Kontrolle wurde eine Prüfplakette eingeführt, die außen am Fahrzeug erkennen lässt, wann die nächste Hauptuntersuchung zu veranlassen ist. Die Pflicht des Halters, die Untersuchungen fristgerecht durchführen zu lassen sowie die Grundsätze über die Prüfplakette wurden in dem neuen § 29 StVZO geregelt. In Anlage VIII StVZO wurden die Einzelheiten über die Untersuchungen vorgegeben. Die Hauptuntersuchung beschränkte sich nicht mehr auf die Verkehrssicherheit und die Geräusch- und Abgasentwicklung, sondern auf die Einhaltung aller technischen Vorschriften der StVZO, so z. B. auch der Maßnahmen zur Funkentstörung.

Auch wurde für bestimmte Nutz-Fz eine Zwischen- und Bremsensonderuntersuchung (ZU und BSU) eingeführt, da in den Jahren zuvor schwere Unfälle von Lkw und Bussen zu bekla-

4 § 35 der VO über Kfz-Verkehr vom 15.7.1930, RGBl. I S. 267
5 § 29 der StVZO vom 13.11.1937, RGBl. I S. 1215
6 Neufassung § 29 StVZO durch VO zur Änderung der StVZO vom 25.11.1951, BGBl. I S. 908
7 VO zur Änderung von Vorschriften des Straßenverkehrsrechts vom 7.7.1960, BGBl. I S. 485, VkBl. 1960, S. 454

gen waren, die überwiegend auf mangelhafte Bremsanlagen zurückgingen.

2.2.4 1960–1998 (weitere Änderungen)

1963 Marginale Änderungen des § 29 StVZO

1971[8] Wesentliche Änderung des § 29 StVZO durch Beschränkung der Untersuchungspflicht auf die Fahrzeuge, die ein eigenes amtliches Kennzeichen führen müssen. Einführung der geringen Mängel (GM) für die „Bewertung" des Fahrzeugs – Möglichkeit der Zuteilung der Prüfplakette trotz GM.

Aufhebung der Möglichkeit, zusätzliche Überwachungsorganisationen zur Durchführung von HU anzuerkennen. Anerkennungen für bereits anerkannte Organisationen (DEKRA, FKÜ der TÜV) blieben i. R. der Besitzstandsregelungen bestehen. Der VO-Geber beabsichtigte, mit der „Deckelung" die HU mehr als bis zu diesem Zeitpunkt geschehen auf die Durchführung durch aaSoP an deren Technischen Prüfstellen (TP) zu konzentrieren. Gleichzeitig wurden die Befugnisse amtlich anerkannter Kfz-Werkstätten für die Durchführung sog. Werkstatt-ZU zur Verlängerung der Frist zur erstmaligen HU-Durchführung auf Neufahrzeuge beschränkt.

1982[9] Änderung der Frist für die 1. Hauptuntersuchung von erstmals in den Verkehr kommenden Pkw ab dem 1.10.1982 von zwei auf drei Jahre.

1985[10] Einführung der Abgassonderuntersuchung (ASU) am 1.4.1985 zur Verminderung der Schadstoffemissionen von im Verkehr befindlichen Kfz.

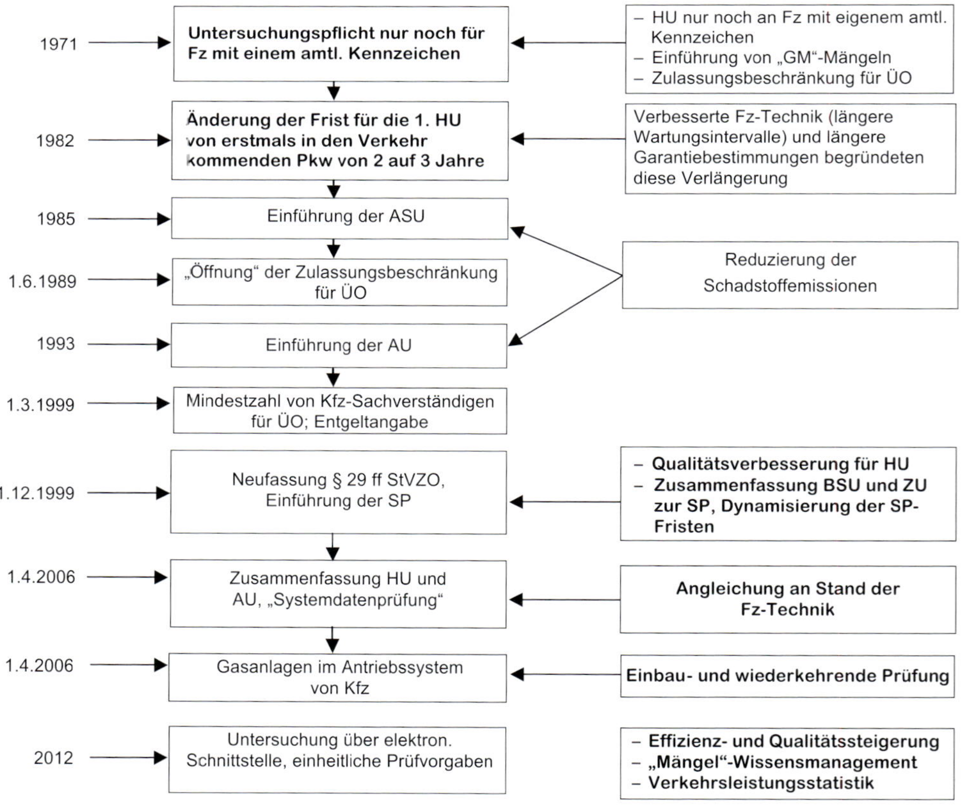

Bild 4 Fortschreibung der regelmäßigen TÜ, eigene Darstellung

Und dann als Ergebnis

1993[11] Einführung der Abgasuntersuchung (AU) als Fortschreibung der ASU für Kfz mit schadstoffgeregelter Abgastechnik am 1.12.1993.

2.2.5 8. VO zur Änderung straßenverkehrsrechtlicher Vorschriften vom 24.5.1989[12]

Die 1971 eingeführte Aufhebung der Möglichkeit, weitere Überwachungsorganisationen anzuerkennen, wurde zunehmend – insbesondere auch von politischer Seite – kritisiert. Einerseits wurde bezweifelt, dass diese Vorschrift verfassungskonform sei, andererseits wurde die Auffassung vertreten, dass diese Beschränkung dem Wettbewerb entgegenstehen würde.

So ist es eine originär staatliche Aufgabe, die Allgemeinheit vor Gefahren durch technische Mängel an Kraftfahrzeugen zu schützen; entsprechende Regelungen sind daher ordnungsbehördlicher Natur. Es ist weiterhin in das freie Ermessen des Staates gestellt, wie er die Verkehrssicherheit der am öffentlichen Verkehr teilnehmenden Fahrzeuge gewährleistet.

So hatten die Länder Hessen und Hamburg die hierzu erforderliche Aufgabenwahrnehmung „staatlichen Technischen Prüfstellen" übertragen, die u.a. die wiederkehrenden Untersuchungen durchführten. Die übrigen Länder übertrugen diese Aufgaben an private Personen, sog. „Beliehene", die insoweit im Rahmen der Anerkennung zur Wahrnehmung hoheitlicher Aufgaben berechtigt wurden. Auf der Grundlage des § 10 KfSachvG wurden die Errichtung und das Betreiben der TP den Technischen Überwachungsvereinen (TÜV) übertragen.

Aufgrund dieser Festlegungen etablierten sich für die regelmäßige technische Überwachung der Fahrzeuge nach § 29 StVZO grundsätzlich zwei Verfahren, nämlich die sog. Regelform durch die TP und daneben die Sonderform der freiwilligen Überwachung durch Überwachungsorganisationen, wobei bei „Nutzung" der letzteren Form die Untersuchung durch aaSoP der TP nicht mehr erforderlich war. Die Untersuchungen bzw. ihre Ergebnisse wurden somit als gleichwertig anerkannt. Trotz der o.g. Beschränkung, weitere Überwachungsorganisationen anzuerkennen, hatten sich der Anteil der Regelform (Technische Prüfstelle) von ca. 95 % im Jahre 1972 auf ca. 60 % im Jahre 1987 verringert und bei der „Sonderform" (Überwachungsorganisation) entsprechend erhöht.

Das heißt, die bis 1971 bereits anerkannten Überwachungsorganisationen (DEKRA, FKÜ der TÜV) hatten beträchtliche Zuwächse zu verzeichnen. Es soll hier nicht unerwähnt bleiben, dass sich die TÜV insoweit innerhalb ihrer eigenen Organisationen als Konkurrenten gegenüberstanden: Sie waren Träger der TP, denen ihre ebenfalls der gleichen Organisation angehörenden FKÜ als Konkurrenzunternehmen innerhalb ihres Anerkennungsgebietes die Durchführung von HU „streitig" machten.

Dieser Umstand und die Tatsache, dass die Fahrzeughalter zunehmend die Möglichkeit nutzten, ihre Fahrzeuge zur Inspektion/Reparatur und gleichzeitig zur Durchführung der HU in Kraftfahrzeugwerkstätten zu bringen, führten zu neuen Ansätzen gegenüber dem 1971 festgeschriebenen Stand. Maßgeblich an diesen Überlegungen beteiligt war die vom Bundeswirtschaftsministerium einberufene Deregulierungskommission.

Interessant ist in diesem Zusammenhang auch folgender Auszug aus der amtlichen Begründung der Neuordnung durch die 8. VO zur Änderung straßenverkehrsrechtlicher Vorschriften (VkBl. 1989, S. 353):

8 VO zur Änderung der StVZO vom 13. Juli 1971, BGBl. I S. 979, VkBl. 1971, S. 342

9 5. VO zur Änderung der StVZO vom 7. Juni 1982, BGBl. I S. 685, VkBl. 1982, S. 238

10 9. VO zur Änderung der StVZO vom 20. Dezember 1984, BGBl. I S. 1684, VkBl. 1985, S. 164

11 VO zur Änderung straßenverkehrsrechtlicher Vorschriften und der Eichordnung vom 19. November 1992, BGBl. I S. 1931, VkBl. 1993, S. 194

12 8. VO zur Änderung straßenverkehrsrechtlicher Vorschriften vom 24. Mai 1989, BGBl. I S. 1002, VkBl. 1989, S. 352

„Aus der Qualifizierung der Untersuchungstätigkeit als einer öffentlichen Aufgabe ergibt sich auch, dass für die freie Berufswahl (Art. 12 Abs. 1 GG) nur insoweit Raum ist, als dies die vom Staat geschaffene Organisation erlaubt (vgl. BVerfGE 17 S. 371, 379; Wolff-Bachof a. a. O. IIa). Aus der Organisationsgewalt des Staates folgt seine Befugnis, nach sachlichen Gesichtspunkten den Personenkreis zu bestimmen, der die Aufgabe wahrnehmen soll. Hierbei steht es dem Verordnungsgeber von Verfassungs wegen insbesondere frei,

- *den Zugang zur Aufgabenwahrnehmung bei Vorliegen bestimmter persönlicher und sachlicher Voraussetzungen grundsätzlich jedem Bewerber zu eröffnen*
- *oder aber die Aufgabe von vornherein nur auf ganz bestimmte, dazu geeignete Personen oder Einrichtungen zu übertragen."*

Mit anderen Worten: Wenn der Verordnungsgeber die Aufgabe bzw. die Wahrnehmung bestimmter Tätigkeiten, hier die der Durchführung der regelmäßigen technischen Überwachung, von Beginn an beschränkt hätte auf staatliche Stellen oder auf Technische Prüfstellen, hätte sich wohl ein anderes Ergebnis der Prüfung ergeben.

Durch die genannte VO wurden dann die entsprechenden Anerkennungsvoraussetzungen in Anlage VIII StVZO festgeschrieben, nach denen weitere Organisationen amtlich anerkannt werden konnten und auch wurden, um in einem ersten Schritt die HU durchführen zu können (z. B. GTÜ, KÜS).

Die vorherige Sonderform der freiwilligen Überwachung wurde damit zur Regelform und somit letztendlich auch der gewollte Wettbewerb für den Bereich der regelmäßigen technischen Überwachung vorgegeben.

In diesem Zusammenhang wird auf eine Aussage in o. g. amtlicher Begründung verwiesen, die im Verlaufe der späteren Entwicklung an Bedeutung gewann und auf die am Ende des Kapitels noch eingegangen wird:

„... Es ist dem Staat aber ebenso erlaubt, die Durchführung dieser Aufgabe privaten Personen (Beliehenen) zu übertragen, die er insoweit zur Ausübung hoheitlicher Funktionen ermächtigt. Allerdings hat der Staat in diesem Fall die ordnungsgemäße Erledigung der „delegierten" Aufgabe durch geeignete Maßnahmen gegenüber dem Beliehenen sicherzustellen (vgl. Wolff-Bachof, Verwaltungsrecht II, 5. Auflage, § 104, I)."

2.2.6 28. VO zur Änderung straßenverkehrsrechtlicher Vorschriften vom 20.5.1998[13]

Die in Deutschland geltenden Vorschriften über die regelmäßige TÜ wurden in den Jahren ab 1990 zunehmend kritisiert.

Häufigste Kritikpunkte:

- zu hohes Prüfniveau und zu umfangreich im Vergleich zur EU-weit vorgeschriebenen TÜ nach RL 96/96/EG (früher 77/143/EG); nach dieser RL waren EU-weit für Nutzfahrzeuge nur eine der Hauptuntersuchung (HU) und Abgasuntersuchung (AU) in etwa vergleichbare Untersuchungen vorgeschrieben,
- nicht mehr zeitgemäß in Bezug auf neuartige Fahrzeugkonstruktionen (veraltete Prüftechniken, keine Untersuchung der Fz-Elektronik, höhere Lebensdauer der verbauten Verschleißteile u. a.),
- überflüssige Untersuchungen, insbesondere die für Nutzfahrzeuge vorgeschriebene ZU und BSU, und damit auch Wettbewerbsnachteile für deutsche „Fuhrunternehmer",
- unzureichende Qualität der Untersuchungen.

Die Kritik wurde vom Verordnungsgeber (BMVBS, zust. obersten Landesbehörden) aufgenommen. Zu Beginn der Arbeiten erfolgte eine ganzheitliche Betrachtung des Systems der TÜ, die sowohl die Berücksichtigung der

13 28. VO zur Änderung straßenverkehrsrechtlicher Vorschriften vom 20. Mai 1998, BGBl. I S. 1051, VkBl. 1998, S. 470

regelmäßigen Untersuchungen bei der Abfassung der Bau-/Typ-Genehmigungsvorschriften (können moderne Fahrzeuge überhaupt noch einfach, schnell und effizient bei der TÜ überprüft werden?) beinhaltete als auch notwendige Erweiterungen der EU-weit geltenden „Überwachungsvorschriften“ der Richtlinie 96/96/EG. Eine Arbeitsgruppe sollte das bestehende System überprüfen und Vorschläge für eine Überarbeitung vorlegen. Die Vorschläge der Arbeitsgruppe wurden im Wesentlichen in der VO umgesetzt und damit der Zielsetzung gefolgt.

Zusammenfassung der Zwischen- (ZU) und Bremsensonderuntersuchung (BSU) zur Sicherheitsprüfung (SP) sowie Einführung von Fz-altersabhängigen Fristen für die SP

Die ZU war 1960 aus der Verordnung über den Betrieb von Kraftfahrunternehmen (BOKraft) übernommen worden – sie galt bis dahin nur für Busse –, die BSU wurde 1960 als neue Untersuchung in die StVZO aufgenommen.

Vom damaligen Stand der Fahrzeugtechnik und der gegebenen Unfallsituation – die durch die Polizei festgestellten unfallursächlichen technischen Mängel lagen im statistischen Mittel bei 2,7 %, heute unter 1 % – war die Übernahme/Einführung der sog. Werkstatt-Untersuchungen in dem damals festgeschriebenen und 1971 nochmals erweiterten Umfange gerechtfertigt. Die Einführung der BSU 1960 als Ergänzung zur HU geschah auch unter dem Gesichtspunkt, dass z. T. eine innere Untersuchung der Radbremsen vorgenommen werden musste und diese nach dem Handwerksrecht nicht von den HU-Prüfern durchgeführt werden durfte, weil damit Montagearbeiten verbunden waren. Nach Nr. 1.4.3 Anlage VIII StVZO-alt war die Notwendigkeit der „inneren Untersuchung“ immer dann gegeben, wenn der Fahrzeug- oder Bremsenhersteller dies in entsprechenden Anleitungen verlangte. Derartige Anweisungen bestehen heute grundsätzlich nicht mehr und wenn, dann nur in einem sehr geringen Umfange; Zahlen hierüber liegen nicht vor. Möglich wurde dies durch verbesserte Radbremskonstruktionen, die insgesamt ein günstigeres Verschleiß- und Reparaturverhalten aufweisen sowie u. a. durch eine bessere Abstimmung des Bremsverhaltens von Zug- und Anhängerfahrzeugen. Die Ausrüstung von Nutzfahrzeugen mit Scheibenbrem-

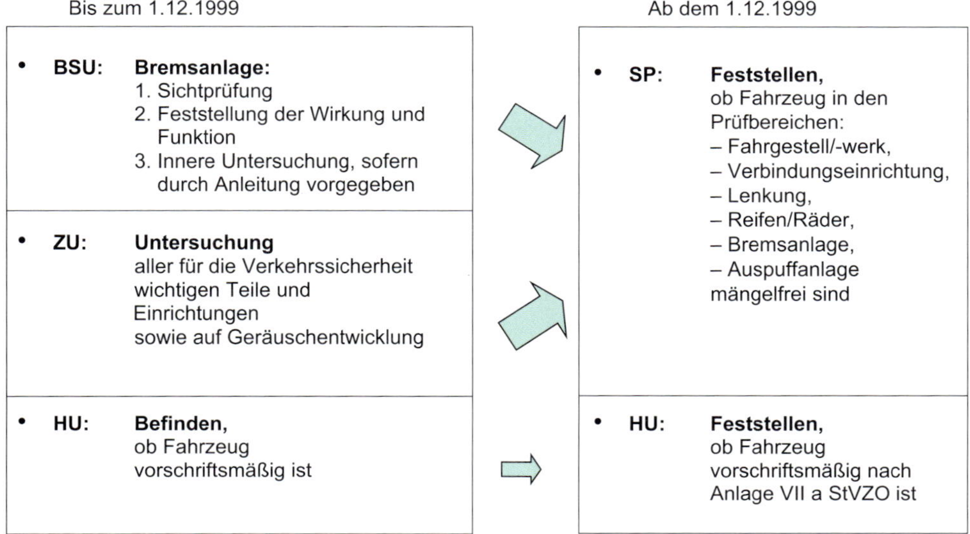

Bild 5 Zusammenfassung der ZU und BSU zur SP, eigene Darstellung

sen, elektronisch gesteuerten Bremsanlagen und andere Verbesserungen verstärkten dies.

Durch die zeitliche Bindung der BSU an die HU (bis drei Monate vor der HU nach Nr. 2.5 Anlage VIII StVZO-alt) erfolgt im Prinzip eine doppelte Prüfung der Fahrzeug-Bremsanlagen innerhalb einer relativ kurzen Zeitspanne mit vergleichbaren Prüfschritten. Oft erfolgten beide Untersuchungen am gleichen Tage. Das führte zu Unverständnis, da die innere Untersuchung nicht mehr nötig war, aber auch teilweise zu nicht mehr vorschriftenkonformen Verfahrensweisen.

Aufgrund entsprechender Mängelstatistiken und der praktischen Untersuchungserfahrungen mit neuartigen Fahrzeugkonzeptionen wurden daher die beiden Untersuchungen ZU und BSU zur SP zusammengefasst. Die BSU wurde ihrem sachlichen Gehalt nach nahezu unverändert in die SP integriert.

Weiterhin sollen bei dieser Untersuchung oder Prüfung nicht die Fahrzeuge in ihrer Gesamtheit, sondern nur wichtige verschleißbehaftete und reparaturanfällige Fahrzeugteile überprüft und verschiedene Funktions- sowie Wirkungsprüfungen durchgeführt werden. Ausgehend von den vorliegenden Mängelstatistiken und den allgemeinen Untersuchungs-/Prüferfahrungen wurde nunmehr vorgeschrieben, dass sich die neue Prüfung auf die besonders verschleißbehafteten und sicherheitsrelevanten Teile/Baugruppen der Prüfbereiche Fahrgestell/Fahrwerk/Verbindungseinrichtungen, Lenkung, Reifen/Räder und Bremsanlage sowie auf die Überprüfung der Auspuffanlage beschränkt. Diese Prüfung wird Sicherheitsprüfung (SP) genannt.

■ Dynamisierung der Untersuchungsfristen für die SP

Eine weitere, gegenüber den bisherigen Vorschriften für ZU und BSU vorgenommene grundlegende Änderung war die Dynamisierung der Prüffristen für vorgeschriebene SP an Nutzfahrzeugen. Diese zeitliche Streckung bei neuen und in regelmäßigen Zeitabständen für ältere Nutzfahrzeuge vorgeschriebenen Zeitabstände (Fristen) für die SP ergab sich aus der Erkenntnis, dass der Verschleiß/die Reparaturanfälligkeit der Fahrzeuge mit steigendem Alter und der damit in der Regel verbundenen höheren Laufleistung zunimmt. Dies wurde durch vorliegende Mängelstatistiken untermauert. Zusätzlich wurde gegenüber der bis dahin geltenden Zuordnung der Fahrzeuge in der Anlage VIII StVZO eine Änderung auf der Basis der international geltenden Fahrzeugdefinitionen vorgenommen, also z. B. $N_1 \leq 3{,}5$ t, $N_2 > 3{,}5$ t ≤ 12 t, $N_3 > 12$ t für Lkw.

■ Einsparungen durch Einführung der SP

Die Zusammenfassung der ZU und BSU zur SP und die Einführung der dynamisierten Fristen für die SP haben seinerzeit, bezogen auf den Nutzfahrzeugbestand 1998/1999, zu folgenden jährlichen Einsparungen geführt:

- etwas mehr als 1,4 Mio. Untersuchungen
- etwa 200 Mio. DM an Prüf-/Untersuchungsgebühren
- geringere Fz-Ausfallzeiten
- Wegfall von Fahrt- und Fahrerkosten zu untersuchenden Werkstätten.

Rein rechnerisch ergab sich für die Halter der betroffenen Nutzfahrzeuge eine Einsparung von ca. 560 Mio. DM pro Jahr.

■ Verbesserung der Qualität bei der Durchführung der SP und HU durch konkrete Durchführungsvorschriften/-richtlinien

a) Bei der Durchführung der SP wurden fünf Prüfbereiche mit jeweils vorgegebenen Prüfpunkten „abgeprüft“. Gegenüber der ZU und teilweise auch der BSU werden die Fahrzeuge also nicht mehr in ihrer Gesamtheit überprüft. Es wird konkret vorgegeben, welche Prüfpunkte zu prüfen und welche Mängel ggf. zu beanstanden sind.

Dies hat auch den Vorteil, dass die vorgeschriebenen Prüfpunkte in der zur Verfügung stehenden Zeit intensiv überprüft werden können. Bei Beanstandungen oder Kritik an der Durchführung der SP oder bei Überprü-

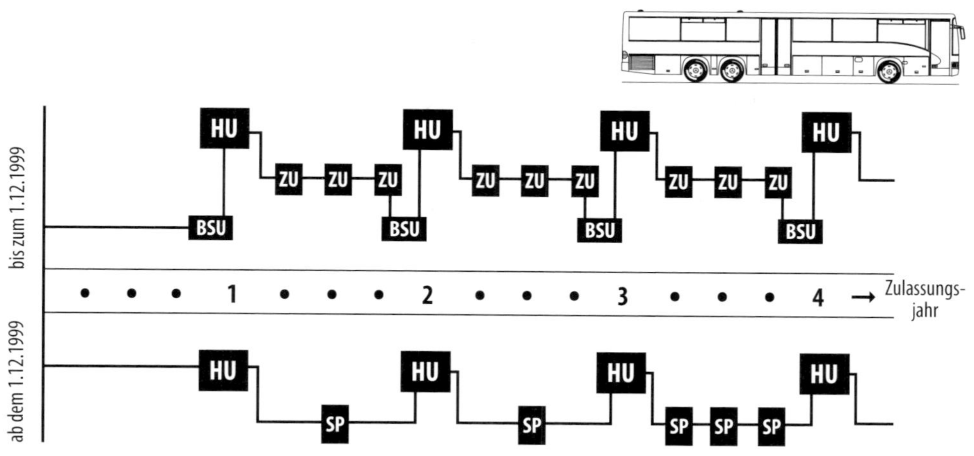

Bild 6 Gegenüberstellung der Untersuchungsfristen für Busse, eigene Darstellung

fungen der anerkannten SP-Werkstätte oder des Prüfingenieurs (PI) der amtlich anerkannten Überwachungsorganisation (ÜO) durch die die Aufsicht führende Stelle (z. B. Behörde oder Kfz-Innung) ist es möglich, festzustellen, ob die durchführende Person ordnungsgemäß die Fahrzeuge überprüft hat.

Die SP darf von hierfür anerkannten SP-Werkstätten sowie von aaSoP der TP oder PI von ÜO durchgeführt werden. Außerdem dürfen sog. Eigenüberwacher, die für die Durchführung von ZU/BSU bis zum 1.6.1998 anerkannt waren, an ihren Nutzfahrzeugen SP durchführen, wenn sie für die SP anerkannt wurden („Besitzstandsregelung“).

Eine der Voraussetzungen für die Anerkennung und den Fortbestand als SP-Werkstätte ist die Einhaltung der Vorschriften der Anlage VIIId StVZO über die notwendige Ausrüstung und bauliche Gestaltung der Untersuchungsstellen,

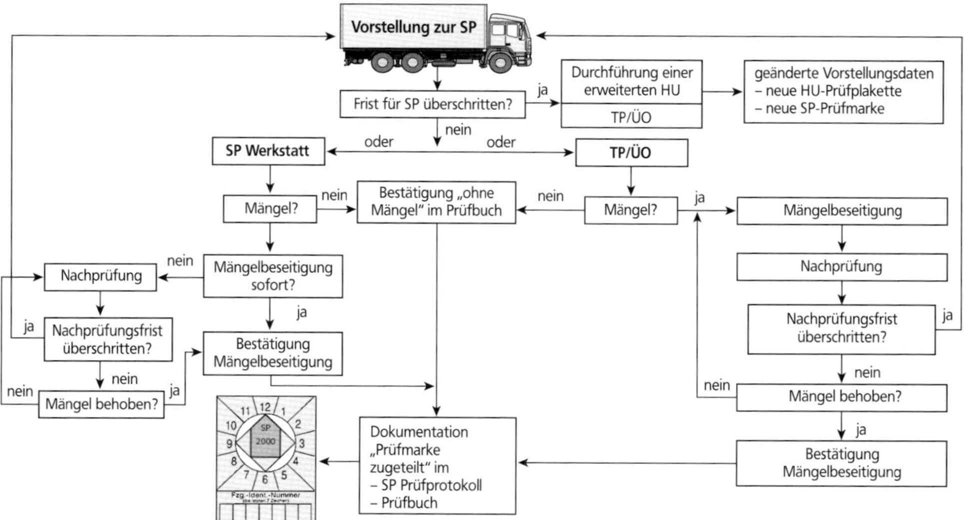

Bild 7 Ablauf der Sicherheitsprüfung, eigene Darstellung

die gleichermaßen für SP-Werkstätten, TP und ÜO gelten. Die Vorschriften der Anlage VIIId StVZO gelten darüber hinaus auch für Untersuchungsstellen, an denen HU durchgeführt werden.

Die fünf Prüfbereiche der SP berücksichtigen die besonders verschleißbehafteten und reparaturanfälligen Fahrzeugteile sowie wichtige Funktions- und Wirkungsprüfungen, so z. B. die der Bremsanlagen. Bei der SP sind folgende Prüfbereiche am Nutzfahrzeug zu prüfen:

- Fahrgestell/Fahrwerk/Verbindungseinrichtungen
- Lenkung
- Reifen/Räder
- Auspuffanlage (entfiel ab dem 1.7.2012)
- Bremsanlage.

Sowohl in der SP-Richtlinie als auch im SP-Prüfprotokoll sind mögliche Mängel aufgeführt, die, wenn sie am Fahrzeug festgestellt werden, im SP-Prüfprotokoll einzutragen sind.

In die StVZO und auch in die SP-Richtlinie wurden konkrete Prüfvorschriften und darüber hinaus eindeutigere Verfahrensvorschriften aufgenommen. Dies war aus zwei Gründen notwendig geworden: Zum einen wurden bei den ZU- und BSU-Verfahren negative Erfahrungen gemacht, zum anderen sollte eine größere Flexibilität bzw. Auswahlmöglichkeit für den Fahrzeughalter erreicht werden. Außerdem war aber sicherzustellen, dass die SP ordnungsgemäß durchgeführt und damit auch ihrer Bedeutung für die Verkehrssicherheit entsprechend umgesetzt wird.

Dementsprechend wurden die Verfahrensvorschriften für die Feststellung und Behebung der Mängel und die jeweilige Dokumentation dazu in Nr. 3.2 Anlage VIII StVZO aufgenommen.

Da die SP in SP-Werkstätten, aber auch durch aaSoP an TP sowie durch PI von ÜO durchgeführt werden kann, ergeben sich dafür unterschiedliche Abläufe (s. *Bild 7*).

b) In ähnlicher Weise wie für die SP wurden auch die Vorschriften für die Durchführung der HU neu gefasst. Auch die Qualität der HU musste verbessert werden; die PI der ÜO und aaSoP der TP, die unzureichend untersuchten, sollten außerdem bei Kontrollen ausfindig gemacht werden können.

Dazu bedurfte es aber einer Rechtsänderung mit einer geänderten und klaren Diktion für das prüfende Personal.

So lautete bis dahin die Vorschrift des § 29 Abs. 2a StVZO in der vor dem 1.12.1999 geltenden Fassung:

„Durch die Prüfplakette wird bescheinigt, dass das Fahrzeug zum Zeitpunkt seiner letzten Hauptuntersuchung bis auf etwaige geringe Mängel für vorschriftsmäßig befunden worden ist."

Diese Vorschrift trug dem Umstand Rechnung, dass bei einer HU, die sinnvollerweise aus Zeit- und Kostengründen als regelmäßig wiederkehrende Untersuchung auf stichprobenartige Untersuchungen einzelner Fahrzeugteile/-einrichtungen beschränkt bleiben musste, keine umfassende Feststellung der Vorschriftsmäßigkeit des Fahrzeugs erfolgen konnte. Andernfalls hätte eine der Typprüfung vergleichbare Untersuchung mit entsprechendem Zeit- und Kostenaufwand durchgeführt werden müssen. Die Art und Weise der durchzuführenden Untersuchungsschritte und der Beurteilung festgestellter Mängel am Fahrzeug waren in der Durchführungs- und Mängelrichtlinie für HU festgelegt, allerdings unter der Maßgabe, dass es der untersuchenden Person weitgehend freigestellt war, welche und in welchem Umfang einzelne Untersuchungspunkte zu überprüfen waren. Unterschiedliche Verfahrensweisen der untersuchenden Personen sowie nicht in allen Fällen befriedigende Qualität waren die Folge, die durch die neuen Vorschriften auch im Sinne der Gleichbehandlung aller Fahrzeughalter ausgeräumt werden sollten. § 29, Anlage VIII und insbesondere Anlage VIIIa (Durchführung der HU) StVZO mussten daher geändert werden.

„Durch die nach durchgeführter Hauptuntersuchung zugeteilte und angebrachte Prüfplakette wird bescheinigt, dass das Fahrzeug zum Zeitpunkt dieser Untersuchung vorschriftsmäßig nach Nummer 1.2 der Anlage VIII ist",

lautet daher § 29 Abs. 3, Satz 2 StVZO nach der Änderung.

Nummer 1.2 Anlage VIII enthielt eine Festverweisung auf die „Durchführungsbestimmungen“ der Anlage VIIIa StVZO-neu. Danach musste bei allen HU eine Pflichtuntersuchung der dort näher bezeichneten Untersuchungspunkte an den Fahrzeugen immer durchgeführt werden. Bestand aufgrund des Zustandes oder des Alters des Fahrzeuges, Bauteils oder Systems die Vermutung, dass eine über die Pflichtuntersuchung hinausgehende vertiefte und damit notwendige Ergänzungsuntersuchung bei dem vorgestellten Fahrzeug erforderlich war, hatte die untersuchende Person diese umfangreichere HU aufgrund der ihr zugemessenen pflichtgemäßen Ermessensentscheidung durchzuführen. Das gleiche galt bei vermuteten unvorschriftsmäßigen technischen Änderungen an den Fahrzeugen, Bauteilen oder Systemen. Die über die Pflichtuntersuchung hinausgehende Ergänzungsuntersuchung ergab sich ebenfalls aus Anlage VIIIa StVZO. Ausgehend von dem hohen Ausbildungsniveau der aaSoP und der PI war eine derartige Ermessensentscheidung vertretbar.

Durch die vorgenannte Neufassung der Vorschriften wurde eine einheitliche Durchführung und eine in ihrer Aussagequalität verbesserte HU erwartet.

Diese grundlegenden Änderungen der Vorschriften und die damit einhergehende eindeutige Anweisung an die aaSoP und PI, unter Zugrundelegung der eindeutigen Durchführungsvorschriften der Anlage VIIIa StVZO die Vorschriftsmäßigkeit des untersuchten Fahrzeugs *festzustellen* und nicht nur zu befinden, hat bis heute ihren notwendigen Niederschlag in der Rechtsprechung noch nicht gefunden.

Weitere Änderungen der Vorschriften durch diese Verordnung

- Streichung der Vorschriften über sog. Eigenüberwacher für die Durchführung von HU und SP (vorher ZU und BSU) an ihren Fahrzeugen unter der Maßgabe, dass i. R. der Besitzstandsregelungen bestehende Anerkennungen wirksam blieben.
- Aufhebung der Vorschriften über die sog. Werkstatt-Zwischenuntersuchungen an neuen Fahrzeugen, die zu einer Verlängerung des Zeitraums der Vorstellung der Fahrzeuge zur ersten HU bei einem aaSoP oder PI führten. Auch hier blieben unter Zugrundelegung der Besitzstandsregelung bereits vorhandene Anerkennungen bestehen; dies gilt bis heute unverändert.
- Zwei ebenfalls in dieser Verordnung enthaltene Vorschriftenänderungen führten zur Entlastung der Verwaltungen der Länder:
  - Verweis in den Vorschriften auf Durchführungs-/Anerkennungsrichtlinien, die im VkBl. mit Zustimmung der zuständigen obersten Landesbehörden veröffentlicht werden. Damit mussten diese Richtlinien nicht mehr – wie bis dato erforderlich – mit besonderen Erlassen oder mit Landesverordnungen – jeweils in 16 Ländern – in Kraft gesetzt werden.
  - Aufnahme einer Delegationsmöglichkeit der Anerkennung und der Aufsicht für bzw. über SP-Werkstätten auf die örtlich zuständigen Handwerkskammern oder Kfz-Innungen.
- Aufnahme einer Vorschrift, nach der bei verspäteter Vorführung der Fahrzeuge zur HU die Frist zur Vorstellung zur nächsten fälligen HU um den Überziehungszeitraum zu kürzen ist. Diese sog. Rück- oder Fälligkeitsdatierungsvorschrift führte dazu, dass beispielsweise bei einer um fünf Monate verspäteten Vorführung eines Pkw zur HU die Prüfplakette nur noch für eine (Restlauf-)Frist von 19 Monaten (24 – 5 = 19) zugeteilt wurde. Diese Vorschrift war von den Ländern eingebracht worden, um dem damals festgestellten, teilweise bewussten „Überziehen“ der Fristen entgegenzuwirken. Diese Vorschrift in Nummer 2.3 der Anlage VIII StVZO wurde überaus häufig kritisiert, da einerseits eine entsprechende Ermächtigungsgrundlage im § 6 StVG bezweifelt wurde und sie andererseits nicht mit technischen Argumenten belegt werden kann.

2.2.7 24. VO zur Änderung der StVZO vom 3.2.1999[14]

Neben der Aufnahme eines Absatzes 2a in § 19 StVZO enthielt diese VO Änderungen der Anlage VIIIb StVZO hinsichtlich der Vorschriften für amtlich anerkannte Überwachungsorganisationen (ÜO):

- Die ÜO muss von mindestens 60 selbständigen und hauptberuflich tätigen Kfz- Sachverständigen gebildet und getragen werden, die keiner anderen ÜO angehören.
- Die ÜO muss im jeweiligen Anerkennungsgebiet über eine zum Erfahrungsaustausch geeignete Prüfstelle verfügen.
- Vorschriften zur Angabe der Entgelte, die vom Fahrzeughalter für die Durchführung der HU zu entrichten sind, in den ÜO-Prüfstellen und Prüfstützpunkten nach der Preisangabeverordnung.

2.2.8 Artikel 3 des Gesetzes zur Änderung des StVG und anderer straßenverkehrsrechtlicher Vorschriften vom 11.9.2002[15]

Nachdem das OVG Münster in seinem Urteil vom 22.9.2000 (Az. 8 A 2429/99) die Anlage VIIIb StVZO (frühere Anerkennungsvorschriften waren Bestandteil der Anlage VIII StVZO und wurden durch die 28. VO zur Änderung straßenverkehrsrechtlicher Vorschriften[13] in Anlage VIIIb-neu 1998 zusammengefasst) für verfassungswidrig und damit für nichtig erklärt hatte, wurde eine ausreichende Ermächtigungsgrundlage in § 6 StVG aufgenommen (Artikel 1). Mit Artikel 3 des Gesetzes wurde Anlage VIIIb StVZO neu bekannt gemacht und einige Folgeänderungen aufgenommen.

2.2.9 41. VO zur Änderung straßenverkehrsrechtlicher Vorschriften vom 3.3.2006[16]

Die Erarbeitung und letztendlich die Verkündung dieser VO gehen auf eine Anpassung an die weiterentwickelte Fahrzeugtechnik sowie auf eine Einbeziehung neuer Untersuchungsteile zurück.

■ Zusammenfassung der HU und AU

Durch die Fortschreibung der „Abgasrichtlinie“ 70/220/EWG durch die Richtlinie 98/69/EG und weiterer Änderungsrichtlinien wurden für bestimmte Kraftfahrzeuge sog. On-Board-Diagnosesysteme (OBD) mit zeitlich gestuften Inkrafttretungsdaten für neue Kraftfahrzeuge vorgeschrieben. Diese OBD überwachen das Abgasverhalten der Kraftfahrzeuge während ihres Betriebs permanent und zeigen dem Fahrzeugführer aufgetretene Fehler im Abgassystem durch Aufleuchten der MI-Lampe (malfunction indicator – Fehlfunktionsanzeige) an. Im Weiteren ist vorgegeben, dass auch Störungen/Fehler im Abgassystem, die sporadisch und nicht dauerhaft auftreten, je nach ihrer vorgegebenen Wertigkeit im „Ereignisspeicher“ abgespeichert und über eine genormte Schnittstelle mit einem Diagnosegerät ausgelesen werden können. Für die TÜ von Kraftfahrzeugen mit ordnungsgemäß arbeitenden OBD ergibt sich insoweit eine Vereinfachung, da bei ihnen auf eine Messung und Bewertung des Abgasverhaltens, wie i. R. der AU für Kraftfahrzeuge ohne die genannten Systeme vorgeschrieben, verzichtet werden kann. Deshalb lag es nahe, die vom Untersuchungsaufwand reduzierte AU an diesen Kraftfahrzeugen in die HU zu integrieren, da ohnehin bei der HU und AU zum Teil gleiche Untersuchungspunkte durchzuführen waren (Fahrzeug-Identifizierung, Sichtprüfung der abgasrelevanten Teile). Die Zusammenfassung beider Untersuchungen erfolgte zeitlich gestuft und begann am 1.4.2006 zunächst für OBD-Kraftfahrzeuge, bei denen auf die Untersuchung der Abgase (Endrohrmessung) verzichtet wurde. In einer zweiten Stufe wurde dann ab dem 1.1.2010 die

14 24. VO zur Änderung der StVZO vom 3. Februar 1999, BGBl. I S. 82, VkBl. 1999, S. 552

15 Gesetz zur Änderung des StVG und anderer straßenverkehrsrechtlicher Vorschriften vom 11. September 2002, BGBl. I. S. 3774,VkBl. 2002, S. 634

16 41. VO zur Änderung straßenverkehrsrechtlicher Vorschriften vom 3. März 2006, BGBl. I S. 470, VkBl. 2006, S. 280

AU an alten, nicht OBD-Kraftfahrzeugen in die HU integriert. Ab diesem Datum entfiel auch der Nachweis der AU als Teiluntersuchung der HU durch die sechseckige „AU-Plakette“ auf dem vorderen Kennzeichen.

Die Durchführung der Untersuchung des Motormanagement-/Abgasreinigungssystems an OBD-Kraftfahrzeugen als eigenständiger Teil der HU konnte bzw. kann dabei – wie die bisherige AU – von dafür anerkannten Kraftfahrzeugwerkstätten durchgeführt und bescheinigt werden. Der Nachweis über die Durchführung ist dem aaSoP/PI vor Beginn der HU vorzulegen.

Einführung der Untersuchung der Abgase und Geräusche an Krafträdern

Krafträder unterlagen keiner regelmäßigen Überwachung ihres Abgas- und Geräusch-

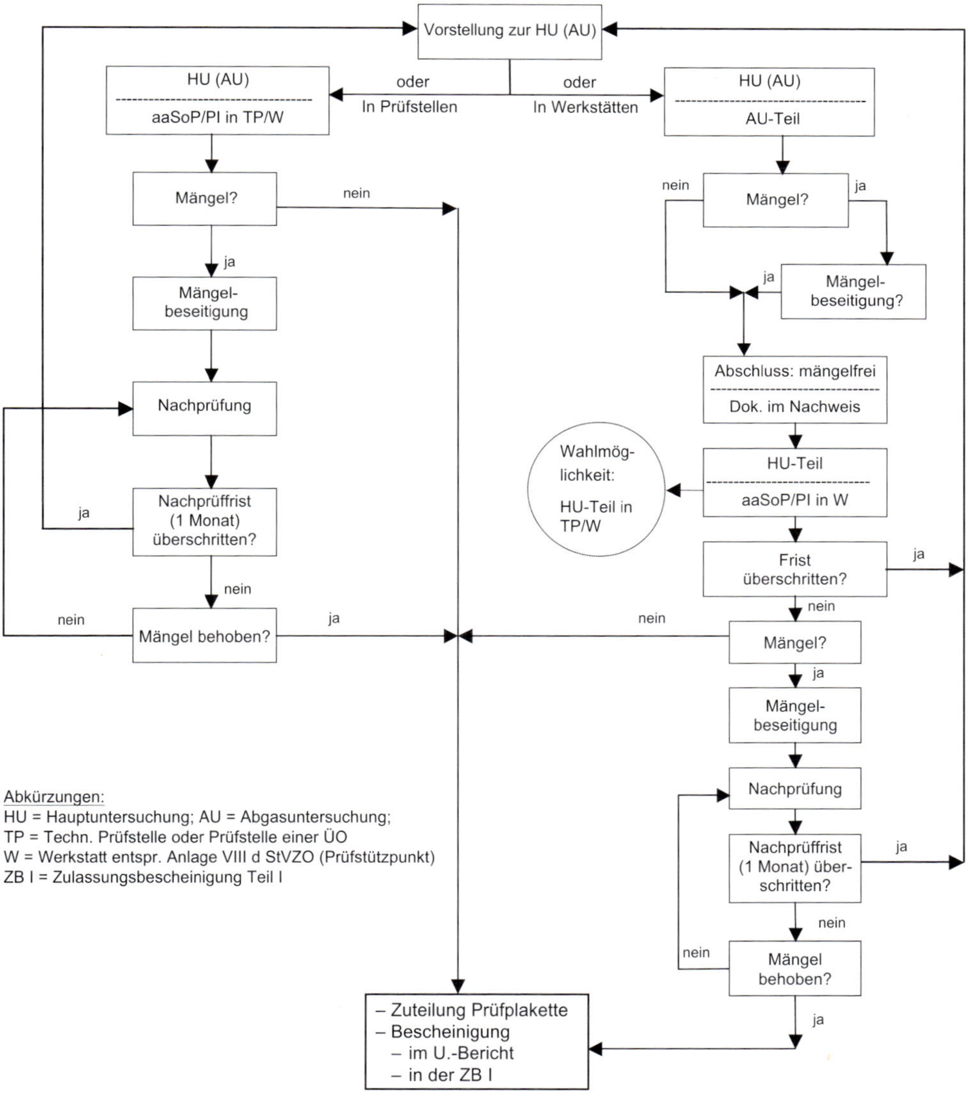

Abkürzungen:
HU = Hauptuntersuchung; AU = Abgasuntersuchung;
TP = Techn. Prüfstelle oder Prüfstelle einer ÜO
W = Werkstatt entspr. Anlage VIII d StVZO (Prüfstützpunkt)
ZB I = Zulassungsbescheinigung Teil I

Bild 8 Ablauf einer Hauptuntersuchung (HU) mit integrierter Abgasuntersuchung (AU), eigene Darstellung

verhaltens. Die Einführung einer regelmäßigen Überwachung der Abgase und Geräusche der im Verkehr befindlichen Krafträder wurde aber aus Umweltgründen für notwendig erachtet. Die ab dem 1.4.2006 eingeführten Untersuchungen sollten Verschlechterungen im Abgas- und Geräuschverhalten des einzelnen Kraftrades im Verkehr als Folge von Verschleiß, unterlassener oder fehlerhafter Reparatur oder Wartung und/ oder Einbau nicht genehmigter Auspuffanlagen aufzeigen, als Mangel festgestellt und in der Folge behoben werden.

Die Untersuchung der Abgase an Krafträdern wurde ebenfalls als eigenständiger Teil der HU festgeschrieben und konnte bzw. kann somit auch von dafür anerkannten Werkstätten durchgeführt werden.

Die Geräuschuntersuchung wurde fester Bestandteil der HU. Als Pflichtuntersuchung bei der HU wurde eine „subjektive" Geräuschbeurteilung vorgeschrieben. Erscheint dem Prüfer, der ohnehin eine Fahrprobe durchführt, dabei das Geräuschverhalten des Kraftrades auffällig, ist als Ergänzungsuntersuchung nach Anlage VIIIa StVZO eine Messung des Standgeräusches durchzuführen. Außerdem wurde festgestellt, dass zur Eindämmung übermäßiger Geräuschentwicklungen bei Kradrädern, die durch Manipulationen an der Auspuffanlage oder den Anbau einer nicht genehmigten Auspuffanlage zwischen den vorgeschriebenen Untersuchungen zustande kamen, sog. Zufallsuntersuchungen an der Straße ein geeignetes Mittel sein können.

Einführung der Untersuchung von elektronisch geregelten Fahrzeugsystemen, die sicherheits- oder umweltrelevant sind

Die Elektronik hatte bereits zum Beginn der 1980er Jahre in Fahrzeugen eine zunehmende und insbesondere auch eine übergreifende Rolle übernommen. Elektronische Komponenten zur Steuerung verkehrssicherheits- oder umweltrelevanter Fahrzeugeinrichtungen wie z. B. Automatischer Blockierverhinderer (ABV), Airbag und Motormanagement wurden selbstverständlich. Neue Systeme wie Abstandswarngeräte, Abstandsregelungen, Fahrdynamikregelungen und Lenkanlagen mit elektronischen Bauteilen wurden dann auch in Fahrzeugen der unteren Preisklassen eingebaut. Somit musste auch gewährleistet werden, dass diese elektronischen Systeme, die die „Mechanik" der Fahrzeuge steuern, über die gesamte Einsatzzeit der Fahrzeuge, also ab der Zulassung zur Teilnahme am Straßenverkehr, ordnungsgemäß arbeiten. Um dies sicherzustellen, bedurfte es einer Untersuchung der in die Fahrzeuge eingebauten elektronisch geregelten Fahrzeugsysteme bei der wiederkehrenden regelmäßigen technischen Überwachung der Fahrzeuge. Diese Untersuchung bestand in einer Prüfung der eingebauten Teile auf sog. Ident.-Teile (Original- oder freigegebene Ersatzteile) und auf unzulässige technische Änderungen; außerdem hatte sie Funktions- und Wirkungsprüfungen zu beinhalten.

Da jedoch bei der regelmäßigen technischen Überwachung der Zeit- und Kostenaufwand der Untersuchungen in einem vertretbaren Umfang zu den Untersuchungszielen stehen muss, konnten keine aufwendigen Funktions- und Wirkungsprüfungen, z. B. von fahrdynamischen Regelungen, vorgeschrieben werden. Da bei der Abfassung der Bau- und Wirkvorschriften für derartige Einrichtungen die Belange der regelmäßigen technischen Überwachung nicht hinreichend berücksichtigt wurden, musste ein neuer Weg beschritten werden. Die Notwendigkeit dazu ergab sich auch aus dem Umstand, dass zum damaligen Zeitpunkt für die überwiegende Zahl der elektronisch gesteuerten Systeme, wie Fahrerassistenzsysteme, keine Bau-/ Typgenehmigungsvorschriften existierten. Dass diese Systeme ordnungsgemäß funktionierten, lag somit in der Verantwortung der Fahrzeughersteller, auch aus Gründen der Produktsicherheit und -haftung.

Um den gesetzlichen Auftrag, über die regelmäßige technische Überwachung der Fahrzeuge sowohl die (technische) Verkehrssicherheit als auch die Umweltverträglichkeit im Betrieb sicherzustellen, nachzukommen, wurde mit dieser Verordnung und den Untersuchungsvorschriften ein anderer Ansatz umgesetzt. Die Untersuchungsvorschriften der Anlage VIIIa StVZO, die auch für die elektronischen Fahrzeugkomponenten gelten, mussten infolge der überwiegenden Nichtberücksichtigung der regelmäßigen technischen Überwachung in den Bau- und Wirkvorschriften so abgefasst werden, dass die Untersuchung sich nicht nur auf die Prüfung der Vorschriftsmäßigkeit („Übereinstimmung mit den Bau- und Wirkvorschriften") beschränkte, sondern die Fahrzeuge auch auf Einhaltung des übergeordneten Zieles bezüglich der technischen Verkehrssicherheit und Umweltverträglichkeit zu untersuchen waren. Demzufolge wird durch Anlage VIIIa StVZO eine stufenförmige Abfolge („Prüfkaskade") der bei den Untersuchungen zu berücksichtigenden Vorschriften vorgegeben. Sofern durch § 29 und den darauf aufbauenden Untersuchungsvorschriften und -richtlinien (Nr. 1 Abschnitt 1 und 2 Anlage VIIIa StVZO), die auf vorhandenen Bau- und Wirkvorschriften aufbauen, keine detaillierten Untersuchungsvorschriften vorgegeben sind, können die entsprechenden Untersuchungen aufgrund von Systemdaten, die vom Hersteller oder Importeur bei der Homologation oder aber nachträglich speziell für die wiederkehrende technische Fahrzeugüberwachung angegeben oder die vom Arbeitskreis Erfahrungsaustausch in der technischen Fahrzeugüberwachung (AKE) im Benehmen mit den Herstellern und Importeuren erarbeitet wurden, durchgeführt werden (Nr. 1 Abschnitt 3 oder 4 Anlage VIIIa StVZO). Diese Vorschrift stützt sich auf folgende Gegebenheiten:

- Spezielle Untersuchungsvorschriften für die regelmäßige technische Überwachung wurden bisher bei der Abfassung der Bau- und Wirkvorschriften nicht oder nur unzureichend berücksichtigt.
- Die von den Herstellern eingebauten Sicherheitskonzepte, über die die ordnungsgemäße Funktion – oftmals auch die Wirkung – der Einrichtungen permanent überwacht werden, können bei Angabe von Systemdaten für die regelmäßige technische Überwachung genutzt werden.

Für die mit dieser VO eingeführten Pflichtuntersuchungen sicherheitsrelevanter, elektronisch geregelter Fahrzeugsysteme müssen allen aaSoP/PI zuverlässig die gleichen Prüfvorgaben und Systemdaten bereitgestellt werden, die die Grundlagen für gleichmäßige Untersuchungen der elektronisch geregelten Fahrzeugsysteme in hoher Qualität und mit einem vertretbar geringen Aufwand bilden. Zur Absicherung der geforderten Güte dieser Untersuchungen ist für die Aufwendungen zur Erstellung, Vorhaltung und Bereitstellung entsprechender Prüfvorgaben und Systemdaten die Erhebung einer gesonderten Gebühr erforderlich. Eine solche Gütesicherung kann nicht der normalen Gebührenfestsetzung innerhalb des Gebührenrahmens für die HU überlassen werden.

Eine Teilgebühr mit der Zweckbindung für die gleichmäßige Erstellung, Vorhaltung und Bereitstellung entsprechender Prüfvorgaben und Systemdaten für alle aaSoP/PI über den AKE bringt die notwendige langfristige Sicherheit. Diese Teilgebühr wird von den Technischen Prüfstellen bei der HU erhoben und als „durchlaufender Posten" an den AKE abgeführt. Ein Entgelt in gleicher Höhe wird auch von den amtlich anerkannten Überwachungsorganisationen bei der HU erhoben und an den AKE abgeführt.

Da den Herstellern auch aus Gründen der Produkthaftung daran gelegen war, dass jeder Ausfall sowie Manipulationen oder andere unzulässige Änderungen an den Einrichtungen schnellstmöglich behoben werden bzw. der „Originalzustand" wiederhergestellt wird, war dieser Weg folgerichtig. Er bietet außerdem den Vorteil, dass keine „starren" und, wie in der Vergangenheit teilweise festgestellt werden musste, innovationshemmenden Untersuchungsvorschriften vorgegeben werden.

- Bei der Erarbeitung dieser VO wurde außerdem geprüft, ob und ggf. in welchem Umfange noch andere Teilbereiche in die Vorschriften aufgenommen werden sollten:
  - Wirkungsprüfung von in Pkw eingebauten Schwingungsdämpfern („Achsdämpfungs-Prüfung")

- Verkürzung der Fristen für die Durchführung von HU an älteren Pkw ab dem 8. Zulassungsjahr
- Einbeziehung versicherungskennzeichenpflichtiger Kraftfahrzeuge (z. B. Mopeds, Mofas oder bestimmte Kleinkrafträder) in die Pflicht zur regelmäßigen HU.

Die Einführung dieser Untersuchungen bzw. die HU-Fristverkürzung wurden abgelehnt; in der amtlichen Begründung zur vorgenannten VO im VkBl. 2006, S. 280, sind die Gründe für diese Ablehnung enthalten.

2.2.10 42. VO zur Änderung straßenverkehrsrechtlicher Vorschriften vom 16.3.2006[17]

Durch die Neufassung des § 41a StVZO wurden die Vorschriften zur Zulassung und für den Betrieb von Druckgeräten, die zum Betrieb von Fahrzeugen (hier insbesondere zum Antrieb von Kfz) vorgesehen sind, in die StVZO (§ 41a, Anlagen XVII und XVIIa) übernommen. Die Vorschriften für die Zulassung und den Betrieb von Druckgeräten waren zuvor in der sog. Druckbehälterverordnung enthalten.

Durch die VO zur Rechtsvereinfachung im Bereich der Sicherheit und des Gesundheitsschutzes bei der Bereitstellung von Arbeitsmitteln und deren Benutzung bei der Arbeit, der Sicherheit bei Betrieb überwachungsbedürftiger Anlagen und der Organisation des betrieblichen Arbeitsschutzes vom 27. September 2002 (BGBl. I S. 3777) wurde die Druckbehälterverordnung zum 1.1.2003 außer Kraft gesetzt, so dass diese Vorschriften in das Verkehrsrecht übertragen werden mussten.

Um für Druckgeräte in Fahrzeugen, die bisher den Vorschriften der Druckbehälterverordnung entsprechen mussten, weiterhin einen notwendigen Sicherheitsstandard zu gewährleisten, wurden die Anforderungen der Regelungen ECE-R 67, ECE-R 110 und ECE-R 115 der UN-Wirtschaftskommission für Europa für mit dem Inkrafttreten dieser Verordnung erstmals in den Verkehr kommende Kraftfahrzeuge verbindlich vorgeschrieben.

Im Sinne einer Rechtsvereinfachung wurden die Vorschriften zum Betrieb und zur Prüfung dieser Fahrzeuge in § 41a und die Anlagen XVII und XVIIa StVZO aufgenommen. Der Fahrzeugführer muss die Änderung der Kraftstoffart bei Umrüstung eines Fahrzeugs auf Gasbetrieb unverzüglich der Zulassungsbehörde melden und die Eintragung in die Zulassungsbescheinigung Teil I und Teil II veranlassen. Diese Mitteilungspflicht wurde in der FZV geregelt.

§ 41a und Anlage XVII StVZO enthalten die relevanten Vorschriften für alle Halter der Fahrzeuge, die mit Anlagen, die nach den Regelungen ECE-R 67 oder ECE-R 110 genehmigt wurden, ausgerüstet sind. Die darüber hinausgehenden Vorschriften wie Mindestanforderungen an Untersuchungsstellen, Untersuchungsanweisungen, Anerkennungsverfahren für Werkstätten sowie Schulung der für die Prüfungen verantwortlichen Personen sind in die Anlagen VIII, VIIIa, VIIId, XVII und XVIIa StVZO aufgenommen worden.

Die speziellen Vorschriften des § 41a sowie der Anlagen VIII, VIIIa, VIIId, XVII und XVIIa StVZO sind auf Fahrzeuge mit Anlagen, die nach den Regelungen ECE-R67, ECE-R 110 oder ECE-R 115 genehmigt wurden, anzuwenden.

Über Kraftfahrzeuge, die mit Brennstoffzelle oder mit speziellen Bauteilen für die Verwendung von komprimiertem Wasserstoff (CGH_2) oder verflüssigtem Wasserstoff (LH_2) in ihrem Antriebssystem ausgestattet sind, bestanden zum Zeitpunkt des Erlasses der VO noch keine vertieften Erkenntnisse. Hier sollte die weitere Entwicklung abgewartet werden. Es ist vorgesehen, die Vorschriften der StVZO auch auf Fahrzeuge, die mit CGH_2- oder LH_2-Anlagen ausgestattet sind, auszudehnen, sobald für diese Fahrzeuge einheitliche Bedingungen für die Genehmigung (EG-Richtlinien) in Kraft getreten sind.

17 42. VO zur Änderung straßenverkehrsrechtlicher Vorschriften vom 16. März 2006, BGBl. I S. 543, VkBl. 2006, S. 426

2.2.11 32. VO zur Änderung der StVZO[18]

Die EU hatte im Rahmen eines gegen Deutschland eingeleiteten Vertragsverletzungsverfahrens die Auffassung vertreten, dass die Regelung der Anlage VIIIb StVZO über die amtliche Anerkennung von Überwachungsorganisationen zur Durchführung von HU, AU und SP von Kraftfahrzeugen die Niederlassungsfreiheit (Art. 43, 48 EGV) von Unternehmen aus anderen Mitgliedstaaten unzulässig beschränkte.

Zur gütlichen Beilegung des Vertragsverletzungsverfahrens hatte sich Deutschland dann bereit erklärt, das bisherige Erfordernis in Nummer 2.1, nach dem die Anerkennung von Überwachungsorganisationen bislang nur erteilt werden kann, *„wenn die Organisation ausschließlich von mindestens 60 selbständigen und hauptberuflich tätigen Kraftfahrzeugsachverständigen gebildet und getragen wird, wobei mindestens so viele Prüfingenieure dieser Organisation im Anerkennungsgebiet ihren Sitz haben müssen, dass auf 100000 dort zugelassene Kraftfahrzeuge und Anhänger jeweils ein Prüfingenieur entfällt, jedoch nicht mehr als 30 Prüfingenieure"*, ersatzlos aufzuheben. Zu diesem Zweck wurde bereits die Ermächtigungsgrundlage des § 6 Abs. 1 Nr. 2 Buchstabe n StVG im Rahmen des „Zweiten Gesetzes zur Änderung des Pflichtversicherungsgesetzes und anderer versicherungsrechtlicher Vorschriften" im Dezember 2007 angepasst (vgl. Artikel 5 des vorgenannten Gesetzes; BGBl. I S. 2835). Dementsprechend wurde mit der VO die Anlage VIIIb StVZO entsprechend geändert. Außerdem wurden die notwendigen Folgeänderungen vorgenommen. Dazu zählte insbesondere, dass die Anforderungen zur Qualitätssicherung konkretisiert und ergänzt wurden. Ziel dabei war es, ein hohes Qualitätsniveau der technischen Überwachungstätigkeit von Kraftfahrzeugen im Interesse der Verkehrssicherheit zu sichern.

Insbesondere wurden durch die VO weitere Präzisierungen zur Anwendung der Prüfvorgaben (Systemdaten) bei der Durchführung der HU vorgegeben.

So wurde im Interesse der Verkehrssicherheit im Jahre 2006 die Systemdatenprüfung als Teil der regelmäßigen technischen Prüfung von Fahrzeugen eingeführt (siehe dazu Ausführungen unter 2.2.9). Danach mussten TP und ÜO generell in der Lage sein, Systemdaten prüfen zu können. Die dazu bereits vorgegebene Anforderung einer zu erwartenden ordnungsgemäßen und gleichmäßigen Systemdatenprüfung wurde aus gegebenem Anlass konkretisiert. Um eine gleichmäßige Prüfung und hohe Qualität dieser Prüfungen zu sichern, war es notwendig, dass sich auch ÜO (neben den TP) als Anerkennungsvoraussetzung und Qualitätskriterium einheitlicher Systemdaten und Systemdatenprüfverfahren bzw. Prüfstandards bedienen. Dies konnte, wie die Erfahrungen seit 2006 zeigten, schon angesichts der Millionen von betroffenen Fahrzeugen, die jeweils individuell – möglichst nach Vorgabe der jeweiligen fahrzeugbezogenen Verbauinformationen – untersucht und geprüft werden mussten, nur sichergestellt werden, wenn eine Zentrale Stelle, die von den TP und ÜO getragen wird, die Systemdaten bereitstellt bzw. die erforderliche Untersuchungsmethodik entwickelt. Die Erforderlichkeit dazu ergab sich aus der Notwendigkeit der gleichmäßigen Anwendung der Prüfvorgaben und damit auch der Gleichbehandlung aller Fahrzeuge bzw. ihrer Halter.

Dementsprechend tragen alle TP und nahezu alle ÜO als Gesellschafter ein Unternehmen, das zentral und auf hohem Niveau die Systemdaten entgeltlich zur Verfügung stellt und sich intensiv mit der Entwicklung von Prüfvorgaben beschäftigt. Gleichermaßen ergänzt die Vorschrift die Pflicht der TP und ÜO im sog. „Arbeitskreis Erfahrungsaustausch" (AKE) mitzuwirken, dessen Aufgabe unter anderem darin besteht, die von den Fahrzeugherstellern oder -importeuren gelieferten Systemdaten in die zentrale AKE-Systemdatenbank einzustellen. Die von TP und ÜO getragene Zentrale Stelle gibt die Systemdaten auf Anforderung entgelt-

18 32. VO zur Änderung der StVZO vom 25. September 2008, BGBl. I S. 1878, VkBl. 2008, S. 591

lich an Dritte weiter. Somit ist der Zugang zu den Prüfvorgaben (Systemdaten) für alle Berechtigten, die HU durchführen dürfen, gegeben.

Diese sicherlich als komplexes Verfahren zur Erarbeitung und Anwendung von Prüfvorgaben sich darstellende Vorschriftengebung ist in *Bild 9* dargestellt.

2.2.12 47. Verordnung zur Änderung straßenverkehrsrechtlicher Vorschriften[19]

Mit dieser VO wurden mehrere Zielsetzungen verfolgt.

Durch die Verordnung wurden die Vorschriften über die regelmäßige Technische Über-

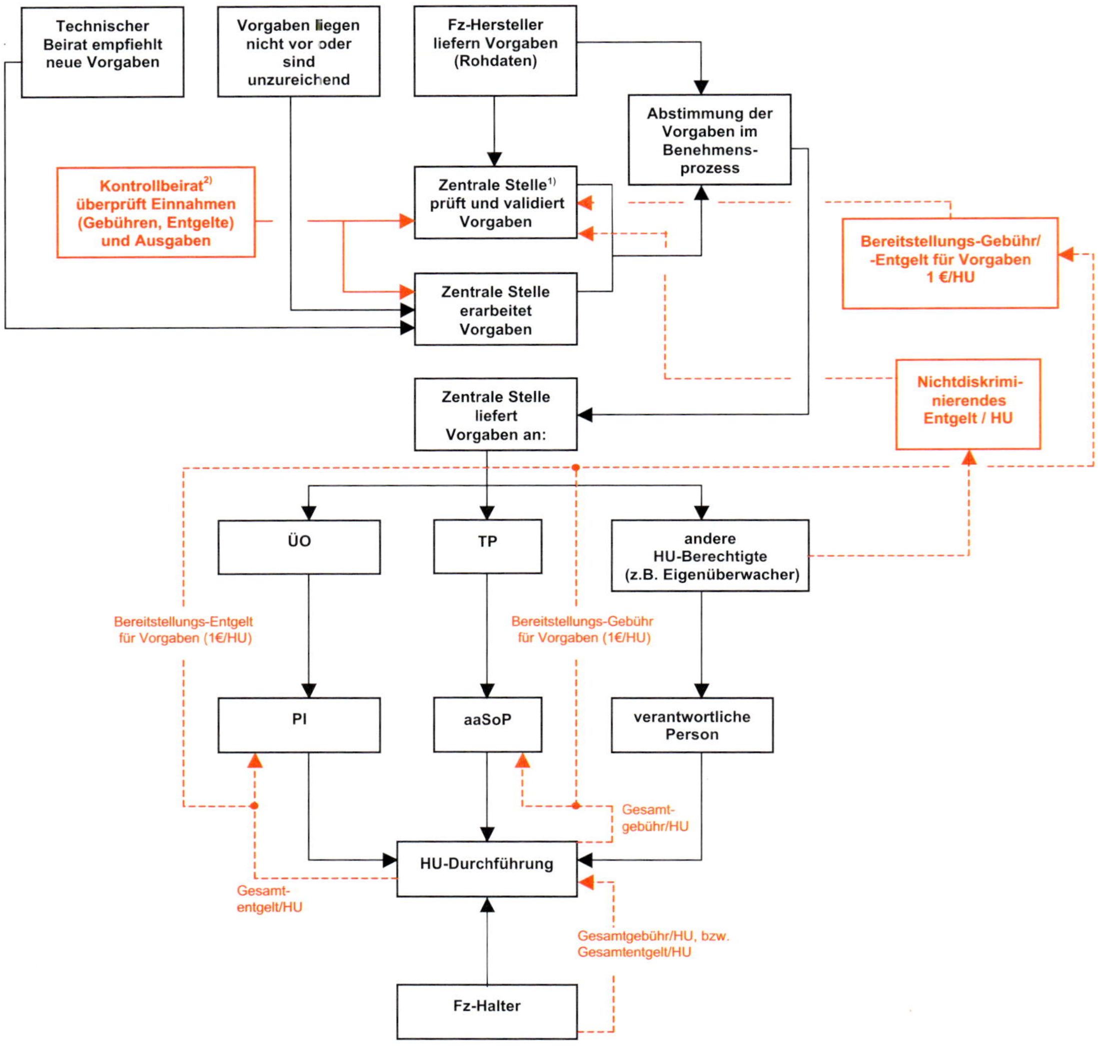

Technischer Beirat empfiehlt neue Vorgaben

Vorgaben liegen nicht vor oder sind unzureichend

Fz-Hersteller liefern Vorgaben (Rohdaten)

Abstimmung der Vorgaben im Benehmens-prozess

Kontrollbeirat[2)] überprüft Einnahmen (Gebühren, Entgelte) und Ausgaben

Zentrale Stelle[1)] prüft und validiert Vorgaben

Bereitstellungs-Gebühr/ -Entgelt für Vorgaben 1 €/HU

Zentrale Stelle erarbeitet Vorgaben

Nichtdiskrimi-nierendes Entgelt / HU

Zentrale Stelle liefert Vorgaben an:

ÜO

TP

andere HU-Berechtigte (z.B. Eigenüberwacher)

Bereitstellungs-Entgelt für Vorgaben (1€/HU)

Bereitstellungs-Gebühr für Vorgaben (1€/HU)

PI

aaSoP

verantwortliche Person

Gesamt-gebühr/HU

HU-Durchführung

Gesamt-entgelt/HU

Gesamtgebühr/HU, bzw. Gesamtentgelt/HU

Fz-Halter

1) Alle TP und nahezu alle ÜO sind Gesellschafter der FSD, die die Zentrale Stelle trägt.
2) Die Mitglieder des Kontrollbeirates werden vom BMVBS und den Ländern berufen.

Bild 9 Erarbeitung und Anwendung von Vorgaben nach Anlage VIIIa i. v. m. Anlage VIIIe StVZO, eigene Darstellung

wachung der Fahrzeuge überarbeitet. Die fortschreitende Entwicklung in der Fahrzeug- und Prüftechnik und die Erfahrungen aus der Praxis der Fahrzeuguntersuchungen machten die Überarbeitung und Anpassung notwendig. Eine weitere Anpassung erfolgte an die Richtlinie 2010/48/EU der Kommission zur Anpassung der Richtlinie 2009/40/EG über die technische Überwachung der Kraftfahrzeuge und Kraftfahrzeuganhänger an den technischen Fortschritt vom 5.7.2010 (ABl. L 173/47). Insbesondere aber sollte durch die Einführung der Prüfung über die elektronische Fahrzeugschnittstelle die Untersuchung der Fahrzeuge intensiviert und eine Steigerung der Effizienz und Qualität erreicht werden.

a) Die mit der 41. VO zur Änderung straßenverkehrsrechtlicher Vorschriften[16] eingeführte Systemdatenprüfung hatte sich prinzipiell bewährt. Allerdings war festgestellt worden, dass bei Fahrzeugen mit mehreren elektronisch geregelten sicherheits- oder umweltrelevanten Systemen der Zeitbedarf für deren Untersuchung zu hoch ist. Aufgrund dessen wurde diese Art der Untersuchung gemeinsam mit allen Beteiligten weiterentwickelt zur Fahrzeugschnittstellenprüfung. Dabei werden bei der Prüfung über die durch die Abgas-Typgenehmigungsvorschriften einzubauende OBD-Steckdose (OBD: On-Board-Diagnosesysteme) über die noch nicht belegten Kontakte (PIN) mit dem Hersteller/Importeur abgestimmte und von ihm zu liefernde Vorgaben (Datenprotokolle) von den angeschlossenen Prüfgeräten auszuwerten sein. Ziel dabei war es, den zeitlichen Aufwand gegenüber der Systemdatenprüfung wesentlich zu verringern und insgesamt die Untersuchung effizienter zu gestalten; dies war durch dafür speziell durchgeführte Zeitstudien belegt worden. Weiterhin war beabsichtigt, durch die Angabe spezieller mechanischer Messgrößen gleichwertige Beurteilungskriterien für das zu untersuchende Fahrzeug vorzugeben. Diese sind z. B. Verschleißmaße für die Bremsen, bestimmte Druckwerte für Druckluftbremsen, Grenzwerte für Achslager- oder Radlagerspielmaße usw. Durch die den aaSoP und PI aktuell zur Verfügung gestellten Prüfdaten sollte auch eine Verbesserung der Qualität der Untersuchungen und eine Gleichbehandlung bei der Bewertung der Fahrzeugmängel erreicht werden. Die Überprüfung elektronisch geregelter Fahrzeugsysteme über die elektronische Fahrzeugschnittstelle sollte die Systemdatenprüfung nach einem gestuften Zeitrahmen gänzlich ersetzen. Dies führte dazu, dass elektronisch geregelte Fahrzeugsysteme bei den im Verkehr befindlichen Fahrzeugen noch über die Systemdatenprüfung, bei neueren Fahrzeugen aber schon über die Fahrzeugschnittstellen elektronisch geprüft werden.

Die Vorschriften der vorher geltenden Nr. 3 Anlage VIIIa StVZO wurden erweitert. In Nr. 3.1 wurden die bisherigen Vorschriften von Nr. 3 aufgenommen und die zwingende Anwendung der durch die HU-Richtlinie vorgegebenen Beurteilung und Zuordnung der Mängel vorgeschrieben. Die TP und ÜO müssen danach die Einhaltung dieser Vorschriften durch ihre aaSoP/PI sicherstellen und können dies z. B. durch darauf ausgerichtete Qualitätsmanagementsysteme leisten. Zur Erleichterung dieses Verfahrens wurden die in der HU-Richtlinie aufgeführten Mängel durch einen zwischen den TP und ÜO abgestimmten „Mängelbaum“, der ca. 4000 einzelne Fallgestaltungen enthält, erarbeitet und zur Anwendung durch die aaSoP/PI freigegeben. Diese Maßnahme führte zur Steigerung der Qualität der Untersuchungen und zu bundeseinheitlich gleichen Bewertungen der festgestellten Mängel durch die ca. 14000 zur Durchführung der HU berechtigen aaSoP/PI. Sie stellt damit auch eine Gleichbehandlung bei der Untersuchung der Fahrzeuge sicher.

Durch Nr. 3.2 ist vorgeschrieben, dass die bei der HU festgestellten Mängel und/oder festgestellten Ausbauten oder Rückrüstungen der Fahrzeuge auf den Vorschriftenstand zum Zeitpunkt des erstmaligen In-den-Verkehr-Kommens von den TP und ÜO an die Zentrale Stelle nach Anlage VIIIe zu melden sind. Über

19 47. VO zur Änderung straßenverkehrsrechtlicher Vorschriften vom 10.5.2012, BGBl. I S. 1086, VkBl. 2012, S. 375

die gleichzeitig bei der HU festzustellenden Laufleistungen (bei Kraftfahrzeugen), Erstzulassungsdaten und die HU-Durchführungsdaten wird eine umfangreiche Datenbasis auf der Grundlage der ca. 26 Mio. HU pro Jahr aufgebaut werden können. Unter Wahrung datenschutzrechtlicher Vorschriften ist es möglich,

- den Fahrzeugherstellern und -importeuren wichtige Erkenntnisse zum Verhalten der Fahrzeuge im Betrieb hinsichtlich des Mängelaufkommens zur Weiterentwicklung ihrer Fahrzeuge zur Verfügung zu stellen,
- die gewonnenen Erkenntnisse zur Fortschreibung der Untersuchungs- und auch Bau-/Typgenehmigungsvorschriften zu nutzen

und

- Basisdaten für die Unfallforschung und Fahrleistungsstatistik zur Verfügung stellen zu können.

Die Vorschriften in Nr. 5 wurden neu in Anlage VIIIa StVZO aufgenommen. Zum einen entsprechen sie im Wesentlichen einer Vorschrift des Anhangs II der Richtlinie 2009/40/EG, geändert durch die Richtlinie 2010/48/EU.

Andererseits wird die erforderliche Prozesssicherheit für die Durchführung der Untersuchungen im Rahmen der regelmäßigen technischen Überwachung gefordert. Demzufolge ist bei Untersuchungen über die elektronische Fahrzeugschnittstelle sicherzustellen, dass die in den Fahrzeugen implementierten Sicherheits-

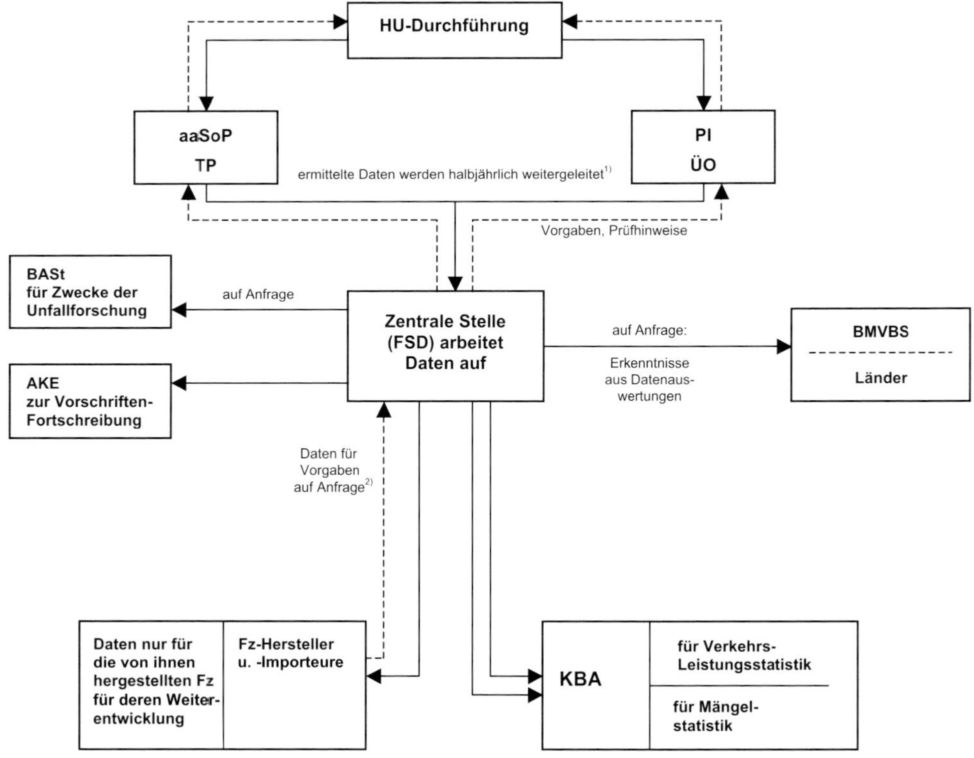

Hinweise:

1) Die Aufwendungen der TP und ÜO für die ermittelten und weitergeleiteten Daten werden von der Zentralen Stelle beglichen.
2) Die Aufwendungen der Zentralen Stelle werden von den anfragenden Fz-Herstellern/-Importeuren beglichen.

Bild 10 Verfahren der Datenmeldungen (Anlage VIIIa i. V. m. Anlage VIIIe StVZO), eigene Darstellung

funktionen nicht gelöscht, verändert oder in einer Art und Weise beeinflusst werden, dass ihre vom Fahrzeug- oder Fahrzeugteilehersteller vorgesehene Funktion oder Wirkung beeinträchtigt wird.

b) Die Aufarbeitung und Bereitstellung der Systemdaten, die überwiegend auf entsprechenden Angaben der Fahrzeughersteller und -importeure fußen, erfolgt durch die von den TP und ÜO getragene und im Jahre 2004 gegründete Fahrzeug-Systemdaten-Gesellschaft (FSD) als Betreiber der Zentralen Stelle. Die Erweiterung der Aufgabenbereiche dieser Gesellschaft, aber auch die Sicherstellung der ordnungsgemäßen Verwaltung der über die HU eingenommenen Gebühren/Entgelte machten es erforderlich, die Aufgaben der Zentralen Stelle und bestimmte Kontrollmechanismen in einem eindeutigen Rechtsrahmen vorzugeben. Darüber hinaus musste sichergestellt werden, dass den TP und ÜO als vom Staat Beliehene zur Wahrnehmung der ihnen übertragenen Aufgaben kontinuierlich an den Stand der Technik angepasste Vorgaben von höchster Qualität zur Verfügung gestellt werden.

Davon ausgehend wurden die einzelnen Vorschriften hierzu in einer neuen Anlage zur StVZO, der Anlage VIIIe StVZO, zusammengefasst.

So wird in Nr. 2.1 der Anlage VIIIe StVZO die üblicherweise zur Anwendung kommende Erarbeitung von Vorgaben durch die Zentrale Stelle beschrieben, die auf entsprechenden Angaben und Daten der Fahrzeughersteller und -importeure zurückgehen, die diese auf der Grundlage der in den Vorschriften genannten Verordnungen der EU zu liefern haben. Für das Verfahren der Lieferung, Aufarbeitung und Abstimmung dieser Vorgaben wurde eine sog. „Vorgaben-Richtlinie" im Verkehrsblatt veröffentlicht.

In Nr. 2.2 und 2.3 der Anlage werden die Verfahrensabläufe, wenn keine oder unzureichende Angaben der Fahrzeughersteller oder -importeure vorliegen, beschrieben.

Die Vorschrift verpflichtet die Zentrale Stelle, allen zur Durchführung der HU berechtigten Stellen, also auch solchen, die nicht Träger der Zentralen Stelle sind, Vorgaben zu einem nicht diskriminierenden Entgelt zur Verfügung zu stellen. Dies ist in gleicher Weise auf Überwachungsinstitutionen im EU-Ausland, die Untersuchungen nach der Richtlinie 2009/40/EG durchführen, anzuwenden. Da entsprechend den Durchführungsvorschriften für die SP ebenfalls Vorgaben bei der Prüfung anzuwenden sind, wurde für deren Weitergabe an die ca. 5 000 für die Durchführung der SP anerkannten Kraftfahrzeugwerkstätten die Mitwirkung des Bundesinnungsverbandes des Kraftfahrzeughandwerks erforderlich.

Im Weiteren wurde in Nr. 5 der Anlage eine Vorschrift über die Aufsicht über die Zentrale Stelle aufgenommen, die sich an die Länder richtet, da diese Stelle die für die ordnungsgemäße Durchführung der regelmäßigen technischen Überwachung erforderlichen Vorgaben erarbeitet und bereitstellt. Da eine Aufsicht durch alle Länder zu verwaltungs- und kostenintensiv sein dürfte, können die Länder die Aufsicht auf das Land, in dem die Zentrale Stelle ihren Sitz hat, übertragen. Dazu ist ein Benehmensprozess unter den Ländern erforderlich, den diese in eigener Verantwortung vornehmen.

Nr. 6 der Anlage regelt, da es um die ordnungsgemäße Verwendung staatlich vorgeschriebener Gebühren sowie von Entgelten geht, die Aufsichtsaufgaben des Kontrollbeirats über die Zentrale Stelle sowie dessen Zusammensetzung.

Vorgaben bedürfen einer fortwährenden Anpassung an den technischen Fortschritt der Fahrzeugtechnik. Zur Unterstützung der Zentralen Stelle ist daher ein Technischer Beirat aus Vertretern unterschiedlichster Institutionen beizustellen (Nr. 7).

Die Auswertung über die Anwendung der Vorgaben bei der HU sowie der Mängelfeststellungen und deren Weiterleitung an die betreffenden Fahrzeughersteller/-importeure und an den AKE ist zur Weiterentwicklung der Fahrzeugtechniken und der Vorschriften nutzbar (Nr. 8). Die Meldungen an das KBA sind zur Fortführung der zu veröffentlichenden Statistik (Fahrzeuguntersuchungen – Heft FU1) sowie zum Aufbau einer verlässlichen Fahrleistungsstatistik, die es bisher in Deutschland noch nicht gab, erforderlich.

c) Die Vorschriften über die sog. Rück- oder Fälligkeitsdatierung (Nr. 2.3 Anlage VIII StVZO i. V. m. Nr. 2.2 Anlage VIIIa StVZO) wurden durch die VO zurückgeändert auf den Vorschriftenstand vor dem 1. Dezember 1999 (s. Ausführungen unter 2.2.6). Diese Vorschrift gab vor, dass bei verspäteter Vorführung der Fahrzeuge zur HU die Frist für die Fälligkeit der nächsten vorgeschriebenen HU mit dem Monat und Jahr, in dem die HU hätte durchgeführt werden müssen, beginnt, mit der Folge, dass nur noch eine „Restlauffrist" zugeordnet werden durfte. Wurde ein Fahrzeug, für das ein Zeitabstand (Frist) zwischen zwei HU nach Nr. 2.1 Anlage VIII StVZO von 24 Monaten vorgeschrieben ist, um beispielsweise 11 Monate verspätet zur HU vorgeführt, so durfte der aaSoP/PI diesem Fahrzeug trotz mängelfreiem Zustand nur eine Prüfplakette (§ 29 Abs. 2 i. V. m. Anlage IX StVZO) mit einer „Restlaufzeit" (Frist) von 13 Monaten zuteilen. Diese Vorschrift wurde 1999 eingeführt, um den teilweise bewusst verspäteten Vorführungen der Fahrzeuge entgegenzuwirken. Ausgehend von den bei HU festgestellten technischen Mängeln an den Fahrzeugen (vgl. Statistische Mitteilungen des KBA, Reihe 7: Fahrzeugsicherheit) muss unterstellt werden, dass bei zeitlich verzögerter Durchführung der HU ein Sicherheitsrisiko bzw. ein vermeidbares Gefährdungspotenzial sowohl für die Fahrer als auch für andere Verkehrsteilnehmer entsteht. So wurden im Jahre 2009 insgesamt 25 511 876 HU durchgeführt.

Festgestellt wurden dabei:

- 13 635 428 Fahrzeuge waren ohne Mängel,
- 7 533 991 Fahrzeuge hatten geringe Mängel (GM),
- 4 326 713 Fahrzeuge hatten erhebliche Mängel (EM)

und

- 15 744 Fahrzeuge waren verkehrsunsicher (VU).

Das heißt, im statistischen Mittel wurden bei allen Fahrzeugarten und Altersklassen bei mehr als 17 % der durchgeführten HU erhebliche Mängel bzw. ein verkehrsunsicherer Zustand festgestellt. Dieser Anteil ist bei älteren Fahrzeugen entsprechend höher. Insoweit ist es folgerichtig, wenn der Verordnungsgeber durch ergänzende Vorschriften einer verspäteten Vorführung der Fahrzeuge entgegenwirkt, um so vermeidbare Gefährdungspotenziale zu verhindern.

Die bisherige Vorschrift der Rück- oder Fälligkeitsdatierung entbehrt jedoch jeder technischen Begründung, wenn einem verspätet zur HU vorgeführten Fahrzeug, gegebenenfalls nach Mängelbehebung und Nachuntersuchung, (nur) eine Prüfplakette mit verkürzter Frist bis zur nächsten fälligen HU zugeteilt wird, da für die Zuteilung der Prüfplakette einerseits und die vorgeschriebene Frist nach Nr. 2.1 Anlage VIII StVZO andererseits nur der technische Zustand des Fahrzeugs (mängelfrei oder geringe Mängel) entscheidend sein kann. Dies wird insbesondere bei eklatanten Überschreitungen der vorgeschriebenen Zeitabstände deutlich, was bisher dazu führte, dass in einigen Ländern Verfahren festgelegt wurden, die diese Bedenken jedoch noch verstärkten, da die Rückdatierungspflicht nur bis zu einer Überschreitung des halben Fristabstandes anzuwenden war, darüber hinaus jedoch nicht.

Aus gegebenem Anlass war daher u. a. geprüft worden, ob § 6 Abs. 1 Nummer 2 Buchstabe l des StVG („Art, Umfang, Inhalt, Ort und Zeitabstände der regelmäßigen Untersuchungen und Prüfungen, um die Verkehrssicherheit der Fahrzeuge und den Schutz der Verkehrsteilnehmer zu gewährleisten …") eine ausreichende Ermächtigungsgrundlage für die Vorschrift über die Rückdatierung darstellt. Dies konnte nicht zweifelsfrei festgestellt werden.

In zwei Ländern wurde die Vorschrift über die Rückdatierung nicht angewendet; das heißt, auch bei verspäteter Vorführung der Fahrzeuge wurde diesen Fahrzeugen unter Umgehung der Vorschriften von Nr. 2.3 Anlage VIII StVZO eine Prüfplakette zugeteilt, deren Gültigkeit sich ausschließlich an den in Nummer 2.1 Anlage VIII StVZO vorgeschriebenen Zeitabständen (Fristen) orientierte.

Damit war eine durch mehrere Punkte sich ergebende Ungleichbehandlung der Fahrzeuge und der Fahrzeughalter bundesweit vorgegeben.

Die Vorschriften über die Zeitabstände der HU nach Nr. 2.1 Anlage VIII StVZO begründen sich unter anderem in dem statistisch gemittelten Mängelaufkommen der jeweiligen Fahrzeugart, wobei unberücksichtigt bleibt, dass ein Anteil dieser Fahrzeuge mängelfrei, ein anderer Anteil mit Mängeln behaftet ist. Des weiteren ist nach den Regeln der Technik eine Zunahme und/oder Verstärkung vorhandener Mängel oder der Reparaturbedürftigkeit der Fahrzeuge im statistischen Mittel dann festzustellen, wenn vorgeschriebene Untersuchungsabstände überschritten werden. Dieser Erkenntnis folgend muss, wie Untersuchungen belegen, unterstellt werden, dass im statistischen Mittel Fahrzeuge, die mehrere Monate nach Ablauf der vorgeschriebenen Zeitabstände zur HU vorgeführt werden, in erhöhtem Maße Mängel aufweisen. Diesem Umstand Rechnung tragend, wurde in Anlehnung an die Bußgeldkatalog-Verordnung bei einer Überschreitung der Frist um mehr als zwei Monate zusätzlich zur obligatorischen Pflicht auch eine Ergänzungsuntersuchung nach Nr. 6.1 Anlage VIIIa StVZO vorgeschrieben.

Diese Festlegung erfolgt nicht willkürlich, sondern berücksichtigt die vom Fahrzeughalter zu verantwortende Abweichung vom Regelfall, nämlich die Nichteinhaltung des vorgeschriebenen Zeitabstandes (Frist) um mehr als zwei Monate für die HU und die im statistischen Mittel zu unterstellende höhere Mängelbehaftung der betreffenden Fahrzeuge. Der zeitliche Mehraufwand der aaSoP/PI für die Durchführung der nunmehr obligatorischen Ergänzungsuntersuchungen zusätzlich zu den Pflichtuntersuchungspunkten wurde durch eine um das 1,2-fache höhere Gebühr berücksichtigt.

Die erfolgte Änderung der Vorschrift führte dazu, dass

- die Fahrzeughalter zur Einhaltung der Untersuchungsfristen zusätzlich angehalten werden,
- dem im statistischen Mittel zu unterstellenden erhöhten Untersuchungsaufwand bei einer um mehr als zwei Monate verspätet durchgeführten HU durch die obligatorischen Ergänzungsuntersuchungen hinreichend Rechnung getragen wird,
- bundesweit eine Gleichbehandlung der Fahrzeughalter erreicht wird, die ihre Fahrzeuge um mehr als zwei Monate nach Ablauf der Fristen zur HU vorführen, da für derart untersuchte Fahrzeuge (Pflicht- und Ergänzungsuntersuchung) nach Zuteilung der Prüfplakette wieder die „normale“ Frist gemäß Nummer 2.1 Anlage III StVZO gilt,

und

- dass eine der Ermächtigungsnorm des § 6 Abs. 1 Nummer 2 Buchstabe l des StVG entsprechende Durchführungsvorschrift nunmehr gilt.

3 Rechtsgrundlagen der regelmäßigen technischen Überwachung von Fahrzeugen

3.1 Allgemeiner Überblick, grundsätzliche Herleitung

Die Bundesrepublik Deutschland ist, wie ihr Name bereits ausdrückt, kein „Zentralstaat", sondern ein föderales Staatsgebilde mit 16 Bundesländern. Das Grundgesetz (GG), das nach seinem Artikel 146 solange gilt, bis es durch eine Verfassung abgelöst wird, enthält dementsprechend eine klare Aufteilung der Gesetzgebungskompetenz des Bundes und der Länder (grundsätzliche Darstellungen):

So bestimmen

„Artikel 70 [Zuständigkeitsverteilung zwischen Bund und Ländern]

(1) Die Länder haben das Recht der Gesetzgebung, soweit dieses Grundgesetz nicht dem Bunde Gesetzgebungsbefugnisse verleiht.

(2) Die Abgrenzung der Zuständigkeit zwischen Bund und Ländern bemisst sich nach den Vorschriften dieses Grundgesetzes über die ausschließliche und die konkurrierende Gesetzgebung."

und

„Artikel 71 [Ausschließliche Gesetzgebung des Bundes]

Im Bereiche der ausschließlichen Gesetzgebung des Bundes haben die Länder die Befugnis zur Gesetzgebung nur, wenn und soweit sie hierzu in einem Bundesgesetze ausdrücklich ermächtigt werden."

die Abgrenzung der zuständigen Gesetzgebungskompetenz zwischen Bund und Ländern. Artikel 72 GG enthält die Bestimmungen zur „Konkurrierenden Gesetzgebung":

„Artikel 72 [Konkurrierende Gesetzgebung]

(1) Im Bereich der konkurrierenden Gesetzgebung haben die Länder die Befugnis zur Gesetzgebung, solange und soweit der Bund von seiner Gesetzgebungszuständigkeit nicht durch Gesetz Gebrauch gemacht hat.

(2) Auf den Gebieten des Artikels 74 Abs. 1 Nr. 4, 7, 11, 13, 15, 19a, 20, 22, 25 und 26 hat der Bund das Gesetzgebungsrecht, wenn und soweit die Herstellung gleichwertiger Lebensverhältnisse im Bundesgebiet oder die Wahrung der Rechts- oder Wirtschaftseinheit im gesamtstaatlichen Interesse eine bundesgesetzliche Regelung erforderlich macht.

(3) Hat der Bund von seiner Gesetzgebungszuständigkeit Gebrauch gemacht, können die Länder durch Gesetz hiervon abweichende Regelungen treffen über:

1. *das Jagdwesen (ohne das Recht der Jagdscheine);*
2. *den Naturschutz und die Landschaftspflege (ohne die allgemeinen Grundsätze des Naturschutzes, das Recht des Artenschutzes oder des Meeresnaturschutzes);*
3. *die Bodenverteilung;*
4. *die Raumordnung;*
5. *den Wasserhaushalt (ohne stoff- oder anlagenbezogene Regelungen);*
6. *die Hochschulzulassung und die Hochschulabschlüsse. Bundesgesetze auf diesen Gebieten treten frühestens sechs Monate nach ihrer Verkündung in Kraft, soweit nicht mit Zustimmung des Bundesrates anderes bestimmt ist. Auf den Gebieten des Satzes 1 geht im Verhältnis von Bundes- und Landesrecht das jeweils spätere Gesetz vor.*

(4) Durch Bundesgesetz kann bestimmt werden, dass eine bundesgesetzliche Regelung, für die eine Erforderlichkeit im Sinne des Absatzes 2 nicht mehr besteht, durch Landesrecht ersetzt werden kann."

In Artikel 73 GG werden die „Gebiete der ausschließlichen Gesetzgebung des Bundes" vorgegeben, die hier nicht zu behandeln sind. Dagegen enthält Artikel 74 GG die grundgesetz-

lichen Bestimmungen für die in diesem Buch zu behandelnden Sachverhalte, allerdings unter der Maßgabe der Bestimmungen des Artikels 72 Abs. 2 GG:

„Artikel 74 [Gebiete der konkurrierenden Gesetzgebung]

(1) Die konkurrierende Gesetzgebung erstreckt sich auf folgende Gebiete:

1. das bürgerliche Recht, das Strafrecht, die Gerichtsverfassung, das gerichtliche Verfahren (ohne das Recht des Untersuchungshaftvollzugs), die Rechtsanwaltschaft, das Notariat und die Rechtsberatung;

...

22. den Straßenverkehr, das Kraftfahrwesen, den Bau und die Unterhaltung von Landstraßen für den Fernverkehr sowie die Erhebung und Verteilung von Gebühren oder Entgelten für die Benutzung öffentlicher Straßen mit Fahrzeugen; ...

(2) Gesetze nach Absatz 1 Nr. 25 und 27 bedürfen der Zustimmung des Bundesrates."

Die Zustimmung des Bundesrates zu Bundesgesetzen, hier nach Artikel 74 Abs. 1 Nr. 22 GG, also zum Beispiel zum StVG, ergibt sich aus Artikel 84 GG.

Artikel 80 GG enthält die einschlägigen Bestimmungen für den Erlass von Rechtsverordnungen, wie z.B. der StVZO, der FZV u.v.m. Das heißt, in dem hier zutreffenden StVG müssen Ermächtigungen für die zu erlassenden Rechtsverordnungen enthalten sein.

„Artikel 80 [Erlass von Rechtsverordnungen]

(1) Durch Gesetz können die Bundesregierung, ein Bundesminister oder die Landesregierungen ermächtigt werden, Rechtsverordnungen zu erlassen. Dabei müssen Inhalt, Zweck und Ausmaß der erteilten Ermächtigung im Gesetze bestimmt werden. Die Rechtsgrundlage ist in der Verordnung anzugeben. Ist durch Gesetz vorgesehen, dass eine Ermächtigung weiter übertragen werden kann, so bedarf es zur Übertragung der Ermächtigung einer Rechtsverordnung.

(2) Der Zustimmung des Bundesrates bedürfen, vorbehaltlich anderweitiger bundesgesetzlicher Regelung, Rechtsverordnungen der Bundesregierung oder eines Bundesministers über Grundsätze und Gebühren für die Benutzung der Einrichtungen des Postwesens und der Telekommunikation, über die Grundsätze der Erhebung des Entgelts für die Benutzung der Einrichtungen der Eisenbahnen des Bundes, über den Bau und Betrieb der Eisenbahnen, sowie Rechtsverordnungen auf Grund von Bundesgesetzen, die der Zustimmung des Bundesrates bedürfen oder die von den Ländern im Auftrage des Bundes oder als eigene Angelegenheit ausgeführt werden.

(3) Der Bundesrat kann der Bundesregierung Vorlagen für den Erlass von Rechtsverordnungen zuleiten, die seiner Zustimmung bedürfen.

(4) Soweit durch Bundesgesetz oder auf Grund von Bundesgesetzen Landesregierungen ermächtigt werden, Rechtsverordnungen zu erlassen, sind die Länder zu einer Regelung auch durch Gesetz befugt."

Zusammenfassend bleibt festzuhalten, dass die Bereiche des Straßenverkehrs und des Kraftfahrwesens nach Artikel 72 Abs. 2 i.V.m. Artikel 74 Abs 1 Nr. 22 der konkurrierenden Gesetzgebung unterliegen und dass Rechtsverordnungen für diese Bereiche nur aufgrund entsprechender Ermächtigungsnormen – in diesem Falle – im StVG verkündet werden können.

Andere Bestimmungen als die in Artikel 72 Abs. 2 GG enthaltenen (*„Auf den Gebieten des Artikels 74 Abs. 1 Nr. ..., 22 ... hat der Bund das Gesetzgebungsrecht, wenn und soweit die Herstellung gleichwertiger Lebensverhältnisse im Bundesgebiet oder die Wahrung der Rechts- oder Wirtschaftseinheit im gesamtstaatlichen Interesse eine bundesgesetzliche Regelung erforderlich macht."*) wären nicht sachgerecht und lebensfremd. Man stelle sich nur vor, jedes Bundesland könnte für seinen Zuständigkeitsbereich ein eigenes StVG und eine eigene StVZO, StVO oder FZV erlassen, die innerhalb der Landesgrenzen zu beachten wären. Dies käme dann den Zuständen vor 1848, in der Zeit der „Kleinstaaterei", nahe.

3.2 Das Straßenverkehrsgesetz (StVG) und seine Ermächtigungsnormen

Im Abschnitt I „Verkehrsvorschriften" sind die einschlägigen gesetzlichen Vorschriften enthalten, wobei im Folgenden nur auf die für die regelmäßige technische Überwachung relevanten Ermächtigungsnormen eingegangen wird.

Diese sind im Wesentlichen in § 6 StVG enthalten; auf die hier zutreffenden wird im Folgenden eingegangen, wobei beispielhaft entsprechende Vorschriften aus der StVZO jeweils angegeben werden.

„§ 6 Ausführungsvorschriften (Auszug)

(1) Das Bundesministerium für Verkehr, Bau und Stadtentwicklung wird ermächtigt, Rechtsvorordnungen mit Zustimmung des Bundesrates zu erlassen über *1. …* *2. a) …* *…*	Beispielhafte Aufzählung von Einzelvorschriften der StVZO, die sich auf der jeweiligen Ermächtigungsnorm rechtlich „abstützen" (siehe dazu Art. 80 Abs. 1 GG):
l) Art, Umfang, Inhalt, Ort und Zeitabstände der regelmäßigen Untersuchungen und Prüfungen, einschließlich der Anforderungen an eine Zentrale Stelle, die von Trägern der Technischen Prüfstellen und von amtlich anerkannten Überwachungsorganisationen gebildet und getragen wird, zur Überprüfung der Praxistauglichkeit von Prüfvorgaben oder deren Erarbeitung, um die Verkehrssicherheit der Fahrzeuge und den Schutz der Verkehrsteilnehmer zu gewährleisten, sowie Anforderungen an Untersuchungsstellen und Fachpersonal zur Durchführung von Untersuchungen und Prüfungen sowie Abnahmen von Fahrzeugen und Fahrzeugteilen einschließlich der hierfür notwendigen Räume und Geräte, Schulungen, Schulungsstätten und -institutionen,	§ 29, Anlagen VIII, VIIIa, VIIIb, VIIIc, VIIId, VIIIe
m) den Nachweis der regelmäßigen Untersuchungen und Prüfungen sowie Abnahmen von Fahrzeugen und Fahrzeugteilen einschließlich der Bewertung der bei den Untersuchungen und Prüfungen festgestellten Mängel und die Weitergabe der festgestellten Mängel an die jeweiligen Hersteller von Fahrzeugen und Fahrzeugteilen sowie das Kraftfahrt-Bundesamt; dabei ist die Weitergabe personenbezogener Daten nicht zulässig,	§ 29, Anlagen IXa, IXb Anlagen VIII, VIIIa, VIIIe
n) die Bestätigung der amtlichen Anerkennung von Überwachungsorganisationen, soweit sie vor dem 18. Dezember 2007 anerkannt waren, sowie die Anerkennung von Überwachungsorganisationen zur Vornahme von regelmäßigen Untersuchungen und Prüfungen sowie von Abnahmen, die organisatorischen, personellen und technischen Voraussetzungen für die Anerkennungen einschließlich der Qualifikation und der Anforderungen an das Fachpersonal und die Geräte sowie die mit den Anerkennungen verbundenen Bedingungen und Auflagen, um ordnungsgemäße und gleichmäßige Untersuchungen, Prüfungen und Abnahmen durch leistungsfähige Organisationen sicherzustellen,	Anlage VIIIb

o) die notwendige Haftpflichtversicherung anerkannter Überwachungsorganisationen zur Deckung aller im Zusammenhang mit Untersuchungen, Prüfungen und Abnahmen entstehenden Ansprüche sowie die Freistellung des für die Anerkennung und Aufsicht verantwortlichen Landes von Ansprüchen Dritter wegen Schäden, die die Organisation verursacht,	Nr. 2.6 Anlage VIIIb (gleicher Regelungsgehalt in § 10 Abs. 4 KfSachVG)
p) die amtliche Anerkennung von Herstellern von Fahrzeugen oder Fahrzeugteilen zur Vornahme der Prüfungen von Geschwindigkeitsbegrenzern, Fahrtschreibern und Kontrollgeräten, die amtliche Anerkennung von Kraftfahrzeugwerkstätten zur Vornahme von regelmäßigen Prüfungen an diesen Einrichtungen, zur Durchführung von Abgasuntersuchungen und Gasanlagenprüfungen an Kraftfahrzeugen und zur Durchführung von Sicherheitsprüfungen an Nutzfahrzeugen sowie die mit den Anerkennungen verbundenen Bedingungen und Auflagen, um ordnungsgemäße und gleichmäßige technische Prüfungen sicherzustellen, die organisatorischen, personellen und technischen Voraussetzungen für die Anerkennung einschließlich der Qualifikation und Anforderungen an das Fachpersonal und die Geräte sowie die Erhebung, Verarbeitung und Nutzung personenbezogener Daten des Inhabers der Anerkennungen, dessen Vertreters und der mit der Vornahme der Prüfungen betrauten Personen durch die für die Anerkennung und Aufsicht zuständigen Behörden, um ordnungsgemäße und gleichmäßige technische Prüfungen sicherzustellen,	§§ 57a, 57b, 57c, 57d, § 41a Anlagen VIIIc, VIIId, XVII, XVIIa XVIII, XVIIIa, XVIIIb, XVIIIc, XVIIId
q) die notwendige Haftpflichtversicherung amtlich anerkannter Hersteller von Fahrzeugen oder Fahrzeugteilen und von Kraftfahrzeugwerkstätten zur Deckung aller im Zusammenhang mit den Prüfungen nach Buchstabe p entstehenden Ansprüche sowie die Freistellung des für die Anerkennung und Aufsicht verantwortlichen Landes von Ansprüchen Dritter wegen Schäden, die die Werkstatt oder der Hersteller verursacht,	Nr. 2–10 Anlage VIIIc und wie vor
r) Maßnahmen der mit der Durchführung der regelmäßigen Untersuchungen und Prüfungen sowie Abnahmen und Begutachtungen von Fahrzeugen und Fahrzeugteilen befassten Stellen und Personen zur Qualitätssicherung, deren Inhalt einschließlich der hierfür erforderlichen Verarbeitung und Nutzung personenbezogener Daten, um ordnungsgemäße, nach gleichen Maßstäben durchgeführte Untersuchungen, Prüfungen, Abnahmen und Begutachtungen an Fahrzeugen und Fahrzeugteilen zu gewährleisten,	Nr. 2.4, 6.5, 6.7 Anlage VIIIb (weitere Vorschriften in Vorbereitung)
s) …	
t) die Zuständigkeit und das Verfahren bei Verwaltungsmaßnahmen nach diesem Gesetz und den auf diesem Gesetz beruhenden Rechtsvorschriften für Zulassung, Begutachtung, Prüfung, Abnahme, regelmäßige Untersuchungen und Prüfungen, Betriebserlaubnis, Genehmigung und Kennzeichnung,	§ 29, Anlage VIII § 19 →

3. ... *4. ...* *4. a) ...* *5. ...* *5. a) – 5. c) ...*	–
6. Art, Umfang, Inhalt, Zeitabstände und Ort einschließlich der Anforderungen an die hierfür notwendigen Räume und Geräte, Schulungen, Schulungsstätten und -institutionen sowie den Nachweis der regelmäßigen Prüfungen von Fahrzeugen und Fahrzeugteilen einschließlich der Bewertung der bei den Prüfungen festgestellten Mängel sowie die amtliche Anerkennung von Überwachungsorganisationen und Kraftfahrzeugwerkstätten nach Nummer 2 Buchstabe n und p und Maßnahmen zur Qualitätssicherung nach Nummer 2 Buchstabe r zum Schutz vor von Fahrzeugen ausgehenden schädlichen Umwelteinwirkungen im Sinne des Bundes-Immissionsschutzgesetzes;	Anlagen VIII, VIIIa, VIIIc, VIIId
7. die in den Nummern 1 bis 6 vorgesehenen Maßnahmen, soweit sie zur Erfüllung von Verpflichtungen aus zwischenstaatlichen Vereinbarungen oder von bindenden Beschlüssen der Europäischen Gemeinschaften notwendig sind;	Anpassungen § 29 und Anlage VIII an EU-Richtlinien (z. B. 2009/40/EG geändert durch 2010/48/EU)
8. ...	–
9. die Beschaffenheit, Herstellung, Vertrieb, Verwendung und Verwahrung von Führerscheinen und Fahrzeugpapieren einschließlich ihrer Vordrucke sowie von auf Grund dieses Gesetzes oder der auf ihm beruhenden Rechtsvorschriften zu verwendenden Plaketten, Prüffolien und Stempel, um deren Diebstahl oder deren Missbrauch bei der Begehung von Straftaten zu bekämpfen;	§ 29, Anlagen VIII, IX, IXb
10.–20. ...	–
(2)–(6)“	–

Wichtig erscheint noch der Hinweis, dass das Bundesministerium für Verkehr, Bau und Stadtentwicklung nicht nur die Zustimmung des Bundesrates für die Verkündung von Rechtsverordnungen für den hier dargestellten Bereich benötigt, sondern darüber hinaus bestimmte Verordnungen nur gemeinsam mit

- dem Bundesministerium des Innern (§ 6 Abs. 2 StVG), z. B. für den Erlass von Vorschriften zum Diebstahlschutz von Fahrzeugen,

und

- dem Bundesministerium für Umwelt, Naturschutz und Reaktorsicherheit (§ 6 Abs. 2a StVG), z. B. für den Erlass von umweltrelevanten fahrzeugtechnischen Vorschriften wie der AU,

erlassen kann.

Letztlich sei in diesem Zusammenhang noch auf § 6a StVG (Gebühren) hingewiesen, der die Ermächtigung zum Erlass der Gebührenordnung für Maßnahmen im Straßenverkehr (GebOSt) darstellt, und § 26a StVG (Bußgeldkatalog), der die Ermächtigung für die Bußgeldkatalog-Verordnung (BKatV) enthält.

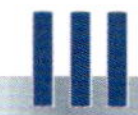

3.3 Straßenverkehrs-Zulassungs-Ordnung (StVZO), Durchführungs-/ Anerkennungsrichtlinien

a) Die Ermächtigungsnormen für die regelmäßige technische Überwachung sind, wie bereits dargestellt, in § 6 StVG enthalten. Dies gilt gleichermaßen für die übrigen Bau- und Betriebsvorschriften der StVZO. Es liegt im ständigen Bestreben des Verordnungsgebers (BMVBS und Länder), die StVZO und die dazugehörigen Richtlinien an die Erkenntnisse aus der Unfallforschung zur Verbesserung der technischen und betrieblichen Verkehrssicherheit und an die fortschreitende Verbesserung der Fahrzeugtechnik anzupassen. Diese ständigen Änderungen und Anpassungen führen oftmals dazu, dass die Vorschriften/Richtlinien für „Nicht-Experten“, die normalen Fahrzeughalter, nicht mehr lesbar, also nicht mehr nachvollziehbar sind. Diesem Umstand sollte durch die 28. VO zur Änderung straßenverkehrsrechtlicher Vorschriften vom 20. Mai 1998[13] entgegengewirkt werden. In der amtlichen Begründung ist hierzu ausgeführt:

„2.1 Aufteilung in Fahrzeughalter- und Untersuchungs-/Prüfvorschriften

Die bisherigen Vorschriften des § 29, der Anlage VIII StVZO und der dazugehörigen Ausführungs-Richtlinien waren dadurch gekennzeichnet, dass sie sowohl die für Fahrzeughalter als auch die für Behörden und die die Fahrzeuge untersuchenden Stellen notwendigen Vorschriften und Bestimmungen enthielten. Durch die Neufassung wurde dies geändert. So enthalten § 29 – neu – und Anlage VIII – neu – StVZO die relevanten Vorschriften für alle Halter untersuchungspflichtiger Fahrzeuge. Die darüber hinausgehenden Vorschriften wie Untersuchungsanweisungen, Anerkennungsverfahren für Überwachungsorganisationen und Werkstätten sowie Mindest-Anforderungen an Untersuchungsstellen wurden in die Anlagen VIIIa bis VIIId StVZO – neu – aufgenommen. Diese Aufteilung nach Adressaten bringt den Vorteil der besseren Lesbarkeit mit sich und dient der Vereinfachung.“

b) Im Weiteren soll noch erwähnt werden, dass in den VO-Texten oftmals Verweise auf Richtlinien enthalten sind, die i. d. R. lauten:

„… müssen den … und einer hierzu im Verkehrsblatt vom Bundesministerium für Verkehr, Bau und Stadtentwicklung im Einvernehmen mit den zuständigen obersten Landesbehörden bekannt gemachten Richtlinie … entsprechen“.

Zusätzlich zu den hierzu unter Buchstabe f) in der amtlichen Begründung aufgeführten Gründen zur Entlastung der Landesverwaltungen können die in Richtlinien enthaltenen Anforderungen, die als „untergesetzliche Normen“ einzustufen sind, da sie keine eigenständigen Anforderungen enthalten, sondern Vorschriften der StVZO ausführlich und erklärend darstellen, mit wesentlich geringerem verwaltungsmäßigem Aufwand angepasst werden.

Die Veröffentlichung dieser Richtlinien und ihrer Anpassungen erfolgt im Verkehrsblatt (VkBl.), dem Amtsblatt des BMVBS.

3.4 Verpflichtung zur regelmäßigen Anpassung der Vorschriften über die regelmäßige technische Überwachung der Fahrzeuge

Diese grundsätzliche Verpflichtung des Gesetz-/VO-Gebers gilt nicht nur für die hier zu besprechenden Vorschriften.

So lautet § 6 Abs. 1 Nr. 2 Buchstabe l StVG einschließlich der Eingangsformel:

„(1) Das Bundesministerium für Verkehr, Bau und Stadtentwicklung wird ermächtigt, Rechtsverordnungen mit Zustimmung des Bundesrates zu erlassen über

1. …

2. die Zulassung von Fahrzeugen zum Straßenverkehr einschließlich Ausnahmen von der Zulassung, die Beschaffenheit, Ausrüstung und Prüfung der Fahrzeuge, insbesondere über

a) – k)

l) Art, Umfang, Inhalt, Ort und Zeitabstände der regelmäßigen Untersuchungen und Prüfungen, [einschließlich der Anforderungen an eine Zentrale Stelle, die von Trägern der Technischen Prüfstellen und von amtlich anerkannten Überwachungsorganisationen gebildet und getragen wird, zur Überprüfung der Praxistauglichkeit von Prüfvorgaben oder deren Erarbeitung,] um die Verkehrssicherheit der Fahrzeuge und den Schutz der Verkehrsteilnehmer zu gewährleisten sowie Anforderungen an Untersuchungsstellen und Fachpersonal zur Durchführung von Untersuchungen und Prüfungen sowie Abnahmen von Fahrzeugen und Fahrzeugteilen einschließlich der hierfür notwendigen Räume und Geräte, Schulungen, Schulungsstätten und -institutionen,

m) …".

Betrachtet man aus diesen Ermächtigungsnormen nur den Wortlaut „Art, Umfang, Inhalt, Ort und Zeitabstände der …, um die Verkehrssicherheit der Fahrzeuge und den Schutz der Verkehrsteilnehmer zu gewährleisten sowie …", so wird deutlich, dass der Gesetzgeber dem VO-Geber die Einzelheiten der zu regelnden Bereiche, über die die Verkehrssicherheit der Fahrzeuge und den Schutz der Verkehrsteilnehmer zu gewährleisten ist, genau vorgibt. Liegen also z. B. durch sich ändernde Fahrzeugtechniken Erkenntnisse vor, dass die bestehenden Vorschriften den Ermächtigungsnormen nicht mehr hinreichend Rechung tragen, ist der VO-Geber verpflichtet, die Vorschriften entsprechend anzupassen. Dies soll an drei Beispielen verdeutlicht werden:

- Mit der 28. VO zur Änderung straßenverkehrsrechtlicher Vorschriften[13] wurden die ZU und BSU zur SP zusammengefasst, die Inhalte der Prüfung angepasst und die SP-Fristen dynamisiert.
  ➔ Der VO-Geber hat damit sowohl „Art, Umfang, Inhalt und Zeitabstände" der Untersuchung an neue Gegebenheiten angepasst.
- Mit der 41. VO zur Änderung straßenrechtlicher Vorschriften[16] wurde die Systemdatenprüfung in einem ersten Schritt eingeführt, um elektronische Komponenten von sicherheits- und umweltrelevanten Fahrzeugeinrichtungen prüfen zu können.
  ➔ Damit wurde vom VO-Geber dem Umstand Rechnung getragen, dass nur die Untersuchung der Gesamtheit der einzelnen Systeme (Mechanik und elektronische Steuerung) hinreichend genaue Feststellungen im Sinne der Verkehrssicherheit ermöglicht. So kann das ABV (ABS) nicht nur über die Mechanik (Bremsanlage einschließlich Sichtprüfung der Sensoren u. a. m.) hinreichend beurteilt werden, sondern die Elektronik muss in die Prüfung einbezogen werden. Dies gilt gleichermaßen für andere Systeme, wie z. B. Fahrerassistenzsysteme.
  Ebenfalls mit dieser VO wurde die ehemals eigenständige AU in einem zeitlich gestuften Verfahren mit der HU zusammengefasst und die Untersuchung von OBD-Kraftfahrzeugen hinsichtlich ihres Abgasverhaltens vereinfacht. Hier greifen somit die in der Ermächtigungsnorm enthaltenen Bereiche „Art, Umfang und Inhalt".
- Die 47. VO zur Änderung straßenverkehrsrechtlicher Vorschriften[19] kommt dieser durch den Gesetzgeber vorgegebenen Verpflichtung ebenfalls in gleicher Weise nach. So wurde festgestellt, dass die mit der 41. VO StVR[16] eingeführte Systemdatenprüfung zwar vom Ansatz her richtig war, die Feststellungen zur Beurteilung einzelner Systeme jedoch nicht umfassend genug und insbesondere die Prüfung der einzelnen Systeme zu zeitaufwendig waren. Da diese Systeme zwischenzeitlich in allen Fahrzeugen, auch in den unteren Preiskategorien, eingebaut wurden, mussten neue Lösungsansätze geprüft werden, um die HU effizienter zu gestalten. Die dazu vom BMVBS und den Ländern eingesetzte Arbeitsgruppe hat die von der Zentralen Stelle (vgl. Anlage VIIIe StVZO) entwickelte Prüfung über die „elektronische Fahrzeugschnittstelle" schließlich als Lösung vorgeschlagen, die dann auch ihren Niederschlag in den Vorschriften fand.

➔ Auch hier wurden vom VO-Geber die Bereiche „Art, Umfang und Inhalt" der Ermächtigungsnorm im Sinne einer effizienten Untersuchung der Fahrzeuge zugrunde gelegt.

Zusammenfassend ist somit festzustellen, dass dem VO-Geber zur Ausfüllung der ihm gegebenen Ermächtigungsnormen im § 6 StVG

1. nicht nur die Ermächtigung zum Erlass der hier zu geltenden Vorschriften gegeben ist, sondern
2. auch die Pflicht auferlegt wurde, die Vorschriften ständig zu prüfen, ob und inwieweit den vom Gesetzgeber vorgegebenen Zielsetzungen noch hinreichend Rechnung getragen wird.

Diese aus gesamtstaatlicher Sicht zu betrachtende Verpflichtung des VO-Gebers führt im Ergebnis dazu, dass die Vorschriften über die regelmäßige technische Überwachung einem dynamischen Prozess unterliegen, der eine ständige Anpassung erfordert. Denn Untersuchungsvorschriften, die den Ermächtigungsnormen und den in sie implizierten Zielsetzungen nicht gerecht werden, sind nicht vertretbar und müssen geändert bzw. angepasst werden!

3.5 Europäischer Rechtsrahmen für die regelmäßige technische Überwachung und die Rechtsvorschriften zu deren Übernahme in nationales Recht

a) Auch für den Bereich der regelmäßigen technischen Überwachung sind seit Mitte der 70iger Jahre EU-Vorschriften erlassen worden. Die rechtlichen Zusammenhänge stellen sich wie folgt dar:

„Artikel 23 Grundgesetz [Europäische Union – Grundrechtsschutz – Subsidiaritätsprinzip]

(1) Zur Verwirklichung eines vereinten Europas wirkt die Bundesrepublik Deutschland bei der Entwicklung der Europäischen Union mit, die demokratischen, rechtsstaatlichen, sozialen und föderativen Grundsätzen und dem Grundsatz der Subsidiarität verpflichtet ist und einen diesem Grundgesetz im wesentlichen vergleichbaren Grundrechtsschutz gewährleistet. Der Bund kann hierzu durch Gesetz mit Zustimmung des Bundesrates Hoheitsrechte übertragen. Für die Begründung der Europäischen Union sowie für Änderungen ihrer vertraglichen Grundlagen und vergleichbare Regelungen, durch die dieses Grundgesetz seinem Inhalt nach geändert oder ergänzt wird oder solche Änderungen oder Ergänzungen ermöglicht werden, gilt Artikel 79 Abs. 2 und 3.

(1a) Der Bundestag und der Bundesrat haben das Recht, wegen Verstoßes eines Gesetzgebungsakts der Europäischen Union gegen das Subsidiaritätsprinzip vor dem Gerichtshof der Europäischen Union Klage zu erheben. Der Bundestag ist hierzu auf Antrag eines Viertels seiner Mitglieder verpflichtet. Durch Gesetz, das der Zustimmung des Bundesrates bedarf, können für die Wahrnehmung der Rechte, die dem Bundestag und dem Bundesrat in den vertraglichen Grundlagen der Europäischen Union eingeräumt sind, Ausnahmen von Artikel 42 Abs. 2 Satz 1 und Artikel 52 Abs. 3 Satz 1 zugelassen werden.

(2) In Angelegenheiten der Europäischen Union wirken der Bundestag und durch den Bundesrat die Länder mit. Die Bundesregierung hat den Bundestag und den Bundesrat umfassend und zum frühestmöglichen Zeitpunkt zu unterrichten.

(3) Die Bundesregierung gibt dem Bundestag Gelegenheit zur Stellungnahme vor ihrer Mitwirkung an Rechtsetzungsakten der Europäischen Union. Die Bundesregierung berücksichtigt die Stellungnahme des Bundestages bei den Verhandlungen. Das Nähere regelt ein Gesetz.

(4) Der Bundesrat ist an der Willensbildung des Bundes zu beteiligen, soweit er an einer entsprechenden innerstaatlichen Maßnahme mitzuwirken hätte oder soweit die Länder innerstaatlich zuständig wären.

(5) Soweit in einem Bereich ausschließlicher Zuständigkeiten des Bundes Interessen der

Länder berührt sind oder soweit im übrigen der Bund das Recht zur Gesetzgebung hat, berücksichtigt die Bundesregierung die Stellungnahme des Bundesrates. Wenn im Schwerpunkt Gesetzgebungsbefugnisse der Länder, die Einrichtung ihrer Behörden oder ihre Verwaltungsverfahren betroffen sind, ist bei der Willensbildung des Bundes insoweit die Auffassung des Bundesrates maßgeblich zu berücksichtigen; dabei ist die gesamtstaatliche Verantwortung des Bundes zu wahren. In Angelegenheiten, die zu Ausgabenerhöhungen oder Einnahmeminderungen für den Bund führen können, ist die Zustimmung der Bundesregierung erforderlich.

(6) Wenn im Schwerpunkt ausschließliche Gesetzgebungsbefugnisse der Länder auf den Gebieten der schulischen Bildung, der Kultur oder des Rundfunks betroffen sind, wird die Wahrnehmung der Rechte, die der Bundesrepublik Deutschland als Mitgliedstaat der Europäischen Union zustehen, vom Bund auf einen vom Bundesrat benannten Vertreter der Länder übertragen. Die Wahrnehmung der Rechte erfolgt unter Beteiligung und in Abstimmung mit der Bundesregierung; dabei ist die gesamtstaatliche Verantwortung des Bundes zu wahren.

(7) Das Nähere zu den Absätzen 4 bis 6 regelt ein Gesetz, das der Zustimmung des Bundesrates bedarf."

Für den in diesem Kapitel zu behandelnden Sachverhalt der regelmäßigen technischen Überwachung wird insbesondere auf die Absätze 2 bis 5 und 6 hingewiesen. Das in Absatz 7 genannte „Gesetz" wurde durch das

- „Gesetz über die Zusammenarbeit von Bundesregierung und Deutschem Bundestag in Angelegenheiten der Europäischen Union" vom 4.7.2013 (BGBl. I 2013, S. 2170),

und das

- „Gesetz über die Zusammenarbeit von Bund und Ländern in Angelegenheiten der Europäischen Union" vom 12.3.1993 (BGBl. I 1993, S. 313), zuletzt geändert durch das Gesetz vom 22.9.2009 (BGBl. I 2009, S. 3031)

ausgefüllt, wobei zum letztgenannten Gesetz Einzelheiten zur Zusammenarbeit von Bund und Ländern in einer Anlage zu § 9 vorgegeben sind (s. BGBl. I 2009, S. 3032–3035).

Wie bereits unter Buchstabe b) ausgeführt wurde, enthält § 6 Abs. 1 Nr. 7 StVG die Ermächtigungsnorm, um die im Folgenden dargestellten EU-Richtlinien bzw. Änderungen davon in das nationale Recht zu übernehmen (§ 29 ff. StVZO).

Zusammenfassend ergibt sich aus den vorstehenden Ausführungen, dass auch für Maßnahmen der EU über die regelmäßige technische Überwachung die entsprechenden gesetzlichen Grundlagen (GG, Gesetze über die Zusammenarbeit ..., StVG) das BMVBS ermächtigen, auf der Grundlage der gesetzlichen Bestimmungen bei der Erarbeitung dieser Maßnahmen die Belange Deutschlands einzubringen und die daraus resultierenden EU-Richtlinien durch den VO-Geber (BMVBS und Länder) mit Verordnungen in das nationale Recht zu übernehmen.

- Die hier relevanten EU-Vorschriften für den Verkehr (Verordnungen, Richtlinien, Empfehlungen), also für die – EU-weite – regelmäßige technische Überwachung der Fahrzeuge, gründen sich auf
  - den „Vertrag über die Europäische Union" (EUV), den Vertrag von Lissabon, der am 1.12.2009 in Kraft getreten ist,

  und
  - den „Vertrag über die Arbeitsweise der Europäischen Union" (AEUV).

Auf die wesentlichen Vorschriften soll hier eingegangen werden:

■ EUV

„Art. 5 Abs. 3 und 4 EUV

(3) Nach dem Subsidiaritätsprinzip wird die Union in den Bereichen, die nicht in ihre ausschließliche Zuständigkeit fallen, nur tätig, sofern und soweit die Ziele der in Betracht gezogenen Maßnahmen von den Mitgliedstaaten weder auf zentraler noch auf regionaler oder

lokaler Ebene ausreichend verwirklicht werden können, sondern vielmehr ihres Umfangs oder ihrer Wirkungen auf Unionsebene besser zu verwirklichen sind.

Die Organe der Union wenden das Subsidiaritätsprinzip nach dem Protokoll über die Anwendung der Grundsätze der Subsidiarität und der Verhältnismäßigkeit an. Die nationalen Parlamente achten auf die Einhaltung des Subsidiaritätsprinzip nach dem in jenem Protokoll vorgesehenen Verfahren.

(4) Nach dem Grundsatz der Verhältnismäßigkeit gehen die Maßnahmen der Union inhaltlich wie formal nicht über das zur Erreichung der Ziele der Verträge erforderliche Maß hinaus.“

AEUV

„Artikel 4

(1) Die Union teilt ihre Zuständigkeit mit den Mitgliedstaaten, wenn ihr die Verträge außerhalb der in den Artikeln 3 und 6 genannten Bereiche eine Zuständigkeit übertragen.

(2) Die von der Union mit den Mitgliedstaaten geteilte Zuständigkeit erstreckt sich auf die folgenden Hauptbereiche:

a) Binnenmarkt,
b) Sozialpolitik hinsichtlich der in diesem Vertrag genannten Aspekte,
c) wirtschaftlicher, sozialer und territorialer Zusammenhalt,
d) Landwirtschaft und Fischerei, ausgenommen die Erhaltung der biologischen Meeresschätze,
e) Umwelt,
f) Verbraucherschutz,
g) Verkehr,
h) transeuropäische Netze,
i) Energie,
j) Raum der Freiheit, der Sicherheit und des Rechts,
k) gemeinsame Sicherheitsanliegen im Bereich der öffentlichen Gesundheit hinsichtlich der in diesem Vertrag genannten Aspekte.

(3) …“

Im Weiteren heißt es unter Titel VI „Der Verkehr“:

„Artikel 90 (ex-Artikel 70 EGV)

Auf dem in diesem Titel geregelten Sachgebiet werden die Ziele der Verträge im Rahmen einer gemeinsamen Verkehrspolitik verfolgt.

Artikel 91 (ex-Artikel 71 EGV)

(1) Zur Durchführung des Artikels 90 werden das Europäische Parlament und der Rat unter Berücksichtigung der Besonderheiten des Verkehrs gemäß dem ordentlichen Gesetzgebungsverfahren nach Anhörung des Wirtschafts- und Sozialausschusses sowie des Ausschusses der Regionen

a) für den internationalen Verkehr aus oder nach dem Hoheitsgebiet eines Mitgliedstaates oder für den Durchgangsverkehr durch das Hoheitsgebiet eines oder mehrerer Mitgliedstaaten gemeinsame Regeln aufstellen;
b) für die Zulassung von Verkehrsunternehmern zum Verkehr innerhalb eines Mitgliedstaats, in dem sie nicht ansässig sind, die Bedingungen festlegen;
c) Maßnahmen zur Verbesserung der Verkehrssicherheit erlassen;
d) alle sonstigen zweckdienlichen Vorschriften erlassen.

(2) Beim Erlass von Maßnahmen nach Absatz 1 wird den Fällen Rechnung getragen, in denen die Anwendung den Lebensstandard und die Beschäftigungslage in bestimmten Regionen sowie den Betrieb der Verkehrseinrichtungen ernstlich beeinträchtigen könnte.“

Und über die Form und Art der Vorschriften und die „Gesetzgebungsverfahren“:

„Artikel 288 (ex-Artikel 249 EGV)

Für die Ausübung der Zuständigkeiten der Union nehmen die Organe Verordnungen, Richtlinien, Beschlüsse, Empfehlungen und Stellungnahmen an.

Die Verordnung hat allgemeine Geltung. Sie ist in allen ihren Teilen verbindlich und gilt unmittelbar in jedem Mitgliedstaat.

Die Richtlinie ist für jeden Mitgliedstaat, an den sie gerichtet wird, hinsichtlich des zu erreichen-

den Ziels verbindlich, überlässt jedoch den innerstaatlichen Stellen die Wahl der Form und der Mittel. Beschlüsse sind in allen ihren Teilen verbindlich. Sind sie an bestimmte Adressaten gerichtet, so sind sie nur für diese verbindlich.

Die Empfehlungen und Stellungnahmen sind nicht verbindlich.

Artikel 289

(1) Das ordentliche Gesetzgebungsverfahren besteht in der gemeinsamen Annahme einer Verordnung, einer Richtlinie oder eines Beschlusses durch das Europäische Parlament und den Rat auf Vorschlag der Kommission. Dieses Verfahren ist in Artikel 294 festgelegt.

(2) In bestimmten, in den Verträgen vorgesehenen Fällen erfolgt als besonderes Gesetzgebungsverfahren die Annahme einer Verordnung, einer Richtlinie oder eines Beschlusses durch das Europäische Parlament mit Beteiligung des Rates oder durch den Rat mit Beteiligung des Europäischen Parlaments.

(3) Rechtsakte, die gemäß einem Gesetzgebungsverfahren angenommen werden, sind Gesetzgebungsakte.

(4) In bestimmten, in den Verträgen vorgesehenen Fällen können Gesetzgebungsakte auf Initiative einer Gruppe von Mitgliedstaaten oder des Europäischen Parlaments, auf Empfehlung der Europäischen Zentralbank oder auf Antrag des Gerichtshofs oder der Europäischen Investitionsbank erlassen werden.

Artikel 290

(1) In Gesetzgebungsakten kann der Kommission die Befugnis übertragen werden, Rechtsakte ohne Gesetzescharakter mit allgemeiner Geltung zur Ergänzung oder Änderung bestimmter nicht wesentlicher Vorschriften des betreffenden Gesetzgebungsaktes zu erlassen.

In den betreffenden Gesetzgebungsakten werden Ziele, Inhalt, Geltungsbereich und Dauer der Befugnisübertragung ausdrücklich festgelegt. Die wesentlichen Aspekte eines Bereichs sind dem Gesetzgebungsakt vorbehalten und eine Befugnisübertragung ist für sie deshalb ausgeschlossen.

(2) Die Bedingungen, unter denen die Übertragung erfolgt, werden in Gesetzgebungsakten ausdrücklich festgelegt, wobei folgende Möglichkeiten bestehen:

a) Das Europäische Parlament oder der Rat kann beschließen, die Übertragung zu widerrufen.

b) Der delegierte Rechtsakt kann nur in Kraft treten, wenn das Europäische Parlament oder der Rat innerhalb der im Gesetzgebungsakt festgelegten Frist keine Einwände erhebt. Für die Zwecke der Buchstaben a und b beschließt das Europäische Parlament mit der Mehrheit seiner Mitglieder und der Rat mit qualifizierter Mehrheit.

(3) In den Titel der delegierten Rechtsakte wird das Wort „delegiert" eingefügt.

Artikel 291

(1) Die Mitgliedstaaten ergreifen alle zur Durchführung der verbindlichen Rechtsakte der Union erforderlichen Maßnahmen nach innerstaatlichem Recht.

(2) Bedarf es einheitlicher Bedingungen für die Durchführung der verbindlichen Rechtsakte der Union, so werden mit diesen Rechtsakten der Kommission oder, in entsprechend begründeten Sonderfällen und in den in den Artikeln 24 und 26 des Vertrags über die Europäische Union vorgesehenen Fällen, dem Rat Durchführungsbefugnisse übertragen.

(3) Für die Zwecke des Absatzes 2 legen das Europäische Parlament und der Rat gemäß dem ordentlichen Gesetzgebungsverfahren durch Verordnungen im Voraus allgemeine Regeln und Grundsätze fest, nach denen die Mitgliedstaaten die Wahrnehmung der Durchführungsbefugnisse durch die Kommission kontrollieren.

(4) In den Titel der Durchführungsrechtsakte wird der Wortteil „Durchführungs-" eingefügt."

b) Auf der Grundlage des EUV und des AEUV (siehe vorstehende Ausführungen) gelten zurzeit die hier im Zusammenhang stehenden Vorschriften:

- Richtlinie 2009/40/EG des Europäischen Parlaments und des Rates vom 6.5.2009 über die technische Überwachung der Kraftfahrzeuge und Kraftfahrzeuganhänger (ABl. vom 6.6.2009, L 141/12), geändert durch die Richtlinie 2010/48/EU vom 5.7.2010 zur Anpassung vorstehender Richtlinie an den technischen Fortschritt (ABl. vom 8.7.2010, 173/378)
- Empfehlungen der Kommission vom 5.7.2010 2010/378/EU (ABl. vom 8.7.2010, L 173/74).

Die Richtlinie 2009/40/EG i. d. F. der Richtlinie 2010/48/EU musste in das nationale Recht (§ 29 StVZO ff.) übernommen werden, dagegen die Empfehlung 2010/378/EU nicht. Da diese Vorschrift/Empfehlung gegenüber den bereits in Deutschland geltenden Vorschriften/Richtlinien keine wesentlichen Änderungen enthielt, hielt sich der Anpassungsbedarf in Grenzen.

c) Die vorgenannte Richtlinie/Empfehlung enthält sog. Mindestvorschriften, über die hinaus jeder Mitgliedstaat weitergehende Vorschriften für die in seinem Land zugelassenen Fahrzeuge erlassen kann (s. Artikel 5 o. g. Richtlinie). Dies hat Deutschland – historisch bedingt – seit 1975 (erste Richtlinie: 77/143/EWG) so gehandhabt, da hier der regelmäßigen technischen Überwachung, anders als in anderen Mitgliedstaaten, bereits ab 1950 ein hoher Stellenwert zunächst für die Verkehrssicherheit und ab 1985 auch für den Umweltschutz (Einführung der ASU) zugemessen wurde.

Die Richtlinie gibt im Anhang I die zu untersuchenden 6 Fahrzeugarten und die Zeitabstände der Untersuchungen („Fristen") und im Anhang II die obligatorischen Prüfpunkte vor.

d) Ausblick auf die EU-Gesetzgebung im Hinblick auf die regelmäßige technische Überwachung:

Es dürfte einsichtig sein, dass in der Zukunft in einem vereinten Europa ohne Grenzen und freiem Binnenmarkt auch die TÜ anzupassen ist und die Untersuchungsergebnisse gegenseitig von den Mitgliedstaaten anzuerkennen sein werden. Dazu müssen aber zunächst die noch vorliegenden Niveauunterschiede, z. B. bezüglich des Ausbildungsstands der Prüfer, der Prüfungslänge und „Prüftiefe", angepasst werden.

Ein von der EU-Kommision am 13.7.2012 vorgelegter Vorschlag einer *EU-Verordnung* trug diesen Bedingung keine Rechnung. Außerdem wurden durch einige der vorgeschlagenen Vorschriften das *Subsidiaritätsprinzip* und die *Verhältniskeit* nicht gewahrt. Der Vorschlag wurde daher in der vorgelegten Form vom Rat der Verkehrsminister am 20.12.2012 zurückgewiesen, die auch beschlossen haben, dass die Rechtsform einer *Richtlinie* zu wählen ist.

Die Beratungen über den Vorschlag sind noch nicht abgeschlossen, da das EU-Parlament zu dem Vorschlag noch Stellung nehmen muss und anschließend gemeinsam von Rat, Parlament und Kommission eine abschließende Regelung abgestimmt werden muss.

3.6 Andere für den Bereich der regelmäßigen technischen Überwachung relevante internationale Vorschriften

Zu nennen ist das sog. 97er-Abkommen, das

- Übereinkommen über die Annahme einheitlicher Bedingungen für Periodische Technische Untersuchungen von Radfahrzeugen und die gegenseitige Anerkennung solcher Untersuchungen.

Dazu nachfolgende Hinweise:

Das 97er-Abkommen wurde am 13.11.1997 in Wien beschlossen (Dokument ECE/RCTE/CONF/4) und wurde auch von Deutschland unterzeichnet. Diese Unterzeichnung war dem Grunde nach eine Absichtserklärung für die noch zu erfolgende Ratifizierung dieses Abkommens. Die EU-Kommission hat nach mehrjähriger Prüfung den Beitritt der Gemeinschaft zu diesem Übereinkommen aufgrund der Unvereinbarkeit mit dem EU-Recht endgültig ausgeschlossen (Sitzung der WP.29 vom 11.–14.11.2008).

Weitere Vorschriften zu regelmäßigen technischen Vorschriften für Europa bestehen nicht.

4 Bewertung des Systems der regelmäßigen technischen Überwachung der Fahrzeuge

4.1 Allgemeines

Ziel der regelmäßigen TÜ ist es,

- mögliche Unfälle aufgrund von technischen Mängeln an den Fahrzeugen (unfallursächliche oder -erschwerende Mängel) sowie
- umweltrelevante Mängel, die zu höheren als den zulässigen Emissionen (Abgas, Lärm) führen würden,

festzustellen, damit sie in der Folge, also vor Zuteilung der Prüfplakette, behoben werden. Die regelmäßige TÜ soll insoweit sicherstellen, dass die Fahrzeuge in einem verkehrssicheren und umweltschonenden technischen Zustand betrieben werden.

Die Mängel sind dabei wie folgt einzuteilen:

- *Unfallursächliche Mängel* sind solche, deren Vorhandensein zum Unfall selbst führen (*Beispiel*: Platzen eines Reifens oder Radverlust bei hoher Geschwindigkeit).
- *Unfallursächliche Mängel* sind aber auch solche Mängel, die im Zusammenwirken z. B. mit einem Fehlverhalten des Fahrers zum Unfall führen (*Beispiel:* defektes Elektronisches Stabilitätsprogramm (ESP) oder unzureichende Fahrwerkdämpfung aufgrund defekter Schwingungsdämpfer/Elastomerelagerung in den Radlenkerpunkten). In Grenzfällen bei hohen Kurvengeschwindigkeiten werden die Fahrzeuge infolge zu niedriger Seitenführungskraft („Bodenhaftung") aus der Kurve getragen. Das Fehlverhalten des Fahrers besteht darin, dass er mit dem betreffenden Fahrzeug eine zu hohe Kurvengeschwindigkeit gefahren ist. Der unfallursächliche Mangel ist insoweit gegeben, als mit gleichem Fahrzeug mit funktionssicherem ESP oder hinreichender Fahrwerkdämpfung bei gleicher Kurvengeschwindigkeit das Fahrzeug nicht aus der Kurve „getragen" worden wäre.
- *Unfallerschwerende Mängel* sind solche Mängel, deren Vorhandensein nicht ursächlich für den Unfall sind, die aber zu höheren Unfallfolgen führen (*Beispiele:* defekter Airbag, defekter Sicherheitsgurt oder defekter Gurtstraffer können die passive Sicherheit der Fz-Insassen erheblich vermindern mit der Folge höherer Verletzungen oder gar Todesfällen).
- *Umweltrelevante Mängel* können z. B. eine defekte Lambdasonde, ein defekter Katalysator, Mängel im Motormanagement (Abgas) oder schadhafte Schalldämpfer (Lärm) sein.

4.2 Unfallursächliche technische Mängel

Die in den letzten 50 Jahren festgestellten unfallursächlichen Mängel zeigen eine positiv zu beurteilende Absenkung des Anteils technischer Mängel auf. Dieser Trend ist auf eine verbesserte Fahrzeugtechnik, mit Sicherheit aber auch auf die Fortschreibung der Vorschriften über die regelmäßige TÜ und auf eine Verbesserung des Gesamtsystems der TÜ zurückzuführen (z. B. Einführung der Prüfplakette 1960; s. dazu unter 2.2.3). So wurden in den Jahren

- 1960 2,7 %
- 1970 1,6 %
- 1980 1,2 %
- 1990 1,1 %
- 2000 1,0 %
- 2010 0,75 %
- 2011 0,69 % Anteil an unfallursächlichen technischen Mängeln bei allen Verkehrsunfällen mit Fahrzeugen festgestellt.[20]

Allerdings ist bei diesen Werten darauf hinzuweisen, dass sie nach Unfällen durch die Polizeien festgestellt wurden und mit einer Dunkel-

20 Statistisches Bundesamt, Reihe Verkehrsunfälle (Abschnitt Unfallursachen und Tab. 12) – erscheint jährlich

ziffer behaftet sind. Nach Schätzungen der Bundesanstalt für Straßenwesen (BASt) beträgt der „Dunkelziffer-Faktor“ in etwa 2,5; d. h. bei einem festgestellten Anteil von 0,6 % unfallursächlicher technischer Mängel dürfte der tatsächliche Wert bei etwa 1,5 % liegen. Diese Ungenauigkeit hat mehrere Ursachen. Einerseits wird die Polizei nicht zu allen Unfällen hinzugezogen (z. B. bei Bagatellschäden), andererseits können unfallursächliche technische Mängel überwiegend nur durch eine eingehende Untersuchung des gesamten Unfallgeschehens, insbesondere aber auch durch eine gezielte Untersuchung des verunfallten Fahrzeuges festgestellt werden. Derartige umfangreiche (und auch teure) Untersuchungen werden üblicherweise nur bei Unfällen mit schweren Personenschäden oder schweren Sachschäden meist von der Staatsanwaltschaft angeordnet.

4.3 Festgestellte Mängel bei HU am Beispiel von Pkw

a) Im Jahre 2009 wurden insgesamt 25,52 Mio. HU in Deutschland durchgeführt.[21] Davon entfielen (jeweils gerundete Werte)

- 1,660 Mio. HU auf Krafträder,
- 18,424 Mio. HU auf Pkw,
- 1,790 Mio. HU auf Kraftomnibusse, Lkw und sonstige Kfz,
- 1,000 Mio. HU auf Zugmaschinen,
- 2,810 Mio. HU auf Anhänger.

Dabei waren 13,64 Mio. Fahrzeuge ohne Mängel (OM), 7,53 Mio. Fahrzeuge hatten geringe Mängel (GM), 4,33 Mio. Fahrzeuge hatten erhebliche Mängel (EM) und 15 744 Fahrzeuge waren verkehrsunsicher (VU).

Über alle Fahrzeugarten gemittelt stellte sich das Mängelaufkommen (GM + EM + VU) in Abhängigkeit vom Fahrzeugalter wie folgt dar:

bis 3 Jahre	18,8 %
von 3–5 Jahre	29,7 %
von 5–7 Jahre	42,0 %
von 7–9 Jahre	51,0 %
über 9 Jahre	61,0 %
über das Fahrzeugalter gemittelt	46,6 %.

21 Fahrzeuguntersuchungen (FU); HU und Einzelabnahmen nach Überwachungsinstitutionen im Jahre 2009 – erscheint jährlich; Veröffentlichung durch das KBA

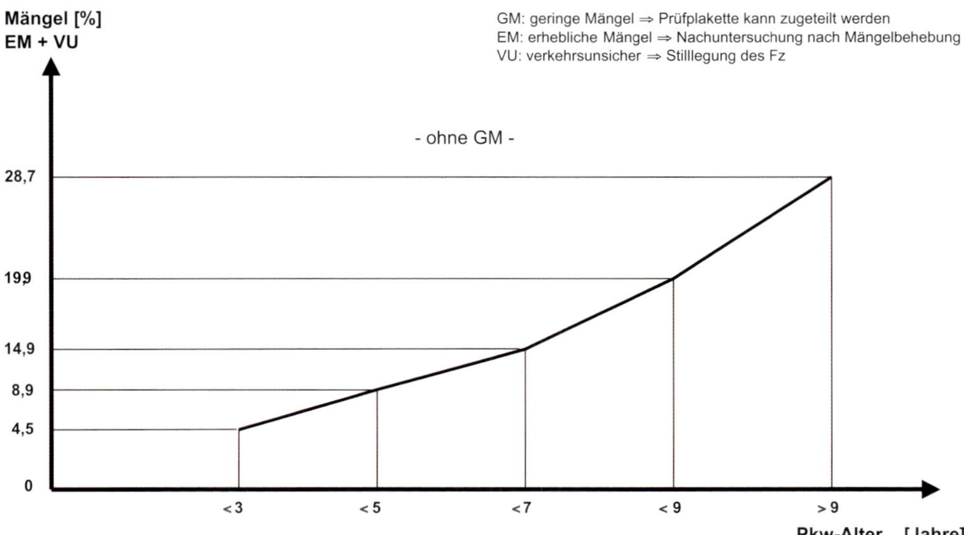

Bild 11 Festgestellte Mängel bei HU am Beispiel von Pkw im Jahre 2009, eigene Darstellung

Dabei entfielen als „Hauptmängelgruppen" auf die Lichtanlagen 34 %, auf die Bremsanlagen knapp 25 %, auf die Achsen/Räder etwas mehr als 20 %, auf Mängel, die zu Umweltbelastungen führten, ca. 18 %.

b) Bezogen auf Pkw, auf die infolge der hohen Bestandszahlen die meisten HU entfallen, ergibt sich die in *Bild 11* abgebildete Mängelkurve in Abhängigkeit vom Fahrzeugalter.

Diese Mängelkurve steigt weiter an bis zu einem Fahrzeugalter von ca. 20 Jahren, flacht dann ab und hat eine negative Steigung im Oldtimerbereich (älter als 30 Jahre). Die Kurve lässt folgende Feststellungen zu:

1. Die Rate der festgestellten technischen Mängel nimmt bis zu einem bestimmten Fahrzeugalter stark zu. Dieser „Altersbereich" entspricht dem überwiegenden Anteil der zugelassenen Fahrzeuge.
2. Das mögliche (technische) Gefährdungspotenzial infolge technischer Mängel steigt mit dem Fahrzeugalter. Dementsprechend kann abgeleitet werden, dass der Anteil der unfallursächlichen technischen Mängel (siehe 4.2) ebenfalls mit dem Fahrzeugalter ansteigt. Hinzu kommt, dass mit zunehmendem Fz-Alter die erforderlichen Fz-Inspektionen in Vertragswerkstätten und anderen Kfz-Werkstätten zurückgehen und die Reparaturen meist mit „Bekanntenhilfe", im Do-it-yourself-Verfahren oder in „Hinterhofwerkstätten" durchgeführt werden (vgl. hierzu die jährlich erscheinenden DAT-Kundendienstreporte).
3. Ausgehend von dieser Betrachtungsweise und unter Berücksichtigung der weiter erhöhten Langzeittauglichkeit der Fahrzeuge erscheint es, zumindest aus technischer Sicht, angezeigt, die derzeit vorgeschriebenen HU-Fristen stärker zu dynamisieren, d. h. in den ersten Zulassungsjahren weniger HU durchzuführen und mit zunehmendem Fahrzeugalter kürzere HU-Fristen vorzuschreiben.
   Hierbei ist allerdings zu berücksichtigen, dass ältere Fz weniger gefahren werden, d. h. ihre Laufleistung geringer ist und damit die tatsächliche Gefährdung (Gefährdungspotenzial), eine andere Bewertung erfährt.
4. Eine wie unter 3. dargestellte „Neuordnung" der HU-Fristen hätte erhebliche Konsequenzen und wäre aus gesamtpolitischer Sicht nur dann durchsetzbar, wenn über eine gezielte durchgeführte Untersuchung, z. B. müssten die Fz nach Unfällen untersucht werden, der Anteil unfallursächlicher technischer Mängel über das Fahrzeugalter ermittelt würde (siehe dazu 4.2).

4.4 Nutzen/Kosten der regelmäßigen technischen Überwachung von Fahrzeugen

4.4.1 Allgemein

Eine Abschätzung oder gar Ausrechnung des volkswirtschaftlichen Nutzenpotenzials einer regelmäßigen TÜ von Fz ist äußerst schwierig. Dazu müsste die Unfallursache „Unfallursächlicher technischer Mangel" (UTM) vor Einführung einer TÜ bei allen Straßenverkehrsunfällen mit Fz-Beteiligung ermittelt und nach einem bestimmten Zeitraum nach Einführung erneut ermittelt und verglichen werden.

Die Differenz zwischen UTM vor und UTM nach der Einführung wäre Grundlage für die Errechnung des Nutzenpotentials. Unter Zugrundelegung der Gesamtunfallzahlen mit Fz-Beteiligung pro Jahr, der volkswirtschaftlichen Rechengrößen[22] für jeweils eine getötete Person = 996 T € (1 035 Mio. €), für eine schwerverletzte Person = 110 T € (111 T €), für eine leichtverletzte Person = 4,4 T € (4,4 T €) und eine Gesamtschadenssumme für alle Sachschäden von 17,23 Milliarden € (16,96 Milliarden €) (Bezugsjahr 2009, Klammerwerte

22 Artikel „Volkswirtschaftliche Kosten durch Straßenverkehrsunfälle in Deutschland 2008", Mitarbeiter der BASt (Kranz, Straube); Zeitschrift für Verkehrssicherheit 1/2011, S. 37; auch VkBl. 2011, Heft Nr. 6, S. 251. Für 2009: „Volkswirtschaftliche Kosten durch Straßenverkehrsunfälle 2009", BASt-Veröffentlichung 04/11

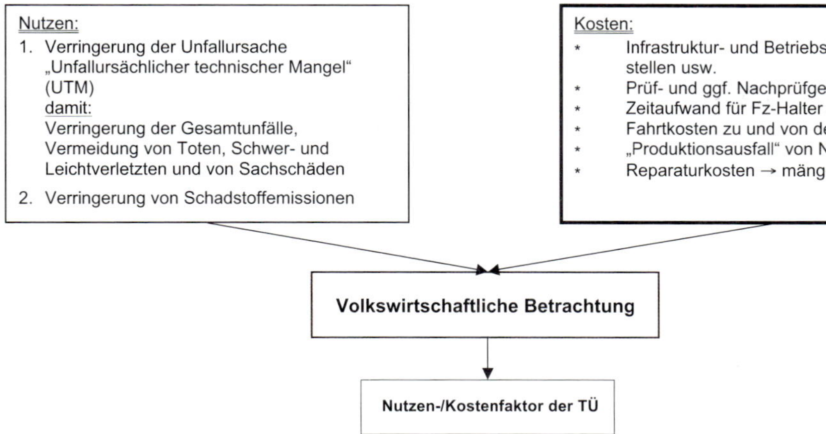

Bild 12 Nutzen/Kosten der regelmäßigen TÜ von Fz, eigene Darstellung

Bezugsjahr 2008) ließe sich dann der Nutzen monetär bewerten.

Außerdem müsste dem Nutzenpotenzial die Verringerung der Schadstoffemissionen zugerechnet werden. Hierzu gibt es zwar grobe Schätzungen, die aber die Errechnung eines konkreten Nutzenpotenzials und eine monetäre Bewertung nicht zulassen.

Dem gegenüber wären insbesondere als Kosten anzusetzen:

- Kosten zum Aufbau einer Infrastruktur der Prüfstellen und deren Betriebskosten, Ausbildungs- und Weiterbildungskosten für das prüfende Personal
- Prüf- und ggf. Nachprüfgebühren
- Zeitaufwand für Fz-Halter oder Fahrer
- Fahrtkosten zu und von den Prüfstellen
- „Produktionsausfall" von Nutz-Fz
- Reparaturkosten zur Herstellung eines mängelfreien Fz-Zustandes (volkswirtschaftliche Betrachtung!).

Eine derart dezidierte Ermittlung des Nutzen-/Kostenfaktors ist in Deutschland wahrscheinlich nicht möglich, da als Folge der bereits jahrzehntelang praktizierten TÜ der Anteil der UTM vor Einführung einer TÜ bestenfalls geschätzt werden könnte.

4.4.2 Verringerung der Unfallursache „UTM" durch die TÜ

Eine „Bestandsaufnahme" hierzu mit international ermittelten/geschätzten Reduktionsraten bei Einführung einer TÜ findet sich in einem Forschungsvorhaben des TÜV Rheinland, das für die Generaldirektion VII der EG-Kommission 1985 durchgeführt wurde[23] und das die Grundlage für die Einführung der EU-weiten TÜ für Pkw darstellte.

Darin heißt es auf Seite 9 des Berichts:

„Ausgehend von den vorsichtigsten und genauesten amerikanischen Untersuchungen lässt sich durch die TÜ die Unfallursache ‚Technischer Mangel' um etwa 50 % reduzieren. Bezogen auf die vorher abgeleiteten Aussagen – unter Berücksichtigung lediglich der genauesten Untersuchungen – bedeutet dies eine Reduktion aller Unfälle um 2–3 % durch Halbierung der Unfallzahl mit der höchstwahrscheinlichen Ursache ‚Technischer Mangel' und um weitere 4–9 % durch Halbierung der Unfallzahl mit ‚Technischer Mangel' als Mit-

23 Vor- und Nachteile einer TÜ in Bezug auf den technischen Zustand der privaten Pkw … sowie Möglichkeiten der Einführung in der EG; Rompe, Seul, TÜV Rheinland e.V., Köln, März 1985

ursache oder unfallerschwerend. Amerikanische Untersuchungen wiederum belegen, dass durch die TÜ die Zahl der Unfalltoten um 5–10 % vermindert werden kann. Berücksichtigt man die höhere Schwere der Unfälle mit ‚technischem Mangel' als Ursache, so kann man davon ausgehen, dass beide Aussagen etwa identisch sind."

4.4.3 Zusammenfassung

- Die genaue Ermittlung eines Gesamt-Nutzenpotentials, dessen monetäre Bewertung und damit die Errechnung eines Nutzen-Kosten-Faktors für die bestehende TÜ in Deutschland ist nicht möglich, bestenfalls wären Schätzungen durchführbar.
- Die unter 4.2 dargestellte deutliche Verringerung von UTM seit 1960 sowie die festgestellten erheblichen Mängel (EM) und verkehrsunsicheren Zustände (VU) am Beispiel von Pkw bei HU – aufgetragen über das Fz-Alter – untermauern eindeutig die Notwendigkeit der TÜ.
- Der o.g. Forschungsbericht[23] nennt für die Einführung einer TÜ von Pkw in der EG (1985 noch mit nur zehn Mitgliedstaaten) einen Nutzen-Kosten-Faktor von 1,7 bis 2,6 (Optimal-Modell) bzw. von 2,0 (Minimal-Modell), wobei auf der Nutzenseite zusätzlich zu den Einsparungen bei Unfallkosten eine Minderung des Kraftstoffverbrauchs von 3 % infolge der AU hochgerechnet wurde.
- Eine Änderung der vorgeschriebenen Untersuchungsfristen für Fahrzeuge sollte unter Berücksichtigung eines zu ermittelnden Nutzen-Kosten-Faktor erfolgen. Dazu bedarf es der Feststellung der tatsächlichen vorhandenen unfallursächlichen technischen Mängel an den verunfallten Fahrzeugen sowie des sich daraus ergebenden Gefährdungspotenzials; dies dürfte nur über ein aufwendiges Forschungsprogramm zu verwirklichen sein.

Kapitel 2
Anwendung der regelmäßigen technischen Überwachung

1 Untersuchungspflichtige Fahrzeuge und Fristen

1.1 Grundsätze

Welche Fahrzeuge regelmäßig untersuchungspflichtig sind und in welchen Zeitabständen (Fristen), ist durch § 29 i.V.m. Anlage VIII StVZO vorgeschrieben. Darüber hinaus ist in Nr. 2 Anlage VIII StVZO, in der sog. Fristentabelle, vorgeschrieben, welche Fahrzeugarten zusätzlich zur HU in vorgegebenen Zeitabständen einer Sicherheitsprüfung (SP) zu unterziehen sind.

Wie erklären sich nun Untersuchungspflichten und die unterschiedlichen Fristen für die einzelnen Fahrzeugarten sowie die zusätzlich vorgeschriebene SP für bestimmte Fahrzeuge und deren Fristen?

Dazu ist festzustellen, dass auf der Basis der seit 1951 (1960) gewonnenen Erkenntnisse und nachfolgender Grundsätze die Untersuchungspflicht als solche sowie die Fristen festgelegt wurden:

- Alle zulassungs- und/oder kennzeichenpflichtigen Fahrzeuge i.S. der §§ 3 Abs. 1 und 4 Abs. 2 und 3 der Fahrzeug-Zulassungsverordnung (FZV), deren regelmäßiger Betrieb und die gefahrenen Geschwindigkeiten stellen bei einem technisch nicht einwandfreien Zustand alleine hieraus ein Gefährdungspotenzial für Fahrer/Mitfahrer und andere Verkehrsteilnehmer dar.
- An Fahrzeugen, die zur gewerblichen Beförderung von Fahrgästen gebaut und eingesetzt werden (Kraftomnibusse, Taxen, Mietwagen) müssen aufgrund ihres „Beförderungsgutes", nämlich Fahrgäste, ihrer Einsatzart und ihrer Laufleistungen besonders hohe Anforderungen gestellt werden, um technische Mängel an ihnen zu verhindern.
- Fahrzeuge wie Nutzfahrzeuge (Lkw, Sattelzugmaschinen und deren Anhänger) stellen aufgrund ihrer Masse bei vorhandenen technischen Mängeln ein höheres Gefährdungspotenzial als masseärmere Fahrzeuge dar, das sich aus physikalischen Gesetzen herleiten lässt.
- Vermietfahrzeuge (sog. Selbstfahrvermietfahrzeuge) haben sehr hohe Laufleistungen und dazu Fahrer, die diese Fahrzeuge oft anders beanspruchen als ihre eigenen.
- Die regelmäßige Überprüfung der bei den Untersuchungen festgestellten technischen Mängel (s. dazu Kapitel 1, Nr. 4.3) lassen den Schluss zu, dass sich die unfallursächlichen/unfallerschwerenden technischen Mängel an den betreffenden Fahrzeugen in einem ähnlichen Verhältnis darstellen wie die bei HU festgestellten und ggf. Änderungen oder tiefergehende Prüfungen/Untersuchungen dieses Sachverhaltes angezeigt sind.

Zusammenfassend ist auszuführen, dass die Vorschriften über die Untersuchungspflichten und die Zeitabstände der durchzuführenden Untersuchungen von verschiedenen Parametern abhängen. Aufgrund der sicherheitstechnischen Bedeutung für die Verkehrssicherheit, der gesamtwirtschaftlichen Auswirkungen (s. dazu Kapitel 1, Nr. 4.4) und der daraus resultierenden politischen Bedeutsamkeit sind oftmals vor einer beabsichtigten Neuregelung Nutzen-Kosten-Analysen wichtige Entscheidungshilfen.

1.2 HU-pflichtige Fahrzeuge

In Deutschland werden im Mittel etwa 25 bis 26 Mio. HU pro Jahr durchgeführt (2009: 25,52 Mio.) Die hierzu verpflichtende Vorschrift ist § 29 Abs. 1 StVZO:

„Die Halter von zulassungspflichtigen Fahrzeugen im Sinne von ... und kennzeichenpflichtigen Fahrzeugen nach ... haben ihre Fahrzeuge auf ihre Kosten nach Maßgabe der Anlage VIII in Verbindung mit Anlage VIIIa in regelmäßigen Zeitabständen untersuchen zu lassen. Ausgenommen sind ...“

Über die Festverweisungen auf Anlage VIII StVZO sind u.a. die dort vorgeschriebenen Zeitabstände (s. dazu die sog. Fristentabelle in Nr. 2.1) und auf Anlage VIIIa StVZO die dort vorgeschriebenen Prüf-/Durchführungsvorschriften zwingend anzuwenden.

Die Richtlinie 2009/40/EG i.d.F. der Änderung durch die Richtlinie 2010/48/EU schreibt im Anhang I vor, welche Fahrzeugarten in welchen Zeitabständen regelmäßig zu untersuchen sind:

M_2 und M_3*):	jährliche Untersuchung nach Erstzulassung
N_2 und N_3:	jährliche Untersuchung nach Erstzulassung
O_3 und O_4:	jährliche Untersuchung nach Erstzulassung
Taxis und Krankenkraftwagen:	jährliche Untersuchung nach Erstzulassung
N_1:	1. Untersuchung vier Jahre nach Erstzulassung, dann jährlich
M_1:	1. Untersuchung vier Jahre nach Erstzulassung, dann jährlich.

Die o.g. Vorschriften, die in allen EU-Mitgliedstaaten gleichermaßen gelten, sind Mindestvorschriften. Jeder Mitgliedstaat kann nach Artikel 5, Buchstaben a) und b) o.g. Richtlinie die erste Untersuchung vorverlegen und die Fristabstände verkürzen. Dies ist in Deutschland der Fall, wie ein Vergleich mit Nr. 2.1 Anlage VIII StVZO ergibt. Hinzu kommt, dass in Deutschland für weitere Fahrzeugarten, wie z.B. für Krafträder, Wohnmobile und Wohnanhänger, gleichfalls eine regelmäßige technische Überwachung vorgeschrieben ist.

1.3 Vorgeschriebene Fristen für einzelne Fahrzeugarten

Die Zeitabstände der an einem Fahrzeug durchzuführenden HU nach Erstzulassung und in den Folgejahren sind, wie bereits ausgeführt, durch Nr. 2.1 Anlage VIII StVZO vorgeschrieben.

Diese Vorschriften differenzieren weitgehender als die o.g. Richtlinie bei einigen Fahrzeugarten, denn in Abhängigkeit von bauartbedingter Höchstgeschwindigkeit und zulässiger Gesamtmasse innerhalb einer Fahrzeugart können unterschiedliche Fristen für die jeweiligen Fahrzeuge gelten.

Eine weitere, hier zu erwähnende abweichende Fristenfestsetzung ist in Nr. 2.2 Anlage VIII StVZO vorgeschrieben. Diese gilt für sog. Selbstfahrvermietfahrzeuge (s. unter 1).

1.4 Besonderheiten im Rahmen der HU

a) Da die Abgasuntersuchung (AU) ab 2006 bis 2010 in einem zeitlich gestuften Verfahren als eigenständige Untersuchung aufgehoben wurde (vgl. Kapitel 1, Nr. 2.2.9), wird ab diesen Daten die Überprüfung des Abgasverhaltens i.R. der HU mit übernommen.

Dabei kann diese Überprüfung auch als eigenständige HU-Teiluntersuchung nach Nr. 3.1.1.1 der Anlage VIII StVZO von dafür amtlich anerkannten Kfz-Werkstätten durchgeführt werden, die dies auf einem vorgegebenen Nachweis bestätigen, der bei der Vorführung zur („Rest-“) HU vorzulegen ist.

---

*) Fz-Definition nach Anlage XXIX StVZO

b) Nach § 41 der Verordnung über den Betrieb von Kraftfahrunternehmen im Personenverkehr (BOKraft) ist für die nach dieser VO eingesetzten Fahrzeuge (Kraftomnibusse, Taxis, Mietwagen) zusätzlich bei den HU nach § 29 StVZO zu prüfen, ob die Fahrzeuge den Vorschriften dieser VO entsprechen. Die nach dieser VO zusätzlich zu prüfenden Einzelpunkte wurden bereits aus Praktikabilitätsgründen in die Anlage VIIIa StVZO und die HU-Mängelrichtlinie aufgenommen, d. h. sie sind Bestandteil der HU.

2 Hauptuntersuchung

2.1 Rechtsvorschriften, Richtlinien und ihre rechtliche Ableitung

Wie bereits in Kapitel 1, Nr. 3.1 erwähnt, enthält § 6 StVG die Vorschriften für die regelmäßige technische Überwachung der Fahrzeuge. Darauf fußend schreibt § 29 i. V. m. Anlage VIII StVZO vor, an welchen Fahrzeugen in welchen Zeitabständen (Fristen) HU und SP durchgeführt werden müssen.

Anlage VIII schreibt darüber hinaus verschiedene Verfahrensabläufe vor und, teilweise auch für den Fahrzeughalter, welche Mängeleinstufungen vorzunehmen sind und welche Angaben der Untersuchungsbericht über die HU enthalten muss.

Damit die Vorschriften einerseits „lesbar" bleiben und nicht mit Einzelheiten überfrachtet werden, andererseits z. B. bei notwendigen Anpassungen der Durchführungsbestimmungen an geänderte Fahrzeugtechniken nicht immer der hohe verwaltungsmäßige Aufwand einer VO-Änderung vorgenommen werden muss, ergänzen viele Richtlinien die hier maßgeblichen Vorschriften (s. dazu auch Kapitel 1, Nr. 2.2.6). Diese Richtlinien müssen, damit sie zwingend angewendet werden, in der zugehörigen Vorschrift aufgeführt sein. *Beispiel:* Zur „HU-Mängelrichtlinie" enthält Nr. 1.2.1 Anlage VIII StVZO nachfolgende Verweisung:

„... dabei ist ein Fahrzeug als vorschriftsmäßig einzustufen, wenn nach den Vorschriften der Anlage VIIIa sowie den dazu im Verkehrsblatt im Einvernehmen mit den obersten Landesbehörden bekannt gemachten Richtlinien keine Mängel festgestellt wurden und auch sonst ..."

Neue Richtlinien oder Richtlinienänderungen bedürfen mithin des Einvernehmens der zuständigen obersten Landesbehörden (i. d. R. sind das die Verkehrsministerien der Länder), bevor sie im Verkehrsblatt (das ist das Amtsblatt des BMVBS) veröffentlicht werden.

Richtlinien, die eine entsprechende Formulierung – meist im Vorwort – enthalten, sind dann von den TP und den ihnen angehörenden aaSoP sowie von den ÜO und den diesen angehörenden PI anzuwenden. Diese Richtlinien gelten insoweit als Einzelanweisungen; vgl. hierzu § 13 Abs. 1 i. V. m. § 11 Abs. 3 KfSachvG sowie Nr. 5 Anlage VIIIb StVZO.

Die Richtlinien sind auch von Kfz-Werkstätten, die zur Durchführung verschiedener Untersuchungen/Prüfungen amtlich anerkannt sind (z. B. zur Durchführung der SP), in gleicher Weise anzuwenden (Anlage VIIIc StVZO i. V. m. der Anerkennungsrichtlinie).

2.2 § 29 und Anlage VIII StVZO

a) § 29 StVZO ist die Basisvorschrift für die regelmäßige technische Überwachung der Fahrzeuge.

Abs. 1 schreibt vor, welche Fahrzeuge untersuchungspflichtig sind. Die Verpflichtung zur Vorführung der Fahrzeuge entsprechend den vorgegebenen Fristen zur HU und SP enthält

Abs. 2, in dem auf die am hinteren Kennzeichen angebrachte Prüfplakette und die Prüfmarke mit dem SP-Schild verwiesen wird. Prüfplakette und Prüfmarke mit dem SP-Schild enthalten das sog. „Verfallsdatum“; d. h. den Monat und das Jahr der spätesten Vorführung zur HU und SP sind durch diese Nachweise außen am Fahrzeug dokumentiert und damit für Kontrollorgane, z. B. bei Verkehrskontrollen oder im ruhenden Verkehr (bei geparkten Fahrzeugen), jederzeit erkennbar. Weiterhin sind in Abs. 2 die Vorschriften für die Anbringung der Prüfplakette und Prüfmarke enthalten.

Die Abs. 3 und 4 enthalten für die die HU und SP durchführenden aaSoP, PI sowie die verantwortlichen Personen der amtlich anerkannten Kfz-Werkstätten die verpflichtende Vorschrift, Prüfplaketten und Prüfmarken nur dann zuzuteilen und anzubringen, wenn die Fahrzeuge vorschriftsmäßig sind (Verweis auf Nr. 1.2 Anlage VIII und dort auf Anlage VIIIa und die HU-Richtlinie sowie für SP auf Nr. 1.3 Anlage VIII und die SP-Richtlinie). Die bis 1999 geltende Vorschrift *„Durch die Anbringung der Prüfplakette wird bescheinigt, dass das Fahrzeug zum Zeitpunkt der Untersuchung für vorschriftsmäßig befunden wurde“*, ist durch die 28. VO zur Änderung straßenverkehrsrechtlicher Vorschriften vom 20.5.1998[13] in der Absicht geändert worden, eine genauere HU und damit eine Steigerung der Qualität zu erreichen. Die Formulierung *„für vorschriftsmäßig befunden“* gab eindeutig zu viel Raum für ungenaue Feststellungen durch die aaSoP und PI.

Abs. 5 gibt dem Halter die Pflicht auf, den ordnungsgemäßen Zustand der Prüfplakette und der Prüfmarke mit dem SP-Schild zu erhalten.

In Abs. 6 wird vorgeschrieben, dass zusätzlich zur Anbringung der Prüfplakette und Prüfmarke mit den Angaben der Fahrzeuge zur HU und SP (vgl. Abs. 1) zusätzlich der Monat der jeweiligen Vorführung in der ZB I – früher Fahrzeugschein – oder im Prüfprotokoll vermerkt werden müssen.

Abs. 7 enthält weitere Vorschriften zum „Verfallsdatum“ der Prüfplakette und Prüfmarke. Imitate oder Fälschungen von Prüfplaketten und Prüfmarken dürfen an den Fahrzeugen ebenso wenig angebracht werden wie Einrichtungen, die zu Verwechslungen Anlass geben können (Abs. 8).

Abs. 9 verpflichtet die aaSoP und PI sowie die für die SP verantwortlichen Personen zur Ausstellung eines (HU-)Untersuchungsberichts oder eines (SP-)Prüfprotokolls und zur Aushändigung an den Fahrzeughalter.

Untersuchungsberichte und Prüfprotokolle müssen vom Fahrzeughalter bis zur nächsten HU oder SP aufbewahrt – nicht jedoch ständig mitgeführt – werden (Abs. 10) und zuständigen Personen zur Prüfung ausgehändigt werden. Die Vorschrift führt häufig zu Missverständnissen, da sie fälschlicherweise als „Mitführvorschrift“ gedeutet wird. Das ist falsch. Richtig ist, dass die Berichte/Protokolle für die angegebenen Zeiträume aufzubewahren, der Zulassungsbehörde bei verschiedenen Maßnahmen (z. B. Ummeldungen) vorzulegen sind, aber nicht bei Verkehrskontrollen ausgehändigt werden müssen. Hier reicht es, wenn der Halter diese „ohne schuldhafte Verzögerung“, z. B. am nächsten Tag, bei der Polizeidienststelle vorlegt.

Die Abs. 11, 12 und 13 enthalten die einschlägigen Vorschriften für die Führung und Aufbewahrung von Prüfbüchern für die SP-pflichtigen Fahrzeuge.

b) Anlage VIII StVZO ist unterteilt in vier Abschnitte:

In Nr. 1 sind „Art und Gegenstand der HU und SP, Ausnahmen“ vorgeschrieben. Die Nrn. 1.2.1.1 und 1.2.1.2 enthalten i. V. m. Nr. 3.1.1.1 die Untersuchung der Umweltverträglichkeit der Fahrzeuge, also die Vorschriften, die früher im Wesentlichen im § 47a StVZO für die seinerzeit eigenständige AU vorgeschrieben waren.

Nr. 2 enthält unter Nr. 2.1 die sog. Fristentabelle mit den Zeitabständen für HU und SP in Abhängigkeit von der Fahrzeugart. In Nr. 2.2 sind die Sondervorschriften für Selbstfahrervermietfahrzeuge vorgeschrieben. Nr. 2.3 bis Nr. 2.5 enthalten Verfahrensregelungen für verschiedene

Anwendungsfälle bei verspäteter Vorführung zur HU oder SP sowie andere Festlegungen, z. B. für die Wiederinbetriebnahme. In Nr. 2.6 und Nr. 2.7 sind für Fahrzeuge mit Saisonkennzeichen sowie für vorübergehend stillgelegte Fahrzeuge Sonderregelungen enthalten.

Vorschriften für die „Durchführung der HU und SP, Nachweise“ enthält Nr. 3. Die Vorschriften werden durch die HU-Richtlinie und die SP-Richtlinie insbesondere für die Feststellung der Mängel und deren Bewertung präzisiert. Außerdem ist vorgeschrieben, welche Mindestangaben die (HU-)Untersuchungsberichte und die (SP-)Prüfkontrolle enthalten müssen.

Schließlich enthält Nr. 4 Vorschriften für die Überprüfung der Untersuchungsstellen, deren jeweilige Ausstattung in Abhängigkeit von ihrer Klassifizierung der Anlage VIIId StVZO entsprechen muss.

2.3 Anlage VIIIa StVZO (Durchführungsvorschriften)

a) Anlage VIIIa StVZO wurde durch die 28. VO zur Änderung straßenverkehrsrechtlicher Vorschriften vom 20.5.1998[13] neu in die StVZO aufgenommen; zur Begründung vgl. Kapitel 1, Nr. 2.2.6 und zur Änderung siehe dort unter l)). Anlage VIIIa ist, wie ihre Benennung „Durchführung der Hauptuntersuchung“ schon deutlich macht, eine Vorschrift, die sich nicht nur an den aaSoP oder PI richtet, sondern auch zwingend von ihm anzuwenden ist.

Nr. 1 („Durchführung und Gegenstand der HU“) gibt vor, auf welcher Grundlage die HU durchzuführen ist, und verweist auf die unter den Nrn. 6.1 bis 6.10 in Tabellenform aufgeführten Bauteile und Systeme. Im Weiteren wird vorgeschrieben, dass der aaSoP oder PI vor jeder HU zu Beginn eine kurze Fahrt mit einem V von mindestens 8 km/h durchführen muss. Dies ist einerseits notwendig, um die elektronisch gesteuerten Systeme zu aktivieren, d. h. in einen über die elektronische Schnittstelle überprüfbaren Zustand zu bringen, und andererseits, um das Fahrzeug für die Prüfung zu konditionieren. Entscheidend ist aber, dass die prüfende Person „ein Gefühl“ für das von ihr zu prüfende Fahrzeug bekommt, das sie schon über kleine Fahrmanöver, wie z. B. Betätigung der Lenkung, der Bremsanlage usw., erhält, und sie dies dann haptisch, über bestimmte Fahrzeugreaktionen oder die Geräuschentwicklung bemerkt. Diese Erkenntnisse und Eindrücke führen bei richtiger Zuordnung zu einer gezielteren und auch effizienteren Untersuchung.

In *Nr. 2* ist das sachverständige Ermessen des aaSoP oder PI gefordert, welches ihm aufgrund seiner Ausbildung auch zugemessen werden muss. Denn die Vorschrift fordert von ihm, dass er auf der Basis des Fahrzeugzustandes im „pflichtgemäßen Ermessen“ entscheidet, ob er nur die für alle Fahrzeuge vorgeschriebene Pflichtuntersuchung oder darüber hinausgehend auch zusätzlich die Ergänzungsuntersuchung entsprechend den Nrn. 6.1 bis 6.10, ggf. auch nur in auffälligen Teilbereichen durchführen muss.

Diese, auf den ersten Eindruck abstrakt lautende Vorschrift hat jedoch sehr wohl einen konkreten Bezug, der anhand nachstehender *Beispiele* erläutert werden soll:

- Wird dem aaSoP oder PI ein vom Zulassungsjahr relativ junges Fahrzeug mit geringer Laufleistung und in einem guten Allgemeinzustand vorgestellt, so ist davon auszugehen, dass an diesem Fahrzeug nur die Pflichtuntersuchung durchzuführen ist. Diese Erkenntnis wird er nur dann revidieren müssen, wenn er während der Untersuchung, z. B. bei einzelnen Systemen, Mängel oder Mängelbilder feststellt, die eine über die Pflichtuntersuchung hinausgehende (vertiefte) Ergänzungsuntersuchung, und sei es auch nur an bestimmten Fahrzeugteilen/-systemen, nach seinem pflichtgemäßen Ermessen durchführen muss, um zu einer konkreten Feststellung gelangen zu können.
- Wird dem aaSoP oder PI jedoch ein älteres, dem Anschein nach ungepflegtes und ggf. schlecht gewartetes Fahrzeug zur HU vor-

gestellt, so wird er davon ausgehend zumindest in Teilbereichen – z. B. bei Verschleißteilen – vertieft und genauer untersuchen.

Die Vorschriften in den Nrn. 2.1 bis 2.3 schreiben vor, wie zu verfahren ist, wenn dem aaSoP oder PI der Nachweis erbracht wird, dass an dem vorgestellten Fahrzeug bereits eine positiv abgeschlossene Untersuchung des Motormanagement-/Abgasreinigungssystems z. B. durch eine dafür anerkannte Kfz-Werkstatt durchgeführt wurde (Nr. 2.1). Nr. 2.2 schreibt das bereits erläuterte Verfahren für vertiefte Untersuchungen (Pflicht- und Ergänzungsuntersuchung) vor, das auch bei Fahrzeugen ab einer bestimmten Überschreitung der Vorführtermine immer zur Anwendung kommen muss. In Nr. 2.3 wird vorgegeben, wie bei SP-pflichtigen Fahrzeugen zu verfahren ist, für die eine vorgeschriebene SP nicht nachgewiesen wird. An diesen Fahrzeugen ist dann eine sog. „HU-Plus" durchzuführen.

In *Nr. 3* sind die Basisvorschriften für die Beurteilung festgestellter Mängel an den Fahrzeugen vorgegeben, die durch die HU-Richtlinie („Mängelkatalog") und den „Mängelbaum" weiter spezifiziert werden (s. u.). Aus dieser Vorschrift ergibt sich auch die Verpflichtung der TP und ÜO, dafür Sorge zu tragen, dass die von den aaSoP oder PI vorgenommenen Feststellungen (Mängeleinstufungen) an den Fahrzeugen ordnungsgemäß erfolgen. Dies kann durch Qualitätsmanagementsysteme erfolgen. Weiter wird vorgegeben, dass an den Fahrzeugen vorgenommene Hoch- oder Rückrüstungen auf einen dem Genehmigungsstand des Fahrzeugs entsprechenden Stand festzustellen und an die Zentrale Stelle weiterzugeben sind. Dies trifft auch für Änderungen gemäß § 19 Abs. 2 (§ 21) oder § 19 Abs. 3 zu.

Nr. 4 schreibt die einzelnen Untersuchungskriterien vor und dass die Untersuchung zerstörungsfrei und ohne Ausbau von Fahrzeugeinrichtungen zu erfolgen hat. Dieser in Deutschland dem Grunde nach schon immer beachtete Grundsatz wurde aus den einschlägigen Vorschriften der EU jetzt übernommen. Dazu zwei *Beispiele:*

- Zerstörungsfrei bedeutet, dass die Untersuchung ohne Schäden am Fahrzeug durchzuführen ist. Besteht jedoch die berechtigte Vermutung, dass an einem tragenden Fahrzeugteil (Rahmen, Türschweller) aufgrund von Korrosion (Rost) die Tragfähigkeit beeinträchtigt ist, muss der aaSoP oder PI i. R. der vertieften Untersuchung dieses genauer prüfen, entweder durch eine „Klangprobe" (Hammerschlag) oder mit einem Schraubendreher. Die Folge kann durchaus ein nunmehr deutlicher werdendes Schadensbild sein, das seine Anlassvermutung bestätigt und ihm die Feststellung „erheblicher Mangel" (EM) oder „verkehrsunsicher" (VU) erlaubt. Im ersten Anschein hat der aaSoP oder PI also „zerstört", was aber bei genauer Prüfung des Sachverhaltes zu verneinen ist. Denn er hat nur die bereits vorhandene „Zerstörung", die z. B. durch den Unterbodenschutz oder Lack nicht erkennbar war, sichtbar gemacht.
- Der Ausbau von Fahrzeugeinrichtungen ist dem aaSoP oder PI durch das Handwerksrecht untersagt. Er muss aber, wenn bei beistimmten Fahrzeugeinrichtungen oder -teilen die Vermutung besteht, dass sie nicht mehr „ordnungsgemäß" sind, z. B. über Analogieschlüsse versuchen, eine genaue Feststellung zu treffen. Als Beispiele sind hier zu nennen: verschlissene oder stark „eingefahrene" Bremstrommeln, bei denen oftmals eine genaue Beurteilung auch über die Schaulöcher schwierig ist. Oder das Spiel in Trag- oder Führungsgelenken, das zunächst meist nur ansatzweise bei der Prüfung mit Spieldetektoren erkennbar wird; auch hier ist oftmals eine genaue „Spielmessung" nur mit Spezialmessinstrumenten der Fahrzeughersteller, die bei der HU nicht zur Verfügung stehen, möglich.

Im Weiteren werden Untersuchungskriterien vorgegeben, die je nach den zu untersuchenden Fahrzeugsystemen/-bauteilen zur Anwendung kommen.

Die Vorschriften in *Nr. 5* stellen sicher, dass bei Prüfungen über die elektronische Fahrzeug-

schnittstelle keine der in die Fahrzeuge implementierten Sicherheitseinrichtungen negativ beeinträchtigt werden.

In *Nr. 6.* (6.1 bis 6.10) sind in Tabellenform die jeweiligen Untersuchungspunkte, also die Bauteile und Systeme, aufgeführt, die bei der HU zu untersuchen sind. Dabei ist in der Spalte „Untersuchungskriterium" jeweils unter „Pflichtuntersuchungen" und „Ergänzungsuntersuchung" vorgegeben, was der aaSoP oder PI zu untersuchen hat.

b) Richtlinie für die Durchführung von HU und die Beurteilung der dabei festgestellten Mängel an Fahrzeugen nach § 29, Anlagen VIII und VIIIa StVZO (HU-Richtlinie):

Aus dem Titel der Richtlinie geht bereits hervor, an welche Vorschrift sie rechtlich gebunden ist und welche sie „ausfüllt". Im eigentlichen Textteil enthält sie eine Wiedergabe mit Erläuterungen der o. g. Anlagen zur StVZO. Anlage 1 der Richtlinie enthält einen Ablaufplan zur Feststellung und Bewertung sowie Meldung von Umrüstungen (Rück- oder Hochrüstungen) von Systemen und Funktionen. In Anlage 2 sind wie in Anlage VIIIa StVZO, jedoch weitaus spezifizierter, die Bauteile und Systeme aufgeführt, die zu untersuchen sind, und welche möglichen Mängel/Schäden zu bewerten sind. Rechts davon ist jeweils unter der Überschrift „Mängelklasse" in „Geringer Mangel" (GM), „Erheblicher Mangel" (EM) und „Verkehrsunsicher" (VU) die Bewertung der festgestellten Mängel vorgegeben, die auch zwingend so vorzunehmen ist (vgl. Nr. 2.1 Anlage VIIIa StVZO i. V. m. Nr. 4.1.1 der HU-Richtlinie).

Neu ist die Aufnahme der Bestimmung, dass der aaSoP oder PI dem Fahrzeughalter auf dem HU-Untersuchungsbericht Hinweise auf sich in der Zukunft abzeichnende technische Mängel geben kann. *Beispiel:* Der Verschleiß der Bremsscheiben liegt noch im Bereich der Zulässigkeit; sie sind also noch vorschriftsmäßig. Es ist jedoch absehbar, dass sie bei normaler Nutzung des Fahrzeugs vor der nächsten HU verschlissen sein werden. Der aaSoP/PI gibt also einen Hinweis auf den notwendigen Austausch in der Zukunft. Die Angabe von Hinweisen ist freiwillig (Serviceleistung); es besteht keine Verpflichtung dazu.

c) „Mangelbaum"

Der Mangelbaum in seiner jetzigen Form und seinem Inhalt ist neu. Er hat ca. 4000 einzelne Fallgestaltungen von möglichen Mängeln, die in der HU-Richtlinie pauschal und allgemein vorgegeben sind. Die im Mangelbaum enthaltene Differenzierung der in der HU-Richtlinie aufgeführten Mängel ist eine detaillierte Wiedergabe der festgestellten Mängel. Dazu nachfolgendes *Beispiel* aus der HU-Richtlinie, Anlage 2, Nr. 124:

„Bremszylinder/-Hub/ Staubmanschetten	***Mangelklasse***		
	GM	*EM*	*VU*
Bremszylinder fehlt, undicht, lose unsachgemäß montiert, mangelhaft		*X*	*X"*

Somit ergibt sich, wie der aaSoP oder PI den Mangel einzustufen hat. Es ist jedoch nicht erkennbar, welcher Bremszylinder z. B. bei einem Lkw (Vorderachse, mittlere Achsen, Hinterachse, rechte oder linke Fahrzeugseite) hier defekt ist. Unter Zugrundelegung des Mangelbaums wird dies jedoch definiert und unzweideutig angegeben, z. B.:

„Bremszylinder Vorderachse links: Membran defekt."

Diese Mängelspezifizierung ermöglicht es, dem Fahrzeughalter den genauen Mangel aufzuzeigen (auf dem Untersuchungsbericht auszudrucken), damit dieser auch einen genauen Reparaturauftrag geben kann. Damit wird aber ebenfalls ermöglicht, ein über das Lebensalter der Fahrzeuge und ihre km-Leistungen ein Wissenspotenzial aufzubauen über einen „Regelkreis" (s. dazu Kapitel 1, Nr. 2.2.12).

2.4 Anlage VIIIe StVZO; Bereitstellung von Vorgaben für die Durchführung der HU und SP; Auswertung von Erkenntnissen

Zur Notwendigkeit der Aufnahme der Anlage VIIIe StVZO vergleiche Kapitel 1, Nr. 2.2.12. Dem bleibt noch hinzuzufügen, dass diese Vorschriften und die darauf aufbauende „Vorgaben-Richtlinie" und die „Melde-Richtlinie" den Grundstein dafür bilden, dass mit relativ geringem verwaltungsmäßigem Aufwand die entsprechenden Untersuchungsvorschriften – insbesondere die Vorgaben und die Prüfdaten –, der Entwicklung der Fahrzeugtechnik folgend, dynamisch angepasst werden können.

2.5 Untersuchungsstellen nach Anlage VIIId StVZO

a) Anlage VIIId StVZO wurde durch die 28. VO zur Änderung straßenverkehrsrechtlicher Vorschriften vom 20.5.1998[13] (s. Kapitel 1, Nr. 2.2.6) in die StVZO übernommen. Die Anforderungen waren zuvor in einer Richtlinie zusammengefasst.

Sinn und Zweckbestimmung der Vorschriften von Anlage VIIId StVZO ist es, sicherzustellen, dass dem aaSoP und PI für die Durchführung geeignete Untersuchungsstellen mit den erforderlichen Mess- und Prüfeinrichtungen, die z. T. geeicht oder kalibriert sein müssen, zur Verfügung stehen. Denn unbestritten ist, dass die Qualität der Untersuchungen in erheblichem Maße auch von den Untersuchungsstellen und deren Ausrüstung abhängig ist – abgesehen davon, dass verschiedene Untersuchungen nur mit entsprechender Ausrüstung möglich sind.

HU und SP dürfen nur in den Untersuchungsstellen durchgeführt werden, die der Anlage VIIId StVZO entsprechen (Nr. 4 Anlage VIII StVZO). Die Untersuchungsstellen werden in drei Kategorien unterteilt (Nr. 2 Anlage VIIId StVZO): Prüfstellen, Prüfstützpunkte und Prüfplätze.

Diese Aufteilung ergab sich aus der Zweckbestimmung der Untersuchungsstellen; dementsprechend ist auch ihr Ausstattungsgrad unterschiedlich. Welche Anforderungen und Ausstattungen im Einzelnen vorgeschrieben sind, ist durch die Vorschrift in Nr. 3 (Tabelle) der Anlage VIIId StVZO geregelt. Verschiedene Ausrüstungen – hier Messgeräte – müssen nicht ständig auf den einzelnen Untersuchungsstellen vorgehalten werden, sondern können vom aaSoP oder PI mitgeführt werden, um dann bei der Untersuchung eingesetzt zu werden.

b) Von erheblicher Bedeutung ist die Vorschrift in Nr. 2.1.2.1 der Anlage VIIId StVZO, nach der die Technischen Prüfstellen verpflichtet sind, eine Flächendeckung sicherzustellen:

„2.1.2. Die Technischen Prüfstellen unterhalten zur Gewährleistung eines flächendeckenden Untersuchungsangebotes ihre Prüfstellen an so vielen Orten, dass die Mittelpunkte der im Einzugsbereich liegenden Ortschaften nicht mehr als 25 km Luftlinie von den Prüfstellen entfernt sind. In besonderen Fällen können die in Nr. 4.1 der Anlage VIII genannte(n) Stelle(n) Abweichungen zulassen oder einen kürzeren Abstand festlegen."

Die sog. „Flächendeckungsklausel" soll sicherstellen, dass es allen Fahrzeughaltern mit vertretbarem Aufwand ermöglicht wird, die vom Staat vorgeschriebene HU durchführen zu lassen. Diese Vorschrift führt in der Konsequenz dazu, dass einige der Untersuchungsstellen mit Verlusten arbeiten, also nicht wirtschaftlich sind. Dies gilt insbesondere in Flächenländern, strukturschwachen Gegenden und überall dort, wo der zu geringe Zulauf an Fahrzeugen ein wirtschaftliches Arbeiten der Prüfstellen nicht ermöglicht. Der Anteil der HU, die in Prüfstellen von Technischen Prüfstellen durchgeführt werden, liegt im bundesdeutschen Durchschnitt bei etwa 25 %. Die Durchführung der HU an diesen Stellen wird mit einer Gebühr belegt, die vom VO-Geber in der „Gebührenordnung für Maßnahmen im Straßenverkehr" (GebOSt)

vorgeschrieben ist. Diese Gebühr wird von Zeit zu Zeit an die wirtschaftlichen Gegebenheiten angepasst. Die Notwendigkeit dieser Anpassungen müssen die TP jeweils nachweisen, wobei § 10 Abs. 2 KfSachvG hier einschlägig ist: *„Die Technische Prüfstelle darf keinen auf Gewinn abzielenden Geschäftsbetrieb führen. Für die Technische Prüfstelle ist eine gesonderte Erfolgsrechnung durchzuführen. ...“* Das heißt, der o. g. Nachweis ist für den gesamten Bereich der TP zu führen; mithin sind die Verluste bei einigen Gebührentatbeständen einiger Prüfstellen mit den Gewinnen anderer Prüfstellen gegenzurechnen.

c) Die Einhaltung der Vorschriften der Anlage VIIId StVZO ist zwingend, damit an den Untersuchungsstellen die jeweiligen Untersuchungen und Prüfungen durchgeführt werden dürfen. Veränderungen bei Untersuchungsstellen sind bei den Anerkennungsstellen anzuzeigen (Nr. 5 Anlage VIIId StVZO) und können zur Untersagung der Prüf-/Untersuchungstätigkeit führen.

Die Vorschriften zur Anerkennung oder Überprüfung der Untersuchungsstellen enthält Nr. 4 Anlage VIII StVZO.

Nach Nr. 4.3 Anlage VIII StVZO sind dafür die zuständigen obersten Landesbehörden generell zuständig. Sie können selbst prüfen (überwachen) oder durch von ihnen beauftragte Stellen diese Aufgaben wahrnehmen lassen. Prüfstützpunkte nach Nr. 2.2 der Anlage VIIId StVZO werden mindestens alle drei Jahre i. d. R. von den örtlich und fachlich zuständigen Kraftfahrzeuginnungen, denen diese Aufgabe übertragen werden muss, vorgenommen.

2.6 Nachweise über durchgeführte HU und SP (§ 29, Anlage VIII, Anlage IX und Anlage IXb StVZO)

a) Zu § 29 StVZO enthält Buchstabe b) die hierzu einschlägigen Vorschriften über die Nachweisführungen mit Prüfplakette (HU), Prüfmarke i. V. m. dem SP-Schild, dem (HU-) Untersuchungsbericht, dem (SP-)Prüfprotokoll, den Eintragungen in der ZB I (früher: Fahrzeugschein) und dem Prüfbuch.

b) Weiterhin enthält Anlage VIII StVZO in Nr. 3 Vorschriften über die Mindestangaben des (HU-)Untersuchungsberichts und des (SP-) Prüfprotokolls.

c) In Anlage IX StVZO sind die Vorschriften über die Prüfplakette enthalten; zu deren Einführung s. Kapitel 1, Nr. 2.2.3.

d) Die Beschaffenheit der Prüfplakette, die am hinteren Kennzeichen angebracht die „äußere“ Nachweisführung für die HU darstellt, ist in Anlage IX StVZO vorgeschrieben; ebenso die Art der Anbringung auf dem Kennzeichen.

- Der Durchmesser beträgt 35 mm, die Schriftarten und -größen sind ebenso wie die Strichstärken und Felder vorgegeben.
- Die im *Bild* erkennbaren Ziffern, die Ränder, die Felder und der äußere und innere Kreis sind schwarz.
- Die Farbe der Plakette wechselt jährlich:

2011: rosa	2014: blau
2012: grün	2015: gelb
2013: orange	2016: braun.

Die Farben wiederholen sich in den Folgejahren entsprechend.

Die im Mittelkreis angegebenen Ziffern geben dabei die Jahreszahl, die jeweils oben angegebenen Ziffern den entsprechenden Monat der nächsten vorgeschriebenen HU an.

Beispiel: blaue Grundfarbe der Prüfplakette, Mittelkreis: 14, obere Ziffer im mittleren Kreis: 8 = Das Fahrzeug muss im August 2014 zur HU vorgeführt werden.

e) Anlage IXb i. V. m. § 29 StVZO schreibt vor, dass die SP-pflichtigen Fahrzeuge mit einem SP-Schild und einer Prüfmarke am Fahrzeugheck gekennzeichnet sein müssen (s. Nr. 2.4 Anlage IXb StVZO).

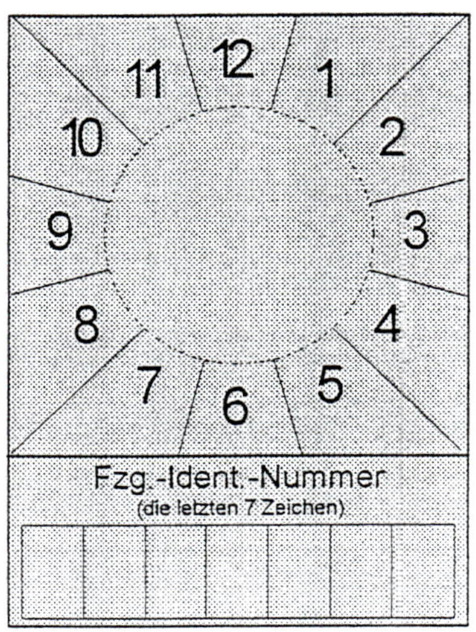

SP-Schild

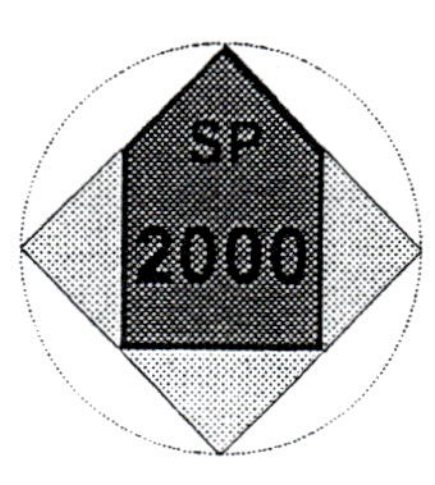

Prüfmarke

- Die Abmessungen des Schildes und der Prüfmarke sind ebenso vorgeschrieben wie die Schriftgrößen und Linienstärken.
- Linien und Ziffern sind in schwarz, die Grundfarbe des SP-Schildes ist in grau auszuführen.
- Die Farbe der Prüfmarke wechselt im gleichen Rhythmus wie die Farbe der Prüfplakette (Anlage IX StVZO). Für das Jahr 2012 ist sie grün, für 2013 orange usw.
- Das SP-Schild kann aus einer Folie, aus Kunststoff oder aus Metall hergestellt sein; die Fahrzeug-Ident.-Nr. kann eingeprägt, aber auch mit einem dokumentenechten Schreibstift eingetragen werden; im letzteren Fall muss dieses Feld mit einer Schutzfolie übergeklebt werden.
- SP-Schilder und damit Prüfmarken müssen am Fahrzeugheck gut sichtbar und fest angebracht werden.

Das Prinzip der Nachweisführung ist dem der Prüfplakette nachempfunden.

Beispiel: Am Heck eines Lkw ist das SP-Schild aus Metall links aufgenietet. Im inneren Kreis ist eine Prüfmarke aufgeklebt, deren Farbe blau ist und deren Spitze auf die Ziffer 8 ausgerichtet ist. Der Lkw muss also im Monat August 2014 spätestens zur SP vorgeführt werden.

3 Untersuchung des Abgas- und Geräuschverhaltens im Rahmen des § 29 StVZO

3.1 Rechtsvorschriften und Richtlinien

Die Rechtsfolge ergibt sich aus § 29 Abs. 1 StVZO („*... nach Maßgabe der Anlage VIII i. V. m. Anlage VIIIa in regelmäßigen Zeitabständen untersuchen zu lassen*“) sowie Anlage VIII und Anlage VIIIa StVZO.

Nr. 1.2.1 Anlage VIII StVZO lautet:

„Bei einer Hauptuntersuchung ist die Einhaltung der geltenden Bestimmungen dieser Verordnung sowie die Einhaltung anderer straßenverkehrsrechtlicher Vorschriften nach Maßgabe der Anlage VIIIa zu untersuchen; dabei ist ein Fahrzeug als vorschriftsmäßig einzustufen, wenn nach den Vorschriften der Anlage VIIIa sowie den dazu im Verkehrsblatt mit Zustimmung der obersten Landesbehörden bekannt gemachten Richtlinien keine Mängel festgestellt wurden und auch sonst kein Anlass zu der Annahme besteht, dass die Verkehrssicherheit gefährdet oder die Umweltverträglichkeit des Fahrzeugs mehr als unvermeidbar beeinträchtigt ist.“

Hierbei ist zu beachten, dass sich die Untersuchung zur Umweltverträglichkeit nicht auf das Abgas- und Geräuschverhalten zu beschränken hat, sondern darüber hinaus auch der Verlust von Flüssigkeiten am Fahrzeug zu untersuchen ist (s. Nr. 6.8.4 Anlage VIII StVZO). Der hier wohl am häufigsten auftretende Mangel ist der Ölverlust am Motor und Getriebe, der insbesondere bei älteren Fahrzeugen zu beobachten ist.

In Nr. 1.2.1.1 und 1.2.1.2 Anlage VIII StVZO sind Verweise auf die Durchführungsbestimmungen der Anlage VIIIa StVZO und die Ausnahmeregelungen von der „AU“ als HU-Teiluntersuchung enthalten. Nr. 3.1.1.1 Anlage VIII StVZO regelt das Verfahren für die Durchführung der „AU“ durch dafür amtlich anerkannte Kraftfahrzeugwerkstätten.

Die Durchführung der „AU“ fußt auf den Vorschriften der Nr. 6.8.2 Anlage VIIIa StVZO und der AU-Richtlinie. Für die Durchführung der „AU“ ist entscheidend, welche Abgasnormen das Fahrzeug i.R. der EU-Typgenehmigung erfüllten musste; dementsprechend ist der Umfang der „AU“ aufgebaut. So ist bei Fahrzeugen mit moderner Abgasanlage ab dem Zulassungsjahr 2006, sog. OBD-Fahrzeugen, eine Untersuchung der Abgase über die Endrohrmessung entbehrlich (s. Kapitel 1, Nr. 2.2.9).

3.2 Durchführung der Abgasuntersuchung

Die Durchführung der „AU“ erfolgt im Detail entsprechend der AU-Richtlinie. Dabei sind die AU-Messgeräte so konzipiert, dass dem Untersuchenden die einzelnen Untersuchungsschritte über eine „Bedienerführung“ im Einzelnen vorgegeben sind.

Die früher bei der AU nach dem inzwischen aufgehobenen § 47a StVZO erforderliche Sichtprüfung der abgasrelevanten Teile wird nunmehr i.R. der eigentlichen HU – nicht bei der Teiluntersuchung „AU“ – durchgeführt, um Doppelprüfungen zu vermeiden.

3.3 Durchführung der Untersuchung des Geräuschverhaltens

Eine genaue und auf die genehmigten Grenzwerte einschließlich der Toleranzen bezogene Messung ist nach wie vor mit vertretbarem Messaufwand i. R. der HU nicht möglich. Nur die sog. Fahrgeräuschmessung mit ihrem sehr hohen Messaufwand, den einzuhaltenden Parametern und der insgesamt zeitaufwendigen Prüfung könnten hier eindeutige Ergebnisse zur Vorschriftsmäßigkeit liefern. Dies käme jedoch einem Aufwand gleich, der dem bei der Typprüfung gleichzusetzen ist.

Auch das Verfahren für die Überprüfung des Standgeräusches von Krafträdern in der „Richtlinie zur Standgeräuschmessung“ ist dem Grunde nach nur ein Hilfsansatz, der verbesserungsbedürftig ist. Insbesondere deshalb, da das gemessene Standgeräusch nur bedingt mit dem Fahrgeräusch korreliert. Die Zukunft muss hier neue Verfahren mit sich bringen, die effizient mit geringem Messaufwand in Zweifelsfällen zur Anwendung kommen können. Die Entwicklung geht hier offensichtlich in Richtung einer „Fahrgeräuschmessung light“.

Für die praktische Durchführung der Geräuschuntersuchung i. R. der HU muss der aaSoP oder PI seinen Sachverstand einsetzen, um seine Feststellungen treffen zu können. Zu beanstanden sind etwa:

- durchgerostete Schalldämpferanlagen, undichte Verbindungen (Schalldämpfer-Abgasrohre) oder fehlende/defekte Aufhängungen derselben
- fehlendes Geräuschdämmmaterial im Motorraum/an der Motorhaube
- zu großes Spiel zwischen Rungen und Haltern (wie bei fast allen formschlüssigen Verbindungen mit zu großem Spiel).

Diese Beispiele können fortgesetzt werden; mit ihnen soll lediglich verdeutlicht werden, dass der aaSoP oder PI bei der Durchführung der HU die Zusammenhänge und die Zusammenwirkung einzelner Teile oder Systeme zu kennen hat, um darauf aufbauend – wenn auch subjektiv – seine Feststellungen zu treffen.

4 Sicherheitsprüfung

4.1 Von der BSU und ZU zur SP

Die SP wurde zum 1.12.1999 als Ersatz für die bis dato durchzuführende BSU und ZU eingeführt. Die Hintergründe hierzu sind ebenso wie das Verfahren selbst ausführlich in Kapitel 1, Nr. 2.2.6 und einzelne Verfahrensabläufe in diesem Kapitel unter Nr. 2 dargestellt.

4.2 Änderungen der SP

Die SP wurde ebenso wie die HU an die fortgeschrittene Fahrzeugtechnik angepasst. Neben einigen marginalen Änderungen der Prüfpunkte sind das vereinfachte Verfahren der Ermittlung der Abbremsung (Bremswirkungsprüfung) über die sog. „Referenzwertmethode“ und die Einbeziehung der Vorgaben für die Prüfung in den vier Bereichen

- Fahrgestell, Fahrwerk, Aufbau, Verbindungseinrichtungen,
- Lenkung,
- Reifen, Räder und
- Bremsanlage

die wichtigsten Änderungen.

5 Weitere zu beachtende Vorschriften bei der Durchführung der HU

Zusätzlich zu den Untersuchungen/Prüfungen, die bereits in den vorstehenden Ausführungen beschrieben wurden und deren Nachweise zu Beginn der HU vorgelegt oder aber kontrolliert werden müssen (z. B. wurde die SP fristgerecht durchgeführt oder deren Frist überschritten? liegt ein gültiger Nachweis über die „AU“ als HU-Teiluntersuchung vor oder muss die „AU“ i. R. der HU mit durchgeführt werden?), sei hier noch auf weitere wichtige Vorschriften hingewiesen, die der aaSoP oder PI vor Beginn oder während der HU zu beachten hat:

- **§ 19 Abs. 2 und 3 StVZO** Wurde das Fahrzeug umgebaut, wurden Teile/Systeme geändert, neue Teile angebaut und liegen entsprechende Genehmigungen vor?
- **§ 23 StVZO** Ist das zur HU vorgestellte Fahrzeug nach den Eintragungen in der ZB I ein Oldtimer (H-Kennzeichen)? Wurden Änderungen vorgenommen, die diese Eintragung und damit auch die kraftfahrzeugsteuerrechtliche Begünstigung in Frage stellen?
- **§ 41a StVZO** Wurde nachträglich eine Gasanlage (verflüssigtes Gas (LPG) oder komprimiertes Erdgas (CNG)) für das Motor-Antriebssystem eingebaut? Liegt eine Genehmigung dafür vor (§ 41a i. V. m. § 21 StVZO)? Wurde an der Gasanlage eine Reparatur durchgeführt und diese anschließend überprüft (§ 41a Abs. 6 StVZO)?
- **§ 57b StVZO** Sind an Fahrzeugen, die nach § 57a StVZO mit einem Kontrollgerät ausgerüstet sein müssen, „gültige“ Einbauschilder vorhanden und eventuelle Verbindungsstellen plombiert? Liegen offensichtliche Manipulationen vor?
- **§ 57d StVZO** Sind an Fahrzeugen, die nach § 57d StVZO mit einem Geschwindigkeitsbegrenzer ausgerüstet sein müssen, „gültige“ Einbauschilder vorhanden und die Verbindungsstellen (mechanische oder elektrische) gegen Missbrauch geschützt? Liegen erkennbare Manipulationen vor?

Auch die vorstehenden besonderen Überprüfungen sind in der Anlage VIIIa StVZO und in der HU-Richtlinie, also den HU-Durchführungsvorschriften, vorgegeben.

6 Bußgeldbewehrung bei Überschreiten der HU-/SP-Fristen

Die Überschreitung der HU- und SP-Fristen wird geahndet. Die Ahndung obliegt den dafür zuständigen Ordnungskräften, nicht aber den aaSoP oder PI. Überschreitungen sind außen am Fahrzeug an der Prüfplakette und am SP-Schild i. V. m. der Prüfmarke erkennbar und können somit auch im ruhenden Verkehr (z. B. bei geparkten Fahrzeugen) festgestellt werden, ohne dass der Fahrzeugführer zugegen ist. Der VO-Geber geht zu Recht davon aus, dass bei überzogenen Fristen ein vermeidbares Gefährdungspotenzial für Fahrer, Beifahrer und andere Verkehrsteilnehmer durch Vorhandensein von technischen Mängeln gegeben ist, die unfallursächlich oder -erschwerend sein können. Die i. R. der Durchführung von HU und SP festgestellten technischen Mängel bestätigen dies eindeutig; siehe dazu Kapitel 1, Nr. 4.3.

Nachfolgend ein Auszug aus der Bußgeldkatalog-VO:

Überschreitung der Vorführtermine für HU und SP (Auszug aus Bußgeldkatalog-VO)

Lfd. Nr.	Tatbestand	StVZO	Regelsatz in Euro (€), Fahrverbot in Monaten
Untersuchung der Kfz u Anh			
186	Als Halter Fahrzeug zur Hauptuntersuchung oder zur Sicherheitsprüfung nicht vorgeführt	§ 29 Abs 1 Satz 1 iVm Nr 2.1, 2.2, 2.7, 2.8 Satz 2, 3 Nr 3.1.1, 3.1.2, 3.2.2 der Anlage VIII § 69a Abs 2 Nr 14	
186.1	bei Fahrzeugen, die nach Nummer 2.1 der Anlage VIII zu § 29 StVZO in bestimmten Zeitabständen einer Sicherheitsprüfung zu unterziehen sind, wenn der Vorführtermin überschritten worden ist um		
186.1.1	bis zu 2 Monate		15 €
186.1.2	mehr als 2 bis zu 4 Monate		25 €
186.1.3	mehr als 4 bis zu 8 Monate		40 €*)
186.1.4	mehr als 8 Monate		75 €**)
186.2	bei anderen als in Nummer 186.1 genannten Fahrzeugen, wenn der Vorführtermin überschritten worden ist um		
186.2.1	mehr als 2 bis zu 4 Monate		15 €
186.2.2	mehr als 4 bis zu 8 Monate		25 €
186.2.3	mehr als 8 Monate		40 € **)

*) Zusätzlich wird je 1 Punkt im VZR eingetragen (s. FeV, Nr. 7 der Anl. 13)
**) Zusätzlich werden je 2 Punkte im VZR eingetragen (s. FeV, Nr. 6.3 der Anl. 13)

Kapitel 3
Technische Überwachung nach anderen Vorschriften

1 Allgemeine Grundsätze, Herleitung

Im Kapitel 2 wird dargestellt, auf welchen Gegebenheiten die regelmäßigen Untersuchungen/Prüfungen und deren Fristen basieren. Diese Untersuchungen/Prüfungen und ihre jeweilige Feststellung sowie die daraus resultierenden mängelfreien Zustände der Fahrzeuge beschreiben die Ist-Zustände, keineswegs können aber Aussagen darüber getätigt werden, wie die Mängelentwicklungen sich bis zu den nächsten Untersuchungen/Prüfungen darstellen.

Das heißt, eine durchgeführte HU oder SP an einem Fahrzeug, die mit der Feststellung „mängelfrei" abgeschlossen wird, besitzt keinen *Präventivcharakter*. Eine derartige präventive Aussage (Feststellung) ist technisch und auch rechtlich nicht möglich bei einem so unterschiedlichen Betrieb und damit nicht kalkulierbaren Verschleiß- und Mängelentwicklungen.

Dazu zwei Erläuterungen:

Technisch: Anders als bei stationären Maschinen mit gleichmäßiger und damit vorhersehbarer Beanspruchung werden Fahrzeuge höchst unterschiedlich eingesetzt, also betrieben. Vielfahrer, die häufig bremsen oder auf schlechten Fahrbahnen mit voller Zuladung unterwegs sind, werden ihre Radbremsen anders beanspruchen (verschleißen) als ein defensiver, vorausschauender, meist auf der Autobahn fahrender Fahrzeugführer mit einem baugleichen Fahrzeug. Selbst wenn zum Zeitpunkt der HU/SP neue Scheibenbremsklötze am Fahrzeug vorhanden wären, könnte keine Aussage darüber getätigt werden, wann ihre Verschleißgrenze erreicht ist oder ob sie bis zur nächsten HU/SP „reichen".

Hierzu könnten weitere Beispiele genannt werden, wie Verschleiß an Radlagern, Reifen, Trag-/Führungsgelenken an Radaufhängungen, Motor usw. Hinzu kämen Folgeschäden von Unfällen.

Rechtlich: Eine entsprechende rechtliche Verbindlichkeit (Gewährleistung) scheitert alleine schon an der technisch nicht möglichen Fixierung auf eine in die Zukunft projizierte Zustandsbeschreibung (s. vorstehende Erläuterung).

Mithin ist festzustellen, dass eine „mängelfrei" abgeschlossene HU/SP keineswegs den Rückschluss erlaubt, ein Fahrzeug sei bis zur nächsten Untersuchung/Prüfung mängelfrei. Vielmehr belegen Untersuchungen, dass im statistischen Mittel die Mängelhäufigkeit gerade vor der nächsten HU/SP zunimmt. Dies soll in *Bild 13*, welches auf *Bild 11* aufbaut, verdeutlicht werden.

Diese Darstellung, auch als sog. Sägezahndiagramm bekannt, verdeutlicht in idealisierter Form und auf statistischen Mittelwerden aufbauend die Mängelentwicklung zwischen den einzelnen HU und ihre Rückführung auf jeweils 0 Mängel nach jeder HU.

Zusammenfassend:

- Erfolgreich durchgeführte HU/SP haben keinen Präventivcharakter.
- Innerhalb der Fristen „entwickeln" sich technische Mängel; dies wird insbesondere auch durch festgestellte unfallursächliche Mängel zwischen zwei Untersuchungsterminen (innerhalb der Fristen) bestätigt (siehe dazu Kapitel 1, Nr. 4.2).

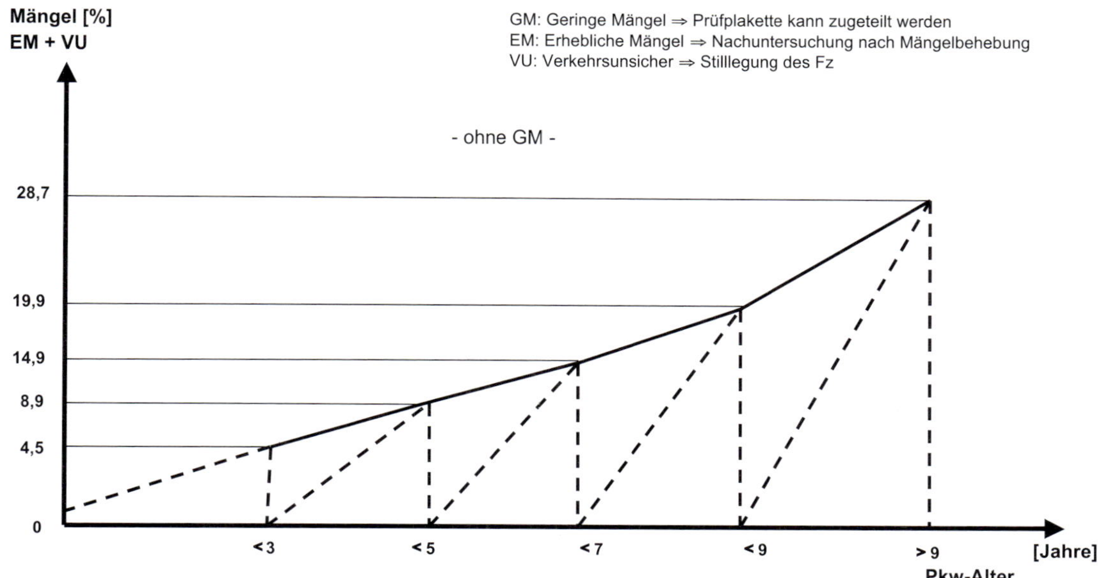

Bild 13 Festgestellte Mängel bei HU am Beispiel von Pkw im Jahre 2009 und ihr Rückgang infolge der HU, eigene Darstellung

- Wenn also ein mögliches Gefährdungspotenzial aus dem Betrieb der Fahrzeuge infolge technischer Mängel für die Allgemeinheit (auch für andere Verkehrsteilnehmer) entstehen kann, muss unter Zugrundelegung rechtsstaatlicher Prinzipien dem entgegengewirkt werden. Vereinfacht ausgedrückt: Das Verursacherprinzip wird insoweit geltend gemacht, da für den Betrieb der Fahrzeuge Fahrer und Fahrzeughalter verantwortlich sind.
- Die hier anzuwendenden Vorschriften sind nachstehend auszugsweise dargestellt:

StVO

„§ 23 Sonstige Pflichten von Fahrzeugführenden

(1) Wer ein Fahrzeug führt, ist dafür verantwortlich, dass seine Sicht und das Gehör nicht durch die Besetzung, Tiere, die Ladung, Geräte oder den Zustand des Fahrzeugs beeinträchtigt werden. Wer ein Fahrzeug führt, hat zudem dafür zu sorgen, dass das Fahrzeug, der Zug, das Gespann sowie die Ladung und die Besetzung vorschriftsmäßig sind und dass die Verkehrssicherheit des Fahrzeugs durch die Ladung oder die Besetzung nicht leidet. Ferner ist dafür zu sorgen, dass die vorgeschriebenen Kennzeichen stets gut lesbar sind. Vorgeschriebene Beleuchtungseinrichtungen müssen an Kraftfahrzeugen und ihren Anhängern sowie an Fahrrädern auch am Tage vorhanden und betriebsbereit sein, sonst jedoch nur, falls zu erwarten ist, dass sich das Fahrzeug noch im Verkehr befinden wird, wenn Beleuchtung nötig ist (§ 17 Abs. 1).

(1a)–(3)“

StVZO

„§ 31 Verantwortung für den Betrieb der Fahrzeuge

(1) Wer ein Fahrzeug oder einen Zug miteinander verbundener Fahrzeuge führt, muss zur selbstständigen Leitung geeignet sein.

(2) Der Halter darf die Inbetriebnahme nicht anordnen oder zulassen, wenn ihm bekannt ist oder bekannt sein muss, dass der Führer nicht zur selbstständigen Leitung geeignet oder das Fahrzeug, der Zug, das Gespann, die Ladung

oder die Besetzung nicht vorschriftsmäßig ist oder dass die Verkehrssicherheit des Fahrzeugs durch die Ladung oder die Besetzung leidet."

■ Dienstanweisung zu § 31 StVZO (VkBl. 1961, S. 461)

„(1) Durch die amtliche Überprüfung eines Fahrzeugs wird dem Halter oder Führer des Fahrzeugs die Verantwortung für dessen vorschriftsmäßigen Zustand nicht abgenommen.

(2) Bei unvorschriftsmäßigem Zustand eines Fahrzeugs oder der Ladung sind stets Ermittlungen anzustellen, ob neben dem Fahrer auch den Halter ein Verschulden trifft. Auch wenn ein Verschulden nicht nachgewiesen werden kann, ist bei mehrfach festgestellten Mängeln dem Halter aufzugeben, in Zukunft für Abhilfe zu sorgen (durch Einrichtung einer geeigneten Aufsicht, durch Fahrerwechsel oder dgl.).

(3) Als kürzester Weg, auf dem das Fahrzeug aus dem Verkehr zu ziehen ist, gilt der nächste Weg bis zu einem Ort, an dem das Fahrzeug ohne Behinderung oder Gefährdung des Verkehrs abgestellt und ggf. in Stand gesetzt werden kann. Kleine Umwege sind gestattet, wenn der nächste Weg über besonders verkehrsreiche Straßen führt."

Die einschlägige Rechtsprechung bestätigt die vorstehenden Vorschriften und deren Anwendung für die unterschiedlichsten Fallgestaltungen. Daraus ergibt sich die Frage: Wie können Fahrer und Fahrzeughalter diesen Vorschriften, dieser Verantwortung nachkommen?

Diese Frage kann nicht allgemeingültig beantwortet werden, da völlig unterschiedliche Fahrzeuge, Einsatzarten usw. hinreichend zu berücksichtigen wären. Sicherlich dürfte vor der täglichen Abfahrt mit Nutzfahrzeugen (Lkw, Anhänger, Sattelzug, Bus usw.) eine Abfahrtkontrolle i. R. einer fahrtechnischen Vorbereitung analog der Fahrerlaubnisprüfungen für die Klassen C und D mögliche Risiken minimieren. Betriebsanleitungen (Betriebshandbücher) für die Fahrzeuge und regelmäßige Inspektion („Durchschau") in Kfz-Fachwerkstätten dienen ebenfalls der Risikominimierungen.

2 Kontrollen von Fahrzeugen im Verkehr (Betrieb)

2.1 Unterwegskontrollen allgemein

Unter Abschnitt 1 sind die für den Fahrer und Fahrzeughalter maßgeblichen Vorschriften (§ 23 StVO, § 31 Abs. 2 StVZO) für den vorschriftsmäßigen Betrieb der Fahrzeuge erläutert. Für die allgemeinen Kontrollen im Verkehr greift insbesondere § 36 Abs. 5 StVO. Danach dürfen Polizeibeamte Verkehrsteilnehmer i. R. von Verkehrskontrollen überprüfen. Die VwV zu Absatz 5 führt hierzu aus:

„I. Verkehrskontrollen sind sowohl solche zur Prüfung der Fahrtüchtigkeit oder der nach den Verkehrsvorschriften mitzuführenden Papiere als auch solche zur Prüfung des Zustandes, der Ausrüstung und der Beladung der Fahrzeuge.

II. Straßenkontrollen des Bundesamtes für Güterverkehr (§ 12 Abs. 1 und 2 GüKG) sollen in Zusammenarbeit mit der örtlich zuständigen Polizei durchgeführt werden."

Nach den Sicherheits- und Ordnungsgesetzen („Polizeigesetzen") der Länder dürfen Polizeien aus Gründen der allgemeinen Gefahrenabwehr das sog. Anhalterecht ausüben. Der Begriff „allgemeine Gefahrenabwehr" ist durch höchstrichterliche Entscheidungen weitgehend präzisiert. Auch kann beispielsweise bei einer normalen Verkehrskontrolle und dem berechtigten Verdacht auf schwerwiegende technische Mängel eine tiefergehende Untersuchung des Fahrzeugs selbst erfolgen. Je nach Feststellungen der Polizei kann dabei die Weiterfahrt des Fahrzeugs untersagt werden, wenn Art und

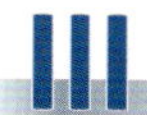

Schwere der technischen Mängel eine potenzielle Betriebsgefahr und damit eine Beeinträchtigung der Verkehrssicherheit für Fahrer und andere Verkehrsteilnehmer darstellen. Weitere Ausführungen zu diesem Thema siehe „Handbuch Mängelerkennung am Lkw und Kleintransporter"[24].

2.2 Unterwegskontrollen nach internationalen/nationalen Vorschriften

Maßgebliche Vorschriften sind zunächst die Richtlinie 2000/30/EG vom 6.6.2000 (ABl. EG Nr. L 203 vom 10.8.2000), zuletzt geändert durch die Richtlinie 2010/47/EU vom 5.7.2010 (ABl. EU Nr. L 173 vom 8.7.2010), über die technische Unterwegskontrolle von Nutzfahrzeugen, die in der Gemeinschaft am Straßenverkehr teilnehmen. Ergänzend dazu ist die „Empfehlung der Kommission vom 5.7.2010 zur Risikobewertung der bei technischen Unterwegskontrollen (von Nutzfahrzeugen) gemäß der Richtlinie 2000/30/EG festgestellten Mängel", 2010/379/EU (ABl. EU Nr. 173, S. 97, vom 8.7.2010), zu nennen. Die vorstehende Empfehlung ist vergleichbar mit der HU-Richtlinie und damit für die Bewertung der festgestellten Mängel die Grundlage. Nachfolgender Auszug aus den Entscheidungsgründen (vergleichbar mit Präambel, Vorwort) machen die Zielsetzungen dieser Vorschriften deutlich.

„(1) Durch den Anstieg des Verkehrsaufkommens sehen sich alle Mitgliedstaaten ähnlich gearteten und ähnlich gravierenden Sicherheits- und Umweltproblemen gegenüber.

(2) Im Interesse der Straßenverkehrssicherheit, des Umweltschutzes und eines fairen Wettbewerbs sollten Nutzfahrzeuge nur betrieben werden dürfen, wenn ihr Wartungszustand ein hohes Maß an Übereinstimmung mit den technischen Vorschriften gewährleistet.

...

(7) Eine einmalige jährliche technische Überwachung wird nämlich nicht als ausreichend erachtet, um sicherzustellen, dass die Nutzfahrzeuge das ganze Jahr hindurch den technischen Vorschriften entsprechen.

(8) Die wirksame Durchführung von zusätzlichen gezielten technischen Unterwegskontrollen ist eine wichtige und kosteneffiziente Maßnahme, um den Wartungszustand der in Verkehr befindlichen Nutzfahrzeuge zu überprüfen.

(9) Technische Unterwegskontrollen sollten ohne Diskriminierung auf Grund der Staatsangehörigkeit des Fahrers oder des Landes, in dem das Nutzfahrzeug zugelassen ist oder in Verkehr gebracht wurde, durchgeführt werden.

(10) Die zu kontrollierenden Nutzfahrzeuge sollten anhand eines gezielten Konzepts ausgewählt werden, wobei ganz besonders solche Fahrzeuge ermittelt werden sollten, die mit hoher Wahrscheinlichkeit einen schlechten Wartungszustand aufweisen; zugleich sollten hiermit die Wirksamkeit der behördlichen Kontrollen erhöht und die Kosten und Verzögerungen für die Fahrer und Transportunternehmen so gering wie möglich gehalten werden.

(11) Im Fall von schwerwiegenden Mängeln des kontrollierten Fahrzeugs muss es möglich sein, die zuständigen Behörden des Mitgliedstaates, in dem das betreffende Fahrzeug zugelassen ist oder in Verkehr gebracht wurde, zu ersuchen, geeignete Maßnahmen zu treffen und den ersuchenden Mitgliedstaat über etwaige Folgemaßnahmen zu unterrichten.

...."

Die vorgenannten Richtlinien/Empfehlungen mussten in das nationale Recht umgesetzt werden. Dies wurde durch die „VO über technische Kontrollen von Nutzfahrzeugen auf der Straße" (TechKontrollV) vorgenommen.[25]

24 Burkhard Köhler, Handbuch Mängelerkennung am Lkw und Kleintransporter, 2. Auflage, Kirschbaum Verlag Bonn

25 VO über technische Kontrollen von Nutzfahrzeugen auf der Straße (TechKontrollV) vom 21.5.2003 (BGBl. I, S. 774, VkBl. 2003, S. 418), zuletzt geändert durch die VO vom 19.12.2011 (BGBl. I S. 2835)

Ohne auf die verwaltungsgemäßen Abläufe, die zu erstellenden Nachweise über durchgeführte Unterwegskontrollen – auch „Stichprobenkontrollen“ genannt – oder die Verfahren selbst eingehen zu wollen (siehe dazu vorgenannte Vorschriften), ist zusammenfassend darzustellen:

- Mit den Richtlinien und der TechKontrollV werden der rechtliche Rahmen für stichprobenartige Kontrollen von schweren Nutzfahrzeugen für die Personen- und Güterbeförderung geschaffen und bestehende Vorschriften ergänzt, mit denen bereits sichergestellt wird, dass Nutzfahrzeuge einer jährlichen technischen Überwachung in Prüfstellen unterzogen werden.
- Die Nutzenpotenziale liegen in der Verringerung der Unfallzahlen, der Umweltbelastung (Verringerung der Kohlendioxid-Emissionen (CO_2) und des Energieverbrauchs (Einsparungen beim Kraftstoffverbrauch).
- Eine stichprobenartige Kontrolle ist eine außerplanmäßige Kontrolle eines Fahrzeugs auf dem Gebiet eines Mitgliedstaates der Europäischen Union (EU), die behördlicherseits an der Straße, in Häfen oder an einem anderen als geeignet betrachteten Ort durchgeführt wird.
- Die Vorschriften legen fest, dass ein ausgebildeter Prüfer (national sind dies Prüfer des BAG, Polizisten, teilweise unterstützt durch aaSoP oder PI) eine technische Überwachung durchführt, indem er entweder ein, zwei oder die Gesamtheit der folgenden Kontrollen auf der Straße vornimmt:
  - eine Sichtprüfung des vorbeifahrenden Fahrzeugs im Hinblick auf den Wartungszustand bzw. auf vorhandene Mängel
  - eine Kontrolle der Wartungsdokumente (HU-Untersuchungsberichte, SP-Prüfprotokolle)*, die eine technische Überwachung nachweisen und, falls vorliegend, einen auf neuen Stand gebrachten straßenseitigen Überwachungsnachweis. Diese Prüfung wird nur vorgenommen, wenn sich nach der ersten Stufe der Verdacht ergibt, dass sich das Fahrzeug nicht in einem ordnungsgemäßen Zustand befindet
  - eine Prüfung der Verkehrstauglichkeit des Fahrzeugs (abgefahrene Reifen, unzureichende Bremswirkung usw.). Im Falle von Unzulänglichkeiten muss der Prüfer die jüngsten Dokumente in Betracht ziehen.
- Weiter ist vorgesehen, dass die Mitgliedstaaten der EU ungeachtet der Staatsangehörigkeiten der Fahrer und der Länder, in denen die Fahrzeuge zugelassen sind, angemessene und häufige Straßenkontrollen durchführen, bei denen in jedem Jahr eine große und repräsentative Zahl von Fahrzeugen aller Gruppen geprüft wird. Die Mitgliedstaaten der EU teilen der Kommission alle zwei Jahre die Angaben über die Anzahl der in den letzten zwei Jahren kontrollierten Nutzfahrzeuge mit.
- Maßgeblich für die Kontrollen ist die Kontrollliste (Anhang 1 der Richtlinie). Der Fahrer des betreffenden Fahrzeugs erhält eine Bescheinigung über das Ergebnis der vorgeschriebenen regelmäßigen technischen Überwachung. Dieses Dokument ist auf Anfrage vorzulegen, um spätere Kontrollen zu vereinfachen bzw. möglichst zu vermeiden.
- Wird bei der Stichprobenuntersuchung festgestellt, dass die Mängel des Fahrzeugs eine weitere, tiefergehende Untersuchung erfordern, wird es einer eingehenderen Untersuchung in einer Untersuchungsstelle zu unterziehen sein.
- Sollte bei der Unterwegskontrolle festgestellt werden, dass das Nutzfahrzeug die Anforderungen des Anhangs II oder eine nachfolgende technische Überwachung in einer zugelassenen Prüfstelle nicht besteht und somit als ernsthafte Gefährdung für seine Insassen und andere Straßenverkehrsteilnehmer betrachtet werden kann, ist das betreffende Fahrzeug sofort stillzulegen.

Schwerwiegende oder wiederholte Mängel an gebietsfremden Fahrzeugen müssen den

---

* *Hinweis*: Auch wenn nach § 29 Abs. 10 StVZO keine Mitführpflicht besteht, empfiehlt es sich, amtlich beglaubigte Kopien oder Zweitschriften dieser Nachweise mitzuführen, die insbesondere bei Kontrollen in anderen Mitgliedstaaten vorgelegt werden können.

zuständigen Behörden des Mitgliedslandes gemeldet werden, in dem das betreffende Fahrzeug zugelassen ist oder in dem das betreffende Unternehmen niedergelassen ist.

Die zuständigen Behörden des Mitgliedslandes, in dem wiederholte Mängel festgestellt wurden, können verlangen, dass gegenüber dem Zuwiderhandelnden angemessene Maßnahmen getroffen werden. Sobald diese Maßnahmen getroffen wurden, teilen die zuständigen Behörden des Mitgliedslandes, in dem das betreffende Fahrzeug zugelassen ist oder in dem das betreffende Unternehmen niedergelassen ist, den zuständigen Behörden des Mitgliedslandes, in dem die Mängel festgestellt wurden, die gegenüber dem Zuwiderhandelnden ergriffenen Maßnahmen mit.

Derartige Fälle können dann auftreten, wenn Fahrzeuge wiederholt bei Unterwegskontrollen auffällig werden. Dies setzt jedoch voraus, dass in dem betreffenden Mitgliedsland die entsprechenden Daten gespeichert werden.

3 Anlassbezogene Untersuchungen (technische Überwachung)

3.1 Nach § 5 und § 22 FZV

Die aaSoP und PI sind von dieser Vorschrift nur indirekt tangiert. Sie werden nicht aufgrund eines konkreten gesetzlichen Auftrags tätig, sondern auf Anordnung der Zulassungsbehörde. § 5 FZV lautet:

„§ 5 Beschränkung und Untersagung des Betriebs von Fahrzeugen

(1) Erweist sich ein Fahrzeug als nicht vorschriftsmäßig nach dieser Verordnung oder der Straßenverkehrs-Zulassungs-Ordnung kann die Zulassungsbehörde dem Eigentümer oder Halter eine angemessene Frist zur Beseitigung der Mängel setzen oder den Betrieb des Fahrzeugs auf öffentlichen Straßen beschränken oder untersagen.

(2) Ist der Betrieb eines Fahrzeugs, für das ein Kennzeichen zugeteilt ist, untersagt, hat der Eigentümer oder Halter das Fahrzeug nach Maßgabe des § 14 außer Betrieb setzen zu lassen oder der Zulassungsbehörde nachzuweisen, dass die Gründe für die Beschränkung oder Untersagung des Betriebs nicht oder nicht mehr vorliegen. Der Halter darf die Inbetriebnahme eines Fahrzeugs nicht anordnen oder zulassen, wenn der Betrieb des Fahrzeugs nach Absatz 1 untersagt ist oder die Beschränkung nicht eingehalten werden kann.

(3) Besteht Anlass zu der Annahme, dass ein Fahrzeug nicht vorschriftsmäßig nach dieser Verordnung oder der Straßenverkehrs-Zulassungs-Ordnung ist, so kann die Zulassungsbehörde anordnen, dass

1. *ein von ihr bestimmter Nachweis über die Vorschriftsmäßigkeit oder ein Gutachten eines amtlich anerkannten Sachverständigen, Prüfers für den Kraftfahrzeugverkehr oder Prüfingenieurs vorgelegt oder*
2. *das Fahrzeug vorgeführt wird.*

Wenn nötig, kann die Zulassungsbehörde mehrere solcher Anordnungen treffen."

§ 5 FZV gilt dem Wortlaut nach für in Deutschland zugelassene Fahrzeuge. Durch die Aufhebung der VO über den internationalen Kraftzeugverkehr und damit der ehemals geltenden Vorschrift des § 11 dieser VO musste eine äquivalente Vorschrift für ausländische Fahrzeuge aufgenommen werden. Dies geschah durch § 22 FZV, der wie folgt lautet:

„§ 22 Beschränkung und Untersagung des Betriebs ausländischer Fahrzeuge

Erweist sich ein ausländisches Fahrzeug als nicht vorschriftsmäßig, ist § 5 anzuwenden; muss der Betrieb des Fahrzeugs untersagt werden, wird die im Ausland ausgestellte Zulassungsbescheinigung oder der Internationale Zulassungsschein an die ausstellende Stelle zurückgesandt. Hat der Eigentümer oder Halter des Fahrzeugs keinen Wohn- oder Aufenthaltsort im Inland, ist für Maßnahmen nach Satz 1 jede Verwaltungsbehörde nach § 46 Abs. 1 zuständig."

Die in Satz 2 genannte Verwaltungsbehörde nach § 46 Abs. 1 FZV ist i. d. R. die örtlich zuständige Zulassungsbehörde.

§ 5 Abs. 1 FZV führt aus, dass bei nicht vorschriftsmäßigen Fahrzeugen die Zulassungsbehörde entscheiden muss, ob es ausreicht,

a) eine angemessene Frist zur Mängelbehebung festzusetzen und dann eine Vorführung des Fahrzeugs anzuordnen

oder

b) den Betrieb des Fahrzeugs auf öffentlichen Straßen zu beschränken (z. B. nur noch Fahrt zur Kfz-Werkstatt zur Mängelbehebung) oder gänzlich zu untersagen.

Die Zulassungsbehörde wird ihre Anordnung auf der Grundlage der am Fahrzeug festgestellten Mängel treffen und sich dabei auch auf die Feststellungen z. B. von Polizisten, die diese i. R. von Verkehrskontrollen getroffen haben („Mängelliste"), abstützen. Die Praxis zeigt, dass auch § 5 Abs. 3 FZV zur Anwendung kommt und eine Untersuchung nach § 29 StVZO oder ein Gutachten, das über § 29 StVZO hinausgeht, von der Zulassungsbehörde angeordnet wird. Ein Gutachten wird immer dann erforderlich sein, wenn die Feststellung der Vorschriftsmäßigkeit i. S. des § 29 StVZO nicht ausreicht, sondern tiefergehende Sachverhalte festzustellen (zu begutachten) sind.

Weitere Ausführungen, insbesondere auch Verfahrensabläufe, siehe „Handbuch Mängelerkennung am Lkw und Kleintransporter"[24].

3.2 Nach § 17 StVZO

Dem Grunde nach gelten die Ausführungen unter Abschnitt 3.1 entsprechend.

§ 17 StVZO lautet:

„§ 17 Einschränkung und Entziehung der Zulassung

(1) Erweist sich ein Fahrzeug, das nicht in den Anwendungsbereich der Fahrzeug-Zulassungsverordnung fällt, als nicht vorschriftsmäßig, so kann die Verwaltungsbehörde dem Eigentümer oder Halter eine angemessene Frist zur Behebung der Mängel setzen und nötigenfalls den Betrieb des Fahrzeugs im öffentlichen Verkehr untersagen oder beschränken; der Betroffene hat das Verbot oder die Beschränkung zu beachten.

(2) (aufgehoben)

(3) Besteht Anlass zur Annahme, dass das Fahrzeug den Vorschriften dieser Verordnung nicht entspricht, so kann die Verwaltungsbehörde zur Vorbereitung einer Entscheidung nach Absatz 1 je nach den Umständen

1. *die Beibringung eines Sachverständigengutachtens darüber, ob das Fahrzeug den Vorschriften dieser Verordnung entspricht, oder*
2. *die Vorführung des Fahrzeugs*

anordnen und wenn nötig mehrere solcher Anordnungen treffen."

§ 17 Abs. 1 beschränkt den Anwendungsbereich auf die Fahrzeuge, die nicht von der FZV erfasst werden, also z. B. Fahrräder oder Kraftfahrzeuge mit V ≤ 6 km/h.

4 Gasanlagen (GSP, GAP)

Serienmäßig hergestellte Kfz mit speziellen Ausrüstungen oder Bauteilen für die Verwendung von verflüssigten Gasen (LPG – Liquefied Petroleum Gas), genannt Autogas, oder komprimiertem Erdgas (CNG – Compressed Natural Gas) in ihrem Antrieb müssen hinsichtlich des Einbaus dieser Anlagen den ECE-Regelungen R 67 bzw. R 110 entsprechen (§ 41a Abs. 1 StVZO).

Bereits im Verkehr befindliche Fahrzeuge können mit

- speziellen Nachrüstsystemen, die der ECE-Regelung R 115 entsprechen müssen (§ 41a Abs. 2 StVZO), oder
- speziellen Anlagen, deren Bauteile, den Regelungen R 67 bzw. R 110 entsprechen müssen (§ 41 a Abs. 3 StVZO),

nachgerüstet werden. Zu unterscheiden ist also zwischen Gas-Nachrüstsystemen und Gas-Nachrüstanlagen.

Gas-Nachrüstsysteme müssen nach ECE R 115 genehmigt sein und sind in diesem Zusammenhang einem festgelegten Fahrzeugtyp-Verwendungsbereich zugeordnet. Gas-Nachrüstanlagen bestehen aus speziellen Bauteilen, die an und für sich nach ECE R 67 bzw. R 110 genehmigt sein müssen und für deren Einbau die Anforderungen der ECE R 115 erfüllt sein müssen. Die Abnahme- bzw. Überprüfungsverfahren für Nachrüstsysteme und Gas-Nachrüstanlagen sind unterschiedlich.

Für Gas-Nachrüstsysteme ist als einzige und abschließende Prüfung im Zuge der Nachrüstung die Gassystemeinbauprüfung (GSP) vorgeschrieben. Diese darf von einer entsprechend anerkannten Werkstatt – sofern diese das Nachrüstsystem auch selbst eingebaut hat – oder von einem aaSoP/PI durchgeführt werden. Für Nachrüstanlagen ist nach der GSP eine Begutachtung nach § 21 StVZO zur Erlangung einer neuen Betriebserlaubnis durch einen aaS vorgeschrieben. Für Nachrüstanlagen liegen ausnahmslos keine zusammenfassenden Genehmigungen im Sinne eines Systems und folglich auch kein fahrzeugtypbezogener Verwendungsbereich vor. Deshalb ist eine Begutachtung nach § 21 StVZO – einschließlich eines Nachweises über das Abgasverhalten (z. B. nach 70/220/EWG oder § 47 StVZO) – vorgeschrieben.

Die Hersteller müssen den ausgelieferten Komponenten (Ausrüstungen, Nachrüstsysteme, spezielle Bauteile) Informationsmaterial/Unterlagen für den Einbau, die sichere Verwendung während der vorgesehenen Betriebsdauer und die empfohlenen Wartungen beifügen. Diese Unterlagen sind den aaSoP/PI bei Bedarf zur Verfügung zu stellen.

Die GSP umfasst gemäß Durchführungs-Richtlinie (VkBl. 2006 S. 429) die Identifizierung und Sichtprüfung der Bauteile, die Funktions- und Dichtheitsprüfung der Anlage sowie das Erstellen eines Nachweises. Bei der im Weiteren vorgeschriebenen Begutachtung nach § 19 Abs. 2 StVZO von Gas-Nachrüstanlagen, die keine Genehmigung nach ECE R 115 besitzen, ist die Vorschriftsmäßigkeit des Fahrzeugs insoweit, d. h. hinsichtlich des Einbaus der Gasanlage, zu bestätigen. Vorschriftsmäßigkeit bedeutet in diesem Kontext die Übereinstimmung mit den StVZO- bzw. den in den EG-Rahmen-Richtlinien gelisteten Vorschriften. Die Begutachtung, die im Wesentlichen aus einer Sichtprüfung besteht, umfasst auch eine Sichtprüfung des Tankbereichs, des Unterbodens und des Motorraums. Offensichtliche Mängel, auch wenn sie zum Umfang der GSP gehören und die Vorschriftsmäßigkeit beeinflussen bzw. zu einer Gefährdung führen können, sind zu beanstanden.

Im Zuge der Wiedererteilung der Betriebserlaubnis nach der vorgeschriebenen Begutachtung einer Nachrüstanlage, aber auch wegen der Änderung der Kraftstoffart bei Umrüstung eines Fahrzeugs auf Gasbetrieb ist die Nachrüstung der Zulassungsbehörde zu melden; die ZB I und II sind gemäß § 13 Abs. 1 Satz 1 Nr. 3 FZV zu berichtigen. Dies gilt auch bei Umrüs-

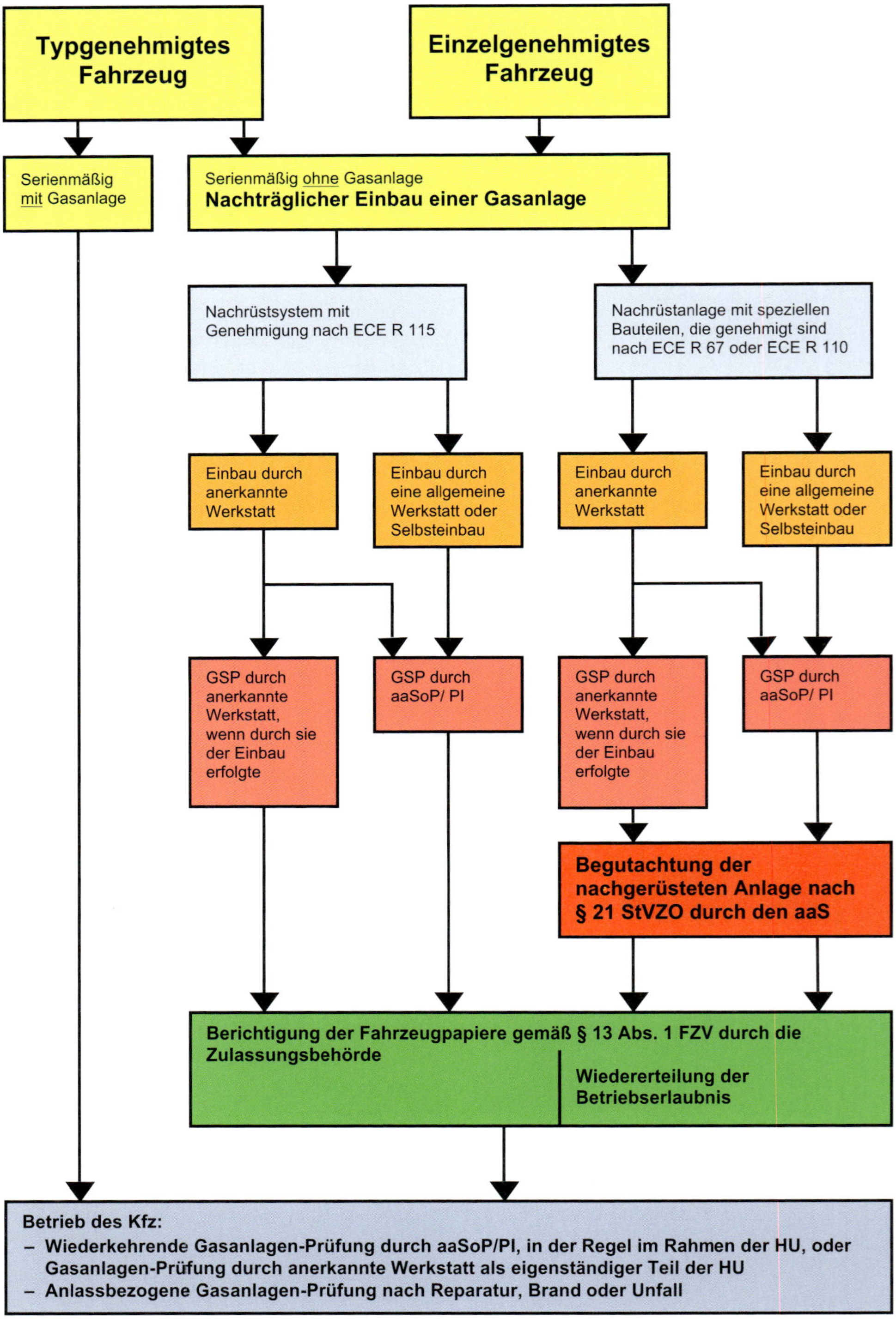

Typgenehmigtes Fahrzeug

Einzelgenehmigtes Fahrzeug

Serienmäßig mit Gasanlage

Serienmäßig ohne Gasanlage
Nachträglicher Einbau einer Gasanlage

Nachrüstsystem mit Genehmigung nach ECE R 115

Nachrüstanlage mit speziellen Bauteilen, die genehmigt sind nach ECE R 67 oder ECE R 110

Einbau durch anerkannte Werkstatt

Einbau durch eine allgemeine Werkstatt oder Selbsteinbau

Einbau durch anerkannte Werkstatt

Einbau durch eine allgemeine Werkstatt oder Selbsteinbau

GSP durch anerkannte Werkstatt, wenn durch sie der Einbau erfolgte

GSP durch aaSoP/ PI

GSP durch anerkannte Werkstatt, wenn durch sie der Einbau erfolgte

GSP durch aaSoP/ PI

Begutachtung der nachgerüsteten Anlage nach § 21 StVZO durch den aaS

Berichtigung der Fahrzeugpapiere gemäß § 13 Abs. 1 FZV durch die Zulassungsbehörde

Wiedererteilung der Betriebserlaubnis

Betrieb des Kfz:
- **Wiederkehrende Gasanlagen-Prüfung durch aaSoP/PI, in der Regel im Rahmen der HU, oder Gasanlagen-Prüfung durch anerkannte Werkstatt als eigenständiger Teil der HU**
- **Anlassbezogene Gasanlagen-Prüfung nach Reparatur, Brand oder Unfall**

Bild 14 Ablaufdiagramm – Nachrüstung einer Gasanlage

tung auf bivalenten Betrieb (ein Motor kann mit zwei verschiedenen Kraftstoffarten betrieben werden, z. B. Benzin/Flüssiggas oder Benzin/komprimiertes Erdgas), da dann im Feld 10 der ZB I und II andere Codes einzutragen sind.

Darüber hinaus ist die (regelmäßige) Überprüfung der Gasanlage Teil der HU nach § 29 StVZO. Durch Vorschriften der Anlage VIII sowie der Anlage VIIIa in Nr. 6.8.5 sowie der HU-Richtlinie in Nr. 629 ist sichergestellt, dass die gasbetriebenen Kfz hinsichtlich ihrer Gasanlage bei der HU wiederkehrend auf Einhaltung der vorgeschriebenen Sicherheitsstandards untersucht werden. Diese Untersuchungen können auch als eigenständige Teile der HU von dafür anerkannten Kfz-Werkstätten durchgeführt und bescheinigt werden. Die Untersuchung erfolgt nach der GSP/GAP-Durchführungs-Richtlinie. Eine Gasanlagen-Prüfung (GAP) kann bis zu einem Jahr vor einer anstehenden HU durchgeführt werden (Nr. 3.1.1.2 Anlage VIII StVZO). An Kfz, deren Gasanlage repariert oder durch Feuer oder Unfall beschädigt wurde, ist gleichfalls eine GAP durchzuführen.

Die GAP umfasst die

- Identifizierung der Bauteile (Gastank, Druckregler, sicherheitsrelevante Bauteile, z. B. Rückschlagventil, Sicherheitseinrichtungen, Füllanschluss),
- Sichtprüfung der Bauteile (Zustandsprüfung auf Beschädigung und Korrosion sowie Befestigung der Bauteile, soweit ohne Demontage möglich),
- Funktionsprüfung (Hauptabsperrventil an jedem Gastank, Kraftstoffumschalter – falls vorhanden –, Steuereinrichtung/Startunterbrechung),
- Dichtheitsprüfung mittels Lecksuchgerät oder Lecksuchspray.

Kapitel 4
Technische Änderung

1 Ziel, Intention

Verkehrsunfälle zählen zu den plötzlichen Begebenheiten im Straßenverkehr, die unermessliches Leid für die Betroffenen entstehen lassen können. Unfälle zu verhindern bzw. deren Folgen zu minimieren ist eine fundamentale Aufgabe unserer Gesellschaft und damit auch des Staates.

Nach Artikel 2 des Grundgesetzes hat jeder ein Recht auf Leben und körperliche Unversehrtheit. Artikel 74 in Verbindung mit Artikel 72 schreibt dem Bund das Recht zur Gesetzgebung zu. Die Ausführungsvorschriften des § 6 Abs. 1 Nr. 2 a und c legitimieren das BMVBS, Rechtsverordnungen beispielsweise für die Begutachtung und Prüfung, Betriebserlaubnis und Genehmigung zu erlassen.

Auch wenn technische Änderungen nicht zu den Hauptunfallursachen zählen, werden sie oft hinsichtlich ihres möglichen Gefährdungspotenzials verkannt. So haben Verkehrssicherheitskampagnen und -programme insbesondere den Fahrer als schwächstes Glied im Regelkreis Fahrzeug – Fahrer – Umfeld im Fokus. Und doch leistet auch die unverzügliche Begutachtung von technischen Änderungen ihren Beitrag zur Verkehrssicherheit.

Denn unstrittig ist: Von technischen Änderungen, nach denen die den Fahrzeugsystemen und -bauteilen vorgegebenen Funktionsanforderungen nicht mehr gegeben sind, kann eine Gefährdung ausgehen.

Die Folgen der möglichen Gefährdung sind zu minimieren, auch unter dem Gesichtspunkt und der Erkenntnis, dass der Mensch Fehler macht. Fehler nicht nur beim Verhalten im Straßenverkehr oder beim Betrieb eines Kraftfahrzeugs, sondern auch bei und nach willentlichen technischen Änderungen an Kraftfahrzeugen.

2 Begründung

Schon ab 1906 erfolgte eine technische Überwachung von Kraftfahrzeugen. Diese bezog sich allerdings vorerst nur auf die Prüfung vor der ersten Inbetriebnahme des Fahrzeugs. Erst 1930[26] bzw. 1938[27] wurde die Fahrzeugprüfung als regelmäßige Untersuchung eingeführt.

Obwohl der Gesetzgeber schon sehr früh, beispielsweise in der Reichs-Straßenverkehrs-Ordnung 1934[28], die Verantwortung des Fahrzeugführers für die Vorschriftsmäßigkeit und Verkehrssicherheit verfügte, sah er sich veranlasst, neben der wiederkehrenden Fahrzeugprüfung die außerordentliche, anlassbezogene Begutachtung anzuordnen. Augenscheinlich zwangen ihn die Folgen der Gefährdung, ausgedrückt in der Zahl der Unfälle, der Anzahl der Toten und Verletzten sowie den entstandenen finanziellen Verlusten, zu dieser Maßnahme.

26 § 35 VO über den Kfz-Verkehr vom 15.7.1930, RGBl. I, S. 267
27 § 29 StVZO vom 13.11.1937, RGBl. I, S. 1215
28 § 5 Reichs-Straßenverkehrs-Ordnung vom 30.5.1934, RGBl. S. 458

Der Erhalt der Betriebssicherheit und damit der Zuverlässigkeit machte es bei Vorkriegsfahrzeugen für den Besitzer und Fahrer erforderlich, ihre Fahrzeuge richtig und schonend zu behandeln, Kontrollarbeiten durchzuführen und sie regelmäßig zu warten. Die strikte Einhaltung von Einfahrvorschriften war ein unbedingtes Muss. Die damaligen Betriebsanleitungen belegen: Eigene Wartung durch den Besitzer war von Seiten der Hersteller gewollt und gewünscht. Erst in einem zweiten Schritt verwiesen die Hersteller auf den Kundendienst.

Fahrzeuge der 1930er-Jahre zeigten eine hohe Stör- und Reparaturanfälligkeit. In den damaligen Fahrzeugunterlagen finden sich nicht nur Betriebsanleitungen, sondern auch detaillierte Vorgaben zur Instandhaltung der Fahrzeuge, insbesondere der Motoren und der Fahrwerke. Mit einem gewissen handwerklichen Geschick waren folglich ohne Weiteres Reparaturen und technische Veränderungen möglich, ja, sie wurden durch die ausführlichen Beschreibungstexte geradezu herausgefordert.

Die Fahrzeuge dieser Zeit vor dem Zweiten Weltkrieg unterlagen – im Vergleich zu heutigen Fahrzeugen – einem hohen Verschleiß. Auch hier war es dem handwerklich Begabten möglich, Instandsetzungen selbst vorzunehmen.

Es ist wohl anzunehmen, dass die umfangreichen und technisch anspruchsvollen Anleitungen nicht nur für Kontrollarbeiten, zur Wartung, zur Störungsbeseitigung oder zur Verschleißreparatur verwendet wurden. Sie dienten auch dem natürlichen Bestreben einiger Menschen, etwas „besser zu machen“ – z. B. eine höhere Motorleistung zu erzielen. Motor- und Fahrzeugtuning würde man heute dazu sagen.

Dass dabei nicht immer der Erhalt der Vorschriftsmäßigkeit und damit die Verkehrssicherheit im Vordergrund stand, ist naheliegend und hat den Gesetz- und Verordnungsgeber schon in frühen Jahren dazu bewogen, entsprechende Vorschriften zu erlassen.

Das Risiko, dass durch technische Änderungen die den einzelnen Fahrzeugsystemen und -bauteilen unterstellten Funktionsanforderungen nicht mehr erfüllt werden, war offensichtlich schon in den frühen 1930er-Jahren vorhanden.

Bild 15 „Um dich vor Schaden zu bewahren, musst du erst lesen und dann fahren!“ – Technisches Verständnis als Voraussetzung für sicheres Fahren (aus Beschreibung und Behandlungs-Anleitung für das NSU-D-Motorrad 201 OSL, 1936)

Belegt wird dies durch die Vorschrift des § 14 Reichs-Straßenverkehrs-Ordnung vom 28. Mai 1934[29] (siehe *Bild 16*).

Neben dem Fahrzeugtuning – individuelle Veränderungen an Kraftfahrzeugen, die dem Zweck dienen, die Leistung oder die Fahreigenschaften zu verbessern oder auch das optische und akustische Design zu ändern – gab und gibt es weitere Motive, die den Fahrzeugbesitzer dazu bewegen, sein Fahrzeug technisch zu verändern.

Soll das Auto oder Motorrad eine persönliche Note bekommen? Soll es komfortabler werden oder vielleicht sportlicher? Braucht das Auto eine Anhängekupplung, um den neuen Caravan an den „Haken nehmen“ zu können? Oder einen Heckträger für Fahrräder? Eine Stand-

29 Reichsgesetzblatt I vom 30.5.1934, S. 455

§ 14

(1) Ein Kraftfahrzeug darf auf öffentlichen Straßen nur in Betrieb gesetzt werden, wenn es durch Erteilung einer Betriebserlaubnis und durch Zuteilung eines amtlichen Kennzeichens von der Verwaltungsbehörde zum Verkehr zugelassen ist. Die Betriebserlaubnis kann auch einzeln für Teile von Kraftfahrzeugen erteilt werden.

(2) Die Betriebserlaubnis bleibt wirksam, solange das Fahrzeug nicht in Teilen verändert wird, deren Betrieb eine Gefährdung anderer Verkehrsteilnehmer verursachen kann (Einbau einer in Bauart oder Übersetzung veränderten Bremse oder Lenkung und dergleichen). Nach solchen Änderungen hat der Eigentümer eine erneute Betriebserlaubnis unter Beifügung des Gutachtens eines amtlich anerkannten Sachverständigen über den vorschriftsmäßigen Zustand des Fahrzeugs zu beantragen, wenn nicht für die eingebauten Teile einzeln eine besondere Betriebserlaubnis erteilt ist.

Bild 16 RStVO 1934 – Erneute Betriebserlaubnis nach technischen Änderungen

heizung, eine Klimaanlage, oder soll es ein Spoiler oder eine Motorrad-Verkleidung sein? Vielleicht sogar ein tiefergelegtes Fahrwerk mit imposanten Breitreifen?

All das sind Beweggründe der Fahrzeugbesitzer.

Nicht zu vergessen ist dabei insbesondere die Anpassung serienmäßig hergestellter Fahrzeuge an die speziellen gewerblichen Einsatzzwecke (z. B. die Aufbau-Änderung eines Lkw, der Aufbau eines Ladekrans, der Umbau eines Pkw in ein Wohnmobil und dgl.).

Mit der Regelung des § 19 Abs. 2 StVZO will der Verordnungsgeber sicherstellen, dass ein zugelassenes Fahrzeug, an dem bestimmte Teile verändert wurden, nur und erst dann im öffentlichen Verkehr weiterbenutzt wird, wenn die zuständige Zulassungsbehörde festgestellt hat, dass das Fahrzeug auch in seinem veränderten Zustand den Beschaffenheitsvorschriften der StVZO respektive den EG-Richtlinien entspricht. Dies soll die Erlaubnispflicht sicherstellen.

Die Vorschriftsmäßigkeit muss von der Zulassungsbehörde auf der Grundlage des Gutachtens eines aaS ausdrücklich bejaht werden.

3 Chronologische Entwicklung der Vorschriften

3.1 Vorschriften zu technischen Änderungen bis 1935

Wie aus *Bild 16* ersichtlich, war schon 1934 (§ 14 Abs. 1 Reichs-Straßenverkehrs-Ordnung) die Erteilung einer Betriebserlaubnis und die Zuteilung eines Kennzeichens Voraussetzung für die Zulassung eines Kraftfahrzeugs.

Gemäß Absatz 2 wurde die Wirksamkeit der Betriebserlaubnis begrenzt: Sie galt nur, solange das Fahrzeug nicht in Teilen verändert wird, deren Betrieb eine Gefährdung anderer Verkehrsteilnehmer verursachen kann.

Absatz 2 enthielt auch bereits den Ansatz eines Beispielkatalogs, bestehend aus zwei Positionen. Der Einbau einer in Bauart oder Übersetzung veränderten Bremse oder Lenkung ist als Beispiel für eine nicht mehr wirksame Betriebserlaubnis genannt.

Weiterhin regelte der Absatz 2 das Verfahren für die Erteilung einer erneuten Betriebserlaubnis. Dazu hatte der Eigentümer eine solche unter Beifügung des Gutachtens eines aaS über den vorschriftsmäßigen Zustand des Fahrzeugs zu beantragen. Aber schon zu jener Zeit war dies nur erforderlich, wenn für die eingebauten Teile keine besondere Betriebserlaubnis erteilt

wurde. Der Kern der Vorschrift des heutigen § 22 StVZO (Betriebserlaubnis für Fahrzeugteile) existierte also schon damals.

Im September des Jahres 1934 wurde eine Ausführungsanweisung zur Reichs-Straßenverkehrs-Ordnung – heute würde man diese wohl als Richtlinie bezeichnen – veröffentlicht. Darin ist konkretisiert, dass

- nach Prüfung der Eignung des Fahrzeugs eine Betriebserlaubnis erteilt werden muss,
- die einmal genehmigte Bauart nicht wiederholt geprüft und genehmigt werden muss,
- die laufende Überwachung des baulichen Zustands des Fahrzeugs lediglich anlassbezogen erfolgen muss.

Es wurde aber ausdrücklich ausgeführt, dass im Falle des Veränderns von Teilen, deren Betrieb

Zum § 14 Abs. 1 Satz 1 und Abs. 2

Allgemeines

Das Zulassungsverfahren für Kraftfahrzeuge wird in zwei Teile geschieden: Die Inbetriebnahme eines Kraftfahrzeugs im öffentlichen Verkehr ist zulässig, wenn nach Prüfung seiner Eignung eine Betriebserlaubnis erteilt und wenn ihm von der Verwaltungsbehörde (Zulassungsstelle) ein amtliches Kennzeichen zugeteilt worden ist. Die einmal genehmigte Bauart braucht nicht wiederholt geprüft und genehmigt zu werden; nach der einmaligen Erteilung der Betriebserlaubnis für die Bauart im förmlichen Zulassungsverfahren findet die laufende Überwachung des baulichen Zustandes des Fahrzeugs auf Grund von § 5 Abs. 4 statt. Wird aber das Fahrzeug in Teilen verändert, deren Betrieb eine Gefährdung anderer Verkehrsteilnehmer verursachen kann (Einbau einer in Bauart oder Übersetzung veränderten Bremse oder Lenkung, einer anderen Beleuchtungsanlage oder dergleichen), so bleibt die Betriebserlaubnis nicht mehr wirksam. Jedoch ist auch für Fahrzeugteile, deren Auswechselung für die Gültigkeit der Betriebserlaubnis erheblich ist, ein Verfahren geschaffen worden, das Vergünstigungen für den Einbau getypter Teile gewährt; wenn die Änderung der Bauart nur durch Einbau von Teilen (z. B. Motoren) erfolgt, die zu einem für Fahrzeuge der betreffenden Art genehmigten Typ gehören, bleibt die Zulassung des Fahrzeugs wirksam.

Bild 17 Ausführungsanweisung zur Reichs-Straßenverkehrs-Ordnung vom 29.9.1934

eine Gefährdung anderer Verkehrsteilnehmer verursachen kann, die Betriebserlaubnis nicht mehr wirksam ist.

§ 15 Abs. 4 der Reichs-Straßenverkehrs-Ordnung beschrieb erstmals konkret die Aufgaben des aaS vor der Erteilung einer Betriebserlaubnis. Er hatte im Kfz-Brief zu bescheinigen, dass

- das Fahrzeug im Brief richtig beschrieben ist,
- den geltenden Vorschriften der Reichs-Straßenverkehrs-Ordnung entspricht und
- keine technischen Bedenken gegen die Zulassung bestehen.

In der Ausführungsanweisung zu § 15 Reichs-Straßenverkehrs-Ordnung wird darüber hinaus verdeutlicht, dass ein aaS vor der Erteilung der Betriebserlaubnis das Fahrzeug zu begutachten hat, ob es den Vorschriften der Reichs-Straßenverkehrs-Ordnung und den Ausführungsvorschriften entspricht. Über grundsätzliche Fragen zur technischen Begutachtung oder bei der Entscheidung über die Erteilung der Betriebserlaubnis hatte direkt der Verkehrsminister zu entscheiden (s. *Bild 19*).

Die Bestätigung von Sachverständigen selbst wurde 1934 in der Verordnung über die Anerkennung von Sachverständigen im Kfz-Verkehr[30] geregelt. Damals wie heute erfolgte die Anerkennung durch die oberste Landesbehörden oder die von ihnen bestimmten höheren

(4) Gehört ein Kraftfahrzeug nicht zu einem genehmigten Typ, so hat der Eigentümer die Betriebserlaubnis bei der Verwaltungsbehörde unter Ausfüllung des ihm von der Behörde zu übergebenden Kraftfahrzeugbriefs zu beantragen; im Kraftfahrzeugbrief ist von einem amtlich anerkannten Sachverständigen zu bescheinigen, daß das Fahrzeug in dem Brief richtig beschrieben ist und den geltenden Vorschriften entspricht und daß keine technischen Bedenken gegen seine Zulassung zum Verkehr bestehen.

Bild 18 Aufgaben des aaS bei der Erteilung der Betriebserlaubnis nach § 15 Abs. 4 Reichs-Straßenverkehrs-Ordnung

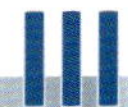

Zum § 15 Abs. 1

Die Betriebserlaubnis für Kraftfahrzeuge

Vor Erteilung der Betriebserlaubnis hat ein amtlich anerkannter Sachverständiger zu begutachten, ob das Kraftfahrzeug den Vorschriften der Reichs-Straßenverkehrs-Ordnung und den zu ihrer Ausführung erlassenen Anweisungen des Reichsverkehrsministers entspricht. Ergeben sich bei der technischen Begutachtung oder bei der Entscheidung über Erteilung der Betriebserlaubnis Zweifel über Fragen von grundsätzlicher Bedeutung, so ist die Entscheidung des Reichsverkehrsministers herbeizuführen.

Bild 19 Begutachtung durch den aaS vor Erteilung der Betriebserlaubnis

Verwaltungsbehörden. Schon damals mussten die Sachverständigen Anforderungen genügen, die den Vorschriften des KfSachvG durchaus vergleichbar sind.

Geregelt war 1934 auch schon die Gebührensituation in der Gebührenordnung für den Kraftfahrzeugverkehr[31]. Für die Prüfung einzelner Kraftfahrzeuge am Wohnsitz des Sachverständigen fielen 10 Reichsmark für Krafträder und 15 Reichsmark für andere Kraftfahrzeuge an. Wurde die Prüfung außerhalb des Wohnsitzes des Sachverständigen durchgeführt, erhöhte sich die Gebühr um 3 Reichsmark.

Ausdrücklich erwähnt und hervorzuheben sind in der Präambel der Reichs-Straßenverkehrs-Ordnung Prinzipien und Maximen, die auch heute noch nicht an Aktualität verloren haben:

„Die technische und wirtschaftliche Entwicklung des Kraftfahrzeugs hat eine Wandlung des Straßenverkehrs von Grund auf angebahnt. Der neue Schnellverkehr und Fernverkehr auf der Straße bedarf einer Regelung, die einfach, großzügig und einheitlich sein muss und alle Hemmungen durch die Zersplitterung des Rechts und durch kleinliche Reglementierung des Verkehrs fortträumt.

Sie will dem technischen Fortschritt dadurch die Wege ebnen, dass nicht mehr bestimmte technische Mittel vorgeschrieben werden, sondern nur der mit dem jeweils besten Mittel zu erreichende Erfolg für den Verkehr. So will sie auch das Verhalten im Verkehr und die Verkehrsbewegung regeln, ohne durch übersehbare und doch für die Vielfältigkeit des Lebens niemals ausreichende Einzelvorschriften den Verkehr zu hemmen und einzuengen.

Hersteller und Halter der Verkehrsmittel, jeder Verkehrsteilnehmer und alle die Verkehrsordnung durchführenden und anwendenden Verwaltungs- und Gerichtsbehörden müssen sich von dem neuen Geist dieser Ordnung leiten lassen, um so ihrer Verantwortung gegenüber der Verkehrsgemeinschaft gerecht zu werden.“

So hat speziell der zweite Satz seine Analogie in Bezug auf die Aktivitäten bei der Harmonisierung der Verkehrsregeln der EU-Mitgliedstaaten. Noch bezeichnender ist jedoch das im zweiten Absatz enthaltene Prinzip. Bei den Direktiven zur Herstellung von Fahrzeugen und auch bei deren Änderungen sind Wirkvorschriften (*„der mit dem jeweils besten Mittel zu erreichende Erfolg für den Verkehr“*) den Ausrüstungs-/Ausstattungsvorschriften (*„nicht mehr bestimmte technische Mittel vorgeschrieben werden“*) allemal vorzuziehen. Wirkvorschriften beflügeln die Innovation und damit den technischen Fortschritt. Und dennoch genügen sie dem gewollten Sicherheitsstandard.

3.2 Die StVZO in den Vorkriegsjahren

Die Reichs-Straßenverkehrs-Ordnung mit den Kapiteln „Zulassung zum Verkehr“, „Verhalten im Verkehr“ und „Schlussbestimmungen“ wurde im Jahre 1937 abgelöst durch jeweils getrennte Verhaltens- und Zulassungs-Verordnungen. Dies war die Geburtsstunde der StVO, der Verordnung über das Verhalten im Straßenverkehr[32], und der StVZO, der Verordnung über die Zulassung von Personen und Fahrzeugen zum Verkehr[33].

30 Reichsgesetzblatt I vom 25.10.1934, S. 1065
31 Reichsgesetzblatt I vom 9.10.1934, S. 909
32 Reichsgesetzblatt I vom 16.11.1937, S. 1179
33 Reichsgesetzblatt I vom 16.11.1937, S. 1215

§ 19

Erteilung und Wirksamkeit der Betriebserlaubnis

(1) Die Betriebserlaubnis ist zu erteilen, wenn das Fahrzeug den Vorschriften dieser Verordnung und den zu ihrer Ausführung erlassenen Anweisungen des Reichsverkehrsministers nach dem Gutachten eines amtlich anerkannten Sachverständigen entspricht.

(2) Die Betriebserlaubnis bleibt, wenn sie nicht ausdrücklich entzogen wird, bis zur endgültigen Außerbetriebsetzung des Fahrzeugs wirksam, solange nicht Teile des Fahrzeugs verändert werden, deren Beschaffenheit vorgeschrieben ist, oder deren Betrieb eine Gefährdung anderer Verkehrsteilnehmer verursachen kann. Nach solchen Änderungen hat der Eigentümer des Fahrzeugs eine erneute Betriebserlaubnis unter Beifügung des Gutachtens eines amtlich anerkannten Sachverständigen über den vorschriftsmäßigen Zustand des Fahrzeugs zu beantragen, wenn nicht für die an- oder eingebauten Teile einzeln eine besondere Betriebserlaubnis erteilt ist, deren Wirksamkeit nicht von einer Abnahme (§ 22) abhängt.

Bild 20 § 19 StVZO in der Fassung von 1937

Die StVZO bekam damit den Aufbau, die Struktur und die Nomenklatur, die sie bis zur Ausgliederung der FeV (1998) und der FZV (2007) hatte bzw. die sie in Bezug auf die Abschnitte „Betriebserlaubnis und Bauartgenehmigung" und „Bau- und Betriebsvorschriften" noch heute hat.

Die Vorschriften zur Betriebserlaubnis und deren Wirksamkeit finden sich in der StVZO aus dem Jahre 1937 – wie auch noch heute – im § 19 „Erteilung und Wirksamkeit der Betriebserlaubnis"[34] wieder.

Gemäß § 19 Abs. 1 StVZO erfolgte die Bestätigung der Vorschriftsmäßigkeit allein auf der Basis des Gutachten des aaS. Aufgabe der Verwaltungsbehörde war es demnach (nur), die Betriebserlaubnis zu erteilen.

In Bezug auf technische Änderungen erfuhr die StVZO von 1937 gegenüber der Reichs-Straßenverkehrs-Ordnung eine maßgebliche Beifügung. Die Betriebserlaubnis war auch dann unwirksam, wenn Teile verändert wurden, deren Beschaffenheit vorgeschrieben war, und ohne dass diese geänderten Teile eine Gefährdung hätten verursachen können.

Damit waren Teile gemeint, die in amtlich genehmigter Bauart ausgeführt sein mussten. Gemäß dem damaligen § 22 Abs. 3 waren dies die seinerzeit vorgeschriebenen Scheinwerfer und Leuchten, Glühlampen, Rückstrahler, Vorrichtungen für Schallzeichen, Geräte zur Bezeichnung des Mitführens von Anhängern, Geräte zur Verständigung beim Überholen sowie Beiwagen von Krafträdern. Es waren also alles Teile, für die – bis auf die Geräte zur Verständigung beim Überholen – noch heute die Bauartgenehmigungspflicht nach § 22 a StVZO gilt.

Mit einer weiteren Ergänzung wartete der neue § 19 StVZO auf. Wie bislang blieb die Betriebserlaubnis wirksam, wenn für die an- oder eingebauten Teile einzeln eine Teilegenehmigung bestand. Jedoch konnte nun die Wirksamkeit der besonderen Teile-Betriebserlaubnis von einer Abnahme durch einen aaS abhängig gemacht werden.

3.3 StVZO-Vorschriften zu technischen Änderungen ab 1953

Im August 1953[35] wurde die erste Änderungs-Verordnung der StVZO veröffentlicht. Außer einer formalen Änderung – Anweisungen zur Ausführung der Verordnung erlässt nun der Bundesminister für Verkehr – bleiben die Absätze 1 und 2 des § 19 StVZO völlig unverändert.

Maßgebliche Änderungen der Verordnung geschahen 1960[36]. Im § 19 Abs. 1 wurden die Worte „nach dem Gutachten eines amtlich anerkannten Sachverständigen für den Kraftfahrzeugverkehr" gestrichen. Diese Änderung hat zur Folge, dass die Verwaltungsbehörde nicht mehr zwingend an das Gutachten des

34 Reichsgesetzblatt I vom 16.11.1937, S. 1219
35 BGBl. I 1953, S. 1131; VkBl. 1953, S. 331
36 BGBl. I 1960, S. 485; VkBl. 1960, S. 398

aaS gebunden ist. Sie kann von der Erteilung der Betriebserlaubnis absehen, wenn sie nach sorgfältiger Prüfung gegen die Erteilung Bedenken hat.

Nach technischen Änderungen, die Einfluss auf die Wirksamkeit der Betriebserlaubnis haben, kann nun neben dem amtlich anerkannten Sachverständigen auch der amtlich anerkannte Prüfer (aaP) ein entsprechendes Gutachten erstellen. Dies konnte verordnet werden, weil die damals geltende Kraftfahrsachverständigen-Verordnung (das KfSachvG existierte noch nicht) sicherstellte, dass aaP die Kenntnisse für eine solche Begutachtung besitzen.

Die Berechtigung, den Antrag für die Erneuerung der Betriebserlaubnis zu stellen, wurde neben dem Eigentümer auch jedem anderen zugestanden, der sich durch den Fahrzeugbrief oder auf andere Weise als verfügungsberechtigt ausweist.

Im Jahre 1972[37] wurde die Vorschrift des § 19 Abs. 1 StVZO, die die Voraussetzungen für die Erteilung einer Betriebserlaubnis umschreibt, um die Vorschriften der Verordnung (EWG) Nr. 1463/70 des Rates vom 20. Juli 1970 über die Einführung eines Kontrollgeräts im Straßenverkehr ergänzt. Die EWG-Verordnung hatte für die Bundesrepublik Deutschland unmittelbare Rechtsgeltung.

Der aaS musste somit mit seinem Gutachten zur Erteilung der Betriebserlaubnis bestätigen, dass die StVZO-Vorschriften, die zu ihrer Ausführung erlassenen Anweisungen sowie die EWG-Verordnung über das Kontrollgerät eingehalten werden.

Eine vertretbare Arbeitserleichterung wurde in § 21 StVZO eingefügt. Hatte der aaS seine Bestätigung nicht im Fahrzeugbrief, sondern in einem besonderen Gutachten bescheinigt, so genügte es, wenn ein anderer aaS die korrekte Übertragung der Gutachten-Inhalte in den Fahrzeugbrief bestätigte. Da bei der Wiedererteilung einer Betriebserlaubnis immer das Verfahren gemäß § 21 StVZO anzuwenden war und ist, galt diese Vereinfachung auch für die Begutachtung nach technischen Änderungen.

Mit der Änderungsverordnung vom November 1984[38] wurden in § 19 Abs. 1 StVZO weitere Voraussetzungen für die Erteilung einer Betriebserlaubnis hinzugefügt. Es handelte sich um die damaligen EWG-Rahmen-Richtlinien über die Betriebserlaubnis für Kfz und Kfz-Anh (70/156/EWG[39]) bzw. lof Zugm auf Rädern (74/150/EWG[40]).

Mit dieser Änderung trat eine umfassende Neuerung mit einer internationalen Ausrichtung in Kraft. Es wurde verankert, dass die materiellen Vorschriften der betreffenden harmonisierten Bestimmungen der EG-Richtlinien ebenso wie bisher die StVZO-Vorschriften Grundlage für die Erteilung der Betriebserlaubnis sein können. Anstelle der StVZO-Vorschriften konnten EG-Richtlinien für die Bestätigung der Vorschriftsmäßigkeit durch den aaS herangezogen werden. Damit waren die bislang erforderlichen Ausnahmegenehmigungen bei Nachweis der Konformität über EG-Richtlinien entbehrlich, falls zwischen StVZO-Norm und entsprechender harmonisierter EG-Vorschrift materiell ein Widerspruch bestand und sie nicht deckungsgleich waren.

Im Juli 1993[41] erfolgte eine weitere Ergänzung. Als Alternativ-Bedingung für die Erteilung einer Betriebserlaubnis konnte zusätzlich die Richtlinie 92/61/EWG über die Betriebserlaubnis für zwei- oder dreirädrige Kfz gewählt werden.

Die 16. Verordnung zur Änderung straßenverkehrsrechtlicher Vorschriften vom 16.12.1993[42] brachte die bislang gravierendsten Änderungen in der Geschichte des § 19 StVZO. Von nun an erlischt die Betriebserlaubnis nicht nur, wenn Änderungen vorgenommen werden, durch die eine Gefährdung von Verkehrsteilnehmern zu erwarten ist. Sie erlischt auch, wenn die Fahrzeugart verändert wird, da das Zulassungsverfahren eine Reihe von Rechten

37 BGBl. I 1972, S. 1209; VkBl. 1972, S. 444
38 BGBl. I 1984, S. 1371; VkBl. 1985, S. 50
39 ABl. EG Nr. L 42, S. 1
40 Abl. EG Nr. L 84, S. 10
41 BGBl. I 1993, S. 1024; VkBl. 1993, S. 599
42 BGBl. I 1994; S. 2106; VkBl. 1994, S. 143

und Pflichten, die von der Fahrzeugart impliziert werden, regelt. Und sie erlischt zum dritten, wenn sich durch eine Änderung das Abgas- oder Geräuschverhalten verschlechtert, da das Zulassungsverfahren auch Fragen des Umweltschutzes verordnet.

Die seither geltende Regelung, wonach die Betriebserlaubnis nicht unwirksam wird, wenn für ein an- oder eingebautes Teil eine besondere Betriebserlaubnis erteilt ist, deren Wirksamkeit nicht von einer Abnahme abhängt, wird mit der Änderungsverordnung verdeutlicht und erweitert. Die Betriebserlaubnis erlischt nun nicht mehr, wenn

- eine Betriebserlaubnis nach § 22 StVZO oder
- eine Bauartgenehmigung nach § 22a StVZO oder
- eine Genehmigung im Rahmen der Fahrzeug-Betriebserlaubnis (oder eines Nachtrags dazu) oder
- eine Genehmigung nach ECE-Regelungen oder
- eine Genehmigung nach EG-Richtlinien oder
- ein Teilegutachten (Anlage XIX StVZO)

erteilt wurde. Dies gilt aber nur, soweit in diesen Teile-Genehmigungen nicht eine Abnahme des Ein- oder Anbaus vorgeschrieben ist und soweit die gegebenenfalls in den Genehmigungen enthaltenen Einschränkungen und Einbauanweisungen eingehalten werden.

Mit der 16. Verordnung zur Änderung straßenverkehrsrechtlicher Vorschriften vom 16.12.1993 wurde ein neues Verfahren bei technischen Änderungen und den anschließend geforderten Maßnahmen zur Wiedererteilung bzw. zum Erhalt der Betriebserlaubnis erschlossen. Es wurde ein zweiter Verfahrensweg geschaffen. Neben dem konventionellen Verfahren *„technische Änderung → Begutachtung durch den aaSoP → Berichtigung der Fahrzeugpapiere → Wiedererteilung der Betriebserlaubnis“* können Änderungen nun unter besonderen Bedingungen ohne Erlöschen der Betriebserlaubnis durchgeführt werden.

Die Betriebserlaubnis eines Fahrzeugs erlischt nicht, wenn bei Änderungen durch Ein- oder Anbau von Teilen für diese Teile ein Teilegutachten nach Anlage XIX StVZO vorliegt, die obligatorisch geforderte Änderungsabnahme unverzüglich durch einen aaSoP oder einen PI einer ÜO erfolgt und auf einem Nachweis entsprechend bestätigt wird.

Diese Änderungsverordnung verordnet auch die Berechtigungen der Personen, die Begutachtungen bzw. Änderungsabnahmen nachträglicher Änderungen durchführen dürfen. Während bislang aaS und aaP geänderte Fahrzeuge begutachten durften, wird dieses Recht nun auf aaS bzw. aaSmT eingeschränkt. Das Wiedererteilungsverfahren ist im § 21 StVZO vorgeschrieben, und dort ist nur der aaS genannt. Allerdings dürfen Änderungsabnahmen unter den unter § 19 Abs. 3 StVZO genannten Bedingungen nun aaS oder aaP oder PI ausführen.

Weiterhin ist in der Änderungsverordnung die Mitführpflicht von Abdrucken von Genehmigungen bzw. Nachweisen geregelt sowie festgeschrieben, welche Fahrten nach dem Erlöschen der Betriebserlaubnis – auch durch den aaS – durchgeführt werden dürfen.

Mit der 26. Änderungsverordnung[43] wird klargestellt, dass die Betriebserlaubnis dann nicht erlischt, wenn für die nachträglichen Änderungen am Fahrzeug eine Genehmigung oder ein Teilegutachten vorliegt und die entsprechenden Bedingungen eingehalten werden.

Ebenso wird festgeschrieben, dass Teilegutachten zwingend einen Verwendungsbereich enthalten müssen, der sich auf die Vorschriftsmäßigkeit eines Fahrzeugs, einer Fahrzeugart oder eines Fahrzeugtyps beziehen kann, der aber gegebenenfalls auch Einschränkungen hinsichtlich der Fahrzeugausführung, des Rüstzustands oder der Kombination mit anderen Änderungen enthalten muss.

Änderungsabnahmen, die nicht unverzüglich durch den Verfügungsberechtigten veranlasst wurden oder die vom aaSoP oder PI nicht mit der Bestätigung der Vorschriftsmäßigkeit

43 BGBl. I 1997, S. 2006; VkBl. 1997, S. 644

abgeschlossen werden können, führen zum Erlöschen der Betriebserlaubnis.

Die Änderungsverordnung vom 3.2.1999[44] führt den neuen Absatz 2a des § 19 StVZO ein, wodurch die Betriebserlaubnis nicht mehr wirksam ist, wenn Fahrzeuge, die nach ihrer Bauart speziell für militärische oder polizeiliche Zwecke sowie für Zwecke des Brand- oder Katastrophenschutzes bestimmt sind, nicht mehr bei den entsprechenden Organisationen zugelassen oder eingesetzt werden. Damit hat der aaS eine Begutachtung nach § 21 StVZO zur Wiedererteilung einer Betriebserlaubnis zu unterlassen, sofern nicht die jeweiligen Organisationen die Antragsteller sind oder sofern keine Ausnahmen nach § 70 StVZO für bestimmte Einsatzzwecke genehmigt werden. Durch diese Ergänzung sollte z. B. der zu beobachtenden Zulassung von straßentauglichen Schützenpanzern auf private Halter entgegen gewirkt werden.

Mit der Änderungsverordnung vom 5.8.1998[45] wurden durch gleitenden Verweis die Anwendung der betreffenden Anhänge der BE-Richtlinien sowie die Anwendung der Einzel-Richtlinien

- für die Erteilung der EG-Typgenehmigung,
- für die Erteilung der ABE,
- für die Erstzulassung von Fahrzeugen mit EG-Typgenehmigung,
- für die Erstzulassung von Fahrzeugen mit ABE

als „Anstelle"-Vorschriften vorgegeben. Damit wurde die „automatische" Umsetzung der EG-Richtlinien in nationales Recht durch gleitenden Verweis ermöglicht. Die früher erforderliche ständige Fortschreibung der Änderungsrichtlinien in § 19 Abs. 1 StVZO konnte damit entfallen. Allerdings müssen neue oder geänderte Richtlinien zeitnah im VkBl. veröffentlicht werden.

Besteht Anlass zur Annahme, dass die Betriebserlaubnis erloschen ist, kann die Verwaltungsbehörde ein Gutachten eines aaSoP oder PI anordnen. Mit der Änderung vom 25.4.2006[46] wurde nun bestimmt, dass Begutachtungen von Fahrzeugen im Sinne des § 19 Absatz 2 Satz 5 nicht von beliebigen Kraftfahrzeug-Sachverständigen, sondern nur von aaSoP oder PI durchgeführt werden können.

Im Verfahren zur Wiedererteilung einer Betriebserlaubnis sind die Begutachtungsschritte gemäß § 21 StVZO anzuwenden (§ 19 Abs. 2 Satz 4). Mit der Verordnungsänderung vom 25.4.2009[47] wurde § 21 StVZO geändert. Für die im Gutachten zusammengefassten Ergebnisse müssen durch den aaS nun Prüfprotokolle erstellt werden, aus denen hervorgeht, dass die notwendigen Prüfungen durchgeführt und die geforderten Ergebnisse erreicht wurden. Es werden an das zu erstellende Gutachten hinsichtlich Form und Nachvollziehbarkeit bestimmte Anforderungen gestellt. Die Gutachten müssen nachvollziehbar sein und es muss aus ihnen hervorgehen, wie der aaS zu den einzelnen Werten gekommen ist und welche Vorschrift der Begutachtung zugrunde gelegt wurde.

44 BGBl. I 1999, S. 82; VkBl. 1999, S. 552
45 BGBl. I 1998, S. 2042; VkBl. 1999, S. 613
46 BGBl. I 2006, S. 543; VkBl. 2006, S. 591
47 BGBl. I 2008, S. 1878; VkBl. 2009, S. 330

4 Erteilung einer Betriebserlaubnis (§ 19 Abs. 1 StVZO)

4.1 Begriff der Betriebserlaubnis

§ 1 Abs. 1 StVG fordert das Vorliegen einer Betriebserlaubnis, Einzelgenehmigung oder EG-Typgenehmigung als Voraussetzung für die Zulassung eines Fahrzeugs.

Entsprechend den Begriffsbestimmungen des § 2 FZV ist

- eine EG-Typgenehmigung die von einem Mitgliedstaat der Europäischen Union in Anwendung der Rahmenrichtlinien erteilte Bestätigung, dass der zur Prüfung vorgestellte Typ eines Fahrzeugs die einschlägigen Vorschriften und technischen Anforderungen erfüllt,
- eine nationale Typgenehmigung die behördliche Bestätigung, dass der zur Prüfung vorgestellte Typ eines Fahrzeugs, den geltenden Bauvorschriften entspricht; sie ist eine Betriebserlaubnis im Sinne des Straßenverkehrsgesetzes und eine ABE im Sinne der StVZO (sie verliert jedoch seit dem Inkrafttreten der Richtlinie 2007/46/EG zunehmend an Bedeutung, und läuft 2014 auch für bestehende Typgenehmigungen aus),
- eine Betriebserlaubnis für ein Einzelfahrzeug die behördliche Bestätigung, dass das betreffende Fahrzeug den geltenden Vorschriften entspricht; sie ist eine Betriebserlaubnis im Sinne des StVG bzw. eine Einzelbetriebserlaubnis im Sinne der StVZO (§ 2 Nr. 6 FZV).

Somit ist die Betriebserlaubnis, die durch technische Änderungen unwirksam werden kann und die im Verfahren nach § 21 StVZO zu erteilen ist, eine behördliche Feststellung, dass das Fahrzeug vorschriftsmäßig ist, und die Befugnis, das Fahrzeug aufgrund seiner Bau- und Wirkungsweise im Straßenverkehr verwenden zu dürfen, soweit nicht eine Zulassung des Fahrzeugs vorgeschrieben ist. Sie ist ein feststellender, antragsbedürftiger, begünstigender Verwaltungsakt.

In Bezug auf die Erteilung einer Betriebserlaubnis ist ein Verwaltungsakt eine Verfügung, eine hoheitliche Maßnahme, die eine Behörde zur Regelung eines Einzelfalls auf dem Gebiet des öffentlichen Rechts trifft und die auf unmittelbare Rechtswirkung nach außen gerichtet ist.

4.2 Bedingungen für die Erteilung der Betriebserlaubnis

Die Betriebserlaubnis ist zu erteilen, wenn das Fahrzeug den für die Fahrzeugart jeweils einschlägigen Vorschriften des Abschnitts III der StVZO (Bau- und Betriebsvorschriften), den zu ihrer Ausführung erlassenen Anweisungen des BMVBS und den Vorschriften der Verordnung (EWG) Nr. 3821/85 über das Kontrollgerät im Straßenverkehr, die zuletzt durch die Verordnung (EU) Nr. 1266/2009 geändert worden ist, entspricht.

Anweisungen des BMVBS können z. B. ergänzende Richtlinien oder bei Zweifelsfragen entsprechende Auflegungshilfen in Form von Entscheiden bzw. Erlassen sein.

Daneben ist die Betriebserlaubnis nach § 19 Abs. 1 Satz 2 StVZO auch zu erteilen, wenn das Fahrzeug anstelle der Vorschriften der StVZO die Anforderungen der EG-Richtlinien erfüllt, die in den Anhängen der in § 19 Abs. 1 Satz 2 Nr. 1 bis 3 genannten EG-Rahmenrichtlinien aufgeführt sind.

Dies sind die Anhänge der jeweiligen Fahrzeugklasse(n) in der jeweils geltenden Fassung des Rechtsakts (gleitender Verweis):

Klassen M, N und O	Klassen T, C, R und S	Klasse L
der Anhang IV der Richtlinie 2007/46/EG zur Schaffung eines Rahmens für die Genehmigung von Kfz und Kfz-Anh sowie von Systemen, Bauteilen und selbständigen technischen Einheiten für diese Fahrzeuge („Rahmenrichtlinie“), die zuletzt durch die Verordnung (EU) Nr. 371/2010 geändert worden ist	der Anhang II Kapitel B der Richtlinie 2003/37/EG über die Typgenehmigung für lof Zugm, ihre Anh und die von ihnen gezogenen auswechselbaren Maschinen sowie für Systeme, Bauteile und selbständige technische Einheiten dieser Fahrzeuge und zur Aufhebung der Richtlinie 74/150/EWG, die zuletzt durch die Richtlinie 2010/62/EU geändert worden ist	der Anhang I der Richtlinie 2002/24/EG über die Typgenehmigung für zweirädrige oder dreirädrige Kfz und zur Aufhebung der Richtlinie 92/61/EWG, die zuletzt durch die Verordnung (EG) Nr. 1137/2008 geändert worden ist

Für die Begutachtung von technischen Änderungen können durch den aaS als Rechtsnorm auch die genannten EG-Einzelrichtlinien herangezogen werden, wobei zu beachten ist, dass

- die jeweils aktuelle Liste der in den Rahmenrichtlinien genannten Vorschriften durch das BMVBS im Verkehrsblatt bekannt gemacht und fortgeschrieben wird,
- die genannten Einzelrichtlinien jeweils ab dem Zeitpunkt anzuwenden sind, zu dem sie in Kraft treten und bekannt gemacht wurden,
- Einzelrichtlinien, deren verbindliche Anwendung vorgeschrieben ist, anzuwenden sind.

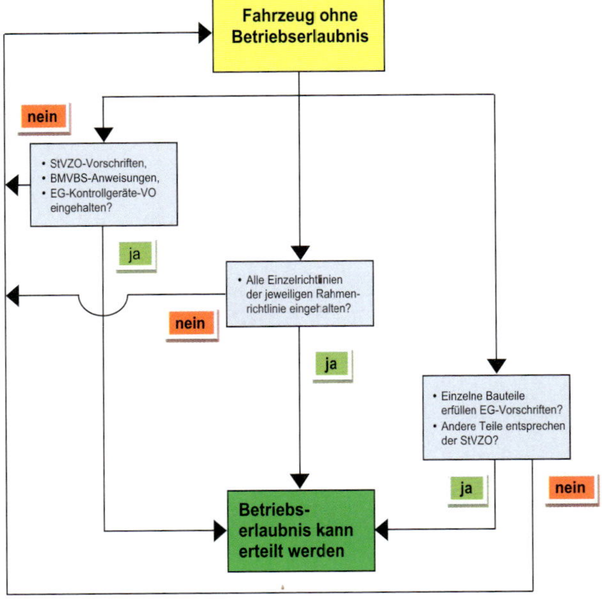

Bild 21 Bedingungen für die Erteilung einer Betriebserlaubnis

Die Bestimmungen des § 19 Abs. 1 Satz 2 StVZO bedeuten, dass zur Erlangung der nationalen Betriebserlaubnis nach § 21 StVZO als Folge von technischen Änderungen „anstelle“ betreffender StVZO-Vorschriften die entsprechenden technischen Anforderungen der EG-Einzelrichtlinien anwendbar sind und erfüllt sein müssen. Es können sämtliche Teile des Fahrzeugs nach EG-Vorschriften (soweit solche existieren) beschaffen sein. Möglich ist aber auch, dass einige Teile nach EG-Vorschriften gebaut sind, während die anderen Teile der StVZO entsprechen. So können beispielsweise einzelne lichttechnische Einrichtungen nationalen Bauvorschriften entsprechen, andere mit den EG-Vorschriften übereinstimmen.

Andererseits dürfen die einzelnen Teile als solche nicht nach „gemischten“ Vorgaben gebaut sein. Ein Musterbeispiel dafür – gerade nach technischen Änderungen – sind die Vorschriften über Radabdeckungen bei Fahrzeugen der Klasse M_1. Sie können entweder der StVZO-Vorschrift (§ 36a StVZO) entsprechen oder die EG-Richtlinie (78/549/EWG) erfüllen. Nicht zulässig ist es demnach etwa, die Vorderräder nach StVZO-Vorschriften abzudecken und die Hinterräder nach den EG-Richtlinien.

5 Wirksamkeit der Betriebserlaubnis (§ 19 Abs. 2 StVZO)

Die Betriebserlaubnis des Fahrzeugs bleibt, wenn sie nicht ausdrücklich entzogen wird, bis zu seiner endgültigen Außerbetriebsetzung wirksam. Die Betriebserlaubnis wird folglich unbefristet erteilt. Sie soll für die gesamte Lebensdauer des Fahrzeugs gelten.

Wie jeder Verwaltungsakt wird auch eine Betriebserlaubnis wirksam, sobald sie den „Behördenbetrieb" verlassen hat und die ausstellende Zulassungsbehörde sie dem Antragsteller bekannt gemacht hat. Sie hat Tatbestandswirkung, d. h. alle Behörden müssen die Tatsache, dass die Betriebserlaubnis erlassen wurde und damit existent ist, und den Inhalt der Betriebserlaubnis als gegeben und maßgeblich hinnehmen (§ 44 Abs. 1 VwVfG).

Die Betriebserlaubnis wird grundsätzlich auch nicht bei der Außerbetriebsetzung nach § 14 FZV oder bei der Zwangsstilllegung unwirksam, wohl aber, wenn das Fahrzeug endgültig außer Betrieb gesetzt wird.

Für die Unwirksamkeit kommt somit nur die endgültige Außerbetriebsetzung des Fahrzeugs oder die ausdrückliche Entziehung der Betriebserlaubnis in Frage. Die Betriebserlaubnis kann durch die Zulassungsbehörde entzogen werden mittels einer Verfügung nach § 5 FZV bzw. § 17 StVZO.

Zur Vorbereitung einer solchen Entscheidung kann die Zulassungsbehörde die Beibringung eines Gutachtens eines aaSoP oder PI darüber, ob das Fahrzeug den StVZO-Vorschriften entspricht oder die Vorführung des Fahrzeugs anordnen und wenn nötig mehrere solcher Anordnungen treffen; auch darf eine Prüfplakette nach Anlage IX StVZO nicht erteilt werden.

Die Betriebserlaubnis des Fahrzeugs erlischt bei bestimmten technischen Änderungen am Fahrzeug.

Durch die 16. Verordnung zur Änderung straßenverkehrsrechtlicher Vorschriften vom 16.12.1993 (VkBl. 1993, S. 143) wurden zahlreiche Einzelvorschriften der StVZO geändert; diese Änderungen sind wegen der Überarbeitung des Verfahrens bei nachträglichen Änderungen am Fahrzeug erforderlich geworden.

Das Verfahren bei Änderungen am Fahrzeug nach § 19 Abs. 2 StVZO ist im Hinblick auf eine verbraucherfreundlichere Gestaltung und auf die EWG-Vorschriften (EWG-Betriebserlaubnis, Vollendung des Binnenmarktes) überprüft worden mit dem Ergebnis, dass

- dem Fahrzeughalter gegenüber dem bisherigen Verfahren nach § 19 Abs. 2 StVZO Erleichterungen (Einbauabnahmen dürfen auch durch PI von ÜO durchgeführt werden) gewährt werden müssen,
- Teile möglichst eine Genehmigung (Betriebserlaubnis nach § 22, EWG- oder ECE-Genehmigung etc.) oder aber ein Teilegutachten (nur unter bestimmten Voraussetzungen) haben sollen.

Einen Sonderfall stellen alle Fahrzeuge der Bundeswehr dar – auch solche, die nicht speziell militärisch ausgestattet sind –, die über eine ABE oder eine Einzelbetriebserlaubnis in den Verkehr kamen. Bei ihnen erlischt die Betriebserlaubnis sobald sie nicht mehr für die Bundeswehr zugelassen sind (BGBl. I 1999, S. 82; VkBl. 1999, S. 552). Des Weiteren ist in § 19 Abs. 2 a StVZO geregelt, dass für Fahrzeuge des Militärs, der Polizei, der Feuerwehr oder des Katastrophenschutzes die Betriebserlaubnis nur so lange wirksam bleibt, wie die Fahrzeuge für diese Institutionen und deren Zwecke eingesetzt und zugelassen sind. Eine Betriebserlaubnis nach § 21 StVZO darf nur für diese Institutionen erteilt werden, und das auch dann, wenn die speziellen Ausstattungen entfernt, verändert oder unwirksam gemacht worden sind. Für bestimmte Einsatzzwecke können Ausnahmen nach § 70 StVZO genehmigt werden. Die aaS, denen solche Fahrzeuge zu einer Begutachtung vorgestellt werden, sind gut beraten, den Sachverhalt vorab mit der zuständigen Zulassungsbehörde zu klären.

5.1 Begriff der Änderung

Änderungen, durch die die Betriebserlaubnis des Fahrzeugs erlöschen kann, setzen ein willentliches, auf die Änderung gerichtetes Tun voraus; die Änderung des Fahrzeugzustands durch Verschleiß und dessen Reparatur ist keine Änderung im Sinne des § 19 Abs. 2 Satz 2 StVZO.

Eine „Änderung" liegt vor bei einem

- Ändern im engeren Sinne, d. h. durch Umgestaltung oder Andersgestaltung von Teilen (z. B. Änderung an der Karosserie oder am Aufbau),
- Austausch von Teilen, d. h. Teile werden gegen für das betreffende Fahrzeug in seiner Betriebserlaubnis nicht genehmigte Teile ausgewechselt (z. B. Originalräder gegen Räder mit anderen Funktionsmaßen oder aus anderem Werkstoff),
- Hinzufügen von Teilen, d. h. Teile werden am Fahrzeug neu an- oder eingebaut; soweit dadurch bereits vorhandene Teile betroffen sind, kann ein Verändern vorliegen,
- Entfernen von Teilen, d. h. Teile werden vom Fahrzeug abgebaut oder aus dem Fahrzeug ausgebaut.

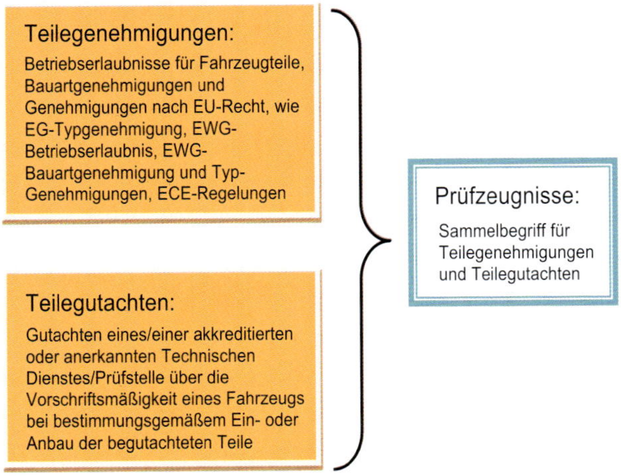

Teilegenehmigungen:
Betriebserlaubnisse für Fahrzeugteile, Bauartgenehmigungen und Genehmigungen nach EU-Recht, wie EG-Typgenehmigung, EWG-Betriebserlaubnis, EWG-Bauartgenehmigung und Typ-Genehmigungen, ECE-Regelungen

Teilegutachten:
Gutachten eines/einer akkreditierten oder anerkannten Technischen Dienstes/Prüfstelle über die Vorschriftsmäßigkeit eines Fahrzeugs bei bestimmungsgemäßem Ein- oder Anbau der begutachteten Teile

Prüfzeugnisse:
Sammelbegriff für Teilegenehmigungen und Teilegutachten

Bild 22 Teilegenehmigungen, Teilegutachten, Prüfzeugnisse

Der bloße Verschleiß von Bauteilen ist keine Veränderung im Sinne von § 19 Abs. 2 StVZO. Eine Veränderung liegt auch nicht vor bei einer Reparatur oder dem Austausch von Teilen, die den ursprünglichen technischen Zustand wiederherstellt.

Unter Änderung ist also das willentliche Handeln in Bezug auf Umgestaltung, Austausch, Auswechseln, Hinzufügen, Entfernen von Teilen zu verstehen, wodurch eine andere als die vorgeschriebene Funktion oder Wirkung erzielt wird.

Als Anhalt dafür, was unter einer Änderung zu verstehen ist, die das Erlöschen der Betriebserlaubnis zur Folge hat, kann der mit den Ländern abgestimmte Beispielkatalog des BMVBS herangezogen werden. Er dient als Auslegungshilfe für den aaSoP/PI bei der regelmäßigen technischen Überwachung und bei der Begutachtung/Änderungsabnahme.

Der Begriff „Änderungsabnahme" steht für die in § 19 Abs. 3 beschriebene Abnahme des Ein- oder Anbaus, aber auch für die Abnahme des Aus- oder Abbaus von Teilen.

Der Begriff „Teilegenehmigungen" steht für Betriebserlaubnisse für Fahrzeugteile, Bauartgenehmigungen und Genehmigungen nach EU-Recht, wie EG-Typgenehmigung, EWG-Betriebserlaubnis und EWG-Bauartgenehmigung und Typ-Genehmigungen nach ECE-Regelungen in der jeweiligen Fassung entsprechend dem „Übereinkommen vom 20. März 1958 (BGBl. 1965 II S. 857) über die Annahme einheitlicher technischer Vorschriften für Radfahrzeuge, Ausrüstungsgegenstände und Teile, die in Radfahrzeugen eingebaut und/oder verwendet werden können, und die Bedingungen für die gegenseitige Anerkennung von Genehmigungen, die nach diesen Vorschriften erteilt wurden", soweit sie von der Bundesrepublik angewendet werden, z. B. ECE-Regelungen (§ 19 Abs. 3 Nr. 1 bis 3 StVZO).

„Teilegutachten" (gemäß Anlage XIX StVZO) sind Gutachten eines akkreditierten oder anerkannten Technischen Dienstes oder Prüfstelle über die Vorschriftsmäßigkeit eines Fahrzeugs bei bestimmungsgemäßem Ein- oder Anbau der begutachteten Teile (Anlage XIX StVZO, Ziff. 1.1 und 1.2). Sie müssen den Verwendungsbereich der begutachteten Teile und ggf. Auflagen und Einschränkungen sowie notwendige Hinweise für die Änderungsabnahme durch die aaSoP/PI enthalten.

Unter „Prüfzeugnissen" ist der Sammel- oder Oberbegriff für Teilegenehmigungen und Teilegutachten zu verstehen.

5.2 EU-Kontext

Wird ein Fahrzeug, das bereits im Verkehr ist, vom Fahrzeughalter technisch verändert, greifen hierfür gegenwärtig nur rein nationale Vorschriften. Dies hat die EU-Kommission mit der Feststellung klargestellt, dass „einmal registrierte (zugelassene) Fahrzeuge unter die nationalen Rechtsvorschriften über die Nutzung" fallen; sie geht dabei davon aus, dass derartige Änderungen bei der TÜ zu beanstanden sind. Eine entsprechende Vorschrift wie die des § 19 Abs. 2 StVZO, die sich auch an die Fahrzeughalter richtet, fehlt bisher in den EU-Vorschriften.

Daher kann gegenwärtig auch mit Verweis auf Artikel 31 der Richtlinie 2007/46/EG, der Schluss gezogen werden, dass den EG-Mitgliedstaaten die Regelungen von Veränderungen an bereits im Verkehr befindlichen Fahrzeugen überlassen ist. Das in der Bundesrepublik Deutschland herrschende hohe Sicherheitsniveau soll auch nach Änderungen an Fahrzeugen aufrechterhalten bleiben.

Mit der 16. Änderungsverordnung wurde auch das Verfahren bei Änderungen am Fahrzeug nach § 19 Abs. 2 StVZO im Hinblick auf die EWG-Vorschriften (EWG-Betriebserlaubnis, Vollendung des Binnenmarktes) überprüft mit dem Ergebnis, dass die bisherigen EWG-Vorschriften keine Aussagen über Veränderungen an bereits zugelassenen Fahrzeugen treffen.

6 Änderungen am Fahrzeug, die zum Erlöschen der Betriebserlaubnis führen

§ 19 Abs. 2 StVZO wurde durch die 16. Änderungsverordnung neu gefasst und durch Absätze zum Nichterlöschen unter besonderen Bedingungen, zur Mitführpflicht von Fahrzeugpapieren und mit der Regelung zur Erlangung einer neuen Betriebserlaubnis ergänzt.

Ziel dieser Umgestaltung war es, die Fälle des Erlöschens der Betriebserlaubnis neu abzugrenzen:

- Der bisherige Fall der Verletzung von Beschaffenheitsvorschriften, der seit 1934 in der Verordnung stand, wurde aufgehoben. Eine technische Änderung am Fahrzeug, die lediglich eine Beschaffenheitsvorschrift berührt, ohne dass eine Verkehrsgefährdung zu erwarten ist, führt nicht zum Erlöschen der Betriebserlaubnis. Keineswegs sollen damit jedoch solche Veränderungen bagatellisiert werden. Es ist nach wie vor die Halterpflicht, jederzeit für den vorschriftsmäßigen Zustand des Fahrzeugs zu sorgen (§ 31 Abs. 2 StVZO).
- Neu aufgenommen wurde der Fall der Änderung der durch die Betriebserlaubnis genehmigten Fahrzeugart.
- Der Fall der Gefährdung von Verkehrsteilnehmern blieb unverändert, allerdings mit höheren Anforderungen an die Gefährdungserwartung.

- Schließlich wurde neu aufgenommen der Fall der Verschlechterung des Abgas- oder Geräuschverhaltens.

Nicht jede Veränderung bringt demgemäß die Betriebserlaubnis zum Erlöschen. Relevant sind nur Änderungen, wie sie im Folgenden in den Abschnitten 6.1 bis 6.3 beschrieben sind. Liegt eine dieser Änderungen vor, führt dies automatisch zum Erlöschen der Betriebserlaubnis.

Da seit dem Inkrafttreten der FZV die Betriebserlaubnis nicht mehr Bestandteil der Zulassung eines Fahrzeugs ist, führt auch das Erlöschen der Betriebserlaubnis nicht mehr zum Erlöschen der Zulassung. Eine ungenehmigte Fahrzeugänderung i. S. des § 19 Abs. 2 Satz 1 führt zum Erlöschen der Betriebserlaubnis mit der Folge, dass das Fahrzeug grundsätzlich nicht mehr im Straßenverkehr genutzt werden darf.

Wird nach solchen Änderungen entsprechend den Vorgängen nach § 19 Abs. 3 StVZO verfahren, so bleibt die Betriebserlaubnis bestehen. (Näheres dazu im Abschnitt 7.)

Sonderregelungen, die gleichfalls das Erlöschen der Betriebserlaubnis verhindern, sind vorhanden in der

- 2. Verordnung über Ausnahmen von straßenverkehrsrechtlichen Vorschriften in der Fassung vom 25.4.2006 (Zugm und ihre Anh im Einsatz von Brauchtums-Veranstaltungen),
- 25. Ausnahme-Verordnung zur StVZO (Nachrüstung von Umsturzvorrichtungen),
- 42. Ausnahme-Verordnung zur StVZO (Nachrüstung von seitlichen Schutzvorrichtungen).

6.1 Änderung der genehmigten Fahrzeugart

Die Betriebserlaubnis erlischt, wenn die Fahrzeugart verändert wird. Dies ist erforderlich, da das Zulassungsverfahren nicht nur technische Aspekte, sondern auch Fragen

- der steuerlichen Behandlung,
- der Fahrerlaubnis,
- der Untersuchungsfristen,
- der Verhaltensvorschriften
- und sonstige Belange

regelt.

Es gelten zudem für die einzelnen Fahrzeugarten zum Teil unterschiedliche Bau- und Ausrüstungsvorschriften. Besonders ist auf Fahrzeuge zu achten, bei denen die Abgrenzung von Aufbauart und Fahrzeugart erschwert ist (wie z. B. Fahrzeuge mit Aufsetztanks nach GGVSEB, Kühlfahrzeuge oder Autotransporter). Komplizierte Abgrenzungsfälle können mit Hilfe des Verzeichnisses zur Systematisierung von Kraftfahrzeugen und ihren Anhängern des KBA geklärt werden. Dies gilt nicht, soweit für die Fahrzeuge eine EG-Typgenehmigung vorgelegt wird. Verändert sich lediglich die Aufbauart, nicht aber die Fahrzeugart, so ist zu prüfen, ob von dieser Änderung eine Gefährdung von Verkehrsteilnehmern (§ 19 Abs. 2 Nr. 2 StVZO) zu erwarten ist. Wird dies bejaht, so erlischt die Betriebserlaubnis des Fahrzeugs.

Die Fahrzeugart ergibt sich aus den amtlichen Fahrzeugpapieren (ZB I (Feld J) oder Fahrzeugschein (Ziffer 1)), gelistet im KBA-Verzeichnis zur Systematisierung von Kfz und ihren Anhängern.

Eine wesentliche Änderung der Fahrzeugart liegt vor, wenn das Fahrzeug so geändert wird, dass die für die ursprüngliche Fahrzeugart maßgeblichen Merkmale nicht mehr gegeben sind, oder wenn der Fahrzeugaufbau so geändert wird, dass die für den ursprünglichen Aufbau maßgeblichen Merkmale des Verwendungszwecks nicht mehr gegeben sind.

Aufschlussreiche Beispiele zum Umbau von einer Fahrzeugart in eine andere sind in den Arbeitshilfen des ebenfalls im Kirschbaum Verlag erschienenen Buchs „§ 19 StVZO – Änderungen am Fahrzeug und Betriebserlaubnis“ enthalten.

6.2 Erwartung der Gefährdung von Verkehrsteilnehmern

Die Betriebserlaubnis erlischt gemäß § 19 Abs. 2 Nr. 2, wenn eine Gefährdung nach solchen Änderungen zu erwarten ist. Bis 1994 war

Ursache für das Erlöschen der Betriebserlaubnis nach § 19 Abs. 2 entweder die Veränderung von Teilen, deren Beschaffenheit vorgeschrieben ist, oder die Veränderung von Teilen, deren Betrieb eine Gefährdung anderer Verkehrsteilnehmer verursachen kann. Es erschien dem Verordnungsgeber bedenklich – auch unter dem rechtlichen Gesichtspunkt der Verhältnismäßigkeit der Mittel –, eine so einschneidende Rechtsfolge wie das Erlöschen der Betriebserlaubnis für das Fahrzeug schon dann eintreten zu lassen, wenn durch eine Änderung lediglich Beschaffenheitsvorschriften der StVZO berührt werden, ohne dass gleichzeitig auch eine Gefährdung anderer (also eine Beeinträchtigung der Verkehrssicherheit) zu erwarten ist. Die bloße Möglichkeit der Gefährdung ist zu weitgehend, die Gefährdung muss schon etwas konkreter zu erwarten sein.

Erforderlich ist ein gewisses Maß an Wahrscheinlichkeit. Das bedeutet aber noch nicht den Übergang zur konkreten Gefahr, also einer Sachlage, die bei ungehindertem Ablauf des objektiv zu erwartenden Geschehens mit hinreichender Wahrscheinlichkeit zu einer Verletzung der Schutzgüter führt. Die StVZO kennt ausschließlich die abstrakte Gefahr. Abstrakte und konkrete Gefahr unterscheiden sich auch nicht hinsichtlich der Wahrscheinlichkeit des Schadenseintritts. Es ist bei der abstrakten Gefahr vielmehr so, dass die Gefahrenquelle kein konkreter einzelner Sachverhalt ist, sondern ein gedachter, typisierter Lebenssachverhalt, aus dem sich eine Gefahr für die Verkehrssicherheit ergeben kann.

Die EG hebt in ihrer Mitteilung 88/C281/08 unter III Buchstabe B hinsichtlich einer Überprüfung auf eine Gefährdung ab und nicht auf eine Beschaffenheitsvorschrift. Sie verweist hier richtigerweise auf Artikel 36 des AEUV. Sobald eine Gefährdung vorliegt, soll auch die Betriebserlaubnis des Fahrzeugs erlöschen.

Im Sinne einer größeren Konkretisierung wurde auf die Gefährdung von Verkehrsteilnehmern hingewiesen (Fahrzeugführer, Fahrzeuginsassen, andere Verkehrsteilnehmer), da sich sowohl die EU als auch der nationale VO-Geber über z. B. § 30 StVZO (Beschaffenheit der Fahrzeuge) in erster Linie auf den Schutz von Personen orientieren.

Wird durch eine technische Änderung die vorgeschriebene Beschaffenheit des Fahrzeugs bzw. des betreffenden Fahrzeugteils berührt, ist der Halter nach § 31 Abs. 2 StVZO zur Wiederherstellung des vorschriftsmäßigen Zustands verpflichtet. Nach dieser Vorschrift ist er im Übrigen ebenso verpflichtet, den vorschriftsmäßigen Zustand für das Fahrzeug wiederherzustellen, wenn dieses durch Verschleiß oder durch Unfallfolgen nicht mehr die vorschriftsmäßige Beschaffenheit hat. Ob das Fahrzeug vorschriftsmäßig ist, wird im Rahmen der technischen Überwachung nach § 29 StVZO geprüft. Dies wird als ausreichend erachtet. Auf die weitere – sehr einschneidende – Folge des Erlöschens der Betriebserlaubnis kann deshalb verzichtet werden.

6.3 Verschlechterung des Abgas- oder Geräuschverhaltens

Die Betriebserlaubnis des Fahrzeugs soll schließlich erlöschen, wenn durch Änderungen am Kfz eine Verschlechterung des Abgas- oder Geräuschverhaltens eintritt. Dies ist folgerichtig, weil das Zulassungsverfahren nicht nur technische Aspekte, vorwiegend der Fahrzeugsicherheit, sondern auch Fragen

- des Umweltschutzes,
- der steuerlichen Behandlung,
- der Untersuchungsfristen und
- der Gewährung von Benutzervorteilen

regelt.

Hinsichtlich Abgas- und Lärmemissionen aus Kraftfahrzeugen definiert das Zulassungsverfahren den Stand der technischen Entwicklung. Er ist einerseits gekennzeichnet durch obligatorische Normen, die also von allen neu zum Verkehr zuzulassenden Fahrzeugen einzuhalten sind. Andererseits bilden darüber hinausgehende Definitionen, wie beispielsweise des schadstoffarmen Pkw oder des lärmarmen

Lkw, die Anerkennungsvoraussetzungen für die Gewährung von Steuer- und/oder Benutzervorteilen. Zur Erreichung der Schadstoffarmut sind z. B. beim Otto-Motor aufwendige Techniken wie der geregelte Drei-Wege-Katalysator erforderlich.

Eine bloße Beeinflussung des Abgas- oder Geräuschverhaltens infolge der Änderung reicht nicht aus. Es muss eine Verschlechterung, demnach die Erhöhung der Abgas- oder Geräuschemission vorliegen.

Mit der Schadstoffarmut sind zusätzlich Benutzervorteile verbunden. Kfz mit geringer Feinstaubemission sind von den Fahrverboten in Umweltzonen ausgenommen. Ein Benutzervorteil für lärmarme Lkw liegt in der Ausnahme von Fahrverboten in lärmschutzbedürftigen Gebieten.

Änderungen, durch die eine Verschlechterung des Abgas- oder Geräuschverhaltens eintritt, sind bauliche Änderungen oder geänderte Einstellungen von Teilen (z. B. Änderungen des Motormanagements), die zu einer höheren als der in der Fahrzeug-Betriebserlaubnis genehmigten Emission führen. Auch hier ist wiederum ein willentliches Handeln gefordert. Emissionserhöhungen allein durch Verschleiß führen nicht zum Erlöschen der Betriebserlaubnis.

7 Änderungen am Fahrzeug, die nicht zum Erlöschen der Betriebserlaubnis führen

Gemäß § 19 Abs. 3 StVZO erlischt die Betriebserlaubnis des Fahrzeuges nicht, wenn bei Änderung durch Ein- oder Anbau von Teilen eine Erlaubnis/Genehmigung (deren Wirksamkeit von einer Ein- oder Anbauabnahme abhängig ist) oder ein Teilegutachten für diese Teile vorliegt und die Abnahme des Ein- oder Anbaus unverzüglich durch einen aaSoP oder einen befugten PI durchgeführt und der ordnungsgemäße Ein- und Anbau bestätigt worden ist.

§ 19 Abs. 3 StVZO regelt demnach die Fälle, in denen die Betriebserlaubnis des Fahrzeugs bei nachträglichen Änderungen abweichend von Abs. 2 nicht erlischt. Hierbei wird davon ausgegangen, dass für Teile, die nachträglich ein- oder angebaut werden, eine Genehmigung vorliegt.

7.1 Nationale Teilegenehmigungen

Solche Genehmigungen können sein

- eine Betriebserlaubnis nach § 22 StVZO,
- eine Bauartgenehmigung nach § 22a StVZO,
- eine Genehmigung im Rahmen der Fahrzeugbetriebserlaubnis oder eines Nachtrags dazu.

In diesen Fällen kann die Wirksamkeit der Betriebserlaubnis, der Bauartgenehmigung oder der Genehmigung von der Ein- oder Anbauabnahme abhängig gemacht sein (§ 19 Abs. 3 Nr. 1 StVZO).

Die dem Inhaber einer Fahrzeugbetriebserlaubnis genehmigte wahlweise Ausrüstung kann auch durch den Fahrzeughalter im Rahmen einer nachträglichen Änderung genutzt werden. Voraussetzung ist, dass der Inhaber der Fahrzeug-ABE bei Antragstellung für die ABE des Fahrzeugs oder für einen Nachtrag die Nutzung der wahlweisen Ausrüstung durch den Fahrzeughalter einbezieht und das KBA die ABE oder den Nachtrag entsprechend genehmigt.

7.2 Internationale Teilegenehmigungen

Es können auch Genehmigungen nach ECE-Regelungen oder nach EWG-Richtlinien für Teile vorliegen, für die eine Ein- oder Anbauabnahme

nicht erforderlich ist. Diese Teile dürfen dann ohne Weiteres an den Fahrzeugen an- oder eingebaut werden, wenn dabei Einschränkungen und Einbauanweisungen – sofern gegeben – beachtet werden (§ 19 Abs. 3 Nr. 2 StVZO).

7.3 Teilegutachten

§ 19 Abs. 3 Nr. 4 StVZO regelt einen weiteren Fall, bei dem die Betriebserlaubnis des Fahrzeugs bei nachträglichen Änderungen, abweichend von Absatz 2, nicht erlischt. Hier wird der Fall geregelt, dass für die Teile ein „Teilegutachten" vorliegt. An das Teilegutachten werden bestimmte Anforderungen und Verpflichtungen geknüpft, die sich aus Anlage XIX StVZO ergeben. Zum einen ist die Erteilung von Teilegutachten nur durch Technische Dienste oder Prüfstellen möglich, die für den jeweiligen Prüfumfang als Prüflaboratorium nach der Norm EN 45001 anerkannt sind, zum anderen ist es erforderlich, dass der Teilehersteller ein Qualitätssicherungssystem nach der Norm EN ISO 9002 oder einem vergleichbaren Standard nachweist. Diese Anforderungen sind nötig, um dem Verbraucher gegenüber sicherzustellen, dass derartige Teile mit Teilegutachten unbedenklich eingebaut werden dürfen. Allerdings ist bei Teilen mit Teilegutachten immer eine Änderungsabnahme obligatorisch vorgeschrieben, die von aaSoP oder PI durchgeführt werden muss.

7.4 Änderungsabnahme

§ 19 Abs. 3 Nr. 3 StVZO regelt weiter, dass die Betriebserlaubnis des Fahrzeugs unter bestimmten Voraussetzungen nicht erlischt. Voraussetzung dafür ist, dass der Fahrzeughalter nach Anbau von Teilen, die einer Änderungsabnahme bedürfen, eine solche Abnahme unverzüglich durchführen und bestätigen lassen muss.

Die Wirksamkeit der Betriebserlaubnis kann bei nationalen Teilegenehmigungen von einer Änderungsabnahme abhängig sein. Bei internationalen Teilegenehmigungen sind Änderungsabnahmen grundsätzlich nicht vorgeschrieben.

Bei Teilegutachten ist die Änderungsabnahme obligatorisch.

Diese Forderung ist angemessen, da nunmehr für bestimmte Teile die Abnahme sowohl bei einer TP als auch bei einer ÜO erfolgen kann. Der Fahrzeughalter ist damit verpflichtet, unverzüglich nach der Änderung eine Abnahme durchführen zu lassen. Zu emphelen ist vor der Änderung den Abnahmetermin zu vereinbaren.

7.5 Mitführpflicht von Prüfzeugnissen

Der Führer des Fahrzeuges hat in den Fällen mit nationaler Genehmigung ohne erforderliche Änderungsabnahme den Abdruck oder die Ablichtung der betreffenden Betriebserlaubnis, Bauartgenehmigung, Genehmigung im Rahmen der Betriebserlaubnis oder eines Nachtrags dazu oder eines Auszugs dieser Erlaubnis/Genehmigung, der die für die Verwendung wesentlichen Angaben enthält, mitzuführen.

In den Fällen einer nationalen Genehmigung mit erforderlicher Änderungsabnahme und eines Teilegutachtens hat der Führer des Fahrzeugs einen Nachweis nach einem vom Bundesministerium für Verkehr im Verkehrsblatt bekannt gemachten Muster über die Erlaubnis, die Genehmigung oder das Teilegutachten mit der Bestätigung des ordnungsgemäßen Ein- oder Anbaus sowie den zu beachtenden Beschränkungen oder Auflagen mitzuführen.

Die Mitführpflicht besteht nicht, wenn die ZB I, das Anhängerverzeichnis nach § 11 Abs. 1 Satz 2 der FZV oder ein nach § 4 Abs. 5 der FZV mitzuführender oder aufzubewahrender Nachweis einen entsprechenden Eintrag einschließlich zu beachtender Beschränkungen oder Auflagen enthält; anstelle der zu beachtenden Beschränkungen oder Auflagen kann auch ein Vermerk enthalten sein, dass diese in einer mitzuführenden Erlaubnis, Genehmigung oder einem mitzuführenden Nachweis aufgeführt sind.

Die Pflicht zur Mitteilung von Änderungen nach § 13 der FZV bleibt unberührt.

7.6 Übersicht – Erlöschen der Betriebserlaubnis (§ 19 Abs. 2 und 3 StVZO)

Erlöschen der Betriebserlaubnis (BE)

- ausdrückliche Entziehung der BE
- endgültige Außerbetriebsetzung des Fahrzeugs

→ Unwirksamkeit der BE

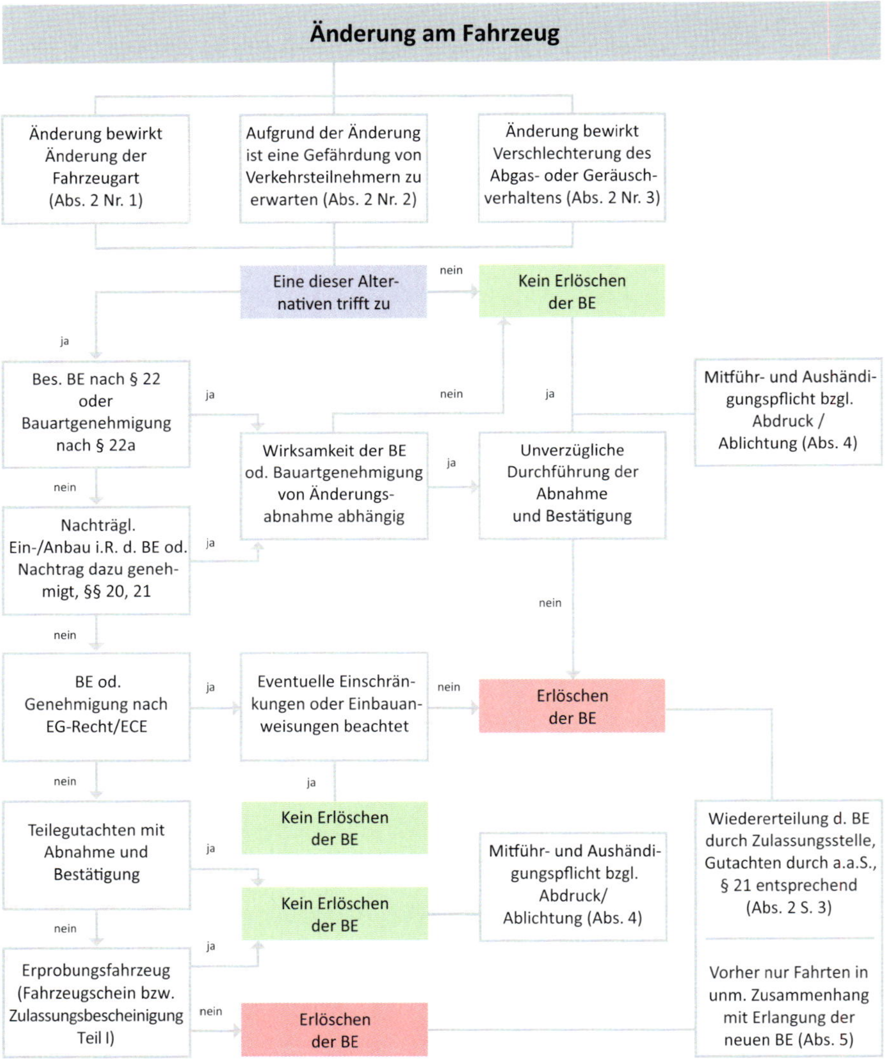

Bild 23 Flussdiagramm Erlöschen der Betriebserlaubnis

Quelle: Konitzer/Wehrmeister, § 19 StVZO – Änderungen am Fahrzeug und BE, 4. Auflage, Kirschbaum Verlag Bonn

7.7 Übersicht – Erhalt der Betriebserlaubnis und mitzuführende Unterlagen (entsprechend § 19 Abs. 3 und 4 StVZO)

§ 19 Abs. 3 Nr.	Art der Genehmigung	Rechtsgrundlage	Voraussetzungen	Folge	Mitzuführende Unterlagen (§ 19 Abs. 4)*)
1 a	ABE für Teile	§ 22 StVZO	Wirksamkeit der Genehmigung von einer Änderungsabnahme nicht abhängig oder vorgeschriebene Abnahme unverzüglich durchgeführt (§ 19 Abs. 3 Nr. 3) und eventuelle Einschränkungen oder Einbauanweisungen beachtet (§ 19 Abs. 3 Satz 2)	Die Betriebserlaubnis des Fahrzeugs erlischt nicht	Abdruck oder Ablichtung der betreffenden Betriebserlaubnis, Bauartgenehmigung bei notwendiger Abnahme: Nachweis nach amtlichem Muster (§ 19 Abs. 4 Nr. 2)
	Allgemeine Bauartgenehmigung für Teile	§ 22a StVZO			
	Bauartgenehmigung im Einzelfall	§ 22a StVZO			
1 b	Genehmigung des nachträglichen Anbaus im Rahmen einer ABE für das Fahrzeug oder eines Nachtrags dazu	§ 20 StVZO			Genehmigung im Rahmen der Betriebserlaubnis oder eines Nachtrags dazu oder eines Auszugs dieser Genehmigung (§ 19 Abs. 4 Nr. 1)
	Genehmigung des nachträglichen Anbaus im Rahmen einer Einzelbetriebserlaubnis für ein Fahrzeug	§ 21 StVZO			
2 a	EWG-Betriebserlaubnis	EG-Einzelrichtlinien	Einschränkungen oder Einbau-Anweisungen beachtet (§ 19 Abs. 3 Nr. 2)		Keine Mitführpflicht
	EWG-Bauartgenehmigung				
	EG-Typgenehmigung				
	EG-Typgenehmigung für Fahrzeugtyp	EG-Rahmenrichtlinie			
2 b	Genehmigung nach dem Übereinkommen über die Annahme einheitlicher technischer Vorschriften für Ausrüstungsgegenstände und Teile von Kfz	ECE-Regelungen			
4	Teilegutachten: Gutachten eines technischen Dienstes (oder einer Prüfstelle) über die Vorschriftsmäßigkeit eines Fahrzeugs bei bestimmungsgemäßem Ein- oder Anbau der begutachteten Teile	Anlage XIX zur StVZO	Der im Gutachten angegebene Verwendungsbereich wird eingehalten (§ 19 Abs. 4 Nr. 4 b) und die Abnahme wird unverzüglich durchgeführt und bestätigt (§ 19 Abs. 4 Nr. 4 c)		Nachweis über Abnahme nach amtlichem Muster (§ 19 Abs. 3 Nr. 2)

*) Die Mitführpflicht entfällt, wenn die ZB I, Anhängerverzeichnis oder Betriebserlaubnis-Nachweis (§ 4 Abs. 5 FZV) einen entsprechenden Eintrag einschließlich zu beachtender Beschränkungen und Auflagen enthält. In Fällen des § 13 FZV ist eine Berichtigung der Fahrzeugpapiere zwingend notwendig.

8 Verfahrensablauf zur Wiedererteilung der Betriebserlaubnis nach technischen Änderungen

8.1 Fahrten nach Erlöschen der Betriebserlaubnis

Ist die Betriebserlaubnis erloschen,

- wegen einer technischen Änderung oder
- weil bei vorliegender Teilegenehmigung darin enthaltene Einschränkungen oder Einbauanweisungen nicht eingehalten wurden oder
- weil die Änderungsabnahme nicht unverzüglich durchgeführt und bestätigt wurde,

so darf das Fahrzeug nicht auf öffentlichen Straßen in Betrieb gesetzt werden oder dessen Inbetriebnahme durch den Halter angeordnet oder zugelassen werden.

Ausnahmsweise dürfen dagegen solche Fahrten durchgeführt werden, die im unmittelbaren Zusammenhang mit der Erlangung einer neuen Betriebserlaubnis stehen. Darunter sind Fahrten des Verfügungsberechtigten zu einer Prüfstelle der TP und zur Zulassungsbehörde zu verstehen. Das Fahrzeug muss jedoch verkehrssicher sein (§ 31 Abs. 2 StVZO). Gleichfalls sind Probe- und Testfahrten zulässig, die der aaS für die Erteilung einer neuen Betriebserlaubnis unternimmt.

Für die zulässigen Fahrten sind am Fahrzeug die bisherigen Kennzeichen oder rote Kennzeichen mit den Erkennungsnummern, die mit „06“ beginnen (§ 16 Abs. 3 FZV), oder Kurzzeitkennzeichen mit den Erkennungsnummern, die mit „03“ oder „04“ beginnen (§ 16 Abs. 2 FZV), zu führen.

8.2 Verfahren zur Wiedererteilung der Betriebserlaubnis

Für die Wiedererteilung einer Betriebserlaubnis gilt § 21 StVZO entsprechend. Nachdem die Betriebserlaubnis erloschen ist, gilt also auch ein Serienfahrzeug, das mit einer ABE oder mit einer EG-Typgenehmigung in den Verkehr kam, als „Einzelfahrzeug“. Der Verfügungsberechtigte hat eine neue Betriebserlaubnis bei der zuständigen Zulassungsbehörde zu beantragen. Sind die Voraussetzungen nach § 19 Abs. 1 StVZO für die Erteilung der Betriebserlaubnis erfüllt, besteht für ihn ein Rechtsanspruch. Dem Antrag ist ein Gutachten eines aaS beizufügen. Erforderlich ist grundsätzlich ein „Vollgutachten“ eines aaS. Besteht allerdings kein Anlass zur Annahme der Unvorschriftsmäßigkeit im Übrigen und unter Beachtung des jeweiligen Umfelds, so wird sich die Begutachtung auf die Änderung, die zum Erlöschen geführt hat, beschränken dürfen.

8.3 Aufgaben des aaS

Wird einem aaS ein geändertes Fahrzeug zur Begutachtung vorgestellt, so hat er entsprechend der Betriebspflicht der TP (s. dazu KfSachvG) im Regelfall die folgenden Aufgaben auszuführen:

- Identifizierung des Fahrzeugs
- Identifizierung der geänderten, ein- oder ausgebauten Bauteile und Systeme
- Zuordnung der Bauteile und Systeme
- Bewertung der Änderungen in Bezug auf die Bau- und Betriebsvorschriften der StVZO bzw. die einschlägigen EG-Vorschriften
- Festlegung der notwendigen Prüfungen auf der Grundlage der StVZO- bzw. EG-Vorschriften sowie der weiterhin bestehenden Ausführungsvorschriften. Dies können beispielsweise sein: Nationale Richtlinien und Merkblätter des BMVBS, Merkblätter und Verzeichnisse des KBA, technische Normen, VdTÜV-Merkblätter, Leitlinien des WdK, ETRTO-Normen, spezielle Vorgaben der Fahrzeug- oder Teilehersteller, Anweisungen der zuständigen obersten Landesbehörde oder des TP-Leiters

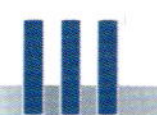

- Sichtung ggf. beigestellter Prüfungsbestätigungen anderer sachverständiger Personen oder Stellen in Bezug auf die Vorgaben der Einzelanweisung gemäß § 13 Abs. 1 KfSachvG
- Qualitätscheck der Prüfungsbestätigungen z. B. hinsichtlich Verwendungsbereich, Zuordnung zu den geänderten Teilen, Plausibilität und Schlüssigkeit der Inhalte, Abdeckung des Prüfumfangs
- Durchführung eigener Messungen und Prüfungen, auch Testfahrten und Laboruntersuchungen
- Erarbeitung der Prüfprotokolle, aus denen hervorgeht, dass die notwendigen Prüfungen durchgeführt und die geforderten Ergebnisse erreicht wurden
- Erarbeitung einer Anlage zum Gutachten, aus der hervorgeht, auf Grundlage welcher technischen Vorschriften dem Fahrzeug die Betriebserlaubnis wiedererteilt werden kann, und in der die Änderungen vermerkt sind, die zum Erlöschen der früheren Betriebserlaubnis führten
- Ausarbeitung des Gutachtens mit der geänderten technischen Beschreibung des Fahrzeugs in dem Umfang, der für die Ausfertigung einer neuen ZB I erforderlich ist
- Bescheinigung mit Prüfsiegel und Unterschrift des aaS, dass das Fahrzeug im Gutachten richtig beschrieben und gemäß § 19 Abs. 1 StVZO vorschriftsmäßig ist

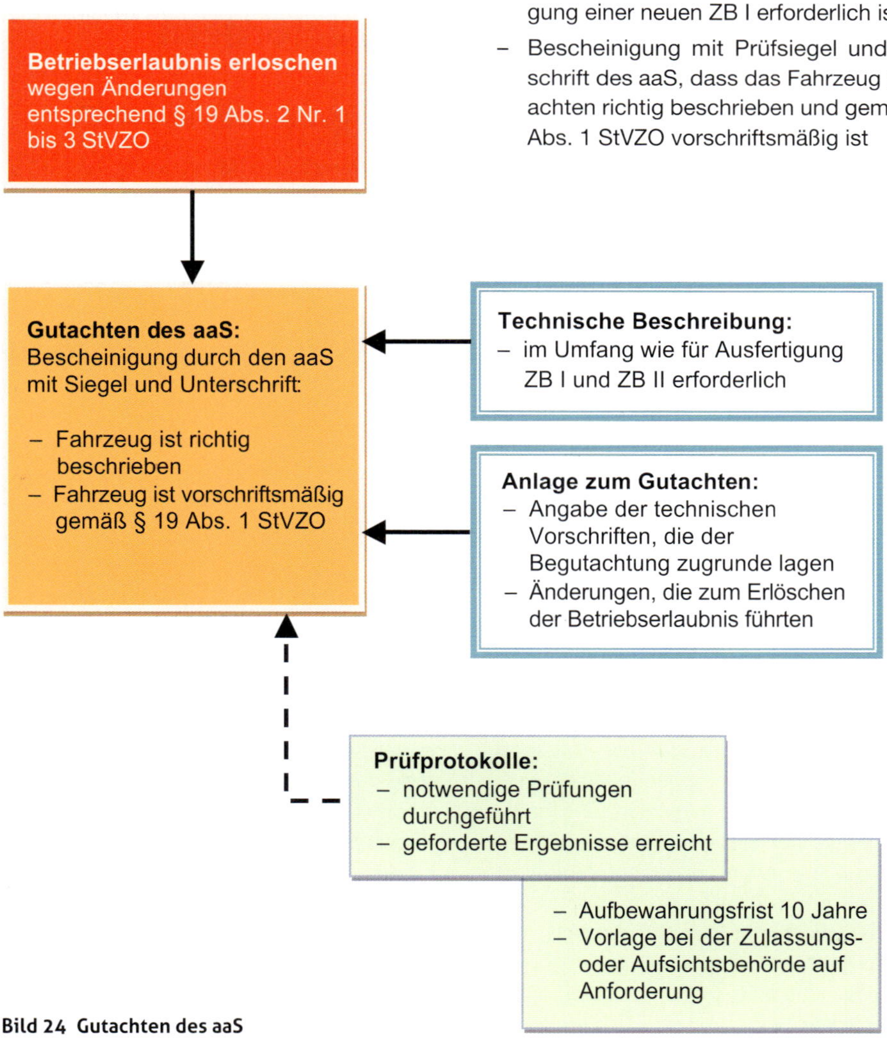

Bild 24 Gutachten des aaS

- Übergabe des Gutachtens und der Anlage an den Verfügungsberechtigten
- Hinweis an den Verfügungsberechtigten, dass eine zwingende Verpflichtung zur Berichtigung der Fahrzeugpapiere besteht und die Betriebserlaubnis erst mit der Ausgabe einer neuen ZB I durch die Zulassungsbehörde wiedererteilt wird.

8.4 Pflichten des Verfügungsberechtigten

- Antrag bei der zuständigen Zulassungsbehörde auf Wiedererteilung der Betriebserlaubnis
- Vorlage der ZB I/II
- Vorlage des Gutachtens einschließlich der Anlage.

9 Verfahrensablauf nach technischen Änderungen mit Prüfzeugnissen, die eine Änderungsabnahme erfordern

9.1 Fahrten nach technischen Änderungen

Wurde ein Fahrzeug technisch i. S. des § 19 Abs. 2 StVZO geändert und besteht für diese Änderung ein entsprechendes Prüfzeugnis mit Vorgabe der Änderungsabnahme und unter Einhaltung eventueller Einschränkungen und Einbau-Anweisungen, so kann die Fahrt zu einem aaSoP/PI ohne Bedenken durchgeführt werden, sofern sie unverzüglich – ohne schuldhaftes Zögern – nach dem Ein- oder Anbau des geänderten Teils erfolgt. Das Fahrzeug muss jedoch verkehrssicher sein (§ 31 Abs. 2 StVZO).

9.2 Ablaufverfahren Änderungsabnahme

Sofern für eine technische Änderung ein Prüfzeugnis vorhanden ist, in dem die Abnahme des Ein- oder Anbaus vorgegeben ist, der Verwendungsbereich sowie eventuelle Einschränkungen und Einbau-Anweisungen eingehalten werden und eine Änderungsabnahme unverzüglich und mit positivem Ergebnis abgeschlossen wurde, bleibt die Betriebserlaubnis des Fahrzeugs bestehen. Gemäß § 13 Abs. 1 FZV kann eine Berichtigung der Fahrzeugpapiere in Frage kommen.

9.3 Aufgaben des aaSoP/PI

- Identifizierung des Fahrzeugs
- Identifizierung der geänderten, ein- oder ausgebauten Bauteile und Systeme
- Zuordnung der Bauteile und Systeme, Hersteller und Typ, Kennzeichnungen laut Prüfzeugnis
- Prüfung auf Einhaltung des Verwendungsbereichs (Fahrzeugart, Fahrzeugtyp, Ausführung)
- Ggf. Prüfung auf Verwendbarkeit im Zusammenhang mit Mehrfachänderungen (zeitgleich oder zeitlich versetzt), Berücksichtigung vorangegangener zulässiger Änderungen
- Prüfung des Ein- oder Anbaus unter Berücksichtigung möglicher Hinweise im Prüfzeugnis und möglicher naheliegender Prüfungen auf Vorschriftsmäßigkeit
- Prüfung auf Einhaltung eventueller Beschränkungen und Einbau-Anweisungen
- Anfertigung eines Nachweises mit genauer Beschreibung des Prüfzeugnisses, Vermerk bereits vorangegangener zulässiger Änderungen
- Vermerk im Nachweis, ob die Berichtigung erforderlich ist oder nicht, und wenn ja, ob sie unverzüglich (Fälle des § 13 Abs. 1 Nr. 1 bis 11 FZV), ob sie bei nächster Befassung der Zulassungsbehörde mit den Zulassungs-

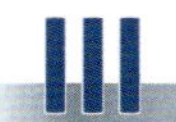

papieren (Fälle außerhalb des § 13 Abs. 1 Nr. 1 bis 11 FZV, sofern sie die Aktualität der Daten in der ZB I betrifft) oder ob sie nicht vorgeschrieben, aber möglich ist
- Bestätigung mit Prüfsiegel und Unterschrift des aaSoP/PI, dass die Änderung mit den im Prüfzeugnis genannten Bauteilen ordnungsgemäß erfolgte und dass das Fahrzeug insoweit den geltenden Vorschriften entspricht
- Übergabe des Nachweises und des vorgelegten Prüfzeugnisses an den Verfügungsberechtigten
- Hinweis an den Verfügungsberechtigten, dass ggf. eine Verpflichtung zur Berichtigung der Fahrzeugpapiere besteht.

9.4 Pflichten des Verfügungsberechtigten nach einer Änderungsabnahme

- Berichtigung der Fahrzeugpapiere durch die zuständige Zulassungsbehörde, sofern im Nachweis als unverzüglich vorgeschrieben
- Vorlage der ZB I und des Nachweises
- Mitführpflicht des Prüfzeugnisses bis zur nächsten Befassung der Zulassungsbehörde mit den Fahrzeugpapieren und deren Berichtigung bzw. Mitführpflicht auf Dauer bei nicht vorgeschriebener Berichtigung.

10 Besonderheiten bei Begutachtung und Änderungsabnahme

10.1 Abgrenzung Begutachtung zu Änderungsabnahme

§ 19 Abs. 2 und 3 StVZO differenzieren genau die Änderungen, die zum Erlöschen der Betriebserlaubnis führen, und andererseits solche, die nicht zu deren Erlöschen führen, sofern bestimmte Auflagen eingehalten werden (z. B. die unverzügliche Abnahme des Ein- oder Anbaus oder die Beachtung von Einschränkungen oder Einbauanweisungen).

Aus dieser Systematik leiten sich auch die Aufgaben des aaS, des aaP und des PI bei der Begutachtung zur Wiedererteilung bzw. bei der Durchführung der Änderungsabnahme ab. Begutachtungen zur Wiedererteilung im Verfahren nach § 21 StVZO sind ausschließlich dem aaS (und dem aaSmT entsprechend § 1 Abs. 2 Nr. 1 bis 3 KfSachvG) vorbehalten.

■ Begutachtungen

Nach technischen Änderungen zur Erlangung einer Betriebserlaubnis für einzelne Fahrzeuge sind Begutachtungen typische Tätigkeiten des aaS und eine wesentliche Grundlage der Erteilung von Betriebserlaubnissen durch die Behörden. Diese Aufgaben sind mit erheblichem sachlichem Aufwand und hochspezialisiertem Personal verbunden. Im Gegensatz zu Hauptuntersuchungen, Abgasuntersuchungen und Änderungsabnahmen nach § 19 Abs. 3 StVZO, die wie wiederkehrende Prüfungen in hoher Anzahl und im Falle der Änderungsabnahmen auf der Grundlage von Teilegutachten und Teile-ABE standardisiert erfolgen, sind Gutachten des aaS nach §§ 21 und 19 Abs. 2 StVZO Einzelbegutachtungen mit jeweils unterschiedlichen Ansprüchen und Aufwendungen bis hin zu labormäßigen Untersuchungen.

Beispiele hierfür sind:

- Messung des Emissionsverhaltens
- Stand- und Fahrgeräuschmessung
- Messung von Lenkkräften
- Prüfung der Spurlauf-Eigenschaften
- Messung der Bremsleistung (Wirkung, Fading- und Nässeverhalten)
- Fahrversuche (auch auf nicht öffentlichen Strecken) zur Bewertung des Fahrverhaltens

und der Feststellung der Höchstgeschwindigkeit
- Bewertung der elektromechanischen Verträglichkeit
- Rechnerischer Nachweis der Eignung von Verbindungseinrichtungen, Auflaufbremsanlagen und Zugeinrichtungen
- Bestimmung von Leergewicht und Nutzlast, auch mit ungleichmäßiger Lastverteilung
- Bestimmung der Sitzplatzzahl bei Kraftomnibussen
- Bewertung des Umsturzverhaltens bei Gefahrgut-Fahrzeugen.

Werden Änderungen im Sinne des § 19 Abs. 2 StVZO vorgenommen und sind die Vorgaben des § 19 Abs. 3 StVZO nicht erfüllt, so ist im Einzelfall immer eine Begutachtung durch einen aaS erforderlich, anlässlich derer über die Zulässigkeit der Änderung und über die Gültigkeit der Betriebserlaubnis zu entscheiden ist. Hierbei sind sowohl die Begutachtung der Änderung am Fahrzeug als auch die Dokumentation von der gleichen befugten Person durchzuführen. Voraussetzung dafür ist jedoch die Einhaltung der an alle aaS der TP ergangenen Einzelanweisung gemäß § 13 KfSachvG (siehe dazu Abschnitt 12.7) bezüglich Abnahmen von reihenweise gefertigten Fahrzeugteilen.

Die Entscheidung über das bei der Begutachtung anzuwendende Verfahren und den dabei erforderlichen Mess- und Prüfaufwand hat der aaSoP unter Beachtung der Vorschriften eigenständig und eigenverantwortlich zu treffen. Die Begutachtung muss sich deutlich vom Umfang einer Änderungsabnahme abheben, was letztlich auch in der Begutachtungsgebühr erkennbar sein wird.

■ Änderungsabnahmen

Diese dürfen von allen aaS, aaP und allen damit betrauten PI von ÜO durchgeführt werden. Hierbei sind sowohl die Prüfung an sich als auch die Dokumentation von der gleichen befugten Person durchzuführen. Für Änderungsabnahmen sind durch den Fahrzeughalter zulässige „Prüfzeugnisse“ vorzulegen.

Wenn gemäß § 19 Abs. 3 StVZO zulässige „Prüfzeugnisse“ vorgelegt werden, müssen von den aaS auch nur Änderungsabnahmen durchgeführt werden.

Ist die Wirksamkeit der nationalen Teilegenehmigung von einer Änderungsabnahme abhängig gemacht oder liegt ein Teilegutachten vor, so hat der Fahrzeughalter unverzüglich dafür zu sorgen, dass die Abnahme durch einen aaSoP/PI durchgeführt wird.

Darüber hinaus sind nicht vorgeschriebene Änderungsabnahmen auf Wunsch des Fahrzeughalters immer möglich, auch wenn laut „Prüfzeugnis“ eine Änderungsabnahme nicht vorgeschrieben ist (§ 19 Abs. 4 Satz 2 StVZO).

10.2 Mehrfachänderungen – gegenseitige Beeinflussung

Werden mehrere Änderungen, die sich in ihrer Kombination gegenseitig so beeinflussen, dass eine Gefährdung zu erwarten ist oder eine Verschlechterung des Abgas- oder Geräuschverhaltens eintritt, zeitgleich oder zeitlich versetzt vorgenommen, so erlischt die Betriebserlaubnis des Fahrzeugs. Der mit der Änderungsabnahme beauftragte aaSoP oder PI hat zu prüfen, ob durch die Kombination mehrerer Änderungen eine Gefährdung von Verkehrsteilnehmern zu erwarten ist oder eine Verschlechterung des Abgas- oder Geräuschverhaltens eintritt. Dabei hat er sein Sachverständigen-Ermessen pflichtgemäß anzuwenden.

Als Orientierungshilfe für die gegenseitige Beeinflussung kann die nachstehende Matrix aus dem Beispielkatalog dienen (*Bild 25*).

Eine Änderungsabnahme darf durchgeführt werden, wenn zwar eine gegenseitige Beeinflussung der Änderungen erfolgt, aber aus den „Prüfzeugnissen“ jeweils die Zulässigkeit der Kombination mit der anderen Änderung zu entnehmen ist. Das heißt, die Einsichtnahme der Prüfzeugnisse der vorangegangenen Änderungen ist unverzichtbar. Können nicht alle not-

wendigen Prüfzeugnisse eingesehen werden oder ist in wenigstens einem der Prüfzeugnisse eine Mehrfachänderung ausgeschlossen, so ist die Änderungsabnahme abzulehnen; ggf. kann eine Begutachtung nach § 21 StVZO erfolgen.

Falls keine konkreten Angaben über die gegenseitige Beeinflussung der Änderungen im „Prüfzeugnis" enthalten sind, muss vom aaSoP/PI mit Sachverstand eine Einschätzung darüber getroffen werden, ob durch diese eine Gefährdung von Verkehrsteilnehmern zu erwarten oder eine Verschlechterung des Abgas- oder Geräuschverhaltens eingetreten ist.

Eine gegenseitige Beeinflussung ist z. B. möglich bei einer Fahrwerksänderung (Tieferlegung) in Verbindung mit dem Anbau einer Kupplungskugel mit Halterung oder bei der Änderung einer Rad-Reifen-Kombination in Verbindung mit einer Tieferlegung oder einem Sonderlenkrad. Bei Änderung einer Rad-Reifen-Kombination in Verbindung mit einer Tieferlegung können ggf. die dazu erforderlichen Untersuchungen (VdTÜV-Merkblatt 751 über Begutachtung von baulichen Veränderungen an Fahrzeugen der Klassen M und N unter besonderer Berücksichtigung der Betriebsfestigkeit) über den Rahmen einer Änderungsabnahme hinausgehen, so dass eine Begutachtung der Änderung durch einen aaS erforderlich wird.

Alle bereits vorangegangenen Änderungen sind im Rahmen der Änderungsabnahme einer weiteren Änderung auf dem Nachweis (§ 19 Abs. 4 Satz 1 StVZO) im Abschnitt „Bestätigung" zu dokumentieren. Damit soll sichergestellt werden, dass von den Fahrzeughaltern jeweils bewusst einzeln vorgestellte Änderungen (trotz ihrer negativen gegenseitigen Beeinflussung) nicht in Form von mehreren einzeln erstellten Nachweisen der Zulassungsbehörde vorgelegt und dadurch legitimiert werden. Auch bei nicht vorhandenen vorausgegangenen Änderungen ist dies durch Entwertung des Freifeldes kenntlich zu machen.

Ist durch die Kombination von Änderungen eine Gefährdung zu erwarten oder tritt eine Verschlechterung des Abgas- oder Geräuschverhaltens ein, so erlischt die Betriebserlaubnis des Fahrzeugs.

Art der Änderung	Abgasverhalten	Auspuffanlage	Änderungen am Motor, Leistungssteigerung	Anhängekupplung	Lenkrad, Lenker	Tieferlegung	Spoiler	Federn, Stoßdämpfer	Spur/Sturz	Rad/Reifen
Rad/Reifen	X	–	X	–	X	X	X	X	X	–
Spur/Sturz	–	–	–	–	X	X	–	X	–	
Federn, Stoßdämpfer	–	X	X	–	–	X	–	–		
Spoiler	–	X	X	X	–	X	–			
Tieferlegung	–	X	–	X	–	–				
Lenkrad, Lenker	–	–	–	–	–					
Anhängekupplung	–	X	X	–						
Änderungen am Motor, Leistungssteigerung	X	X	–							
Auspuffanlage	X	–								
Abgasverhalten	–									

– Keine gegenseitige Beeinflussung

X Gegenseitige Beeinflussung möglich, weitere Hinweise siehe Teile-ABE/Teilegutachten/Genehmigung

Bild 25 Gegenseitige Beeinflussung bei Kombinationen von Änderungen (Pkw, Kraftrad)

In diesen Fällen werden in der Regel über den Umfang einer Änderungsabnahme hinausgehende Prüfungen (z. B. Fahrversuche, Labor- oder Festigkeitsuntersuchungen o. ä.) erforderlich sein. Die weitere Bearbeitung darf unter Beachtung der Einzelanweisung gemäß § 13 KfSachvG bzgl. Abnahmen von reihenweise gefertigten Fahrzeugteilen nur durch den aaS erfolgen.

10.3 Rückrüstung in den Urzustand

Im Bereich der zulassungsfreien Fahrzeuge (Mofa, Kleinkraftrad, Leichtkraftrad) kommt es aus fahrerlaubnisrechtlichen Gründen gehäuft zu Änderungen in beiden „Richtungen". Bei einer Rückrüstung entspricht das Fahrzeug technisch wieder der ehedem erteilten Typgenehmigung/

Einzelbetriebserlaubnis. Im Regelfalle liegt nur für die Umrüstung ein „Prüfzeugnis" vor, nicht aber für die Rückrüstung.

Eine erneute Änderungsabnahme für die Rückrüstung ist deshalb nur zulässig, wenn der mit der Durchführung der Änderungsabnahme betraute aaSoP/PI zweifelsfrei feststellen kann, dass durch den definierten Umrüstumfang das ursprüngliche Fahrzeug bezüglich der konkreten Änderung wiederhergestellt wird (z. B. Hinzufügen oder Entfernen der Drossel im Ansaugsystem, Lochblende usw.). Diese Voraussetzung wird bei Vorlage von Teilegenehmigungen, in denen bereits beide Varianten beschrieben und zulässig sind, oder von Teilegutachten erfüllt.

Sind Bedingungen des § 13 Abs. 1 Nr. 2 bis 11 FZV betroffen, besteht die Mitteilungspflicht des Fahrzeughalters/-eigentümers gegenüber der Zulassungsbehörde.

10.4 Zulässige und nicht zulässige Prüfzeugnisse

Unter „Prüfzeugnissen" ist der Sammel- oder Oberbegriff für Teilegenehmigungen und Teilegutachten zu verstehen. Die Übersicht in Abschnitt 7.7 zeigt die maßgeblichen Teilegenehmigungen und Teilegutachten.

Im Zweifelsfalle muss der aaSoP/PI die vorgelegten Prüfzeugnisse mit der Datenbank abgleichen, in der die vom KBA erteilten Teilegenehmigungen und die von den Technischen Diensten erstellten Teilegutachten zentral erfasst werden, oder auf andere Art und Weise die Echtheit der Dokumente überprüfen (Rückfrage bei KBA, bei dem Technischen Dienst oder beim Teilehersteller). Ansonsten muss die Änderungsabnahme abgelehnt werden.

Das zur Änderungsabnahme vorgelegte „Prüfzeugnis" muss für den entsprechenden Anwendungsfall vollständig sein und die aufgeführten Anlagen aufweisen. Ein Teilegutachten ist nur für den angegebenen Verwendungsbereich zulässig. Es muss von dem erstellenden Technischen Dienst unterschrieben sein.

Nicht zulässig sind auch solche Gutachten, die nicht die Anforderungen der Anlage XIX StVZO sowie die dazugehörigen Übergangsvorschriften erfüllen, auch wenn sie mit dem nicht zutreffenden Titel „Teilegutachten" versehen sind. Nicht zulässig als „Prüfzeugnis" sind auch Fahrzeug-Zulassungsdokumente anderer typgleicher Fahrzeuge.

Die Verwendung von den Teilegutachten früher gleichgestellten Gutachten eines amtlich anerkannten Sachverständigen (Prüfberichte, Musterberichte, Messberichte) war nur entsprechend den Übergangsvorschriften zulässig.

Von Fahrzeug- und Teileherstellern ausgestellte Bescheinigungen sind keine zulässigen Prüfzeugnisse. Auch Herstellerbescheinigungen eines Inhabers einer EU-Typgenehmigung für Änderungen durch selbst hergestellte Teile, die nicht der Typgenehmigungspflicht unterliegen, sind keine zulässigen Prüfzeugnisse.

Bescheinigungen zu Sachverhalten außerhalb der Regelungsnorm des § 19 Abs. 2 StVZO haben keine Bedeutung für Änderungsabnahmen oder Begutachtungen von Änderungen. Sie können vom Fahrzeughalter direkt der Zulassungsbehörde zwecks Ergänzung der Fahrzeugpapiere gemäß § 13 FZV vorgelegt werden.

Abweichend vom Regelfall einer durchzuführenden Änderungsabnahme auf der Grundlage zulässiger Prüfzeugnisse kann in Einzelfällen die Begutachtung von Änderungen durch den aaS erfolgen. Zur Begutachtung derartiger Änderungen (komplexe und besonders diffizile Änderungsumfänge) an Fahrzeugen, die auf der Grundlage einer Einzelbetriebserlaubnis/ Einzelgenehmigung in den Verkehr gebracht wurden, ist eine auf das konkrete Einzelfahrzeug (FIN) ausgestellte Bescheinigung durch den Zeichnungsberechtigten des Herstellers, der Inhaber einer Typgenehmigung oder ABE sein muss, erforderlich; kann diese nicht vorgelegt werden, sind weitere Prüfungen (z. B. nach VdTÜV-Merkblättern oder anderen Normen, die dem Stand der Technik entsprechen) notwendig. Diese Herstellerbescheinigung dient

dann als Hilfsmittel bei der vom aaS eigenständig und eigenverantwortlich durchzuführenden Begutachtung der Änderung. Als Beispiele einer solchen Änderung gelten die Aufbauänderung/-ergänzung bei Nutzfahrzeugen sowie Veränderungen, die aufgrund ihrer Besonderheit eines erhöhten Prüfaufwandes zur Feststellung der Vorschriftsmäßigkeit des Fahrzeugs nach vorgenommener Änderung bedürfen.

Die Anerkennung von auf elektronischen Medien abgespeicherten Prüfzeugnissen ist unumgänglich und entspricht dem Zug der Zeit. Bei vorgeschriebener Mitführpflicht der Prüfzeugnisse ist die Darstellung des Inhalts auf elektronischen Datenträgern allein nicht ausreichend. In diesem Fall ist immer der entsprechende Ausdruck oder das Originaldokument mit den Fahrzeugpapieren mitzuführen.

10.5 Tatsachenfeststellungen, die unter die Meldepflicht des Fahrzeughalters fallen

Für die Erfassung veränderter Daten – ohne oder mit technischer Änderung –, die nicht zum Erlöschen der Betriebserlaubnis führen, werden den Zulassungsbehörden vom Fahrzeughalter oder -eigentümer häufig zwar Herstellerbescheinigungen, Unbedenklichkeitsbescheinigungen, Gutachten oder Prüfberichte vorgelegt, aber von diesen vielfach nicht bearbeitet.

Für die Ausstellung einer Bestätigung für § 13 FZV gibt es keine verordnungsrechtlichen Festlegungen. Jedoch kann zur Unterstützung der Behörde ein vom aaSoP oder PI ausgestellter Vorschlag zur Berichtigung der Fahrzeugpapiere gemäß § 13 Abs. 1 FZV (entsprechend Formblatt im VkBl. 2006, S. 346) hilfreich oder auch gefordert sein. Die Zulassungsbehörde kann frei bestimmen, welche Unterlagen sie akzeptiert. Es besteht kein Anspruch darauf, dass vorab ausgefertigte Bescheinigungen durch die Zulassungsbehörde anzuerkennen sind. Auch für den Fahrzeughalter oder -eigentümer kann die Bestätigung Kontrollen und Untersuchungen vereinfachen.

Die Vorschriften des § 13 Abs. 1 FZV sind darauf ausgerichtet,

- die jeweilige Bauart und Ausrüstung eines Fahrzeugs richtig zu beschreiben,
- festzulegen, wann die Zulassungsbehörden sich ggf. mit erforderlichen Änderungen zu befassen haben,
- Maßnahmen gegen Halter oder Eigentümer zu ergreifen, die ihren Meldepflichten nicht nachgekommen sind.

Für die Ausstellung eines Vorschlags zur Berichtigung der Fahrzeugpapiere für § 13 Abs. 1 FZV durch den aaSoP/PI gelten folgende Grundsätze:

- Es ist das Formblatt gemäß VkBl. 2006, S. 346, bzw. ein inhaltsgleicher EDV-Ausdruck zu verwenden.
- Für die Ausfüllung der Felder – entsprechend Gliederung gemäß ZB I – ist der KBA-Leitfaden zur ZB I und II zu beachten.
- Die Felder sind entsprechend zu ändern oder zu streichen.
- Es ist die Datengrundlage der zu ändernden Daten (Bescheinigung des Herstellers, aaSoP/Technischer Dienst, internationale Genehmigung oder andere) anzugeben.
- Vorangegangene und zulässige Änderungen sind zu vermerken.
- Es ist anzugeben, ob die Berichtigung unverzüglich oder erst bei nächster Befassung mit den Zulassungspapieren erforderlich ist.

10.6 Änderungsabnahmen vor erstmaliger Fahrzeugzulassung

Bei Änderungen an noch nicht zugelassenen Fahrzeugen, für die jedoch eine nationale Typgenehmigung (ABE), nationale Kleinserien-Typgenehmigung, EU-Typgenehmigung oder EU-Kleinserien-Typgenehmigung besteht, sind sowohl Begutachtungen nach § 21 StVZO aufgrund § 19 Abs. 2 StVZO als auch Änderungsabnahmen nach § 19 Abs. 3 StVZO – bei Vorlage eines entsprechenden Prüfzeugnisses – möglich.

Allerdings handelt es sich bei einer vorliegenden Typgenehmigung für ein unvollständiges Fahrzeug (z. B. Fahrgestell-ABE ohne festgelegte Fahrzeugart) um eine Begutachtung des Einzelfahrzeugs und nicht um eine technische Änderung i. S. des § 19 Abs. 2 StVZO. Die Begutachtungsverfahren für Einzelfahrzeuge sind anzuwenden für Fahrzeuge, die auf Fahrgestellen aufgebaut werden, für die eine Typgenehmigung besteht, die aber in der Regel in diesem Ausbauzustand nicht in den Verkehr gebracht werden können. Sie stellen keine straßenzulassungsfähigen Fahrzeuge dar, weil ein solches erst durch den Aufbau entsteht. Die Vervollständigung derartiger Fahrzeuge ist je nach Fahrzeugart nach § 13 EG-FGV bzw. § 21 StVZO zu begutachten (sog. „Stufengenehmigung").

11 Rechtsgrundlagen, Anweisungen, Hilfsmittel

11.1 Verordnungstexte

Die Bestätigung der Übereinstimmung eines technisch veränderten Fahrzeugs mit den Vorschriften ist die zentrale Aufgabe des aaS bei der Begutachtung und des aaSoP/PI bei der Änderungsabnahme. § 19 Abs. 1 StVZO enthält die maßgebliche Vorgabe zur Vorschriftsmäßigkeit: die Übereinstimmung mit den Vorschriften der StVZO oder – anstelle dieser – die Übereinstimmung mit den EG-Einzelrichtlinien, die in den drei Rahmenrichtlinien genannt sind. Folglich ist die umfassende Kenntnis dieser Vorschriften für den aaSoP/PI unumgänglich.

Obwohl in den letzten Jahren die StVZO an Bedeutung verloren hat, da die Fahrzeuge zum größten Teil nach Vorschriften der EU (EG) und ECE gebaut und genehmigt werden, sind gerade bei Begutachtungen nach technischen Änderungen die nationalen StVZO-Vorschriften immer noch maßgebend. Ausschlaggebend dafür ist die nach wie vor fehlende Regelung im EU-Rechtssystem für technische Änderungen an im Verkehr befindlichen Fahrzeugen.

Darüber hinaus sind bei technischen Änderungen auch weitere Rechtstexte maßgeblich. Bei Fahrzeugen für besondere Einsatzzwecke, z. B. für den gewerblichen Personentransport oder für den Transport gefährlicher Güter, müssen weitere Vorschriften Beachtung finden. Deshalb muss die Kenntnis derselben gleichfalls von den aaSoP/PI verlangt werden.

11.2 Richtlinien und Merkblätter des BMVBS und des KBA

Die Gutachtertätigkeit des Sachverständigen stellt nicht nur hohe Ansprüche an sein Fachwissen, sondern auch an seine Erfahrung bei der Auswahl geeigneter Prüfmethoden. Das Gutachten hat der Sachverständige aus eigener Überzeugung und in eigener Verantwortung zu erstellen, wobei die gesetzlichen Vorschriften für ihn maßgebend sind.

Das Bestreben des Gesetzgebers ist auch darauf gerichtet, soweit möglich das Schutzziel, nicht aber das Mittel oder die Ausstattung/Ausrüstung in den Vorschriften der VO vorzugeben. Der Sachverständige steht somit vor der Aufgabe, in eigener Verantwortung die verschiedenen Wege, die bei technischen Änderungen eines Fahrzeugs zur Erfüllung der gesetzlichen Forderungen ausgewählt wurden, daraufhin zu beurteilen, ob das Ziel des Gesetzgebers hinreichend erfüllt ist.

Da in der StVZO und den EG-Richtlinien in vielen Fällen die gewünschten Schutzziele nur abstrakt beschrieben sind – eine Lenkeinrich-

tung muss beispielsweise leichtes und sicheres Lenken des Fahrzeugs gewährleisten –, besteht die Notwendigkeit, konkrete Vorgaben durch Richtlinien festzulegen. Diese nationalen Richtlinien stellen demnach eine Sammlung von Unterlagen für den Sachverständigen dar, die angibt, auf welche Weise das vorgeschriebene Ziel bei den einzelnen Bestimmungen erreicht und wie dieses Ziel aufgrund vorangegangener Prüfungen des Sachverständigen gesichert werden kann.

Die Herausgabe und Veröffentlichung der Richtlinie durch das BMVBS nach Abstimmung ihres Inhalts mit den zuständigen obersten Landesbehörden, dem VDA und den übrigen in Betracht kommenden Wirtschaftsverbänden stellt für den Sachverständigen sicher, dass seine Begutachtung unter Anwendung der Richtlinie mit der Auffassung der für die Zulassung der Fahrzeuge zuständigen Verkehrsbehörden übereinstimmt und dem Stand der Technik entspricht.

Der Sachverständige ist jedoch bei seiner Gutachtertätigkeit an diese Richtlinie, die gewissermaßen eine Vorarbeit für die ihm gestellte Aufgabe bedeutet, nicht zwingend gebunden. Er kann andere als in der Richtlinie beschriebene Vorgehensweisen wählen, muss sich jedoch darüber im Klaren sein, dass er die Gleichwertigkeit seiner Vorgehensweise belegen können muss. Entscheidend ist, dass der Sachverständige durch seine Prüfung die ausreichende Wirksamkeit nach den Forderungen der StVZO feststellt; hierfür übernimmt er durch seine Unterschrift im Gutachten die Verantwortung. Insoweit ist hier ein Unterschied zu den Durchführungsrichtlinien zu § 29 StVZO und den dazugehörigen Anlagen der StVZO gegeben.

Während Richtlinien Vorgaben und Vorgehensweisen in Bezug auf einzelne Bauvorschriften und Genehmigungsgegenstände vorschreiben, enthalten die Merkblätter Vorgaben und Hinweise auf einzelne Fahrzeugarten, deren Einsatzzwecke und Anbauteile. Für die Betreiber und Benutzer von Fahrzeugen gibt ein Merkblatt Hinweise zum sicheren Betrieb derselben. Merkblätter werden vom BMVBS nach Anhörung der zuständigen obersten Landesbehörden bekannt gegeben.

11.3 Beispielkatalog

Die Möglichkeiten, ein Fahrzeug im Sinne des § 19 Abs. 2 StVZO technisch zu verändern, sind vielfältig. Um die Vielfalt zu strukturieren, wurde zur Information, Auslegungs- und Anwendungshilfe und zur einheitlichen Vorgehensweise für

- Fahrzeughalter,
- Teilehersteller und Teileimporteure,
- aaSoP/PI, die Begutachtungen bzw. Änderungsabnahmen durchführen,
- Personen, die Untersuchungen nach § 29 StVZO durchführen,
- die polizeiliche Verkehrsüberwachung

der „Beispielkatalog für Änderungen an Fahrzeugen und ihre Auswirkungen auf die Betriebserlaubnis (§ 19 Abs. 2 bis 5 StVZO)" durch das BMVBS nach Anhörung des BMU und der zuständigen obersten Landesbehörden bekannt gegeben. Er erhebt keinen Anspruch auf Vollständigkeit.

Der Katalog hat weder den Charakter einer verbindlichen Rechtsnorm noch einer Verordnung, es kommt ihm allerdings der Rang einer der einheitlichen Rechtsanwendung förderlichen Auslegungshilfe zu (BGH St 32/16, 18. Verk. Mitt. 1984, Nr. 12). Für die aaSoP/PI stellt er bei der Begutachtung technischer Änderungen und bei regelmäßigen technischen Untersuchungen eine verbindliche Arbeitsanweisung dar. Für Technische Dienste und Prüfstellen allerdings besitzt der Katalog eine Rechtsverbindlichkeit. Gemäß Abschnitt 1.3 der Anlage XIX StVZO haben sie ihn bei der Erstellung von Teilegutachten bindend zugrunde zu legen.

Der Katalog enthält eine Sammlung häufig vorkommender Fahrzeugänderungen zum Bestand bzw. Erlöschen der Betriebserlaubnis sowie Anmerkungen und Hinweise. Es wird unterschieden nach

- Teilen, bei deren Ein- oder Anbau keine Gefährdung zu erwarten ist oder keine Ver-

schlechterung des Abgas- oder Geräuschverhaltens eintritt und die ohne Einschränkungen verwendet werden können
- Teilen, für deren Ein- oder Anbau eine Teilegenehmigung vorhanden sein sollte, deren Wirksamkeit jedoch nicht von der Änderungsabnahme dieser Teile durch einen aaSoP/PI abhängig ist
- Teilen, für die eine Teilegenehmigung vorhanden ist, deren Wirksamkeit von der Änderungsabnahme der Teile abhängig ist; in jedem Fall ist die Änderungsabnahme dieser Teile durch einen aaSoP/PI erforderlich
- Teilen, für die keine Teilegenehmigung/Teilegutachten vorhanden ist und die eine Begutachtung nach § 21 StVZO nach sich ziehen.

Zusätzlich sind Änderungen aufgeführt, die unzulässig sind, da sie aus Gründen der Verkehrssicherheit nicht vertretbar sind. Im Rahmen der HU nach § 29 StVZO wird derartiges beanstandet. Eine Prüfplakette wird nicht zugeteilt. Dem Katalog ist weiterhin eine Matrix beigefügt, die Hinweise auf Kombinationen von Änderungen, die sich gegenseitig beeinflussen können, gibt (s. *Bild 25* im Abschnitt 10.2).

Insbesondere wegen der ständigen Änderungen straßenverkehrsrechtlicher Vorschriften und auch wegen des allgemeinen technischen Fortschritts ist eine Aktualisierung des Beispielkatalogs in gewissen Abständen notwendig.

11.4 § 19 StVZO – Änderungen am Fahrzeug und Betriebserlaubnis

Eine unabdingbare Hilfe und Unterstützung bei der Tätigkeit der aaSoP/PI stellt das Buch „§ 19 StVZO – Änderungen am Fahrzeug und Betriebserlaubnis“ dar. In ihm enthalten ist neben den maßgeblichen Vorschriften auch der Beispielkatalog. Besonders wertvoll für die aaSoP/PI sind die Arbeitshilfen. Sie beschreiben an einer Reihe von repräsentativen Beispielen den jeweiligen „§ 19/2-Fall“, die ggf. tangierten Vorschriften und Richtlinien, die Abnahme des ordnungsgemäßen Ein- oder Anbaus sowie deren Bestätigung und geben Hinweise für die HU und bei Polizeikontrollen. Darüber hinaus gibt das Werk auch Antworten auf oft gestellte Fragen bei technischen Änderungen.

11.5 VdTÜV-Merkblätter

Diese Merkblätter werden von den Technischen Überwachungs-Vereinen erstellt und sind über den VdTÜV zu beziehen. Grundlagen der Merkblätter sind StVZO sowie ECE-Regelungen, EG-Ratsrichtlinien und EG-Verordnungen in der jeweils gültigen Fassung. Die Merkblätter haben das Ziel, für die Begutachtung Anforderungen zu definieren und Prüfverfahren festzulegen, um damit einheitliche Beurteilungskriterien zu schaffen. Es werden Hinweise gegeben, die von aaSoP bei der Begutachtung zu beachten sind.

Die enthaltenen Anforderungen geben sicherheitstechnisch ausreichende Lösungen für den Regelfall an, um den rechtlichen Vorgaben (Wirkvorschriften) zu genügen. Anstelle der in den Merkblättern vorgegebenen Prüfverfahren oder technischen Vorgaben sind auch andere technische Lösungen zulässig, sofern deren Gleichwertigkeit nachgewiesen werden kann.

11.6 Verbindliche Arbeitsanweisung der Technischen Leiter

Die verbindliche Arbeitsanweisung der Technischen Leitungen aller ÜO und TP gibt Antworten auf Fragestellungen aus der Anwendung der Vorschriften des § 19 Abs. 2, 3 und 4 StVZO einschließlich § 13 FZV bei Änderungsabnahmen. Die Arbeitsanweisung wurde aufgrund zwischenzeitlich erfolgter Vorschriftenänderungen (Einführung neuer Zulassungsdokumente), Verlautbarungen des BMVBS (Erläuterungen zur Erstellung und Anwendung von Teilegutachten) bzw. neuer Vorschriften (FZV, EG-FGV)

sowie in der Praxis gewonnener Erfahrungen überarbeitet.

Durch die Arbeitsanweisung mit Stand 2.1.2012 für alle aaSoP und für alle PI sollen u. a. erreicht werden:

- Einheitliche Umsetzung der seit dem 1.1.1994 geltenden neuen Rechtsvorschriften des § 19 StVZO
- Ausschluss von Aufgabenverzerrungen zwischen TP und ÜO bei der Bewertung von technischen Änderungen
- Einheitliche Ablehnung von unzulässigen, falschen und offensichtlich fehlerhaften „Prüfzeugnissen“ als Grundlage für Änderungsabnahmen und Begutachtungen technischer Änderungen
- Einflussnahme auf Hersteller und Verkäufer von Teilen bezüglich der notwendigen Beauftragung und Bereitstellung/Übergabe von ausschließlich zulässigen „Prüfzeugnissen“
- Durchsetzung einheitlicher fachlicher Argumentationen gegenüber den Fahrzeughaltern und Verfügungsberechtigten
- Durchsetzung einheitlicher administrativer Abläufe bei der Vorgangsbearbeitung.

Technische Leitungen der TP und ÜO haben sicherzustellen, dass die Begutachtungen sowie die Änderungsabnahmen ordnungsgemäß und gleichmäßig durchgeführt werden.

Sie dürfen hierzu gemäß § 11 Abs. 3 KfSachvG bzw. Abschnitt 5 der Anlage VIIIb StVZO an die mit der Durchführung betrauten aaSoP/PI fachliche Weisungen erteilen. Die verbindliche Arbeitsanweisung ist demgemäß verpflichtende Vorgabe. Sie lässt keinen Spielraum für Interpretationen und ist von den aaSoP/PI pflichtgemäß anzuwenden.

11.7 Einzelanweisung gemäß § 13 KfSachvG

Die Einzelanweisung wurde 1999 von den zuständigen obersten Landesbehörden im Zuge ihrer Aufsichtspflicht auf der Grundlage des § 13 Abs. 1 KfSachvG erlassen. In ihr wird geregelt, dass

- der aaS Prüfungsbestätigungen anderer sachverständiger Personen oder Stellen (z. B. Prüfberichte, Messberichte, Gutachten, Musterberichte, Herstellerbescheinigungen) nur dann als Ersatz für eigene Prüfungen und Messungen eigenverantwortlich verwenden darf, wenn die Identität des ein- oder angebauten Teils mit dem in der Prüfungsbestätigung beschriebenen Teil eindeutig ist
- das einzeln angefertigte ein- oder angebaute Teil eine dauerhafte und unverwechselbare Kennzeichnung aufweisen muss, die in der Prüfungsbestätigung aufgeführt ist
- die Prüfungsbestätigung für jedes Teil von der ausstellenden Person oder Stelle original unterschrieben und abgestempelt sein muss
- für reihenweise hergestellte Teile eine Bauartgenehmigung, Teile-Betriebserlaubnis, EG- oder ECE-Genehmigung, ein Nachtrag zur Genehmigung des Fahrzeugtyps oder ein Teilegutachten erforderlich ist und Prüfungsbestätigungen für diese Teile nicht verwendet werden dürfen.

Mit dieser Anweisung soll eine ordnungsgemäße Umsetzung des § 19 Abs. 3 und 4 StVZO und außerdem erreicht werden, dass bei Begutachtungen nach § 19 Abs. 2 in Verbindung mit § 21 StVZO hinsichtlich der Sicherheit und Qualität der ein- oder angebauten Teile das gleiche Niveau gewährleistet wird wie bei Bauartgenehmigungen, Betriebserlaubnissen und Teilegutachten.

12 Prüfumfang

Der Prüfungsumfang ergibt sich aus § 19 Abs. 1 StVZO. Für die Begutachtung und Erteilung der Betriebserlaubnis gilt § 21 StVZO entsprechend. Zur Bestätigung der Vorschriftsmäßigkeit ist der Nachweis der Einhaltung der Vorschriften der StVZO bzw. der EG-Rahmen-Richtlinien zu erbringen. Grundsätzlich ist damit ein Vollgutachten eines aaS erforderlich. Besteht jedoch kein Anlass zur Annahme der Unvorschriftsmäßigkeit im Übrigen, so kann sich die Begutachtung auf die Änderung, die zum Erlöschen der Betriebserlaubnis führte, beschränken. Dennoch hat der aaS offensichtliche – ohne eingehende Untersuchung erkennbare – Mängel zu beanstanden und darf die Bestätigung der Vorschriftsmäßigkeit nicht vornehmen.

Für Änderungsabnahmen ist das Vorhandensein eines Prüfzeugnisses unabdingbar.

Die Untersuchung umfasst den Vergleich der technischen Änderung mit der Beschreibung im Prüfzeugnis sowie ggf. einfache Messungen, Sicht-, Funktions- und Wirkungsprüfung und Probefahrt. Darüber hinausgehende Prüfungen, z. B. umfangreiche Fahrversuche, Labor- und Festigkeitsprüfungen, dürfen nicht erforderlich werden, denn dann handelt es sich um einen „§ 19/2-Fall". Bei einer Änderungsabnahme bestätigt der aaSoP/PI den ordnungsgemäßen An- oder Einbau der Teile und dass das Fahrzeug insoweit den geltenden Vorschriften entspricht.

13 Output, Berichtsformen

Für die Gutachten nach § 19 Abs. 2 StVZO sind Muster in der StVZO, in den Richtlinien oder im Beispielkatalog nicht vorgegeben. Das Layout der Gutachten ist von den TP in eigener Verantwortung zu gestalten.

Wohl aber sind die Inhalte der Gutachten in § 21 Abs. 1 StVZO beschrieben. Das Gutachten muss die technische Beschreibung des Fahrzeugs in dem Umfang enthalten, der für die Ausfertigung der ZB I/II erforderlich ist. In dem Gutachten muss der aaS bescheinigen, dass das Fahrzeug richtig beschrieben und gemäß § 19 Abs. 1 StVZO vorschriftsmäßig ist. Dem Gutachten ist eine Anlage beizufügen, in der die technischen Vorschriften angegeben sind, auf deren Grundlage dem Fahrzeug eine Betriebserlaubnis erteilt werden kann. Zusätzlich sind die Änderungen darzustellen, die zum Erlöschen der früheren Betriebserlaubnis geführt haben.

Gemäß § 21 Abs. 2 StVZO müssen für die im Gutachten zusammengefassten Ergebnisse Prüfprotokolle vorliegen, aus denen hervorgeht, dass die notwendigen Prüfungen durchgeführt und die geforderten Ergebnisse erreicht wurden. Auf Anforderung sind die Prüfprotokolle der Genehmigungs- oder der zuständigen Aufsichtsbehörde vorzulegen.

Bei einer Änderungsabnahme ist ein Nachweis (§ 19 Abs. 4 StVZO) zu erstellen, der dem vom BMVBS im Verkehrsblatt bekannt gemachten Muster entspricht. In ihm sind das der Änderungsabnahme zugrunde liegende Prüfzeugnis, die Bestätigung der ordnungsgemäßen Änderung und die zu ändernden Daten zur Fahrzeugbeschreibung anzugeben.

Von dem Muster darf bei einem mit Datenverarbeitungs-Systemen erstellten Nachweis in der Form, nicht jedoch in den Inhalten abgewichen werden.

TÜV SÜD
München
Ridlerstraße 57, 80339 München
Tel.: (0 89) 51 90-33 88 Fax: (0 89) 51 90-31 31

Amtliches Kennzeichen: -
Fahrzeughersteller: TOYOTA EUROPE (B) / 5013
Fahrzeugtyp: - / ACE00013 8
Fahrzeug-Ident.-Nr.: AHT

Gutachten zur Erlangung der Betriebserlaubnis gemäß §21 StVZO (§19(2) StVZO)

Daten für Zulassungsbescheinigung (nur gültig mit zugehörigem Untersuchungsbericht)															
B	-	2.1	5013	2.2	ACE00013 8	L	-	9	-	P.2/P.4	-	/	-	T	-
J	M1	4	AC			18	-					19	1980		
E	AHT	3	1			20	-					G	-		
D.1	-					12	-	13	-			Q	-		
D.2	-					V.7	-	F.1	-			F.2	-		
	-					7.1	-	7.2	-			7.3	-		
	-					8.1	-	8.2	-			8.3	-		
	-					U.1	-	U.2	-			U.3	-		
D.3	-					O.1	-	O.2	-	S.1	-	S.2	-		
2	TOYOTA EUROPE (B)					15.1	-								
5	Fz.z.Pers.bef.b. 8 Spl.					15.2	-								
	Kombilimousine					15.3	-								
V.9	-					R	-			11	-	/	-		
14	-					K	-								
P.3	-					6	-	17	-	16	-				
10	-	14.1	-	P.1	-	21	-								
22	zu 15.1+15.2:a.gen.225/45R17 91V a.Rial LM-Rad 8.5Jx17 H2,ET30, Kennz.:Rial12345 i.V.m. 10mm H&R Distanzscheiben, Kennz.:HR123456 u. Radabdeckungsverbreiterungen Br=15mm* ***														
Zusätzliche Angaben: -															

Eine Berichtigung der Fahrzeugpapiere ist unverzüglich erforderlich.

Dieses Gutachten ist nur gültig mit Original-Stempel und -Unterschrift und auf andere Fahrzeuge nicht übertragbar.

Bescheinigung des amtlich anerkannten Sachverständigen für den Kraftfahrzeugverkehr.
Es wird bescheinigt, dass die vorstehend aufgeführten Angaben zur Fahrzeugbeschreibung zutreffen und das Fahrzeug den geltenden Vorschriften entspricht.

- Puls, Philip
Stempel

München, 04.04.2013

Unterschrift des amtlich anerkannten Sachverständigen

Seite 1 von 1 zum Untersuchungsbericht mit Nr. 0039004618 vom 04.04.2013

Bild 26 Beispiel für ein Gutachten nach § 19 Abs. 2 StVZO

Prüfprotokoll über die Bereifung und Laufflächen

Allgemeine Daten

Zu GA Nr.: S-GA_20120121134358
Prüfstelle:
Prüfort:
Prüfer: Philip Puls
Fahrzeughersteller:
Prüfdatum: 21.01.2012
Typ:
zus. Personen:
FIN: AHT

Nachweis vorhanden ○ Ja ○ Nein

Nachweis: EG-Typgenehmigung
begutachtende Stelle:
Kennzeichnung Nachweis:
Datum: 21.01.2012

Nachweis durch Eigenprüfung ◉ Ja ○ Nein

Anforderungen überprüft und erfüllt ◉ Ja ○ Nein ○ nicht zutreffend

gemäß §36 StVZO mit dem Stand Datum der EZ
an die Bereifung und Laufflächen

○ in Verbindung* mit den Anforderungen gemäß Richtlinie / Merkblatt:
Beurteilung/Instandsetzung von Reifenschäden an Luftreifen
○ in Verbindung* mit denen im Anhang zur StVZO benannten Bestimmungen

Anforderungen der EG-Einzelrichtlinie erfüllt (alternativ) ○ Ja ○ Nein ○ nicht zutreffend

An Stelle der benannten Vorschrift der StVZO wurde gemäß §30 Abs.4 StVZO die Anforderungen der Einzelrichtlinie - ____ -, in ihrer jeweils geltenden Fassung, für den Genehmigungsgegenstand ____ vollständig überprüft / nachgewiesen und sind erfüllt.

* wenn zutreffend

Die notwendigen Prüfungen wurden nachgewiesen und die geforderten Ergebnisse erreicht. ◉ Ja ○ Nein

Bemerkungen:

Prüfprotokoll über die Bereifung und Laufflächen
GA-Nr: S-GA_20120121134358
EG-DOK V2.2.2 - Nachweise V2.2.2
FIN: AHT
Seite 1 von 1

Bild 27 Beispiel für ein Prüfprotokoll gemäß § 21 Abs. 2 StVZO

TÜV SÜD Auto Service GmbH
Ridlerstraße 57, 80339 München
Telefon (0 89) 51 90-33 88

T-EST

§19 ABS. 3

Bericht-Nr.: **39000655**
Datum: **29.09.2010** Seite 1 von 1
Klasse: Fz.z.Pers.bef.b. 8 Spl. M1
Aufbau: Kombilimousine AC
Hersteller: TOYOTA EUROPE (B) 5013
Typ: T25 ACE00013
Emissionsschl: EURO 4 0462
Fz-Id.Nr.: TEST20100929X1409

Änderungsabnahme nach §19 Abs. 3 StVZO

Nachweis gemäß §19 Abs. 4 Satz 1 StVZO
Für die Rad-Reifen-Kombination des Herstellers BBS liegt ein Teilegutachten über die Vorschriftsmäßigkeit eines Fahrzeuges bei bestimmungsgemäßem Ein- oder Anbau des Techn. Dienstes TÜV SÜD Automotive mit Gutachten-Nr.: 361-123-123-GB-12 vor.

Bestätigung des ordnungsgemäßen Anbaus gem. §19 Abs. 3 StVZO
Hiermit wird bestätigt, daß der Anbau der im Nachweis genannten Bauteile am oben beschriebenen Fahrzeug ordnungsgemäß erfolgte und das Fahrzeug insoweit den geltenden Vorschriften entspricht.

Vorangegangene zulässige Änderungen, die berücksichtigt wurden:
KEINE
Bemerkungen / Hinweise / Auflagen:
Verwendung von Schneeketten nicht geprüft
Änderungen zu den Angaben in den Fahrzeugpapieren sind der zuständigen Zulassungsbehörde bei deren nächster Befassung mit den Papieren zu melden.

Fahrzeugbeschreibung															
B	-	2.1	5013	2.2	ACE00013	L	-	9	-	P.2 P.4	/-			T	-
J	M1	4	AC			18	-					19	-		
E	TEST20100929X1409	3	1			20	-					G	-		
D.1	-					12	-	13	-			Q	-		
D.2	T25					V.7	-	F.1	-			F.2	-		
	-					7.1	-	7.2	-			7.3	-		
	-					8.1	-	8.2	-			8.3	-		
	-					U.1	-	U.2	-			U.3	-		
D.3	-					O.1	-	O.2	-	S.1	-	S.2	-		
2	TOYOTA EUROPE (B)					15.1	-								
5	Fz.z.Pers.bef.b. 8 Spl.					15.2	-								
	Kombilimousine					15.3	-								
V.9	-					R	-					11	-		
14	EURO 4					K	-								
P.3	-					6	-	17	-	16	-				
10	-	14.1	0462	P.1	-	21	-								
22	zu 15.1+15.2:a.gen.205/55R16 91H a.BBS LM-Rad 7Jx16H2,ET45,Kennz.:BBS2100123*														
	***														
	-														
	-														
	-														

Unterschrift
Name: aaSoP/Prüf-Ing. Herr Puls

Bild 28 Muster für den Nachweis gemäß § 19 Abs.4 StVZO

14 Gebühren

14.1 Gebühren für Begutachtungen und Änderungsabnahmen durch den aaS

Für Gutachten gemäß § 21 StVZO nach technischen Änderungen (§ 19 Abs. 2 StVZO) werden Gebühren nach der Gebühren-Ordnung für Maßnahmen im Straßenverkehr (GebOSt) erhoben. Die Begutachtung stellt eine amtliche Tätigkeit dar, die ausschließlich durch den aaS durchgeführt werden darf.

Die dafür zu entrichtenden Gebühren sind im 3. Abschnitt der Anlage zu § 1 GebOSt festgeschrieben. Dazu sind in der Gebühren-Nr. 413 die Gebühren für die Prüfung einzelner Fahrzeuge aufgelistet. Ebenso sind in der Tabelle die Gebühren für Änderungsabnahmen nach § 19 Abs. 3 StVZO durch den aaSoP enthalten.

Da die TP keinen auf Gewinn abzielenden Geschäftsbetrieb führen darf (§ 10 Abs. 2 KfSachvG), sollen die vorgeschriebenen Gebühren lediglich den Gesamtaufwand abdecken. Die GebOSt enthält für die Begutachtung darauf abgestimmte Gebührensätze mit einer Gebührenspanne, der sog. Margengebühr, in der der durchschnittliche tatsächliche Aufwand angemessen berücksichtigt wird.

Im Bereich einer TP dürfen in einem Land jeweils nur einheitliche Gebühren erhoben werden. Die Höhe der jeweiligen Gebühr innerhalb der Marge kann von der Zustimmung der Aufsichtsbehörde abhängig gemacht werden.

Bei der Erhebung der Gebühren dürfen mehrere miteinander verbundene, im Gebührentarif genannte Begutachtungen oder Untersuchungen in einem Gesamtbetrag zusammengefasst werden. Jedoch liegt es nahe, dass die Summe der Gebühren bei mehreren technischen Änderungen an einem Fahrzeug die entsprechende Gebühr für ein Vollgutachten nach § 21 StVZO nicht übersteigen darf.

Werden für die Begutachtung die erforderlichen Unterlagen und Nachweise vom Antragsteller nicht vorgelegt, kann der zusätzliche Zeitaufwand für die Datenbeschaffung oder für (weitere) erforderliche Prüfungen entsprechend der Gebühren-Nr. 499 in angefangenen Viertelstunden berechnet werden.

14.2 Entgelte für Änderungsabnahmen durch den PI

Die Änderungsabnahmen sind im Namen und auf Rechnung der ÜO durchzuführen. Die von den Fahrzeughaltern zu entrichtenden Entgelte für die Abnahmen sind von der ÜO in eigener Verantwortung für den Bereich der jeweils örtlich zuständigen TP einheitlich festzulegen. Abgesehen davon kann die ÜO eine marktorientierte Preisfindung betreiben und sich sowohl an den Preisen der Konkurrenzunternehmen als auch am Verhalten der Nachfrager orientieren. Sie hat gewöhnlich das Ziel der Gewinnmaximierung. Das Entgelt einschließlich Umsatzsteuer ist auf allen Ausfertigungen der Untersuchungs- und Abnahmeberichte anzugeben.

15 Befugte Personen für Begutachtungen und Änderungsabnahmen

Die Begutachtung und Änderungsabnahme erfordern von den aaSoP/PI einen hohen Wissens- und Erfahrungsstand – auch wegen der ständigen Weiterentwicklung der Fahrzeugtechnik und der Vorschriften. Dazu müssen die aaSoP/PI umfangreiche Kenntnisse der Materie besitzen, die wesentlichen Inhalte auch ohne Hilfsmittel selbstständig wiedergeben können, den gesamten Inhalt mit Hilfe von Hilfsmitteln (siehe Abschnitt 12) darstellen können und die Sachverhalte sicher und handlungsorientiert anwenden können.

Für die Wiedererteilung der Betriebserlaubnis nach technischen Änderungen gilt § 21 StVZO entsprechend und damit das Verfahren für die Erteilung der Betriebserlaubnis für Einzelfahrzeuge. Unabdingbare Voraussetzung für die Betriebserlaubnis ist das Gutachten eines aaS. Damit sind solche Begutachtungen ausschließlich dem aaS vorbehalten. Dieser muss neben den persönlichen Voraussetzungen auch Angehöriger einer TP sein. Gemäß § 1 Abs. 2 KfSachvG kann die Anerkennung auf Teilbefugnisse beschränkt werden. Die Anerkennung als Sachverständiger mit Teilbefugnissen (aaSmT) schließt u. a. aus, Gutachten zu erstellen für die Erteilung von Betriebserlaubnissen für Einzelfahrzeuge, wenn sich die Gutachten auf Fahrzeuge beziehen, die erstmals in den Verkehr kommen. In aller Regel handelt es sich jedoch um Änderungen an im Verkehr befindlichen Fahrzeugen, so dass die Befugnis, Gutachten nach § 19 Abs. 2 StVZO zu erstellen, auch dem aaSmT zugestanden ist. Somit ist im gesamten Abschnitt 8 „Technische Änderungen“ unter dem Begriff aaS immer auch der aaSmT zu sehen.

Während bis 1993 aaS und aaP geänderte Fahrzeuge begutachten durften, wird diese Berechtigung mit der 16. Änderungsverordnung speziell auf die aaS bzw. aaSmT eingeschränkt. Das Wiedererteilungsverfahren ist im § 21 StVZO beschrieben, wo nur der aaS genannt ist. Allerdings dürfen Änderungsabnahmen unter den in § 19 Abs. 3 StVZO genannten Bedingungen nun aaS oder aaP oder PI ausführen.

Für die Tätigkeit nach § 19 Abs. 3 StVZO sind der aaSoP und der PI gleichgestellt. Die in § 19 Abs. 3 Nr. 3 und 4 StVZO geforderten Änderungsabnahmen dürfen nach Abschnitt 4 der Anlage VIIIb StVZO auch PI durchführen, wenn sie die ÜO unter Einhaltung spezifischer Bedingungen damit betraut hat. Dazu gehören eine mindestens zweimonatige Ausbildung, der Nachweis der fachlichen Eignung und die Zustimmung der Anerkennungsbehörde.

16 Berechtigte Institutionen

Notwendige Voraussetzung für die Erteilung einer Betriebserlaubnis für ein Einzelfahrzeug ist die Bestätigung der Vorschriftsmäßigkeit, die mit dem Gutachten eines aaS erreicht wird (§ 21 Abs. 1 StVZO). Der aaS selbst muss einer TP angehören (§ 2 Abs. 1 KfSachvG). Daraus resultiert, dass die TP als einzige Stelle mit den ihr angehörenden aaS berechtigt ist, Gutachten nach § 19 Abs. 2 StVZO zu erstellen.

Vorgänge nach § 19 Abs. 3 StVZO führen bei Einhaltung der dort genannten Bedingungen und Einschränkungen nicht zum Erlöschen der Betriebserlaubnis. Für die ggf. notwendigen Änderungsabnahmen ist die Abnahme durch den aaSoP oder PI vorgeschrieben. Neben der TP dürfen damit auch ÜO mit den von ihr betrauten PI (Abschnitt 4 der Anlage VIIIb StVZO) Abnahmen durchführen.

Weitere Institutionen – z. B. Technische Dienste – sind nach derzeit geltendem Recht nicht befugt, Begutachtungen oder Änderungsabnahmen durchzuführen.

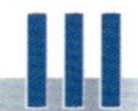

17 Begutachtungs- und Abnahmestellen und deren Ausstattung

In der Anlage VIIId StVZO sind die Untersuchungsstellen zur Durchführung u. a. von Hauptuntersuchungen beschrieben. Zweck der Beschreibung ist es, die Untersuchungen unter gleichen Voraussetzungen und nach gleichen technischen Standards durchzuführen.

Für die Begutachtungen bzw. Änderungsabnahmen gibt es keine vergleichbaren verordnungsrechtlichen Vorgaben. Um die Gleichmäßigkeit und die Qualität zu sichern, hat der Arbeitskreis Erfahrungsaustausch (AKE) in seiner 15. Sitzung im März 1998 festgelegt, dass Änderungsabnahmen nur an Untersuchungsstellen zur Durchführung von HU oder an solchen Stellen durchgeführt werden dürfen, die in Bezug auf Beschaffenheit und Ausstattung eine ordnungsgemäße und gleichmäßige Durchführung gestatten und die mit der jeweiligen TP oder ÜO abgestimmt, bestätigt und dokumentiert sind. Die Untersuchungsstelle und die Örtlichkeit sind auf dem Bericht über die Änderungsabnahme zu vermerken.

Damit soll verhindert werden, dass Abnahmen durch aaSoP/PI an ungeeigneten Stellen ohne Zustimmung der Überwachungsinstitution und ohne die geforderte technische Ausstattung der Untersuchungsstelle durchgeführt werden.

Eine einheitliche technische Ausstattung der Untersuchungsstelle – wie bei der HU – zu fordern, ist wenig praxisnah. Zu unterschiedlich sind die verschiedenen technischen Änderungen und die daraus geforderte Tätigkeit mit der entsprechenden Ausstattung. Letztendlich muss es im pflichtgemäßen Ermessen der Überwachungsinstitution liegen, welche Grundausstattung erforderlich ist.

Die Begutachtungen durch die aaS werden in der Regel an den Prüfstellen der TP durchgeführt, deren Grundausstattungen in Anlage VIIId aufgezählt sind. Gutachten der TP nach § 19 Abs. 2 StVZO sind üblicherweise Einzelbegutachtungen mit jeweils unterschiedlichen Ansprüchen und Aufwendungen bis hin zu labormäßigen Untersuchungen. So muss im Einzelfall pflichtgemäß entschieden werden, welche Begutachtungen in Abhängigkeit vom erforderlichen Begutachtungsumfang und -aufwand vor Ort durchgeführt werden können.

18 Rechtsstatus des Produkts

§ 19 Abs. 1 StVZO gewährt einen Rechtanspruch auf die Betriebserlaubnis („*Die Betriebserlaubnis ist zu erteilen, wenn das Fahrzeug den Vorschriften … entspricht*“). Die Erteilung der Betriebserlaubnis hängt jedoch vom Gutachten des aaS ab. Das Gutachten ist Antragsvoraussetzung für die Erteilung der Betriebserlaubnis. Damit besteht mittelbar ein Rechtsanspruch auf die Erstattung eines Gutachtens.

Der aaS trifft in seinem Gutachten bzw. in seiner Änderungsabnahme eine Feststellung über die Vorschriftsmäßigkeit des Fahrzeugs. Dies ist der rechtserhebliche Teil seines Gutachtens, in dem er über die Sachfrage, die an ihn gestellt wird, kurz zusammengefasst eine verbindliche fachliche Auskunft gibt.

Das Gutachten selbst stellt keinen Verwaltungsakt i. S. des § 35 VwVfG dar. Es dient als Grundlage für den Verwaltungsakt der Erteilung der Betriebserlaubnis. Gegen das Gutachten kann damit auch kein Widerspruch erhoben werden. Allerdings sind Beschwerden gegen die Entscheidung des aaS bei der Leitung der TP möglich.

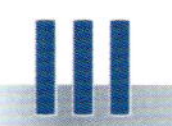

Die Betriebserlaubnis selbst ist seit der Einführung der FZV nicht mehr Bestandteil der Zulassung, sondern vielmehr deren Voraussetzung. Das Erlöschen der Betriebserlaubnis hat grundsätzlich nicht zur Folge, dass die Zulassung unwirksam wird – es liegt kein Zulassungsverstoß vor (so auch OLG Jena, Beschl. vom 21.1.2009 – 1 Ss 46/08; DAR 7/2009, Nr. 17).

19 Bußgeldbewehrung bei Erlöschen der Betriebserlaubnis

Der Verordnungsgeber geht davon aus, dass das Erlöschen der Betriebserlaubnis erhebliche negative Auswirkungen auf die Verkehrssicherheit und die Umweltverträglichkeit haben kann.

Die Betriebserlaubnis eines Fahrzeugs erlischt, wenn durch vorsätzliche Änderungen am Fahrzeug

- die in der Betriebserlaubnis genehmigte Fahrzeug geändert wird,
- eine Gefährdung von Verkehrsteilnehmern zu erwarten ist,
- das Abgas- oder Geräuschverhalten verschlechtert wird.

Verantwortung für den Betrieb der Fahrzeuge (Halter)

Lfd. Nr.	Tatbestand	StVZO	Regelsatz in €
189a	Als Halter die Inbetriebnahme eines Fahrzeugs angeordnet oder zugelassen, obwohl die Betriebserlaubnis erloschen war und dadurch die Verkehrssicherheit oder die Umwelt wesentlich beeinträchtigt	§ 19 Abs. 5 Satz 1 § 69a Abs. 2 Nr. 1a	
189a.1	– bei Lastkraftwagen oder Kraftomnibussen		270 €
189a.2	– bei anderen als in Nummer 189a.1 genannten Fahrzeugen		135 €

Sonstige Pflichten für den verkehrssicheren Zustand des Fahrzeugs (auch Fahrer)

Lfd. Nr.	Tatbestand	StVZO	Regelsatz in €
	Erlöschen der Betriebserlaubnis		
214a	Fahrzeug trotz erloschener Betriebserlaubnis in Betrieb genommen und dadurch die Verkehrssicherheit oder die Umwelt wesentlich beeinträchtigt	§ 19 Abs. 5 Satz 1 § 69a Abs. 2 Nr. 1a	
214a.1	– einen Lastkraftwagen oder Kraftomnibus		180 €
214a.2	– ein anderes als in 214a.1 genanntes Fahrzeug		90 €

Solche Handlungen sind als bedeutende Verkehrsverstöße zu bewerten. Die Taten sind vergleichbar mit Tatbeständen, die die Inbetriebnahme verkehrsunsicherer Fahrzeuge betreffen.

Dementsprechend müssen für solche Änderungen, die der Verkehrssicherheit und der Umweltverträglichkeit abträglich sind, angemessene Ahndungen im Bußgeldbereich zur Verfügung stehen. Seit dem Entfall des § 18 StVZO und der damit verbundenen Inkraftsetzung der FZV konnten solche Fahrzeugänderungen nicht mehr angemessen geahndet werden.

Mit der 47. Verordnung zur Änderung straßenverkehrsrechtlicher Vorschriften (VkBl. 2012 S. 376, BGBl. I S. 1086) wurden die vorstehenden Nummern in den Bußgeldkatalog neu aufgenommen. Die Änderung schafft die Grundlage in der StVZO (§ 19 Abs. 5 Satz 1) für eine angemessene Ahndung im Bußgeldbereich.

Die neuen Tatbestände enthalten die Bußgeldregelsätze für das unzulässige Inbetriebnehmen von Fahrzeugen, deren Betriebserlaubnis erloschen und die Verkehrssicherheit oder die Umwelt wesentlich beeinträchtigt ist. Dabei wird unterschieden, ob der Fahrzeughalter die Inbetriebnahme angeordnet oder zugelassen hat, oder ob ein anderer das Fahrzeug trotz erloschener Betriebserlaubnis in Betrieb genommen hat.

Kapitel 5
Außerbetriebnahme, Recycling

Das vorliegende Buch für aaSoP und Prüfingenieure orientiert sich in den Abschnitten zur Fahrzeuguntersuchung und -begutachtung an den Produktlebensphasen eines Fahrzeugs; von der Konzeption, Entwicklung, Homologation und Fertigung über Betrieb/Nutzung, gesonderte Zweckbestimmung, technische Änderungen bis hin zur Entsorgung. Der Schwerpunkt im Tätigkeitsfeld der Sachverständigen liegt dabei in der Prüfung auf Verkehrssicherheit und Umweltverhalten des Fahrzeugs.

Es liegt nahe, dass bei der Außerbetriebnahme eines Fahrzeugs zumindest der Sicherheitsgedanke keine entscheidende Rolle mehr spielt. Demzufolge hat der aaSoP/PI bei der Entsorgung keine Aufgabe zu übernehmen. Dennoch sollen die Vorschriften zur Entsorgung in einem kurzen Überblick dargestellt werden.

Grundlage für die umweltgerechte Entsorgung und Verwertung von Altfahrzeugen ist das Altfahrzeug-Gesetz, das am 1.7.2002 in Kraft getreten ist. Kern des Gesetzes, mit dem die EU-Altfahrzeug-Richtlinie in nationales Recht umgesetzt wurde, ist die Änderung der Altauto-Verordnung vom 4.7.1997 (BGBl. I S. 1666). Sie heißt seitdem Altfahrzeug-Verordnung (AltfahrzeugV).

Der AltfahrzeugV unterliegen

- Fahrzeuge zur Personenbeförderung (M_1) mit höchstens 8 Sitzplätzen außer dem Fahrersitz oder
- Fahrzeuge zur Güterbeförderung (N_1) mit einem Höchstgewicht bis zu 3,5 t sowie
- dreirädrige Kraftfahrzeuge, jedoch unter Ausschluss von dreirädrigen Krafträdern, und
- Fahrzeuge mit besonderer Zweckbestimmung der Klasse M_1, z. B. Wohnmobile.

Jeder, der sich eines Fahrzeugs entledigen will oder entledigen muss, ist verpflichtet, dieses nur einer anerkannten Annahmestelle, einer anerkannten Rücknahmestelle oder einem anerkannten Demontagebetrieb zu überlassen. Über die „Gemeinsame Stelle Altfahrzeuge“ (GESA) kann sich der Fahrzeughalter erkundigen, wo sich der für ihn am günstigsten zu erreichende anerkannte Demontagebetrieb befindet (www.altfahrzeugstelle.de). Annahme- und Rücknahmestellen nehmen Altfahrzeuge nur entgegen und leiten diese zur eigentlichen Behandlung an anerkannte Demontagebetriebe weiter.

Hersteller und Importeure von der AltfahrzeugV unterliegenden Fahrzeugen sind verpflichtet, alle Altfahrzeuge ihrer Marke vom Letzthalter kostenlos zurückzunehmen. Voraussetzung für die kostenlose Rücknahme ist unter anderem, dass das Altfahrzeug die wesentlichen Bauteile oder Komponenten, insbesondere den Antrieb, die Karosserie, das Fahrwerk, den Katalysator oder elektronische Steuergeräte für Fahrzeugfunktionen noch enthält.

Seit dem Jahr 2006 haben Hersteller, Importeure, Vertreiber und Entsorgungswirtschaft gemeinsam sicherzustellen, dass mindestens 85 % des durchschnittlichen Gewichts eines Altfahrzeugs verwertet und mindestens 80 % stofflich verwertet oder wiederverwendet werden. Ab 2015 werden die Quoten auf 95 % (Verwertung) bzw. 85 % (stoffliche Verwertung, Wiederverwendung) angehoben.

Demontagebetriebe müssen seit 2006 mindestens 10 Gewichtsprozente der angenommenen Altfahrzeuge einer stofflichen Verwertung zuführen. Schredderanlagen müssen ab diesem Zeitpunkt mindestens 5 % an Schredderrückständen, bezogen auf den Input an Altfahrzeugen, einer Verwertung zuführen. Ab 2015 ist diese Quote um weitere 15 % zu steigern, wobei 5 Gewichtsprozente einer stofflichen Verwertung zuzuführen sind.

Seit 1. Juli 2003 ist es grundsätzlich verboten, Fahrzeuge und Bauteile in Verkehr zu bringen, die die Schwermetalle Cadmium, Quecksilber, Blei und sechswertiges Chrom enthalten. Ausnahmen sind im Anhang II der Altfahrzeugrichtlinie festgelegt, der unmittelbar anzuwenden ist. Der aktuelle Anhang II ist über die Internetseiten der Europäischen Kommission einzusehen.

Ist ein Fahrzeug der Klasse M_1 oder der Klasse N_1 einer anerkannten Stelle zur Verwertung überlassen worden, hat der Halter oder Eigentümer dieses Fahrzeug unter Vorlage eines Verwertungsnachweises nach dem Muster in Anlage 8 FZV bei der Zulassungsbehörde außer Betrieb setzen zu lassen. Die Zulassungsbehörde überprüft die Richtigkeit und Vollständigkeit der Angaben zum Fahrzeug und zum Halter im Verwertungsnachweis und gibt diesen mit dem vorgesehenen Bestätigungsvermerk zurück. Die Zulassungsbescheinigung Teil I und Teil II ist mit dem Aufdruck „Verwertungsnachweis lag vor" zu versehen, und die Zulassungsbescheinigung Teil II ist durch Abschneiden der unteren linken Ecke zu entwerten (§ 15 Abs. 1 FZV).

Verbleibt ein Fahrzeug der Klasse M_1 oder der Klasse N_1 zum Zwecke der Entsorgung im Ausland, so hat der Halter oder Eigentümer des Fahrzeugs dies gegenüber der Zulassungsbehörde zu erklären und das Fahrzeug außer Betrieb setzen zu lassen. Im Übrigen hat der Halter oder Eigentümer des Fahrzeugs gegenüber der Zulassungsbehörde bei einem Antrag auf Außerbetriebsetzung des Fahrzeugs zu erklären, dass das Fahrzeug nicht als Abfall zu entsorgen ist (§ 15 Abs. 2 FZV).

Die Annahmestellen (in der Regel Autohäuser), Rücknahmestellen (Hersteller oder von ihm beauftragte Dritte) und Altauto-Verwertungsbetriebe werden jährlich von einem unabhängigen Sachverständigen auf Einhaltung der Bestimmungen geprüft. Wenn die Betriebe die Anforderungen einhalten, erhalten sie eine Bescheinigung bzw. ein Zertifikat. Annahmestellen, die Kfz-Betriebe sind, werden i. d. R. durch die zuständige Innung geprüft. Andere Annahmestellen, wie Altmetall-/Schrotthändler oder Abschleppunternehmen, Rücknahmestellen sowie Altfahrzeug-Demontagebetriebe und Schredderanlagen werden durch unabhängige Sachverständige überprüft, die eine Zulassung als Umweltgutachter besitzen müssen oder als öffentlich bestellte Sachverständige tätig sind.

Fahrerlaubnis-bezogene Tätigkeiten

Dipl.-Ing. Bruno Möbus
und
Dr. Andreas Schmidt
Dr. Günter Wagner

Kapitel 1
Grundlagen

1 Allgemeines

Mit dem Zusammenwachsen der europäischen Märkte und einem stetig steigenden Austausch von Waren und Dienstleistungen im europäischen Binnenmarkt wächst auch das Verkehrsaufkommen und bildet eine bunte Durchmischung von Verkehrsteilnehmern zahlreicher Mitgliedstaaten. Oftmals jedoch führt Fehlverhalten und menschliches Versagen zu Unfällen. Aus diesen Gründen ist es wichtig einer guten Ausbildung und Fahrerlaubnisprüfung ein hohen Stellenwert beizumessen. Die Sicherheit im Straßenverkehr zu gewährleisten, ist oberstes Gebot.

Um einer gemeinsamen Verkehrspolitik aller Mitgliedstaaten gerecht werden zu können, führte man bereits im Jahre 1980 die Richtlinie 80/1263/EWG des Rates vom 4.12.1980 ein. Es wurde die gegenseitige Anerkennung der nationalen Führerscheine durch die Mitgliedstaaten sowie ein Umtausch von Führerscheinen beim Wohnortwechsel innerhalb der Mitgliedstaaten vereinbart.

Eine Fortschreibung dieser Richtlinie erfolgte mit der Richtlinie des Rates vom 29.7.1991 über den Führerschein (91/439/EG) durch den Ministerrat der Europäischen Gemeinschaft. Wesentliche Anpassungen erfolgten beim bereits mit der Richtlinie 80/1263/EWG eingeführten EG-Muster für den einzelstaatlichen Führerschein im Scheckkartenformat als Alternative sowie der Einführung einheitlicher Fahrerlaubnisklassen und optionaler Unterklassen, um den stufenweisen Zugang zum Führen der betreffenden Fahrzeuge zu fördern und damit einen weiteren Beitrag zur Steigerung der Sicherheit im Straßenverkehr zu leisten. Um körperbehinderten Menschen den Zugang zum Führerschein zu erleichtern, wurden besondere Bestimmungen erlassen.

Die 2. EU-Führerscheinrichtlinie wurde durch eine Änderung des Straßenverkehrsgesetzes und weiterer Gesetze am 24.4.1998 (BGBl. I S. 747) in das nationale Recht umgesetzt. Darüber hinaus erfolgte am 18.8.1998 die Einführung der Verordnung über die Zulassung von Personen zum Straßenverkehr (Fahrerlaubnis-Verordnung – FeV), welche am 1.1.1999 in Kraft trat.

Eine wesentliche Änderung der EG-Richtlinie 91/439 erfolgte mit Einführung der EG-Richtlinie 2000/56 der Kommission vom 14.9.2000, welche durch Einführung des Annex II eine Reihe von Änderungen der FeV und der Prüfungsrichtlinie nach sich zog. Seit dem 1.7.2004 ist die Umsetzung des Annex II verbindlich.

Bereits im Dezember 2006 wurde mit der 3. EU-Führerscheinrichtlinie (2006/126/EG) eine erneute Anpassung vorgenommen, welche diesmal eine zweistufige Umsetzung in nationales Recht vorsieht. Seit dem 19.1.2013 müssen alle Mitgliedstaaten die Vorschriften dieser 3. EU-Führerscheinrichtlinie anwenden.

Die Umsetzung der in den EG-Richtlinien geforderten Standards aller Mitgliedstaaten in nationales Recht erfolgt in der Bundesrepublik Deutschland über das Straßenverkehrsgesetz (StVG) und konkret über die FeV mit ihren Anlagen.

2 Ablauf des Verwaltungsverfahrens

Bei der regional zuständigen Fahrerlaubnisbehörde ist der Antrag auf Erteilung einer Fahrerlaubnis zu stellen. Dieser Antrag muss in schriftlicher Form erfolgen; auf Verlangen der Behörde hat der Bewerber auch persönlich zu erscheinen. Folgende Angaben sind hierzu erforderlich (*Beispiel* Klasse B):

- amtlicher Nachweis über Ort und Tag der Geburt
- Anschrift und Wohnsitz im Inland
- Ausbildende Fahrschule
- Lichtbild
- Angaben über den Vorbesitz einer Fahrerlaubnis oder eines Führerscheins
- Sehtestbescheinigung oder Bescheinigung über das Sehvermögen
- Nachweis über Teilnahme an einer Unterweisung in lebensrettenden Sofortmaßnahmen.

Im StVG sind die allgemeinen Voraussetzungen und Bedingungen (Eignung und Befähigung) zum Führen eines Kraftfahrzeuges auf öffentlichen Straßen geregelt. Wer die körperlichen und geistigen Anforderungen erfüllt und nicht wiederholt gegen Gesetze oder verkehrsrechtliche Vorschriften verstoßen hat, ist grundsätzlich zum Führen von Kraftfahrzeugen geeignet. Wer darüber hinaus über ausreichende Kenntnisse der maßgeblichen Vorschriften und Verhaltensweisen im Straßenverkehr verfügt und sie entsprechend anwendet, zeigt somit die erforderliche Befähigung.

Die Überprüfung all dieser Voraussetzungen wird durch die zuständige Fahrerlaubnisbehörde durchgeführt. Neben der Eignungs- und Befähigungsüberprüfung wird ermittelt, ob der Antragsteller bereits im Besitz einer Fahrerlaubnis ist. Sie holt dazu auf Kosten des Antragstellers Auskünfte aus dem zentralen Fahrerlaubnisregister und dem Verkehrszentralregister ein. Auch aus ausländischen Registern und von ausländischen Stellen können Auskünfte in der Regel über das Kraftfahrt-Bundesamt (KBA) eingeholt werden.

Zur Erteilung der Fahrerlaubnis müssen noch weitere Voraussetzungen gegeben sein. Hierzu zählen beispielsweise ein ordentlicher Wohnsitz im Inland, die Erreichung des erforderlichen Mindestalters, Nachweis über Teilnahme an einer Unterweisung in lebensrettenden Sofortmaßnahmen oder Kenntnisse in Erster Hilfe, Sehtestbescheinigung, eine Ausbildung gemäß Fahrlehrergesetz sowie der Nachweis der Befähigung in einer amtlichen Prüfung.

Die Fahrerlaubnisbehörde lässt den Führerschein ausfertigen und zur Aushändigung vorbereiten, wenn alle Voraussetzungen für die Erteilung vorliegen.

Die Abnahme der Prüfung erfolgt durch die aaSoP der zuständigen TP, welche durch die Fahrerlaubnisbehörde beauftragt wurde. Hat sich der aaSoP von der Befähigung des Antragstellers überzeugen können, steht einer Aushändigung des Führerscheins nichts mehr im Wege. Durch die Aushändigung des Führerscheins oder auch ersatzweise einer befristeten Prüfungsbescheinigung, welche nur im Inland zum Nachweis der Fahrberechtigung dient, ist die Fahrerlaubnis erteilt.

Ein nicht abgeschlossener Prüfauftrag ist an die zuständige Fahrerlaubnisbehörde zurückzugeben, wenn

- die theoretische Prüfung nicht innerhalb von zwölf Monaten nach Eingang des Prüfauftrages bestanden wurde,
- die praktische Prüfung nicht innerhalb von zwölf Monaten nach Bestehen der theoretischen Prüfung bestanden wurde oder
- in den Fällen, in denen keine theoretische Prüfung erforderlich ist, die praktische Prüfung nicht innerhalb von zwölf Monaten nach Eingang des Prüfauftrages bestanden wurde.

Die Fahrerlaubnis der Pkw- und Zweiradklassen (A, A1, A2, B, BE, AM, L und T) wird unbefristet erteilt.

Die Fahrerlaubnis der Lkw- und Busklassen (C, CE, D, D1, DE und D1E) wird längstens für 5 Jahre erteilt. Die „kleinen Lkw-Klassen" (C1 und C1E) werden bis zur Vollendung des 50. Lebensjahres, nach Vollendung des 45. Lebensjahres des Bewerbers für 5 Jahre befristet erteilt.

Eine Verlängerung der Geltungsdauer wird auf Antrag des Inhabers jeweils um die angegebenen Zeiträume erteilt. Voraussetzung hierzu sind die Erfüllung der Anforderung an das Sehvermögen und der weiteren Bedingungen zur Erteilung.

Auch eine Beschränkung auf eine bestimmte Fahrzeugart oder ein bestimmtes Fahrzeug mit besonderen Einrichtungen kann von der Fahrerlaubnisbehörde erteilt werden, wenn der Bewerber nur bedingt zum Führen von Kraftfahrzeugen geeignet ist.

Wird ein neuer Führerschein ausgehändigt, ist der bisherige einzuziehen oder ungültig zu machen. Mit Aushändigung des neuen verliert der bisherige Führerschein seine Gültigkeit. Sollte ein verloren gegangener Führerschein nach Aushändigung des neuen wieder gefunden werden, ist dieser unverzüglich bei der Fahrerlaubnisbehörde abzuliefern.

2.1 Gültigkeitsdauer von Führerscheinen

Die Gültigkeitsdauer aller ab dem 19.1.2013 ausgestellten Führerscheine wird auf 15 Jahre befristet (Ausnahme: Gültigkeitsdauer C- und D-Klassen 5 Jahre).

Es erfolgt eine Aktualisierung des Führerscheinmusters. Führerscheine enthalten dann ein Ausstellungsdatum und ein Ablaufdatum.

Die Einführung einer Gültigkeitsdauer für neue Führerscheine ermöglicht anlässlich der regelmäßigen Erneuerung die neuesten Maßnahmen zum Schutz gegen Fälschungen anzuwenden.

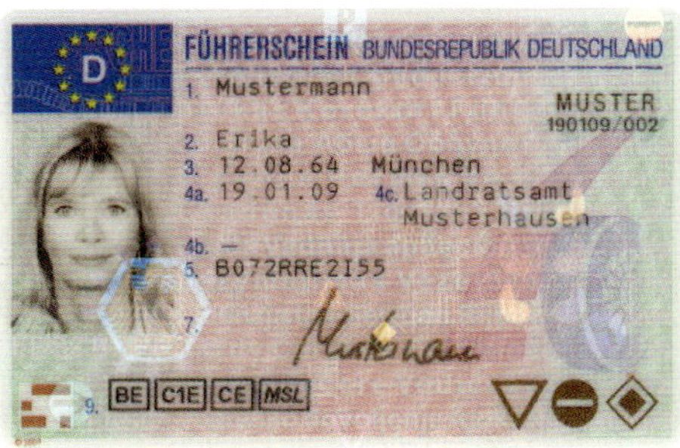

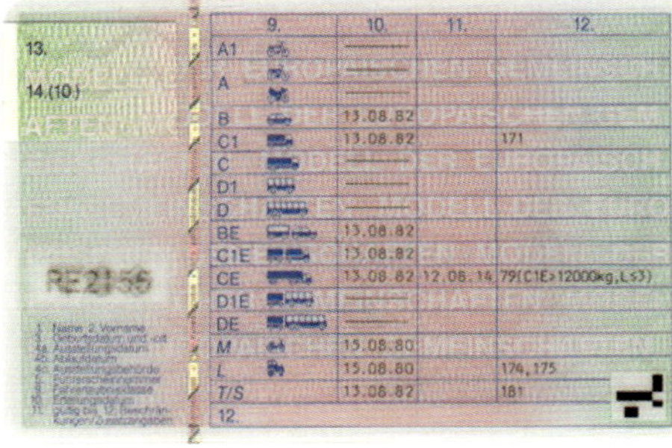

Bild 1 EU-Führerschein

BUNDESREPUBLIK DEUTSCHLAND

D

Internationaler Kraftfahrzeugverkehr

Internationaler Führerschein

Nr.

Übereinkommen über den Straßenverkehr
vom 8. November 1968

Gültig bis

Ausgestellt durch

in

am

Nummer des nationalen Führerscheins

Bild 2 Internationaler Führerschein

2.2 Alte Führerscheine bleiben bis 2033 gültig

Die alten Führerscheine müssen nicht umgetauscht werden und bleiben bis 2033 gültig.

In den 27 Mitgliedstaaten der EU existieren derzeit 110 verschiedene Führerscheinmuster. Dies führt zu Transparenzproblemen für Bürger, Ordnungskräfte und Fahrerlaubnisbehörden und zur Fälschung von Dokumenten.

Um dem entgegenzuwirken, müssen spätestens bis zum 19.1.2033 alle vor dem 19.1.2013 ausgestellten Führerscheine umgetauscht werden.

Bei der Verlängerung der Gültigkeit muss lediglich ein Passbild vorgelegt und die Verwaltungsgebühr gezahlt werden.

Mit Vollendung des 18. Lebensjahres können Inhaber einer EU- oder EWR-Fahrerlaubnis einen internationalen Führerschein beantragen.

3 Darstellung der Fahrerlaubnisklassen

3.1 Klasse A (unbeschränkt)

Definition Fahrzeug

Krafträder (auch mit Beiwagen) mit einem Hubraum von mehr als 50 cm^3 oder mit einer bauartbestimmten Höchstgeschwindigkeit (bbH) von mehr als 45 km/h und

Dreirädrige Kraftfahrzeuge mit einer Leistung von mehr als 15 kW und dreirädrige Kraftfahrzeuge mit symmetrisch angeordneten Rädern und einem Hubraum von mehr als 50 cm^3 bei Verbrennungsmotoren oder einer bbH von mehr als 45 km/h und mit einer Leistung von mehr als 15 kW.

Mindestalter

24 Jahre (dreirädrige Kraftfahrzeuge 21 Jahre)

20 Jahre (bei mindestens 2 Jahre Vorbesitz der Klasse A2), siehe *Tabelle* S. 286

Geltungsdauer

unbefristet

Vorbesitz einer anderen Fahrerlaubnis

nicht erforderlich

Einschluss

Die Fahrerlaubnis der Klasse A berechtigt auch zum Führen von Fahrzeugen der Klassen A2, A1 und AM.

Erleichterter Aufstieg von A2

Als Inhaber der beschränkten A-Klasse hatte man bis zum 18.1.2013 das Recht, nach einer Frist von zwei Jahren automatisch die Klasse A zu erhalten und somit alle Krafträder fahren zu dürfen.

Wer zunächst die Fahrerlaubnis in der weniger starken Leistungsklasse A2 erwarb und Erfahrungen sammelte, erhielt einen leichteren Zugang zur nächst höheren Fahrerlaubnisklasse.

Heute wird nach mindestens zweijährigem Vorbesitz der Klasse A2 nur das Bestehen einer praktischen Prüfung verlangt (keine Ausbildungsverpflichtung).

Die Fahrerlaubnis der Klasse A berechtigt auch zum Führen von Fahrzeugen der Klassen A2, A1 und AM.

3.2 Klasse A2 (unbeschränkt)

Definition Fahrzeug

Krafträder (auch mit Beiwagen) mit einer Motorleistung von nicht mehr als 35 kW, bei denen das Verhältnis der Leistung zum Gewicht 0,2 kW/kg nicht übersteigt.

Übergangsrecht

Fahrerlaubnisinhaber der Klasse A beschränkt dürfen ab 19.1.2013 Kraftfahrzeuge der Klasse A2 fahren. Diese Fahrerlaubnisse gelten nach 2 Jahren automatisch als Klasse A unbeschränkt.

Mindestalter

18 Jahre

Geltungsdauer

unbefristet

Vorbesitz einer anderen Fahrerlaubnis

nicht erforderlich

Einschluss

Die Fahrerlaubnis der Klasse A2 berechtigt auch zum Führen von Fahrzeugen der Klassen A1 und AM.

Erleichterter Aufstieg von A1

Wer zunächst die Fahrerlaubnis in der weniger starken Leistungsklasse A1 erwirbt und Erfahrungen sammelt, erhält einen leichteren Zugang zur nächst höheren Fahrerlaubnisklasse.

Künftig wird nach mindestens zweijährigem Vorbesitz der Klasse A1 nur das Bestehen einer praktischen Prüfung verlangt (keine Ausbildungsverpflichtung).

3.3 Klasse A1

Definition Fahrzeug

Krafträder (auch mit Beiwagen) mit einem Hubraum von bis zu 125 cm^3 und einer Motorleistung von nicht mehr als 11 kW, bei denen das Verhältnis der Leistung zum Gewicht 0,1 kW/kg nicht übersteigt,

und

Dreirädrige Kraftfahrzeuge mit symmetrisch angeordneten Rädern und einem Hubraum von mehr als 50 cm^3 bei Verbrennungsmotoren oder einer bbH von mehr als 45 km/h und mit einer Leistung von bis zu 15 kW.

Mindestalter

16 Jahre

Geltungsdauer

unbefristet

Vorbesitz einer anderen Fahrerlaubnis

nicht erforderlich

Einschluss

Die Fahrerlaubnis der Klasse A1 berechtigt auch zum Führen von Fahrzeugen der Klasse AM.

Ab 19.1.2013 können Leichtkrafträder mit einer durch die Bauart bestimmten Höchstgeschwindigkeit von mehr als 80 km/h auch von Inhabern einer Fahrerlaubnis der entsprechenden Klasse geführt werden, die das 18. Lebensjahr noch nicht vollendet haben.

3.4 Klasse B

Definition Fahrzeug

Kraftfahrzeuge – ausgenommen Kraftfahrzeuge der Klassen AM, A1, A2 und A – mit einer zulässigen Gesamtmasse von nicht mehr als 3 500 kg, die zur Beförderung von nicht mehr als acht Personen außer dem Fahrzeugführer ausgelegt und gebaut sind (auch mit Anhänger mit einer zulässigen Gesamtmasse von nicht mehr als 750 kg oder mit Anhänger über 750 kg zulässiger Gesamtmasse, sofern 3 500 kg zulässige Gesamtmasse der Fz-Kombination nicht überschritten wird).

Mindestalter

18 Jahre bzw. 17 Jahre (begleitetes Fahren ab 17 Jahren und während der Ausbildung zum Berufskraftfahrer), siehe *Tabelle* S. 286

Geltungsdauer

unbefristet

Vorbesitz einer anderen Fahrerlaubnis

nicht erforderlich

Einschluss

Die Fahrerlaubnis der Klasse B berechtigt auch zum Führen von Fahrzeugen der Klassen AM und L.

Begleitetes Fahren ab 17 Jahren (gilt analog für Klasse B/BE und Klasse B mit Schlüsselzahl 96 (siehe auch Kapitel 5))

Mindestalter

17 Jahre, siehe *Tabelle* S. 286

Auflagen

Begleitung durch eine Person, die

- mindestens 5 Jahre im Besitz einer gültigen Fahrerlaubnis ist,
- mindestens 30 Jahre alt ist,
- nicht mehr als 3 Punkte in Flensburg hat,
- bei der Begleitung weniger als 0,5 Promille Alkohol im Blut haben darf und
- nicht unter Einfluss berauschender Mittel steht.

Fahrerlaubnis zur Fahrgastbeförderung (Taxi, Mietwagen, Linienverkehr/Ausflugsfahrt/Ferienzielreise)

Ein Fahrer von Krankenkraftwagen muss das Mindestalter von 19 Jahren, zum Führen von Pkw als Taxi, Mietwagen oder Pkw im Linienverkehr/Ausflugsfahrt/Ferienzielreise von 21 Jahren erreicht haben. Hierzu benötigt er zusätzlich nach § 48 FeV die Fahrerlaubnis zur Fahrgastbeförderung, die jeweils für eine Dauer von bis zu fünf Jahren ausgestellt wird.

3.5 Klasse B 96

Definition Fahrzeug

Die Fahrerlaubnis der Klasse B kann mit der Schlüsselzahl 96 erteilt werden für Fahrzeugkombinationen, bestehend aus einem Kraftfahrzeug der Klasse B und einem Anhänger mit einer zulässigen Gesamtmasse von mehr als 750 kg, sofern die zulässige Gesamtmasse der Fahrzeugkombination 3 500 kg überschreitet, aber 4 250 kg nicht übersteigt.

Mindestalter

18 Jahre bzw. 17 Jahre (begleitetes Fahren ab 17 Jahren und während der Ausbildung zum Berufskraftfahrer)

Geltungsdauer

unbefristet

Vorbesitz einer anderen Fahrerlaubnis

Vorbesitz Klasse B

Einschluss

keiner

3.6 Klasse BE

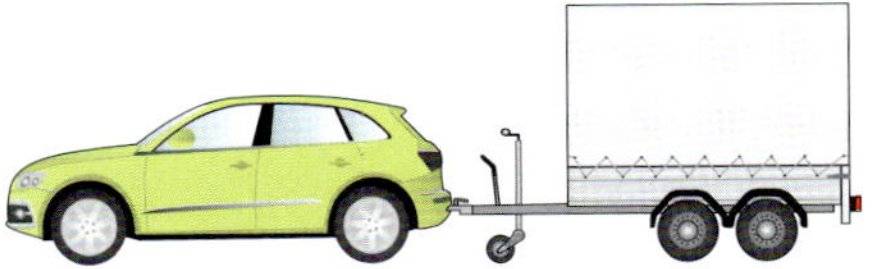

Definition Fahrzeug

Fahrzeugkombinationen, die aus einem Zugfahrzeug der Klasse B und einem Anhänger oder Sattelanhänger bestehen, sofern die zulässige Gesamtmasse des Anhängers oder Sattelanhängers 3500 kg nicht übersteigt.

Mindestalter

18 Jahre bzw. 17 Jahre (begleitetes Fahren ab 17 Jahren und während der Ausbildung zum Berufskraftfahrer), siehe *Tabelle* S. 286

Geltungsdauer

unbefristet

Vorbesitz einer anderen Fahrerlaubnis

Vorbesitz Klasse B

Einschluss

keiner

3.7 Klasse C

Definition Fahrzeug

Kraftfahrzeuge, ausgenommen Kraftfahrzeuge der Klassen AM, A1, A2, A, mit einer zulässigen Gesamtmasse von mehr als 3500 kg, die zur Beförderung von nicht mehr als acht Personen außer dem Fahrzeugführer ausgelegt und gebaut sind (auch mit Anhänger mit einer zulässigen Gesamtmasse von nicht mehr als 750 kg).

Mindestalter

21 Jahre, siehe *Tabelle* S. 286

(Das Mindestalter für die Klassen C/CE wurde von 18 auf 21 Jahre angehoben. Diese Klasse darf jedoch bereits mit 18 Jahren erworben werden, wenn der Bewerber z. B. eine Ausbildung zum Berufskraftfahrer oder zur Fachkraft im Fahrbetrieb oder die Grundqualifikation nach § 4 Abs. 1 Nr. 1 Berufskraftfahrerqualifikationsgesetz (BKrFQG) erworben hat.)

Geltungsdauer

5 Jahre

Vorbesitz einer anderen Fahrerlaubnis

Klasse B erforderlich

Die Fahrerlaubnis der Klasse C berechtigt auch zum Führen von Fahrzeugen der Klassen C1, B, AM und L. Darüber hinaus berechtigt sie im Inland auch zum Führen von Kraftomnibussen – gegebenenfalls mit Anhänger – mit einer entsprechenden zulässigen Gesamtmasse, aber ohne Fahrgäste, zur Überprüfung des technischen Zustands des Fahrzeugs.

3.8 Klasse CE

Definition Fahrzeug

Fahrzeugkombinationen, die aus einem Zugfahrzeug der Klasse C und Anhängern oder einem Sattelanhänger mit einer zulässigen Gesamtmasse von mehr als 750 kg bestehen.

Mindestalter

21 Jahre, siehe *Tabelle* S. 286

(Das Mindestalter für die Klassen C/CE wurde von 18 auf 21 Jahre angehoben. Diese Klasse darf jedoch bereits mit 18 Jahren erworben werden, wenn der Bewerber z. B. eine Ausbildung zum Berufskraftfahrer oder zur Fachkraft im Fahrbetrieb oder die Grundqualifikation nach § 4 Abs. 1 Nr. 1 BKrFQG erworben hat.)

Geltungsdauer

5 Jahre

Vorbesitz einer anderen Fahrerlaubnis

Klasse C erforderlich

Die Fahrerlaubnis der Klasse CE berechtigt auch zum Führen von Fahrzeugen der Klassen C1E, BE und T sowie D1E, sofern der Inhaber zum Führen von Fahrzeugen der Klasse D1 berechtigt ist, und DE, sofern er zum Führen von Fahrzeugen der Klasse D berechtigt ist.

3.9 Klasse C1

Definition Fahrzeug

Kraftfahrzeuge, ausgenommen Kraftfahrzeuge der Klassen AM, A1, A2 und A, mit einer zulässigen Gesamtmasse von mehr als 3500 kg, aber nicht mehr als 7500 kg und die zur Beförderung von nicht mehr als acht Personen außer dem Fahrzeugführer ausgelegt und gebaut sind (auch mit Anhänger mit einer zulässigen Gesamtmasse von nicht mehr als 750 kg).

Mindestalter

18 Jahre, siehe *Tabelle* S. 286

Geltungsdauer

befristet bis zum 50. Lebensjahr, nach Beendigung des 45. Lebensjahres für 5 Jahre

Vorbesitz einer anderen Fahrerlaubnis

Klasse B erforderlich

Die Fahrerlaubnis der Klasse C1 berechtigt auch zum Führen von Fahrzeugen der Klasse B, AM und L. Darüber hinaus berechtigt sie im Inland auch zum Führen von Kraftomnibussen – gegebenenfalls mit Anhänger – mit einer entsprechenden zulässigen Gesamtmasse, aber ohne Fahrgäste, zur Überprüfung des technischen Zustands des Fahrzeugs.

3.10 Klasse C1E

Definition Fahrzeug

Fahrzeugkombinationen, die aus einem Zugfahrzeug

- der Klasse C1 und einem Anhänger oder Sattelanhänger mit einer zulässigen Gesamtmasse von mehr als 750 kg bestehen, sofern die zulässige Gesamtmasse der Fahrzeugkombination 12000 kg nicht übersteigt,
- der Klasse B und einem Anhänger oder Sattelanhänger mit einer zulässigen Gesamtmasse von mehr als 3500 kg bestehen, sofern die zulässige Gesamtmasse der Fahrzeugkombination 12000 kg nicht übersteigt.

Mindestalter

18 Jahre, siehe *Tabelle* S. 286

Geltungsdauer

befristet bis zur Vollendung des 50. Lebensjahres, nach Beendigung des 45. Lebensjahres für 5 Jahre

Vorbesitz einer anderen Fahrerlaubnis

Klasse C1 erforderlich

Außerdem berechtigt die Fahrerlaubnis der Klasse C1E zum Führen von Fahrzeugen der Klassen BE sowie D1E, sofern der Inhaber zum Führen von Fahrzeugen der Klasse D1 berechtigt ist.

3.11 Klasse D

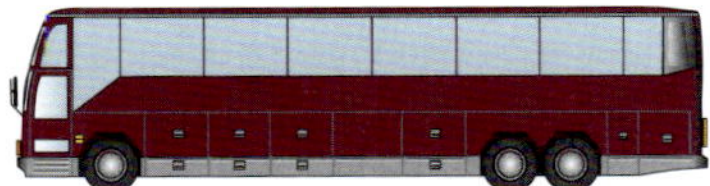

■ Definition Fahrzeug

Kraftfahrzeuge, ausgenommen Kraftfahrzeuge der Klassen AM, A1, A2 und A, die zur Beförderung von mehr als acht Personen außer dem Fahrzeugführer ausgelegt und gebaut sind (auch mit Anhänger mit einer zulässigen Gesamtmasse von nicht mehr als 750 kg).

■ Mindestalter

24 Jahre, siehe *Tabelle* S. 287

(Das Mindestalter für die Klassen D/DE wurde auf 24 Jahre angehoben. Diese Klasse darf jedoch bereits mit einem um bis zu 6 Jahre verminderten Mindestalter in Abhängigkeit von bestimmten Qualifikationen erworben werden.)

■ Geltungsdauer

5 Jahre

■ Vorbesitz einer anderen Fahrerlaubnis

Klasse B erforderlich

Die Fahrerlaubnis der Klasse D berechtigt auch zum Führen von Fahrzeugen der Klasse D1, B, AM und L.

3.12 Klasse DE

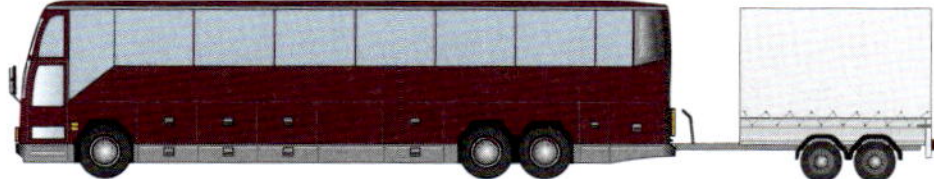

■ Definition Fahrzeug

Fahrzeugkombinationen, die aus einem Zugfahrzeug der Klasse D und einem Anhänger mit einer zulässigen Gesamtmasse von mehr als 750 kg bestehen.

■ Mindestalter

24 Jahre, siehe *Tabelle* S. 287

(Das Mindestalter für die Klassen D/DE wurde auf 24 Jahre angehoben. Diese Klasse darf jedoch bereits mit einem um bis zu 6 Jahre verminderten Mindestalter in Abhängigkeit von bestimmten Qualifikationen erworben werden.)

■ Geltungsdauer

5 Jahre

■ Vorbesitz einer anderen Fahrerlaubnis

Klasse D erforderlich

Die Fahrerlaubnis der Klasse DE berechtigt auch zum Führen von Fahrzeugen der Klassen D1E, BE sowie C1E, sofern der Inhaber zum Führen von Fahrzeugen der Klasse C1 berechtigt ist.

3.13 Klasse D1

■ Definition Fahrzeug

Kraftfahrzeuge – ausgenommen Krafträder – zur Personenbeförderung mit mehr als acht und nicht mehr als 16 Sitzplätzen außer dem Führersitz (auch mit Anhänger mit einer zulässigen Gesamtmasse von nicht mehr als 750 kg).

■ Mindestalter

21 Jahre, siehe *Tabelle* S. 287

■ Geltungsdauer

5 Jahre

■ Vorbesitz einer anderen Fahrerlaubnis

Klasse B erforderlich

Die Fahrerlaubnis der Klasse D1 berechtigt auch zum Führen von Fahrzeugen der Klasse B, AM und L.

3.14 Klasse D1E

Definition Fahrzeug

Fahrzeugkombinationen, die aus einem Zugfahrzeug der Klasse D1 und einem Anhänger mit einer zulässigen Gesamtmasse von mehr als 750 kg bestehen.

Mindestalter

21 Jahre, siehe *Tabelle* S. 287

Geltungsdauer

5 Jahre

Vorbesitz einer anderen Fahrerlaubnis

Klasse D1 erforderlich

Die Fahrerlaubnis der Klasse D1 berechtigt außerdem zum Führen von Fahrzeugen der Klassen BE sowie C1E, sofern der Inhaber zum Führen von Fahrzeugen der Klasse C1 berechtigt ist.

3.15 Klasse AM

Definition Fahrzeug

- Zweirädrige Kleinkrafträder (auch mit Beiwagen) mit einer durch die Bauart bestimmten Höchstgeschwindigkeit von nicht mehr als 45 km/h und einer elektrischen Antriebsmaschine oder einem Verbrennungsmotor mit einem Hubraum von nicht mehr als 50 cm^3 oder einer maximalen Nenndauerleistung bis zu 4 kW im Falle von Elektromotoren
- Krafträder mit einer durch die Bauart bestimmten Höchstgeschwindigkeit von nicht mehr als 45 km/h und einer elektrischen Antriebsmaschine oder einem Verbrennungsmotor mit einem Hubraum von nicht mehr als 50 cm^3, die zusätzlich hinsichtlich der Gebrauchsfähigkeit die Merkmale von Fahrrädern aufweisen (Fahrräder mit Hilfsmotor)
- dreirädrige Kleinkrafträder und vierrädrige Leichtkraftfahrzeuge mit jeweils einer durch die Bauart bestimmten Höchstgeschwindigkeit von nicht mehr als 45 km/h und einem Hubraum von nicht mehr als 50 cm^3 im Falle von Fremdzündungsmotoren, einer maximalen Nutzleistung von nicht mehr als 4 kW im Falle anderer Verbrennungsmotoren oder einer maximalen Nenndauerleistung von nicht mehr als 4 kW im Falle von Elektromotoren; bei vierrädrigen Leichtkraftfahrzeugen darf darüber hinaus die Leermasse nicht mehr als 350 kg betragen, ohne Masse der Batterien im Falle von Elektrofahrzeugen.

Mindestalter

16 Jahre

Geltungsdauer

unbefristet

Vorbesitz einer anderen Fahrerlaubnis

nicht erforderlich

3.16 Klasse T

Definition Fahrzeug

Zugmaschinen mit einer durch die Bauart bestimmten Höchstgeschwindigkeit von nicht mehr als 60 km/h und selbstfahrende Arbeitsmaschinen oder selbstfahrende Futtermischwagen mit einer durch die Bauart bestimmten Höchstgeschwindigkeit von nicht mehr als 40km/h, die jeweils nach ihrer Bauart zur Verwendung für land- oder forstwirtschaftliche Zwecke bestimmt sind und für solche Zwecke eingesetzt werden (jeweils auch mit Anhängern).

Mindestalter

16 Jahre bei 40 km/h (bbH); 18 Jahre bei 60 km/h (bbH)

Geltungsdauer

unbefristet

Vorbesitz einer anderen Fahrerlaubnis

nicht erforderlich

Die Fahrerlaubnis der Klasse T berechtigt auch zum Führen von Fahrzeugen der Klassen L und AM.

Bei Brauchtumsveranstaltungen dürfen auch Anhänger mitgeführt werden, die nicht zur Verwendung in land- oder forstwirtschaftlichen Betrieben bestimmt sind. Hierzu muss der Fahrer allerdings das Mindestalter von 18 Jahren erreicht haben.

Unter land- oder forstwirtschaftliche Zwecke im Rahmen der Fahrerlaubnis der Klassen T fallen

1. Betrieb von Landwirtschaft, Forstwirtschaft, Weinbau, Gartenbau, Obstbau, Gemüsebau, Baumschulen, Tierzucht, Tierhaltung, Fischzucht, Teichwirtschaft, Fischerei, Imkerei, Jagd sowie den Zielen des Natur- und Umweltschutzes dienende Landschaftspflege,
2. Park-, Garten-, Böschungs- und Friedhofspflege,
3. landwirtschaftliche Nebenerwerbstätigkeit und Nachbarschaftshilfe von Landwirten,
4. Betrieb von land- und forstwirtschaftlichen Lohnunternehmen und andere überbetriebliche Maschinenverwendung,
5. Betrieb von Unternehmen, die unmittelbar der Sicherung, Überwachung und Förderung der Landwirtschaft überwiegend dienen,
6. Betrieb von Werkstätten zur Reparatur, Wartung und Prüfung von Fahrzeugen sowie Probefahrten der Hersteller von Fahrzeugen, die jeweils im Rahmen der Nummern 1 bis 5 eingesetzt werden, und
7. Winterdienst.

3.17 Klasse L

Definition Fahrzeug

Zugmaschinen, die nach ihrer Bauart zur Verwendung für land- oder forstwirtschaftliche Zwecke bestimmt sind und für solche Zwecke eingesetzt werden, mit einer durch die Bauart bestimmten Höchstgeschwindigkeit von nicht mehr als 40 km/h und

Kombinationen aus diesen Fahrzeugen und Anhängern, wenn sie mit einer Geschwindigkeit von nicht mehr als 25 km/h geführt werden, sowie

selbstfahrende Arbeitsmaschinen, selbstfahrende Futtermischwagen, Stapler und andere Flurförderzeuge, jeweils mit einer durch die Bauart bestimmten Höchstgeschwindigkeit von nicht mehr als 25 km/h, und

Kombinationen aus diesen Fahrzeugen und Anhängern.

Mindestalter

16 Jahre

Geltungsdauer

unbefristet

Vorbesitz einer anderen Fahrerlaubnis

nicht erforderlich

Unter land- oder forstwirtschaftliche Zwecke im Rahmen der Fahrerlaubnis der Klassen L fallen

1. Betrieb von Landwirtschaft, Forstwirtschaft, Weinbau, Gartenbau, Obstbau, Gemüsebau, Baumschulen, Tierzucht, Tierhaltung, Fischzucht, Teichwirtschaft, Fischerei, Imkerei, Jagd sowie den Zielen des Natur- und Umweltschutzes dienende Landschaftspflege,
2. Park-, Garten-, Böschungs- und Friedhofspflege,
3. landwirtschaftliche Nebenerwerbstätigkeit und Nachbarschaftshilfe von Landwirten,
4. Betrieb von land- und forstwirtschaftlichen Lohnunternehmen und andere überbetriebliche Maschinenverwendung,
5. Betrieb von Unternehmen, die unmittelbar der Sicherung, Überwachung und Förderung der Landwirtschaft überwiegend dienen,
6. Betrieb von Werkstätten zur Reparatur, Wartung und Prüfung von Fahrzeugen sowie Probefahrten der Hersteller von Fahrzeugen, die jeweils im Rahmen der Nummern 1 bis 5 eingesetzt werden, und
7. Winterdienst.

Erforderliches Mindestalter für die einzelnen Fahrzeugklassen

Klasse	Mindestalter	Beschränkungen/Auflagen
AM	16 Jahre	
A1	16 Jahre	
A2	18 Jahre	
A	a) 24 Jahre für Krafträder bei direktem Zugang b) 21 Jahre für dreirädrige Kraftfahrzeuge mit einer Leistung von mehr als 15 kW oder c) 20 Jahre für Krafträder bei einem Vorbesitz der Klasse A2 von mindestens 2 Jahren	
B, BE	a) 18 Jahre b) 17 Jahre – bei der Teilnahme am Begleiteten Fahren ab 17 nach § 48a FeV – bei Erteilung der Fahrerlaubnis während oder nach Abschluss einer Berufsausbildung in – dem staatlich anerkannten Ausbildungsberuf „Berufskraftfahrer/Berufskraftfahrerin“ – dem staatlich anerkannten Ausbildungsberuf „Fachkraft im Fahrbetrieb“ oder – einem staatlich anerkannten Ausbildungsberuf, in dem vergleichbare Fertigkeiten und Kenntnisse zum Führen von Kraftfahrzeugen auf öffentlichen Straßen vermittelt werden	
C1, C1E	18 Jahre	
C, CE	a) 21 Jahre b) 18 Jahre – nach erfolgter Grundqualifikation nach § 4 Abs. 1 Nr. 1 BKrFQG – für Personen während oder nach Abschluss einer Berufsausbildung nach – dem staatlich anerkannten Ausbildungsberuf „Berufskraftfahrer/Berufskraftfahrerin“ – dem staatlich anerkannten Ausbildungsberuf „Fachkraft im Fahrbetrieb“ oder – einem staatlich anerkannten Ausbildungsberuf, in dem vergleichbare Fertigkeiten und Kenntnisse zum Führen von Kraftfahrzeugen auf öffentlichen Straßen vermittelt werden	Bis zum Erreichen des nach Buchstabe a vorgeschriebenen Mindestalters ist die Fahrerlaubnis mit den Auflagen zu versehen, dass von ihr nur bei Fahrten im Inland und im Rahmen des Ausbildungsverhältnisses Gebrauch gemacht werden darf. Die Auflagen entfallen, wenn der Fahrerlaubnisinhaber das Mindestalter nach Buchstabe a erreicht hat oder die Ausbildung nach Buchstabe b abgeschlossen ist. →

Erforderliches Mindestalter für die einzelnen Fahrzeugklassen (Fortsetzung)

Klasse	Mindestalter	Beschränkungen/Auflagen
D1, D1E	a) 21 Jahre b) 18 Jahre für Personen während oder nach Abschluss einer Berufsausbildung nach – dem staatlich anerkannten Ausbildungsberuf „Berufskraftfahrer/Berufskraftfahrerin" – dem staatlich anerkannten Ausbildungsberuf „Fachkraft im Fahrbetrieb" oder – einem staatlich anerkannten Ausbildungsberuf, in dem vergleichbare Fertigkeiten und Kenntnisse zur Durchführung von Fahrten mit Kraftfahrzeugen auf öffentlichen Straßen vermittelt werden	Bis zum Erreichen des nach Buchstabe a vorgeschriebenen Mindestalters ist die Fahrerlaubnis mit den Auflagen zu versehen, dass von ihr nur 1. bei Fahrten im Inland und 2. im Rahmen des Ausbildungsverhältnisses Gebrauch gemacht werden darf. Die Auflage nach Nr. 1 entfällt, wenn der Fahrerlaubnisinhaber das Mindestalter nach Buchstabe a erreicht hat. Die Auflage nach Nr. 2 entfällt, wenn der Fahrerlaubnisinhaber das Mindestalter nach Buchstabe a erreicht oder die Ausbildung nach Buchstabe b abgeschlossen hat.
D, DE	a) 24 Jahre b) 23 Jahre nur für Klasse D nach beschleunigter Grundqualifikation durch Ausbildung und Prüfung nach § 4 Abs. 2 BKrFQG c) 21 Jahre – nach erfolgter Grundqualifikation nach § 4 Abs. 1 Nr. 1 BKrFQG oder – nach beschleunigter Grundqualifikation durch Ausbildung nach § 4 Abs. 2 BKrFQG im Linienverkehr bis 50 km d) 20 Jahre für Personen während oder nach Abschluss einer Berufsausbildung nach – dem staatlich anerkannten Ausbildungsberuf „Berufskraftfahrer/Berufskraftfahrerin" – dem staatlich anerkannten Ausbildungsberuf „Fachkraft im Fahrbetrieb" oder – einem staatlich anerkannten Ausbildungsberuf, in dem vergleichbare Fertigkeiten und Kenntnisse zur Durchführung von Fahrten mit Kraftfahrzeugen auf öffentlichen Straßen vermittelt werden e) 18 Jahre für Personen während oder nach Abschluss einer Berufsausbildung nach Buchstabe d im Linienverkehr bis 50 km	Bis zum Erreichen des nach Buchstabe a vorgeschriebenen Mindestalters ist die Fahrerlaubnis mit den Auflagen zu versehen, dass von ihr nur 1. bei Fahrten im Inland und 2. im Rahmen des Ausbildungsverhältnisses Gebrauch gemacht werden darf. Die Auflage nach Nr. 1 entfällt, wenn der Fahrerlaubnisinhaber das Mindestalter nach Buchstabe a erreicht hat. Die Auflage nach Nr. 2 entfällt, wenn der Fahrerlaubnisinhaber das Mindestalter nach Buchstabe a erreicht oder die Ausbildung nach Buchstabe b, c, d oder e abgeschlossen hat.
T	16 Jahre	
L	16 Jahre	

Kapitel 2
Prüfung der Bewerber

1 Theoretische Prüfung

1.1 Allgemeines

In § 16 der Fahrerlaubnis-Verordnung (FeV) ist geregelt, dass der Bewerber in der theoretischen Prüfung nachzuweisen hat, dass er

1. ausreichende Kenntnisse der für das Führen von Kraftfahrzeugen maßgebenden gesetzlichen Vorschriften sowie der umweltbewussten und energiesparenden Fahrweise hat und
2. mit den Gefahren des Straßenverkehrs und den zu ihrer Abwehr erforderlichen Verhaltensweisen vertraut ist.

Die Prüfungen werden von einem aaSoP der jeweils zuständigen TP durchgeführt.

Vor jeder Prüfung hat sich der aaSoP von der Identität des jeweiligen Bewerbers zu überzeugen. In der Regel ist hierfür ein Personalausweis oder Reisepass das vorzulegende Dokument. Im Ausnahmefall kann dies ein anderes durch die Verwaltungsbehörde zugelassenes Dokument mit Lichtbild sein. Sollten Zweifel an der Identität des Bewerbers bestehen, darf die Prüfung nicht durchgeführt werden und die zuständige Fahrerlaubnisbehörde ist hierüber zu informieren.

Der Bewerber hat vor Beginn der Prüfung dem aaSoP die Ausbildungsbescheinigung seiner Fahrschule auszuhändigen; hierbei darf der Abschluss der Ausbildung nicht länger als 2 Jahre zurückliegen. Jedoch nicht in jedem Fall ist eine Ausbildungsbescheinigung gefordert. Beispielsweise ist dann keine erforderlich, wenn die Fahrerlaubnis nach vorangegangener Entziehung oder Verzicht neu erteilt werden soll.

Die theoretische Prüfung entfällt bei der Erweiterung

- von der Fahrerlaubnisklasse A1 auf die Klasse A2 oder der Klasse A2 auf die Klasse A, soweit der Bewerber zum Zeitpunkt der Erteilung der jeweiligen Fahrerlaubnis für
  - die Fahrerlaubnis der Klasse A2 seit mindestens zwei Jahren Inhaber der Fahrerlaubnis der Klasse A1 ist, und
  - die Fahrerlaubnis der Klasse A seit mindestens zwei Jahren Inhaber einer Fahrerlaubnis der Klasse A2 ist.
- von der Klasse B auf die Klasse BE,
- von der Klasse C1 auf die Klasse C1E,
- von der Klasse D1 auf die Klasse D1E und
- von der Klasse D auf die Klasse DE.

Es ist nicht zulässig, während der theoretischen Prüfung Hilfsmittel zu benutzen. Bei jeglicher Art von Täuschungshandlung gilt die theoretische Prüfung als nicht bestanden und wird im Regelfall eine Wartezeit von mindestens vier Wochen nach sich ziehen.

Eine nicht bestandene theoretische Prüfung ist in vollem Umfang zu wiederholen. Die Anzahl der Wiederholungsversuche ist nicht begrenzt, jedoch darf eine nicht bestandene Prüfung erst nach einer angemessenen Wartezeit wiederholt werden, welche im Regelfall zwei Wochen beträgt.

1.2 Prüfungsfragen

Der Prüfungsstoff setzt sich zusammen aus Inhalten zahlreicher Sachgebiete, unter anderem:

- Gefahrenlehre
- Verhalten im Straßenverkehr
- Vorfahrt, Vorrang
- Verkehrszeichen
- Umweltschutz
- Vorschriften über den Betrieb der Fahrzeuge
- Technik
- Eignung und Befähigung von Kraftfahrern.

Die jeweils gültige Fassung des Fragenkatalogs, welcher sich in zwei Teile – den Grundstoff und den Zusatzstoff – gliedert, muss im Verkehrsblatt veröffentlicht werden.

Diese Gliederung hat den Hintergrund, dass die Fragen aus dem Grundstoff (Teil 1) über alle Klassen hinweg zum Einsatz kommen können. Sie sind nach Abschnitten und Kapiteln nummeriert und erkennbar an der Kennzeichnung „G". Auch bei Mofaprüfungen kommt ca. die Hälfte dieser Fragen zum Einsatz.

Im Zusatzstoff (Teil 2) sind dann jeweils die klassenbezogenen Fragen auch abschnitts- und kapitelweise nummeriert. Die Kennzeichnung erfolgt hier der jeweiligen Klasse entsprechend (A entspricht Klasse A). Bilder geben die Situation aus der Sicht des Fahrers wieder. Im Fragenkatalog erscheint jede Frage nur einmal. Der Fragenkatalog enthält auch Fragen, die in der Prüfung als Varianten von sog. „Mutterfragen" dargestellt werden. Im Fragenkatalog werden nur die „Mutterfragen", nicht aber die Varianten veröffentlicht.

Es sind maximal drei Antworten pro Frage möglich, wobei mindestens eine richtig ist. Die Antworten sind durch Ankreuzen oder Einsetzen von Zahlen zu beantworten. Je nach Inhalt und Bedeutung sind die Fragen mit 2 bis 5 Punkten bewertet. Die Wertigkeit ist im Fragenkatalog bei jeder Frage angegeben.

Die Anzahl der Fragen je Klasse, die Anzahl der Punkte und die zulässige Fehlerpunktzahl ergeben sich aus den folgenden *Tabellen*.

Die Zusammenstellung der Fragen im Einzelnen ergibt sich aus der Prüfungsrichtlinie, die vom Bundesministerium für Verkehr, Bau und Stadtentwicklung im Einvernehmen mit den zuständigen obersten Landesbehörden in der jeweils geltenden Fassung im Verkehrsblatt bekannt gemacht wird.

Ersterwerb

Klasse	Zahl der Fragen	Summe der Punkte	Zulässige Fehlerpunkte
A	30	110	10*
A1	30	110	10*
A2	30	110	10*
B	30	110	10*
AM	30	110	10*
L	30	110	10*
T	30	110	10*
Mofa	20	69	7

*) Außer wenn zwei Fragen mit Wertigkeit 5 falsch beantwortet werden

Erweiterung

Klasse	Zahl der Fragen	Summe der Punkte	Zulässige Fehlerpunkte
A	20	72	6*
A1	20	72	6*
A2	20	72	6
B	20	72	6*
AM	20	72	6
L	20	72	6*
T	20	72	6*
C	37	128	10*
CE	30	105	10*
C1	30	105	10*
D	40	138	10*
D1	35	121	10*

*) Außer wenn zwei Fragen mit Wertigkeit 5 falsch beantwortet werden

In folgendem *Beispiel* ist die Zusammenstellung und Bewertung für die Fahrerlaubnisklassen A, A1, A2, B, AM, L und T für den **Ersterwerb** dargestellt. Hierbei sind maximal 10 Fehlerpunkte zulässig, außer es werden 2 Fragen mit der Wertigkeit 5 falsch beantwortet.

Stoffgebiet	Abschnitt im Fragenkatalog	Zahl der Fragen	Summe der Punkte
1. Grundstoff			
Gefahrenlehre	1.1	8 (davon 4 mit Bild)	32
Verhalten im Straßenverkehr	1.2	6 (davon 1 mit Bild)	21
Vorfahrt/Vorrang	1.3	3 (mind. 2 mit Bild)	15
Verkehrszeichen	1.4	2 (mind. 1 mit Bild)	6
Umweltschutz	1.5	1	3
Summe Grundstoff		20	77
2. Zusatzstoff	2.1 bis 2.8	10	33
Gesamtstoff		30	110

Im nächsten *Beispiel* ist die Zusammenstellung und Bewertung für die Fahrerlaubnisklassen A, A1, A2, B, AM, L und T für eine **Erweiterung** dargestellt. Hierbei sind maximal 10 Fehlerpunkte zulässig, außer es werden 2 Fragen mit der Wertigkeit 5 falsch beantwortet.

Stoffgebiet	Abschnitt im Fragenkatalog	Zahl der Fragen	Summe der Punkte
1. Grundstoff			
Gefahrenlehre	1.1	4 (davon 2 mit Bild)	16
Verhalten im Straßenverkehr	1.2	3 (davon 1 mit Bild)	10
Vorfahrt/Vorrang	1.3	2	10
Verkehrszeichen	1.4	1	3
Summe Grundstoff		10	39
2. Zusatzstoff	2.1 bis 2.8	10	33
Gesamtstoff		20	72

Zulässige Fehlerpunkte einer einzelnen Klasse sind im Folgenden dargestellt. Hierbei werden der Grundstoff und der Zusatzstoff immer gemeinsam bewertet.

Klassen	Zulässige Fehlerpunkte	
	Ersterwerb	Erweiterung
	20 Fragen Grundstoff + Zusatzstoff	10 Fragen Grundstoff + Zusatzstoff
A, A1, A2, B, AM, L, T	10	6
C1	–	10
C	–	10
CE	–	10
D1	–	10
D	–	10

Beispiel Klasse D

Grundstoff: 6 Fehlerpunkte

Zusatzstoff Klasse D: 5 Fehlerpunkte

Ergebnis: Prüfung nicht bestanden, weil mehr als 10 Fehlerpunkte.

In der folgenden *Tabelle* ist die zulässige Fehlerpunktzahl bei gleichzeitiger Prüfung mehrerer Klassen in *einem* Termin dargestellt.

Bei gleichzeitiger Prüfung mehrerer Klassen in einem Termin wird der Grundstoff nur einmalig geprüft, aber immer mit dem Zusatzstoff gemeinsam bewertet.

Klassen	Zulässige Fehlerpunkte											
	Ersterwerb						Erweiterung					
	20 Fragen Grundstoff + Zusatzstoff						10 Fragen Grundstoff + Zusatzstoff					
A, A1, A2, B, M, L, T	10						6					
Zulässige Fehlerpunkte bei Klassen die Klasse B voraussetzen												
	B	C1	C	CE	D1	D	B	C1	C	CE	D1	D
B + C1	10	13					6	10				
B + C	10		13				6		10			
B + C + CE	10		13	13			6		10	10		
B + D1	10				13		6				10	
B + D	10					13	6					10

1.3 Prüfungsablauf

Der aaSoP legt den Ort und den Zeitpunkt zur Durchführung der theoretischen Fahrerlaubnisprüfung fest. Hierzu muss ihm für jeden Bewerber ein Prüfauftrag der zuständigen Fahrerlaubnisbehörde vorliegen.

Nach der Begrüßung, einer persönlichen Vorstellung, der Feststellung der Identität und Überprüfung der Vollständigkeit der Prüfungsunterlagen muss er beachten, dass frühestens 3 Monate vor Erreichen des Mindestalters die theoretische Prüfung durchgeführt werden darf. Die durch jeden Bewerber vorzulegende Ausbildungsbescheinigung muss dem aus Anlage 7.1 zur Fahrschüler-Ausbildungsordnung ersichtlichen Muster entsprechen.

Der aaSoP hat während der Prüfung auf eine ruhige und angenehme Prüfungsatmosphäre zu achten und zu Beginn der Prüfung eine Einweisung in den Prüfungsablauf zu geben.

Seit dem 1.1.2010 kommt in allen Bundesländern einheitlich ein PC-Arbeitsplatz mit spezieller Prüfungssoftware zur Durchführung der theoretischen Fahrerlaubnisprüfung zur Anwendung.

Bild 3 Informationen zur Fahrerlaubnisprüfung im Internet

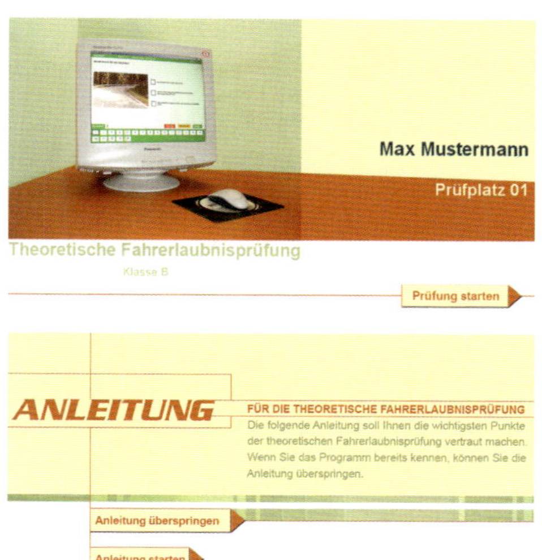

Bild 4 Die Demoversion führt Schritt für Schritt durch die theoretische Fahrerlaubnisprüfung

Auf der Internetseite www.fahrerlaubnis.tuev-dekra.de kann sich jeder Fahrerlaubnisbewerber eine Demoversion der PC-Prüfungssoftware herunterladen, mit der man den Ablauf einer theoretischen Fahrerlaubnisprüfung am PC simulieren kann. Somit hat jeder Bewerber die Möglichkeit, sich mit der Programmnutzung und dem Prüfungsablauf im Vorfeld vertraut zu machen. In der Demoversion wird auch die Anwendung des Programms, insbesondere die Navigation und die Menüführung, erklärt (*Bild 3*).

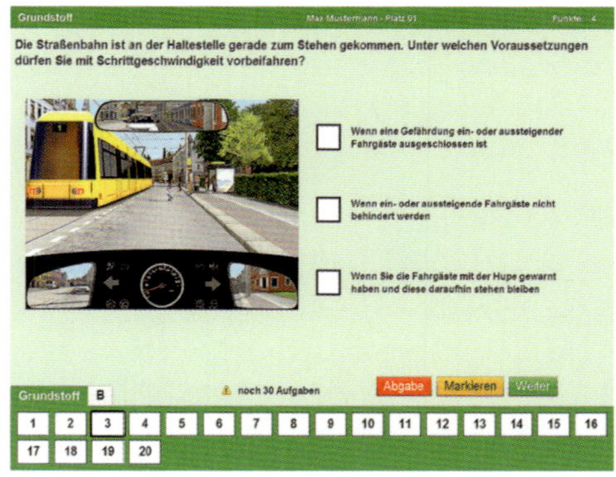

Bild 5 Beispiel einer Prüfungsfrage Klasse B Grundstoff mit computergeneriertem Bild

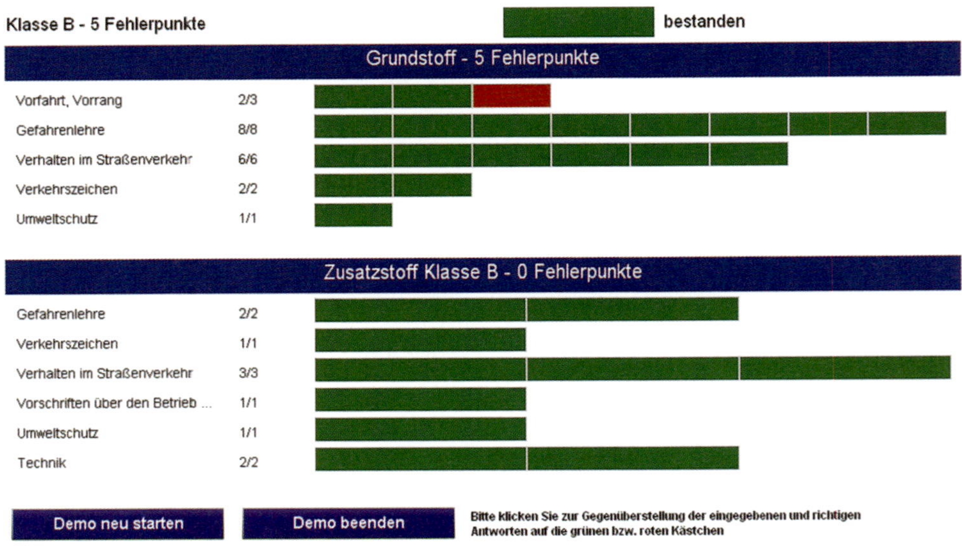

Bild 6 Auswertung des Ergebnisses aus Sicht des Prüfers

Für alle Bundesländer kann eine entsprechende Demoversion für die jeweiligen Fahrerlaubnisklassen heruntergeladen werden. Eine ausführliche Anleitung zeigt, wie es geht (*Bild 4*).

2 Praktische Prüfung

2.1 Grundlagen

In § 2 StVG ist vorgeschrieben: „*Wer auf öffentlichen Straßen ein Kraftfahrzeug führt, bedarf der Erlaubnis der zuständigen Behörde und hat die Befähigung hierfür in einer theoretischen und praktischen Prüfung nachzuweisen.*“

Die FeV regelt in § 17:

„*(1) In der praktischen Prüfung hat der Bewerber nachzuweisen, dass er über die zur sicheren Führung eines Kraftfahrzeugs, gegebenenfalls mit Anhänger, im Verkehr erforderlichen technischen Kenntnisse und über ausreichende Kenntnisse einer umweltbewussten und energiesparenden Fahrweise verfügt sowie zu ihrer praktischen Anwendung fähig ist.*“

Frühestens 1 Monat vor Erreichen des Mindestalters des Bewerbers darf die praktische Prüfung durchgeführt werden, wenn zuvor die theoretische Prüfung bestanden wurde. Hierfür muss der Bewerber ein der Anlage 7 FeV entsprechendes Prüfungsfahrzeug bereitstellen, welches im Regelfall durch die ausbildende Fahrschule erfolgt.

Wie bei der theoretischen Prüfung muss sich der aaSoP von der Identität des Bewerbers vor der Prüfung durch Kontrolle des Personalausweises oder Reisepasses überzeugen.

Bestehen Zweifel an der Identität des Bewerbers, darf die Prüfung nicht durchgeführt werden und die Fahrerlaubnisbehörde ist zu informieren.

Der Bewerber hat vor der Prüfung dem aaSoP eine Ausbildungsbescheinigung der Fahrschule nach dem Muster aus Anlage 7.2 bzw. 7.3 zur Fahrschüler-Ausbildungsordnung zu übergeben. Diese ist durch den aaSoP auf Vorschriftsmäßigkeit und Vollständigkeit zu überprüfen.

Selbst der Prüfort, an dem der Bewerber seine praktische Prüfung ablegen muss, wird von der zuständigen Fahrerlaubnisbehörde festgelegt. Im Regelfall entspricht dieser dem Hauptwohnort, der Ausbildungs- oder Arbeitsstätte des Bewerbers. Ausnahmen hiervon kann die Fahrerlaubnisbehörde zulassen.

Die praktische Prüfungsfahrt findet im Bereich des Prüfortes sowohl außerorts wie auch innerhalb geschlossener Ortschaften statt, wobei der aaSoP die Zeit, den Ausgangspunkt und den Verlauf derselben bestimmt.

Hierbei berücksichtigt er, dass zumutbare Bedingungen für die Benutzung öffentlicher Verkehrsmittel bestehen. Mit Zustimmung aller Beteiligten ist das Mitnehmen eines weiteren Bewerbers während der Prüfungsfahrt zulässig.

Beim innerörtlichen Teil der praktischen Prüfung muss die Prüfungsfahrt in geschlossenen Ortschaften (Zeichen 310 StVO) durchgeführt werden, die aufgrund des Straßennetzes, der vorhandenen Verkehrszeichen und -einrichtungen sowie der Verkehrsdichte und -struktur die Prüfung der wesentlichen Verkehrsvorgänge ermöglichen (Prüfort).

Abweichend hiervon sind Prüfungen der Klasse AM überwiegend möglichst nur innerhalb geschlossner Ortschaften durchzuführen.

Beim außerörtlichen Teil der praktischen Prüfung, welcher etwa die Hälfte der reinen Fahrzeit einnimmt, ist darauf zu achten, dass möglichst bei höheren Geschwindigkeiten die wesentlichen Verkehrsvorgänge geprüft werden. Die Einbindung von Autobahnen und autobahnähnlichen Kraftfahrstraßen in der Umgebung des Prüfortes bieten sich hierzu ideal an.

Abweichend von § 17 Abs. 4 der FeV (Anl. 7 Nr. 2.4 FeV) kann die Prüfung für die Klasse T auch an Orten durchgeführt werden, die nicht Prüforte sind.

Wird die Prüfungsfahrt mit einem Kraftfahrzeug mit automatischer Kraftübertragung durchgeführt, ist die Fahrerlaubnis hierauf zu beschränken. Ausgenommen hiervon sind die Klassen AM und T. Bei den Klassen C1, C1E, C, CE, D1, D1E, D und DE wird auf die Beschränkung auf Automatik verzichtet, wenn der Betroffene einen Führerschein der Klasse B ohne Automatikbeschränkung besitzt.

Als Fahrzeug mit Schaltgetriebe gilt ein Fahrzeug, das über ein Kupplungspedal oder im Falle eines Kfz der Klassen A, A2 oder A1 über einen von Hand zu bedienenden Kupplungshebel verfügt, der vom Fahrer beim Anfahren oder beim Anhalten sowie beim Gangwechsel betätigt werden muss.

Schlussfolgernd gilt ein Fahrzeug als Automatikfahrzeug, wenn das Kupplungspedal bzw. der Kupplungshebel zum Anfahren oder Anhalten sowie beim Gangwechsel nicht betätigt werden muss.

Auf Antrag ist die Beschränkung aufzuheben, wenn der Inhaber der Fahrerlaubnis dem aaSoP in einer praktischen Prüfung die sichere Führung eines Kraftfahrzeuges mit Schaltgetriebe nachweist.

Alle vom Fahrzeughersteller lieferbaren Ausstattungen und Systeme oder vergleichbare nachträglich eingebaute sind grundsätzlich im Prüfungsfahrzeug zugelassen.

Eine während der Fahrausbildung am Fahrschulfahrzeug vorgeschriebene Kennzeichnung als Schulfahrzeug muss während der Prüfungsfahrt entfernt werden.

Die Prüfungsdauer und die reine Fahrzeit sind in der *folgenden Tabelle* dargestellt. Zur reinen Fahrzeit addieren sich die Vor- und Nachberei-

Klasse	Gesamtdauer der praktischen Prüfung	davon reine Fahrzeit (Mindestfahrzeit)
A	60 Minuten 40 Minuten*	25 Minuten 25 Minuten
A2 A1	60 Minuten 40 Minuten* 45 Minuten	25 Minuten 25 Minuten 25 Minuten
B	45 Minuten	25 Minuten
BE	45 Minuten	25 Minuten
C	75 Minuten	45 Minuten
CE	75 Minuten	45 Minuten
C1	75 Minuten	45 Minuten
C1E	75 Minuten	45 Minuten
D	75 Minuten	45 Minuten
DE	70 Minuten	45 Minuten
D1	75 Minuten	45 Minuten
D1E	70 Minuten	45 Minuten
AM	45 Minuten	13 Minuten
T	60 Minuten	30 Minuten

* Aufstiegsprüfung

tung der Prüfung und die Grundfahraufgaben, Sicherheits-/Abfahrtkontrollen/Handfertigkeiten, Verbinden und Trennen, sofern gefordert.

Die Prüfungsdauer kann vorzeitig beendet werden, wenn der Bewerber anzeigt, dass er den Anforderungen der Prüfung nicht gewachsen ist.

Bei der Aufhebung einer Beschränkung auf automatische Kraftübertragung der Klasse A, A2 oder A1 und bei der Erweiterung von der Klasse A1 auf die Klasse A2 sowie von der Klasse A2 auf die Klasse A (stufenweiser Zugang bei jeweils zweijährigem Vorbesitz und Erweiterung auf die nächsthöhere Klasse) verkürzt sich die Dauer der praktischen Prüfung um ein Drittel.

Im Vorgespräch erläutert der aaSoP dem Bewerber, wie er ihm die Ansage der Fahrtstrecke und weitere Fahranweisungen während der Prüfungsfahrt gibt. Ein wichtiges Ziel in diesem Vorgespräch ist die Schaffung einer angenehmen Prüfungsatmosphäre. Er beschreibt kurz den Ablauf der geplanten Fahrt und drückt mit aufmunternden Worten seinen Erfolgswunsch aus. Hierbei signalisiert er dem Prüfling, dass es keinen Grund für Prüfungsangst gibt.

Ist ein Bewerber ortskundig, kann mit dessen Einverständnis die Ansage der Fahrtziele auch direkt erfolgen.

Folgende Inhalte sind Bestandteil der praktischen Prüfung der jeweiligen Fahrerlaubnisklasse:

Alle Klassen	Fahrtechnische Vorbereitung der Fahrt
Klassen A, A1, A2, B, AM, BE, CE, C1E, DE, D1E	Sicherheitskontrolle
Klassen C, C1, D, D1, T Klassen D, D1	Abfahrtkontrolle Abfahrtkontrolle/Handfertigkeiten
Klassen BE, CE, C1E, DE, D1E, T	Verbinden und Trennen von Fahrzeugen
Alle Klassen	Grundfahraufgaben
Alle Klassen	Prüfungsfahrt

Während der Prüfungsfahrt muss der Bewerber zeigen, dass er selbstständig das Fahrzeug auch in schwierigen Verkehrslagen verkehrsgerecht und sicher führen kann und eine angepasste und rücksichtsvolle Fahrweise beherrscht. Mit in das Gesamtergebnis wird einfließen, ob er über ausreichende Kenntnisse der gesetzlichen Vorschriften im Straßenverkehr und eine umweltbewusste und energiesparende Fahrweise verfügt.

Auf die nachfolgend aufgezählten Punkte wird der aaSoP ein besonderes Augenmerk haben:

- Fahrtechnische Vorbereitung
- Lenkradhaltung
- Verhalten beim Anfahren
- Gangwechsel
- Steigungs- und Gefällstrecken
- Automatische Kraftübertragung
- Verkehrsbeobachtung und Beachtung der Verkehrszeichen und -einrichtungen
- Fahrgeschwindigkeit
- Abstand halten vom vorausfahrenden Fahrzeug
- Überholen und Vorbeifahren
- Verhalten an Kreuzungen, Einmündungen, Kreisverkehren und Bahnübergängen
- Abbiegen und Fahrstreifenwechsel
- Verhalten gegenüber Fußgängern sowie an Straßenbahn- und Bushaltestellen
- Fahren außerhalb geschlossener Ortschaften
- Fahrtechnischer Abschluss der Fahrt.

2.2 Prüfungsfahrzeuge

Gemäß Anlage 7 Nr. 2.2 FeV sind folgende Fahrzeuge als Prüfungsfahrzeuge zu verwenden (für die Klassen B, C1, C, D1 und D sind nur linksgelenkte Fahrzeuge zulässig).

Prüfungsfahrzeug Klasse A

Krafträder ohne Beiwagen der Klasse A

- ab dem 1.1.2014 Motorleistung mindestens 50 kW und
- Hubraum mindestens 600 cm^3, wobei eine Unterschreitung des Mindesthubraumes um 5 cm^3 zulässig ist
- ab dem 1.1.2014 Leermasse von mindestens 180 kg, wobei eine Unterschreitung um 5 kg zulässig ist
- ab dem 1.1.2014 mit Elektromotor: Verhältnis Leistung/Leermasse mindestens 0,25 kW/kg.

Prüfungsfahrzeug Klasse A2

Krafträder ohne Beiwagen der Klasse A2

- Motorleistung mindestens 20 kW, aber nicht mehr als 35 kW
- Verhältnis Leistung/Leermasse von nicht mehr als 0,2 kW/kg
- mit Verbrennungsmotor: Hubraum mindestens 400 cm^3, wobei eine Unterschreitung des Mindesthubraumes um 5 cm^3 zulässig ist
- mit Elektromotor: Verhältnis Leistung/Leermasse mindestens 0,15 kW/kg.

Prüfungsfahrzeug Klasse A1

Krafträder der Klasse A1 ohne Beiwagen

- Motorleistung bis 11 kW
- Verhältnis Leistung/Leermasse von nicht mehr als 0,1 kW/kg
- durch die Bauart bestimmte Höchstgeschwindigkeit mindestens 90 km/h
- mit Verbrennungsmotor: Hubraum mindestens 120 cm^3, wobei eine Unterschreitung des Mindesthubraumes um 5 cm^3 zulässig ist
- mit Elektromotor: Verhältnis Leistung/Leermasse mindestens 0,08 kW/kg.

Prüfungsfahrzeug Klasse B

Personenkraftwagen

- durch die Bauart bestimmte Höchstgeschwindigkeit mindestens 130 km/h
- mindestens vier Sitzplätze
- mindestens zwei Türen auf der rechten Seite.

Prüfungsfahrzeug Klasse BE

Fahrzeugkombinationen bestehend aus einem Prüfungsfahrzeug der Klasse B und einem

Anhänger gemäß § 30a Abs. 2 Satz 1 StVZO mit mehr als 4 250 kg, die als Kombination nicht der Klasse B zuzurechnen sind

- Länge der Fahrzeugkombination mindestens 7,5 m
- zulässige Gesamtmasse des Anhängers mindestens 1 300 kg
- tatsächliche Gesamtmasse des Anhängers mindestens 800 kg
- Aufbau des Anhängers kastenförmig oder damit vergleichbar, Breite und Höhe mindestens wie das Zugfahrzeug und
- Sicht nach hinten nur über Außenspiegel.

Prüfungsfahrzeug Klasse C

Fahrzeuge der Klasse C

- Mindestlänge 8,0 m
- Mindestbreite 2,4 m
- zulässige Gesamtmasse mindestens 12 t
- tatsächliche Gesamtmasse mindestens 10 t
- durch die Bauart bestimmte Höchstgeschwindigkeit mindestens 80 km/h
- mit Anti-Blockier-System (ABS)
- mit EG-Kontrollgerät
- Aufbau kastenförmig oder damit vergleichbar, mindestens so breit und so hoch wie die Führerkabine
- Sicht nach hinten nur über Außenspiegel.

Prüfungsfahrzeug Klasse CE

Fahrzeugkombinationen bestehend aus einem Prüfungsfahrzeug der Klasse C mit selbsttätiger Kupplung und einem Anhänger mit eigener Lenkung oder mit einem Starrdeichselanhänger mit Tandem-/Doppelachse

- Länge der Fahrzeugkombination mindestens 14,0 m
- zulässige Gesamtmasse der Fahrzeugkombination mindestens 20 t
- tatsächliche Gesamtmasse der Fahrzeugkombination mindestens 15 t
- Zweileitungs-Bremsanlage
- durch die Bauart bestimmte Höchstgeschwindigkeit der Fahrzeugkombination mindestens 80 km/h
- Anhänger mit Anti-Blockier-System (ABS)
- Länge des Anhängers mindestens 7,5 m
- Mindestbreite des Anhängers 2,4 m
- Aufbau des Anhängers kastenförmig oder vergleichbar, mindestens so breit und so hoch wie die Führerkabine des Zugfahrzeugs
- Sicht nach hinten nur über Außenspiegel

oder

Sattelkraftfahrzeuge

- Länge mindestens 14 m
- Mindestbreite der Sattelzugmaschine und des Sattelanhängers 2,4 m
- zulässige Gesamtmasse mindestens 20 t
- tatsächliche Gesamtmasse mindestens 15 t
- durch die Bauart bestimmte Höchstgeschwindigkeit mindestens 80 km/h
- Sattelzugmaschine und Sattelanhänger mit Anti-Blockier-System (ABS)
- mit EG-Kontrollgerät
- Aufbau kastenförmig oder vergleichbar, mindestens so breit und so hoch wie die Führerkabine
- Sicht nach hinten nur über Außenspiegel.

Prüfungsfahrzeug Klasse C1

Fahrzeuge der Klasse C1

- Länge mindestens 5 m
- zulässige Gesamtmasse mindestens 5,5 t
- durch die Bauart bestimmte Höchstgeschwindigkeit mindestens 80 km/h
- mit Anti-Blockier-System (ABS)
- mit EG-Kontrollgerät
- Aufbau kastenförmig oder vergleichbar, mindestens so breit und so hoch wie die Führerkabine
- Sicht nach hinten nur über Außenspiegel.

Prüfungsfahrzeug Klasse C1E

Fahrzeugkombinationen bestehend aus einem Prüfungsfahrzeug der Klasse C1 und einem Anhänger

- Länge der Fahrzeugkombination mindestens 9 m
- durch die Bauart bestimmte Höchstgeschwindigkeit der Fahrzeugkombination mindestens 80 km/h
- zulässige Gesamtmasse des Anhängers mindestens 1 300 kg

- tatsächliche Gesamtmasse des Anhängers mindestens 800 kg
- Anhänger mit eigener Bremsanlage
- Aufbau des Anhängers kastenförmig oder vergleichbar, mindestens so hoch und etwa so breit wie die Führerkabine des Zugfahrzeugs (der Aufbau kann geringfügig weniger breit sein)
- Sicht nach hinten nur über Außenspiegel.

Prüfungsfahrzeug Klasse D

Fahrzeuge der Klasse D

- Länge mindestens 10 m
- Mindestbreite 2,4 m
- durch die Bauart bestimmte Höchstgeschwindigkeit von mindestens 80 km/h
- mit Anti-Blockier-System (ABS)
- mit EG-Kontrollgerät.

Prüfungsfahrzeug Klasse DE

Fahrzeugkombinationen bestehend aus einem Prüfungsfahrzeug der Klasse D und einem Anhänger

- Länge der Fahrzeugkombination mindestens 13,5 m
- Mindestbreite des Anhängers 2,4 m
- durch die Bauart bestimmte Höchstgeschwindigkeit der Fahrzeugkombination mindestens 80 km/h
- zulässige Gesamtmasse des Anhängers mindestens 1 300 kg
- tatsächliche Gesamtmasse des Anhängers mindestens 800 kg
- Anhänger mit eigener Bremsanlage
- Aufbau des Anhängers kastenförmig oder vergleichbar, mindestens 2,0 m breit und hoch
- Sicht nach hinten nur über Außenspiegel.

Prüfungsfahrzeug Klasse D1

Fahrzeuge der Klasse D1

- Länge mindestens 5 m, maximale Länge 8 m
- durch die Bauart bestimmte Höchstgeschwindigkeit mindestens 80 km/h
- zulässige Gesamtmasse mindestens 4 t
- mit Anti-Blockier-System (ABS)
- mit EG-Kontrollgerät.

Prüfungsfahrzeug Klasse D1E

Fahrzeugkombinationen bestehend aus einem Prüfungsfahrzeug der Klasse D1 und einem Anhänger

- Länge der Fahrzeugkombination mindestens 8,5 m
- durch die Bauart bestimmte Höchstgeschwindigkeit der Fahrzeugkombination mindestens 80 km/h
- zulässige Gesamtmasse des Anhängers mindestens 1 300 kg
- tatsächliche Gesamtmasse des Anhängers mindestens 800 kg
- Anhänger mit eigener Bremsanlage
- Aufbau des Anhängers kastenförmig oder vergleichbar, mindestens 2,0 m breit und hoch
- Sicht nach hinten nur über Außenspiegel.

Prüfungsfahrzeug Klasse AM

Zweirädrige Kleinkrafträder oder Fahrräder mit Hilfsmotor mit einer durch die Bauart bestimmten Höchstgeschwindigkeit von mindestens 40 km/h.

Prüfungsfahrzeug Klasse T

Fahrzeugkombinationen bestehend aus einer Zugmaschine der Klasse T und einem Anhänger

- durch die Bauart bestimmte Höchstgeschwindigkeit der Zugmaschine von mehr als 32 km/h
- Höchstgeschwindigkeit der Fahrzeugkombination mehr als 32 km/h
- Zweileitungs-Bremsanlage
- Anhänger mit mindestens geschlossener Ladefläche (Fahrgestell ohne geschlossenen Boden nicht zulässig)
- Länge des Anhängers bei Verwendung eines Starrdeichselanhängers mindestens 4,5 m
- Länge der Fahrzeugkombination mindestens 7,5 m.

Übergangsvorschrift

Prüfungsfahrzeuge, die den Vorschriften der Anlage 7 FeV in der bis zum 1.7.2004 geltenden Fassung entsprechen, dürfen bis zum 30.9.2013 verwendet werden. Prüfungsfahrzeuge, die den Vorschriften der Anlage 7 FeV in der vom 2.7.2004 bis zum Ablauf des 18.1.2013 geltenden Fassung entsprechen, dürfen vorbehaltlich der Bestimmung für die Klasse A bis zum Ablauf des 18.1.2017 verwendet werden. Die Details finden Sie im Anhang im Teil VII.

Weitere Anforderungen an die Prüfungsfahrzeuge

Unter „Länge des Fahrzeugs" ist der Abstand zwischen serienmäßiger vorderer Stoßstange und hinterer Begrenzung des Aufbaus zu verstehen. Nicht zur Fahrzeuglänge zählen Anbauten wie Seilwinden, Wasserpumpen, Rangierkupplungen, zusätzlich angebrachte Stoßstangenhörner, Anhängekupplungen, Skiträger oder ähnliche Teile und Einrichtungen.

Die Prüfungsfahrzeuge müssen ausreichende Sitzplätze für den aaSoP, den Fahrlehrer und den Bewerber bieten; das gilt nicht bei Fahrzeugen der Klassen A, A1, A2, AM und T. Es muss gewährleistet sein, dass der aaSoP alle für den Ablauf der praktischen Prüfung wichtigen Verkehrsvorgänge beobachten kann (Nr. 2 Anlage 7 FeV „Prüfungsfahrzeuge").

Bei den Prüfungen mit Prüfungsfahrzeugen der Klassen A, A1, A2, AM und T muss eine Funkanlage zur Verfügung stehen, die es mindestens gestattet, den Bewerber während der Prüfungsfahrt anzusprechen (einseitiger Führungsfunk). Das gilt nicht für Prüfungsfahrzeuge der Klasse T, wenn auf diesen geeignete Plätze für den aaSoP und den Fahrlehrer vorhanden sind.

Es dürfen nur Fahrzeuge verwendet werden, für die eine Helmtragepflicht besteht.

Prüfungsfahrzeuge der Klassen B, C, C1, D und D1 müssen mit akustisch oder optisch kontrollierbaren Einrichtungen zur Betätigung der Pedale (Doppelbedienungseinrichtungen) ausgerüstet sein. Prüfungsfahrzeuge der Klasse B müssen ferner mit einem zusätzlichen Innenspiegel sowie mit zwei rechten Außenspiegeln, gegebenenfalls in integrierter Form, oder einem gleichwertigen Außenspiegel ausgerüstet sein.

Prüfungsfahrzeuge der Klassen BE, C, C1, D und D1 müssen mit je einem zusätzlichen rechten und linken Außenspiegel ausgestattet sein, soweit die Spiegel für den Fahrer dem Fahrlehrer keine ausreichende Sicht nach hinten ermöglichen.

2.3 Klasse B

In folgendem *Beispiel* ist anhand der Darstellung einer Klasse-B-Prüfung der klassische Ablauf aus Sicht eines aaSoP beschrieben.

Zum Beginn der Prüfung begrüßt der aaSoP den Fahrlehrer und seinen Bewerber und stellt sich kurz vor. Da bereits der erste Kontakt für die Schaffung einer angenehmen Prüfungsatmosphäre beitragen kann, sollte hierbei das Auftreten des aaSoP freundlich und motivierend sein.

Nach der Überprüfung der Vorschriftsmäßigkeit aller Angaben des Prüfauftrages ist eine Identitätskontrolle des Bewerbers erforderlich. Dieser weist sich anhand eines gültigen Personalausweises oder Reisepasses aus.

Andere Dokumente mit Lichtbild sind zulässig, sofern sie von der Fahrerlaubnisbehörde genehmigt und im Prüfauftrag vermerkt sind. Stichprobenweise sollte an dieser Stelle auch die Fahrlehrerlaubnis des Fahrlehrers überprüft werden. Bei angestellten Fahrlehrern muss ein eingetragenes Beschäftigungsverhältnis ausgewiesen sein.

Anschließend wird die Ausbildungsbescheinigung geprüft, welche vollständig ausgefüllt, vom Fahrlehrer und Fahrschüler unterschrieben sein und dem Muster zur Fahrschüler-Ausbildungs-Ordnung (FahrschAusbO) entsprechen muss.

Über eine kurze Sichtkontrolle wird vom aaSoP die Erfüllung der Anforderungen an das Prüfungsfahrzeug und danach die Funktion der Doppelbedienungseinrichtung überprüft.

Nachdem die Entgegennahme der Prüfungsgebühr nach (GebOSt) erfolgte, kann der praktische Teil der Prüfung beginnen.

Die praktische Prüfung der Klasse B beinhaltet folgende Aufgaben:

- Fahrtechnische Vorbereitung der Fahrt
- Grundfahraufgaben
- Prüfungsfahrt.

2.3.1 Fahrtechnische Vorbereitung der Fahrt

Der Bewerber muss vor Fahrbeginn die Einstellung von Sitz und Kopfstütze, Lenkrad, Spiegel und das Anlegen des Sicherheitsgurtes vorgenommen haben. Es wird vorausgesetzt, dass er mit den vorhandenen Bedienungselementen und ggf. benutzten Assistenzsystemen vertraut ist.

Nun ist die Sicherheitskontrolle an der Reihe. Hierbei wird eine Stichprobe aus den Aufgaben der fahrtechnischen Vorbereitung (*Tabelle* unten) vor jeder Fahrprüfung abgefragt.

Ziel der Sicherheitskontrolle ist es, die fahrtechnische Vorbereitung des Bewerbers als eine der Anforderungen vor Fahrtantritt mit einzubinden und nicht als mündliche Zusatzprüfung zu behandeln.

2.3.2 Grundfahraufgaben Klasse B

Die Grundfahraufgaben für die Klasse B sind in Anlage 3 zur Prüfungsrichtlinie beschrieben und sollen zeigen, dass der Bewerber in der Lage ist, ein Fahrzeug der Klasse B bei geringer Geschwindigkeit selbstständig zu handhaben. Die Fahraufgaben sollen in verkehrsarmen Bereichen und möglichst in der Ebene durchgeführt werden, wobei die Vorschriften der StVO zu beachten sind.

Aus den folgenden Aufgaben (umseitige *Tabelle*) wählt der aaSoP bei jeder Prüfung drei aus, wobei eine Aufgabe aus den Nummern 2.1 und 2.2, eine weitere Aufgabe aus den Nummern 2.3 und 2.4 durchzuführen ist.

Fahren nach rechts rückwärts unter Ausnutzung einer Einmündung, Kreuzung oder Einfahrt

Inhalt der Grundfahraufgabe

Nach rechts rückwärts in einem möglichst engen Bogen unter Beachtung des Rechtsfahrgebotes fahren, ohne auf den Bordstein aufzufahren oder die Fahrbahnbegrenzung zu überfahren. Fahrzeug in Rückwärtsfahrt parallel

Sicherheitskontrolle Klasse B	
Reifen	Profiltiefe, Reifendruck, Beschädigungen
Bremsanlage	Funktion Betriebs- und Feststellbremse
Lenkung	Entriegelung Lenkschloss, Lenkspiel prüfen
Scheinwerfer, Leuchten, Blinker, Hupe	Ein- und Ausschalten Funktionsprüfung Kontrollleuchten benennen
Rückstrahler	Beschädigung, Vorhandensein
Flüssigkeitsstände	Motoröl, Kühlmittel, Scheibenwaschwasser

Grundfahraufgaben Klasse B	Nr.	
Fahren nach rechts rückwärts unter Ausnutzung einer Einmündung, Kreuzung oder Einfahrt	2.1	Es ist **eine** von diesen beiden Aufgaben auszuwählen
Rückwärtsfahren in eine Parklücke (Längsaufstellung)	2.2	
Einfahren in eine Parklücke (Quer- oder Schrägaufstellung)	2.3	Es ist **eine** von diesen beiden Aufgaben auszuwählen
Umkehren	2.4	
Abbremsen mit höchstmöglicher Verzögerung	2.5	
Summe der zu fahrenden Grundfahraufgaben		**3**

zum Bordstein oder zur Fahrbahnbegrenzung anhalten.

Fehlerbewertung

- Ungenügende Beobachtung des Verkehrs
- Nicht in einem möglichst engen Bogen gefahren
- Nichtbeachtung des Rechtsfahrgebotes
- Auffahren auf den Bordstein oder Überfahren der Fahrbahnbegrenzung
- Nicht annähernd parallel zum Bordstein oder zur Fahrbahnbegrenzung angehalten
- Endstellung nicht durch Rückwärtsfahrt erreicht
- Mehr als zwei Korrekturzüge (ein Korrekturzug ist die Bewegung des Fahrzeugs entgegen der Fahrtrichtung der Aufgabe)

Rückwärtsfahren in eine Parklücke (Längsaufstellung)

Inhalt der Grundfahraufgabe

Rückwärtsfahren in eine etwa 8 m lange Lücke (z. B. zwischen zwei hintereinander stehenden Fahrzeugen) und halten.

Fehlerbewertung

- Ungenügende Beobachtung des Verkehrs
- Auffahren auf den Bordstein oder Überfahren der Fahrbahnbegrenzung
- Fehlerhafte Endstellung (z. B. Einklemmen anderer Fahrzeuge)
- Abstand vom Bordstein oder von der Fahrbahnbegrenzung mehr als 30 cm
- Mehr als zwei Korrekturzüge (ein Korrekturzug ist die Bewegung des Fahrzeugs entgegen der Fahrtrichtung der Aufgabe)

Einfahren in eine Parklücke (Quer- oder Schrägstellung)

Inhalt der Grundfahraufgabe

Vorwärts- oder Rückwärtsfahren in eine Lücke zwischen zwei parallel stehenden Fahrzeugen oder auf eine quer oder schräg zur Fahrtrichtung markierte Parkfläche und anschließend halten.

Fehlerbewertung

- Ungenügende Beobachtung des Verkehrs
- Nicht ausreichender Seitenabstand
- Fahrzeugumriss ragt über markierte Parkfläche hinaus

- Mehr als zwei Korrekturzüge (ein Korrekturzug ist die Bewegung des Fahrzeugs entgegen der Fahrtrichtung der Aufgabe)

■ Umkehren

Inhalt der Grundfahraufgabe

Selbstständiges Auswählen einer geeigneten Stelle und Methode zum Umkehren (z. B. Park- oder Stellplatz, Einmündung, Grundstückseinfahrt).

Fehlerbewertung

- Ungenügende Beobachtung des Verkehrs
- Unzulässiges Abweichen vom Rechtsfahrgebot

■ Abbremsen mit höchstmöglicher Verzögerung

Inhalt der Grundfahraufgabe

Der Bewerber hat den Pkw durch Betätigen der Betriebsbremse mit höchstmöglicher Verzögerung aus einer Geschwindigkeit von ca. 30 km/h zum Stillstand zu bringen.

Die Aufgabe setzt voraus, dass durch den Fahrlehrer sichergestellt ist, dass eine Gefährdung des nachfolgenden Verkehrs ausgeschlossen ist; deshalb ist eine Beobachtung des rückwärtigen Verkehrs (Spiegelbenutzung und Überprüfen des toten Winkels) vor dem Beginn der Bremsung nicht erforderlich. Die Anweisung zur Durchführung der Bremsung erfolgt durch den Fahrlehrer.

Fehlerbewertung

- Zu geringe Ausgangsgeschwindigkeit
- Kein schlagartiges Betätigen der Betriebsbremse
- Nichterreichen der notwendigen Verzögerung
- Wesentliches Abweichen von der Fahrlinie durch fehlerhaftes Lenken
- Abwürgen des Motors

Bewertung der Grundfahraufgaben

Jede Aufgabe darf einmal wiederholt werden. Die praktische Prüfung ist nicht bestanden, wenn der Bewerber

- auch bei der Wiederholung eine Grundfahraufgabe nicht fehlerfrei ausführt,
- den Verkehr ungenügend beobachtet und es dadurch zu einer Gefährdung kommt,
- eine Person, ein Fahrzeug oder einen anderen Gegenstand anfährt.

2.3.3 Prüfungsfahrt Klasse B

Ein wesentlicher Bestandteil der praktischen Prüfung der Klasse B ist die Prüfungsfahrt, bei der die nachfolgenden Anforderungen berücksichtigt werden müssen.

Besonders wichtig ist die Beobachtung des Verkehrsraums, dies gilt insbesondere vor und während des Anfahrens. Beim Anfahren in einer Steigung ist das abgestimmte Verhalten zwischen Gas, Kupplung und Bremse zu bewerten. Unter Berücksichtigung der Verkehrssicherheit ist es angebracht, frühzeitig die nächsthöheren Gänge zu wählen, um auch den Ansprüchen anderer Verkehrsteilnehmer und nicht zuletzt unserer Umwelt gerecht werden. Unnötig hohe Motordrehzahlen sind beim Beschleunigen zu vermeiden.

Die Lenkradhaltung während der Prüfungsfahrt sollte auf „zehn vor zwei" (Geradeausfahrt) erfolgen und natürlich müssen beide Hände am Lenkrad sein.

Durch aufmerksame Beobachtung des Verkehrsraums und Beachtung von Verkehrszeichen und -einrichtungen ist die Geschwindigkeit der jeweiligen Verkehrslage anzupassen. Während der Fahrt ist es auch wichtig zu wissen, wie sich der nachfolgende Verkehr verhält. Die Benutzung der Rückspiegel und des Innenspiegels ist hier die geeignete Maßnahme.

Zum vorausfahrenden Fahrzeug ist in allen Geschwindigkeitsbereichen der notwendige Sicherheitsabstand einzuhalten.

Nach Möglichkeit sollte das Überholen anderer Verkehrsteilnehmer fester Bestandteil jeder Klasse-B-Prüfung sein. Hierbei gilt der Beobachtung des Verkehrsraums nach vorn und hinten, der Benutzung von Rückspiegeln und der Überprüfung des toten Winkels sowie dem Setzen des Blinkers besondere Aufmerksamkeit. Auch die Sicherheitsabstände sind zu beachten.

Eine Gefährdung oder Behinderung anderer Verkehrsteilnehmer muss ausgeschlossen sein. Beim Überholtwerden darf der Bewerber auf keinen Fall die Geschwindigkeit erhöhen.

An Kreuzungen, Einmündungen, Kreisverkehren und Bahnübergängen muss rechtzeitig die Geschwindigkeit angepasst und Bremsbereitschaft hergestellt werden. Sollten längere Wartezeiten absehbar sein, ist der Motor des Fahrzeugs abzustellen.

Abbiegevorgänge und Fahrstreifenwechsel erfordern wieder die zuvor beschriebene Aufmerksamkeit bei der Beobachtung des Verkehrsraums und die Benutzung von Rückspiegeln und Blinker.

Eine zusätzliche Überprüfung des toten Winkels ist in bestimmten Verkehrssituationen unabdingbar. Nicht rechtzeitiges Einordnen und unnötiges Ausholen auf dem Fahrstreifen des Gegenverkehrs sind zu beanstanden.

Fußgängern auf der Fahrbahn darf sich der Bewerber nur mit einer solchen Geschwindigkeit und Sicherheitsabstand nähern, dass diese sicher die Straße verlassen können. An Fußgängerüberwegen ist auf richtiges Verhalten besonders zu achten. Dies gilt ebenso an Haltestellen von Straßenbahnen und Bussen.

Beim Fahren außerhalb geschlossener Ortschaften sind die Anforderungen auf vorausschauendes Fahren, die richtige Fahrbahnbenutzung und nicht zuletzt das Fahren bei höheren Geschwindigkeiten zu überprüfen.

Zum fahrtechnischen Abschluss der Prüfungsfahrt ist das Fahrzeug verkehrsgerecht abzustellen und zu sichern. Beim Aussteigen ist der nachfolgende Verkehr vor dem Öffnen der Tür zu beachten.

2.4 Zweirad-Klassen A, A2, A1 und AM

Analog dem *Beispiel* der Klasse-B-Prüfung in Abschnitt 2.3 findet die Begrüßung und Überprüfung aller Voraussetzungen auch bei den Zweirad-Klassen statt. Hinzu kommt, dass der Bewerber bei Zweiradprüfungen geeignete Schutzkleidung tragen muss (Schutzhelm, Handschuhe, eine anliegende Jacke und knöchelhohes festes Schuhwerk, z. B. Stiefel).

Der praktische Teil der Prüfung der Zweiradklassen beinhaltet die folgenden Aufgaben:

- Fahrtechnische Vorbereitung der Fahrt
- Grundfahraufgaben
- Prüfungsfahrt.

2.4.1 Fahrtechnische Vorbereitung der Fahrt

Der Bewerber muss vor Fahrtbeginn zeigen, dass er die Fähigkeit besitzt, das Krad selbstständig zu handhaben. Hierzu muss er eigenständig das Krad vom Ständer herunternehmen und aufstellen können. Weiterhin ist unter Umständen das seitliche Schieben ohne Motorkraft in die Abfahrtposition erforderlich.

In jeder Prüfung ist die Sicherheitskontrolle anhand einer Stichprobe aus folgenden Aufgaben vorzunehmen (siehe nachfolgende *Tabelle*).

2.4.2 Grundfahraufgaben der Zweirad-Klassen A, A1, A2 und M

Bei der Durchführung der Grundfahraufgaben der Zweirad-Klassen muss der Bewerber zeigen, dass er zum einen die selbstständige Handhabung des entsprechenden Kraftrades beherrscht und darüber hinaus mit den physikalischen Grundsätzen des Fahrens von Krafträdern vertraut ist. Dies sollte idealerweise außerhalb des öffentlichen Verkehrs in der Ebene erfolgen.

Alle Grundfahraufgaben sind sitzend durchzuführen; Ausweichübungen dürfen nur nach links erfolgen. Auch hierbei sind die Vorschriften der StVO zu beachten.

Sicherheitskontrolle Zweirad-Klassen	
Reifen	Profiltiefe, Reifendruck, Beschädigungen
Not-Aus-Schalter	Zustand
Lenkung	Entriegelung Lenkschloss
Scheinwerfer, Leuchten, Blinker, Hupe	Funktionsprüfung; Ein- und Ausschalten, Kontrolleuchten benennen
Rückstrahler	Beschädigung, Vorhandensein
Flüssigkeitsstände	Motoröl, Kühlmittel
Bremsanlage	Funktion Betriebsbremse
Antriebselemente (Kette, Kardan, Belt-Drive)	Zustand, soweit vorhanden und ohne Werkzeug möglich

In Anlage 2 zur Prüfungsrichtlinie sind die Grundfahraufgaben nach Art und Anzahl in der fogenden *Tabelle* beschrieben:

In jeder Prüfung der Klassen A, A2 oder A1 (Direkteinstieg) sind die folgenden Aufgaben durchzuführen: ➔

Grundfahraufgaben der Klassen A, A2 und A1 (Direkteinstieg)	Nr.	
Fahren eines Slaloms mit Schrittgeschwindigkeit (5 × Abstand 3,5 m)	2.1	obligatorisch
Abbremsen mit höchstmöglicher Verzögerung	2.2	obligatorisch
Ausweichen ohne Abbremsen	2.3	obligatorisch
Ausweichen nach Abbremsen	2.4	obligatorisch
Slalom (Abstand 4 × 7 m)	2.5	alternativ
Langer Slalom (Abstand 4 × 9 m/2 × 7 m)	2.6	alternativ
Fahren mit Schrittgeschwindigkeit geradeaus	2.7	alternativ
Stop and Go	2.8	alternativ
Kreisfahrt (Radius 4,5 m)	2.9	alternativ
Summe der zu fahrenden Grundfahraufgaben		**6**

2.1	Slalom mit Schrittgeschwindigkeit
2.2	Bremsaufgabe
2.3	Ausweichaufgabe
2.4	Brems-/Ausweichaufgabe
2.5 oder 2.6	Slalomaufgabe
2.7 bis 2.9	eine weitere Aufgabe

Bei stufenweisem Zugang und jeweils zweijährigem Vorbesitz von A1 nach A2 und A2 nach A entfallen die alternativen Aufgaben (siehe die beiden folgenden *Tabellen*).

In jeder Prüfung der Klasse AM sind die folgenden Aufgaben durchzuführen:

2.5	Slalomaufgabe
2.2	Bremsaufgabe
2.3 oder 2.4	Ausweichaufgabe
2.7 bis 2.9	eine weitere Aufgabe bei langsamer Geschwindigkeit.

Nachfolgend werden die Grundfahraufgaben der Klassen A, A1, A2 und AM und deren Fehlerbewertung erläutert (Anlage 2 zur Prüfungsrichtlinie).

Fahren eines Slaloms mit Schrittgeschwindigkeit

Inhalt der Grundfahraufgabe

Der Bewerber hat eine Slalomstrecke, bestehend aus 6 Leitkegeln in einem Abstand von jeweils 3,5 m, mit Schrittgeschwindigkeit (ca. 5 km/h) unter Beibehaltung des Gleichgewichts und mit richtiger Handhabung von Kupplung, Gas und Bremse zu durchfahren.

Grundfahraufgaben der Klassen A2 und A1 (stufenweiser Zugang)	Nr.	
Fahren eines Slaloms mit Schrittgeschwindigkeit (5 × Abstand 3,5 m)	2.1	obligatorisch
Abbremsen mit höchstmöglicher Verzögerung	2.2	obligatorisch
Ausweichen ohne Abbremsen	2.3	obligatorisch
Ausweichen nach Abbremsen	2.4	obligatorisch
Summe der zu fahrenden Grundfahraufgaben		**4**

Grundfahraufgaben Klasse AM	Nr.	
Slalom (Abstand 4 × 7 m)	2.5	obligatorisch
Abbremsen mit höchstmöglicher Verzögerung	2.2	obligatorisch
Ausweichen ohne Abbremsen	2.3	alternativ
Ausweichen nach Abbremsen	2.4	alternativ
Fahren mit Schrittgeschwindigkeit geradeaus	2.7	alternativ
Stop and Go	2.8	alternativ
Kreisfahrt (Radius 4,5 m)	2.9	alternativ
Summe der zu fahrenden Grundfahraufgaben		**4**

Fehlerbewertung

- Überschreiten der Schrittgeschwindigkeit
- Auslassen eines Feldes
- Umwerfen eines Leitkegels
- Absetzen eines Fußes auf der Fahrbahn

Abbremsen mit höchstmöglicher Verzögerung

Inhalt der Grundfahraufgabe

Der Bewerber hat das Kraftrad unter gleichzeitiger Benutzung beider Bremsen mit höchstmöglicher Verzögerung aus einer Geschwindigkeit von ca. 50 km/h (bei Klasse AM aus ca. 40 km/h) zum Stillstand zu bringen, ohne dass das Kraftrad dabei wesentlich von der Fahrlinie abweicht.

Die Aufgabe setzt voraus, dass sichergestellt ist, dass eine Gefährdung des nachfolgenden Verkehrs ausgeschlossen ist; deshalb ist eine Beobachtung des rückwärtigen Verkehrs (Spiegelbenutzung und Überprüfen des toten Winkels) vor Beginn der Bremsung nicht erforderlich.

Das Blockieren des Hinterrades sowie das Bremsen im Regelbereich bei Blockierverhinderungssystemen sind nicht zu beanstanden, wenn das Kraftrad stabil gehalten wird.

Fehlerbewertung

- Zu geringe Ausgangsgeschwindigkeit
- Nichterreichen der notwendigen Verzögerung
- Benutzung nur eines Bremshebels (gilt nicht für kombinierte Bremssysteme)
- Wesentliches Abweichen von der Fahrlinie
- Abwürgen des Motors

Ausweichen ohne Abbremsen

Inhalt der Grundfahraufgabe

Beschleunigen auf etwa 50 km/h (bei Klasse AM auf etwa 40 km/h), vor einer markierten Stelle um etwa 1 bis 1,5 m nach links ausweichen und ohne zu bremsen auf die ursprüngliche Fahrlinie zurückkehren. Das Ausweichen darf frühestens 9 m vor der markierten Stelle beginnen.

Die Aufgabe setzt voraus, dass sichergestellt ist, dass eine Gefährdung des nachfolgenden Verkehrs ausgeschlossen ist; deshalb ist eine Beobachtung des rückwärtigen Verkehrs (Spiegelbenutzung und Überprüfen des toten Winkels) vor Beginn des Ausweichens nicht erforderlich.

Fehlerbewertung

- Zu geringe Ausgangsgeschwindigkeit
- Zu frühes oder nicht ausreichendes Ausweichen
- Bremsen vor Wiedererreichen der Fahrlinie
- Die ursprüngliche Fahrlinie wird nicht annähernd wieder erreicht
- Herunternehmen eines Fußes oder beider Füße von den Fußrasten
- Umwerfen des zweiten Leitkegels

Ausweichen nach Abbremsen

Inhalt der Grundfahraufgabe

Beschleunigen auf etwa 50 km/h (bei Klasse AM auf etwa 40 km/h), dann rechtzeitig kurz abbremsen und nach Lösen der Bremsen mit einer Geschwindigkeit im eigenstabilen Bereich (ca. 30 km/h) vor einer markierten Stelle um etwa 1 bis 1,5 m nach links ausweichen und ohne zu bremsen auf die ursprüngliche Fahrlinie zurückkehren. Das Ausweichen darf frühestens 7 m vor der markierten Stelle beginnen.

Die Aufgabe setzt voraus, dass sichergestellt ist, dass eine Gefährdung des nachfolgenden Verkehrs ausgeschlossen ist; deshalb ist eine Beobachtung des rückwärtigen Verkehrs (Spiegelbenutzung und Überprüfen des toten Winkels) vor Beginn des Ausweichens nicht erforderlich.

Fehlerbewertung

- Zu geringe Ausgangsgeschwindigkeit
- Zu frühes oder nicht ausreichendes Ausweichen
- „Herumlenken" des Krades um die Leitkegel
- Nichtlösen der Bremsen beim Ausweichen oder Bremsen vor Wiedererreichen der Fahrlinie
- Die ursprüngliche Fahrlinie wird nicht annähernd wieder erreicht

- Herunternehmen eines Fußes oder beider Füße von den Fußrasten
- Umwerfen des zweiten Leitkegels

Slalom

Inhalt der Grundfahraufgabe

Der Bewerber hat eine Slalomstrecke von ca. 50 m Länge, bestehend aus 5 Leitkegeln im Abstand von jeweils 7 m, mit einer Geschwindigkeit von ca. 30 km/h zu durchfahren.

Fehlerbewertung

- Zu geringe Geschwindigkeit
- Auslassen eines Feldes
- Umwerfen eines Leitkegels
- Berühren der Fahrbahn mit einem Fuß

Langer Slalom

Inhalt der Grundfahraufgabe

Der Bewerber hat eine Slalomstrecke von ca. 80 m Länge, bestehend aus 5 Leitkegeln im Abstand von jeweils 9 m, anschließend 2 Leitkegeln im Abstand von jeweils 7 m, mit einer annähernd gleichbleibenden Geschwindigkeit von ca. 30 km/h zu durchfahren. Die Aufgabe darf nicht im 1. Gang gefahren werden.

Fehlerbewertung

- Zu geringe Geschwindigkeit
- Auslassen eines Feldes
- Umwerfen eines Leitkegels
- Berühren der Fahrbahn mit einem Fuß

Fahren mit Schrittgeschwindigkeit geradeaus

Inhalt der Grundfahraufgabe

Der Bewerber hat eine Strecke von ca. 25 m mit Schrittgeschwindigkeit unter Beibehaltung des Gleichgewichts und mit richtiger Handhabung von Kupplung, Gas und Bremse geradeaus zu fahren.

Fehlerbewertung

- Überschreiten der Schrittgeschwindigkeit
- Starkes Abweichen von der Geraden (mehrfaches Abweichen von der Geraden um mehr als 30 cm nach links oder rechts); die ersten 5 m nach dem Anfahren werden nicht bewertet
- Herunternehmen eines Fußes oder beider Füße von der Fußraste

Stop and Go

Inhalt der Grundfahraufgabe

Mehrfaches Anhalten und Anfahren, abgestimmtes Betätigen von Gas, Kupplung und Bremse, Füße nur zum Abstützen des Kraftrades im Stand von den Fußrasten nehmen und auf der Fahrbahn absetzen. Dabei soll gezeigt werden, dass die Neigung des Kraftrades nach der einen oder anderen Seite bewusst erfolgt, indem zunächst zweimal der eine und dann zweimal der andere Fuß abgesetzt wird. Beobachtung des rückwärtigen Verkehrs ist nur beim ersten Anfahren erforderlich. Gangwechsel ist während der Aufgabe nicht erforderlich.

Fehlerbewertung

- Anfahren im falschen Gang
- Abwürgen des Motors
- Füße nicht auf den Fußrasten, außer zum Abstützen beim Anhalten
- Absetzen der Füße nicht wie beschrieben

Kreisfahrt

Inhalt der Grundfahraufgabe

Einfahren in einen Kreis mit einem Radius von 4,5 m (eine Markierung des Kreises ist nicht erforderlich), mehrfaches im Kreis Fahren und Verlassen des Kreises. Die Kreisfahrt kann wahlweise in die eine oder in die andere Richtung verlangt werden, auf öffentlichen Straßen jedoch nur nach links. Die Geschwindigkeit ist so zu wählen, dass Schräglage entsteht. Die Beobachtung des rückwärtigen Verkehrs ist nur vor dem Einfahren in den Kreis erforderlich.

Fehlerbewertung

- Starkes Abweichen vom vorgegebenen Radius

- Starkes Abweichen von der Kreisform
- Herunternehmen eines Fußes oder beider Füße von der Fußraste
- Fahren im falschen Gang
- Schräglage ist nicht festzustellen

Bewertung der Grundfahraufgaben

Höchstens drei Grundfahraufgaben dürfen je einmal wiederholt werden.

Die praktische Prüfung ist nicht bestanden, wenn der Bewerber

- auch bei der Wiederholung eine Grundfahraufgabe nicht fehlerfrei ausführt,
- den Verkehr ungenügend beobachtet und es dadurch zu einer Gefährdung kommt,
- eine Person, ein Fahrzeug oder einen anderen Gegenstand (Leitkegel ausgenommen) anfährt oder
- stürzt.

2.4.3 Prüfungsfahrt der Zweirad-Klassen A, A1, A2 und AM

Im Abschnitt 2.3.3 „Prüfungsfahrt Klasse B" sind die grundlegenden Anforderungen an eine Prüfungsfahrt beschrieben. Diese gelten selbstverständlich auch bei den Zweirad-Klassen sinngemäß. Ergänzend hierzu ist zu erwähnen, dass zur besseren Verständigung mit dem Bewerber der Einsatz einer Funkanlage vorgeschrieben ist, und zwar mindestens in Form von einseitigem Führungsfunk.

Die Prüfungsfahrt der Klasse AM soll möglichst nur innerhalb geschlossener Ortschaften durchgeführt werden.

2.5 Lkw- und KOM-Klassen C, C1, D und D1

Die Durchführung der praktischen Prüfung in den Nutzfahrzeug- und KOM-Klassen entspricht prinzipiell den bereits beschriebenen Klassen. Folgende Besonderheiten sind jedoch zu berücksichtigen:

- Besitz der Fahrerlaubnis Klasse B (mind. bestandene Prüfung)
- Mindestausbildungszeiten abhängig vom Vorbesitz anderer FE-Klassen (C1, D1)
- Klassenspezifische Anforderungen
- Höhere Anforderungen in Klasse D (Fahrfertigkeiten)

Der praktische Teil der Prüfung in den Nutzfahrzeug- und KOM-Klassen beinhaltet die folgenden Aufgaben:

- Fahrtechnische Vorbereitung der Fahrt
- Abfahrtkontrolle
- Handfertigkeiten (nur FE-Klassen D, D1)
- Grundfahraufgaben
- Prüfungsfahrt.

2.5.1 Fahrtechnische Vorbereitung der Fahrt

Der Bewerber muss vor Fahrtbeginn zeigen, dass er die Bedienung und den Umgang mit dem entsprechenden Fahrzeug beherrscht. Eine Sicherheitskontrolle wie in den vorhergehend beschriebenen FE-Klassen muss nicht durchgeführt werden; dafür muss der Bewerber an seinem Prüfungsfahrzeug nachweisen, dass er zur Durchführung einer selbstständigen Abfahrtkontrolle fähig ist.

2.5.2 Abfahrtkontrolle

Voraussetzung zum Bestehen der praktischen Prüfung ist auch, dass der Bewerber eine Abfahrtkontrolle gemäß der vorliegenden Bedienungsanleitung durchführen kann. Hierfür besteht eine Auswahl von Aufgaben aus sechs Sachgebieten, welche auf 10 Karten verteilt sind. Diese beinhalten die Themen:

- EG-Kontrollgerät
- Bremsen
- Räder, Reifen, Federung, Lenkung
- Elektrische Ausstattungen/Beleuchtungseinrichtungen/Kontrolleinrichtungen
- Motor/Betriebsstoffe
- Ausrüstung/Aufbau/Zusatzeinrichtung
- Handfertigkeiten (nur FE-Klassen D, D1).

Beispiel: **Karte 2**

1.2 Bedienung der Schalter am EG-Kontrollgerät
2.2 Prüfen der Druckwarneinrichtung
3.2 Prüfen der Tragfähigkeit und der Höchstgeschwindigkeit der Reifen anhand der Zulassungsbescheinigung Teil 1 (Fahrzeugschein)
4.3 Prüfen der Funktion von Hupe, Lichthupe, Warnblinklicht, Seitenmarkierungsleuchten
5.1 Sichtprüfung von Kühler und Kühlleitungen, Kontrolle des Kühlflüssigkeitsstandes
6.2 Unterlegkeile (Anzahl, Unterbringung, Zustand)
7.1 Überprüfung der Notausstiege und Nothämmer

Die Position der Sachgebiete ist auf allen Karten gleich. Die Handfertigkeiten können auch an einem Modell vorgeführt und in beliebiger Reihenfolge ausgeführt werden. Werden aus der übergebenen Aufgabenkarte zwei Aufgaben nicht richtig ausgeführt oder bei nur einem Fehler eine zweite Frage aus dem gleichen Sachgebiet einer anderen Aufgabenkarte nicht richtig bearbeitet, gilt die Abfahrtkontrolle als nicht bestanden. Die Prüfungsfahrt einschließlich der Grundfahraufgaben kann trotzdem durchgeführt werden.

2.5.3 Grundfahraufgaben der Klassen C, C1, D und D1

Die Grundfahraufgaben der Nutzfahrzeug- und KOM-Klassen sind in Anlage 4 zur Prüfungsrichtlinie beschrieben und sollen zeigen, dass der Bewerber in der Lage ist, ein Fahrzeug der Klasse C, C1, D oder D1 bei geringer Geschwindigkeit selbstständig zu handhaben. Die zwei Fahraufgaben sollen in verkehrsarmen Bereichen und möglichst in der Ebene durchgeführt werden, wobei die Vorschriften der StVO zu beachten sind.

Eine wichtige Aufgabe des Prüflings ist es, vor jeder Rückwärtsfahrt den rückwärtigen Verkehr bzw. Hindernisse, die außerhalb seines Blickfelds liegen, abzusichern. Vor Beginn der Grundfahraufgabe (außer bei 2.5) hat der Bewerber eine geeignete Person aufzufordern, ihn vor herankommenden Verkehrsteilnehmern oder vor Hindernissen, die seinem Blickfeld entzogen sind, zu warnen.

Grundfahraufgaben Klasse C, C1, D, D1	Nr.	Klasse C/C1	Klasse D/D1
Rückwärtsfahren und Versetzen nach rechts an einer Rampe zum Be- oder Entladen (nur Klasse C/C1)	2.4	obligatorisch	–
Halten zum Ein- oder Aussteigen (nur Klasse D/D1)	2.5	–	obligatorisch
Fahren nach rechts rückwärts unter Ausnutzung einer Einmündung, Kreuzung oder Einfahrt	2.1	alternativ	
Rückwärtsfahren in eine Parklücke (Längsaufstellung)	2.2	alternativ	
Rückwärts quer oder schräg einparken	2.3	alternativ	
Summe der zu fahrenden Grundfahraufgaben		**2**	

Fahren nach rechts rückwärts unter Ausnutzung einer Einmündung, Kreuzung oder Einfahrt

Inhalt der Grundfahraufgabe

Selbstständiges Auswählen einer geeigneten Stelle und nach rechts rückwärts in einem möglichst engen Bogen unter Beachtung des Rechtsfahrgebotes fahren, ohne auf den Bordstein aufzufahren oder die Fahrbahnbegrenzung zu überfahren. Fahrzeug in Rückwärtsfahrt parallel zum Bordstein oder zur Fahrbahnbegrenzung anhalten.

Fehlerbewertung

- Ungenügende Beobachtung des Verkehrs
- Nicht in einem möglichst engen Bogen gefahren
- Nichtbeachten des Rechtsfahrgebotes
- Auffahren auf den Bordstein oder Überfahren der Fahrbahnbegrenzung
- Nicht annähernd parallel zum Bordstein oder zur Fahrbahnbegrenzung angehalten
- Endstellung nicht durch Rückwärtsfahrt erreicht
- Mehr als zwei Korrekturzüge (ein Korrekturzug ist die Bewegung des Fahrzeugs entgegen der Fahrtrichtung der Aufgabe)

Rückwärtsfahren in eine Parklücke (Längsaufstellung)

Inhalt der Grundfahraufgabe

Selbstständiges Auswählen einer geeigneten Lücke zwischen hintereinander stehenden Fahrzeugen (ggf. Markierungen) und in die Lücke einfahren und halten. Das Fahrzeug muss parallel zum Bordstein oder zur Fahrbahnbegrenzung stehen.

Fehlerbewertung

- Unterlassen der Aufforderung, den rückwärtigen Verkehrsraum zu sichern
- Ungenügende Beobachtung des Verkehrs
- Auffahren auf den Bordstein oder Überfahren der Fahrbahnbegrenzung
- Fehlerhafte Endstellung (z.B. Einklemmen anderer Fahrzeuge)
- Abstand vom Bordstein oder von der Fahrbahnbegrenzung mehr als 30 cm
- Nichtanhalten bei Abbrechen der Sichtverbindung zu der den rückwärtigen Verkehr sichernden Person
- Mehr als zwei Korrekturzüge (ein Korrekturzug ist die Bewegung des Fahrzeugs entgegen der Fahrtrichtung der Aufgabe)

Rückwärts quer oder schräg einparken

Inhalt der Grundfahraufgabe

Selbstständiges Auswählen einer geeigneten Lücke zwischen nebeneinander stehenden Fahrzeugen (ggf. Markierungen), in diese Lücke rückwärts einfahren und halten oder neben einem einzelnen Fahrzeug rückwärts aufstellen und halten. Das Prüfungsfahrzeug muss in ausreichendem Seitenabstand zwischen den Fahrzeugen (ggf. Markierungen) bzw. zu dem einzelnen Fahrzeug stehen.

Fehlerbewertung

- Unterlassen der Aufforderung, den rückwärtigen Verkehrsraum zu sichern
- Ungenügende Beobachtung des Verkehrs
- Nicht ausreichender Seitenabstand
- Fahrzeugumriss ragt über markierte Parkfläche hinaus
- Nichtanhalten bei Abbrechen der Sichtverbindung zu der den rückwärtigen Verkehr sichernden Person
- Mehr als zwei Korrekturzüge (wegen der Platzverhältnisse notwendiges Rangieren zählt nicht als Korrekturzug)

Rückwärtsfahren und Versetzen nach rechts an eine Rampe zum Be- oder Entladen (nur Klasse C/C1)

Inhalt der Grundfahraufgabe

Das Fahrzeug steht vor Beginn der Aufgabe ca. 2 m seitlich versetzt und mit dem Heck ca. 15 m entfernt zu einer Rampe. Durch Rückwärtsfahren und Versetzen nach rechts ist an die Rampe heranzufahren, um von hinten sicher be- oder entladen zu können höchstens 1 m Abstand). Die Rampe kann durch eine Plattform, ähnliche Einrichtungen und/oder Markierungen ersetzt werden. Die „Ladestelle" muss mindestens 3,5 m breit sein. Der Abstand zur „Ladestelle" kann bis zum Erreichen der Endposition durch die sichernde Person optisch und/oder akustisch signalisiert werden.

Fehlerbewertung

- Unterlassen der Aufforderung, den rückwärtigen Verkehrsraum zu sichern
- Ungenügende Beobachtung des Verkehrs
- Nicht annähernd parallel mit dem Fahrzeugheck zur „Ladestelle" angehalten
- Fehlende Reaktion auf das Abstandszeichen/Signal des Sicherungspostens
- Nichtanhalten bei Abbrechen der Sichtverbindung zu der den rückwärtigen Verkehr sichernden Person
- Mehr als zwei Korrekturzüge (ein Korrekturzug ist die Bewegung des Fahrzeugs entgegen der Fahrtrichtung der Aufgabe)

■ Halten zum Ein- oder Aussteigen (nur Klasse D/D1)

Inhalt der Grundfahraufgabe

Heranfahren an eine Bordsteinkante in einem Zug, um Passagieren ein sicheres Ein- oder Aussteigen zu ermöglichen. Das Fahrzeug ist innerhalb von etwa 25 m nach Verlassen der normalen Fahrspur zum Heranfahren an die „Haltestelle" annähernd parallel zum Bordstein anzuhalten.

Die Aufgabe kann auch in einer Haltebucht durchgeführt werden; in diesem Fall muss das Fahrzeug innerhalb der Haltebucht zum Stehen kommen. Der Abstand zwischen der äußeren Kante des Einstiegs und der Bordsteinkante darf höchstens 30 cm betragen.

Fehlerbewertung

- Auffahren auf den Bordstein
- Abstand zur Bordsteinkante mehr als 30 cm
- Nicht annähernd parallel zum Bordstein angehalten
- Nichterreichen der Endposition in einem Zug innerhalb von etwa 25 m innerhalb der Haltebucht

Bewertung der Grundfahraufgaben

Jede Aufgabe darf einmal wiederholt werden. Dieser Prüfungsteil ist nicht bestanden, wenn der Bewerber

- auch bei der Wiederholung eine Grundfahraufgabe nicht fehlerfrei ausführt,
- rückwärts fährt ohne sichernde Person bzw. nicht anhält bei Abbrechen der Sichtverbindung zur sichernden Person,
- den Verkehr ungenügend beobachtet und es dadurch zu einer Gefährdung kommt,
- eine Person, ein Fahrzeug oder einen anderen Gegenstand anfährt,
- bei der Rampenaufgabe die Rampe anfährt bzw. die hintere Markierung überfährt.

Wird dieser Prüfungsteil nicht bestanden, ist die Abfahrtkontrolle (Anlage 7) trotzdem durchzuführen, bei den Klassen D und D1 einschließlich der Handfertigkeiten.

2.5.4 Prüfungsfahrt der Klassen C, C1, D und D1

Eigentlich ist alles gleich und doch ist alles anders – so könnte man mit wenigen Worten die Prüfungsfahrt der Nutzfahrzeug-/KOM-Klassen beschreiben.

Im Wesentlichen sind hierbei maßgebend die Abmessungen und Gewichte und damit verbundene Einschränkungen während der Fahrt mit diesen Fahrzeugen.

Bewerber um eine Fahrerlaubnis der Klassen D und D1 müssen zudem nachweisen, dass sie ausreichende Fahrfertigkeiten besitzen. Durch gleichmäßiges Beschleunigen, ruckfreies Bremsen und eine ruhige Fahrweise insgesamt ist die komfortable Beförderung von Fahrgästen sicherzustellen.

2.6 Anhänger-Klassen

Die Durchführung der praktischen Prüfung in den Anhänger-Klassen entspricht prinzipiell den bereits beschriebenen Klassen. Als Besonderheit kommt hier jedoch hinzu, dass neben den Grundfahraufgaben auch das Verbinden und Trennen von Fahrzeugen Prüfungsbestandteil ist. Die Abfahrtkontrolle entfällt.

2.6.1 Grundfahraufgaben der Anhänger-Klassen BE, C1E, DE und D1E

Die Grundfahraufgaben der hier beispielhaft dargestellten Anhänger-Klassen sind in Anlage 5 und die der Klasse CE in Anlage 6 zur Prüfungsrichtlinie beschrieben. Sie sollen zeigen, dass der Bewerber in der Lage ist, eine entsprechende Fahrzeugkombination bei geringer Geschwindigkeit selbstständig zu handhaben. Die Fahraufgaben sollen in verkehrsarmen Bereichen und möglichst in der Ebene durchgeführt werden, wobei die Vorschriften der StVO zu beachten sind. Vor Beginn der Grundfahraufgabe hat der Bewerber eine geeignete Person aufzufordern, ihn vor herankommenden Verkehrsteilnehmern oder vor Hindernissen, die seinem Blickfeld entzogen sind, zu warnen.

■ Rückwärtsfahren um eine Ecke nach links

Inhalt der Grundfahraufgabe

Möglichst weit rechts anhalten und die Fahrzeugkombination nach links rückwärts fahren, ohne auf den Bordstein aufzufahren oder die Fahrbahnbegrenzung zu überfahren. Die Fahrzeugkombination mit höchstens 1 m Abstand des breiteren Fahrzeugs parallel zum Bordstein oder zur Fahrbahnbegrenzung anhalten.

Fehlerbewertung

- Unterlassen der Aufforderung, den rückwärtigen Verkehrsraum zu sichern
- Ungenügende Beobachtung des Verkehrs
- Auffahren auf den Bordstein oder Überfahren der Fahrbahnbegrenzung
- Nicht annähernd parallel zum Bordstein oder zur Fahrbahnbegrenzung angehalten
- Mehr als 1 m Abstand des breiteren Fahrzeugs zum Bordstein oder zur Fahrbahnbegrenzung beim Anhalten
- Nichtanhalten bei Abbrechen der Sichtverbindung zu der den rückwärtigen Verkehr sichernden Person
- Nichtbetätigen der Rückfahrsperre (falls vorhanden)
- Mehr als drei Korrekturzüge (ein Korrekturzug ist die Bewegung des Fahrzeugs entgegen der Fahrtrichtung der Aufgabe)

■ Rückwärtsfahren geradeaus an eine Rampe zum Be- oder Entladen (nur Klasse C1E)

Inhalt der Grundfahraufgabe

Das Heck der Fahrzeugkombination steht vor Beginn der Aufgabe ca. 15 m entfernt zu einer Rampe. Durch Rückwärtsfahren ist an die Rampe heranzufahren, um von hinten sicher be- oder entladen zu können (höchstens 1 m Abstand). Die Rampe kann durch eine Plattform, ähnliche Einrichtungen und/oder Markierungen ersetzt werden. Die „Ladestelle“ muss mindestens 3,5 m breit sein. Der Abstand zur „Ladestelle“ kann bis zum Erreichen der Endposition durch die sichernde Person optisch und/oder akustisch signalisiert werden.

Fehlerbewertung

- Unterlassen der Aufforderung, den rückwärtigen Verkehrsraum zu sichern
- Ungenügende Beobachtung des Verkehrs
- Nicht annähernd parallel mit dem Heck des Anhängers zur „Ladestelle“ angehalten
- Fehlende Reaktion auf das Abstandszeichen/Signal des Sicherungspostens
- Nichtanhalten bei Abbrechen der Sichtverbindung zu der den rückwärtigen Verkehr sichernden Person
- Mehr als drei Korrekturzüge (ein Korrekturzug ist die Bewegung des Fahrzeugs entgegen der Fahrtrichtung der Aufgabe)

Bewertung der Grundfahraufgaben

Jede Aufgabe darf einmal wiederholt werden.

Dieser Prüfungsteil ist nicht bestanden, wenn der Bewerber

- auch bei der Wiederholung eine Grundfahraufgabe nicht fehlerfrei ausführt,
- rückwärts fährt ohne sichernde Person, bzw. nicht anhält bei Abbrechen der Sichtverbindung zur sichernden Person,

Grundfahraufgaben Klasse BE, C1E, DE, D1E	Nr.	Klasse BE/DE/D1E	Klasse C1E
Rückwärtsfahren um die Ecke nach links	2.1	obligatorisch	
Rückwärtsfahren geradeaus an eine Rampe zum Be- oder Entladen (nur Klasse C1E)	2.2	–	obligatorisch
Summe der zu fahrenden Grundfahraufgaben		**1**	**2**

- den Verkehr ungenügend beobachtet und es dadurch zu einer Gefährdung kommt,
- eine Person, ein Fahrzeug oder einen anderen Gegenstand anfährt,
- bei der Rampenaufgabe die Rampe anfährt bzw. die hintere Markierung überfährt.

Wird dieser Prüfungsteil nicht bestanden, so ist das Verbinden und Trennen von Fahrzeugen trotzdem durchzuführen.

2.6.2 Grundfahraufgaben der Anhänger-Klasse CE

■ Umkehren durch Rückwärtsfahren nach links

Inhalt der Grundfahraufgabe

An einer Kreuzung, Einmündung oder Einfahrt möglichst weit rechts anhalten. Sodann die Fahrzeugkombination rückwärts nach links fahren. Nach Abschluss des Linksbogens ohne weitere Rangierbewegung vorwärts nach rechts fahren.

Fehlerbewertung

- Ungenügende Beobachtung des Verkehrs
- Auffahren auf den Bordstein oder Überfahren der Fahrbahnbegrenzung
- Mehr als vier Korrekturzüge (ein Korrekturzug ist die Bewegung des Fahrzeugs entgegen der Fahrtrichtung der Aufgabe)

■ Rückwärtsfahren geradeaus an eine Rampe zum Be- oder Entladen

Inhalt der Grundfahraufgabe

Das Heck der Fahrzeugkombination steht vor Beginn der Aufgabe ca. 20 m entfernt von einer Rampe. Durch Rückwärtsfahren ist an die Rampe heranzufahren, um von hinten sicher be- oder entladen zu können (höchstens 1 m Abstand). Die Rampe kann durch eine Plattform, ähnliche Einrichtungen (z. B. einen Anhänger, eine Wand, eine Garage oder einen Container) und/oder Markierungen ersetzt werden. (Die Markierung soll die Funktion der Rampe ersetzen; sie kann durch möglichst hohe Leitkegel oder Ähnliches in Ladeflächenhöhe dargestellt werden.) Die „Ladestelle" muss mindestens 3,5 m breit sein. Der Abstand zur „Ladestelle" kann bis zum Erreichen der Endposition durch die sichernde Person optisch und/oder akustisch signalisiert werden.

Grundfahraufgaben der Klasse CE (Gliederzüge, keine Kombination mit Starrdeichselanhänger)	Nr.	
Umkehren durch Rückwärtsfahren nach links	2.1.1	obligatorisch
Rückwärtsfahren geradeaus an eine Rampe zum Be- oder Entladen	2.1.2	obligatorisch
Summe der zu fahrenden Grundfahraufgaben		**2**

Grundfahraufgaben der Klasse CE (Sattelkraftfahrzeuge und Gliederzüge mit Starrdeichselanhänger)	Nr.	
Rückwärtsfahren um eine Ecke nach links	2.2.1	obligatorisch
Rückwärtsfahren und Versetzen nach rechts an eine Rampe zum Be- oder Entladen	2.2.2	obligatorisch
Summe der zu fahrenden Grundfahraufgaben		**2**

Fehlerbewertung

- Ungenügende Beobachtung des Verkehrs
- Nicht annähernd parallel mit dem Heck des Anhängers zur „Ladestelle“ angehalten
- Fehlende Reaktion auf das Abstandszeichen/Signal des Sicherungspostens
- Mehr als vier Korrekturzüge (ein Korrekturzug ist die Bewegung des Fahrzeugs entgegen der Fahrtrichtung der Aufgabe)

Hinweis: Bei Gliederzügen mit Starrdeichselanhänger (Tandem-/Doppelachse) darf bei Durchführung der Grundfahraufgaben eine ggf. vorhandene Liftachse angehoben werden.

Rückwärtsfahren um eine Ecke nach links

Inhalt der Grundfahraufgabe

Möglichst weit rechts anhalten und die Fahrzeugkombination nach links rückwärts fahren, ohne auf den Bordstein aufzufahren oder die Fahrbahnbegrenzung zu überfahren. Die Fahrzeugkombination mit höchstens 1 m Abstand parallel zum Bordstein oder zur Fahrbahnbegrenzung anhalten.

Fehlerbewertung

- Ungenügende Beobachtung des Verkehrs
- Auffahren auf den Bordstein oder Überfahren der Fahrbahnbegrenzung
- Nicht annähernd parallel zum Bordstein oder zur Fahrbahnbegrenzung angehalten
- Mehr als 1 m Abstand zum Bordstein oder zur Fahrbahnbegrenzung beim Anhalten
- Mehr als drei Korrekturzüge (ein Korrekturzug ist die Bewegung des Fahrzeugs entgegen der Fahrtrichtung der Aufgabe)

Rückwärtsfahren und Versetzen nach rechts an eine Rampe zum Be- oder Entladen

Inhalt der Grundfahraufgabe

Das Heck der Fahrzeugkombination steht vor Beginn der Aufgabe ca. 2 m seitlich versetzt und ca. 25 m entfernt zu einer Rampe. Durch Rückwärtsfahren und Versetzen nach rechts ist an die Rampe heranzufahren, um von hinten sicher be- oder entladen zu können (höchstens 1 m Abstand). Die Rampe kann durch eine Plattform, ähnliche Einrichtungen (z. B. einen Anhänger, eine Wand, eine Garage oder einen Container) und/oder Markierungen ersetzt werden. (Die Markierung soll die Funktion der Rampe ersetzen; sie kann durch möglichst hohe Leitkegel oder Ähnliches in Ladeflächenhöhe dargestellt werden.) Die „Ladestelle“ muss mindestens 3,5 m breit sein. Der Abstand zur „Ladestelle“ kann bis zum Erreichen der Endposition durch die sichernde Person optisch und/oder akustisch signalisiert werden.

Fehlerbewertung

- Ungenügende Beobachtung des Verkehrs
- Nicht annähernd parallel mit dem Heck des Anhängers zur „Ladestelle“ angehalten
- Fehlende Reaktion auf das Abstandszeichen/Signal des Sicherungspostens
- Mehr als drei Korrekturzüge (ein Korrekturzug ist die Bewegung des Fahrzeugs entgegen der Fahrtrichtung der Aufgabe)

Bewertung der Grundfahraufgaben

Die Aufgaben dürfen einmal wiederholt werden.

Dieser Prüfungsteil ist nicht bestanden, wenn der Bewerber

- auch bei der Wiederholung eine Grundfahraufgabe nicht fehlerfrei ausführt,
- rückwärts fährt ohne sichernde Person bzw. nicht anhält bei Abbrechen der Sichtverbindung zur sichernden Person,
- den Verkehr ungenügend beobachtet und es dadurch zu einer Gefährdung kommt,
- eine Person, ein Fahrzeug oder einen anderen Gegenstand anfährt,
- bei der Rampenaufgabe die Rampe anfährt bzw. die hintere Markierung überfährt.

Wird dieser Prüfungsteil nicht bestanden, so ist das Verbinden und Trennen von Fahrzeugen (Anlage 9) trotzdem durchzuführen.

2.6.3 Verbinden und Trennen von Fahrzeugen

Bei dieser Aufgabe muss der Bewerber zeigen, dass er selbstständig die Fahrzeuge mit ihren Anhängern verbinden bzw. trennen kann. Die Prüfungsrichtlinie gibt hierzu vor, dass bei der Prüfung eine der folgenden Aufgaben auszuführen ist: ankuppeln oder abkuppeln bzw. auf- oder absatteln.

Anlage 8 der Prüfungsrichtlinie beschreibt das Verbinden und Trennen für die Klassen BE, C1E, DE und D1E, Anlage 9 der Prüfungsrichtlinie beschreibt dies für die Klassen CE und T.

Vor dem Verbinden darf das Zugfahrzeug nicht in einer Linie zum Anhänger stehen. Vor der Rückwärtsfahrt hat der Bewerber eine geeignete Person aufzufordern, ihn vor herankommenden Verkehrsteilnehmern oder vor Hindernissen, die seinem Blickfeld entzogen sind, zu warnen.

Am *Beispiel* einer Klasse-CE-Prüfung sei hier das Aufsatteln eines Sattelanhängers beschrieben.

■ Aufsatteln Sattelanhänger (Klasse CE)

1. Heranfahren mit der Sattelzugmaschine an den Anhänger bis auf einen Abstand von etwa 2 m. Überprüfen, ob Anhänger gesichert ist, ggf. sichern (Feststellbremse, Unterlegkeile beide Richtungen)
2. Verschlusshandhebel der Kupplung geöffnet? Höhe Sattelkupplung/Sattelplatte einstellen
3. Zurückstoßen (sichernde Person)
4. Kupplung kontrollieren (Einrasten des Verschlusshandhebels)
5. Verschlusshandhebel sichern
   Stützvorrichtung einfahren und sichern
   Druckluftschläuche anschließen (erst Brems-, dann Vorratsschlauch)
   Elektroanschlüsse herstellen
6. Unterlegkeile verstauen und sichern
7. Feststellbremse lösen am Anhänger
8. Funktion der Bremse (Sichtkontrolle oder Bremsprobe) und der elektrischen Einrichtungen des Anhängers prüfen

Innerhalb der Ziffern 2 und 5 ist die Reihenfolge der Ausführung beliebig.

Bewertung des Verbindens und Trennens von Fahrzeugen

Dieser Prüfungsteil ist nicht bestanden, wenn der Bewerber

- auch bei der Wiederholung das Verbinden oder Trennen nicht fehlerfrei ausführt,
- den Verkehr ungenügend beachtet und es dadurch zu einer Gefährdung kommt,
- rückwärts fährt ohne sichernde Person bzw. nicht anhält bei Abbrechen der Sichtverbindung zur sichernden Person,
- eine Person, ein Fahrzeug oder einen Gegenstand anfährt.

Wird dieser Prüfungsteil nicht bestanden, so ist die Prüfungsfahrt einschließlich der Grundfahraufgaben trotzdem durchzuführen.

2.6.4 Prüfungsfahrt

Eigentlich ist alles gleich, und doch ist alles anders – so könnte man mit wenigen Worten die Prüfungsfahrt der Nutzfahrzeug-/KOM-Klassen

beschreiben. Im Wesentlichen sind hierbei maßgebend die Abmessungen und Gewichte und damit verbundene Einschränkungen während der Fahrt mit diesen Fahrzeugkombinationen.

Bewerber um eine Fahrerlaubnis der Klassen DE und D1E müssen zudem nachweisen, dass sie ausreichende Fahrfertigkeiten besitzen. Durch gleichmäßiges Beschleunigen, ruckfreies Bremsen und eine ruhige Fahrweise insgesamt ist die komfortable Beförderung von Fahrgästen sicherzustellen.

2.7 Bewertung der Prüfungsfahrt

Die Prüfung ist zu beenden und als nicht bestanden zu bewerten, wenn trotz guter Leistungen ein erhebliches Fehlverhalten festgestellt worden ist. Dabei handelt es sich um:

- Gefährdung oder Schädigung
- Grobe Missachtung der Vorfahrt- und Vorrangregelung
- Nichtbeachten von „Rot" bei Lichtzeichenanlagen oder entspr. Zeichen eines Polizeibeamten
- Nichtbeachten der Vorschriftzeichen
  - Z. 206 Stoppschild,
  - Verkehrsverbote (Z. 250 bis Z. 266) ohne Zusatzschild (z. B. „Anlieger frei"),
  - Z. 267 Verbot der Einfahrt
- Nichtbeachten anderer Vorschriftzeichen mit der Folge einer möglichen Gefährdung
- Verstoß gegen das Überholverbot
- Vorbeifahren an Schul- und Linienbussen, die mit Warnblinklicht an Haltestellen halten, mit einer Geschwindigkeit von mehr als 20 km/h
- Endgültiges Einordnen zum Linksabbiegen auf Fahrstreifen des Gegenverkehrs
- Fahrstreifenwechsel ohne Verkehrsbeobachtung
- Fehlende Reaktion bei Kindern, Hilfsbedürftigen und älteren Menschen.

Auch bei der Wiederholung oder Häufung von verschiedenen nachfolgend gelisteten Fehlern kann die Prüfung als nicht bestanden bewertet werden:

- Mangelhafte Verkehrsbeobachtung
- Nichtangepasste Geschwindigkeit
- Vorbeifahren an Schul- und Linienbussen, die mit Warnblinklicht an Haltestellen halten, mit mehr als Schrittgeschwindigkeit, aber nicht mehr als 20 km/h
- Fehlerhaftes Abstandhalten
- Unterlassene Bremsbereitschaft
- Nichteinhalten des Rechtsfahrgebots
- Nichtbeachten von Verkehrszeichen, mit Ausnahme der unter den erheblichen Fehlverhalten genannten Situationen
- Langes Zögern an Kreuzungen und Einmündungen
- Fehlerhaftes oder unterlassenes Einordnen in Einbahnstraßen
- Fehlerhaftes oder unterlassenes Betätigen des Blinkers
- Fehlerhafte oder unterlassene Benutzung der Bremsen und vorhandener Verzögerungssysteme
- Fehler bei der Fahrzeugbedienung
- Fehler bei der umweltbewussten und energiesparenden Fahrweise.

Fehler bei der Prüfung nach Anlage 10 Nr. 2.2 der Prüfungsrichtlinie (Sicherheitskontrolle) führen allein nicht zum Nichtbestehen der Prüfung.

Auch bei einem Täuschungsversuch durch den Fahrlehrer oder wenn dessen Verhalten die Beurteilung des Bewerbers bei der Prüfungsfahrt unmöglich macht, ist die Prüfung nicht bestanden.

In der umseitigen *Tabelle* sind die Anforderungen an den Prüfort und seine Umgebung gemäß Anlage 11 zur Prüfungsrichtlinie abgebildet.

Zur Anerkennung als Prüfort für Prüfungen in den Klassen A, A1, A2 und AM muss eine ausreichende Prüfungsfläche für die Durchführung der Grundfahraufgaben vorhanden sein.

Anforderungen an den Prüfort und seine Umgebung	Geforderte Häufigkeit bei 5 Fahrprüfungen				
	1	2	5	7	10
Anfahren in fließenden Verkehr (Einfädeln) vom Fahrbahnrand aus				×	
Befahren von Straßen mit Verkehrsaufkommen von mind. 100 Fz/h				×	
Befahren von Einbahnstraßen mit Möglichkeit des Linksabbiegens			×		
Durchführen von Fahrstreifenwechseln (außerhalb Kreuzungsbereich)					×
Befahren von Straßen mit mehreren markierten Fahrstreifen für eine Richtung			×		
Heranfahren an und Passieren von Fußgängerüberwegen				×	
Passieren von Haltestellen öffentlicher Verkehrsmittel			×		
Befahren von Kreuzungen mit Regel „rechts vor links“					×
Einfahren (Einfädeln) in Vorfahrtstraßen				×	
Befahren von Kreuzungen mit Verkehrszeichen 206 (Stoppschild)			×		
Befahren von Kreuzungen, die durch Lichtzeichen geregelt sind				×	
Linksabbiegen auf Fahrbahnen mit Gegenverkehr					×
Rechts-/Links-Abbiegen unter besonderer Berücksichtigung von Radfahrern auf Radwegen oder Seitenstreifen		×			
Befahren von Kreuzungen und Einmündungen mit abknickender Vorfahrt			×		
Fahren außerorts (Kurven und unübersichtliche Stellen)		×			
Fahren außerorts (mit Überholmöglichkeiten)		×			
Grundfahraufgaben außerhalb des fließenden Verkehrs (z. B. Sackgasse)			×		
Autobahn in erreichbarer Nähe	×				

Kapitel 3
Die Probezeit

1 Allgemeines

Mit dem erstmaligen Erwerb einer Fahrerlaubnis ist seit dem 1.11.1986 eine zweijährige Probezeit verbunden, welche mit der Aushändigung des Führerscheins oder der vorläufigen Fahrberechtigung beginnt. Für den Fahranfänger bedeutet dies, dass er bei verkehrswidrigem Fehlverhalten entsprechende Sanktionen zu erwarten hat. Neben ggf. strafrechtlicher Verfolgung muss der Fahranfänger an einem Aufbauseminar teilnehmen. Dadurch verlängert sich auch die Probezeit um weitere zwei Jahre.

Bei schwerwiegenden Vergehen, z.B. Alkohol- oder Drogenmissbrauch, oder einer Häufung von Verstößen ist grundsätzlich die Eignung des Fahranfängers in Frage gestellt, womit der Entzug der Fahrerlaubnis einhergeht. Eine Eintragung im Führerschein über Beginn und Ende der Probezeit gibt es nicht. Die Zweijahresfrist beginnt mit dem auf die Erteilung der Fahrerlaubnis folgenden Tag und endet somit 2 Jahre später (*Beispiel:* Erteilung der Fahrerlaubnis: 31.1.2010; Ende der Probezeit 31.1.2012, Fristberechnung nach § 187 Abs. 1 BGB).

Mit der Probezeit sind weder eine Befristung der Fahrerlaubnis noch weitere Beschränkungen verbunden. Sie ist als Zeitraum anzusehen,

Jahr	Männer bis zu 21 Jahren	Männer von 22 und mehr Jahren	Männer zusammen [2]	Frauen bis zu 21 Jahren	Frauen von 22 und mehr Jahren	Frauen zusammen [2]	Insgesamt [3]
2003	696.642	156.237	852.879	627.747	188.883	816.630	1.669.511
2004	714.181	165.088	879.269	640.295	187.040	827.336	1.706.605
2005	756.891	176.994	933.885	675.971	188.595	864.566	1.798.451
2006	780.520	181.692	962.214	701.043	184.802	885.845	1.848.059
2007	794.415	175.860	970.276	726.552	172.305	898.857	1.869.133
2008	815.184	178.086	993.270	750.684	171.497	922.181	1.915.451
2009	812.530	186.778	999.308	741.810	182.764	924.574	1.923.882
2010	792.879	197.511	990.390	714.774	193.152	907.926	1.898.316
2011	759.934	206.597	966.531	679.841	196.799	876.640	1.843.171
2012	738.137	209.717	947.854	665.812	201.143	866.955	1.814.809
2013	686.532	209.636	896.168	622.052	201.669	823.721	1.719.889

[1] Einschließlich Nachmeldungen, die im Zuge des Datenabgleichs zwischen dem Zentralen Fahrerlaubnisregister (ZFER) und den örtlichen Registern durchgeführt wurden. Näheres dazu siehe in den Methodischen Erläuterungen.

[2] Einschließlich ohne Angabe zum Lebensalter.

[3] Einschließlich ohne Angabe zum Geschlecht und/oder Lebensalter.

Bild 7 Bestand an Personen mit Fahrerlaubnis auf Probe am 1. Januar in den Jahren 2003 bis 2013 nach Geschlecht und Lebensalter

Quelle: Statistische Mitteilung KBA, Fahrerlaubnis auf Probe, Zeitreihe 2003–2013

in der sich der Fahranfänger bewähren muss. Hohe Risikobereitschaft in Verbindung mit mangelnder Fahrpraxis und nicht angepasster Fahrweise führen sehr oft zu gefährlichen Situationen.

Die Einführung der Probezeit resultierte nicht zuletzt aus den Erkenntnissen schwerer Verkehrsunfälle mit übermäßiger Beteiligung junger Fahranfänger in den Altersklassen bis 25 Jahre.

Lebensalter (in Jahren)	Fahrerlaubnis auf Probe zum Führen von ...				Zusammen [3]	Personen mit Fahrerlaubnis auf Probe
	Krafträdern (A1, A)	Pkw (B, BE, BF17, BEF17) [2]	Lkw (C1, C1E, C, CE)	Bussen (D1, D1E, D, DE)		
	1	2	3	4	5	6
bis 17	43 261	223 025	9	-	266 295	256 364
18	17 578	459 691	637	10	477 916	462 394
19	14 756	367 361	1 069	27	383 213	368 743
20	6 477	190 148	944	33	197 602	191 276
21	4 307	123 789	1 268	38	129 402	125 172
22	1 828	73 962	734	27	76 551	74 793
23	1 032	50 203	516	20	51 771	50 800
24	662	37 356	436	22	38 476	37 854
25	491	29 946	299	8	30 744	30 296
26 bis 29	1 291	84 758	830	34	86 913	85 726
30 bis 39	1 166	92 333	1 342	65	94 906	93 860
40 bis 49	584	28 719	490	37	29 830	29 349
50 und mehr	300	7 914	200	20	8 434	8 182
Insgesamt [4]	93 733	1 769 205	8 774	341	1 872 053	1 814 809

Veränderung gegenüber 1. Januar 2011 in %

Lebensalter (in Jahren)	Fahrerlaubnis auf Probe zum Führen von ...				Zusammen [3]	Personen mit Fahrerlaubnis auf Probe
	Krafträdern (A1, A)	Pkw (B, BE, BF17, BEF17) [2]	Lkw (C1, C1E, C, CE)	Bussen (D1, D1E, D, DE)		
	1	2	3	4	5	6
bis 17	- 1	+ 7	X	X	+ 5	+ 5
18	- 4	+ 3	+ 20	X	+ 2	+ 2
19	- 14	- 7	- 40	- 27	- 7	- 7
20	- 17	- 13	- 37	+ 18	- 13	- 13
21	- 10	- 2	- 17	-	- 2	- 2
22	- 12	- 3	- 27	- 13	- 4	- 3
23	+ 10	+ 4	- 15	X	+ 4	+ 4
24	+ 16	+ 7	- 8	X	+ 7	+ 7
25	+ 19	+ 6	- 14	X	+ 6	+ 6
26 bis 29	+ 8	+ 3	- 15	- 11	+ 2	+ 2
30 bis 39	+ 13	+ 2	+ 1	- 2	+ 3	+ 2
40 bis 49	+ 4	- 2	+ 1	+ 6	- 1	- 2
50 und mehr	+ 12	+ 1	+ 20	X	+ 2	+ 2
Insgesamt [4]	- 5	- 1	- 18	- 1	- 2	- 2

[1] Einschließlich Nachmeldungen, die im Zuge des Datenabgleichs zwischen dem ZFER und den örtlichen Registern durchgeführt wurden. Näheres dazu siehe in den Methodischen Erläuterungen. [2] Bei den Fahrerlaubnisklassen BF17 und BEF17 handelt es sich um die Fahrerlaubnisklassen B und BE im Rahmen des "Begleiteten Fahrens ab 17".- [3] Einschließlich ohne Angabe zur Fahrerlaubnisklasse.- [4] Einschließlich ohne Angabe zum Lebensalter.

Bild 8 Bestand an Fahrerlaubnissen auf Probe am 1. Januar 2012

Quelle: Statistische Mitteilung KBA, Bestand Fahrerlaubnis auf Probe

Land	Männer bis zu 21 Jahren	Männer von 22 und mehr Jahren	Männer zusammen	Frauen bis zu 21 Jahren	Frauen von 22 und mehr Jahren	Frauen zusammen	Insgesamt[2)]
Baden-Württemberg	117.287	23.138	140.425	107.254	24.415	131.669	272.094
Bayern	133.638	22.588	156.226	121.707	22.682	144.389	300.615
Berlin	15.612	15.211	30.823	12.960	15.473	28.433	59.256
Brandenburg	14.114	7.250	21.364	12.248	6.241	18.489	39.853
Bremen	4.305	2.532	6.837	3.815	2.511	6.326	13.163
Hamburg	9.688	6.514	16.202	8.198	6.046	14.244	30.446
Hessen	55.380	14.146	69.526	50.402	14.910	65.312	134.838
Mecklenburg-Vorpommern	8.870	5.058	13.928	7.518	4.177	11.695	25.623
Niedersachsen	81.665	20.173	101.838	74.030	17.946	91.976	193.814
Nordrhein-Westfalen	173.930	50.780	224.710	156.944	49.556	206.500	431.210
Rheinland-Pfalz	41.053	9.063	50.116	37.491	8.799	46.290	96.406
Saarland	9.066	2.322	11.388	8.421	2.209	10.630	22.018
Sachsen	22.102	10.770	32.872	18.790	9.111	27.901	60.773
Sachsen-Anhalt	12.225	6.738	18.963	10.681	5.533	16.214	35.177
Schleswig-Holstein	26.382	7.806	34.188	24.248	6.955	31.203	65.391
Thüringen	12.820	5.628	18.448	11.105	4.579	15.684	34.132
Insgesamt[3)]	**738.137**	**209.717**	**947.854**	**665.812**	**201.143**	**866.955**	**1.814.809**

[1)] Einschließlich Nachmeldungen, die im Zuge des Datenabgleichs zwischen dem Zentralen Fahrerlaubnisregister (ZFER) und den örtlichen Registern durchgeführt wurden. Näheres dazu siehe in den Methodischen Erläuterungen.

[2)] Einschließlich ohne Angabe zum Geschlecht und/oder Lebensalter.

[3)] Einschließlich ohne Angabe zum Bundesland.

Bild 9 Bestand an Personen mit Fahrerlaubnis auf Probe am 1. Januar 2012 nach Bundesländern, Geschlecht und Lebensalter Quelle: Statistische Mitteilung KBA, Fahrerlaubnis auf Probe 2012

2 Bewertung bei Verstößen

In Anlage 12 zu § 34 der Fahrerlaubnis-Verordnung (FeV) wird eine Differenzierung nach der Schwere des jeweiligen Vergehens vorgenommen. Im Folgenden sind die probezeitrelevanten Zuwiderhandlungen beschrieben.

2.1 Schwerwiegende Zuwiderhandlungen

1	**Straftaten, soweit sie nicht bereits zur Entziehung der Fahrerlaubnis geführt haben**
1.1	**Straftaten nach dem Strafgesetzbuch** – Unerlaubtes Entfernen vom Unfallort (§ 142) – Fahrlässige Tötung (§ 222)* – Fahrlässige Körperverletzung (§ 229)* – Nötigung (§ 240) – Gefährliche Eingriffe in den Straßenverkehr (§ 315b) – Gefährdung des Straßenverkehrs (§ 315c) – Trunkenheit im Verkehr (§ 316) – Vollrausch (§ 323a) – Unterlassene Hilfeleistung (§ 323c)
1.2	**Straftaten nach dem Straßenverkehrsgesetz** Führen oder Anordnen oder Zulassen des Führens eines Kraftfahrzeugs ohne Fahrerlaubnis, trotz Fahrverbots oder trotz Verwahrung, Sicherstellung oder Beschlagnahme des Führerscheins (§ 21)
1.3	**Straftaten nach den Pflichtversicherungsgesetzen** Gebrauch oder Gestatten des Gebrauchs unversicherter Kraftfahrzeuge oder Anhänger (§ 6 des Pflichtversicherungsgesetzes, § 9 des Gesetzes über die Haftpflichtversicherung für ausländische Kraftfahrzeuge und Kraftfahrzeuganhänger)
2	**Ordnungswidrigkeiten nach den §§ 24, 24a und 24c des Straßenverkehrsgesetzes und weiterer straßenverkehrsrechtlicher Vorschriften**
2.1	**Verstöße gegen die Vorschriften der Straßenverkehrs-Ordnung über** – das Rechtsfahrgebot (§ 2 Abs. 2) – die Geschwindigkeit (§ 3 Abs. 1, 2a, 3 und 4, § 41 Abs. 1 i. V. m. der Anlage 2, § 42 Abs. 2 i. V. m. der Anlage 3 Abschnitt 4) – den Abstand (§ 4 Abs. 1) – das Überholen (§ 5, § 41 Abs. 1 i. V. m. der Anlage 2) – die Vorfahrt (§ 8, § 41 Abs. 1 i. V. m. der Anlage 2) – das Abbiegen, Wenden und Rückwärtsfahren (§ 9) – die Benutzung von Autobahnen und Kraftfahrstraßen (§ 2 Abs. 1, § 18 Abs. 2 bis 5, Abs. 7, § 41 Abs. 1 i. V. m. der Anlage 2) – das Verhalten an Bahnübergängen (§ 19 Abs. 1 und 2, § 40 Abs. 7 i. V. m. der Anlage 1 Abschnitt 2) – das Verhalten an öffentlichen Verkehrsmitteln und Schulbussen (§ 20 Abs. 2, 3 und 4, § 41 Abs. 1 i. V. m. der Anlage 2) →

	– das Verhalten an Fußgängerüberwegen (§ 26, § 41 Abs. 1 i. V. m. der Anlage 2 Abschnitt 9) – übermäßige Straßenbenutzung (§ 29) – das Verhalten an Wechsellichtzeichen, Dauerlichtzeichen und Zeichen 206 (Halt, Vorfahrt gewähren) sowie gegenüber Haltzeichen von Polizeibeamten (§ 36, § 37 Abs. 2, 3, § 41 Abs. 1 i. V. m. der Anlage 2)
2.2	**Verstöße gegen die Vorschriften der Fahrzeug-Zulassungsverordnung über** den Gebrauch oder das Gestatten des Gebrauchs von Fahrzeugen ohne die erforderliche Zulassung (§ 3 Abs. 1) oder ohne dass sie einem genehmigten Typ entsprechen oder eine Einzelgenehmigung erteilt ist (§ 4 Abs. 1)
2.3	**Verstöße gegen § 24a oder § 24c des Straßenverkehrsgesetzes** (Alkohol, berauschende Mittel)
2.4	**Verstöße gegen die Vorschriften der Fahrerlaubnis-Verordnung über** das Befördern von Fahrgästen ohne die erforderliche Fahrerlaubnis zur Fahrgastbeförderung oder das Anordnen oder Zulassen solcher Beförderungen (§ 48 Abs. 1 oder 8)
2.5	**Verstöße gegen die Vorschriften der Fahrerlaubnis-Verordnung über** das Führen von Kfz in Begleitung, wenn der Fahrerlaubnisinhaber entgegen einer vollziehbaren Auflage ein Kfz ohne Begleitung führt (begleitetes Fahren ab 17 Jahre – § 48a Abs. 2)

* Für die Einordnung einer fahrlässigen Tötung oder Körperverletzung in Abschnitt 2.1 oder 2.2 ist die Einordnung des der Tat zugrunde liegenden Verkehrsverstoßes maßgebend.

2.2 Weniger schwerwiegende Zuwiderhandlungen

1	**Straftaten, soweit sie nicht bereits zur Entziehung der Fahrerlaubnis geführt haben**
1.1	**Straftaten nach dem Strafgesetzbuch** – Fahrlässige Tötung (§ 222)* – Fahrlässige Körperverletzung (§ 229)* – Sonstige Straftaten, soweit im Zusammenhang mit dem Straßenverkehr begangen und nicht in Abschnitt 2.1 aufgeführt
1.1	**Straftaten nach dem Straßenverkehrsgesetz** Kennzeichenmissbrauch (§ 22)
2	**Ordnungswidrigkeiten nach den §§ 24, 24a und 24c des Straßenverkehrsgesetzes** soweit nicht in Abschnitt A aufgeführt

* Für die Einordnung einer fahrlässigen Tötung oder Körperverletzung in Abschnitt 2.1 oder 2.2 ist die Einordnung des der Tat zugrunde liegenden Verkehrsverstoßes maßgebend.

Die Bewährungszeit gilt als nicht bestanden, wenn im Probezeitraum der Fahranfänger entweder eine Zuwiderhandlung nach Abschnitt A (2.1) oder zwei Zuwiderhandlungen nach Abschnitt B (2.2) der Anlage 12 FeV begeht.

Beim Kraftfahrtbundesamt (KBA) wird als Teil des zentralen Fahrerlaubnisregisters (ZFER) das Fahranfängerregister geführt. Für einen Zeitraum von mindestens 3 Jahren (Probezeit + 1 Jahr Überliegefrist) werden die Daten des Fahranfängers hier gespeichert.

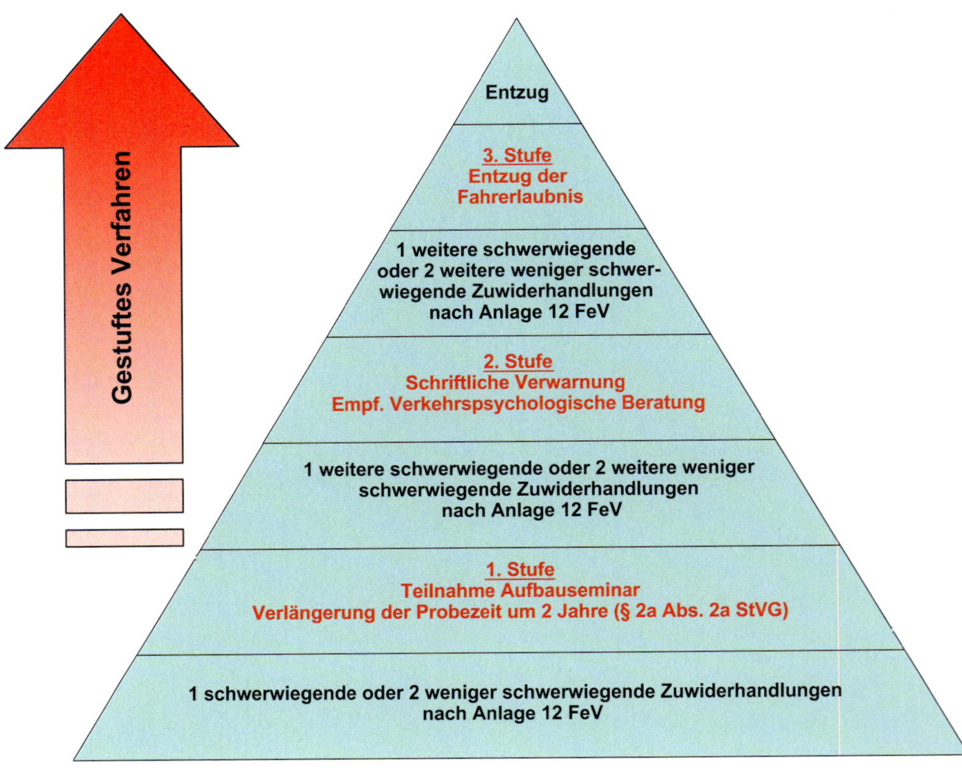

Bild 10 Maßnahmen nach Zuwiderhandlungen gemäß Anlage 12 FeV, eigene Darstellung

Sollten innerhalb der Probezeit eintragungspflichtige Verkehrsverstöße begangen und im Verkehrszentralregister (VZR) eingetragen werden, findet ein Datenabgleich mit dem Fahranfängerregister statt. Wird hierbei ein Verstoß nach Anlage 12 FeV festgestellt, informiert das KBA die zuständige Fahrerlaubnisbehörde, welche dann die in *Bild 10* dargestellten Maßnahmen veranlasst.

Im Falle der Beschlagnahme, Sicherstellung oder Verwahrung des Führerscheins nach § 94 StPO oder einer vorläufigen Entziehung der Fahrerlaubnis nach § 111a StPO ist die Probezeit unterbrochen. Gleiches gilt bei Anordnung der sofortigen Entziehung der Fahrerlaubnis durch die Fahrerlaubnisbehörde nach § 80 Abs. 2 Nr. 4 VwGO.

Kommt es zum Entzug der Fahrerlaubnis, endet hiermit vorerst auch die Probezeit. Bei späterer Neuerteilung der Fahrerlaubnis verlängert sich diese um die ursprünglich verbliebene Restdauer. Bleibt der Entzug der Fahrerlaubnis aus, wird die Restdauer der vorhergehenden Probezeit fortgeschrieben.

3 Aufbauseminare

Um auffällige Fahranfänger, die Verkehrszuwiderhandlungen nach Maßgabe der Anlage 12 FEV begangen haben, zu unterstützen, wird die Teilnahme an einem Aufbauseminar verbindlich angeordnet. Eine Nichtteilnahme am Seminar führt dazu, dass dem Betroffenen die Fahrerlaubnis entzogen wird, wenn er nicht innerhalb der festgesetzten Frist der Anordnung nachkommt (§ 2a Abs. 3 StVG).

Die Kursleiter dieser Seminare müssen Fahrlehrer sein und eine besondere Seminarerlaubnis haben (§ 2b Abs. 2 StVG; § 31 FahrlG).

Das Aufbauseminar soll in Form eines Gruppenseminars mit mindestens sechs und höchstens zwölf Teilnehmern in einem Zeitraum zwischen zwei und vier Wochen durchgeführt werden. Das Seminar setzt sich zusammen aus einem Kurs mit vier Sitzungen, wobei jede Sitzung 135 Minuten dauert und nicht mehr als eine pro Tag stattfinden darf. Zwischen der ersten und der zweiten Sitzung ist eine mindestens 30-minütige Fahrprobe in Gruppen mit drei Teilnehmern durchzuführen, die der Beobachtung des Fahrverhaltens dienen soll. Hierbei ist möglichst das Fahrzeug der Klasse zu verwenden, mit dem der Teilnehmer die Verkehrszuwiderhandlungen begangen hat.

Inhaltlich wird in den Gruppenseminaren auf die allgemeinen Probleme und Schwierigkeiten von Fahranfängern eingegangen. Auch die von den Teilnehmern begangenen Verkehrszuwiderhandlungen werden besprochen, um durch individuelle Ursachenanalyse auch bei den anderen Kursteilnehmern eine präventive Wirkung zu erzielen.

Durch diese Maßnahmen sollen die Fahranfänger neu sensibilisiert werden, um den Gefahren und Risiken des Straßenverkehrs zukünftig verantwortungsbewusster gerecht werden zu können.

Um sich mit der Problematik des Alkohol- und Drogenmissbrauchs auseinandersetzen zu können, gibt es besondere Aufbauseminare für Alkohol- oder Drogenauffällige. Dieses besondere Aufbauseminar ist sowohl für auffällige Fahranfänger wie auch für auffällige Punktetäter (§ 4 Abs. 8 StVG; § 43 FeV) vorgesehen. Die Kursleiter dieser Seminare müssen Diplom-Psychologen mit amtlicher Anerkennung sein und die erforderliche Zuverlässigkeit besitzen (§ 36 Abs. 6 FeV).

In Gruppenseminaren mit mindestens sechs und höchstens zwölf Teilnehmern soll das besondere Aufbauseminar in einem Zeitraum zwischen zwei und vier Wochen durchgeführt werden. Das Seminar setzt sich zusammen aus einem Vorgespräch und einem Kurs mit drei Sitzungen, wobei jede Sitzung 180 Minuten dauert und nicht mehr als eine pro Tag stattfinden darf. Zwischen den Sitzungen sind von den Teilnehmern Kursaufgaben anzufertigen (§ 36 Abs. 3 FeV).

Der inhaltliche Schwerpunkt bei diesen Kursen liegt auf der Ursachenanalyse und der Vermittlung der Wirkung von Alkohol oder anderen berauschenden Mitteln auf die Verkehrsteilnahme. Letztendlich soll jeder Teilnehmer nach Abschluss der Maßnahme in die Lage versetzt sein, zukünftig jegliche Verkehrszuwiderhandlung auszuschließen, welche auf Drogen- oder Alkoholeinfluss zurückzuführen wäre.

4 Verkehrspsychologische Beratung

Wie in *Bild 10* (Stufenpyramide) zu erkennen, wird dem Fahranfänger nach mehrfacher Auffälligkeit eine schriftliche Verwarnung ausgesprochen. Hierbei wird ihm zeitgleich empfohlen, eine verkehrspsychologische Beratung innerhalb von zwei Monaten in Anspruch zu nehmen.

Die Teilnahme an dieser Beratung ist jedoch freiwillig und dem Fahranfänger entstehen bei Nichtdurchführung keine weiteren rechtlichen Nachteile.

Die Beratung wird in Form eines Einzelgesprächs und ggf. in Ergänzung einer Fahrprobe durchgeführt. Der Berater soll hierdurch die Gelegenheit bekommen, die Ursache des Fehlverhaltens zu erkennen und gezielte Gegenmaßnahmen einzuleiten, um zukünftigen Verkehrszuwiderhandlungen entgegenzuwirken. Dem Fahranfänger ist an dieser Stelle nochmals die Chance gegeben, offensichtliche Eignungsmängel transparent zu machen und daraus Präventivmaßnahmen abzuleiten, die einen Entzug der Fahrerlaubnis verhindern.

5 Ausnahme von der Probezeit

Bei den Fahrerlaubnisklassen AM, L und T werden Fahrzeuge mit geringen Geschwindigkeiten geführt. Dadurch vermindert sich auch das Gefahrenpotenzial und somit das Unfallrisiko. Bei erstmaliger Erweiterung einer Fahrerlaubnis der Klassen AM, L oder T auf eine der anderen Klassen ist gemäß § 32 FeV die Fahrerlaubnis der Klasse, auf die erweitert wird, auf Probe zu erteilen.

Kapitel 4
Das Punktsystem

1 Allgemeines

Nahezu jedem Verkehrsteilnehmer ist die umgangssprachliche „Punktekartei in Flensburg“ bekannt. Eingeführt wurde diese als sog. „Mehrfachtäter-Richtlinie“ bereits am 16.11.1961. Mit einer Rechtsnormänderung wurde am 1.4.1974 das Punktsystem eingeführt. Dieses befasst sich mit auffälligen Fahrerlaubnisinhabern, welche durch mehrfache Verkehrszuwiderhandlungen ihre Eignung zur Teilnahme am Straßenverkehr in Frage stellen. In § 4 StVG sind die grundlegenden Festlegungen zum Punktsystem formuliert. Weitere Einzelheiten beschreibt die Fahrerlaubnis-Verordnung in den §§ 40 bis 45 und in der Anlage 13.

Vergleichbar der vorher beschriebenen Probezeit ist auch das Punktmodell stufenweise aufgebaut. Es soll durch Einleitung abgestufter Maßnahmen bei auffälligen Verkehrsteilnehmern letztendlich dem Entzug der Fahrerlaubnis entgegenwirken.

Deliktart und Punktestand	Männer		Frauen		Insgesamt [1]	
	in 1.000	in %	in 1.000	in %	in 1.000	in %
Personenbestand	6.986	77,6	2.015	22,4	9.004	100
Deliktart je Personengruppe						
Alkohol	1.229	17,6	169	8,4	1.399	15,5
Geschwindigkeit	4.003	57,3	1.121	55,6	5.126	56,9
Vorfahrt	608	8,7	265	13,1	873	9,7
Punktestand je Personengruppe [2]						
ohne Punkte	1.546	22,1	296	14,7	1.844	20,5
1 bis 7 Punkte	4.947	70,8	1.664	82,6	6.613	73,4
8 bis 13 Punkte	374	5,4	46	2,3	420	4,7
14 und mehr Punkte	57	0,8	4	0,2	61	0,7

[1] Einschließlich ohne Angabe zum Geschlecht.

[2] Ohne Personen, deren Punktestand nicht mittels DV-Programm berechnet werden konnte (insgesamt 0,8 Prozent).

Bild 11 Im Verkehrszentralregister (VZR) eingetragene Personen am 1. Januar 2012 nach Deliktart, Punktestand und Geschlecht (Anzahl in 1 000, hochgerechnet)

Quelle: Statistische Mitteilungen des KBA

Punktbewertung bei Straftaten 5–7 Punkte (auszugsweise)

Straftaten, die i. d. R. zum Entzug der Fahrerlaubnis führen (§ 69 StGB)

- Unerlaubtes Entfernen vom Unfallort (§ 142 StGB)
- Gefährdung des Straßenverkehrs (§ 315c StGB)
- Trunkenheit im Verkehr (§ 316 StGB)
- Vollrausch (§ 323a StGB)

Straftaten wie z. B.

- Gebrauch oder Gestatten des Gebrauchs unversicherter Kraftfahrzeuge oder Anhänger (§ 6 PflVG)
- Fahren ohne Fahrerlaubnis (§ 21 StVG)
- Kennzeichenmissbrauch (§ 22 StVG)

Straftaten wie z. B.

- Unterlassene Hilfeleistung (§ 323c StGB)
- Fahrlässige Tötung (§ 222 StGB)
- Fahrlässige Körperverletzung (§ 229 StGB)
- Nötigung (§ 240 StGB)

Punktbewertung bei Ordnungswidrigkeiten 1–4 Punkte (auszugsweise)

Ordnungswidrigkeiten i. d. R. mit Geldbuße und Fahrverbot (§ 25 StVG)

- Führen eines Kraftfahrzeuges ab 0,5 Promille Blutalkohol oder unter der Wirkung anderer berauschender Mittel (§ 24a StVG)
- Geschwindigkeitsüberschreitungen i. g. O. > 40 km/h; a. g. O > 50 km/h
- Überholen bei Überholverbot

Ordnungswidrigkeiten wie z. B.

- Missachtung der Vorfahrt i. V. m. Gefährdung (wenn nicht Straftat)
- Außerhalb geschlossener Ortschaften rechts überholt
- Einhaltung Mindestabstand nicht befolgt (< $^3/_{10}$ des halben Tachowertes)
- Zeichen eines Polizeibeamten nicht befolgt

Ordnungswidrigkeiten wie z. B.

- Ausscheren zum Überholen i. V. m. Gefährdung
- Einhaltung Mindestabstand nicht befolgt (< $^4/_{10}$ des halben Tachowertes)
- Rechtsfahrgebot bei Gegenverkehr missachtet i. V. m. Gefährdung
- Abbiegen in ein Grundstück und dabei Andere gefährdet

Ordnungswidrigkeiten wie z. B.

- Wenden in einem Tunnel
- Einhaltung Mindestabstand nicht befolgt (< $^5/_{10}$ des halben Tachowertes)
- Verbotswidrig an einem Sonntag oder Feiertag gefahren
- Kraftfahrzeug der Klasse B oder BE ohne Begleitung geführt (BF17)

2 Punktbewertung nach dem Punktsystem

Ein weiteres Ziel des Punktsystems ist es, bereits frühzeitig Eignungsmängel von auffälligen Fahrerlaubnisinhabern zu erkennen, um die entsprechenden Maßnahmen und Hilfestellungen einleiten zu können.

Bei der Anwendung des Punktsystems sind die Verkehrszuwiderhandlungen nach der Schwere und sich daraus ergebenden Folgen mit bis zu sieben Punkten zu bewerten. Ordnungswidrigkeiten werden dabei mit 1 bis 4 Punkten bewertet und Straftaten mit 5 bis 7 Punkten. Bei mehreren Zuwiderhandlungen in einem Vorgang wird nur die mit der höchsten Punktzahl berücksichtigt. Wird die Fahrerlaubnis entzogen oder eine Sperre nach § 69a StGB angeordnet, werden die Punkte aus der Zeit vor dieser Entscheidung gelöscht. Beruht die Entziehung darauf, dass der Betroffene nicht an einem angeordneten Aufbauseminar teilgenommen hat, gilt dies nicht.

3 Maßnahmen der Behörde

Gemäß § 4 Abs. 3 StVG hat die Fahrerlaubnisbehörde gegenüber den Inhabern einer Fahrerlaubnis folgende Maßnahmen zu ergreifen:

1. Ergeben sich **8, aber nicht mehr als 13 Punkte**, so hat die Fahrerlaubnisbehörde den Betroffenen schriftlich darüber zu unterrichten, ihn zu verwarnen und ihn auf die Möglichkeit der Teilnahme an einem Aufbauseminar nach § 4 Abs. 8 StVG hinzuweisen.

2. Ergeben sich **14, aber nicht mehr als 17 Punkte**, so hat die Fahrerlaubnisbehörde die Teilnahme an einem Aufbauseminar nach Absatz 8 anzuordnen und hierfür eine Frist zu setzen. Hat der Betroffene innerhalb der letzten fünf Jahre bereits an einem solchen Seminar teilgenommen, so ist er schriftlich zu verwarnen. Unabhängig davon hat die Fahrerlaubnisbehörde den Betroffenen schriftlich auf die Möglichkeit einer verkehrspsychologischen Beratung nach § 4 Abs. 9 StVG hinzuweisen und ihn darüber zu unterrichten, dass ihm bei Erreichen von 18 Punkten die Fahrerlaubnis entzogen wird.

3. Ergeben sich **18 oder mehr Punkte**, so gilt der Betroffene als ungeeignet zum Führen von Kraftfahrzeugen; die Fahrerlaubnisbehörde hat die Fahrerlaubnis zu entziehen.

Die Fahrerlaubnisbehörde ist bei den Maßnahmen nach 1. bis 3. an die rechtskräftige Entscheidung über die Straftat oder die Ordnungswidrigkeit gebunden.

4 Punkterabatt und Tilgung

Wie in der nachfolgenden *Tabelle 1* dargestellt, ist ein Punkteabbau möglich, jedoch innerhalb eines Zeitraumes von 5 Jahren nur einmalig. Die Möglichkeit der Schaffung eines „Positiv-Kontos“ durch Teilnahme an einem Seminar, ohne dass bereits Punkte vorhanden sind, gibt es nicht.

Punkte, die auf Grundlage von Ordnungswidrigkeiten eingetragen wurden, sind nach 2 Jahren

Tabelle 1 Punkteabzug

Punktekonto	Maßnahme	Abzug
1–8 Punkte	Freiwillige Teilnahme Aufbauseminar	bis zu 4 Punkte
9–13 Punkte	Freiwillige Teilnahme Aufbauseminar	2 Punkte
14–17 Punkte	Teilnahme Aufbauseminar + Freiwillige Teilnahme verkehrspsychologische Beratung	2 Punkte
	Angeordnete Teilnahme	kein Abzug

getilgt, jedoch maximal nach 5 Jahren bei Tilgungshemmung.

In folgenden Fällen erfolgt eine Tilgung generell erst nach 5 Jahren:

- bei Straftaten (Ausnahme §§ 315c Abs. 1 Nr. 1 Buchstabe a, 316 und 323a StGB oder bei einer Sperre nach § 69a Abs. 1 StGB)
- bei Fahrverboten von fahrerlaubnisfreien Fahrzeugen
- bei Teilnahme an einem Aufbauseminar oder einer verkehrspsychologischen Beratung.

In allen übrigen Fällen erfolgt die Tilgung nach 10 Jahren.

Tabelle 2 Beginn der Tilgungsfrist

Maßnahme	Beginn der Tilgungsfrist
Strafrechtliche Verurteilung	mit dem Tag des 1. Urteils
Entziehung oder Versagung der Fahrerlaubnis	mit Erteilung bzw. Neuerteilung
Sperre nach § 69a Abs. 1 StGB	mit Erteilung bzw. Neuerteilung
Bußgeldbescheid wegen Ordnungswidrigkeit	mit dem Tag der Rechtskraft
Aufbauseminar	mit dem Tag der Ausstellung der Bescheinigung
Verkehrspsychologische Beratung	mit dem Tag der Ausstellung der Bescheinigung
Verzicht auf die Fahrerlaubnis	mit dem Tag des Eingangs der Verzichtserklärung bei der zuständigen Behörde

5 Entziehung, Beschränkung, Auflagen

Wenn sich ein Fahrerlaubnisinhaber aufgrund von Erkrankungen oder gesundheitlichen Einschränkungen als ungeeignet zum Führen von Kraftfahrzeugen erweist, ist ihm die Fahrerlaubnis durch die zuständige Fahrerlaubnisbehörde zu entziehen. Auch beim Erreichen von 18 Punkten gilt der Fahrerlaubnisinhaber als ungeeignet und die Fahrerlaubnis ist im Regelfall zu entziehen. Ausnahmen hiervon gibt es beispielsweise dann, wenn ein Betroffener durch mehrere Ordnungswidrigkeiten innerhalb sehr kurzer Zeit die 18 Punkte erreicht hat und vorher keine Verwarnung ausgesprochen wurde (im Bereich von 8–13 Punkten). Er wird dann so behandelt, als ob er nur 13 Punkte hätte.

Darüber hinaus kann die Fahrerlaubnisbehörde den Entzug der Fahrerlaubnis anordnen, wenn der Fahrerlaubnisinhaber sich als nicht mehr befähigt zum Führen von Kraftfahrzeugen erweist.

Die Fahrerlaubnisbehörde kann die Fahrerlaubnis einschränken oder erforderliche Auflagen anordnen, wenn der Fahrerlaubnisinhaber noch bedingt geeignet zum Führen von Kraftfahrzeugen ist.

Kapitel 5
Begleitetes Fahren ab 17

1 Historie

In einigen Bundesstaaten der USA und beispielsweise in Schweden gibt es bereits langjährige Erfahrungen mit dem begleiteten Fahren und der Erteilung der Fahrerlaubnis ab 17 Jahren. Basierend auf den Erfahrungen dieser Länder wurde im Mai 2002 im Auftrag des Bundesministeriums für Verkehr, Bau und Stadtentwicklung eine Projektgruppe „Begleitetes Fahren" bei der Bundesanstalt für Straßenwesen (BASt) eingerichtet. Die BASt entwickelte in Abstimmung mit den Bundesländern ein Modell, das im April 2004 erstmals in Niedersachsen das Begleitete Fahren ab 17 ermöglichte. Eine bundeseinheitliche Regelung für diesen Modellversuch gibt es seit dem 18.8.2005. Er wurde vorerst bis zum 31.12.2010 befristet und durch die BASt begleitet und evaluiert. Im August 2010 wurde der Vorschlag, das Straßenverkehrsgesetz entsprechend anzupassen, vom Gesetzgeber umgesetzt, womit das begleitete Fahren ab 17 zum 1.1.2011 bundesweit Dauerrecht werden konnte.

2 Voraussetzungen

In § 6e StVG ist das Führen von Kraftfahrzeugen in Begleitung geregelt. Mit der Zielsetzung der Senkung des Unfallrisikos junger Fahranfänger wurde das Bundesministerium für Verkehr, Bau und Stadtentwicklung ermächtigt, die erforderlichen Vorschriften zu erlassen, insbesondere über

1. das Herabsetzen des allgemein vorgeschriebenen Mindestalters zum Führen von Kraftfahrzeugen mit einer Fahrerlaubnis der Klassen B und BE,
2. die zur Erhaltung der Sicherheit und Ordnung auf den öffentlichen Straßen notwendigen Auflagen, insbesondere dass der Fahrerlaubnisinhaber während des Führens eines Kraftfahrzeuges von mindestens einer namentlich benannten Person begleitet sein muss,
3. die Aufgaben und Befugnisse der begleitenden Person nach Nummer 2, insbesondere über die Möglichkeit, dem Fahrerlaubnisinhaber als Ansprechpartner beratend zur Verfügung zu stehen,
4. die Anforderungen an die begleitende Person nach Nummer 2, insbesondere über
   a. das Lebensalter,
   b. den Besitz einer Fahrerlaubnis sowie über deren Mitführen und Aushändigung an zur Überwachung zuständige Personen,
   c. ihre Belastung mit Eintragungen im Verkehrszentralregister sowie
   d. über Beschränkungen oder das Verbot des Genusses alkoholischer Getränke und berauschender Mittel,
5. die Ausstellung einer Prüfungsbescheinigung, die abweichend von § 2 Abs. 1 Satz 3 StVG ausschließlich im Inland längstens bis drei Monate nach Erreichen des allgemein vorgeschriebenen Mindestalters zum Nachweis der Fahrberechtigung dient, sowie über deren Mitführen und Aushändigung an zur Überwachung des Straßenverkehrs berechtigte Personen,
6. die Kosten in entsprechender Anwendung des § 6a Abs. 2 i.V.m. Abs. 4 StVG und
7. das Verfahren.

Eine auf der Grundlage des § 6e Abs. 1 und Abs. 2 StVG erteilte Fahrerlaubnis der Klassen B und BE ist zu widerrufen, wenn der Fahrerlaubnisinhaber einer vollziehbaren Auflage nach § 6e Abs. 1 Nr. 2 StVG über die Begleitung durch mindestens eine namentlich benannte Person während des Führens von Kraftfahrzeugen zuwiderhandelt.

Ist die Fahrerlaubnis widerrufen, darf eine neue Fahrerlaubnis unbeschadet der übrigen Voraussetzungen nur erteilt werden, wenn der Antragsteller nachweist, dass er an einem Aufbauseminar nach § 2a Abs. 2 StVG teilgenommen hat.

Im Übrigen gelten die allgemeinen Vorschriften über die Fahrerlaubnispflicht, die Erteilung, die Entziehung oder die Neuerteilung der Fahrerlaubnis, die Regelungen für die Fahrerlaubnis auf Probe, das Fahrerlaubnisregister und die Zulassung von Personen zum Straßenverkehr. Für die Prüfungsbescheinigung nach § 6e Abs. 1 Nr. 5 StVG gelten im Übrigen die Vorschriften über den Führerschein entsprechend.

Die Fahrerlaubnis-Verordnung (FeV) regelt in § 48a im Detail die Voraussetzungen für das begleitete Fahren ab 17, welche in *Tabelle 3* dargestellt sind.

Tabelle 3 Voraussetzungen für das begleitete Fahren ab 17 Jahren

Mindestalter	Abweichend von § 10 Abs. 1 Satz 1 Nr. 3 FeV beträgt das Mindestalter für die Erteilung einer Fahrerlaubnis der Klassen B und BE 17 Jahre.
Auflage	Der Fahrerlaubnisinhaber muss während des Führens des Kraftfahrzeuges von mindestens einer namentlich benannten Person begleitet werden. Die Auflage entfällt, wenn der Fahrerlaubnisinhaber das Mindestalter erreicht hat.
Prüfungsbescheinigung	Mit bestandener Prüfung wird eine Prüfungsbescheinigung ausgestellt; diese ist im Fahrzeug mitzuführen und berechtigten Personen auf Verlangen auszuhändigen. Die Prüfbescheinigung dient dem Nachweis der Fahrberechtigung und ist bis drei Monate nach Vollendung des 18. Lebensjahres im Inland gültig. In dieser Bescheinigung sind die zur Begleitung vorgesehenen Personen namentlich aufzuführen.
Begleitende Person	Die begleitende Person soll dem Fahrerlaubnisbewerber ausschließlich als kompetenter Ansprechpartner und Berater zur Verfügung stehen.
	Die begleitende Person muss das 30. Lebensjahr vollendet haben und seit mindestens 5 Jahren Inhaber einer gültigen Fahrerlaubnis der Klasse B (oder vergleichbar) sein. Darüber hinaus darf sie zum Zeitpunkt der Beantragung der Fahrerlaubnis mit nicht mehr als drei Punkten im Verkehrszentralregister belastet sein.
	Die begleitende Person darf den Inhaber einer Prüfungsbescheinigung nicht begleiten, wenn sie ab 0,25 mg/l Alkohol in der Atemluft oder ab 0,5 Promille Alkohol im Blut hat.
	Ebenso ist die Begleitung unter Wirkung von berauschenden Mitteln nach Anlage zu § 24 StVG unzulässig. Dies gilt nicht, wenn die Substanz aus der bestimmungsgemäßen Einnahme eines für einen konkreten Krankheitsfall verschriebenen Arzneimittels herrührt.
Führerschein	Mit Erreichen des Mindestalters nach § 10 Abs. 1 Satz 1 Nr. 3 FeV händigt die Fahrerlaubnisbehörde dem Fahrerlaubnisinhaber auf Antrag einen Führerschein nach Muster 1 der Anlage 8 aus.

3 Evaluation

In § 48b der Fahrerlaubnis-Verordnung (FeV) ist die Erhebung und Auswertung von Daten geregelt.

Für Zwecke der Evaluation dürfen personenbezogene Daten der teilnehmenden Fahranfänger erhoben werden. Die Daten sind spätestens am 31.12.2015 zu löschen oder so zu anonymisieren oder zu pseudonymisieren, dass ein Personenbezug nicht mehr hergestellt werden kann.

Kapitel 6
Weitere Tätigkeiten des aaSoP

1 Praktische Berufskraftfahrerprüfung

Im Jahr 2003 hat die Europäische Union die Richtlinie 2003/59/EG über die Grundqualifikation und Weiterbildung der Fahrer bestimmter Kraftfahrzeuge für den Güter- und Personenverkehr veröffentlicht.

Ziel war es,

- ein bestimmtes Mindestniveau der Fahrer der o. g. Kraftfahrzeuge zu erreichen,
- einen Beitrag zur Verbesserung der Verkehrssicherheit zu leisten und
- zur Sicherheit der Fahrerinnen und Fahrer beizutragen.

Diese europäische Vorschrift wurde in Deutschland durch das „Gesetz über die Grundqualifikation und Weiterbildung der Fahrer bestimmter Kraftfahrzeuge für den Güterkraft- oder Personenverkehr" (Berufskraftfahrer-Qualifikationgesetz – BKrFQG) umgesetzt.

Auf der Grundlage der Ermächtigung des Bundesministeriums für Verkehr, Bau und Stadtentwicklung (§ 8 BKrFQG) wurde die Verordnung zur Durchführung des BKrFQG verkündet. Diese regelt u. a. die Aus- und Weiterbildung, die Prüfung sowie Zuständigkeiten.

Der Qualifikationserwerb unter Beachtung der rechtlichen Zusammenhänge ist in *Bild 12* dargestellt.

Zuständig für die Prüfungen ist die für den Wohnsitz des Bewerbers zuständige Industrie- und Handelskammer (IHK).

Der Erwerb der Qualifikation in Deutschland ist in *Bild 13* dargestellt.

Der Bewerber hat nach Nachweis der Voraussetzungen eine theoretische und eine praktische Prüfung zu absolvieren.

Die zuständige IHK kann für die praktische Prüfung einen aaSoP hinzuziehen. Sie muss einen aaSoP hinzuziehen, wenn kein geeig-

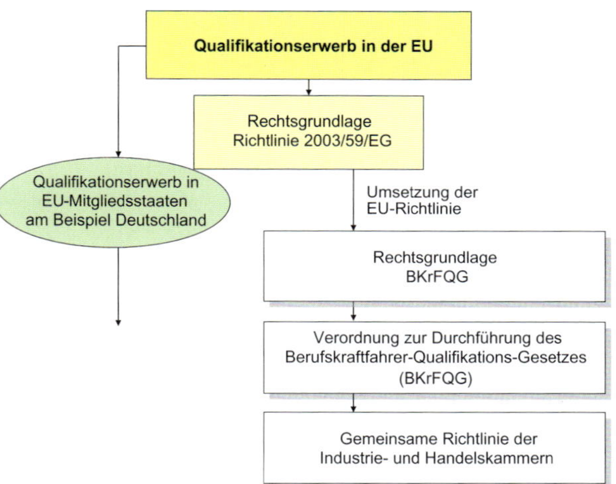

Bild 12 Rechtsgrundlagen, eigene Darstellung

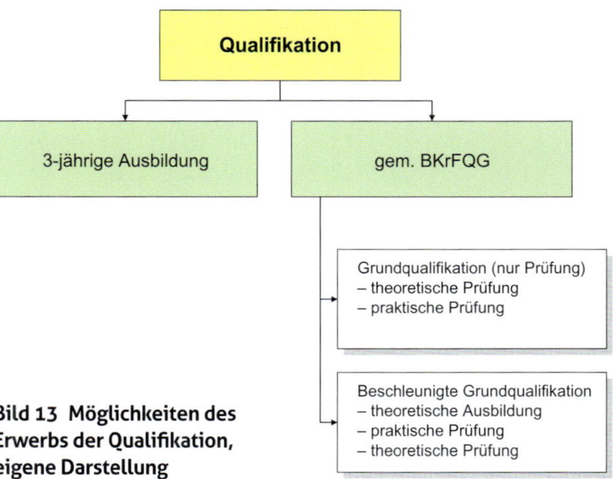

Bild 13 Möglichkeiten des Erwerbs der Qualifikation, eigene Darstellung

netes Personal mit gleichwertiger Qualifikation zur Verfügung steht.

Der aaSoP ist für die Prüftätigkeit zu qualifizieren und bedarf einer zusätzlichen Beauftragung durch die regionale IHK.

Die praktische Prüfung ist keine Fahrerlaubnisprüfung im herkömmlichen Sinne.

Ziel der praktischen Prüfung durch den aaSoP ist die Bewertung der fahrpraktischen Fähigkeiten des Prüfungsteilnehmers. Schwerpunkte sind nicht die Prüfungsinhalte der Fahrerlaubnisprüfung, sondern die in der Mustersatzung der Deutschen Industrie- und Handelskammern sowie der gemeinsamen Richtlinie der Industrie- und Handelskammern vorgegebenen.

Die praktische Prüfung besteht aus den Prüfungsteilen

1. Teil: Prüfungsfahrt (120 Minuten),
2. Teil: Praktischer Prüfungsteil (30 Minuten),
3. Teil: Bewältigung kritischer Fahrsituationen (max. 60 Minuten).

Zu Beginn der Prüfung hat der aaSoP Kontrollmaßnahmen zur Sicherung der vorschriftenkonformen Prüfung durchzuführen. Zu prüfen sind:

1. die Anforderungen an das Prüfungsfahrzeug
2. der technisch ordnungsgemäße, in Bezug auf die Prüfungsdurchführung erforderliche Zustand des Prüfungsfahrzeuges
3. die Anwesenheit eines Fahrlehrers, welcher die Anforderungen der Satzung erfüllt
4. die Anwesenheit eines Einweisers/Sicherungspostens, sofern benötigt (i.d.R. der Fahrlehrer)
5. die Vollständigkeit und Richtigkeit des Prüfungsaufbaus für die Bewältigung kritischer Fahrsituationen und
6. das Vorhandensein aller notwendigen Materialien für die Durchführung des praktischen Prüfungsteils.

Mit der praktischen Prüfungsfahrt sind die Verkehrsbereiche

- Fahrten innerhalb geschlossener Ortschaften
- Fahrten außerhalb geschlossener Ortschaften
- Autobahnen/Schnellstraßen/Bundesstraßen
- unterschiedliche Verkehrsdichten

abzudecken.

Der Prüfer hat die Prüfungsleistungen in der Fahrprüfung nach den Themenschwerpunkten

- verkehrsgerechtes und -sicheres Führen des Kraftfahrzeugs bei unterschiedlichen Verhältnissen,
- energiesparende, vorausschauende sowie materialschonende bzw. fahrgastfreundliche Fahrweise und
- selbstständige Wahl einer effizienten Fahrstrecke, ggf. nach Zwischenzielvorgabe,

entsprechend den Kriterien der „Gemeinsamen Richtlinie der Industrie- und Handelskammern" zu bewerten.

Hilfsmittel für die Bewertung durch den aaSoP sind die auf die Themenschwerpunkte zu beantwortenden Fragestellungen nach *Tabelle 4*.

Die Situationen für den praktischen Prüfungsteil sind dem „Kompendium zur praktischen Prüfungsqualifikation gemäß BKrFQG – Personenverkehr" bzw. dem „Kompendium zur praktischen Prüfungsqualifikation gemäß BKrFQG – Güterkraftverkehr" zu entnehmen.

Tabelle 4 Fragestellung des Prüfers als Bewertungskriterium

Fragestellung	Antwortkriterien
Gefährdung – welche?	ja/nein
	konkret/abstrakt
	klein/mittel/groß
Schädigung – welche?	ja/nein
	konkret/abstrakt
	klein/mittel/groß
fahrlässig/vorsätzlich?	ja/nein
überfordert?	ja/nein
einmal/mehrfach?	Anzahl

In der „Gemeinsamen Richtlinie der Industrie- und Handelskammern" sind die Prüfungssituationen und -aufgaben beschrieben.

Der Prüfungsteilnehmer erhält Aufgaben aus max. 2 der folgenden Fälle zur Bearbeitung:

1. Vorbereitung einer Beförderung
2. Durchführung einer Abfahrtkontrolle
3. Verhalten beim Umgang mit Fahrgästen (Fahrerlaubnisklassen D1, D1E, D, DE)
4. Verhalten in Notfallsituationen.

Im Prüfungsteil „Bewältigung kritischer Fahrsituationen" hat der Prüfungsteilnehmer seine Fähigkeiten bei der Beherrschung des Fahrzeuges bei unterschiedlichen Fahrbahnzuständen je nach Witterungsverhältnissen sowie Tages- und Nachtzeit zu zeigen und bewerten zu lassen.

Aus den möglichen kritischen Fahrsituationen wird nach *Tabelle 5* eine Auswahl getroffen.

Die kritischen Fahrsituationen sind vor der Prüfung durch den aaSoP vorzugeben.

Beispielhaft ist in *Bild 14* die kritische Fahrsituation „Zielbremsung" dargestellt.

Tabelle 5 Auswahlmöglichkeiten kritischer Fahrsituationen

Fahrsituation	
obligatorisch	**alternativ**
Gefahrbremsung oder Zielbremsung	Wenden unter engen räumlichen Bedingungen
	Durchfahren einer Engstelle
	Vorbeifahren an Hindernissen
	Abbiegen/Wenden ohne ausreichenden Freiraum
	Rechtsabbiegen des Kraftomnibusses ohne ausreichenden Freiraum

Die „Gemeinsame Richtlinie der Industrie- und Handelskammern" fordert, den Beginn und das Ende der Bremsstrecke durch übliche Verkehrsleitkegel festzulegen (ca. 50 cm Mindesthöhe) und die Leitkegel auf mindestens 2 m zu erhöhen.

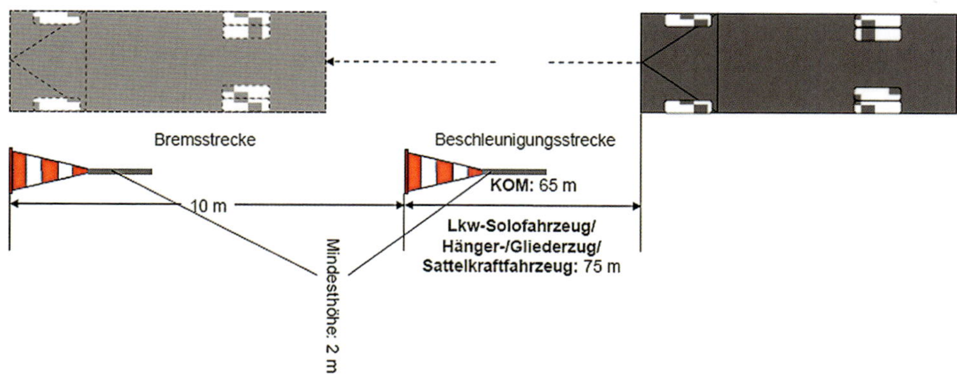

Bild 14 Kritische Fahrsituation „Zielbremsung"
Quelle: Gemeinsame Richtlinie der Industrie- und Handelskammern, Stand: 4.3.2008

2 Eignungsbegutachtung für mobilitätseingeschränkte Personen

Die Mobilität mit eigenem Kraftfahrzeug ist aus der Sicht der Betroffenen eine wichtige Grundlage für ihre Lebensqualität. Sie ermöglicht es ihnen,

- am „gesellschaftlichen Leben" teilzunehmen,
- einen Beruf auszuüben
- und in der Freizeit mobil zu sein.

Der Gesetzgeber hat im Straßenverkehrsgesetz Grundlagen für die Mobilität dieser Personengruppe geschaffen.

§ 2 Abs. 7 StVG legt fest, dass die Fahrerlaubnisbehörde zu ermitteln hat, ob der Antragsteller für eine Fahrerlaubnis zum Führen von Kraftfahrzeugen, gegebenenfalls mit Anhänger, geeignet und befähigt ist.

Weiter ist im § 2 Abs. 8 StVG ausgeführt: *„Werden Tatsachen bekannt, die Bedenken gegen die Eignung oder Befähigung des Bewerbers begründen, so kann die Fahrerlaubnisbehörde anordnen, dass der Antragsteller*

- *ein Gutachten oder Zeugnis eines Facharztes oder Amtsarztes und/oder*
- *ein Gutachten einer amtlich anerkannten Begutachtungsstelle für Fahreignung und/oder*

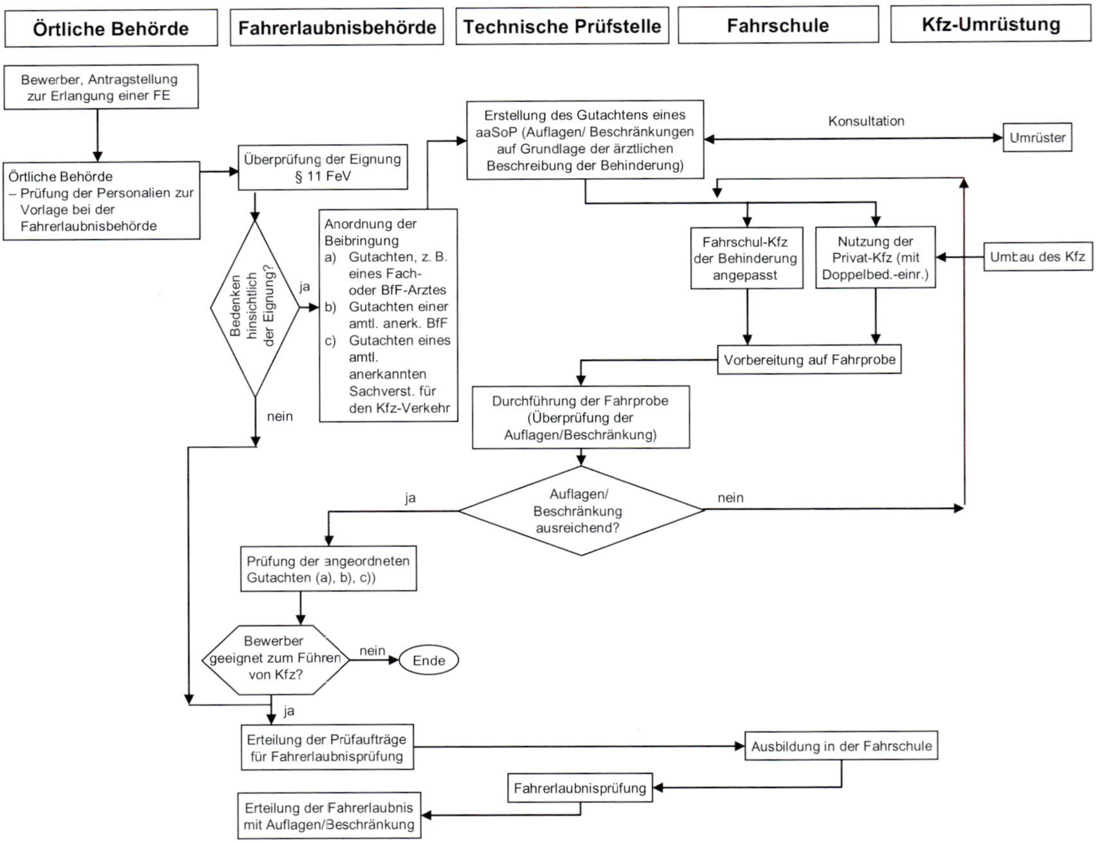

Örtliche Behörde | **Fahrerlaubnisbehörde** | **Technische Prüfstelle** | **Fahrschule** | **Kfz-Umrüstung**

Bewerber, Antragstellung zur Erlangung einer FE

Örtliche Behörde
– Prüfung der Personalien zur Vorlage bei der Fahrerlaubnisbehörde

Überprüfung der Eignung § 11 FeV

Bedenken hinsichtlich der Eignung?

ja

nein

Anordnung der Beibringung
a) Gutachten, z. B. eines Fach- oder BfF-Arztes
b) Gutachten einer amtl. anerk. BfF
c) Gutachten eines amtl. anerkannten Sachverst. für den Kfz-Verkehr

Erstellung des Gutachtens eines aaSoP (Auflagen/ Beschränkungen auf Grundlage der ärztlichen Beschreibung der Behinderung)

Konsultation

Umrüster

Fahrschul-Kfz der Behinderung angepasst

Nutzung der Privat-Kfz (mit Doppelbed.-einr.)

Umbau des Kfz

Vorbereitung auf Fahrprobe

Durchführung der Fahrprobe (Überprüfung der Auflagen/Beschränkung)

Auflagen/ Beschränkung ausreichend?

ja

nein

Prüfung der angeordneten Gutachten (a), b), c))

Bewerber geeignet zum Führen von Kfz?

nein

Ende

ja

Erteilung der Prüfaufträge für Fahrerlaubnisprüfung

Ausbildung in der Fahrschule

Fahrerlaubnisprüfung

Erteilung der Fahrerlaubnis mit Auflagen/Beschränkung

Bild 15 Ablauf für den Fahrerlaubnisbewerber bei bestehender Mobilitätsbeeinträchtigung, eigene Darstellung

- *eines amtlich anerkannten Sachverständigen oder Prüfers für den Kraftfahrzeugverkehr*

innerhalb einer angemessenen Frist beibringt.“

Die Notwendigkeit der Eignungsbegutachtung beschreibt § 11 FeV. Die Behörde bestimmt den zuständigen Arzt, z. B. mit verkehrsmedizinischer Qualifikation oder des Gesundheitsamtes.

Die Behörde kann mehrere solcher Anordnungen (Gutachten) treffen.

§ 11 Abs. 4 FeV regelt die Beibringung eines Gutachtens eines aaSoP für die Klärung von Eignungszweifeln für die Zwecke nach Abs. 2, wenn

1. nach Würdigung der Gutachten eines Fach- oder Amtsarztes ein Gutachten eines aaSoP zusätzlich erforderlich ist oder
2. bei der Behinderung des Bewegungsapparates festzustellen ist, ob die mobilitätseingeschränkte Person das Fahrzeug mit den erforderlichen besonderen technischen Hilfsmitteln sicher führen kann.

Die Begutachtungen sind beim Ersterwerb einer Fahrerlaubnis für eine mobilitätseingeschränkte Person oder für den Inhaber einer Fahrerlaubnis erforderlich, wenn Eignungszweifel bestehen.

Der Ablauf für den Ersterwerb einer Fahrerlaubnis für eine mobilitätseingeschränkte Person und für den Fahrerlaubnisinhaber bei Eintreten einer Mobilitätsbeeinträchtigung ist in den *Bildern 15 und 16* dargestellt.

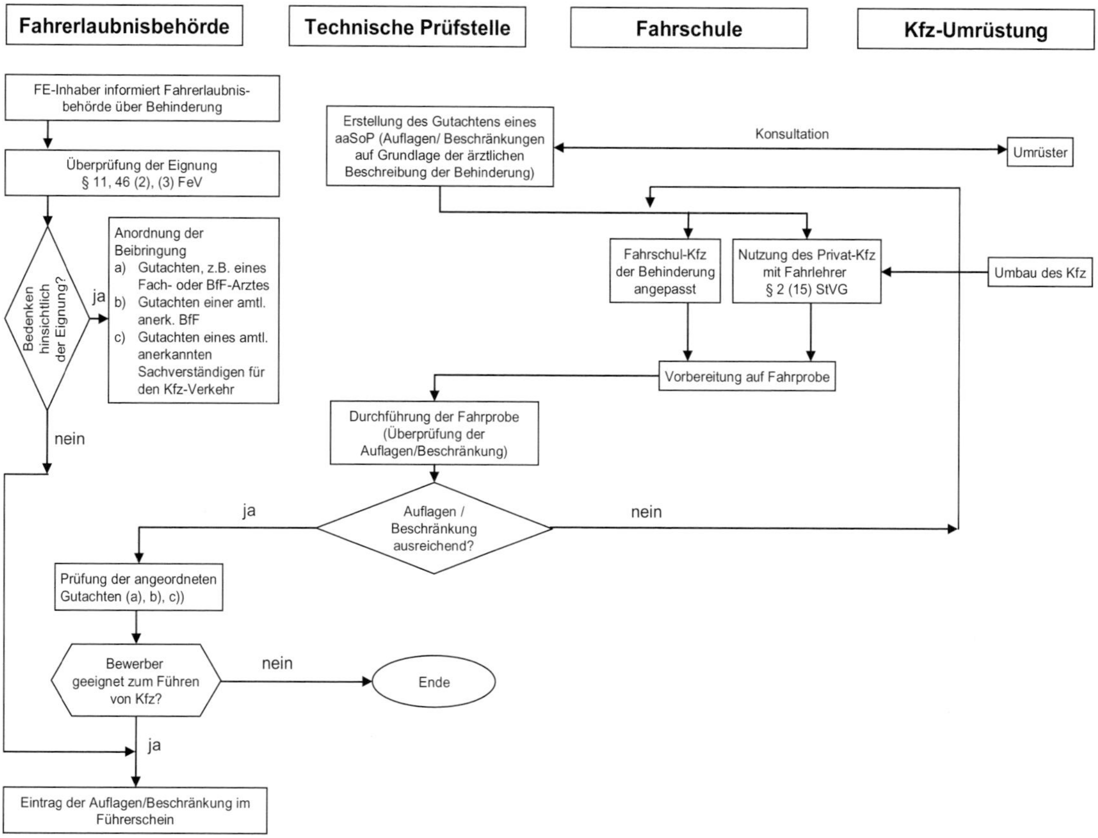

Bild 16 Ablauf für den Fahrerlaubnisinhaber bei eingetretener Mobilitätsbeeinträchtigung, eigene Darstellung

vorbereitendes Gespräch

Begutachtung Teil 1
gutachterliche Stellungnahme

Begutachtung Teil 2
(Fahrprobe)

gutachterliche Stellungnahme (Auflagen und Beschränkungen)

Bild 17 Die 3 Phasen der Begutachtung durch den aaSoP, eigene Darstellung

Die Eignungsbegutachtung ist eine sehr spezifische Sachverständigenleistung, die neben dem Grundwissen soziale Kompetenz und spezifisches Fachwissen des aaSoP erfordert.

Die Begutachtung ist in 3 Phasen durchzuführen (*Bild 17*).

Das vorbereitende Gespräch mit dem Probanden besitzt eine sehr wichtige Funktion bezüglich des Vertrauensaufbaus und der notwendigen sachlichen Informationen und der Rahmenbedingungen.

Es sollten vor allen Dingen folgende Fragen im Vorfeld der Begutachtung einer Klärung unterzogen werden:

- Liegt eine Anordnung der FE-Behörde vor und welche Fragen soll das Gutachten klären?
- Liegt ein medizinisches Gutachten oder ein Gutachten einer Begutachtungsstelle für Fahreignung vor und welche Aussagen trifft es?
- Welche körperlichen Behinderungen oder Einschränkungen (Beweglichkeit oder Muskelkräfte) schätzt der Proband selbst ein?
- Ist der Proband im Besitz einer Fahrerlaubnis und, wenn ja, welcher?
- Welche Fahrerlaubnis möchte der Proband erwerben?
- Welche Fahrzeuge (auch mit Anhänger) möchte der Proband mit seiner Behinderung führen?

Die eigentliche Begutachtung besteht

- in der gutachterlichen Stellungnahme (Teil 1)
- und in der Fahrprobe (Teil 2).

Teil 1 der Begutachtung informiert u. a. auf der Basis des ärztlichen Gutachtens über die Auflagen, die der Fahrzeugführer zu beachten hat, und den Umbau des Fahrzeuges.

Im Rahmen der Begutachtung werden u. a. Aussagen zu Restfunktionen, Körperkräften, Beweglichkeiten, Koordinationen und muskulärer Körperkontrolle getroffen.

Das Gutachten dient der Fahrschule und dem Umrüster dazu, ein der Behinderung angepasstes Fahrzeug bereitzustellen.

Teil 1 des Gutachtens hat vorläufigen Charakter, da die Auflagen und Beschränkungen erst nach der Fahrprobe (Teil 2) endgültig festgelegt werden.

Die Fahrprobe dient somit der Überprüfung von Auflagen und Beschränkungen in der Praxis. Eine Fahrprobe ist in den meisten Fällen unumgänglich. In deren Ergebnis werden Auflagen und Beschränkungen der Fahrerlaubnisbehörde vorgeschlagen.

3 Fahrlehrerprüfungsausschuss

Fahrlehrer müssen gemäß § 4 Fahrlehrergesetz (FahrlG) in einer Prüfung den Nachweis über die fachliche Eignung zur Ausbildung von Fahrschülern erbringen. Die Zusammensetzung des Prüfungsausschusses regelt § 2 Abs. 2 der Prüfungsordnung für Fahrlehrer (FahrlPrüfO). Dem Prüfungsausschuss muss ein amtlich anerkannter Sachverständiger (aaS) (die Befugnis kann auch auf Teilbefugnisse beschränkt sein – aaSmT) angehören.

Der aaS/aaSmT bedarf einer Berufung durch die zuständige oberste Landesbehörde oder die von ihr bestimmte oder nach Landesrecht zuständige Stelle (§ 3 FahrlPrüfO).

4 Fahrschulüberwachung

Wer Fahrschüler ausbilden will, bedarf der Fahrschulerlaubnis nach Fahrlehrergesetz. Nach § 33 Fahrlehrergesetz hat die Erlaubnisbehörde Fahrlehrer, Fahrschulen und deren Zweigstellen sowie Fahrlehrerausbildungsstätten zu überwachen.

Die Erlaubnisbehörde kann sich dabei geeigneter Personen oder Stellen bedienen.

Dies können auch Technische Prüfstellen mit ihren aaSoP sein.

Kapitel 7
Weiterentwicklung der Fahrerlaubnisprüfung

Die Technischen Prüfstellen (TP) als beliehene Unternehmen sind von den zuständigen obersten Landesbehörden mit der Durchführung und Weiterentwicklung der Fahrerlaubnisprüfung beauftragt.

Die Träger der TP werden dazu jährlich von der „Begutachtungsstelle Fahrerlaubniswesen" der Bundesanstalt für Straßenwesen (BASt) begutachtet (§ 72 FeV). Die Anforderungen der BASt an die zu begutachtenden Träger fordern von den TP, die Güte der Fahrerlaubnisprüfung kontinuierlich im Hinblick auf Verbesserungspotenziale zu analysieren. Des Weiteren ist auf die Umsetzung möglicher Verbesserungen hinzuwirken. Für die koordinierte gemeinsame Weiterentwicklung der Fahrerlaubnisprüfung gründeten die TP 1999 die „TÜV | DEKRA Arbeitsgemeinschaft Technische Prüfstellen 21" (ArgeTP21).

1 Weiterentwicklung Theorieprüfung

Über Jahrzehnte hinweg war die Theorieprüfung in Deutschland dadurch gekennzeichnet, dass Papierfragebögen zur Anwendung kamen. Diese Fragebögen hatten eine feststehende Frage- und Antwortreihenfolge, welche dem Bewerber das Bestehen der Prüfung durch stures Auswendiglernen ermöglichte. Auch Manipulationen durch den Bewerber während der Prüfung waren beispielsweise mittels Lösungsschablonen möglich.

Die Auswertung durch den Fahrerlaubnisprüfer, die ebenfalls das Anlegen von Lösungsschablonen erforderte, schloss Fehlbewertungen nicht aus.

Rechtsnormänderungen, welche Auswirkungen auf die Fragen oder Antworten in der Theorieprüfung hatten, kamen mit zum Teil wesentlicher zeitlicher Verzögerung im Prüfprozess zum Tragen.

Deutschland war übrigens eines der letzten Länder in Europa, das die Theorieprüfung mittels Papierprüfbögen ablöste.

1.1 Zielstellung und Einführung der PC-Theorieprüfung

Wesentliche Motivation für die Einführung einer PC-Theorieprüfung in Deutschland waren die hiermit einhergehende Erhöhung der Verkehrssicherheit, eine Verbesserung der Manipulationssicherheit und natürlich nicht zuletzt die Nutzerfreundlichkeit.

Zunächst ging es darum, die Verständlichkeit der Fragen zu verbessern. Bei einem elektronischen Prüfungsbogen können Fragen leichter verändert oder ausgetauscht werden. Aktualisierungen der Fragebögen sollten auf Knopfdruck möglich werden.

Eine wesentliche Zielsetzung ist die Erhöhung der Verkehrssicherheit. Sie soll u. a. dadurch erreicht werden, dass eine variable Reihenfolge von Fragen und Antworten möglich ist. Dies erschwert das Auswendiglernen erheb-

lich, wodurch eine intensive Befassung mit den Verkehrsregeln erforderlich wird.

Ein besserer Schutz vor Manipulationen soll durch eine variable Frage- und Antwortreihenfolge erreicht werden. Durch Verwendung von Audiosequenzen kann eine einwirkungsgeneigte Dolmetscherprüfung ersetzt werden.

Im Mittelpunkt steht des Weiteren die Nutzerfreundlichkeit. Die Theorieprüfung darf an den Fahrerlaubnisbewerber keine großen Anforderungen stellen, der Bewerber muss, um die Prüfung ablegen zu können, kein Computerexperte sein. Ein der Prüfung vorgeschaltetes Lernprogramm bereitet den Bewerber auf die Prüfung vor.

Fremdsprachige Prüfungen sind möglich. Bewerber mit Lese- und Rechtschreibschwäche erhalten eine Audiounterstützung in Deutsch.

Zum verbesserten Feedback soll der Bewerber nach der Prüfung vom Prüfer ein Auswertungsprotokoll mit den aufgetretenen Fehlerkategorien und dem Ergebnis erhalten. Das Protokoll dient zugleich der Rückmeldung über das erzielte Prüfergebnis an den Fahrlehrer. Im Falle einer nicht bestandenen Prüfung kann gezielt für die Wiederholungsprüfung gelernt werden.

1.2 PC-Theorieprüfung

Seit dem 1.1.2010 ist für alle Prüflinge in Deutschland die neue Form der Theorieprüfung am PC verbindlich vorgeschrieben. Deutschland schließt damit zu vielen Nachbarstaaten in Europa auf, welche die Theorieprüfung am PC bereits vor geraumer Zeit eingeführt haben.

Wie die bisherigen Erfahrungen zeigen, bietet die Prüfung per Mausklick mehrere Vorteile: Sie macht die Wissensabfrage verständlicher, bedienungsfreundlicher und trägt zur Verbesserung der Verkehrssicherheit bei.

Mit der Theorieprüfung am Computer verbessern die TP die Qualität der Fahrerlaubnisprüfung und geben den Fahranfängern ein besseres Rüstzeug für die hohen Anforderungen im Straßenverkehr mit auf den Weg. Neben dem Begleiteten Fahren ab 17 ist die PC-Theorieprüfung ein wichtiger Beitrag zur Senkung der Unfallzahlen von jungen Fahranfängern.

Nicht nur die sogenannte „Playstation-Generation“ kommt nach den Erfahrungen der TP mit der Anwendung des PC-Programms sehr gut klar. Das Prüfprogramm lässt sich so einfach bedienen, dass nahezu jeder, der mit einer Computermaus umgehen kann, damit zurechtkommt.

Jeder Fahrerlaubnisbewerber hat die Möglichkeit, sich u.a. anhand einer Demo-Version auf die Prüfung am PC vorzubereiten (siehe Kap. 2, Abschnitt 1.3).

Im Unterschied zum Papierbogen zeigt das Programm stets nur eine Frage, auf die sich der Bewerber voll konzentrieren kann. Das Bild zu einer Frage lässt sich auf Bildschirmgröße zoomen. Weiteres Plus: vor der Abgabe des elektronischen Prüfbogens erinnert der PC gegebenenfalls an eine noch nicht bearbeitete Frage. So kann der Prüfling nichts übersehen oder vergessen. Nach der Auswertung der Ergebnisse erhält der Prüfling ein ausgedrucktes Fehlerprotokoll. Damit kann er gemeinsam mit seinem Fahrlehrer gezielter als bisher Wissenslücken erschließen, falls eine Wiederholungsprüfung notwendig sein sollte.

Bei der Zielgruppe selbst kommt die Prüfung per Mausklick gut an. Bei einer DEKRA-Befragung im Jahr 2008 stimmte eine große Mehrheit der Prüflinge der neuen Prüfung vorbehaltlos zu. 73 Prozent der Bewerber waren mit dem Komfort des Programms sehr zufrieden.

Positive Effekte hat das neue Prüfmedium auch für die Straßenverkehrssicherheit. Der Computer variiert jedes Mal die Reihenfolge der Fragen und Antworten. Deshalb macht es wenig Sinn, die Antworten schematisch auswendig zu lernen. Somit muss sich der Prüfling intensiver mit den Verkehrsregeln befassen und sie wirklich verstehen. Zudem bietet das neue Medium einen besseren Schutz vor Manipulationen, denn die Prüfung kann nicht mehr mithilfe unzulässiger Lösungsschablonen bestanden werden. Außerdem lassen sich die Prüfungsfragen bei geänderter Rechtslage rasch „auf Knopfdruck“ anpassen.

Die vorliegenden Erfahrungen aus den Bundesländern sind positiv. Die Bestehensquote der PC-Theorieprüfung ist vergleichbar mit der Quote der herkömmlichen Theorieprüfung.

1.3 Arbeitsplatz des Prüfers in der PC-Theorieprüfung

Die PC-Theorieprüfung hat den Arbeitsplatz des Fahrerlaubnisprüfers erheblich verändert. Erstmalig ist der Prüfer mit einem Prüfer-PC ausgestattet. Dieser kommuniziert mit dem System der TP, z. B. per Netzwerkanschluss (LAN) oder Funk. Bei den Bewerber-PC handelt es sich um im Prüflokal fest installierte Desktops oder mobile Geräte. Prüfer- und Bewerber-PC kommunizieren im Prüflokal z. B. über LAN oder WLAN.

Auf jedem Bewerber-PC kommt eine Software der ArgeTP21 zum Einsatz. Diese wird jeweils über die TP-spezifische Schnittstelle an die jeweiligen EDV-Systeme der TP angebunden.

Im Vergleich zur Prüfung mit Papierprüfbögen ergeben sich durch die PC-Theorieprüfung folgende Vorteile für den Prüfer:

- Keine Bereitstellung von Papierprüfbögen erforderlich
- Entfall der Abholung von speziellen Prüfbögen (Fremdsprachen)
- Ständige Verfügbarkeit aller Prüfbögen (Klassen, Sprachen, Audio-Prüfungen in allen Prüflokalen)
- Entfall vorbereitender Tätigkeiten (Prüfung der Aktualität der Prüfbögen und Schablonen, Mischung der Prüfbögen für Prüfgruppe)
- Qualitätssteigerung bei der Auswertung (kein fehlerhaftes Anlegen von Schablonen möglich)
- Qualitätssteigerung durch automatische Übernahme des Prüfergebnisses in das TP-System
- Entfall der Nachbereitung (keine Archivierung der Prüfbögen durch ihn erforderlich).

1.4 Weiterentwicklung der PC-Theorieprüfung

Wird die Güte evaluierter Prüfungsaufgaben bezüglich der Aufgabeninhalte betrachtet, so fällt auf, dass im Inhaltsbereich „Gefahrenlehre“ viele Aufgaben enthalten sind, die ein eher geringes Anspruchsniveau aufweisen und teilweise Lösungshinweise enthalten. Viele Aufgaben dieses Inhaltsbereiches werden ihrer hohen Bedeutsamkeit für die Verkehrssicherheit somit nicht gerecht.

Die methodischen Defizite dieser Aufgaben lassen sich auch nicht ohne Weiteres beheben,

Bild 18 Prüflokal mit Bewerber-Desktops und mit mobilen Bewerber-PC

denn die Prüfungsinhalte des Inhaltsbereichs „Gefahrenlehre“ eignen sich nicht für eine Operationalisierung durch Multiple-Choice-Fragen. Dieser Zusammenhang ist seit Jahrzehnten bekannt. Erst mit der Einführung der computergestützten theoretischen Fahrerlaubnisprüfung bieten sich die technischen Möglichkeiten, bei der Operationalisierung von Aufgabeninhalten zur Gefahrenlehre auf alternative multimediale Darbietungsformen und Antwortformate zurückzugreifen.

Die Entwicklung solcher neuen Aufgabenformate zur Verbesserung der Aufgabenqualität im Allgemeinen und die Erarbeitung verbesserter Aufgaben im Bereich „Gefahrenlehre“ im Besonderen stellt ein herausragendes Ziel bei der Optimierung der Fahrerlaubnisprüfung in den nächsten Jahren dar.

Um dieses Ziel zu erreichen, müssen zur Darstellung von Verkehrssituationen in Prüfungsaufgaben künftig neben den bisherigen Texten und computergenerierten Standbildern auch dynamische Fahrszenarien genutzt werden. Die inhaltlichen und methodischen Vorteile dieser Form der Situationsdarstellung sind vielfältig – auch im Hinblick auf die bereits angesprochene Gestaltung von Prüfungsaufgaben im Inhaltsbereich „Gefahrenlehre“. Nachfolgend soll dies detaillierter erläutert werden.

Um erste Kenntnisse im Bereich der Gefahrenlehre zu erwerben, eignen sich die Fahrerlaubnisbewerber zunächst mittels einer bildgestützten Auseinandersetzung mit der dargestellten Gefahrensituation Handlungswissen über die Gefahrenabwehr bzw. Gefahrenbewältigung an. Anschließend erfolgt auf dieser Grundlage in der Fahrpraxis eine Erweiterung und Ausdifferenzierung des diesbezüglichen Wissens und Könnens.

Setzt man computergenerierte dynamische Fahrszenarien in der Ausbildung und Prüfung ein, bestehen die Chancen darin, dass der Bewerber bei der Bearbeitung von Lern- bzw. Prüfungsaufgaben ähnlich denken und handeln muss wie im realen Straßenverkehr, ohne sich dabei realen Gefahren auszusetzen. Die Lern- bzw. Prüfungsanforderungen können hinsichtlich ihrer Komplexität an das Kompetenzniveau der Bewerber angepasst werden, weil man die bildlichen Darstellungen von Verkehrssituationen im Gegensatz zu Situationen im Realverkehr vereinfachen kann. Auch kann mit dynamischen Fahrszenarien die zeitliche Entwicklung einer Verkehrssituation realitätsnah dargestellt werden. Dies ist für die angemessene Situationsbeurteilung von großer Bedeutung.

Bild 19 Computergeneriertes Standbild

Durch die Nutzung von computergenerierten Standbildern und dynamischen Fahrszenarien werden sich auch die Möglichkeiten zur prüfungsdidaktisch angemessenen und effizienten Erarbeitung von Situationsdarstellungen in Prüfungsaufgaben verbessern. Des Weiteren könnten die bislang für die Darstellung von Verkehrssituationen genutzten textlichen Beschreibungen teilweise entfallen. Diese Beschreibungen zu verstehen, setzt gute Lese- und Interpretationsfähigkeiten voraus. Nicht selten sind auffällige Lösungshinweise enthalten. Mit diesen neuen Formaten wäre auch ein Weg eröffnet, um die gegenwärtige Bildungsabhängigkeit der Prüfungsergebnisse zu reduzieren. Letztendlich könnte der spezielle Aufgabeninhalt einer Prüfungsaufgabe in unterschiedliche bildliche Gestaltungsformen eingebettet werden, welche für die Aufgabenlösung fachlich unerheblich sind. Eine Prüfungsaufgabe würde also künftig in der theoretischen Fahrerlaubnisprüfung in vielfältiger Gestalt erscheinen, da z. B. die Bebauung oder Umgebung variiert. Schlussfolgernd würde das unerwünschte schematische Lernen erschwert, denn eine derartige Aufgabe kann man nur dann richtig lösen, wenn man auch ihren Inhalt verstanden hat.

In einem ersten Schritt lösen seit Juli 2011 moderne, am Computer erstellte Abbildungen die bisherigen Fotos und Grafiken ab.

Die computergenerierten Bilder lassen sich effizienter erstellen und schneller aktualisieren. Zudem wirken die neuen Abbildungen moderner und einheitlicher, da sie die aktuelle Verkehrsumwelt (z. B. Fahrzeugtypen, Umgebungsgestaltung) abbilden. Des Weiteren bieten die computergenerierten Abbildungen die Voraussetzung für den Einsatz von Bildvarianten.

In einem weiteren Schritt kommen ab Oktober 2012 computergenerierte Abbildungen mit Varianten zum Einsatz.

In der neuen Darstellungsweise werden den Aufgaben zunächst Basisabbildungen zugeordnet, die wie bisher auch im amtlichen Aufgabenkatalog veröffentlicht werden. In der Prüfung werden dann aber abgewandelte Varianten dieser Abbildungen eingesetzt, in denen zum Beispiel Fahrzeugtypen und -farben sowie Umgebungsbebauung variieren. Das bietet für den Bewerber eine realistische Vielfalt, die seine Aufmerksamkeit auf die eigentliche Verkehrssituation lenkt. Das heißt, der Bewerber kann die Aufgabe nur dann lösen, wenn er die Verkehrssituation inhaltlich verstanden und sich intensiv mit der Aufgabe in der Prüfungsvorbereitung auseinandergesetzt hat. Außerdem wird er nicht dazu verleitet, aus dem amtlichen Aufgabenkatalog auswendig zu lernen.

Aufgrund der benannten Vorteile kann eine Erhöhung der Güte der Prüfungsaufgaben bereits erwartet werden, wenn die beschriebenen innovativen Formen der Situationsdarstellung im Rahmen traditioneller Multiple-Choice-Aufgaben eingesetzt werden. Alternativ dazu sind weitere Aufgabenformate denkbar (z. B. Aufgaben zur zeitlichen und räumlichen Lokalisierung von Gefahrenhinweisen oder zum Vergleich des Gefährdungspotenzials verschiedener Verkehrssituationen). Jedoch lässt sich aus heutiger Sicht auch nicht ausschließen, dass diese Alternativformate gegenüber den herkömmlichen Multiple-Choice-Aufgaben neu-

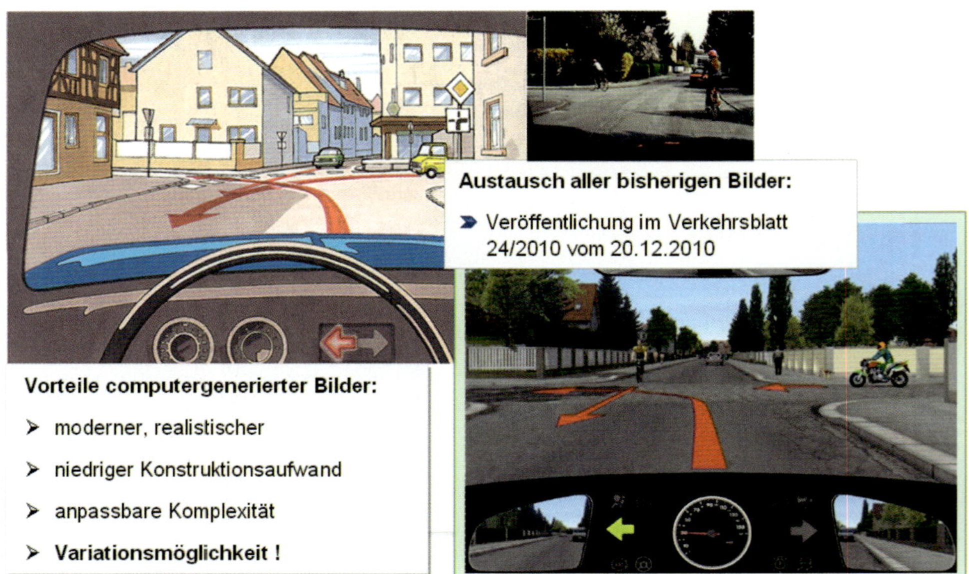

Bild 20 **Einführung computergenerierter Abbildungen seit 1.7.2011**

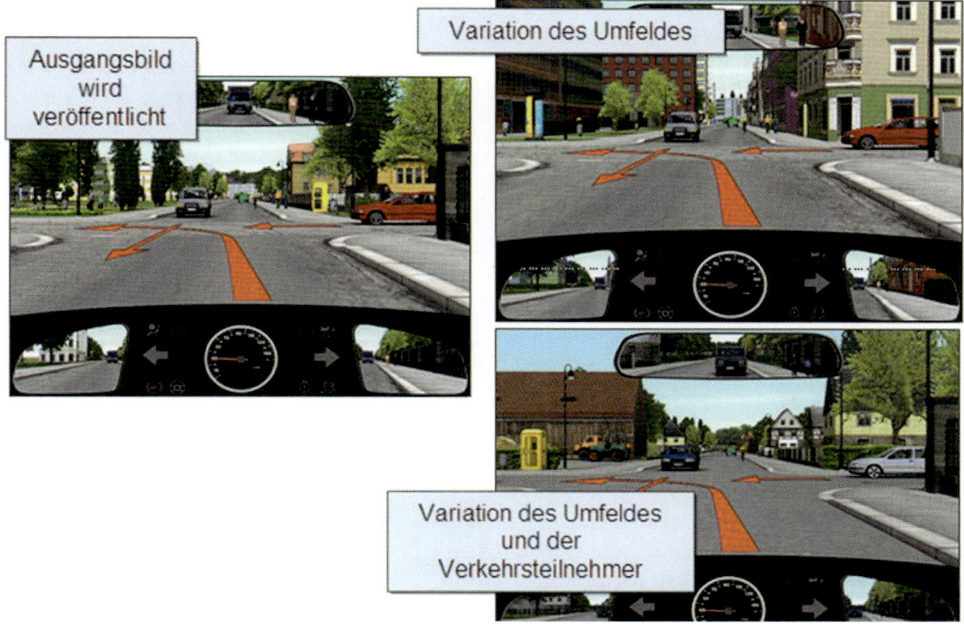

Bild 21 Einführung computergenerierter Abbildungen mit Varianten ab 1.10.2012

artige methodische Probleme und Nachteile mit sich bringen; beispielsweise könnten Wahrnehmungsbesonderheiten der Fahrerlaubnisbewerber – ähnlich wie heute ihre Lesefähigkeit – die Prüfungsergebnisse verfälschen.

In den nächsten Jahren hat sich die Arge TP 21 die Aufgabe gestellt, Aufgabenprototypen für innovative Aufgabenformate zu entwickeln und die Voraussetzungen für ihre Einführung zu schaffen.

Werden solche neuartigen Aufgabeninhalte und Aufgabenformate eingeführt, sind schlussfolgernd auch die Verfahren und Abläufe des Fahrerlaubnisprüfungssystems anzupassen.

2 Praktische Prüfung

Die praktische Fahrerlaubnisprüfung hat durch ihre Selektions- und Steuerungsfunktion eine zentrale Rolle im System der Fahranfängervorbereitung.

Mittels der Selektionsfunktion wird sichergestellt, dass nur die Fahrerlaubnisbewerber am Straßenverkehr teilnehmen können, welche auch ein Mindestmaß an Fahrkompetenz besitzen. Bei der Steuerungsfunktion sind zwei Richtungen zu nennen: Zum einen wird mit den Prüfungsinhalten und den Bewertungskriterien die Vorbereitung der Fahranfänger auf konkrete Lernziele angestrebt. Zum anderen erhalten die Bewerber in der Prüfung ein Feedback darüber, auf welchem Niveau sie die Prüfungsanforderungen bewältigt haben und welche Kompetenzdefizite sie ggf. in Vorbereitung auf eine Wiederholungsprüfung noch abbauen müssen.

Diese beiden Funktionen künftig angemessen zu erfüllen, erfordert, die heute eingesetzten technischen Mittel, aber auch die angewendeten Verfahren und Abläufe des Fahrerlaubnisprüfungssystems kontinuierlich weiterzuentwickeln.

2.1 Zielsetzung der Weiterentwicklung der praktischen Prüfung

Ein wesentliches Element der praktischen Prüfung ist das neue elektronische Prüfprotokoll (e-Protokoll).

Das e-Protokoll soll den Prüfer bei der Prüfungsdurchführung unterstützen, ein verbessertes Rückmeldesystem an Fahrerlaubnisbewerber und Fahrlehrer und eine Evaluation der praktischen Fahrerlaubnisprüfung ermöglichen.

Der Prüfer erhält somit Unterstützung dabei, die Prüfung vollständig und rechtskonform durchzuführen. Das e-Protokoll soll eine einheitliche, differenzierte und eindeutige Dokumentation des Verhaltens des Bewerbers ermöglichen. Außerdem wird dadurch Unterstützung bei der abschließenden Einschätzung der Fahrkompetenz und fachlichen Begründung des Ergebnisses der Prüfung erwartet.

Basierend auf dem e-Protokoll ist zukünftig ein verbessertes Rückmeldesystem an Bewerber und Fahrlehrer möglich. Aus Sicht des Bewerbers führt es zur besseren Nachvollziehbarkeit der Prüfungsentscheidung bzw. größeren Transparenz der Anforderungen und Bewertungsstandards. Den Fahrlehrern wird ein detailliertes Feedback und eine bessere Unterstützung bei der weiteren professionellen Fahrausbildung nach einer nicht bestandenen Prüfung gegeben.

Das elektronische Prüfprotokoll wird des Weiteren eine kontinuierliche wissenschaftliche Evaluation der praktischen Prüfung ermöglichen. Durch die elektronische Datenbasis können die Inhalte (z. B. Fahraufgaben) bewertet und ggf. überarbeitet werden.

2.2 Arbeitsplatz des Prüfers in der praktischen Prüfung

Gemäß den fahrerlaubnisrechtlichen Regelungen zur Prüfungsdokumentation sind in der FeV (Anlage 7 Nr. 2.6) und in der Prüfungsrichtlinie (Nr. 6) dokumentiert, dass im Fall des Nichtbestehens der Prüfung der Fahrerlaubnisprüfer den Fahrerlaubnisbewerber bei Beendigung der Prüfung unter kurzer Benennung der wesentlichen Fehler zu unterrichten hat. Dem Fahrerlaubnisbewerber ist in diesem Fall ein Prüfprotokoll (Anlage 13 zur Prüfungsrichtlinie) auszuhändigen. Die Prüfungsrichtlinie besagt, dass der Fahrerlaubnisprüfer über die Prüfung Aufzeichnungen anzufertigen hat, die insbesondere die vom Fahrerlaubnisbewerber begangenen wesentlichen Fehler enthalten.

Um ein elektronisches Prüfprotokoll erfassen zu können, bedarf es des Einsatzes von EDV beim Prüfer.

Im elektronischen Prüfprotokoll werden durch den Prüfer neben den allgemeinen Angaben zum Bewerber und Prüfer auf Fahraufgaben bezogene Bewertungen von Beobachtungskategorien festgehalten. Fahraufgaben (waagerechte Zeilen des Prüfprotokolls) sind Verkehrssituationen, in welche der Prüfer den Bewerber im Rahmen seiner Prüfung mittels Festlegung der Prüfungsstrecke bringt (z. B. Fahrstreifenwechsel, Vorbeifahren/Überholen, Schienenverkehr). Durch den Prüfer erfolgt die Bewertung von Beobachtungskategorien (senkrechte Spalten). Dies sind fahraufgabenübergreifende bewertungsrelevante Sachverhalte wie z. B. Verkehrsbeobachtung, Geschwindigkeitsanpassung und Fahrzeugpositionierung.

In den Zellen der Matrix des elektronischen Prüfprotokolls werden beobachtete Ereignisse und darauf basierende Bewertungen (z. B. einfache Fehler, erhebliche Fehlverhalten) festgehalten.

Eine fehlerhafte Verkehrsbeobachtung beim Vorbeifahren wird auf der Zeile „Vorbeifahren/Überholen" in der Spalte „Verkehrsbeobachtung" vermerkt.

Darüber hinaus soll durch den Prüfer zusammenfassend das über die gesamte Prüfungs-

fahrt beobachtete Verhalten hinsichtlich aller Fahraufgaben und Beobachtungskategorien bewertet werden. Somit lassen sich Kompetenzdefizite schnell aufzeigen und leicht vermitteln.

Der Bewerber erhält im Nichtbestehensfall ein Prüfprotokoll ausgehändigt. Dies kann mittels eines mobilen Druckers direkt im Prüfungsfahrzeug erstellt werden.

2.3 Datenaufbereitung für die Evaluation

Die Prüfungsergebnisse werden von den Technischen Prüfstellen in anonymisierter Form der ArgeTP21 übergeben. Die generierten Datensätze enthalten zu jeder durchgeführten Prüfung neben ausgewählten organisatorischen Daten Angaben zu möglichen Einflussfaktoren auf die Prüfungsbewertung und das zugehörige Prüfungsergebnis.

Die ArgeTP21 erstellt auf der Basis der Evaluationsdaten eine Statistik, welche über den Umfang der bisher verfügbaren KBA-Daten hinausgeht. Sie bietet deutlich erweiterte Möglichkeiten zur detaillierten Datenaufbereitung. Die Statistik enthält beispielsweise die nach Fahraufgaben und Beobachtungskategorien differenzierte Prüfungsbewertung, ermöglicht aber auch die Erstellung anonymisierter Bewertungsprofile von Prüfern.

Von einer verkehrswissenschaftlichen Auswertung dieser Statistik als Bestandteil der kontinuierlichen Evaluation der praktischen Fahrerlaubnisprüfung werden Informationen darüber erwartet, welche Maßnahmen zur methodischen Weiterentwicklung der praktischen Fahrerlaubnisprüfung beitragen können.

In den kommenden Jahren ist die Praktikabilität eines elektronischen Prüfprotokolls nachzuweisen. Hierfür wurde 2011/2012 eine Machbarkeitsstudie durchgeführt. In einem auf die Ergebnisse dieser Studie aufbauenden Revisions- und Pilotprojekt soll die optimierte praktische Prüfung inklusive des elektronischen Prüfprotokolls bis zur Praxisreife entwickelt werden.

3 | B | 00 15 | 100%

Fahrtechnische Vorbereitung | Fahrtechnischer Abschluss

Beobachtungskategorie / Fahraufgabe	Verkehrsbeobachtung	Fahrzeugpositionierung	Geschwindigkeitsanpassung	Kommunikation	Fahrzeugbedienung, Umweltbewusste Fahrweise	Gesamtbewertung Fahraufgaben
Ein- und Ausfädeln, Fahrstreifenwechsel						Bewertung
Kurven, Verbindungsstrecken						Bewertung
Vorbeifahren, Überholen						Bewertung
Kreuzungen, Einmündungen						Bewertung
Kreisverkehr						Bewertung
Schienenverkehr						Bewertung
Haltestellen, Fußgänger						Bewertung
Radfahrer						Bewertung
Grundfahraufgaben						Nicht vollumfänglich durchgeführt
Gesamtbewertung Beobachtungskategorien	Bewertung	Bewertung	Bewertung	Bewertung	Bewertung	Prüfungsentscheidung

< 50 km/h B | 50 – 100 km/h B | > 100 km/h B | B

Schnellzugriff

Bild 22 Elektronisches Prüfprotokoll für den Prüfer

Kapitel 8 Vorschriftenentwicklung

1 Umsetzung der 3. EU-Führerscheinrichtlinie in nationales Recht

Die Verordnung enthält im Wesentlichen die zur Umsetzung der Richtlinie 2006/126/EG des Europäischen Parlaments und des Rates vom 20.12.2006 über den Führerschein (Neufassung) (ABl. EG Nr. L403 S. 18) – im Folgenden Richtlinie – in das nationale Recht erforderlichen Neuregelungen im Bereich des Fahrerlaubnisrechts.

Die Regelungen des Artikels 11 Abs. 4 der Richtlinie, die den Erwerb von Führerscheinen im Ausland durch Personen mit Alkohol- und Drogenproblemen verhindern und den nationalen Behörden bessere Handlungsmöglichkeiten geben sollen (sog. „Führerscheintourismus"), sind bereits fristgerecht zum 19.1.2009 erlassen worden.

Zum 19.1.2013 wurde die 3. EU-Führerscheinrichtlinie in nationales Recht umgesetzt.

Die Verordnung beruht auf der Grundsatzentscheidung zur Befristung der Führerscheindokumente.

Ab dem 19.1.2013 ausgestellte Führerscheine, die bisher unbefristet erteilt wurden, werden auf die nach Artikel 7 Abs. 2a der Richtlinie maximal zulässige Frist von längstens 15 Jahren befristet. Auch nach dieser Frist werden die Führerscheindokumente nur verwaltungsmäßig umgetauscht, d.h. der Umtausch wird mit keiner ärztlichen oder sonstigen Untersuchung verbunden.

Bis 2033 sind nach Artikel 3 Abs. 3 der Richtlinie zusätzlich alle bisher unbefristet ausgestellten Führerscheine erstmalig umzutauschen. Damit wird die durch die Richtlinie längst mögliche Umtauschfrist ausgenutzt.

2 Anforderungen an aaSoP nach § 15 FeV

Gemäß Artikel 10 der Richtlinie 2006/126/EG des Europäischen Parlaments und des Rates vom 20.12.2006 (3. EU-Führerscheinrichtlinie) müssen ab dem Inkrafttreten dieser Richtlinie Fahrprüfer den Mindestanforderungen des Anhangs IV genügen.

Die Fahrprüfer, die ihren Beruf vor dem 19.1.2013 bereits ausüben, sind nur den Bestimmungen über die Qualitätssicherung und die regelmäßigen Weiterbildungsmaßnahmen zu unterwerfen.

Daher wurde die Anlage 1 in die VO zur Durchführung des KfSachvG (KfSachvV) aufgenommen:

2.1 Allgemeine Bedingungen

Fahrerlaubnisprüfer müssen:

a) die Fahrerlaubnis für Kraftfahrzeuge sämtlicher Fahrerlaubnisklassen besitzen,

b) amtlich anerkannte Sachverständige oder Prüfer für den Kraftfahrzeugverkehr im Sinne des § 1 sein und anschließend die Qualitätssicherung und die regelmäßigen Weiterbildungsmaßnahmen gemäß Nummer 4 absolviert haben.

2.2 Erforderliche Befähigung von Fahrerlaubnisprüfern

Bewerber im Sinne des § 1 Abs. 3 Nr. 2 KfSachvV müssen in den nachfolgend aufgeführten Sachgebieten unterwiesen werden:

a) Befähigung, die Fahrleistung eines Bewerbers zu bewerten, der eine Fahrerlaubnis der Klasse erhalten möchte, für die die Fahrprüfung stattfindet,

b) Kenntnisse und Verständnis in Bezug auf das Führen eines Fahrzeugs und Bewertung
   - aa) der Theorie des Fahrverhaltens,
   - bb) der Gefahrenerkennung und Unfallvermeidung,
   - cc) der Anforderungen an die Fahrprüfung,
   - dd) der einschlägigen Straßenverkehrsvorschriften einschließlich der einschlägigen gemeinschaftlichen und nationalen Rechtsvorschriften und Auslegungsleitlinien,
   - ee) der Theorie und Praxis der Bewertung,
   - ff) des defensiven Fahrens,

c) Bewertungsfähigkeiten
   Befähigung, die Leistung des Bewerbers insgesamt genau zu beobachten, zu kontrollieren und zu bewerten, und zwar insbesondere in Bezug auf
   - aa) das richtige und umfassende Erkennen gefährlicher Situationen,
   - bb) die genaue Bestimmung von Ursache und voraussichtlicher Auswirkung derartiger Situationen,
   - cc) das Tauglichkeitsniveau und die Erkennung von Fehlern,
   - dd) die Einheitlichkeit und Kohärenz der Bewertung,
   - ee) zügige Aneignung von Informationen und Herausfiltern von Kernpunkten,
   - ff) vorausschauendes Handeln, Erkennung potenzieller Probleme und Entwicklung von entsprechenden Abhilfestrategien,
   - gg) rechtzeitige und konstruktive Rückmeldungen,

d) Persönliche Fahrfähigkeiten
   Fahrerlaubnisprüfer müssen in der Lage sein, Kraftfahrzeuge des betreffenden Typs mit beständig hohem Fahrniveau zu führen,

e) Qualität der Dienstleistung

   Die Dienstleistung des Fahrerlaubnisprüfers hat insbesondere zu umfassen:

   - aa) eine Festlegung und Vermittlung der Prüfungsinhalte,
   - bb) eine klare Kommunikation, wobei Inhalt, Stil und Wortwahl der Zielgruppe entsprechen müssen und auf Fragen der Bewerber einzugehen ist,
   - cc) eine klare Rückmeldung in Bezug auf das Prüfungsergebnis,
   - dd) eine nichtdiskriminierende und respektvolle Behandlung aller Bewerber,

f) Fahrzeugtechnische und physikalische Kenntnisse

   Fahrerlaubnisprüfer müssen über folgende Kenntnisse verfügen:

   - aa) Fahrzeugtechnische Kenntnisse, z. B. über Lenkung, Reifen, Bremsen, Scheinwerfer und Leuchten, insbesondere bei Motorrädern und Lastkraftwagen,
   - bb) Kenntnisse der Ladungssicherung,
   - cc) Kenntnisse der Fahrzeugphysik wie Geschwindigkeit, Reibung, Dynamik, Energie,
   - dd) Kenntnisse über die Kraftstoff-(Energie-) sparende und umweltfreundliche Fahrweise.

2.3 Qualitätssicherung

a) Fahrerlaubnisprüfer müssen im Rahmen der Qualitätssicherungssysteme nach § 11 Abs. 1a des KfSachvG mindestens einmal im Jahr überwacht werden.

b) Zusätzlich muss jeder Fahrerlaubnisprüfer einmal innerhalb von fünf Jahren für einen Mindestzeitraum von insgesamt einem halben Tag bei der Abnahme von Fahrerlaubnisprüfungen beobachtet werden. Die Überwachung erfolgt durch die Qualitätsmanagementbeauftragten der TP.

2.4 Weiterbildung

Jeder Fahrerlaubnisprüfer muss im Rahmen der Qualitätssicherungssysteme nach § 11 Absatz 1a und 2 des KfSachvG

a) an einer regelmäßigen Weiterbildung von insgesamt vier Tagen in einem Zeitraum von zwei Jahren teilnehmen, um die erforderlichen Kenntnisse und die Prüfungsfähigkeiten zu erhalten und aufzufrischen, neue Befähigungen, die zur Ausübung des Berufs erforderlich geworden sind, zu entwickeln, dafür zu sorgen, dass ein Fahrprüfer die Prüfungen nach wie vor nach fairen und einheitlichen Anforderungen durchführt;
b) an einer regelmäßigen Weiterbildung von insgesamt fünf Tagen Dauer in einem Zeitraum von fünf Jahren teilnehmen, um die erforderlichen praktischen Fahrfähigkeiten zu entwickeln und zu erhalten.

Die regelmäßige Weiterbildung kann in Form von Besprechungen, Unterricht, herkömmlicher oder computergestützter Vermittlung erfolgen und sie kann einzeln oder in der Gruppe vermittelt werden.

Hat ein Fahrprüfer innerhalb eines Zeitraums von 24 Monaten für eine Klasse keine Fahrprüfungen abgenommen, so hat er sich einer entsprechenden Wiederholungsprüfung zu unterziehen, bevor er in dieser Klasse weitere Fahrprüfungen abnehmen darf. Die Wiederholungsprüfung erfolgt im Rahmen der Weiterbildung unter den in dieser Nummer 4 genannten Anforderungen.

Qualitäts-erfordernis und Qualitäts-management

Dipl.-Ing. Klaus Bierhoff
Dipl.-Ing. Heribert Braun
Dipl.-Ing. Gerd Mylius

Für seine Bürger eine sichere und umweltschonende Mobilität zu gewährleisten ist eine wichtige Aufgabe des Staates. Aus der Übertragung staatlicher Aufgaben an Personen und Organisationen erwächst eine hohe Erwartung an deren Qualität und Verantwortung. Wer mit der Durchführung von Untersuchungen nach der StVZO staatlich beauftragt oder beliehen ist, muss daher hinsichtlich seiner fachlichen und persönlichen Kompetenz hohen Anforderungen genügen. Sichtbares Zeichen dieser öffentlichen Erwartung ist, dass bei Skandalen oftmals der Ruf nach einem „Ärzte-TÜV", einem „Pflege-TÜV", einem „Versicherungs-TÜV", „Eltern-TÜV" usw. als Regulativ laut wird, je nachdem, welches Problem die Öffentlichkeit gerade beschäftigt.

Dieser Verpflichtung zu Sachkompetenz und Neutralität gerecht zu werden, ist Aufgabe und Herausforderungen zugleich. Es bedeutet vor allem, dass aaSoP und PI ihre Tätigkeit in hoher und gleichmäßiger Qualität zu erbringen haben, unbeeindruckt von weiteren Interessen oder Interessen Dritter.

Um dies sicherzustellen hat der Verordnungsgeber Regeln erlassen, die klar und eindeutig den Rahmen vorgeben, in dem sich Prüfer und ihre Organisationen bewegen dürfen.

Dazu zählen auch Vorgaben an die Qualitätssicherung, die neben den qualitativen und quantitativen Vorgaben an die Leistungsfähigkeit einer Organisation auch die Normen benennen, an denen sich das jeweilige Qualitätsmanagement-System auszurichten hat.

Die individuellen Qualitätsmanagement-Systeme müssen dann garantieren, dass Prozesse und Verfahren so ausreichend beschrieben und überwacht sind, dass Abweichungen oder Fehler festgestellt und Maßnahmen zu deren Beseitigung und künftigen Vermeidung getroffen werden.

Für Hauptuntersuchung und Fahrerlaubnisprüfung, die unter der Vielzahl von Tätigkeiten der aaSoP den weitaus größten Anteil ausmachen, wird das Qualitätsmanagement zunehmend durch organisationsübergeifende Festlegungen geregelt.

Kapitel 1
Historische Entwicklung des Qualitätsmanagements

Wie und wann der Begriff „Qualität“ entstanden ist, lässt sich nicht bestimmen. Vom Mittelalter bis zum Einsetzen der Industrialisierung waren es vornehmlich Zünfte und Berufsstände, die Regeln zur Arbeit und Produktion aufstellten. Produktionsverfahren waren langlebig, Fertigkeiten und Kenntnisse wurden über Generationen hinweg vererbt.

Für sein Produkt/Dienstleistung zeichnete der Ausführende persönlich verantwortlich und nur zufriedene Kunden sicherten ihm letztlich seinen Broterwerb. Das Qualitätsmanagement, sofern dieser Begriff schon verwendet werden kann, war noch fest mit dem Herstellungsverfahren verwoben.

Mit der zunehmenden Fertigung in Fabriken führten Arbeitsteilungen im Produktionsprozess dazu, dass ein Arbeiter „sein Werk“ in der Regel nicht mehr bis zur Fertigstellung begleitete. Folglich konnte er auch nicht mehr für die Qualität des Endprodukts verantwortlich zeichnen. Die Aufgabe der abschließenden Kontrolle wurde daher anderen Stellen zugewiesen. Aus dieser Übertragung entwickelten sich Zug um Zug immer besserer Methoden der Qualitätssicherung mit dem Ziel, schlechte Produkte nicht nur rechtzeitig auszusortieren, sondern auch ganz vermeiden zu helfen.

Waren zunächst vor allem wahllos Stichproben genommen worden (Stichprobe ist ein Qualitätsinstrument aus alter Zeit: der Käufer „stach“ in den Sack Getreide, um eine Probe zu nehmen), entstanden ab den 1920er Jahren erste Modelle, um Qualitätskontrollen nach statistischen und mathematischen Grundsätzen durchzuführen. Insbesondere die Statistik wurde nun ein wichtiger Entwicklungsbestandteil der Qualitätssicherung bis hin zum heutigen Qualitätsmanagement.

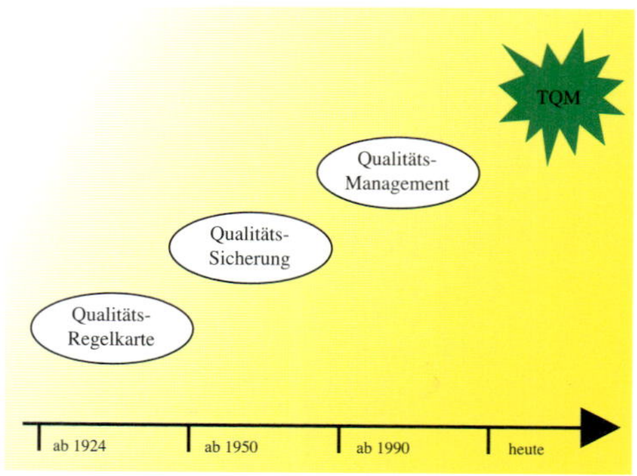

Bild 1 Historische Entwicklung des QM

Meilensteine in der Entwicklung statistikgestützer Modelle setzten ab den 1920er Jahren u. a.

- W.A. Shewhart mit Einführung der Control Card
- W. E. Deming mit der sogenannten „Deming Kette“ und ganz besonders dem „Deming Kreis“, die auch heute noch vielfach Anwendung finden

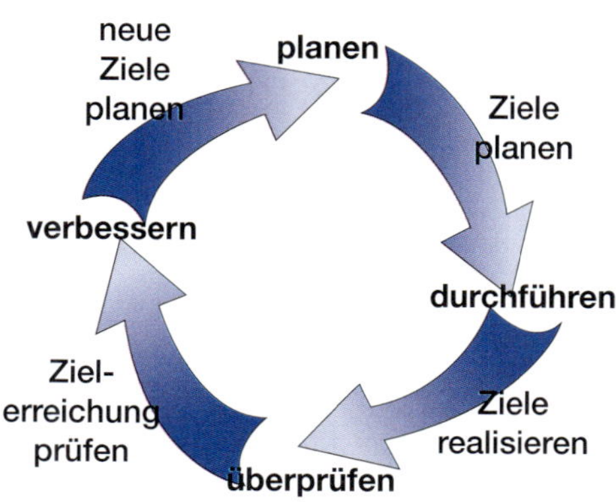

Bild 2 „Deming Kreis“

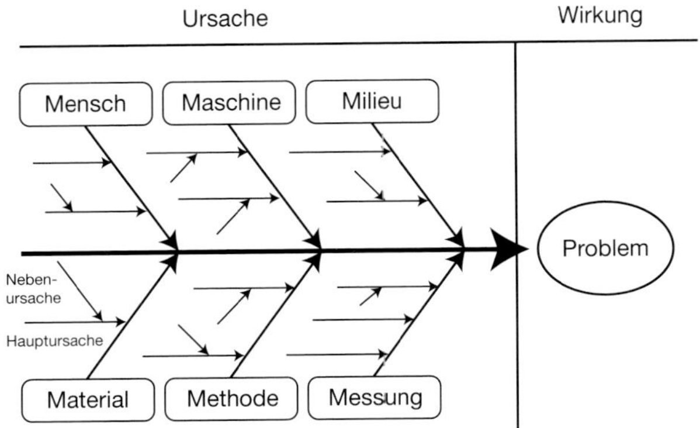

Bild 3 „Fischgräten-Diagramm"

- Kaorn Ishikawa mit dem „Fischgräten-Diagramm", unter besonderer Berücksichtigung der Mentalitäten japanischer Mitarbeiter,
- Philip B. Crosby mit dem Ansatz der Null-Fehler-Philosophie, vereinfacht ausgedrückt: MDR – Mach's direkt richtig!

In der Qualitätssicherung dominierte bis in die 1960er Jahre zunächst die Endprüfung am Produkt. Dies hatte jedoch den Nachteil, dass Qualitätsmängel erst am Ende des Produktionsprozesses erkannt wurden und eventuell etliche Produktionsschritte vergeblich darauf verwendet worden waren. Bei komplexeren Produkten wurden Mängel an schwer zugänglichen oder schwer einsehbaren Teilen teilweise nicht bemerkt.

Mit weiter zunehmender Komplexität industrieller Güter reichte die Endprüfung daher bald nicht mehr für eine hinreichende Qualitätszusage aus, so dass die Kontrolle bereits früher, bei einzelnen Teilen, Baugruppen und Systemen ansetzen und auf den gesamten Fertigungsprozess ausgedehnt werden musste. Dazu wurden Prüfpläne erstellt, die den gesamten Prozess abdeckten und in ihrer Summe die Bewertung der Gesamtleistung der Produktion erst ermöglichten. Ergänzend dazu wurden Qualitätskontrollen an Vorprodukten oder beigestellten Materialien eingeführt. Die Dokumentation aller dieser Vorgaben war Vorläufer unserer heutigen Qualitätsmanagementsysteme.

Mit der Einführung des EU Binnenmarktes – freier Waren- und Dienstleistungsverkehr – gewannen einheitliche Regeln zur Qualitätssicherung zunehmend an Bedeutung, so dass in den 1990er Jahren die DIN ISO 9000 ff. entstanden ist, die erstmals auch für TP und ÜO als Qualitätssicherungsnormen verbindlich vorgeschrieben wurden.

Kapitel 2
Qualitätsmanagement in der regelmäßigen amtlichen Fahrzeugüberwachung

1 Das Leitbild des aaSoP und seine Konsequenzen

Mit zunehmenden Alter, Laufleistung und Beanspruchung verschlechtert sich in der Regel durch Verschleiß, Abnutzung und Alterung der technische Zustand von Fahrzeugen. Dieser an sich langsam fortschreitende Prozess wird von Fahrzeughaltern oder Fahrzeugführern zumeist nicht oder nur unvollständig wahrgenommen.

Erst die Verpflichtung zur regelmäßigen technischen Untersuchung nach § 29 StVZO kann diese Fahrzeuge über ihre gesamte Lebensdauer auf dem erforderlichen Sicherheitsniveau halten. Die objektive Bewertung dieses sicherheitstechnischen Zustandes erfolgt durch aaSoP und PI dabei zwar auf Grundlage vorgegebener Prüfumfänge und Bewertungen, letztlich entscheidend ist aber, dass diese eben auch in gleichmäßig hoher Qualität umgesetzt werden. Insofern wird dem aaSoP und PI auch ein hohes Maß an Kompetenz und Unabhängigkeit zugemessen.

Bereits im 19. Jahrhundert setzte es sich durch, den in der Wirtschaft vorhandenen Sachverstand zu bündeln und in quasi staatlichen Stellen zu institutionalisieren. Ziel war es, im Zusammenspiel von Mensch, Natur und Technik Gefährdungen zu vermeiden oder einzugrenzen. Aus diesen Initiativen entstanden zunächst die Dampfkesselüberwachungsvereine, aus denen dann später auch die Technischen Prüfstellen für den Kraftfahrzeugverkehr hervorgingen. Technische Sach- und Fachkompetenz wurde in diesen anfänglich dem Beamtentum angeglichenen Strukturen gesammelt, fortgeschrieben und den Bürgern über verschiedene Dienstleistungen zugänglich gemacht.

Dabei wurde von staatlicher Seite jedoch stets darauf geachtet, dass diese Prüfungen nicht Selbstzweck wurden oder interessengeleitet waren, sondern sich neutral an den originären Schutzzielen orientierten. Dies schlägt sich heute in der Philosophie der „Third-Party" nieder, die besagt, dass Prüfungen von einer unabhängigen dritten Partei durchgeführt werden müssen, die zwischen Besitzer/Nutzer einer technischen Einrichtung einerseits und Hersteller, Importeur oder Werkstatt andererseits stehen soll und daher die Prüfung ohne eigene Interessen am Ergebnis vornehmen kann. Diese Idee – der eine prüft, ein anderer repariert – hat maßgeblich zu Verkehrssicherheit und hohem Sicherheitsstandard in Deutschland beigetragen. Nicht ohne Grund wird das deutsche System der Fahrzeugüberwachung als führend bezeichnet. Der Garant dafür sind die derzeit ca. 14 000 aaSoP und PI.

Auch in der europäischen Entwicklung zur Harmonisierung der Vorschriften über die Fahrzeugüberwachung wird besonders auf die Vermeidung jeglicher Interessenkonflikte hingewiesen. Staaten, in denen Werkstätten prüfen und reparieren (4 von 28 Staaten der EU), mussten im Gegenzug ein sehr aufwendiges, kostenintensives und feinmaschiges staatliches Kontrollsystem errichten, mit dem die Qualität dieser Untersuchungen kontinuierlich überwacht wird, wie etwa das oftmals angeführte

Beispiel der Niederlande zeigt. Neuere Systeme der Fahrzeugüberwachung, insbesondere solche, die im Zuge von EU-Beitritten eingeführt wurden, basieren alle auf dem Prinzip der Trennung von Reparatur und Prüfung.

aaSoP und PI sind in letzter Konsequenz nicht als Beruf, sondern als zusätzliche und besondere Qualifikationen zu verstehen, die umfangreiche technische und rechtliche Kenntnisse voraussetzen. Diese sind durch regelmäßige Fortbildungen auf dem neuesten Stand zu halten und somit dem technischen Fortschritt in der Fahrzeug- und Prüftechnik anzupassen.

Der aaSoP als Angehöriger einer TP und der PI als Betrauter einer ÜO sind für den Bürger die sichtbaren und ausführenden Organe der Fahrzeugüberwachung, die im täglichen Geschäft mit Kompetenz, Neutralität und Objektivität überzeugen müssen. Daher wird es auch allgemein als förderlich angesehen, dies über konsequentes Auftreten in Berufskleidung als Außendarstellung zu fördern.

Das Neutralitätserfordernis bedeutet insbesondere auch, dass sich jeder Fahrzeughalter darauf verlassen können muss, egal an welchem Ort er eine vom Staat „verordnete" Prüfung in Auftrag gibt, ein Testat in gleich hoher Qualität zu erhalten. Dies zu gewährleisten ist die Pflicht aller aaSoP und PI.

Sicherlich ist dies ein hoher Anspruch, zugleich jedoch auch die Daseinsberechtigung in der besonderen Rolle als vom Staat Beliehener. Diesem staatlichen Auftrag nicht mit der gebotenen Sorgfalt und Genauigkeit nachzukommen bedeutet daher, dass Konsequenzen sowohl für den einzelnen aaSoP oder PI als auch für die beliehene Stelle (TP, ÜO) insgesamt unausweichlich sind.

Konsequenzen aufgrund fehlerhaften Handels richten sich zunächst nach der Schwere der Abweichung von den Qualitätsvorgaben. Arbeitsfehler, wie z.B. das Übersehen oder Nichterkennen (können) einzelner geringer Mängel werden erst einmal in Gesprächen mit den Fachvorgesetzten aufgearbeitet. Werden jedoch erhebliche Mängel nicht erkannt und nicht dokumentiert, sind zusätzlich Nachschulungen angezeigt, von deren Wirksamkeit die Fachvorgesetzten sich durch geeignete Maßnahmen zu überzeugen haben.

Grundsätzlich ist bei der Ursachenanalyse immer zu unterscheiden, ob der Fehler ein fahrlässiger Arbeitsfehler aufgrund mangelnder Sorgfalt ist, oder ob bestimmte Prüfbereiche bewusst nicht, unvollständig oder mit ungeeigneten Messmitteln geprüft wurden. Hier kann dem aaSoP oder PI Vorsatz unterstellt werden, was je nach Beweislage in verschiedenen Eskalationsstufen beim PI bis zum Entzug der Betrauung und beim aaSoP zu Widerruf der Anerkennung führen kann. Für die Nachverfolgung und Umsetzung von Korrekturmaßnahmen zeichnen der Technischer Leiter der TP oder der Leiter der ÜO selbst zunächst verantwortlich.

Dies hat auch Auswirkungen auf den Wettbewerb zwischen den einzelnen Trägern der TP oder ÜO, der trotz wirtschaftlicher Belange nie über die Qualität der jeweiligen Prüfungsleistung ausgetragen werden darf. Oberstes Ziel eines jeden aaSoP oder PI bleibt es daher stets, Fahrzeuge gemäß den Vorschriften vollständig zu prüfen, vorhandene Mängel zu erkennen und mit der entsprechenden Bewertung zu dokumentieren. (Null-Fehler-Quote).

Wettbewerb sollte sich daher nur auf den Bereich der „soft skills" erstrecken. Dazu zählen zum einen Arbeitsorganisation, Erreichbarkeit für den Kunden, Flexibilität in der Terminvereinbarung und Auftreten im Kundenkontakt und zum anderen Marke und Erscheinungsbild der Organisation, Komfort der Prüfeinrichtungen oder ergänzende Serviceangebote.

Unterschiedliche Interpretationen von Prüfungstandards und -qualität sind hingegen absolut unzulässig, da sie für das System und Ansehen der Fahrzeugüberwachung insgesamt extrem schädlich wären.

2 Rechtliche Grundlagen

Für das Qualitätsmanagement selbst sind als rechtliche Grundlagen von Bedeutung

- aus Anlage VIII b StVZO, die die Anerkennung von Überwachungsorganisationen vorgibt, insbesondere dort Nr. 2.4. Hier ist vorgeschrieben, dass die Organisation für ihre Anerkennung die Einrichtung eines innerbetrieblichen Revisionsdienstes sicherstellen muss, dass Ergebnisse für die Innenrevision und die Aufsichtsbehörde so gesammelt und ausgewertet werden und dass jederzeit die Untersuchungs- und Prüfqualität für einen beliebigen Zeitraum einwandfrei vergleichbar sind. Für TP ist § 11 Abs. 1a KfSachvG hier einschlägig. Die mit der Unterhaltung der TP beauftragte Stelle hat Vorstehendens in der nach § 12 Abs. 2 KfSachvG vorgeschriebenen Geschäftsordnung vorzugeben.
- § 11 Abs. 1 a KfSachvG lautet:

  „Die Technische Prüfstelle hat zur Gewährleistung ordnungsgemäßer und nach gleichen Maßstäben

  1. *Durchzuführender Untersuchungen, Abnahmen, Prüfungen und Begutachtungen an Fahrzeugen und Fahrzeugteilen sowie*
  2. *Durchzuführende Befähigungsprüfungen (§ 2 Abs. 2 Satz 1 Nr. 5 des Straßenverkehrsgesetzes)*

  Qualitätssysteme zu unterhalten und diese der Aufsichtsbehörde (§ 13) nachzuweisen. ...“

  Daraus ergibt sich für jeden Anerkennungsträger die Notwendigkeit zur Erstellung regelmäßiger Revisionsberichte. Diese sind der jeweiligen Länder-Aufsichtsbehörde auf Anforderung halbjährlich oder jährlich zur Verfügung zu stellen. Auf der nachfolgen Seite sind die Inhalte eines Revisionsberichtes dargestellt.
- Anlage VIII d StVZO, die sich mit Untersuchungsstellen zur Durchführung von Hauptuntersuchungen, Sicherheitsprüfungen, Untersuchung der Abgasanlage und wiederkehrender Gasanlagenprüfung befasst und vorschreibt, wie die Untersuchungsstellen – also die Stellen, wo z. B. die HU durchgeführt wird – mit Prüf- und Messeinrichtungen ausgestattet sein müssen. Es ist nur da eine Qualitätsprüfung möglich, wo auch die notwendigen Prüfmittel vorhanden sind.
- Die Richtlinie für die Durchführung von Hauptuntersuchungen und die Beurteilung der dabei festgestellten Mängel an Fahrzeugen nach § 29, Anlage VIII und VIII a StVZO (HU-Richtlinie), die eindeutig und mit Verweis auf die geltenden Vorschriften vorgibt, wie die festgestellten Mängel zu bewerten sind.
- Die Richtlinie 2009/40 EG des Europäischen Parlaments und des Rates vom 6.5.2009 über die technische Überwachung der Kraftfahrzeuge und Kraftfahrzeuganhängern geändert durch die Richtlinie 2010/48 vom 5.7.2010 zur Anpassung vorstehender Richtlinie an den technischen Fortschritt.

Inhalte des Revisionsberichtes

1 Verantwortliche Organisation für das Bundesland

1.1 Geschäftsführung bzw. Träger der Institution/Anerkennung
1.2 Leiter der Überwachungsorganisation
1.2.1 Leiter der Technischen Prüfstelle nach KfSachvG
1.2.2 Technischer Leiter der Überwachungsorganisation nach Anlage VIII b StVZO
1.3 Vertreter des Leiters der Überwachungsorganisation
1.4 Ggf. weitere Ansprechpartner z. B. Gebietsbeauftragter o. Ä.
1.5 Aktuelles Organigramm

2 Qualitätssicherung

2.1 Bericht des Leiters der Überwachungsorganisation
2.1.1 Anzahl der unangemeldeten Nachkontrollen
2.1.2 Anzahl der Verdeckten Tests
2.1.3 Anzahl der Berichtskontrollen, Produktaudits, Informationssysteme
2.1.4 Anzahl der Qualitätszirkel (Anlage 1)

3 Weiterbildung und Erfahrungsaustausch

3.1 Katalog der Weiterbildungsseminare des abgelaufenen Revisionsjahres
3.2 Teilnahme der Untersuchenden Personen (UP) an Weiterbildungsseminaren bei Abweichungen/Auffälligkeiten (Anlage 2)
3.3 Teilnahme der UP am vorgeschriebenen Erfahrungsaustausch bei Auffälligkeiten/Abweichungen

4 Angaben und Statistik zu UP und Untersuchungsstellen

4.1 Auflistung der UP mit Angaben zum Umfang der Befugnisse, ggf. Angaben zu Anerkennungs- und Widerrufsdaten (soweit diese in den Berichtsraum fallen) und Zeiten der Aussetzung der Anerkennung bzw. Betrauung (z. B. wegen Fahrverbot oder Maßnahmen der Technischen Leitung) (Anlage 3)
4.2 Auflistung der Untersuchungsstellen (US) mit Angaben zur Art der US (Prüfstellen, Prüfstützpunkt, Prüfplatz) (Anlage 4)
4.3 Anzahl der HU nach UP anonymisiert für das Revisionsjahr (im Land und gesamt) (Anlage 5)

5 Gesamtstatistik für die Überwachungsorganisation

5.1 Zusammenfassung der Hauptuntersuchungen nach Fahrzeuggruppe, Altersklasse, Schwere und Sitz der Mängel nach KBA-Statistik (Anlage 6)

6 Bewertung der Leitung der Überwachungsinstitution (TP-Leiter und TL der ÜO)

Anmerkung: Bei den Punkten 2 und 3 ist der TP-Leiter oder TL der ÜO nicht nur verpflichtet, eine zahlenmäßige Angabe zu machen. Er hat auch die Pflicht, eine Bewertung im Sinne von

- Ist die durchgeführte Anzahl ausreichend?
- Wurden notwendige Maßnahmen abgeleitet?
- Sind die Maßnahmen abschließend umgesetzt?

vorzunehmen.

3 Qualitätssicherung und Verfahrensanweisungen bei den Überwachungsinstitutionen

Eine wichtige Säule zur Gewährleistung einer hohen und gleichmäßigen Qualität bei der Durchführung von Prüfungen nach StVZO und FeV ist die fachliche Kompetenz der aaSoP und PI. Die andere Voraussetzung ist, dass sie in leistungsfähige Organisationen eingebunden sind, ohne die sie überhaupt nicht tätig werden können und dürfen. Dazu sind für die Überwachungsinstitutionen konkrete Mindestanforderungen formuliert. Während sich diese für TP implizit aus dem KfSachvG ergeben, sind sie für Überwachungsorganisationen in Anlage VIII b StVZO und der zugehörigen Anerkennungsrichtlinie detailliert aufgeführt.

Die inhaltlichen Forderungen bezüglich Leistungsfähigkeit und Qualitätssicherung sind dabei nahezu deckungsgleich. Dies schlägt sich auch darin nieder, dass sowohl alle TP als auch alle ÜO gemeinsam den „Arbeitskreis Erfahrungsaustausch in der technischen Fahrzeugüberwachung nach § 19 Abs. 3, § 23 und § 29 StVZO (AKE)“ tragen. Dass die im Zuge der Liberalisierung des Prüfwesens 1989 sehr dezidiert formulierten und in der Folge weiterentwickelten Anforderungen an ÜO nicht formal ins KfSachvG aufgenommen wurden, hat mehrere Gründe, u. a. sind weitere Zulassungen für TP nicht mehr vorgesehen, zum Anderen bestehen entsprechende Weisungen der zuständigen obersten Landesbehörden an die TP, diese Anforderungen ebenfalls anzuwenden.

Die Leistungsfähigkeit einer ÜO wird insbesondere unter folgenden Gesichtspunkten beurteilt:

- Fachlich qualifizierte Leitung einschließlich Stellvertretung.
- Vertragliche Sicherstellung der fachlichen Weisungsbefugnis.
- Einrichtung einer Innenrevision, nach der die Ergebnisse der durchgeführten Prüfungen zusammengefasst und ausgewertet werden können.
- Organisation, Durchführung und Dokumentation der für aaSoP/PI vorgeschriebenen Fortbildung (5 Tage pro Jahr).
- Ausreichende Haftpflichtversicherung, die das beleihende Land von allen Risiken aus der Tätigkeit her freistellt.
- Personelle und sachliche Ausstattung, die erwarten lässt, dass die übertragenen Aufgaben ordnungsgemäß und gleichmäßig durchgeführt werden.
- Betreiben des vorgeschriebenen Qualitätsmanagement-Systems.

Sinn und Zweck dieses QM-Systems ist es, Prozesse zu beschreiben und die Qualität beeinflussende Parameter zu überwachen, um möglichen Fehlern entgegenwirken zu können. Dazu ist es auch erforderlich, sich der Tragweite von Normabweichungen bewusst zu sein und entsprechende Maßnahmen vorzusehen, wenn es zu Abweichungen kommt. Dieser Regelkreis bedeutet schlicht, einen Fehler, der aufgetreten ist, zu beheben und seine Ursache zu untersuchen. Ist diese bekannt, sind durch vorher festgelegte Zuständigkeiten definierte Schritte einzuleiten, damit eine Wiederholung des gleichen Fehlers ausgeschlossen ist.

Nach Umsetzung geeigneter, im Vorfeld definierter Maßnahmen ist deren Wirksamkeit durch einen Verantwortlichen zu überprüfen. Erst wenn der Erfolg bestätigt ist und die künftige Fehlervermeidung gewährleistet erscheint, kann mit einer entsprechenden Dokumentation der Regelkreis als abgeschlossen gelten.

Wiederholungen von Fehlern aufgrund persönlichen Fehlverhaltens (Fahrlässigkeit oder Vorsatz), sind anhand einheitlicher branchenspezifischer Standards direkt und in Abhängigkeit von der Schwere des Fehlers zu sanktionieren. Dazu wurden in den vergangenen Jahren die Maßnahmen für „Verdeckte Tests“ und „Unangekündigte Nachkontrolle“ entwickelt, vom AKE verabschiedet und die Zustimmung des

BMVBS und der zuständigen obersten Landesbehörden erteilt. Beide Maßnahmepläne sind sowohl von den TP als auch von den ÜO anzuwenden, um unterschiedliche Sanktionsstärken zu vermeiden.

3.1 Qualitätsmanagement in der TP

Für TP resultiert die Verpflichtung, ein geeignetes Qualitätsmanagement zu unterhalten, mit dem sichergestellt ist, dass Sachverständige und Prüfer die ihnen übertragenen Aufgaben ordnungsgemäß wahrnehmen können, aus §§ 10 Abs. 3 und 11 a KfSachvG.

Auch wenn hier eine Zertifizierung oder Akkreditierung nach international anerkannten Normen nicht gefordert ist, müssen im Rahmen der technischen Fahrzeugüberwachung dennoch ausreichende Strukturen und Prozesse vorhanden sein, die eine qualitativ hochwertige Tätigkeit sicherstellen.

Der Träger der TP muss allerdings seinerseits gemäß § 72 Abs.1 Nr. 2 FeV eine Akkreditierung nach DIN EN ISO/IEC 17020 nachweisen. Alle Träger von TP, die auch eine ÜO nach Anlage VIII b StVZO unterhalten, haben ihre Qualitätssicherung daher aus Synergiegründen mittlerweile an die dezidierteren Anforderungen der ÜO angeglichen (s. u.).

3.2 Qualitätsmanagement bei Überwachungsorganisationen

Mit der 32. Verordnung zur Änderung der StVZO wurde im Oktober 2008 für ÜO die bis dahin gültige Zertifizierung nach DIN EN ISO 9001:2000 als zur Qualitätssicherung nicht mehr ausreichend bewertet. Die bis dato erfolgte bloße Konformitätsbewertung der QM-Systeme nach der o. g. Norm wurde dementsprechend durch eine Akkreditierung nach DIN EN ISO/IEC 17020 ersetzt.

Akkreditierungen gehen dabei weit über die Anforderungen einer Zertifizierung hinaus, die nur die formelle Kompetenz der ÜO bestätigte, und werden immer durch kompetente Gremien erteilt, denen auch eine fachliche Beurteilung möglich ist. Seit 2010 ist für Akkreditierungen in Deutschland ausschließlich die Deutsche Akkreditierungs-Stelle (DAkkS) zuständig. Sie wird beraten von ihrem Sektorkomitee Kraftfahrwesen, in dem Vertreter von Aufsichtsbehörden, KBA, VdTÜV und QM e. V. sowie Fachbegutachter für die fachliche Expertise sorgen.

3.3 Verfahrensanweisung zur Durchführung von Qualitätskontrollen

Im AKE treffen sich halbjährlich alle technischen Leiter der TP und ÜO sowie Vertreter des Verordnungsgebers unter der Geschäftsführung des KBA. Die Aufgaben und Inhalte des AKE präzisiert eine Geschäftsordnung.

Unter anderem wurden dort einheitliche Standards zur Durchführung von Qualitätskontrollen erarbeitet und beschlossen. Die „Verfahrensanweisung Qualitätskontrolle“ ist verbindlich von allen TP und ÜO anzuwenden und ergänzt insofern Anlage VIII b StVZO und etwaige Auflagen aus Anerkennungsbescheiden einer ÜO. Sie regelt insbesondere qualitativ und quantitativ, in welchem Umfang welche Maßnahmen von den Organisationen durchzuführen sind.

Beschrieben sind verschiedene Kontrollmaßnahmen. Dazu zählen

- Verdeckte Tests,
- Unangekündigte Nachkontrollen,
- Qualitätsüberprüfungen nach Aktenlage,
- Qualitätszirkel sowie
- Produkt- und Systemaudits einschließlich der Quoten, in welchem Umfang sie jeweils durchzuführen sind.

Über die geplanten und durchgeführten Qualitätskontrollen wird auf dem AKE jährlich Bericht erstattet.

Gemeinsame verbindliche Verfahrensanweisung über die Durchführung von Qualitätskontrollen und deren Bewertung sowie die Berichterstattung über die Ergebnisse und Maßnahmen zur Qualitätssicherung

(Verfahrensanweisung zur Durchführung von Qualitätskontrollen)

Mit dieser Verfahrensanweisung wird der Überprüfung und Bewertung der Qualität von Fahrzeuguntersuchungen nach § 29 StVZO eine einvernehmlich abgestimmte Grundlage gegeben.

Damit soll erreicht werden, dass die Fahrzeuguntersuchungen von allen amtlich anerkannten Sachverständigen oder Prüfern und Prüfingenieuren der Überwachungsinstitutionen (ÜI) in allen Untersuchungsstellen ordnungsgemäß und gleichmäßig in hoher Qualität durchgeführt werden. Sie regelt den Mindeststandard für alle ÜI.

Die Verfahrensanweisung gilt als Grundsatzanweisung und ist ab dem Beschluss des AKE anzuwenden. Regelungen und Zuständigkeiten in den ÜI, die den Grundsätzen dieser Verfahrensanweisung nicht widersprechen, behalten ihre Gültigkeit. Ebenso haben die ÜI das Recht, weitere interne Anweisungen zu geben, die im Detail dieser grundsätzlichen Verfahrensanweisung zur Durchsetzung und Anwendung verhelfen.

Inhalt

1 Einleitung

Durch die Überprüfung und Bewertung von Maßnahmen zur Qualitätssicherung soll die ordnungsgemäße und gleichmäßige Durchführung von Fahrzeuguntersuchungen gewährleistet werden.

Die Durchführung der Qualitätskontrollen anhand einheitlich festgelegter und definierter Kennziffern gewährleistet die Vergleichbarkeit zwischen den ÜI in den Anerkennungsgebieten sowie zwischen den Anerkennungsgebieten.

Die Bildung von Kennzahlen aus Fachdaten über die Fahrzeuguntersuchungen der ÜI sowie von Kennziffern bzw. Bewertungskriterien zu speziellen Qualitätskontrollen stellt sicher, dass die Bewertung der Untersuchungsergebnisse im Rahmen qualitätssichernder Maßnahmen der ÜI nach gleichen Maßstäben erfolgt.

Dabei steht die Vergleichbarkeit von aussagefähigen Quoten innerhalb einer ÜI als auch zwischen den ÜI in den einzelnen Anerkennungsgebieten jedes Bundeslandes und im gesamten Bundesgebiet im Vordergrund.

Darüber hinaus sind die Ergebnisse im Rahmen des Erfahrungsaustausches gemäß Nummer 2.3 der Anlage VIII b StVZO innerhalb der ÜI und mit anderen ÜI im Anerkennungsgebiet in Verantwortung der Leiter der ÜI auszutauschen.

2 Begriffsbestimmungen

Für diese Verfahrensanweisung gelten folgende Begriffsbestimmungen:

Bewertung	– Auswertung von Kennzahlen aus den Fahrzeuguntersuchungen der ÜI – Auswertung von durchgeführten Q-Kontrollen und – Auswertung eingeleiteter Maßnahmen
Bewertungskriterium	Nicht zahlenmäßig darstellbare Aussage über die Einhaltung von Qualitätsvorgaben →

Fachdaten	Die nach Nr. 3.1.5 und 3.2.5 der Anlage VIII für die Dokumentation der Fahrzeuguntersuchungen erforderlichen Angaben über die von der Überwachungsinstitution im Beauftragungs- bzw. im Anerkennungsgebiet durchgeführten Fahrzeuguntersuchungen
Fahrzeuguntersuchungen	Hauptuntersuchungen nach § 29 StVZO
Gemeinsame Q-Zirkel (GQZ)	Unabhängige Durchführung einer Fahrzeuguntersuchung durch mehrere aaSoP/PI an einem Testfahrzeug mit Referenzmängeln, die organisationsübergreifend im Anerkennungsgebiet durchgeführt wird
Kennzahlen	Werte zur Darstellung ausgewählter Fachdaten über die durchgeführten Fahrzeuguntersuchungen; die Auswertung hat rechnergestützt zu erfolgen
Kennziffern	Werte zur Auswertung und zum Vergleich von Qualitätskontrollen
Leiter der ÜI	Technischer Leiter der amtlich anerkannten Überwachungsorganisation bzw. Leiter der Technischen Prüfstelle für den Kraftfahrzeugverkehr
Mängeldokumentationsquote (MDQ)	Anzahl der vom aaSoP/PI dokumentierten Mängel bezogen auf die Anzahl der durch die QS-Person dokumentierten Mängel
Plakettenzuteilung	Quote des korrekten Untersuchungsergebnisses ermittelt aus der Anzahl der korrekten Untersuchungsergebnisse bezogen auf die Anzahl der Qualitätskontrollen
Prüfmethodikquote (PMQ)	Anteil der vom aaSoP/PI beim VT und bei einem Produktaudit am Fahrzeug (PA-F) abgeprüften Prüfpunkten gegenüber einer vorgegebenen Anzahl von Prüfpunkten
Q-Beauftragter	Personen, die im Auftrag der Leitung der die TP unterhaltenen Stelle bzw. der Leitung der als ÜO anerkannten Stelle die Aufgaben der Qualitätssicherung übernehmen und die Wirksamkeit des Qualitätssicherungssystems kontrollieren
Q-Infosystem	DV-System zur Erfassung, Speicherung, Auswertung und Bereitstellung von Qualitätsinformationen nach Nr. 3.1.5 u. 3.2.5 der Anlage VIII
QS-Person	Besonders eingewiesene aaSoP/PI, die im Auftrag des Leiters/TL der ÜI die Aufgaben der Qualitätssicherung übernehmen
Qualitätskontrolle	Spezielle Kontrollmaßnahme zur Darstellung der Qualitätssicherung in den ÜI; dabei gibt es Qualitätskontrollen mit und ohne Vorankündigung
Qualitätskontrollen mit Vorankündigung	– Qualitätszirkel (QZ) und gemeinsame Qualitätszirkel (GQZ) – Systemaudits – Produktaudits am Fahrzeug (PA-F)
Qualitätskontrollen ohne Vorankündigung	– Unangekündigte Nachkontrolle (UN) – Verdeckter Test (VT) – Produktaudit (PA-I) anhand Q-Infosystem
Qualitätszirkel (QZ)	Voneinander unabhängige Durchführung einer Fahrzeuguntersuchung durch mehrere aaSoP/PI an einem Testfahrzeug mit Referenzmängeln und anschließender gemeinsamer Auswertung →

QS-System	Ein durch die Institution installiertes Qualitätssicherungssystem (Konformitätsbewertung – Inspektionsstellen nach DIN EN ISO/IEC 17020)
Referenzmängel	Die am Testfahrzeug für die VT und QZ vorher festgelegten und bewerteten Mängel
Produktaudit	Systematischer, unabhängiger und dokumentierter Prozess zur Erlangung von Auditnachweisen. Das Audit dient der objektiven Beurteilung, inwieweit vereinbarte und vorgegebene Kriterien erfüllt wurden. Das Produktaudit bezieht sich auf konkrete Fahrzeuguntersuchungen und kann entweder am Fahrzeug (PA-F) oder anhand des Q-Infosystems (PA-I) erfolgen
Systemaudit	Das Systemaudit umfasst das gesamte Qualitätssicherungssystem der ÜI und wird unter Verantwortung der Leitung der die TP unterhaltenen Stelle bzw. der Leitung der als ÜO anerkannten Stelle durch den Q-Beauftragten durchgeführt
Überwachungsinstitution (ÜI)	Technische Prüfstelle für den Kraftfahrzeugverkehr im Sinne von § 10 des Kraftfahrsachverständigengesetzes und amtlich anerkannten Überwachungsorganisationen nach Anlage VIII b StVZO
Unangekündigte Nachkontrolle (UN)	Zeitnahe nachträgliche Überprüfung einer abgeschlossenen Fahrzeuguntersuchung
aaSoP/PI	Amtlich anerkannter Sachverständiger oder Prüfer einer Technischen Prüfstelle für den Kraftfahrzeugverkehr/Prüfingenieur einer amtlich anerkannten Überwachungsorganisation
Untersuchungsstellen	Stellen, an denen ÜI Fahrzeuguntersuchungen durchführen (Prüfstellen, Prüfstützpunkte und Prüfplätze)
Verdeckter Test (VT)	Durchführung einer Fahrzeuguntersuchung an einem Fahrzeug mit Referenzmängeln

3 Durchführung von Qualitätskontrollen

Für die Durchführung und Bewertung der Qualitätskontrollen sind die Leiter/TL der ÜI verantwortlich. Sie bedienen sich dabei der QS-Personen.

Auf Verlangen der Aufsichtsbehörde können die Qualitätskontrollen unter Beteiligung der Aufsichtsbehörde oder als gemeinsame organisationsübergreifende Maßnahme unter Beteiligung mehrerer ÜI im Anerkennungsgebiet durchgeführt werden. In diesem Fall ist eine ÜI für die Durchführung der Qualitätskontrolle verantwortlich und organisiert im Auftrag der Aufsichtsbehörde die Auswertung über alle ÜI und aaSoP/PI.

Die folgenden Arten von Qualitätskontrollen werden angewandt. Dabei sind die nachfolgenden Kriterien zu beachten.

3.1 Qualitätskontrollen ohne Vorankündigung

3.1.1 Unangekündigte Nachkontrolle (UN)

3.1.1.1 Zielstellungen

Nachkontrolle einer abgeschlossenen Fahrzeuguntersuchung am Fahrzeug auf Übereinstimmung der Mängelerkennung und -dokumentation sowie des Untersuchungsergebnisses.

3.1.1.2 Inhaltliche Schwerpunkte

- Eine UN wird von einer oder mehreren QS-Personen nach Vorgaben des Leiters der ÜI durchgeführt.
- Übereinstimmung zwischen der Dokumentation auf dem Untersuchungsbericht (Untersuchungsergebnis, Mängeldokumentation), und dem Fahrzeugzustand.

- Den QS-Personen stehen eine angemessene Zeit und die technische Ausrüstung der Untersuchungsstelle für die Fahrzeuguntersuchung zur Verfügung.
- Überprüfung der Dokumentation der Fahrzeuguntersuchung auf formale Vollständigkeit und Richtigkeit.
- Mit den überprüften aaSoP/PI sind abweichende Ergebnisse der UN zeitnah zu besprechen.
- Die Abweichungen sind nach einem „Maßnahmeplan aller ÜI nach Unangekündigten Nachkontrollen“ zu bewerten und die Maßnahmen vom Leiter/TL der ÜI einzuleiten.

3.1.1.3 Kennziffern bzw. Bewertungskriterien

Mängeldokumentationsquote, Plakettenzuteilung.

3.1.2 Verdeckter Test (VT)

3.1.2.1 Zielstellungen

Kontrolle einer Fahrzeuguntersuchung über einen oder mehrere aaSoP/PI an einem Testfahrzeug mit Referenzmängeln auf Prüfablauf bzw. -methodik, ggfs. Vollständigkeit, Mängelerkennung und -dokumentation sowie Prüfergebnis.

3.1.2.2 Inhaltliche Schwerpunkte

- Testfahrzeuge haben definierte Mängel, die von QS-Personen in einer Referenzprüfung festgestellt wurden.
  Dabei sollen nur laufleistungsbezogene und typspezifische Mängel aus mindestens 3 verschiedenen Mängelgruppen vorhanden sein. Es sind mindestens 6, max. 8 Mängel aus den Mängelklassen EM und GM am Fahrzeug vorzusehen, davon 2 bis 3 geringe Mängel.
- Diese Mängel sind als Referenzmängel zu bewerten und müssen über den gesamten Testzeitraum erhalten bleiben.
- Über den Testzeitraum zusätzlich festgestellte Mängel werden in der Auswertung nicht berücksichtigt.
- Mängel, die nicht als Referenzmängel fixiert, vom aaSoP/PI aber als Mangel dokumentiert wurden, sind auszuwerten, aber nicht zu bewerten.
- Durch die ÜI ist durch geeignete Maßnahmen sicherzustellen, dass über den Testzeitraum der Charakter des VT erhalten bleibt.
- Verdeckte Tests werden von QS-Personen vorbereitet. Die Vorführung der Fahrzeuge kann auch durch andere Personen erfolgen. Es ist sicherzustellen, dass die vorführende Person qualifizierte Bearbeitungsprotokolle erstellen kann.
- Die Abweichungen sind nach einem „Maßnahmeplan aller ÜI nach Verdeckten Tests“ zu bewerten und die Maßnahmen vom Leiter/TL der ÜI einzuleiten.

3.1.2.3 Kennziffern bzw. Bewertungskriterien

- Plakettenzuteilung
- Mängeldokumentationsquote
- Prüfmethodikquote.

3.1.3 Produktaudit anhand des Q-Infosystems (PA-I)

3.1.3.1 Zielstellungen

Kontrolle der Ergebnisse der Fahrzeuguntersuchung anhand des Untersuchungsberichts (nach Aktenlage) auf Prüfergebnis und Dokumentation.

3.1.3.2 Inhaltliche Schwerpunkte

- Die QS-Person überprüft anhand von abgelegten Dokumentationen über Fahrzeugprüfungen, ob anhand der Aktenlage Abweichungen zur ordnungsgemäßen und nach gleichen Maßstäben durchgeführten Fahrzeuguntersuchung festzustellen sind.
- Diese Überprüfung ist zu dokumentieren.
- Die QS-Person informiert die aaSoP/PI nach Auswertung des Produktaudits über das Ergebnis.
- Der jeweilige Leiter/TL der ÜI entscheidet über eventuell durchzuführende Korrekturmaßnahmen.

3.1.3.3 Kennziffern bzw. Bewertungskriterien

Abweichungen von der ordnungsgemäßen Dokumentation der Prüfergebnisse.

3.2 Qualitätskontrollen mit Vorankündigung

3.2.1 Qualitätszirkel (QZ)

3.2.1.1 Zielstellungen

Voneinander unabhängige Durchführung der Fahrzeuguntersuchung durch mehrere aaSoP/PI an einem Testfahrzeug mit Referenzmängeln zum nachträglichen Vergleich der individuellen Mängelerkennung und -dokumentation sowie der Untersuchungsergebnisse.

3.2.1.2 Inhaltliche Schwerpunkte

- Das Testfahrzeug wird einer Referenzprüfung durch die QS-Person unterzogen, dabei werden eindeutige Referenzmängel festgelegt.
- Die aaSoP/PI sollen praxisnah unter Einhaltung des individuellen Arbeitsstils sowie mit dem eigenen vertrauten Werkzeug arbeiten.
- Die Untersuchungszeit soll der Untersuchungs- und Fahrzeugart angemessen sein.
- Die aaSoP/PI haben einen Untersuchungsbericht (Testbericht) zu erstellen.
- Die QS-Person hat zentral die Auswertung der einzelnen Untersuchungsergebnisse durch die teilnehmenden aaSoP/PI zu moderieren und eventuelle Abweichungen aufzuzeigen. Neben einem Einführungsvortrag werden in Auswertung der Ergebnisse die erforderlichen Schlussfolgerungen gezogen und Maßnahmen zur Verbesserung der Qualität festgelegt.
- Die teilnehmenden aaSoP/PI dürfen ihre bei diesen Fahrzeuguntersuchungen gewonnenen Erkenntnisse vor der Ergebnismoderation nicht austauschen.
- Die Ergebnismoderation findet spätestens 14 Tage nach der Untersuchung statt.
- Die Erkenntnisse des QZ werden in einem Gruppengespräch (Erfahrungsaustausch) der betroffenen Mitarbeiter besprochen.

3.2.1.3 Kennziffern bzw. Bewertungskriterien

- Mängeldokumentationsquote
- Plakettenzuteilung.

Die QZ können intern in einer ÜI oder als gemeinsame Qualitätszirkel (GQZ) unter Beteiligung mehrerer ÜI im Anerkennungsgebiet durchgeführt werden.

3.2.2 Produktaudit am Fahrzeug (PA-F)

3.2.2.1 Zielstellungen

Kontrolle der Fahrzeuguntersuchung eines aaSoP/PI durch eine QS-Person in Form der Begleitung auf Prüfablauf, Mängelerkennung und -dokumentation sowie Prüfergebnis.

3.2.2.2 Inhaltliche Schwerpunkte

- Die aaSoP/PI wird über die Durchführung eines Produktaudits im Vorfeld informiert.
- Die QS-Person begleitet die anstehende Fahrzeuguntersuchung.
- Die QS-Person informiert die aaSoP/PI vor Abschluss der Fahrzeuguntersuchung.
- Die QS-Person dokumentiert das Produktaudit und bewertet dabei auch das Umfeld, in dem die Fahrzeuguntersuchung stattfindet.
- Der jeweilige Leiter/TL der ÜI entscheidet über eventuell durchzuführende Korrekturmaßnahmen.

3.2.2.3 Kennziffern bzw. Bewertungskriterien

- Plakettenzuteilung
- Mängeldokumentationsquote
- Prüfmethodikquote.

3.2.3 Systemaudit

3.2.3.1 Zielstellungen

Kontrolle des gesamten QS-Systems der ÜI auf Wirksamkeit.

3.2.3.2 Inhaltliche Schwerpunkte

- Kontrolle der Wirksamkeit des Qualitätssicherungssystems in der ÜI unter Beachtung aller für die jeweilige Fahrzeuguntersuchung notwendigen Prozesse.
- Diese Audits werden vom Q-Beauftragten im Auftrag des Leiters der die TP unterhaltenen Stelle bzw. des Leiters der als ÜO anerkannten Stelle wahrgenommen.
- Über die Ergebnisse der Audits ist/sind der/die Träger der ÜI und die Leiter der ÜI in regelmäßigen Abständen zu informieren.

- Bei Abweichungen sind geeignete Maßnahmen zur Korrektur einzuleiten, die Durchführung/Umsetzung ist zu überwachen.

3.2.3.3 Bewertungskriterien

Fehlfunktionen bzw. Abweichungen von den Vorgaben im QS-System der ÜI.

4 Anzahl der Qualitätskontrollen

Die Anzahl der Qualitätskontrollen errechnet sich aus der Gesamtzahl der nach der Statistik des Kraftfahrt-Bundesamtes im vergangenen Kalenderjahr von der ÜI durchgeführten Hauptuntersuchungen, geteilt durch eine ÜI-übergreifend vereinbarte Kennzahl, die derzeit „4 000“ beträgt.

Jeder aaSoP/PI ist alle zwei Jahre einer Qualitätskontrolle zu unterziehen. Die Hälfte der Qualitätskontrollen soll unangekündigt sein, wovon mindestens jede zehnte ein VT ist.

Darüber hinaus wird alle zwei Jahre eine Stichprobe von Hauptuntersuchungsberichten und Änderungsabnahmen je aaSoP/PI einem PA-I unterzogen.

Die Verteilung auf die einzelnen Fahrzeugarten und Untersuchungsstellen richtet sich nach dem Tätigkeitsprofil der ÜI hinsichtlich Untersuchungsstellen und Fahrzeugarten.

5 Dokumentation der Qualitätskontrollen

- Durchführung und Ergebnisse der Qualitätskontrollen sind zu dokumentieren.
- Die Bewertung erfolgt über die einzelnen unter 3.1 und 3.2 genannten Kennziffern bzw. Bewertungskriterien.
- Die überprüften aaSoP/PI sind über die Ergebnisse zeitnah zu informieren.
- Bei Abweichungen sind die erforderlichen Maßnahmen durch den Leiter/TL der ÜI einzuleiten und die Verantwortlichkeiten festzulegen.
- Die durchgeführten Qualitätskontrollen sind in der ÜI nach Anerkennungsgebiet und Gesamtorganisation auszuwerten.
- Die Leiter der ÜI tauschen die Ergebnisse der Qualitätskontrollen anonymisiert auf Länderebene aus und berichten jährlich im AKE.

6 Bewertung der Qualitätskontrollen

Grundlage der Bewertung für die ÜI bilden die folgenden Quoten:

6.1 Mängeldokumentationsquote

Die Mängeldokumentationsquote ermittelt sich aus der Zahl der vom aaSoP/PI dokumentierten Mängel, bezogen auf die bei der Referenzprüfung durch die QS-Person festgestellten Mängel.

Die Mängeldokumentationsquote wird jeweils für alle dokumentierten und für die erheblichen Mängel ermittelt.

6.2 Quote des korrekten Untersuchungsergebnisses (Plakettenzuteilung)

Die Quote des korrekten Untersuchungsergebnisses ermittelt sich aus der Anzahl der korrekten Untersuchungsergebnisse der aaSoP/PI bezogen auf die Anzahl der durchgeführten Qualitätskontrollen.

Strukturelle Abweichungen von der Vorschriftsmäßigkeit der Fahrzeuguntersuchungen sind im Protokoll zu dokumentieren. Die Abweichungen sind nach Maßgabe der gesetzlichen Vorschriften und dieser Verfahrensanweisung vom jeweiligen Leiter/TL der ÜI zu bewerten und erforderliche Maßnahmen einzuleiten.

6.3 Quote der vorschriftsmäßigen Untersuchungsberichte

Die Quote der vorschriftsmäßigen Untersuchungsberichte bei PA-I ermittelt sich aus der Zahl der vorschriftsmäßigen Untersuchungsberichte bezogen auf die Gesamtzahl der kontrollierten Berichte.

7 Wirksamkeitskontrolle

7.1 Meldung von Qualitätsdaten

Die Datenbereitstellung nach Ziffer 5 erfolgt anonymisiert für das Kalenderjahr bis Ende Februar des folgenden Jahres an den Verein für Qualitätsmanagement in der Fahrzeugüberwachung e.V. (QM-Verein).

Die Meldungen werden dort nach einem unter den ÜI abgestimmten Verfahren zusammengefasst.

7.2 Maßnahmen

Die Leiter/TL der ÜI leiten aufgrund der unter Ziffer 5 gewonnenen Erkenntnisse Maßnahmen ein. Die Maßnahmen richten sich an einzelne aaSoP/PI (Maßnahmen-Katalog) bzw. dienen dazu, strukturierte/systembedingte Abweichungen zu beseitigen.

Über Art und Anzahl der Maßnahmen berichten die Leiter/TL der ÜI anonymisiert gleichfalls jährlich im AKE. Die GF des AKE wird beauftragt, die zusammengefassten Ergebnisse auf Landesebene an den BLFA-TK zu berichten.

7.3 Revisionsklausel

Nach Ablauf von zwei Jahren sind die Inhalte dieser Verfahrensanweisung auf ihre Wirksamkeit zu überprüfen.

Insbesondere ist die Anzahl und Aufteilung der Qualitätskontrollen sowie die Ausdehnung der Qualitätskontrollen auf weitere Fahrzeuguntersuchungen zu bewerten.

Die Anlagen 1–3 der Verfahrensanweisung Qualitätskontrolle und weitere ergänzende Bestimmungen siehe Teil VII Anhang.

4 Qualitätsoffensive 2008 und Gründung des QM-Vereins

Nicht alle Fahrzeughalter sind daran interessiert, dass im Rahmen der periodischen Überwachung tatsächlich alle technischen Mängel festgestellt werden. Die möglichen Folgen der Ergebnisse einer Fahrzeuguntersuchung mit Beanstandungen (Reparatur, Ersatz von Fahrzeugen) und die Präferenz vieler Fahrzeughalter, ihrer Verpflichtung aus § 29 StVZO möglichst bequem und kostenminimiert nachzukommen, führen dazu, dass für viele Kunden die Qualität der Prüfung nicht an erster Stelle steht.

Daraus erwächst ein Spannungsfeld, in dem aaSoP und PI täglich verschiedensten Erwartungshaltungen ausgesetzt sind, bis hin zu Druck seitens des Kunden, ein gewünschtes Prüfergebnis dokumentiert zu bekommen. Der Entzug des Prüfauftrages einschließlich Vergabe an einen Wettbewerber wird dabei häufig als Drohpotenzial genutzt.

Ansätze zur Qualitätssteigerung, die oftmals mit Änderung oder Verschärfung bislang praktizierter Prüfinhalte und -abläufe einhergingen, waren angesichts dessen früher nur schwer durchsetzbar. Der Prüfer sah sich infolgedessen mit unterschiedlichen Interessenslagen konfrontiert. In der Folge waren sogar Trends zur unterschiedlichen Umsetzung von Qualitätsstandards erkennbar, da es vor 2008 kein anerkanntes Verfahren gab, um die Qualität der Hauptuntersuchung bundesweit nach einheitlichen Standards zu messen und zu bewerten.

Außerdem erfolgten Qualitätsbewertungen oft von Außenstehenden und gestützt auf Einzelfälle, während den Aussagen der ÜI selbst – meist im Reklamationsfall – nur bedingt Beachtung geschenkt wurde. Beliebt war es, insbesondere bei Verbraucherorganisationen in Zeiten medialer Flauten, Testreihen zu organisieren und mit negativen Teilergebnissen die Notwendigkeit der Fahrzeugüberwachung im Allgemeinen zu hinterfragen.

Auch ein vom BMVBS mit Zustimmung der Länder über die BASt in Auftrag gegebenes Forschungsvorhaben, in dessen Verlauf auch verdeckte Tests durchgeführt wurden, zeigte im Ergebnis die Notwendigkeit einer Steigerung der Qualität bei der Durchführung der HU auf.

Das übergreifende Interesse, aus dieser reaktiven Position herauszukommen, die Forderungen des Verordnungsgebers und die Erkenntnis, dass Qualitätsstandards nur durch gemein-

sames Vorgehen umzusetzen sind, führte dazu, dass sich der Großteil der ÜI auf gemeinsame Maßnahmen zur Qualitätssteigerung in der Hauptuntersuchung verständigten. Dies führte zur „Qualitätsoffensive 2008".

Die erste Herausforderung bestand darin, überhaupt ein „Messinstrument" zu entwickeln, das nach einem von allen akzeptierten Standard Qualitätsprüfungen und Bewertungen von Hauptuntersuchungen ermöglichte. Auf Basis bereits bestehender Ideen eines Vorläuferprogramms („Quali plus"), bei dem jeder Sachverständige zweimalig durch eine unangekündigte Nachprüfung auditiert wurde, entstand so die „Unangekündigte Nachkontrolle (UN)".

Bei der Unangekündigten Nachkontrolle (UN) werden entsprechend einer für alle Prüforganisationen gleichen Stichprobenquote an Untersuchungsstellen unangekündigt durch zwei sach- und fachkundige Auditoren (ein Auditor aus dem Unternehmen, dem der Sachverständige angehört und ein Auditor einer anderen Prüfinstitution) bereits abgeschlossene Hauptuntersuchungen unter gleichen Bedingungen noch einmal durchgeführt.

Die Ergebnisse dieser Nachkontrolle, d. h. auch eventuell vorher nicht festgestellte Mängel am Fahrzeug und ihre Einstufung, bilden den Referenzwert, mit dem die Ergebnisse der zu kontrollierenden HU verglichen werden. Übereinstimmungen und Abweichungen werden auf einheitlichen Berichtsformularen dokumentiert und mit dem Prüfer besprochen. Auditoren und Prüfer quittieren das Ergebnis der Nachkontrolle.

Nachbereitet wurden die Ergebnisse solcher Nachkontrollen zunächst innerhalb des organisationsinternen QM-Systems und abhängig von Grad und Schwere etwaiger Abweichungen, individuelle Maßnahmen ergriffen, um die durch die personenbezogene Qualitätskontrolle festgestellten Fehler künftig zu vermeiden.

Weitere entscheidende Voraussetzung für die Nachhaltigkeit der Qualitätsoffensive 2008 war es, eine entsprechend fachkundige aber unabhängige, neutrale Struktur zu schaffen, die für die Koordination und wettbewerbsneutrale Qualitätsmessung verantwortlich zeichnete. Im Mai 2008 wurde deshalb der „Verein für Qualitätsmanagement in der Fahrzeugüberwachung e.V. (QM-Verein)" gegründet, um die im Rahmen der Qualitätsoffensive entwickelten Strukturen und Verfahren fortzuführen und weiter zu verbessern.

Als zweite Ebene der Nachbereitung geht daher mittlerweile jeweils eine anonymisierte Kopie eines UN-Berichts an den QM e.V. zur zentralen Erfassung und Analyse. Die daraus zusammengefassten Ergebnisse und Kennzahlen werden unter Berücksichtigung des Datenschutzes an die Prüforganisationen, an regionale Qualitätsausschüsse und an Aufsichtsbehörden berichtet. Darüber hinaus sind die Jahres- und Halbjahresauswertungen fester Tagesordnungspunkt der regelmäßigen Sitzungen des AKE

Die 23 Mitglieder des QM e.V. repräsentieren derzeit ca. 90 % des deutschen Marktes an Hauptuntersuchungen, so dass jährlich mehr als 23 Mio. Untersuchungen mittelbar oder unmittelbar davon profitieren. Die über 30 000 bisher unter seiner Federführung durchgeführten Qualitätskontrollen haben maßgeblich zur Verbesserung der Qualität beigetragen und

bestätigt, dass erst die Auswertung durch eine unabhängige und neutrale Stelle Objektivität und Vergleichbarkeit garantiert.

Hauptaufgaben des Vereins sind:

- Entwicklung von Standards für einheitliche Qualitätskontrollen
- Koordination der 280 bundesweit eingesetzten Auditoren mit Unterstützung von acht regionalen Koordinatoren
- Erfassung und Auswertung der UN-Berichte
- Analyse der Ergebnisse und Entwicklung von Qualitätskennzahlen
- Berichtswesen an Prüforganisationen und Länder mit Bestimmung des eigenen Benchmarks
- Unterstützung der Aufsichtsbehörden mit transparenten Kennzahlen zur Bewertung der Qualität im jeweiligen Verantwortungsbereich
- Entwicklung von Auswerte-, Auswahl- und Steuerungsroutinen
- Mitarbeit in verschiedenen Gremien zur Weiterentwicklung der Qualität u. a. DAkkS und CITA.

Der QM e.V. hat sich mittlerweile als feste Größe innerhalb der Fahrzeugüberwachung etabliert. Die Aufsichtsbehörden werden durch seine Arbeiten unterstützt und schätzen die mit seiner Hilfe geschaffenen Transparenz. Auch die ÜI selbst partizipieren von den Arbeiten, da sie die Ergebnisse der UN als wichtige Grundlage in ihre Qualitätsarbeit einfließen lassen.

Gewürdigt wird die Arbeit des QM e.V. auch im „Bund-Länder-Fachausschuss Technisches Kraftfahrwesen (BLFA-TK)". Überlegungen gehen dahin, die Aufgaben, Strukturen und Systemen in eine Zentrale Stelle für Qualitätssicherung zu überführen und verpflichtend für alle ÜO in den Vorschriften zu verankern.

Ebenso besteht im Zuge der Harmonisierung Europäischer Vorschriften zur regelmäßigen technischen Überwachung ein internationales Interesse an diesem Modell und seiner Arbeitsweise. Das von einer ÜO getragene „Deutsche Institut für Qualitätsförderung e.V." (DIQ) hat eine ähnliche Aufgabenstellung wie der QM e.V.

5 Fazit

Eine hohe und gleichbleibende Qualität bei der Durchführung der regelmäßigen technischen Überwachung und bei der Begutachtung zu gewährleisten, ist die Verpflichtung aller Beteiligten. Dazu zählen jeder einzelne aaSoP und PI, jede ÜI und die zuständigen Aufsichtsbehörden. Nur im abgestimmten Miteinander lassen sich die gesellschaftlichen Ziele Verkehrssicherheit und umweltschonende Mobilität erreichen.

Die aaSoP und PI stehen dabei in vorderster Reihe und müssen unbeeinflusst von Interessen dafür sorgen, dass Fahrzeuge vollständig und in geeigneten Untersuchungsstellen geprüft, vorhandene Mängel erkannt und dokumentiert werden, damit sie über ihre gesamte Lebensdauer auf dem geforderten Sicherheits-Niveau gehalten werden können (continuous compliance).

Daraus resultiert eine besondere Stellung und Verantwortung als aaSoP oder PI, denn die mit der Durchführung der HU beauftragten und betrauten Personen führen im Rahmen Ihrer Tätigkeiten eine staatsentlastende, hoheitliche Aufgabe durch, die letztlich durch einen Verwaltungsakt bestätigt wird[1].

Dass die ÜI miteinander im Wettbewerb stehen, ist bekannt; dieser darf bei der Fahrzeugüberwachung niemals über die Qualität der Prüftätigkeit ausgetragen werden. Nicht zuletzt ist

1 s. StVZO-Kom. Braun/ Konitzer, Erl. 29 zu § 29, Kirschbaum Verlag, Bonn

dies auch ein Gebot der Markenführung, da alle großen Überwachungsinstitutionen in ihren vielfältigen technischen Prüfaktivitäten insbesondere von dem Ruf „leben", den sie sich in der breiten Öffentlichkeit und auch im Ausland als unabhängige und objektive Stellen aufgebaut haben.

Es gilt übergreifend: „Sicherheit verträgt keinen Wettbewerb!" bzw. nur einen „geregelten Wettbewerb!"

Kapitel 3
Qualitätsmanagement im Fahrerlaubnisprüfwesen

Auch im Fahrerlaubniswesen hat sich der „Third-Party“-Gedanke bewährt. Der erfolgreiche Abschluss einer Fahrerlaubnisausbildung wird nicht vom Fahrlehrer bestätigt, sondern von einem neutralen Dritten, dem aaSoP. Dieser hat kein wirtschaftliches Interesse am Ergebnis der Fahrerlaubnisprüfung, da er weder von einer Nachschulung in Form von zusätzlichen Fahrstunden noch von einer augenscheinlich guten Reputation als guter Lehrer oder Fahrprüfer profitiert.

Die Vorgaben für das Qualitätsmanagement sind Teil der allgemeinen Anforderungen der BASt an Träger von TP.

1 Qualitätspolitik, organisatorische Struktur und Zuständigkeiten[2]

„Die oberste Leitung des Trägers muss die Qualitätspolitik, einschließlich der Zielsetzungen und der Verpflichtung, Fahrerlaubnisprüfungen fachgerecht und in einheitlicher und erforderlicher Qualität unter Beachtung des Standes von Wissenschaft und Technik, der rechtlichen Rahmenbedingungen und der berufsethischen Verpflichtungen zu erbringen, festlegen und dokumentieren.

Die Qualitätspolitik des Trägers muss in ihren Zielsetzungen die berechtigten Anforderungen der zu prüfenden Personen, der Aufsichtsbehörde, der Fahrerlaubnisbehörde und der Gerichte berücksichtigen. Den Erwartungen und Erfordernissen dieser „Kunden“ muss die Qualitätspolitik Rechnung tragen. Der Träger hat sicherzustellen, dass die festgelegte Qualitätspolitik auf allen Ebenen der Organisation verstanden, verwirklicht und aufrechterhalten wird.

Der Träger und seine Beschäftigten müssen unparteiisch und von den durch die Fahrerlaubnisprüfungen betroffenen Parteien unabhängig sein. Sie dürfen sich nicht mit Tätigkeiten befassen, die die Unabhängigkeit ihres Urteils und ihre Integrität bei den Fahrerlaubnisprüfungen verletzen können. In diesem Zusammenhang ist insbesondere die „Richtlinie für die Prüfung der Bewerber um eine Erlaubnis zum Führen von Kraftfahrzeugen (Prüfungsrichtlinie)“ zu beachten.

Die Beschäftigten des Trägers dürfen keinerlei kommerzieller, finanzieller oder sonstiger Beeinflussung ausgesetzt sein, die ihr Urteil beeinträchtigen könnte. Es müssen Verfahrensweisen angewandt werden, durch die sichergestellt wird, dass außenstehende Personen und Organisationen auf die Ergebnisse von Fahrerlaubnisprüfungen nicht einwirken können. Die Vergütung für die mit Fahrerlaubnisprüfungen beschäftigten Personen darf nicht von den Ergebnissen der durchgeführten Fahrerlaubnisprüfungen abhängen.

2 Hier wiedergegeben als Kapitel 3 ist mit freundlicher Genehmigung ein Auszug aus den „Anforderungen an Träger Technischer Prüfstellen“ der Bundesanstalt für Straßenwesen (BASt) für den Bereich der Fahrerlaubnisprüfungen, gültig seit 30.1.2009

Der Träger muss rechtlich identifizierbar sein. Er muss angemessen gegen Haftpflicht versichert sein, über eine schriftliche Dokumentation seiner Geschäftsbedingungen verfügen und seine Rechnungsprüfung einer unabhängigen Stelle unterwerfen.

Der Träger legt den Organisationsaufbau und die Zuständigkeiten und Befugnisse von Personal mit leitender, ausführender und qualitätsprüfender Tätigkeit fest und dokumentiert diese Festlegungen. Für leitende, ausführende und qualitätsprüfende Tätigkeiten, einschließlich interner Qualitätsaudits, ist ausreichendes geschultes Personal und die erforderliche sachliche Ausstattung bereitzustellen.

Vom Träger müssen ein fachlich weisungsbefugter Leiter der Technischen Prüfstelle sowie dessen Stellvertreter ernannt sein, die vertraglich an den Träger gebunden sind. Der fachlich weisungsbefugte Leiter muss in der Einrichtung des Trägers im Vollzeitdienstverhältnis angestellt sein.

Der Träger muss für jede einzelne unmittelbar nachgeordnete Dienststelle einen verantwortlichen Leiter sowie dessen Stellvertreter benennen, die vertraglich an den Träger gebunden sind. Dem Leiter obliegt in seinem Zuständigkeitsbereich die Gewährleistung fachlich ordnungsgemäß durchgeführter Fahrerlaubnisprüfungen. Die Entscheidung über das Ergebnis der Fahrerlaubnisprüfung ist von seiner Weisungsbefugnis ausgenommen. Die Fahrerlaubnisprüfer entscheiden unabhängig und in eigener Verantwortung.

Der fachlich weisungsbefugte Leiter der Technischen Prüfstelle und sein Stellvertreter, die Leiter der unmittelbar nachgeordneten Dienststellen und ihre Stellvertreter sowie die Fahrerlaubnisprüfer dürfen an der Organisation des Trägers nicht wirtschaftlich beteiligt sein.

2 QM-Beauftragter

Der von der obersten Leitung des Trägers bestimmte QM-Beauftragte stellt in eigener Verantwortung die Festlegung, Verwirklichung und Aufrechterhaltung des QM-Systems in Übereinstimmung mit den vorliegenden Anforderungen sicher. Ein QM-Beauftragter kann für mehrere Geschäftsbereiche zuständig sein. Der QM-Beauftragte ist der obersten Leitung des Trägers direkt verantwortlich und ihr unmittelbar zugeordnet. Er darf nicht Leiter oder Stellvertreter des Leiters einer Technischen Prüfstelle sein.

3 QM-Handbuch

Zur Sicherstellung, dass die Fahrerlaubnisprüfungen die festgelegten Qualitätsforderungen erfüllen, muss der Träger ein Qualitätsmanagement-System (QM-System) verbindlich einführen, dieses dokumentieren und dafür sorgen, dass auch tatsächlich danach gehandelt wird.

Träger von Technischen Prüfstellen müssen über ein QM-Handbuch und dokumentierte Verfahren verfügen. Das Handbuch muss das QM-System des Trägers für den Bereich Fahrerlaubnisprüfung vollständig beschreiben und insbesondere die in der Norm DIN EN ISO/IEC 17020 geforderten und im Anhang D dieser Norm aufgeführten Angaben beinhalten.

Alle Mitarbeiter müssen auf die für sie relevanten QM-Dokumente (einschl. mitgeltender Unterlagen) in der aktuellen Fassung Zugriff haben.

4 Qualitätsplanung

Der Träger legt fest und dokumentiert, wie er die Qualitätsforderungen an Fahrerlaubnisprüfungen erfüllen will und stellt hierfür einen QM-Plan auf.

5 Aufzeichnungen

Der Träger muss sicherstellen, dass in Form entsprechender Aufzeichnungen die Erfüllung der Qualitätsforderungen bei der Auftragsbearbeitung im Einzelfall sowie die wirksame Arbeitsweise des QM-Systems rückverfolgbar nachgewiesen werden. Der Träger stellt durch entsprechende Regelungen die unverwechselbare Kennzeichnung jedes einzelnen Prüfauftrags und der zugehörigen Dokumente und Aufzeichnungen während des gesamten Prozesses „Fahrerlaubnisprüfung“ sicher.

Aufzeichnungen umfassen u.a.

- vollständiger Bestand der QM-Dokumente einschließlich früherer Revisionen,
- Aufzeichnungen über die Qualifikation der Mitarbeiter,
- Berichte über Qualitätsaudits,
- Unterlagen über die Prüfmittelüberwachung,
- Unterlagen über Korrektur- und Vorbeugungsmaßnahmen,
- Auftragsbezogene Aufzeichnungen (z.B. über Auftragserfassung, Schriftverkehr, Fahrerlaubnisprüfungen),
- Unterlagen über fehlerhafte Fahrerlaubnisprüfungen.

Es müssen auch die sichere Aufbewahrung, die Pflege, die Aufbewahrungsdauer und die Beseitigung von Aufzeichnungen sowie die jeweiligen Zuständigkeiten geregelt sein. Hierzu zählt auch eine Regelung über die Behandlung bestimmter Aufzeichnungen mit besonderem Schutzwert und ihrer möglichen Verknüpfungen. Die Bestimmungen des Datenschutzes sind einzuhalten.

Zum Nachweis gegenüber der Akkreditierungsstelle Fahrerlaubniswesen müssen die Aufzeichnungen – soweit übergeordnete Bestimmungen dem nicht entgegenstehen – während des Geltungszeitraums der laufenden Akkreditierung aufbewahrt werden.

6 Dokumentation und Änderungsdienst

Träger von Technischen Prüfstellen müssen über ein System zur Überwachung der gesamten QM-Dokumentation verfügen und sicherstellen, dass

- die gültigen Ausgaben der entsprechenden QM-Dokumentation und der mitgeltenden Unterlagen jedem Mitarbeiter, der sie benötigt, zur Verfügung stehen,
- alle Änderungen und Ergänzungen der Dokumente durch einen ordnungsgemäßen Genehmigungsvermerk abgedeckt sind und rechtzeitig an den betroffenen Stellen verfügbar sind,
- überholte Dokumente beim Träger und in den Stellen, in denen die theoretische und praktische Fahrerlaubnisprüfung durchgeführt wird, entfernt werden,

- überholte Dokumente, die aufbewahrt werden, eindeutig gekennzeichnet werden,
- andere Benutzer ihres QM-Systems und Außenstehende, soweit notwendig, über Änderungen unterrichtet werden.

Der Träger muss sicherstellen, dass die Fahrerlaubnisprüfer durch einen innerbetrieblichen Informationsdienst über den aktuellen Stand der relevanten rechtlichen Bestimmungen, der Normen, und der wissenschaftlichen Erkenntnisse im Zusammenhang mit der Fahrerlaubnisprüfung informiert werden. Der Träger stellt zudem sicher, dass jeder Fahrerlaubnisprüfer über den aktuellen Stand der Prüfgrundlagen verfügt.

Alle relevanten Dokumente müssen vor ihrer Herausgabe durch befugtes Personal bezüglich ihrer Angemessenheit geprüft und genehmigt werden. Dieses Personal prüft und genehmigt auch die Änderung von Dokumenten. Die Änderungen müssen in den Dokumenten selbst oder in geeigneten Anlagen ausgewiesen werden. Die Lenkung aller Dokumente ist vom Träger zu regeln.

7 Datenschutz

Träger von Technischen Prüfstellen müssen durch angemessene Regelungen und Maßnahmen sicherstellen, dass auf allen Ebenen ihrer Organisation (einschließlich ihrer Ausschüsse) die bei den Fahrerlaubnisprüfungen erhaltenen Informationen unter Beachtung der Schweigepflicht (§ 203 StGB) vertraulich bleiben. Alle personenbezogenen Daten unterliegen den Bestimmungen des Bundesdatenschutzes bzw. den Datenschutzvorschriften der Länder. Sie sind entsprechend dieser Regelungen zu behandeln, aufzubewahren und nach Ablauf der festgelegten Fristen zu vernichten.

Darüber hinaus sind Regelungen über

- den Zugang zu den Aufbewahrungsorten der Fahrerlaubnisunterlagen (Schlüssel) und deren Anwendung,
- DV-technische Absicherungen von Computerdateien sowohl auf dem einzelnen Speichermedium (z. B. Festplatte eines PC) als auch bei etwaigen Datenübertragungen im Intranet bzw. im Internet,
- die Vernichtung von Akten und Dateien zu treffen.

8 Prüfmittelüberwachung

Der Träger regelt die Ausstattung mit Arbeits- und Prüfmitteln sowie deren Beschaffung, Einsatz, Überwachung und Aufbewahrung. Durch die Regelungen werden die fortdauernde Eignung und Aktualisierung der Arbeits- und Prüfmittel für deren vorgesehene Verwendung sichergestellt sowie die Dokumentation, die Zuständigkeiten und das Freigabeverfahren festgelegt.

Der Träger muss sicherstellen, dass Prüfmittel vor der erstmaligen Inbetriebnahme den festgelegten Standards und Anforderungen entsprechen. Alle Prüfgeräte müssen eindeutig identifizierbar sein. Sofern im Zusammenhang mit Fahrerlaubnisprüfungen Computer benutzt werden, muss der Träger sicherstellen, dass

- die Eignung der Hard- und Software in Verbindung mit dem Prüfplatz für ihren Verwendungszweck durch Erprobung nachgewiesen worden ist,

- Verfahren zum Schutz der Daten vor Beeinträchtigung ihrer Richtigkeit und Vollständigkeit eingeführt sind und angewandt werden.

Der Träger muss Verfahrensanweisungen zur Behandlung fehlerhafter Arbeits- und Prüfmittel dokumentieren. Fehlerhafte Arbeits- und Prüfmittel müssen außer Betrieb genommen werden, indem sie ausgesondert, deutlich etikettiert oder gekennzeichnet werden.

Der Träger muss nachprüfen, ob sich Mängel auf bereits durchgeführte Fahrerlaubnisprüfungen ausgewirkt haben.

9 Interne Qualitätsaudits

Träger von Technischen Prüfstellen müssen aufgrund systematischer Planungen und Aufzeichnungen in höchstens einjährigem Abstand interne Qualitätsaudits durchführen, um das QM-System auf Übereinstimmung mit den Kriterien dieser Anforderungen und auf Wirksamkeit hin zu prüfen.

Personen, die Audits durchführen, müssen angemessen qualifiziert, dürfen nicht verantwortlich für die auditierten Tätigkeiten sein und müssen unabhängig von dem Personal sein, das direkte Verantwortung für die zu auditierende Tätigkeit hat.

An den Qualitätsaudits kann ein Vertreter der Akkreditierungsstelle teilnehmen. Die Qualitätsaudits schließen die Überprüfung der Tätigkeit der Prüfer im Rahmen von theoretischen und praktischen Fahrerlaubnisprüfungen ein. Simulierte Fahrerlaubnisprüfungen sind im Rahmen von Qualitätsaudits nicht zulässig.

Der Träger muss für den Fall, dass Unzulänglichkeiten des QM-Systems oder der Ausführung von Fahrerlaubnisprüfungen festgestellt werden, Verfahren und Zuständigkeiten für Rückmeldungen und angemessene Korrektur- und Vorbeugungsmaßnahmen festlegen. Durchführung und Wirksamkeit der veranlassten Maßnahme sind zu überwachen und nachprüfbar zu dokumentieren.

Der QM-Beauftragte leitet den Auditbericht an die Leitung des Trägers weiter. Die oberste Leitung des Trägers unterzieht das QM-System im Abstand von einem Jahr einer Bewertung, um dessen fortdauernde Eignung und Wirksamkeit sicherzustellen.

Die Ergebnisse der internen Qualitätsaudits und der jährlichen QM-Bewertung müssen aufgezeichnet und diese Aufzeichnungen der Akkreditierungsstelle auf Anfrage vorgelegt werden.

10 Umgang mit Beschwerden und Einsprüchen

Träger von Technischen Prüfstellen müssen über Regelungen für die Behandlung von Beschwerden und Einsprüchen, die sich auf seine Tätigkeiten beziehen, verfügen.

Dies schließt schriftliche Festlegungen zur Untersuchung und Beantwortung von Einsprüchen in Bezug auf die Ergebnisse von Fahrerlaubnisprüfungen ein. Über alle Beschwerden und Einsprüche und über alle zu deren Behandlung getroffenen Maßnahmen sind Aufzeichnungen zu führen.

Letztere dienen auch dazu, hieraus gewonnene Erkenntnisse zur ständigen Verbesserung der Prozesse und Abläufe der Tätigkeiten zu nutzen und so auch die Kundenzufriedenheit zu stärken.

Kapitel 4
Weitere Qualitätsmerkmale

Die Qualität der Durchführungen und Feststellungen durch die aaSoP und PI ist nicht nur von der Qualifikation dieses Personenkreises abhängig. Zusätzlich zu weiteren Bedingungen sei hier der „Prüfort" und die zur Verfügung stehenden „Prüf- und Messinstrumente" erwähnt. Dazu nachfolgende beispielhafte Hinweise.

1 Prüforte, Prüf- und Messinstrumente

Auch der Einsatz ordnungsgemäßer Prüf- und Messmittel an geeigneten Prüforten hat Einfluss auf die Prüfqualität und ist damit Teil des Qualitätsmanagements.

1.1 Geeignete Prüforte

Zulässig sind in der Fahrzeugüberwachung drei Arten von Prüforten (Anlage VIII d StVZO):

■ Prüfstellen

An Prüfstellen werden regelmäßig amtliche Prüfungen der amtlichen, periodischen Fz-Überwachung von aaSoP oder PI durchgeführt. Prüfstellen müssen sich während dieser Prüfungen in der ausschließlichen Verfügungsgewalt der jeweiligen Überwachungsinstitution befinden und werden daher entweder angemietet oder sind unmittelbar in Besitz der prüfenden Organisation.

Eine Technische Prüfstelle als Organisation unterhält zur Gewährleistung eines flächendeckenden Untersuchungsgebots ihre Prüfstellen an so vielen Orten, dass die Mittelpunkte der im Einzugsbereich liegenden Ortschaften nicht mehr als 25 km Luftlinie von den jeweiligen Prüfstellen entfernt ist. In besonderen Fällen können die in Nummer 4.1 der Anlage VIII StVZO genannten Stellen Abweichungen zulassen oder einen kürzeren Abstand festlegen.

■ Prüfstützpunkt

Prüfstützpunkte können eingerichtet werden in einer in die Handwerksrolle eingetragenen Kfz-Werkstatt oder einem entsprechenden Fachbetrieb (z. B. firmeneigene Kfz-Werkstatt zur Betreuung eines Fuhrparks), der entsprechend der Nr. 2.2 der Anlage VIII c StVZO geeignet und rechtlich befugt ist, festgestellte Mängel nach Maßgabe von Nr. 3.1.4.5 Anlage VIII StVZO zu beheben.

Dort finden amtliche Prüfungen der periodischen Überwachung statt unter Inanspruchnahme der vorhandenen technischen Einrichtungen, wie etwa Bremsenprüfstand, Hebebühne oder Scheinwerfereinstellgerät.

■ Prüfplätze

Auf Prüfplätzen dürfen Fahrzeuge des eigenen Fuhrparks, dazu zählen alle Fahrzeuge eines Halters oder Betreibers, oder land- und forstwirtschaftliche Fahrzeuge bis zu einer bauartbedingten, zulässigen Höchstgeschwindigkeit von 40 km/h untersucht und/ oder geprüft werden.

1.2 Ordnungsgemäße Prüf- und Messinstrumente

Jeder aaSoP oder PI hat die Pflicht, nur solche Prüf- und Messinstrumente zu verwenden, die dem vorgeschriebenen technischen Standard

entsprechen und auch ihrerseits regelmäßig überprüft werden. In der Regel wird die Prüfmittelüberwachung bei größeren Organisationen aus Synergiegründen zentral gesteuert und überwacht, um den Vorgaben der Anlage VIII d StVZO zu entsprechen.

Im Rahmen der Überprüfung von Prüf- und Messinstrumenten wird unterschieden:

Eichung ist die vom Gesetzgeber vorgeschriebene Prüfung eines Messgerätes auf Einhaltung der eichrechtlichen Vorschriften, insbesondere der Eichfehlergrenzen. Sie ist nach dem Eichgesetz eine hoheitliche Aufgabe. Mit einem Eichzeichen wird die voraussichtliche Eichhaltung für die Gültigkeitsdauer der Eichung bestätigt.

Kalibrieren ist demgegenüber das Feststellen der Richtigkeit einer Messgröße eines Messgerätes ohne Eingriff in das Messsystem. Durch das Vergleichen von Messdaten mit einer geeichten „Normalen" (gleiches Messgerät aber geeicht) wird das Gerät überprüft und bei Abweichungen mit der „Normalen" in Übereinstimmung gebracht.

Dies kommt unter anderem bei nachfolgenden Instrumenten zum Tragen:

■ Ortsfester Bremsprüfstand (Nr. 4 der Tabelle in Anlage VIII d StVZO)

Für das in den Verkehr bringen und die Nutzung wurde vom BMVBS die „Richtlinie für die Anwendung, Beschaffenheit und Prüfung von Bremsprüfständen (BremsprüfstandsRili)" erarbeitet und im VkBl. veröffentlicht.

Demnach dürfen Bremsprüfungen nach § 29 und Anlage VIII in Verbindung mit § 41 StVZO nur auf Bremsprüfständen durchgeführt werden, die durch ein entsprechendes Gutachten einer Prüfstelle zugelassen sind. Prüfstellen für die Prüfung von Bremsprüfständen sind der TÜV NORD und DEKRA. Zuständige Prüfstellen anderer EU-Mitgliedstaaten bedürfen einer Anerkennung der dortigen Genehmigungsbehörden.

Nach der Bremsprüfstands-Richtlinie sind Bremsprüfstände darüber hinaus einer Stuckprüfung zu unterziehen

- vor der ersten Inbetriebnahme am Aufstellort (Untersuchungsstelle),
- danach in Abständen von max. 2 Jahren
- sowie vor Inbetriebnahme an geänderten Aufstellorten (anderer Untersuchungsstelle).

■ Prüfgerät zur Funktionsprüfung von Druckluftbremsanlagen (Manometer) (Nr. 6 der Tabelle in Anlage VIII d StVZO)

Für Manometer zur Prüfung von Drücken in Druckluftbremsanlagen ist eine Eichung erforderlich, die alle 24 Monate erneut vorzunehmen ist.

■ Fußkraftmessgerät (Nr. 26 der Tabelle in Anlage VIIId StVZO)

Das Fußkraftmessgerät dient zur Aufbringung einer definierten Kraft auf das Fußbremspedal bei der HU. Für dieses Prüfmittel/ Messgerät ist eine Kalibrierung vorgeschrieben.

2 Kundenzufriedenheit und Kundenbindung bei der Fahrerlaubnisprüfung

Wilhelm Busch, der die Wünsche und Nöte seiner Zeitgenossen oft treffend auf den Punkt brachte, greift in seinem Zitat eine Binsenweisheit auf: „Menschen lassen sich in ihrem Alltag häufig von ihrer (Un-)Zufriedenheit leiten. Dies gilt nicht zuletzt, wenn sie als Kunden auftreten“[3].

Die Kundenzufriedenheit gilt in der Regel als Indikator und dient damit als Maßstab für die Ausrichtung eines Unternehmens am Markt. Daher wird ein Zusammenhang zwischen Kundenzufriedenheit und einer erfolgreichen Geschäftstätigkeit als notwendig angenommen. Selbstverständlich sind für den Unternehmenserfolg auch andere Merkmale, wie z. B. die Qualität des Produktes, entscheidend. Die Entscheidung des Kunden für ein bestimmtes Unternehmen hängt stark davon ab, wie sich das Unternehmen am Markt darstellt. Bei einem zufriedenen Kunden kann davon ausgegangen werden, dass er das Unternehmen weiterempfehlen wird. Je kundennäher ein Unternehmen sich am Markt positioniert, umso größer ist die Wahrscheinlichkeit der Kundenzufriedenheit und damit auch die Treue des Kunden gegenüber dem Unternehmen.

Die TP sind im Rahmen ihres behördlichen Auftrages nicht nur gegenüber dem Auftraggeber, nämlich dem Staat, sondern auch gegenüber dem Kunden dazu verpflichtet, ihre Tätigkeiten fachlich richtig und kundenfreundlich auszuführen. Im KfSachvG heißt es dazu, dass die TP sicherzustellen haben, dass die aaSoP die ihnen übertragenen Aufgaben ordnungsgemäß wahrnehmen. Weiter heißt es, dass sie ihre Aufgaben zuverlässig, unabhängig und unparteiisch ausüben müssen.

Wie jedes andere Unternehmen haben die TP den hohen Stellenwert der Kundenzufriedenheit und Prüfungsqualität schon frühzeitig erkannt und ihre Unternehmensphilosophie entsprechend ausgerichtet.

Wie es um die Kundenzufriedenheit in einem Unternehmen bestellt ist, lässt sich am besten durch Kundenbefragungen feststellen, da kundenorientierte Unternehmen aus der Kritik und den Verbesserungsvorschlägen ihrer Kunden immer Impulse für ihre eigene Weiterentwicklung ableiten. Hierbei werden Beschwerden nicht nur als Ärgernis, sondern als Chance gesehen. Für die TP ist eine solche Sicht unverzichtbar.

Welchen Stellenwert die TP der Kundenzufriedenheit beimessen, sei beispielhaft an der Feststellung der Kundenzufriedenheit bei der Durchführung von Fahrerlaubnisprüfungen dargestellt.

Seit 2005 arbeiten alle mit der Durchführung von Fahrerlaubnisprüfungen in Deutschland beliehenen TP bei der Weiterentwicklung ihrer Kundenbefragungsmethoden zusammen. Im Rahmen dieser Zusammenarbeit, die von der TÜV/DEKRA Arge TP 21 in Dresden koordiniert wird, ist ein multiperspektivisches und multimethodales Kundenbefragungssystem entwickelt und erprobt worden, das den einzelnen TP bei der unternehmensspezifischen Qualitätssicherung zur Verfügung steht. Zu diesem Methodensystem gehören vier Module, nämlich Fragebögen für Fahrlehrer und Fahrerlaubnisbewerber sowie Interviewleitfäden für die zuständigen obersten Landesbehörden und die Fahrerlaubnisbehörden. Das Kundenbefragungssystem liegt in verschiedenen Varianten (Papier-Bleistift-Version, Telefonbefragung) vor und steht allen TP zur Nutzung zur Verfügung. Der Rückgriff der verschiedenen TP auf einen gemeinsamen Methodenpool zur Kundenbefragung stellt einen Beitrag zur Vereinheitlichung der Qualitätssicherungssysteme der TP und

3 Dietmar Sturzbecher, Susann Möhrl: Methodensystem zur Erfassung der Zufriedenheit mit der Fahrerlaubnisprüfung. Dresden: TÜV/DEKRA Arge TP 21, 2008

daraus resultierend zur einheitlichen Gestaltung der Fahrerlaubnisprüfung in Deutschland dar.

Einzelheiten, Erprobung und Ergebnisse zum Verfahren des Kundenbefragungssystems werden in dem Forschungsbericht „Methodensystem zur Erfassung der Zufriedenheit mit der Fahrerlaubnisprüfung“ aus dem Jahre 2008 näher beschrieben[4]. Wie z. B. eine Fahrlehrerbefragung zur Zufriedenheit mit den TP erfolgen kann, geht aus dem folgenden Musterfragebogen hervor.

Mit Hilfe des Fragebogens können die TP hinterfragen, ob sie den Erwartungen der Fahrschulen gerecht werden und ob sie sich bereits ideal auf die Bedürfnisse der Fahrschulen eingestellt haben. Die Einschätzungen der befragten Fahrschulen können als Maßstab dafür dienen, die eigene Leistung und das Angebot der TP kritisch zu bewerten.

Das Kernziel des Marketings besteht für ein Unternehmen in der Regel darin, Kunden zumindest mittelfristig an sich und seine Produkte zu binden. Das Festigen von Kundenbindungen besitzt damit einen ebenso hohen Stellenwert wie die Gewinnung von Neukunden, da zufriedene Kunden mit höherer Wahrscheinlichkeit die Dienstleistung eines Unternehmens erneut in Anspruch nehmen. Trotzdem stellt die Kundenzufriedenheit nur eine notwendige, jedoch keine hinreichende Voraussetzung für eine Kundenbindung dar. Die örtliche Lage, Verkehrsanbindung etc. können Faktoren sein, die selbst bei einer guten Kundenzufriedenheit mit der eigentlichen Leistung, aus Sicht des Kunden überlagern.

Fragebogen für eine Fahrlehrerbefragung zur Zufriedenheit mit der Technischen Prüfstelle (TP)

Auf diesem Einstufungsbogen haben Sie die Möglichkeit zu der jeweiligen Frage, eine Wertigkeit von sehr zufrieden (1), zufrieden (2), eher zufrieden (3), eher unzufrieden (4), unzufrieden (5) und sehr unzufrieden (6), vorzunehmen.

A Fahrerlaubnisprüfung insgesamt – Verwaltung

1. Wie zufrieden sind Sie insgesamt hinsichtlich Ihrer Zusammenarbeit mit der Technischen Prüfstelle … in der Niederlassung …?
2. Wie zufrieden sind Sie mit der Prüfauftragsverwaltung (z. B. Eingang, Bearbeitungsfristen, Meldefristen, Rücklaufinformationen)?
3. Haben Sie hinsichtlich der Prüfauftragsverwaltung Verbesserungsvorschläge?
4. Wie zufrieden sind Sie mit der Organisation der Terminvergabe?
5. Haben Sie hinsichtlich der Organisation der Terminvergabe Verbesserungsvorschläge?
6. Wie zufrieden sind Sie im Jahresdurchschnitt mit der Vorlaufzeit der Terminvergabe?
7. Haben Sie hinsichtlich der Vorlaufzeit der Terminvergabe Verbesserungsvorschläge?
8. Nutzen Sie für Ihre Prüfungsanmeldungen das Internetbestellsystem der TP …?
9. Wenn ja, wie zufrieden sind Sie mit dem Internetbestellsystem?
10. Wie zufrieden sind Sie mit den Stornierungsmöglichkeiten?
11. Haben Sie hinsichtlich der Stornierungsmöglichkeiten Verbesserungsvorschläge?
12. Wie zufrieden sind Sie mit den Abwicklungsmöglichkeiten zur Zahlung der Prüfungsgebühren?
13. Haben Sie hinsichtlich der Abwicklungsmöglichkeiten zur Zahlung der Prüfungsgebühren Verbesserungsvorschläge?
14. Wie zufrieden sind Sie insgesamt bei Anfragen mit der Erreichbarkeit Ihrer Ansprechpartner der TP …?
15. Wie zufrieden sind Sie bei Anfragen mit den Ansprechpartnern hinsichtlich deren Freundlichkeit und Kompetenz?

4 Dietmar Sturzbecher, Susann Möhrl: Methodensystem zur Erfassung der Zufriedenheit mit der Fahrerlaubnisprüfung. Dresden: TÜV/DEKRA Arge TP 21, 2008

16. Haben Sie hinsichtlich der Erreichbarkeit Ihrer Ansprechpartner bei Anfragen Verbesserungsvorschläge?
17. Hatten Sie schon einmal Beschwerden bei Ihrer TP?
18. Wie zufrieden sind Sie insgesamt mit der Bearbeitung Ihrer Beschwerden durch die TP ... in der Niederlassung ...?
19. Wie zufrieden sind Sie bei Beschwerden mit den Ansprechpartnern hinsichtlich deren Freundlichkeit und Kompetenz?
20. Haben Sie hinsichtlich der Bearbeitung von Beschwerden Verbesserungsvorschläge?

B Theoretische Fahrerlaubnisprüfung – Prüflokal

21. Meine Einschätzung bezieht sich auf
    ... ein Prüflokal bei der TP
    ... ein neutrales Prüflokal
22. Nun einige Fragen, die die Bewertung des Prüflokals betreffen. Wie zufrieden waren Sie mit
    ... der Erreichbarkeit?
    ... der Sauberkeit?
    ... den Toiletten?
    ... dem Wartebereich?
    ... der Atmosphäre im Prüfungsraum?
    ... der Ruhe im Prüfungsraum?
23. Haben Sie hinsichtlich der Prüflokale Verbesserungsvorschläge? Wenn ja, nennen Sie uns bitte den genauen Ort des Prüflokals!

C Praktische Fahrerlaubnisprüfung – Abfahrtpunkte und Prüfereinschätzung

24. Wie zufrieden sind Sie mit den Abfahrt- und Wechselpunkten bei der praktischen Prüfung?
25. Haben Sie hinsichtlich der Abfahrt- und Wechselpunkte Verbesserungsvorschläge?
26. Wie zufrieden waren Sie insgesamt mit dem Verhalten des Prüfers?
27. Nun bitten wir Sie, den Prüfer in einzelnen Bereichen einzuschätzen. Wie zufrieden waren Sie mit
    ... seiner Pünktlichkeit?
    ... seinem Erscheinungsbild?
    ... seiner Begrüßung und namentlichen Vorstellung?
    ... seiner Freundlichkeit?
    ... seiner Kompetenz?
    ... seiner Fairness gegenüber dem Bewerber?
    ... seinen Einweisungen in den Prüfungsablauf?
    ... der Verständlichkeit seiner Fahranweisungen?
    ... seinen Bemühungen, das Prüfungsklima zu entspannen und Prüfungsstress abzubauen?
    ... der Durchführung der Grundfahraufgaben?
    ... seiner Prüfungsbewertung?
    ... seinen Erläuterungen und Empfehlungen bei der Ergebnisbekanntgabe?
28. Möchten Sie sonst noch etwas zum Prüfer sagen?

D Sonstiges

29. Ich bin Fahrschulinhaber(in)/angestellte(r) Fahrlehrer(in).
30. Wie alt sind Sie?
31. Ihr Geschlecht: Ich bin männlich/weiblich.
32. Bitte geben Sie die Postleitzahl der Hauptstelle Ihrer Fahrschule an.
33. Wie viele Fahrschülerinnen und Fahrschüler werden in Ihrer Fahrschule im Durchschnitt ausgebildet (bis 50/51 bis 100/101 bis 200/201 bis 500/über 500)?
34. Nutzen Sie für Ihre Fahrschule einen Internetzugang?
35. Zum Schluss bitten wir Sie, noch einmal zu überlegen: Haben Sie insgesamt Verbesserungsvorschläge für die Zusammenarbeit zwischen Ihrer Fahrschule und Ihrer TP?
36. Eine letzte Frage: Wie würden Sie die Zusammenarbeit zwischen Ihrer Fahrschule und Ihrer TP bewerten?

3 Arbeits-, Gesundheits- und Umweltschutz bei der Prüftätigkeit

Was haben aaSoP oder PI mit Arbeitsschutz zu tun? Viel, denn auch sie müssen sich so verhalten, dass weder sie selbst noch andere, sogenannte Dritte, gefährdet oder geschädigt werden. Was sich so einfach anhört, ist bei genauerer Betrachtung jedoch recht komplex.

Der Schutz der Gesundheit von Mitarbeitern und Kunden muss fundamentales Ziel eines jeden Unternehmens sein. Dies bedeutet somit auch, dass alle Prozesse mit Bezug auf Arbeits-, Gesundheits- und Umweltschutz bei der Prüftätigkeit zu bewerten und Veränderungen bzw. Weiterentwicklungen z. B. bei der Prüftechnik präventiv mit einzubeziehen sind.

3.1 Ein kurzer Blick zurück

Die heutigen Arbeitsschutzvorschriften sind die konsequente Weiterentwicklung zur Vermeidung schwerster Unfälle, durch die die erste Zeit der Industrialisierung und das anbrechende Zeitalter der Fließbandarbeit im 19. Jahrhundert geprägt waren. In Deutschland wurde 1839 von König Friedrich Wilhelm III. der Grundstein zum heutigen Arbeitsschutz gelegt. Die von ihm erlassene preußische Gewerbeordnung verpflichtete die Arbeitgeber, Maßnahmen zum Schutz ihrer Arbeiter zu ergreifen. Der Arbeitsschutz war „geboren“. Otto von Bismarck führte 1884 das Unfallversicherungsgesetz ein, das auch zur Gründung der Berufsgenossenschaften führte. Den Berufsgenossenschaften wurde in Folge die Aufgabe übertragen, Regelungen für den Arbeitsschutz zu erlassen und die Einhaltung dieser Regelungen in den Betrieben durchzusetzen und zu überwachen.

3.2 Arbeitsschutz heute

Arbeitsschutz umfasst heute den allgemeinen, d. h. den technischen Arbeitsschutz und den sozialen Arbeitsschutz. Unter *allgemeiner Arbeitsschutz* versteht man alle Maßnahmen, Mittel und Methoden zum Schutz der Beschäftigten vor arbeitsbedingten Sicherheits- und Gesundheitsgefahren.

Der *soziale Arbeitsschutz* umfasst z. B. spezielle Schutzrechte besonders schutzbedürftiger Arbeitnehmergruppen wie beispielsweise Jugendliche (Jugendarbeitsschutz), werdende und stillende Mütter (Mutterschutz), Schwerbehinderte usw. vor den für ihre jeweilige körperliche Konstitution spezifischen Gefahren des Arbeitsplatzes. Aber auch das Arbeitszeitgesetz (ArbZG), das u. a. die höchstzulässigen werktäglichen Arbeitszeiten und Arbeiten an Sonn- und Feiertagen regelt, sei hier beispielhaft genannt.

Oberstes Ziel des allgemeinen Arbeitsschutzes ist der Schutz und die Erhaltung von Leben und Gesundheit der Mitarbeiter (Arbeitnehmer). Hier stehen die Vermeidung von Arbeitsunfällen und in der Folge der Erhalt der Arbeitskraft sowie die menschengerechte Gestaltung der Arbeit im Vordergrund.

Die Arbeitgeber sind daher verpflichtet, Betriebs- und/oder Arbeitsanweisungen zu Sicherheitsvorschriften bzw. dem sicherheitsgerechten Verhalten ihrer Arbeitnehmer zu erstellen und ggf. persönliche Schutzausrüstungen bereitzustellen. Diese Vorgaben sind für die Arbeitnehmer grundsätzlich zwingendes Recht i. R. der Arbeitsverhältnisse. Elementare Sicherheitsvorschriften, die die Arbeitnehmer vor erheblichen Gesundheitsgefahren schützen sollen, sind daher von diesen unbedingt einzuhalten. Verstöße können zu arbeitsrechtlichen Konsequenzen führen.

Aber nicht nur an die eigenen Arbeitnehmer muss der Arbeitgeber denken. Er muss sicherheitsbezogene Regelungen für sein Unternehmen derart aufstellen, dass selbst Dritte, die in seinen Räumlichkeiten tätig werden oder die betreten, den allgemeinen Arbeitsschutz beachten. Darunter fallen Besucher, Wartungs- oder Instandsetzungsunternehmen oder sonstige Personen und Institutionen. Dieses Verhalten wird z. B. durch aufgestellte Warnhinweise sowie über vereinbarte Fremdfirmenregelungen angestrebt.

3.3 Arbeitssicherheitsgesetz

In Deutschland wurde und wird die Umsetzung des Arbeitsschutzes in den einzelnen Betriebsstätten von dazu bestimmten Aufsichtsbehörden der Länder (i. d. R. bestimmte Dezernate der Bezirksregierung bzw. Landesämter) und seitens der zuständigen Berufsgenossenschaften begleitet und überwacht. Die Überwachungsbehörden informieren, beraten und überwachen die Umsetzung des Arbeitsschutzes in den Betrieben. Da diese beiden Stellen jedoch nicht alle Arbeitgeber zeitgleich erreichen konnten, wurde Ende 1973 das Arbeitssicherheitsgesetz erlassen. Durch dieses Gesetz wurden Arbeitgeber mit einem Arbeitnehmeranteil über einem gewissen Schwellenbetrag verpflichtet, Betriebsärzte (BA) und Fachkräfte für Arbeitssicherheit (FASi) zu bestellen. Die Betriebsärzte und die Fachkräfte für Arbeitssicherheit beraten den Arbeitgeber beim Arbeitsschutz und bei der Unfallverhütung. Damit soll erreicht werden, dass

- die dem Arbeitsschutz und der Unfallverhütung dienenden Vorschriften den besonderen Betriebsverhältnissen entsprechend angewandt werden,
- gesicherte arbeitsmedizinische und sicherheitstechnische Erkenntnisse zur Verbesserung des Arbeitsschutzes und der Unfallverhütung verwirklicht werden können und
- die dem Arbeitsschutz und der Unfallverhütung dienenden Maßnahmen einen möglichst hohen Wirkungsgrad erreichen.

Mittlerweile wird jeder Arbeitgeber, der einen oder mehrere Mitarbeiter beschäftigt, dazu verpflichtet, den Arbeitsschutz zu gewährleisten. Kleinunternehmer haben die Möglichkeit, die notwendigen Aufgaben selbst zu übernehmen. Dafür müssen sie oder dazu bestimmte Personen an einer Schulung, durchgeführt von der jeweils zuständigen Berufsgenossenschaft, teilnehmen. Arbeitgeber können auch eigene Arbeitnehmer ausbilden lassen (Dauer von rund 1,5 bis 2 Jahren) oder alternativ externe Honorarkräfte verpflichten. Die Unterstützung durch ausgebildetes Fachpersonal kann schon deshalb notwendig werden, da die Vorschriften zum Arbeitsschutz sehr umfangreich sind und einer ständigen Anpassung unterliegen. Nachfolgend sind einige Rechtsvorschriften aufgeführt, die zu diesem Regelbereich gehören

- Arbeitsschutzgesetz
- Arbeitssicherheitsgesetz (ASiG)
- Atomgesetz mit seinen Verordnungen, z. B. der Röntgenverordnung und der Strahlenschutzverordnung
- Chemikaliengesetz mit seinen Verordnungen
- Geräte- und Produktsicherheitsgesetz (GPSG) mit seinen Verordnungen (GPSGV), z. B. der 9. GPSGV (Maschinenverordnung) oder der 11. GPSGV (Explosionsschutzverordnung)
- Arbeitsstättenverordnung
- Baustellenverordnung
- Betriebssicherheitsverordnung
- Bildschirmarbeitsverordnung
- Biostoffverordnung
- Gefahrstoffverordnung
- Lastenhandhabungsverordnung
- Lärm- und Vibrations-Arbeitsschutzverordnung
- Technische Regeln
- Unfallverhütungsvorschriften der Berufsgenossenschaften (Gesetzliche Unfallversicherungsträger).

Betriebsärzte und FASi bekleiden Stabsstellen in den Betrieben und sind direkt dem Arbeitgeber unterstellt. Sie sind weisungsfrei in ihrem Handeln, aber nicht zwingend weisungsberechtigt gegenüber den Arbeitnehmern des Unternehmens. Sie beraten hinsichtlich der Arbeitssicherheit, äußern Empfehlungen und überzeugen sich durch Betriebsbegehungen von Stand und Wirkung der eingeführten Arbeitsschutzmaßnahmen. In regelmäßigen Abständen (vierteljährlich) treffen sie sich mit dem Arbeitgeber, zwei Vertretern des Betriebsrates (sofern vorhanden) und den Sicherheitsbeauftragten zu Arbeitsschutzausschusssitzungen (ASA). In den ASA wird der Stand des Erreichten besprochen, es werden neue Ziele definiert, die Vorgehensweise dazu abgestimmt und die Verantwortlichen sowie die geplanten Zeiträume dafür festgelegt. Der zeitliche Aufwand, den BA und FASi dafür mindestens aufbringen müssen, wird in der Unfallverhütungsvorschrift der Deutschen Gesetzlichen Unfall-Versicherung e.V., Vorschrift 2 (DGUV V2), geregelt.

Die wesentlichste Grundlage für den allgemeinen Arbeitsschutz in Unternehmen bildet die *Gefährdungsbeurteilung (GBU)*. Im Prinzip ist jeder Arbeitsabschnitt sicherheitstechnisch zu bewerten, jede Handlung auf ihre Gefährdungen hin zu untersuchen. Aus den Ergebnissen muss der Arbeitgeber Maßnahmen ableiten und vorgeben, die es seinen Arbeitnehmern ermöglichen, die Arbeiten weitgehend sicher und gefahrenfrei durchzuführen. Die GBU sind schriftlich zu fixieren, fortzuschreiben und den Überwachungsorganen nach Aufforderung vorzulegen. Die Arbeitnehmer sind während der Arbeitszeit anhand der Gefährdungsbeurteilungen und der daraus resultierenden Schutzmaßnahmen ausreichend und angemessen zu unterweisen, wobei die Art und Weise sowie der Umfang der Unterweisung in einem angemessenen Verhältnis zur vorhandenen Gefährdung und der Qualifikation der Arbeitnehmer stehen muss. Die Unterweisung ist eine Arbeitsschutzmaßnahme, die auf den Gefährdungsbeurteilungen basiert. Sie kann mehrere Bereiche (Gefahrstoffe, Betriebssicherheitsverordnung, Arbeitsschutz) umfassen.

3.4 aaSoP/PI und Arbeitsschutz

Zur Beantwortung der Frage, was aaSoP oder PI mit Arbeitsschutz zu tun haben, muss zunächst einmal festgestellt werden, wo das Prüfpersonal tätig wird. Dies kann zum einen an den eigenen Prüfstellen sein (also im eigenen Unternehmensbereich), zum anderen aber auch in entsprechenden externen Prüfstützpunkten (anerkannte Kfz-Werkstätten, Fremdbetrieb).

Sofern das Prüfpersonal in *eigenen Bereichen* tätig wird, gibt es einen Arbeitgeber und Arbeitnehmer. Als Arbeitgeber tritt die TP oder die ÜO auf. Das Prüfpersonal sind die Arbeitnehmer. In dieser Konstellation greifen alle Vorgaben und Maßnahmen, auf die bereits eingegangen worden ist. Die einzelnen Arbeitsschritte des Prüfens und die sonstigen Handlungen, die das Prüfpersonal durchführt, sind zu ermitteln, zu bewerten und aus den Ergebnissen sind Verhaltens- und Schutzmaßnahmen abzuleiten (GBU) und dem Prüfpersonal zu vermitteln (Unterweisung).

Wird das Prüfpersonal in den *Räumlichkeiten von Dritten* (Prüfstützpunkte und Werkstätten) tätig, gelten ebenfalls die schon aufgestellten GBU, da ja der Arbeitsablauf erst einmal prinzipiell gleich ist. Zusätzlich ist jedoch die fremde Arbeitsumgebung zu berücksichtigen. Hier bestehen ggf. unbekannte Gefahrenquellen. Der Arbeitgeber hat also bei den GBU über die Prüftätigkeiten bei Dritten auch mögliche spezifische Szenarien mit zu berücksichtigen, zu bewerten und daraufhin geeignete Schutzmaßnahmen zu definieren und vorzugeben. Das ist allerdings nicht ganz einfach, weil er nie wirklich wissen kann, auf welche Gegebenheiten sein Prüfpersonal vor Ort trifft. Dementsprechend muss er Normparameter festlegen, nach denen seine Mitarbeiter prüfen oder nicht prüfen dürfen.

Das Prüfpersonal ist also so zu schulen, dass es sich entsprechend den Vorgaben des Arbeitgebers verhält und somit auf das geschulte und damit eigenes Sicherheitsempfinden verlassen kann.

Als Beispiel sei hier erwähnt, dass bei der Benutzung von Arbeitsmitteln (Bremsprüfstand, Hebebühne, Achsheber, kraftbetätigte Türen und Tore usw.) diese geprüft sein und einen entsprechenden Prüfaufkleber aufweisen müssen. Fehlt ein Prüfaufkleber oder ist die Prüfung abgelaufen, ist der eigene Arbeitgeber, aber auch der Betreiber des Prüfstützpunktes bzw. der Werkstatt zu informieren. Doch nicht jedes Arbeitsmittel muss einen Prüfaufkleber tragen. So fehlen diese etwa bei Handwerkzeugen wie Schraubendrehern oder Montierhebeln. Nach einer Inaugenscheinnahme können, sofern keine offensichtlichen Mängel (abgebrochene Schraubendreherklinge, abgebrochener Montierhebel) vorliegen, diese Handwerkzeuge benutzt werden. Unter Umständen ist bei unzureichender Wahrung der Arbeitsschutzvorschriften z. B. durch den Betreiber des Prüfstützpunktes, die Prüftätigkeit abzulehnen.

Die Arbeitsmittel Dritter dürfen im Übrigen nur nach einer Einweisung durch das Betriebspersonal eigenständig benutzt und betätigt werden.

Wird eine Situation vom Prüfpersonal als für die eigene Sicherheit oder Gesundheit oder für die anderen Personen als gefährlich eingestuft, ist zunächst die Prüftätigkeit einzustellen und umgehend der Arbeitgeber zu informieren, um das weitere Vorgehen abzustimmen.

Das Prüfpersonal selbst ist aber auch in den Arbeitsschutz eingebunden, und zwar immer dann, wenn es z. B. Prüfungen nach berufsgenossenschaftlichen Grundsätzen als befähigtes Personal durchführen soll, bekannt unter der alten Begriffsbestimmung „Durchführung von UVV-Prüfungen". Die Prüfgrundlagen bilden verschiedene berufsgenossenschaftliche Verordnungen oder Regelungen wie z. B. die BGV D 27 (Flurförderzeuge), die BGV D 29 (Fahrzeuge) oder die BGR 500 (BG-Regel Betreiben von Arbeitsmitteln wie z. B. Ladebordwänden). Für die korrekte Durchführung muss der Prüfer sich die diesbezügliche Gefährdungsbeurteilung bzw. den Prüfplan geben lassen, sofern diese Unterlagen vorliegen, um daraus den Prüfumfang, den Prüfzyklus und ggf. Besonderheiten zu entnehmen.

Aus den aufgeführten Vorgaben und Beispielen ist erkennbar, dass die Vorschriften zum allgemeinen Arbeitsschutz in den letzten Jahren deutlich fortgeschrieben wurden. Nicht immer ist diese Veränderung von den Betroffenen wahrgenommen worden. Häufig gibt es auch deutliche Defizite in der notwendigen Umsetzung. Es mangelt an durchgeführten Gefährdungsbeurteilungen, an Regelungen zum Einsatz von Dritten in den eigenen Räumlichkeiten oder auch nur am sicherheitstechnischen Verständnis zur Umsetzung der Vorschriften. Auch hier ist das Prüfpersonal gefordert. Fast alle TP und ÜO haben Abteilungen, die sich auf die Erbringung von speziellen Dienstleistungen rund um den Arbeitsschutz spezialisiert haben. Die einen führen Prüfungen an prüfpflichtigen Einrichtungen wie z. B. Toren, Bühnen, Hebern usw. durch, bieten Stückprüfungen für den Bremsprüfstand an oder überprüfen elektrische Einrichtungen nach BGV A3. Einige bieten auch die Prüfung und Kalibrierung von Messmitteln an. Angeboten wird aber auch die Übernahme der Rechte und Pflichten von Betriebsärzten oder Fachkräften für Arbeitssicherheit oder anderen Betriebsbeauftragten.

Je besser also das Prüfpersonal im Arbeitsschutz geschult ist, desto besser kann es seine Kunden beraten oder durch die Vermittlung mit anderen Abteilungen weiterhelfen. Oftmals genügt schon eine kurze Info in den eigenen Häusern, um dem Kunden kurzfristig Hilfestellungen zukommen zu lassen. Dies steigert die Kundenzufriedenheit, da er alles „aus einer Hand" erhalten kann.

Ausblick – Der aaSoP in der Zukunft

Dipl.-Ing. Heribert Braun
Dipl.-Ing. Bruno Möbus

Kapitel 1
Technische Tätigkeiten

Ganz sichere Vorhersagen sind nie möglich. Auch im Verkehrswesen gilt, dass die Entwicklung von vielen einzelnen Parametern abhängig sein wird.

Dies betrifft im Wesentlichen die politische Ausrichtung innerhalb der EU, die Fortführung bis zur Vollendung des EU-Binnenmarktes, die allgemeine wirtschaftliche Situation, eine weitere Zunahme der Arbeitsteilung verteilt auf die unterschiedlichsten Regionen usw.

Aus der Erfahrung der letzten Jahrzehnte lässt sich jedoch ableiten, dass der Verkehr und auch die Mobilität des Einzelnen durch die Veränderungen der o.g. Parameter zunehmen wird. Entsprechende Prognosen gehen insbesondere von einem nicht unerheblichen weiteren Anwachsen des Straßenverkehrs aus.

Gerade Deutschland als Haupttransitland der EU wird hiervon verstärkt betroffen sein. Denn weitere Prognosen deuten darauf hin, dass der Ausbau und die Verbesserung des Straßennetzes nicht mit der Zunahme der Fahrzeuge und ihrer Laufleistungen Schritt halten wird. Mit anderen Worten: Es werden immer mehr Fahrzeuge in (zu) langsam wachsendem Straßenraum verkehren, der Straßenverkehr wird „dichter". Dies wird sich in vielfacher Hinsicht auswirken, auch und gerade auf die Entwicklung der Fahrzeugtechnik und die Ausbildung der Fahrer.

Damit sind erhebliche Herausforderungen zu erwarten, um gleichzeitig die auch politisch manifestierten Zielsetzungen nach Erhöhung der Straßenverkehrssicherheit und des Umweltschutzes dauerhaft umsetzen zu können.

1 Veränderung der Fahrzeugtechnik

Fortentwicklungen in der Fahrzeugtechnik werden sich an den vorgenannten Zielsetzungen messen lassen müssen. Dabei wird insbesondere die Erhöhung der aktiven Sicherheit eine erhebliche Bedeutung haben. Zwar sind weitere Verbesserungen auch noch bei der passiven Sicherheit der Fahrzeuge möglich, insbesondere was den sogenannten „Partnerschutz" bei Fahrzeugen mit unterschiedlichen Massenverhältnissen anbelangt.

Drastische Möglichkeiten zur Verringerung der getöteten und schwerverletzten Fahrzeuginsassen, wie sie etwa durch Einführung der Ausrüstungs- und Anlegeverpflichtung mit Sicherheitsgurten noch zu erzielen waren, sind jedoch nicht mehr absehbar.

Die jüngsten Entwicklungen in der Fahrzeugtechnik bestätigen, dass der Fokus daher auf einer Erhöhung der aktiven Sicherheit liegen muss. Zusätzliche, auch zurzeit noch im Entwicklungsstadium befindliche Fahrerassistenzsysteme werden wie bisher zunächst in höherpreisigen und dann auch in Fahrzeugen unterer Preiskategorien zu finden sein. Bei einem positiven Nutzen-/Kosten-Verhältnis im Sinne der Verkehrssicherheit werden immer mehr dieser Fahrerassistenzsysteme für neu in den Verkehr kommende Fahrzeuge gesetzlich vorgeschrieben werden. Auch das ist eine Erfahrung aus der jüngsten Vergangenheit: die Fahrer sind noch mehr zu unterstützen, um Fahrfehler entweder gänzlich zu vermeiden oder ihre Auswirkungen zu minimieren.

Nach wie vor ist die weit überwiegende Anzahl der Fahrzeugunfälle im Straßenverkehr auf Fahrerfehlverhalten zurückzuführen, so dass der Gedanke nahe liegt, diesen „Faktor Mensch" als Ursache gänzlich auszuschalten. Sowohl von

Hochschulen als auch von der Fahrzeugindustrie wird die Entwicklung des „Automatischen Fahrens“ verstärkt betrieben und bereits in Versuchen erforscht.

Auch wenn die technischen Lösungen dazu greifbar nahe scheinen, stellt diese Entwicklung jedoch sowohl die Fahrzeughersteller, infolge der von Ihnen sicherzustellenden Produktsicherheit, als auch den Gesetzgeber vor besondere Herausforderungen. Denn wer führt (fährt) beim „Automatischen Fahren“ das Fahrzeug? Die Maschine oder der unbeteiligt im Fahrzeug sitzende Insasse? Muss der Insasse jederzeit die Möglichkeit haben, regelnd eingreifen zu können, also wieder zum „Fahrer“ zu werden und z. B. die automatische Fahrt durch Einleitung eines Bremsvorganges zu beeinflussen? Diese Fragestellung ist von erheblicher Bedeutung insbesondere bei verkehrswidrigem Verhalten in diesem Falle des Fahrzeugs. Wer trägt die Verantwortung für Unfälle? Wer haftet?

2 Folgerungen für die Begutachtung und Genehmigung der Fahrzeuge

Die gesetzlichen Vorschriften der Produktsicherheit werden von den Fahrzeugherstellern auch weiterhin zu erfüllen sein. Aber wie können die immer zahlreicher verbauten elektronisch gesteuerten Einrichtungen zur Erhöhung der Verkehrssicherheit und des Umweltschutzes in Zukunft hinlänglich geprüft und im Ergebnis „freigegeben“, also positiv begutachtet werden?

Denkbar sind weiterführende Prüfungen dieser Systeme in ähnlicher Weise, wie solche nunmehr bei der regelmäßigen technischen Überwachung der Fahrzeuge eingeführt wurde (47. VO StVR). Aber auch verstärkte und intensivierte Fahrproben in Grenzbereichen liegen im Bereich des Möglichen.

Festzustellen ist, dass sich die Anforderungen an die Begutachtung von Fahrzeugen im gleichen Maße ändern, wie die Fahrzeugentwicklung selbst. Damit werden auch weitere und zwar erhebliche Änderungen erforderlich sein. Der nationale, insbesondere aber der EU-Gesetzgeber wird sich den damit im Zusammenhang stehenden Fragen stellen müssen.

3 Folgerungen für die regelmäßige technische Überwachung

Für die nationalen Vorschriften des § 29 StVZO ff. kann festgehalten werden, dass der fortgeschrittenen Fahrzeugtechnik durch die 41. VO StVR von 2006 und der 47. VO StVR von 2012 insoweit Rechnung getragen wurde, als die elektronisch gesteuerten Fahrzeugeinrichtungen in die Untersuchungen implementiert wurden. Die damit eingeführte und in den Vorschriften vorgegebene Fortentwicklung der Untersuchungsvorschriften muss in Abhängigkeit von der weiteren Fahrzeugtechnik fortgeführt werden.

Erhöhter Aufmerksamkeit bedarf es künftig insbesondere bei zugebauten und damit nicht mehr leicht zugänglichen Fahrzeugteilen und -einrichtungen, die verschleiß- oder alterungsabhängig sind. Hier müssen unterschiedliche

Zielsetzungen in Einklang gebracht werden. So führen Verkleidungen an der Unterseite eines Fahrzeugs zur Verringerung der Geräuschemissionen und des c_w-Beiwertes, also zu einer Verminderung des Luftwiderstandes und damit zur Kraftstoffeinsparung. Diese Verkleidungen lassen jedoch gezielte Untersuchungen nicht mehr oder nur noch in unzureichender Weise zu.

Weitere *Beispiele* finden sich dazu bei Lenkung, Radaufhängungen, Antriebsteilen sowie dazugehörigen Schutzmanschetten oder Radbremsen. Hier sind alle Beteiligten – also Gesetzgeber, Fahrzeughersteller und Überwachungsinstitutionen – verpflichtet, Lösungen zu erarbeiten, die auch künftig die Untersuchungsfähigkeit von Fahrzeugen bei der regelmäßigen technischen Überwachung sicherstellt. Eine rechtlich verbindliche, ordnungsgemäße Feststellung des mängelbehafteten oder mängelfreien Fahrzeugzustandes wird hiervon abhängig zu machen sein. Diese Verpflichtung ergibt sich letztlich aus der Ermächtigungsnorm des § 6 Abs. 1 Nr. 2 lit. l StVG, die – auszugsweise – wie folgt lautet:

„l) Art, Umfang, Inhalt, Ort und Zeitabstände der regelmäßigen Untersuchungen und Prüfungen, um die Verkehrssicherheit der Fahrzeuge und den Schutz der Verkehrsteilnehmer zu gewährleisten, ...," .

Hierzu notwendige Erörterungen und Arbeiten wurden zwischenzeitlich initiiert.

Ein weiteres Problem in nicht allzu ferner Zukunft werden die elektronisch gesteuerten Fahrzeugeinrichtungen selbst mit sich bringen. Auch sie unterliegen in ihrer Gesamtheit, von den Sensoren über die Übertragungswege bis zu den Steuergeräten, ebenfalls einem Alterungs- und Verschleißprozess. Unabhängig davon, welche Gründe hierfür im Einzelnen maßgeblich sind, bleibt aus den Erfahrungen mit der Untersuchung von bereits heute im Verkehr befindlichen Einrichtungen festzuhalten, dass auftretende „Mängel" sowohl in der Hard- als auch der Software gefunden werden.

In der überarbeiteten HU-Richtlinie vom 24.5.2012, VkBl. 2012, S. 419 ff., wurde durch den *„Ablaufplan: Feststellung und Bewertung sowie Meldung von Umrüstungen (Rück- oder Hochrüstungen) von Systemen und Funktionen nach Anlage VIIIe StVZO"* (VkBl. 2012, S. 423) diesen Fällen Rechnung getragen. Für die Zukunft fragt es sich, ob die hier aufgezeigten Lösungswege bei der zu beobachtenden Entwicklung hin zu einem einzigen Steuergerät für alle Fahrzeugeinrichtungen und -funktionen, angefangen vom Motormanagement bis zu einzelnen Komforteinrichtungen, noch ausreichen können?

Werden die Fahrzeughersteller einzeln abschaltbare Einrichtungen oder den preiswerten Austausch bestimmter Steuereinheiten vorsehen? Letzteres wird vor allem von Bedeutung sein bei entsprechenden Mängelfeststellungen an älteren Fahrzeugen, deren Reparaturkosten den Restwert übersteigen würden. Ein Rückbau bzw. ein Ausschalten von defekten Fahrerassistenzsystemen, wird, soweit diese nicht durch die Vorschriften der Typgenehmigung verpflichtend vorgegeben sind, immer nur dann – auch rechtlich – möglich sein, wenn dadurch keine negativen Auswirkungen auf andere Systeme eintreten. Auch dieser Bereich wird zukünftig verstärkt Beachtung finden müssen, da hier der Sachverstand des aaSoP gefragt ist.

Die innerhalb der EU geltenden Vorschriften für die regelmäßige technische Überwachung der Fahrzeuge (Richtlinie 2009/40/EG i. d. F. der Richtlinie 2010/48/EU) bedürfen ebenfalls der Fortschreibung. Hierzu hatte die EU-Kommission am 13.7.2012 einen Verordnungsvorschlag vorgelegt.

Der Vorschlag befindet sich zurzeit noch in den parlamentarischen Beratungen beim Verkehrsministerrat und dem EU-Parlament. Abschließende Regelungen lassen sich noch nicht abschätzen. Die Erörterungen sind geprägt von den teilweise erheblichen Niveauunterschieden der geltenden Vorschriften in den 28 Mitgliedstaaten. Hier muss die weitere Entwicklung abgewartet werden, wobei Deutschland im Rahmen der langfristig

zu erwartenden gegenseitigen länderübergreifenden Anerkennung der Untersuchungsergebnisse nicht bereit sein wird, Absenkungen des Niveaus und damit einhergehende negative Folgenmaßnahmen für die Verkehrssicherheit und den Umweltschutz hinzunehmen.

Nicht ohne Stolz kann behauptet werden, dass das deutsche System der regelmäßigen technischen Überwachung, das über viele Jahrzehnte „gewachsen" ist, für Staat und Bürger zu den besten Systemen der Welt gehört, wenn nicht gar das Beste ist.

Kapitel 2 Fahrerlaubnisprüfungen

Auch die zukünftige Fahrschüler-Ausbildung und damit auch die Prüfung, werden geprägt sein vom Verkehr, der fortgeschrittenen Fahrzeugtechnik und dem Ziel, in Ableitung von Verkehrsunfällen mit Fehlverhalten der Fahrer Verbesserungen über die Ausbildung erreichen zu können. Die zunehmende Ausrüstung von Fahrzeugen mit Fahrerassistenzsystemen wird verstärkt zu berücksichtigen sein, wobei eine stärkere Ausrichtung insbesondere in der praktischen Ausbildung auf Fahrten in Grenzbereichen wünschenswert wäre, um den „richtigen Umgang" der Systeme zu vermitteln.

Gemäß den „einheitlichen Bildungsstandards als Brücke zwischen Fahrschulausbildung und Fahrerlaubnisprüfung, TÜV | DEKRA argetp21", Dresden, stellt sich zunächst erst einmal die Frage, weshalb das deutsche System der Fahranfängervorbereitung überhaupt weiterentwickelt werden muss, obwohl es im internationalen Vergleich viele Maßnahmen zur Risikominimierung enthält?

Da Fahranfänger ein weitaus höheres Risiko haben, im Straßenverkehr verletzt oder getötet zu werden als erfahrene Kraftfahrer, erscheint die Optimierung des Systems der Fahranfängervorbereitung auch weiterhin dringend geboten.

Im von der BASt geförderten Forschungsprojekt „Fahranfängervorbereitung im internationalen Vergleich" zeigte sich, dass die Vielfalt von unterschiedlichen Lehr- und Lernformen und Prüfungsformen, sowie die Möglichkeiten ihrer zeitlichen Positionierung in der Fahranfängervorbereitung Anregungen für die Optimierung des deutschen Systems bieten.

1 Schwerpunkt der Weiterentwicklung der theoretischen Fahrerlaubnisprüfung

Zentrales Ziel bei der Weiterentwicklung wird die Pflege und Erweiterung des Aufgabenkatalogs sein. Neben aktuellen verkehrsrechtlichen Regelungen gilt es permanent die Ergebnisse der kontinuierlichen Evaluation im Rahmen der PC-Theorieprüfung widerzuspiegeln.

In einem nächsten Schritt werden dynamische Situationsdarstellungen in die theoretische Prüfung aufgenommen. Wesentliche Vorteile sind die bessere Verständlichkeit komplexerer Situationen durch Information zum Verlauf der Situation sowie die praxisnahe zeitlich befristete Darbietung von Gefahrenhinweisen.

Mit dem Computer als Prüfmedium eröffnen sich vielversprechende Möglichkeiten für die Aufgabenentwicklung mit den Inhalten Verkehrswahrnehmung und Gefahrenvermeidung. Verkehrswahrnehmungstests (meist als Hazard Perzeption Tests bezeichnet) werden international bereits als innovative Prüfungsform eingesetzt. Das Erkennen und Antizipieren von Gefahren an Hand von konkreten Verkehrsszenarien steht im Vordergrund. Richtiges Reagieren oder eine richtige Fahrentscheidung wird gefordert. Dabei wird z. B. die Zeit gemessen, die der Bewerber benötigt, um die Entwicklung einer potenziellen Gefahr zu erkennen. Gegenwärtig wird der wissenschaftliche Forschungsstand systematisch aufgearbeitet. Die international bekannten Prüfmethoden zur Verkehrswahrnehmung und Vermeidung von Gefahren bieten eine Reihe von Anregungen für die Entwicklung innovativer Aufgabenformate.

2 Schwerpunkt der Weiterentwicklung der praktischen Fahrerlaubnisprüfung

Die Steuerungs- und Selektierungsfunktion der Fahrerlaubnisprüfung kann noch besser erfüllt werden. Diese Ziele zu erreichen bedarf einer präzisen Beschreibung von Bildungsstandards. Sie kennzeichnen, was ausgebildet werden muss und sie spiegeln sich in den Prüfungsstandards wieder. Somit werden die Anforderungen für den Fahrerlaubnisbewerber, Fahrlehrer und Fahrerlaubnisprüfer transparent. Diese Anforderungs- und Bewertungsstandards sind von den Technischen Prüfstellen gemeinsam mit der Fahrlehrerschaft für alle Fahrerlaubnisklassen zu entwickeln und dann kontinuierlich weiterzuentwickeln. Hierfür sind Prüfungsergebnisse und andere Quellen (z. B. Unfallanalysen) heranzuziehen.

Zielstellung ist eine transparente Bewertung der praktischen Prüfung. So sollen z. B. die Prüfungsergebnisse so zurückgemeldet werden, dass der Bewerber nach einer nicht bestandenen Prüfung möglichst viel lernen kann. Dies zu erreichen setzt voraus, dass die Prüfungsdurchführung und der Rückmeldeprozess optimiert wird. Erreicht werden kann dies nur durch die Entwicklung und Verwendung eines elektronischen Prüfprotokolls.

Auf der Basis elektronisch erfasster Fahrverhalten ist eine wissenschaftliche Evaluation möglich. Diese erlaubt anschließend die Prüfungsinhalte und -methoden auf der Basis von wissenschaftlichen Erkenntnissen und Praxiserfahrungen zu optimieren. Des Weiteren besteht dadurch die Möglichkeit, häufig auftretende Fahrfehler der Fahranfänger zu analysieren, wodurch eine gezielte Optimierung der Fahranfängervorbereitung ermöglicht wird.

Kapitel 3
Schlussbemerkung

Dieser „Ausblick" verdeutlicht, dass zukünftig die Anforderungen an den aaSoP und PI nicht weniger sondern mehr werden. Eine bestandene Prüfung und die Anerkennung zum aaSoP werden nicht mehr ausreichen, allen zukünftigen Anforderungen gerecht werden zu können. Hier gilt, wie bei den meisten anderen Berufen auch, dass ein ganzes (Berufs-)Leben lang gelernt werden muss. Dabei wird die – berechtigte – Frage in absehbarer Zukunft zu beantworten sein, ob als Folge des immer breiter gefächerten Aufgabenspektrums der aaSoP und PI eine Spezialisierung auf bestimmte Aufgabenbereiche notwendig sein wird. Dem wird sich auch der Gesetzgeber stellen müssen.

Anhang

Rahmenlehrplan für amtlich anerkannte Sachverständige oder Prüfer für den Kraftfahrzeugverkehr (aaSoP)

Vorbemerkungen

Die Bewerber um die amtliche Anerkennung als aaSoP müssen gemäß Kraftfahrsachverständigengesetz (KfSachvG) eine mindestens sechsmonatige Ausbildung und ihre fachliche Eignung in einer Prüfung nachweisen. Den Zweck und die Durchführung der Ausbildung und Prüfung beschreibt die Verordnung zur Durchführung des Kraftfahrsachverständigengesetzes (KfSachvV). Die rechtliche und technische Entwicklung erfordern eine Anpassung der Ausbildungsinhalte an neue Anforderungen. Die in § 1 KfSachvV genannten Gebiete konkretisiert und untersetzt dieser Rahmenlehrplan. Die Festlegung der Struktur des Rahmenlehrplans mit seinem wesentlichen Inhalt wurde erforderlich durch die im Folgenden dargestellten Sachverhalte:

(1) Unterschiedliche Eingangsvoraussetzungen und daraus resultierend inhomogene Lerngruppen:

Gemäß § 2 KfSachvG Abs. 2 Nr. 1-4 können Absolventen eines

- Studiums des Maschinenbaufachs,
- Studiums des Kraftfahrzeugbaufachs oder
- Studiums der Elektrotechnik

die Ausbildung zum aaSoP beginnen.

Die Ausbildung zum aaPmT können Bewerber mit einem Abschluss als Kraftfahrzeugmechaniker- oder Kraftfahrzeugelektrikermeister oder als Kraftfahrzeugtechniker einer staatlich anerkannten Fachschule beginnen.

(2) Dauer der Ausbildung:

Gemäß § 2 KfSachvG Abs. 1 Nr. 5 beträgt die Zeit der Ausbildung von aaSoP mindestens 6 Monate. In dieser Zeit müssen dem angehenden aaSoP das entsprechende Wissen auch bei unterschiedlichen Studienabschlüssen und die entsprechenden Fähigkeiten vermittelt werden.

(3) Nachweis der fachlichen Eignung:

Gemäß § 2 Abs. 4 KfSachvV muss der Bewerber eine Prüfung vor dem benannten Prüfungsausschuss ablegen in dessen Bereich der Bewerber ausgebildet worden ist.

Die Prüfungsgebiete sind:

- „Bau und Betrieb von Kraftfahrzeugen und ihren Anhängern“ (BUB),
- „Straßenverkehrsrecht sowie die die Sachverständigentätigkeit berührenden, anderen Rechtsgebiete“ (Recht),
- „Tätigkeit des Sachverständigen“ (TSV) sowie ein
- „Praktischer Teil der Prüfung“, in dem der Bewerber nachzuweisen hat, dass er Kraftfahrzeuge aller Klassen vorschriftsmäßig, sicher und gewandt im Straßenverkehr führen kann.

Quelle: VkBl. 2013, S. 221

Ziele des Rahmenlehrplans:

- Der vorliegende Rahmenlehrplan untersetzt die Bestimmungen zur Ausbildung von aaSoP, welche in § 1 KfSachvV formuliert sind.
- Die Entwicklung eines Rahmenlehrplans fußt auf einer Analyse und Beschreibung der Anforderungen, die von den Absolventen der betreffenden Ausbildung bei der Ausübung der Tätigkeiten im späteren Wirkungsfeld bewältigt werden müssen.
- Es wurde ein tätigkeitsbezogener, nach graduierten Lehrzielen gewichteter und thematisch eingegrenzter Rahmenlehrplan für aaSoP erarbeitet.
- Durch die differenzierte Betrachtung der befugnis- und tätigkeitsorientierten Anforderungen wurden notwendige Abgrenzungen vorgenommen.
- Die Ausbildungsziele sind nach den Tätigkeitsanforderungen gewichtet worden.
- Die inhaltliche Gestaltung des Rahmenlehrplanes lässt genügend Freiräume für eine organisatorische, methodische und didaktische Umsetzung. Er stellt die Basis für eine weitere inhaltliche Untersetzung innerhalb der Technischen Prüfstellen für den Kraftfahrzeugverkehr (TP) dar.
- Darüber hinaus dient der Rahmenlehrplan den Bewerbern um die amtliche Anerkennung als Arbeitsgrundlage für die Ausprägung des notwendigen fachlichen Profils.
- Den Prüfungsausschüssen gibt der Rahmenlehrplan eine Orientierung für die inhaltliche und methodische Gestaltung der amtlichen Prüfungen.

Aufbau des Rahmenlehrplans

Aus kompetenztheoretischer Sicht besteht der Rahmenlehrplan zur Ausbildung von aaSoP aus zwei Teilen: Einem „Basisteil“, der Angaben zu wichtigen Grundkenntnissen und relevanten Grundfähigkeiten (zum Beispiel in den Themenfeldern Fahrzeugtechnik und Straßenverkehrsrecht sowie die Sachverständigen- und Prüfertätigkeit berührenden Rechtsgebiete) beinhaltet, und einem „Anwendungsbezogenen Teil“, in dem die zur erfolgreichen Bewältigung der Anforderungen in den „Tätigkeitbereichen von aaSoP“ erforderlichen Kompetenzen und Teilkompetenzen benannt und präzisiert werden.

Nach den Vorgaben der KfSachvV § 1 Abs. 3 sind die Ausbildungsbereiche nicht in einen „Basisteil“ und in einen „Anwendungsbezogenen Teil“ gegliedert. In der Prüfung ist in den Fachbereichen

- „A – Bau und Betrieb von Kraftfahrzeugen und ihren Anhängern“,
- „B – Straßenverkehrsrecht sowie die die Sachverständigen- und Prüfertätigkeit berührenden anderen Rechtsgebiete“,
- „C – Tätigkeit des Sachverständigen“

die fachliche Eignung nachzuweisen.

Der Zusammenhang zwischen der kompetenztheoretisch orientierten Strukturierung des Rahmenlehrplans in einen „Basisteil" und in einen „Anwendungsbezogenen Teil" einerseits und der vorgegebenen Gliederung in drei Fachbereiche ist in der nachfolgenden Abbildung 1 dargestellt: Die Fachbereiche A und B gehören wegen ihres Grundlagencharakters dem „Basisteil" des Rahmenlehrplans an. Der Fachbereich C gliedert sich einerseits in einen Bestandteil, welcher der Basisstruktur des Rahmenlehrplans zuzuordnen ist und insbesondere Grundkenntnisse und Grundfähigkeiten zum Themenfeld „Mensch und Verkehr" sowie „vorschriftsmäßiges, sicheres und gewandtes Führen von Kraftfahrzeugen" beinhaltet, und in einen tätigkeitsspezifischen Bestandteil, der den „Anwendungsbezogenen Teil" des Rahmenlehrplans bildet.

Rahmenlehrplan für die Befugnisausbildung von aaSoP		
Anwendungsbezogener Teil	Fachbereich C (tätigkeitsbereichsbezogen)	
Basisteil	Fachbereich C (Grundlagen)	
	Fachbereich A	Fachbereich B

Abb. 1: Struktur des Rahmenlehrplans für die Befugnisausbildung von aaSoP

In den Fachbereichen A, B, und C (Grundlagen) erfolgt die Präzisierung der im Rahmenlehrplan aufgeführten Grundkenntnisse und Grundfähigkeiten durch Angaben bei den Strukturierungsebenen „Teilbereich" (zweite Strukturierungsebene), „Stoffgebiete" (dritte Strukturierungsebene) und „Lerninhalte" (vierte Strukturierungsebene).

Teilbereich	Stoffgebiet	Lerninhalt	Lernziel-Taxonomie
...	...	...	...
...	...	...	...

Abb. 2: Aufbau des Rahmenlehrplans für die Fachbereiche A, B, C (Grundlagen)

Im Fachbereich C erfolgt die Präzisierung der tätigkeitsspezifischen bzw. anwendungsbezogenen Bestandteile durch Anforderungsprofile (zweite Strukturierungsebene).

Die Anforderungsprofile werden inhaltlich durch Angaben zu den Kompetenzen und Teilkompetenzen untersetzt, die für die erfolgreiche Bewältigung der mit den jeweiligen Tätigkeitsbereichen verbundenen Anforderungen notwendigerweise erworben werden müssen. Die inhaltliche Untersetzung der Anforderungsprofile erfolgt zunächst auf der Ebene der „Profilbereiche", welche den Anforderungsprofilen des Fachbereichs C strukturell untergeordnet sind (dritte Strukturierungsebene). Die Angaben zu den Profilbereichen werden auf einer vierten und fünften Strukturierungsebene, welche die Bezeichnungen „Stoffgebiete" und „Lerninhalte" tragen, noch weiter präzisiert.

Anforderungsprofil	Profilbereich	Stoffgebiet	Lerninhalt	Lernziel-Taxonomie
...	...	...	...	...
...	...	...	...	...

Abb. 3: Aufbau des Rahmenlehrplans für den Fachbereich C (tätigkeitsbezogen)

Der tätigkeitsbereichsspezifische bzw. anwendungsbezogene Bestandteil des Fachbereichs C ist in 12 Anforderungsprofile untergliedert, die den 12 „Tätigkeitsbereichen von aaSoP" zugrunde liegen.

I	Regelmäßige technische Überwachung der Kfz und Anhänger nach StVZO
II	Änderungsabnahmen
III	Begutachtung von technischen Änderungen an Fahrzeugen
IV	Betriebserlaubnisbegutachtung für nicht erstmals in den Verkehr kommende Fahrzeuge
V-1	Genehmigungs- / Betriebserlaubnisbegutachtung für erstmals in den Verkehr kommende Fahrzeuge
V-2	Begutachtung für die Erteilung einer Betriebserlaubnis für Fahrzeugteile
V-3	Begutachtung für die Erteilung einer Bauartgenehmigung für Fahrzeugteile
VI	Prüfung und Begutachtung von Personen
VII	Begutachtung von Oldtimern
VIII	Begutachtung von Fahrzeugen mit Gasanlagen zu Antriebszwecken
IX	Begutachtung zum Erlangen von Ausnahmegenehmigungen nach § 70 StVZO
X	Untersuchung von Fahrzeugen zur gewerblichen Beförderung von Personen
XI	Untersuchung von Fahrzeugen nach GGVSEB
XII	Weitere Prüfungen und Begutachtungen

Abb. 4: Tätigkeitsbereiche von aaSoP

Für eine einheitliche Vorgehensweise ist folgende Lernziel-Taxonomie bei der Erstellung des amtlichen Rahmenlehrplanes vorgesehen:

- Wissen (Wissensorientierte Ebene)
- Fähigkeit (Handlungsorientierte Ebene)
- Fertigkeit (Handlungsorientierte Ebene)

Die Lernziel-Taxonomie im Rahmenlehrplan orientiert sich an der Anerkennung als aaSmT. In Anlehnung an § 4 KfSachvG sind die Taxonomien für die anderen amtlichen Anerkennungen anzupassen. Für den Fachbereich C „Tätigkeit des Sachverständigen" entfällt diese Anpassung, da die Anforderungsprofile eindeutig den amtlichen Anerkennungen als aaSoP zuzuordnen sind.

Lfd. Nr.	Lernziel-Taxonomie	Kriterium	Kürzel
01	Wissen	Der Bewerber kann Wissen (z. B. Begriffe, Definitionen, Gesetzmäßigkeiten, Abläufe usw.) abrufen und wiedergeben, Beispiele anführen und Zusammenhänge verstehen. Das bedeutet für die Tätigkeit, dass der aaSoP aufgrund seines Überblickwissens und seiner Kenntnisse – allgemeine Informationen geben kann, – Übersichten zum Lerninhalt darstellen kann, – Sachverhalte erkennen und erläutern kann, – wichtige Zusammenhänge erkennen kann.	WI
02	Fähigkeit	Der Bewerber kann Wissen transferieren, gelerntes in neuen Situationen anwenden, Zusammenhänge erkennen und Schlussfolgerungen ableiten. Das bedeutet für seine Tätigkeit, dass der aaSoP – vertiefte Kenntnisse besitzt, – Informationsquellen zuordnen kann, – zu handlungsorientierter Umsetzung in der Lage ist, – Hilfsmittel (Formelsammlung, Quelltexte, Informationsportale) sachgerecht anwenden kann (Hilfsmittel können zugelassen werden).	FÄ
03	Fertigkeit	Der Bewerber kann ausgehend von seinem Wissen und seinen Fähigkeiten Strukturen erkennen, Lösungswege vorschlagen, Entschlüsse fassen und begründen sowie Wissen in Situationen transferieren. Das bedeutet für seine Tätigkeit, dass der aaSoP – umfangreiche Kenntnisse besitzt, – Lerninhalte ohne Verwendung von Hilfsmitteln selbständig wiedergeben kann, – zu sicherem und selbständigem Handeln in der Lage ist.	FE

Abb. 5: Lernziel-Taxonomie

Infolge seiner Struktur ermöglicht der Rahmenlehrplan künftige Anpassungen an rechtliche und technische Entwicklungen problemlos einzuarbeiten. Die Anpassung des Rahmenlehrplans erfolgt periodisch mit einer Frist von 3 Jahren oder anlassbezogen innerhalb dieses Zeitraums.

Abkürzungsverzeichnis

Abkürzung	Bedeutung
aaSoP	amtlich anerkannter Sachverständiger oder Prüfer für den Kraftfahrzeugverkehr
ABE	Allgemeine Betriebserlaubnis
ABG	Allgemeine Bauartgenehmigung
ADR	Europäisches Übereinkommen über die internationale Beförderung gefährlicher Güter auf der Straße (Accord européen relatif au transport international des marchandises Dangereuses par Route)
BOKraft	Verordnung über den Betrieb von Kraftfahrunternehmen im Personenverkehr
CAPS	Sicherheitssystem, das aktive und passive Sicherheits- sowie Fahrerassistenzsysteme vernetzt (Combined Active & Passive Safety)
CNG	komprimiertes Erdgas (Compressed Natural Gas)
DIN	Deutsches Institut für Normung e. V.
EBE	Einzelbetriebserlaubnis
EBG	Einzelbauartgenehmigung
ECE	Wirtschaftskommission für Europa (Economic Commission for Europe)
ECE R	Katalog international vereinbarter, einheitlicher technischer Vorschriften für Fahrzeuge, Fahrzeugteile und Ausrüstungsgegenstände der ECE
EG	Europäische Gemeinschaft
EG-FGV	EG-Fahrzeuggenehmigungsverordnung
EMV	Elektromagnetische Verträglichkeit
EN	Europäische Norm, die von einem der drei europäischen Komitees für Standardisierung (Europäisches Komitee für Normung CEN, Europäisches Komitee für elektrotechnische Normung CENELEC, Europäisches Institut für Telekommunikationsnormen ETSI) ratifiziert worden ist
EU	Europäische Union
FE	Fahrerlaubnis
FeV	Fahrerlaubnis-Verordnung
FIN	Fahrzeug-Identifizierungsnummer (europäisch genormt)
FzTV	Fahrzeugteileverordnung
FZV	Fahrzeug-Zulassungsverordnung - Verordnung über die Zulassung von Fahrzeugen zum Straßenverkehr
GebOSt	Gebührenordnung für Maßnahmen im Straßenverkehr
GSP	Gassystemeinbauprüfung

Abkürzung	Bedeutung
GWP	Gaswiederholungsprüfung
HU	Hauptuntersuchung
GSP	Gassystemeinbauprüfung (s. Fachbereich C: Tätigkeit des Sachverständigen (Tätigkeitsspezifischer Teil) C VIII, S. 22
GGVSEB	Gefahrgutverordnung Straße, Eisenbahn und Binnenschifffahrt – Verordnung über die innerstaatliche und grenzüberschreitende Beförderung gefährlicher Güter auf der Straße, mit Eisenbahnen und auf Binnengewässern
i.V.m.	in Verbindung mit
ISO	Internationale Organisation für Normung (International Organization for Standardization)
KfSachvG	Kraftfahrsachverständigengesetz – Gesetz über amtlich anerkannte Sachverständige und amtlich anerkannte Prüfer für den Kraftfahrzeugverkehr
Kfz	Kraftfahrzeug
KOM	Kraftomnibus
LPG	Flüssiggas (Liquefied Petroleum/Propane Gas)
LTE	Lichttechnische Einrichtung
OWiG	Gesetz über Ordnungswidrigkeiten
QM	Qualitätsmanagement
SAE	Verband der Automobilingenieure (Society of Automotive Engineers)
SP	Sicherheitsprüfung
StGB	Strafgesetzbuch
StVG	Straßenverkehrsgesetz
StVO	Straßenverkehrs-Ordnung
StVR	Straßenverkehrsrecht
StVZO	Straßenverkehrs-Zulassungs-Ordnung
TA	Technische Anforderungen für Fahrzeugteile
TP	Technischen Prüfstelle für den Kraftfahrzeugverkehr
UMA	Untersuchungspunkt Motormanagement / Abgasreinigungssystem
UVV	Unfallverhütungsvorschrift
VDE	Verband der Elektrotechnik Elektronik Informationstechnik e.V.
VdTÜV	Verband der TÜV e.V.

Rahmenlehrplan für aaSoP

Fachbereich A: Bau und Betrieb von Kraftfahrzeugen und ihren Anhängern

Teilbereich	Stoffgebiet	Lerninhalt	Lernziel-Taxonomie
A1 Motor und Neben-aggregate	Fremdzündungs- und Selbstzündungsmotoren	Physikalische und thermodynamische Grundlagen der Verbrennung und Verbrennungsverfahren Technische Merkmale Vor- und Nachteile Bauarten / Konstruktive Ausführungen	WI
	Grundlagen der Gemischaufbereitung	Zündfähigkeit der Gemische Magergemische, Schichtladebetrieb	WI
	Verbrennungsverfahren bei Fremdzündungsmotoren und Selbstzündungsmotoren	Äußere Gemischbildung Innere Gemischbildung	WI
	Motorsteuerung	Arten der Motorsteuerung Nockenwellenantriebe Systeme zur variablen Steuerung	WI
	Vergaser	Physikalische Grundlagen Allgemeine Grundfunktion	WI
	Einspritzanlagen bei Fremdzündungsmotoren und Selbstzündungsmotoren	Bauarten von Einspritzsystemen und deren Aufbau / Funktion	WI
	Ansaug- und Aufladesysteme	Systeme zur Erhöhung des Liefergrades durch Ladesysteme	WI
	Zündungssysteme	Zündanlagen, Bauarten und Systeme Einflussgrößen auf die motorische Verbrennung, Kennfeldsteuerung	WI
	Schmierung	Aufgaben der Schmierung Arten der Schmierung	WI
	Kühlung	Aufgaben der Kühlung Arten der Kühlung	WI
	Elektrische Nebenaggregate	Systeme zur Stromerzeugung und -speicherung Bauarten und Systeme	WI
	Monovalente / bivalente Antriebe	Bauarten und Systeme Aufbau und Funktionen von Gasanlagen zum Antrieb von Kraftfahrzeugen	WI
A2 Alternative Antriebe	Elektromotoren	Physikalische Grundlagen der Elektromotoren, technische Merkmale, Vor- und Nachteile, Bauarten	WI
	Alternative Antriebssysteme	Bauarten: – Hybridantrieb – Elektroantrieb	WI
	Aggregate zur Energieerzeugung und -speicherung	Systeme zur Energieerzeugung und Speicherung, Generator- und Batterietechnik / Energiespeichertechnik, Rekuperation, Brennstoffzelle	WI
A3 Kraft-, Schmier- und Betriebsstoffe	Ottokraftstoff / Dieselkraftstoff	Aufgaben, Eigenschaften, Klassifizierung	WI
	CNG / LPG	Aufgaben, Eigenschaften, Klassifizierung	WI
	Alternative Kraftstoffe	Aufgaben, Eigenschaften, Klassifizierung	WI
	Motoren- und Getriebeöl	Aufgaben, Eigenschaften, Klassifizierung	WI

Teilbereich	Stoffgebiet	Lerninhalt	Lernziel-Taxonomie
	Bremsflüssigkeit	Aufgaben, Eigenschaften, Klassifizierung	WI
	Hydrauliköl	Aufgaben, Eigenschaften	WI
	Kühlflüssigkeit	Aufgaben, Eigenschaften	WI
A4 Emissionen, Abgase und Geräusche	Verbrennungsprozess	Verbrennungsprozess und Abgasemission (Abgaszusammensetzung) Limitierte Schadstoffe im Verbrennungsprozess Europäisches Prüfverfahren zur Schadstoffermittlung Maßnahmen zur innermotorischen Schadstoffreduzierung an Fremdzündungs- und Selbstzündungsmotoren	FÄ
	Abgas-Nachbehandlung	Bauteile und Verfahren der Abgasnachbehandlung bei Fremdzündungs- und Selbstzündungsmotoren Auswirkungen auf die Schadstoffemission	FÄ
	On-Board-Diagnose	On-Board-Überwachung und -Diagnose in Kraftfahrzeugen	FÄ
	Geräuschemissionen	Physikalische Grundlagen Geräuschquellen am Fahrzeug Maßnahmen zur Verringerungen der Geräusche, Schalldämpfersysteme	FÄ
A5 Antriebsstrang	Grundlagen und Arten von Antrieben	Physikalisch-technische Grundlagen der Kraftübertragung und Momentenverteilung Zusammenhang von Übersetzungsverhältnis, Drehzahl, Drehmoment und Schlupf Aufbau und Bauarten des Antriebsstrangs	WI
	Kupplungen	Aufgaben und Anforderungen an Kupplungen Grundsätzlicher Aufbau und Funktion von Kupplungen	WI
	Wechselgetriebe	Aufgaben und Anforderungen an Wechselgetriebe Bauarten, Aufbau und Arbeitsweise von – manuellen Getrieben – Automatikgetrieben / automatisierten Getrieben	WI
	Allradantriebe	Aufgaben, Bauarten und Arbeitsweise von Allradantrieben	WI
	Ausgleichsgetriebe und Radantriebe	Aufgaben, Bauarten und Arbeitsweise von Ausgleichsgetrieben und Radantrieben	WI
	Weitere Kraftübertragungssysteme	Aufbau, Arbeitsweise und Besonderheiten weiterer Kraftübertragungssysteme	WI

Teilbereich	Stoffgebiet	Lerninhalt	Lernziel-Taxonomie
A6 Fahrmechanik und Fahrdynamik	Längsdynamik	Fahrwiderstände, Zugkraftdiagramm Kräfte am Rad, Schlupf, Kraftschluss Dynamische / statische Achslastverlagerung Abbremsung, Verzögerung, Beschleunigung	FÄ
	Querdynamik	Kräfte am Rad, Schräglaufwinkel Kräfte am Fahrzeug, Schwimmwinkel Eigenlenkverhalten, Untersteuern, Übersteuern	FÄ
	Fahrzeugdynamik	Kräfte und Momente am Fahrzeug, Aufbaubewegungen Zusammenhang Quer- / Längskräfte, Kraftschlusskreis Fahrstabilität von Fahrzeugkombinationen (Einknicken, Pendeln), Maßnahmen zur Verbesserung der Fahrdynamik	FÄ
	Fahrphysik Kraftrad	Geradeausstabilität Kurvenfahrt Instabile Fahrzustände (Pendeln, Flattern) Seitenwagenbetrieb	FÄ
A7 Fahrwerke und Radaufhängungen	Fahrwerke	Aufbau und Bestandteile des Fahrwerks	FÄ
	Radaufhängungen	Aufbau der Bauteile und ihre Funktion Konstruktionsprinzipien der Radaufhängungen Vor- und Nachteile der Konstruktionen Kräfteverlauf in den verschiedenen Arten von Konstruktionen der Radaufhängungen Aufbau und Funktion der Gelenke Elastokinematische Lagerungen	FÄ
A8 Federung und Dämpfung	Schwingungsarten	Schwingungen des Aufbaues und des Rades	FÄ
	Federung	Aufgaben und Arten der Federung – Federkennlinien – Federarten und Federungselemente	FÄ
	Dämpfungsarten	Arten von Schwingungsdämpfern, Aufbau und Funktion Dämpfungsdiagramme und Kennlinien Einfluss der Federung und Dämpfung auf – Fahrkomfort – Fahrsicherheit – Kurvenverhalten	FÄ
	Dämpfungssysteme	Geregelte sowie aktive Federungs- / Dämpfungssysteme	FÄ
A9 Lenkanlagen	Radgeometrie	Radgeometrische Größen und ihr Einfluss auf das Fahrverhalten	FÄ
	Lenksysteme an Kfz und Anhängern	Lenkungskinematik Aufbau und Funktion der gebräuchlichen Lenksysteme Sonstige Lenksysteme (Fremdkraft- und Hilfslenksysteme)	FÄ
	Lenkkraftübertragungssysteme	Aufbau und Funktion von Lenkgetrieben Aufbau und Funktion von Lenkunterstützungssystemen Übertragungselemente und ihre Funktion	FÄ

Teilbereich	Stoffgebiet	Lerninhalt	Lernziel-Taxonomie
A10 Räder / Reifen	Räder an Kfz und Anhängern	Bauarten von Rädern und deren Befestigung Felgenausführungen Räder-Kennzeichnungen	FÄ
	Reifen an Kfz und Anhängern	Reifen-Bauarten Anforderungen an Reifen Reifen-Kennzeichnungen	FÄ
		Statische und dynamische Unwucht	WI
	Moderne Rad- / Reifensysteme	Bauarten und Eigenschaften Notlaufsysteme	FÄ
A11 Bremsanlagen	Grundlagen zum Aufbau von Bremsanlagen	Bau- und Wirkvorschriften Systematik von Bremsanlagen Bremskraftverteilung in Kraftfahrzeugen und ihren Anhängern sowie Zugkombinationen	FÄ
	Bestandteile von Bremsanlagen	Aufbau und Funktion der – Energieversorgungseinrichtung – Betätigungseinrichtung – Übertragungseinrichtung – Radbremse – Dauerbremsanlagen	FÄ
	Bremssysteme und deren Komponenten	Grundaufbau von Bremssystemen und die Funktion prüfungsrelevanter Bauteile System- und Ausfallverhalten von Bremsanlagen	FÄ
	Elektrische / Elektronische Bremssysteme	Grundlagen elektrischer / elektronischer Bremsanlagen Regelsysteme	FÄ
A12 Lichttechnische Einrichtungen und Signaleinrichtungen	Grundlagen der Lichttechnik	Lichttechnische Einheiten Arten von lichttechnischen Einrichtungen (LTE)	WI
	Scheinwerfersysteme	Aufbau und Funktion der einzelnen Bauarten und ihrer Zusatzsysteme	FÄ
	Leuchten, Leucht- und rückstrahlende Mittel	Aufbau und Funktion von Leuchten und Leuchtmitteln Rückstrahlende Mittel	WI
	Moderne lichttechnische Systeme	– Kurvenlicht – Abbiegelicht – adaptives Lichtsystem	FÄ
	Signaleinrichtungen	Aufbau und Funktion von optischen und akustischen Einrichtungen	WI
A13 Karosserie, Rahmen, Aufbauten	Fahrzeugaufbau	Systematik der Fahrzeuge Einteilung der Fahrzeuge gem. nationaler Richtlinien und EU-Richtlinien	WI FÄ
	Karosserie- und Rahmenbauweisen	Aufgaben und Aufbau von Rahmen und selbsttragenden Aufbauten Karosserie-/ Rahmen-Bauarten und konstruktive Ausführungen sowie deren Eigenschaften Besonderheiten des Leichtbaus Elemente der passiven Sicherheit	FÄ
	Werkstoffe	Werkstoffe im Karosseriebau	WI
	Sicht und Verglasung	Sichtfeld, Scheiben, Folien, Spiegel	FÄ
	Korrosion, Alterung und Oberflächenschutz	Korrosionsarten und Alterung	FÄ
		Aktiver und passiver Korrosionsschutz	WI

Teilbereich	Stoffgebiet	Lerninhalt	Lernziel-Taxonomie
A14 Verbindungseinrichtungen	Grundlagen	Rechtsnormen Technische Standards Kennwerte	FÄ
	Verbindungseinrichtungen an Zugfahrzeugen und Anhängern	Aufbau und Funktion von – Bolzenkupplung / Zugeinrichtungen – Sattelkupplung / Sattelzapfen – Kupplungskugel mit Halterung / Zugkugelkupplung – Anhängebock – Höheneinstelleinrichtung – Sonderformen von Kupplungen und Zugeinrichtungen	FÄ
A15 Kontrollgeräte	Fahrtschreiber	Funktionsweise	WI
	EU-Kontrollgerät	Funktionsweise	WI
	Geschwindigkeitsbegrenzer	Funktionsweise	WI
A16 Elektronik im Fahrzeug	Grundlagen elektronischer Steuerung und Regelung	Aufbau und Funktion von – Sensorik – Steuereinheit – Stelleinrichtungen	WI
	Bordnetzarchitekturen	Leistungs- und Informationsnetze, Datenübermittlung in vernetzten Systemen – Steuergeräte- und Sensorfusion – Energiemanagement	WI
		On-Board-Diagnose und Service-Systeme	WI
		Auswirkung von Veränderungen an sicherheits- und umweltrelevanten elektronischen Systemen	WI
A17 Elektronische Fahrsicherheitssysteme / Fahrerassistenzsysteme	Grundlagen von Fahrsicherheitssystemen	Definition von Fahrsicherheitssystemen Grundlegende Merkmale von Fahrsicherheitssystemen, Fahrerinformationssystemen, Infotainment	WI
	Aktive Sicherheitssysteme / Interventionssysteme	Aufgabe, Aufbau und Funktionsweise von Fahrerassistenzsystemen	WI
	Passive Sicherheitssysteme	Aufgabe, Aufbau und Funktionsweise passiver Sicherheitssysteme	WI
	Systemvernetzung	Aufbau und Funktion von vernetzten Fahrerassistenz- / Fahrsicherheitssystemen (CAPS) Maßnahmen vor Aufprall Aufbau und Funktion weiterer Sicherheitssysteme mit Bezug zu Prüfvorgaben	WI
A18 Instandsetzung	Reparaturverfahren im Rahmen- und Karosseriebereich	Verbindungstechniken im Fahrzeugaufbau	FÄ
		Reparatur von Korrosionsschäden Richten und Richtsysteme Fahrzeugvermessung	WI WI WI
	Sicherheitsrelevante Baugruppen und Bauteile	zulässige Reparaturverfahren	WI

Rahmenlehrplan für aaSoP

Fachbereich B: Straßenverkehrsrecht sowie die die Sachverständigentätigkeit berührenden anderen Rechtsgebiete

Teilbereich	Stoffgebiet	Lerninhalt	Lernziel-Taxonomie
B1 Allgemeines Recht	Einführung in cas Recht	Öffentliches Recht Privates Recht	WI
B2 Staatsrecht	Aufbau des Rechtsstaates	Verfassungsrechtliche Grundlagen mit Bezug zur Sachverständigentätigkeit Gewaltenteilung Staatsaufbau: – Bund – Länder – Gemeinden Zuständigkeiten im Bereich Straßenverkehrsrecht	WI
	Gesetzgebungsverfahren	Gesetzgebung in Bund und Ländern Hierarchie der Rechtsnormen Zuständigkeiten	WI
	Gerichtsbarkeit	Aufbau der Gerichtsbarkeit Zuständigkeiten im Bereich Straßenverkehrsrecht	WI
B3 Verwaltungsrecht, Allgemeines Verwaltungsrecht, Besonderes Verwaltungsrecht	Arten des Verwaltungshandelns: hoheitlich/fiskalisch	Leistungsverwaltung Eingriffsverwaltung	WI
	Verwaltungsvorschriften, die den Sachverständigen als hoheitlich Handelnden betreffen	Hierarchie der Vorschriften Erlass der Vorschriften Verbindlichkeit Länderspezifische Regelungen (entsprechend Anerkennungsgebiet)	WI
	Verwaltungsverfahren	Ausführungsbestimmung Verwaltungsakt: Arten des Verwaltungsaktes, Zuständigkeiten	FÄ FÄ
		Rechtsfolge, Bestandskraft Formlose und förmliche Rechtsbehelfe Verwaltungsstreitigkeitsverfahren: Widerspruchsverfahren, Klage Länderspezifische Regelungen (entsprechend Anerkennungsgebiet) Zuständigkeiten, Fristen	WI WI WI WI WI
B4 Strafrecht	Rechtsnormen	StGB: Strafnormen i.V.m. Straßenverkehr und Sachverständigentätigkeit Strafnormen in anderen Gesetzen i.V.m. der Sachverständigentätigkeit	WI
	Straftatbestände	Allgemeine Straftatbestände Besondere Straftatbestände	WI
		Tätigkeitsbezogene Straftatbestände (z. B. Urkundsdelikte) Tätigkeitsbezogene Amtsdelikte (z. B. Falschbeurkundung im Amt)	FÄ
		Spezielle Verkehrsdelikte (z. B. Fahren ohne Fahrerlaubnis, Trunkenheit)	WI
	Strafverfahren	Verfahrensablauf Rechtsfolgen Rechtsbehelfe Rechtsmittel: Einspruch, Klage, Zuständigkeiten, Fristen	WI

Teilbereich	Stoffgebiet	Lerninhalt	Lernziel-Taxonomie
B5 Ordnungswidrigkeiten	Ordnungswidrigkeitsnormen	Wesen des OWiG Abgrenzung Ordnungswidrigkeiten zu Straftaten	WI
	Ordnungswidrigkeiten	Verkehrsordnungswidrigkeiten nach StVG und deren Verordnungen Ordnungswidrigkeiten nach KfSachvG	WI
	Ordnungswidrigkeitsverfahren	Rechtsfolgen: Verwarnungsgeld, Bußgeldangebot, Bußgeldentscheidung Rechtsbehelfe Rechtsmittel: Einspruch, Klage, Zuständigkeiten, Fristen Ahndung von Verkehrsverstößen im Ausland	WI
B6 Haftung	Haftung des Handelnden	Grundlagen des Haftungsrechts	WI
		Verschuldenshaftung	FÄ
		Gefährdungshaftung	FÄ
	Staatshaftung	Haftung bei Amtspflichtverletzungen Haftung von Behörden Haftung von Beliehenen Freistellung des Staates (KfSachvG, Anlage VIIIb StVZO)	FÄ
B7 Steuerrecht	Kfz-Steuer	Grundlagen der Kfz-Steuer	WI
B8 Versicherungsrecht	Pflichtversicherung für Kraftfahrzeuge und Anhänger	Grundlagen der Pflichtversicherung	WI
	Weitere Versicherungen	Versicherungen im Zusammenhang mit dem Betrieb eines Kfz	WI
B9 Internationales Recht	Rechtsakte der EU mit Auswirkung auf die Tätigkeit von Sachverständigen	Organe der EU Zuständigkeiten Arten der Rechtsnormen Entstehung der Rechtsnormen Rechtsfolgen: unmittelbare Wirkung, Umsetzung in nationales Recht Sanktionen	WI
	Rechtsakte der UN-ECE	Entstehung von UN-ECE-Regelungen Wirkung, Geltungsbereich Übernahme in nationales Recht	WI
	Internationale Übereinkommen zum Straßenverkehr	Entstehung von Übereinkommen Rechtswirksamkeit in Nationalstaaten	WI
	Normen/Standards	Internationale Standards/Regeln der Technik (z. B. DIN, ISO, SAE) Nutzung in der Sachverständigentätigkeit	WI
B10 Straßenverkehrsrecht	Struktur des Straßenverkehrsrechts	Aufbau des StVR Aufbau und wesentlicher Inhalt des StVG und seiner Verordnungen Aufbau und wesentlicher Inhalt des Gesetzes zur Beförderung gefährlicher Güter und der GGVSEB Aufbau und wesentlicher Inhalt des Gesetzes zur gewerblichen Beförderung von Personen und der BOKraft	WI

Teilbereich	Stoffgebiet	Lerninhalt	Lernziel-Taxonomie
	Sachverständigenrecht	Aufbau und Inhalt des KfSachvG und der Durchführungsverordnung	FÄ
		Voraussetzungen für die amtliche Anerkennung	FÄ
		Anerkennung und Befugnisse der aaSoP	FE
		Formen der Beendigung / Unterbrechung der amtlichen Anerkennung	FÄ
		Rechte und Pflichten der Technischen Prüfstelle sowie der amtlich anerkannten Überwachungsorganisationen	FÄ
		Sachverständigenregister	WI
		Unterschiede der Stellung der aaSoP/TP (gem. KfSachvG) zu den PI/aaÜO (gem. Anlage VIIIb StVZO)	FÄ
	Fahrlehrerrecht	Aufbau und wesentlicher Inhalt des Fahrlehrergesetzes und seiner Verordnungen	WI
		Fahrlehrerlaubnis, Fahrschulerlaubnis	
	Allgemeine straßenverkehrsrechtliche Vorschriften: Fahrzeuge	Nationale und internationale Erlaubnisse und Genehmigungen für Fahrzeuge und Fahrzeugteile	FÄ
		Maßnahmen zur Gewährleistung eines sicheren und umweltschonenden Betriebs von Fahrzeugen	FÄ
		Vorschriftsmäßigkeit der Fahrzeuge	FÄ
		Bau- und Betriebsvorschriften	FÄ
		Zulassungsverfahren: Grundlagen und Verwaltungsmaßnahmen	FÄ
		Beschränkung und Untersagung des Betriebs von Fahrzeugen	WI
		Erteilung, Entzug und Erlöschen der Betriebserlaubnis	FÄ
		Kennzeichen für Fahrzeuge	WI
		Untersuchung der Fahrzeuge nach Vorgaben des Straßenverkehrsrechts: Rechtliche Grundlagen, Arten und Umfang, Mindestangaben auf den Untersuchungsberichten	FÄ
		Folgen technischer Änderungen: Rechtsfolgen, Maßnahmen, Nachweis der Vorschriftsmäßigkeit	FÄ
		Begutachtung von Fahrzeugen und Fahrzeugteilen für die Erlangung von Erlaubnissen und Genehmigungen: – Rechtliche Grundlagen, Arten und Umfang – Genehmigende Behörden	FÄ
		Zuständigkeiten	WI
	Allgemeine straßenverkehrsrechtliche Vorschriften: Personen	Erlaubnisse zum Führen von Kraftfahrzeugen	FÄ
		Voraussetzung der Erteilung	FÄ
		Erteilung der Fahrerlaubnis, Befristung	FÄ
		Punktesystem	WI
		Fahrverbot und Entzug	WI
		Beschränkungen und Auflagen	FÄ
		Maßnahmen im Fahrerlaubnisrecht und deren Auswirkungen auf die amtliche Anerkennung	FÄ
		Zuständigkeiten	WI

Teilbereich	Stoffgebiet	Lerninhalt	Lernziel-Taxonomie
	Verhalten im Straßenverkehr	Aufbau und Inhalt der Regeln der Straßenverkehrsordnung	FÄ
		Maßnahmen zur Gewährleistung eines sicheren und umweltschonenden Straßenverkehrs	FÄ
		Aufbau und Inhalt der Autobahn-Richtgeschwindigkeits-Verordnung	WI
		Aufbau und Inhalt der Ferienreiseverordnung	WI
		Zuständigkeiten	WI

Rahmenlehrplan für aaSoP

Fachbereich C: Tätigkeit des Sachverständigen (Grundlagenteil)

Teilbereich	Stoffgebiet	Lerninhalt	Lernziel-Taxonomie
C1 Qualitätsmanagement	Grundlagen des Qualitätsmanagements	Rechtsnormen und Normen für QM-Systeme – Akkreditierung – Zertifizierung – Qualitätssicherungssysteme und Qualitätsmanagementsysteme	WI
	Organisation und Maßnahmen des Qualitätsmanagements	Maßnahmen der Qualitätssicherung Organisation der Qualitätssicherung Auditierungen Maßnahmenkatalog	WI
C2 Kundenumgang und Kommunikation in Prüf- und Begutachtungsprozessen	Grundlagen der Kommunikation	Gestaltung von Kommunikationsprozessen Gesprächsverhalten	FÄ
	Phasen im Kundenkontakt	Begrüßung Gespräche während der Tätigkeit Erläuterung der Ergebnisse	FÄ
	Konfliktverhalten	Konfliktgespräche Konfliktverhalten und -lösung	FÄ
C3 Ziele und Erwartungen der Sachverständigentätigkeit im Rahmen der amtlichen Prüftätigkeit	Elemente der Verkehrssicherheit	Schwerpunkte der aktuellen Verkehrspolitik Überblick über grundlegende Elemente der Verkehrssicherheit	WI
	Technische Überwachung als Element der Verkehrssicherheit	Sinn der Fahrzeugüberwachung Internationale Rechtsgrundlagen für die technische Überwachung Entwicklungen, Besonderheiten und Ziele des nationalen Modells der technischen Überwachung	FÄ WI WI
	Der Sachverständige als Handelnder im Bereich der Verkehrssicherheit	Erwartung des Gesetzgebers an den Sachverständigen Spannungsfelder der Sachverständigentätigkeit	FÄ WI
C4 Grundsätzliche Elemente der Begutachtungs- und Prüftätigkeit	Grundlegender Prozess der hoheitlichen Sachverständigentätigkeit	Der Weg vom Ingenieur zum Sachverständigen Tatsachenfeststellung durch Beobachten oder Prüfen Bewertung von Feststellungen Dokumentation	WI
	Prüf- und Begutachtungsunterlagen	Prüf- und Begutachtungsunterlagen und deren Auswirkungen auf die Begutachtungen / Untersuchungen	FÄ
C5 Arbeits-, Gesundheits- und Umweltschutz bei der Prüftätigkeit	Grundsätzliche Bestimmungen des Arbeits-, Gesundheits- und Umweltschutzes	Allgemeine Bestimmungen – persönlicher Schutz – institutioneller Schutz	WI
	Umgang mit Prüfeinrichtungen, Prüf- und Messmitteln	Sachgerechte Bedienung und Nutzung	FÄ
	Elektrische Sicherheit	Umgang mit Hochvoltsystemen Schutz vor Unfallgefahren	FÄ
	Gefahrstoffe	Umgang mit Gefahrstoffen (Flüssigkeiten, Gase) Schutz vor Unfallgefahren	FÄ

Teilbereich	Stoffgebiet	Lerninhalt	Lernziel-Taxonomie
C6 Prüf- und Messmittel	Bremskraftmessung	Aufbau und Funktion von Bremsprüfständen und Verzögerungsmessgeräten	WI
	Messung der Verzögerung	Aufbau und Funktion von Verzögerungsmessgeräten	WI
	Messung des Einstellmaßes der Lichttechnischen Einrichtungen	Aufbau und Funktion von Scheinwerfereinstellgeräten	WI
	Kraftmessung	Aufbau und Funktion von Kraftmesseinrichtungen	WI
	Temperaturmessung	Aufbau und Funktion von Temperaturmesseinrichtungen	WI
	Geschwindigkeitsmessung	Methode der Geschwindigkeitsmessung Aufbau und Funktion von Geschwindigkeitsmessgeräten Verfahren zur Prüfung von Geschwindigkeitsbegrenzern	WI
	Geräuschemission	Aufbau und Funktion von Geräuschmessgeräten Messverfahren und Geräuschmesswerte	WI
	Abgasemission	Aufbau und Funktion von Abgasmessgeräten von Fremdzündungs- und Selbstzündungsmotoren Grundsätzlicher Aufbau von Abgasmesssystemen für die Fahrzeugbegutachtung	WI
	Längenmessung	Verfahren zur Längenmessung	WI
	Gewichtsmessung	Grundlegende Verfahren und Anforderungen an die Gewichtsmessung	WI
	Druckmessung	Verfahren zur Druckmessung Aufbau ausgewählter Druckmesseinrichtungen	WI
	Gasleckagemessung	Verfahren zur Überprüfung von Leckagen – Lecksuchspray – Gasspürgeräte	WI
	Systeme zur Fahrzeugdiagnose	Prinzipieller Aufbau von On- und Off-board-Diagnosesystemen Nutzung im Rahmen der technischen Überwachung	WI
	Sicherung der Qualität der Messergebnisse	Verwendbarkeit geeigneter Messeinrichtungen	WI

Teilbereich	Stoffgebiet	Lerninhalt	Lernziel-Taxonomie
C7 Fahrzeug-dokumen-tation und -identifikation	Fahrzeugzulas-sungsdokumente	Zulassungsbescheinigung Teil I und Teil II Fahrzeugbrief, Fahrzeugschein Betriebserlaubnis und deren Bedeutung Vorläufige Zulassungsdokumente Wesentlicher Inhalt der Dokumente	WI
	Änderung der Fahrzeug-dokumente	Pflichten des Halters Tatsachenfeststellung, veränderte Daten ohne/mit technischer Änderung Verwendung der Übereinstimmungs-bescheinigung Wesentlicher Inhalt der Überein-stimmungsbescheinigung	WI
	Fahrzeugidentifi-kation	FIN Fabrikschild, Typenschild	WI
C8 Vorschrifts-mäßiges, sicheres und gewandtes Führen von Kraftfahr-zeugen	Fahrtechnische Vorbereitung der Fahrt	Abfahrtkontrolle am Nutzfahr-zeug / KOM Fahrzeugspezifische Daten	FÄ
	Grundfahraufga-ben	Am Gliederzug: Rückwärtsfahren geradeaus, Umkehren durch Rück-wärtsfahren nach links (90°) Alternativ am Sattelzug: Rückwärts versetzen nach rechts, Rückwärts-fahren um die Ecke nach links (90°) Alternativ am KOM: Rückwärtsfahren in eine Parklücke (Längsaufstellung), Rückwärts quer oder schräg einparken Am Kraftrad: Fahren eines Slaloms, Kreisfahrt, Abbremsen mit höchst-möglicher Verzögerung, Ausweichen mit / ohne Abbremsen, Stop-and-go	FÄ
	Fahren im öffent-lichen Straßen-verkehr	Vorschriftsmäßiges, sicheres und gewandtes Führen von Kraftfahrzeu-gen im öffentlichen Straßenverkehr	FÄ

Rahmenlehrplan für aaSoP

Fachbereich C: Tätigkeit des Sachverständigen (Tätigkeitsspezifischer Teil)

Anforderungsprofil	Profilbereich	Stoffgebiet	Lerninhalt	Lernziel-Taxonomie
C I Regelmäßige technische Überwachung der Kfz und Anhänger nach StVZO	C I - 1 Hauptuntersuchung nach § 29 StVZO	Rechtsnormen zur Durchführung der HU	Untersuchungspflicht Fristen Durchführende Personen Untersuchungsstellen Systematische Durchführung der HU Prozess bei Umrüstungen von Systemen und Funktionen an Fahrzeugen Angabe von Hinweisen und Beurteilung der Mängel Dokumentation	FE
		Bremsanlage	Untersuchung von – Zustand, – Ausführung, – Funktion und – Wirkung der Bremsanlage und deren Bauteile unter Beachtung [ggf.] vorliegender Prüfvorgaben Mess- und Prüfverfahren Feststellung von Schadensbildern/Verschleißzuständen und deren Zulässigkeit Dokumentation und Beurteilung von Messgrößen und des Untersuchungsergebnisses	FE
		Lenkanlage	Untersuchung von – Zustand, – Ausführung und – Funktion der Lenkanlagen und deren Bauteile unter Beachtung [ggf.] vorliegender Prüfvorgaben Feststellung von Schadensbildern/Verschleißzuständen und deren Zulässigkeit Beurteilung des Untersuchungsergebnisses	FE
		Sichtverhältnisse	Untersuchung von – Zustand und – Ausführung der Scheiben und Spiegel sowie – Funktion von Scheibenwischern und Scheibenwaschanlagen unter Beachtung [ggf.] vorliegender Prüfvorgaben Feststellung von Schadensbildern/Verschleißzuständen und der Zulässigkeit Beurteilung des Untersuchungsergebnisses	FE
		LTE und andere Teile der elektrischen Anlage	Untersuchung von – Zustand, – Ausführung und – Funktion der LTE unter Beachtung [ggf.] vorliegender Prüfvorgaben Untersuchung von – Zustand, – Ausführung und – Funktion anderer Teile der elektrischen Anlage sowie elektrischer Fahrzeugantriebe unter Beachtung [ggf.] vorliegender Prüfvorgaben Feststellung von Schadensbildern/Verschleißzuständen und deren Zulässigkeit Beurteilung des Untersuchungsergebnisses	FE

Anforderungsprofil	Profilbereich	Stoffgebiet	Lerninhalt	Lernziel-Taxonomie
		Achsen, Räder, Reifen, Aufhängungen	Untersuchung von – Zustand, – Ausführung und – Funktion der Achsen, Räder, Reifen und Aufhängungen unter Beachtung [ggf.] vorliegender Prüfvorgaben Erkennung von Krafteinleitungspunkten Feststellung von Schadensbildern / Verschleißzuständen und deren Zulässigkeit Beurteilung von Messgrößen und des Untersuchungsergebnisses	FE
		Fahrgestelle, Rahmen, Aufbau und daran befestigte Teile	Untersuchung von – Zustand, – Ausführung und – Funktion von Fahrgestell, Rahmen, Aufbau und daran befestigten Teilen unter Beachtung [ggf.] vorliegender Prüfvorgaben Erkennung von Krafteinleitungspunkten Feststellung von Schadensbildern / Verschleißzuständen und deren Zulässigkeit Beurteilung des Untersuchungsergebnisses	FE
		Sonstige Ausstattungen	Untersuchung von – Zustand, – Ausführung und – Funktion der – Ausstattungen für aktive Sicherheit, – Ausstattungen für passive Sicherheit und – weiteren Ausstattungen unter Beachtung [ggf.] vorliegender Prüfvorgaben Feststellung von Schadensbildern / Verschleißzuständen und deren Zulässigkeit Beurteilung des Untersuchungsergebnisses	FE
		Umweltbelastungen	Untersuchung von – Zustand, – Ausführung und – Funktion von Fahrzeugteilen und Baugruppen an Fahrzeugen, die Umweltbelastungen verursachen können insbesondere Emissionen, wie – Geräusche, – Abgas (UMA bzw. Nachweis), – EMV und – Verlust von Flüssigkeiten unter Beachtung [ggf.] vorliegender Prüfvorgaben Untersuchung von – Zustand, – Ausführung und – Funktion von Fahrzeugteilen und Baugruppen an Fahrzeugen, die Umweltbelastungen verursachen können insbesondere aus Antriebssystemen, wie – Gasanlagen im Antriebssystem von Kfz (GWP bzw. Nachweis), – Wasserstoffanlagen, – Elektrischen Antrieben und – Hybridantrieben unter Beachtung [ggf.] vorliegender Prüfvorgaben Feststellung von Schadensbildern / Verschleißzuständen und deren Zulässigkeit [ggf.] unter Vorlage von Dokumenten Dokumentation und Beurteilung von Messgrößen und des Untersuchungsergebnisses	FE

Anforderungsprofil	Profilbereich	Stoffgebiet	Lerninhalt	Lernziel-Taxonomie
		Zusätzliche Untersuchungen an Kfz, die zur gewerblichen Personenbeförderung eingesetzt sind (siehe auch Zutreffendes in C X-2)	Untersuchung von – Zustand, – Ausführung, – Funktion und – Wirkung vorgeschriebener zusätzlicher Einrichtungen / Ausstattungen in – KOM, – Taxen, – Mietwagen und – Krankenkraftwagen unter Beachtung [ggf.] vorliegender Prüfvorgaben Feststellung von Schadensbildern / Verschleißzuständen und deren Zulässigkeit Dokumentation und Beurteilung von Messgrößen und des Untersuchungsergebnisses	FE
		Identifizierung und Einstufung des Fahrzeugs	Untersuchung von – Zustand und – Ausführung von Kennzeichnungen, die zur Identifizierung der Fahrzeuge erforderlich sind Überprüfung der tatsächlichen Maße Feststellung von Schadensbildern / Verschleißzuständen und deren Zulässigkeit Dokumentation und Beurteilung von Messgrößen und des Untersuchungsergebnisses	FE
	C I - 2 Sicherheitsprüfung nach § 29 StVZO	Rechtsnormen zur Durchführung der SP	Untersuchungspflicht Fristen Durchführende Personen Untersuchungsstellen Prüfbereiche und Prüfumfänge Systematische Durchführung der SP Dokumentation	FE
		Fahrgestell, Fahrwerk, Aufbau, Verbindungseinrichtungen	Untersuchung von –Zustand und – Funktion von – Fahrgestell, – Rahmen, – Aufbau, – daran befestigten Teilen unter Beachtung [ggf.] vorliegender Prüfvorgaben Zusätzliche Prüfpunkte bei KOM Feststellung von Schadensbildern / Verschleißzuständen und deren Zulässigkeit Beurteilung des Untersuchungsergebnisses	FE
		Lenkung	Untersuchung von – Zustand und – Funktion der Lenkanlagen und deren Bauteile unter Beachtung [ggf.] vorliegender Prüfvorgaben Feststellung von Schadensbildern / Verschleißzuständen und deren Zulässigkeit Beurteilung des Untersuchungsergebnisses	FE
		Reifen / Räder	Untersuchung von – Zustand und – Funktion von Reifen und Rädern unter Beachtung [ggf.] vorliegender Prüfvorgaben Feststellung von Schadensbildern / Verschleißzuständen und deren Zulässigkeit Beurteilung von Messgrößen und des Untersuchungsergebnisses	FE

Anforderungsprofil	Profilbereich	Stoffgebiet	Lerninhalt	Lernziel-Taxonomie
		Bremsanlage	Untersuchung von – Zustand, – Funktion und – Wirkung der Bremsanlagen und deren Bauteile unter Beachtung [ggf.] vorliegender Prüfvorgaben	FE
			Mess- und Prüfverfahren	
			Feststellung von Schadensbildern/Verschleißzuständen und deren Zulässigkeit	
			Dokumentation und Beurteilung von Messgrößen und des Untersuchungsergebnisses	
C II Änderungsabnahmen	Änderungsabnahmen nach § 19 (3) StVZO einschließlich Nachweis nach § 19 (4) StVZO	Rechtsnormen zur Durchführung der Änderungsabnahmen	Änderungen am Fahrzeug und ihre Rechtsfolgen	FE
			Voraussetzungen	FE
			Zulässige Prüfzeugnisse	FE
			Durchführende Personen	FE
			Methodik der Änderungsabnahmen	FE
			Änderungen gemäß Beispielkatalog/Arbeitsanweisung	FÄ
			Gebührenfestlegung nach GebOSt und Aufwand	FÄ
			Beurteilung von fehlerhaften Änderungen	FE
			Notwendigkeit der Änderung der Zulassungsdokumente	FE
			Dokumentation / Nachweis	FE
		Prüfung	Identifizierung und Feststellung der Zulässigkeit	FE
			Durchführung der Änderungsabnahmen	FE
			Zustand, Ausführung, Funktion und Wirkung der Änderungen – Mehrfachänderungen – Auflagen und Beschränkungen	FE
			Theoretische und praktische Hilfsmittel für die Änderungsabnahme	FÄ
			Dokumentation / Nachweis der Änderungen	FE
C III Begutachtung von technischen Änderungen an Fahrzeugen	Begutachtung nach § 19 (2) i.V.m. § 21 StVZO	Rechtsnormen zur Durchführung der Begutachtung	Grundsätze für das Erlöschen der Betriebserlaubnis	FE
			Begriff / Definition Änderung (Abgrenzung zur Änderungsabnahme)	FE
			Durchführende Personen	FE
			Systematischer Begutachtungsablauf: – Identifizierung – Beurteilung der vorhandenen Prüfunterlagen – Vorschriftsmäßigkeit – Untersuchungsstellen – Mängelfreiheit – Dokumentation – Einzelanweisungen gemäß KfSachvG – Festlegung / Durchführung eigener / externer Ergänzungsuntersuchungen – Berechnungen – Erforderliche Nacharbeiten am Fahrzeug	FE
			Gebührenfestlegung nach GebOSt und Aufwand	FÄ
			Theoretische und praktische Hilfsmittel für die Begutachtung	FE
		Prüfung: Änderung der Fahrzeugart	Systematisches Verzeichnis der Fahrzeug- und Aufbauart	FE
			Abgrenzung der relevanten Fahrzeugänderungen	
			Änderung innerhalb einer Fahrzeugklasse	
			Änderungen, die zum Wechsel der Fahrzeugklasse führen	
		Prüfung: Änderungen, die eine Gefährdung von Verkehrsteilnehmern erwarten lassen	Begriff / Definition Gefährdung	FE
			Kombination von Änderungen	
			Beurteilung der Auswirkungen hinsichtlich der Gefährdung durch Anbau, Abbau und Änderung von Teilen	

Anforderungsprofil	Profilbereich	Stoffgebiet	Lerninhalt	Lernziel-Taxonomie
		Prüfung: Verschlechterung des Abgas- und Geräusch-verhaltens	Bedeutung des Begriffs Verschlechterung Vorschriften zu Abgas- und Geräuschgrenzwerten einschließlich Übergangsvorschriften	FE
		Gutachten-Erstellung	Fahrzeugbeschreibung Bestätigung der Vorschriftsmäßigkeit Erläuterung der Ergebnisse Auflagen / Beschränkungen	FE
		Dokumentation	Dokumentation und Archivierung von – Gutachten – Prüfprotokollen – Berechnungen – Fotos	FE
C IV Betriebserlaubnis-begutachtung für nicht erstmals in den Verkehr kommende Fahr-zeuge	Begutachtung des Gesamtfahrzeuges nach § 21 StVZO	Rechtsnormen zur Durchführung der Begutachtung	Grundsätze für das Beantragen der Betriebserlaubnis Begutachtungspflicht Durchführende Personen Systematischer Begutachtungsablauf: – Identifizierung – Beurteilung der vorhandenen Unterlagen – Untersuchungsstellen – Mängelfreiheit – Dokumentation Gebührenfestlegung nach GebOSt und Aufwand	FE FE FE FE FÄ
		Statusprüfung	Import, Reimport, Umzugsgut und sonstiges	FE
		Prüfung	Identifizierung Vorschriftsmäßigkeit, Funktion Theoretische und praktische Hilfsmittel für die Begutachtung Anwendung nationaler Bauvorschriften (ggf. Verweis auf Vorschriften nach EG/ECE) Abweichungen einschließlich Begründung / Befür-wortung von Ausnahmen / Auflagen Übergangsvorschriften StVZO Etwa-Wirkung	FE
		Gutachten-Erstellung	Fahrzeugbeschreibung Bestätigung der Vorschriftsmäßigkeit Erläuterung der Ergebnisse Auflagen / Beschränkungen Formulierung der Abweichungen mit Begründung	FE
		Dokumentation	Dokumentation und Archivierung von – Gutachten – Prüfprotokollen – Berechnungen – Fotos	FE
C V-1 Genehmigungs- / Betriebserlaubnis-begutachtung für erstmals in den Verkehr kommen-de Fahrzeuge	Begutachtung von Fahrzeugen gem. § 13 EG-FGV	Rechtsnormen zur Durchführung der Begutachtung	EG-Typgenehmigungen / Nationale Genehmigungen Durchführende Personen / Institutionen Prüfinhalte im Rahmen der Nachweisführung hinsicht-lich der Genehmigungsgegenstände / Einzelrichtlinien Systematischer Prüfablauf: – Beurteilung der vorhandenen Unterlagen – Festlegung der durchzuführenden Prüfungen – Untersuchungsstellen – Beschreibung von genehmigungsfähigen Abweichungen von den Vorschriften – Mängelfreiheit Gebührenfestlegung nach GebOSt und Aufwand	FE FE FÄ FE FÄ

Anforderungsprofil	Profilbereich	Stoffgebiet	Lerninhalt	Lernziel-Taxonomie
		Prüfung	Identifizierung Vorschriftsmäßigkeit, Funktion EG-Rechtsakten, ersatzweise nationale Bauvorschriften Abweichungen, Auflagen Theoretische und praktische Hilfsmittel für die Begutachtung	FÄ
		Dokumentation	Erstellung der Dokumentation und Archivierung von – Gutachten – Genehmigungsbogen – Nachweislisten – Prüfprotokolle – Berechnungen – Fotos	FE
	Sonstige Fahrzeuge nach § 21 StVZO	Rechtsnormen zur Durchführung der Begutachtung	Voraussetzung für die Begutachtung / Begutachtungs-pflicht	FE
			Durchführende Personen	FE
			Systematischer Begutachtungsablauf: – Identifizierung – Beurteilung der vorhandenen Unterlagen – Untersuchungsstellen – Nachweis der Vorschriftsmäßigkeit – Mängelfreiheit – Dokumentation	FE
			Gebührenfestlegung nach GebOSt und Aufwand	FÄ
		Prüfung	Identifizierung Vorschriftsmäßigkeit, Funktion Theoretische und praktische Hilfsmittel für die Begutachtung Anwendung nationaler Bauvorschriften (ggf. Verweis auf Vorschriften nach EG/ECE) Abweichungen einschließlich Begründung / Befür-wortung von Ausnahmen / Auflagen Etwa-Wirkung	FÄ
		Dokumentation	Dokumentation und Archivierung von – Gutachten – Prüfprotokollen – Berechnungen – Fotos	FE
	Begutachtung zur Erteilung einer ABE nach § 20 StVZO	Rechtsnormen zur Durchführung der Begutachtung	Geltungsbereich Durchführende Personen / Institutionen	FE
		Prüfung und Dokumentation	Prinzipieller Prüfablauf Gutachtenerstellung	WI
C V-2 Begutachtung für die Erteilung einer Betriebserlaubnis für Fahrzeugteile	Begutachtung eines Teiles oder einer technischen Einheit zur Erlangung einer Betriebserlaubnis (EBE, ABE) nach § 22 StVZO	Rechtsnormen zur Durchführung der Begutachtung	Teile oder technische Einheiten	FE
			Durchführende Personen / Institutionen	FE
			Zuständige Genehmigungsbehörden	FE
			Theoretische und praktische Hilfsmittel für die Begutachtung	FÄ
			Gebührenfestlegung nach GebOSt und Aufwand	FÄ
		Festlegung des Prüf-umfangs für das Fahr-zeugteil / Technische Einheit	Bau- und Betriebsvorschriften der StVZO, nationale Richtlinien und VdTÜV- Merkblätter sowie – ISO – DIN EN – VDE – UVV	FÄ
		Anbauprüfung am Fahrzeug, Festlegung des Verwendungs-bereiches	EG, ECE, StVZO, nationale Richtlinien, VdTÜV-Merkblätter Verwendungsbereich Festlegung der Wirksamkeit der Betriebserlaubnis des Fahrzeuges ggf. durch Änderungsabnahme	FÄ

Anforderungsprofil	Profilbereich	Stoffgebiet	Lerninhalt	Lernziel-Taxonomie
		Dokumentation	Dokumentation und Archivierung von – Gutachten – Berechnungen – Fotos – Kennzeichnung der Bauteile	FE
C V-3 Begutachtung für die Erteilung einer Bauartgenehmigung für Fahrzeugteile	Begutachtung einer Einrichtung nach § 22a StVZO zur Erlangung einer ABG / EBG	Rechtsnormen zur Durchführung der Begutachtung	Bauartgenehmigungspflichtige Einrichtungen	FE
			FzTV	FÄ
			Durchführende Personen / Institutionen	FÄ
			Benannte Prüfstellen	WI
			Zuständige Genehmigungsbehörden	FE
			Theoretische und praktische Hilfsmittel für die Begutachtung	FÄ
			Gebührenfestlegung nach GebOSt und Aufwand	FÄ
		Festlegung des Prüfumfangs für die Einrichtung	TA sowie – EG/ECE – ISO – DIN EN – VDE – UVV	FÄ
		Festlegung des Verwendungsbereichs	Bau- und Betriebsvorschriften	FÄ
			Verwendungsbereich	
			Festlegung der Wirksamkeit der Betriebserlaubnis des Fahrzeuges ggf. durch Änderungsabnahme	
		Dokumentation	Gutachten	FE
			Kennzeichnung der Bauteile (Prüfzeichen)	
C VI Prüfung und Begutachtung von Personen	Grundlagen der Fahrerlaubnisprüfungen gem. FeV	Rechtsnormen zur Durchführung der Fahrerlaubnisprüfung	EU-Richtlinien, FeV, Prüfungsrichtlinie und berührende Vorschriften	FE
			Prüfungspflicht und Dokumente	FE
			Gültigkeit und Fristen	FÄ
			Durchführende Personen sowie spezifische Anforderungen an sie	FE
	Theoretische Prüfung	Regelungen zur Durchführung	Verfahrensablauf	FE
			Prüflokation	WI
			PC-Theorieprüfung	FE
			Fragenkatalog	WI
			Prüfungsdokumentation	FE
			Bewertungs- und Entscheidungskriterien	FE
			Besonderheiten	FÄ
	Praktische Prüfung	Allgemeine, FE-Klassen übergreifende Regelungen zur Durchführung	Anforderungen an die praktische Prüfung: – Fahrzeugbedienung, Fahrzeugbeherrschung – Technische Kenntnisse – Umweltbewusste und energiesparende Fahrweise – Verkehrsverhalten – Gefahrenerkennung, -abwehr	FE
			Prüforte	WI
			Prüfstrecke	FE
			Prüfdauer	FE
			Prüfungsfahrzeuge	FÄ
			Prüfungsteile	FE
			Elemente der Prüfungsteile (z.B. Fahraufgaben)	FE
			Bewertung der Prüfungsteile und Rückmeldung der Prüfungsleistungen	FE
			Prüfungsdokumentation	FE
			Besonderheiten	FE
			Verfahrensablauf	FE

Anforderungsprofil	Profilbereich	Stoffgebiet	Lerninhalt	Lernziel-Taxonomie
		Regelungen für die praktische Prüfung Klasse B	Ablauf Sicherheitskontrolle Prüfungsfahrt Grundfahraufgaben Bewertung, Entscheidung und Ergebnisübermittlung	FE
		Regelungen für die praktische Prüfung Zweiradklassen	Ablauf einspurige, drei- und vierrädrige Kraftfahrzeuge Sicherheitskontrolle Prüfungsfahrt Grundfahraufgaben Bewertung, Entscheidung und Ergebnisübermittlung	FE
		Regelungen für die praktische Prüfung Nutzfahrzeug (Solo-Klassen), KOM und Klasse T	Ablauf Prüfungsfahrt Grundfahraufgaben als Bestandteil der Prüfungsfahrt Bewertung, Entscheidung und Ergebnisübermittlung Abfahrtkontrolle / Handfertigkeiten Besonderheiten Klasse D Besonderheiten Klasse T	FE FE FE FE FE WI FE
		Regelungen für die praktische Prüfung Anhängerklassen	Ablauf Sicherheitskontrolle Prüfungsfahrt Grundfahraufgaben als Bestandteil der Prüfungsfahrt Verbinden und Trennen Bewertung, Entscheidung und Ergebnisübermittlung	FE
	Pädagogisch-psychologische Grundlagen bei der Prüfung und Begutachtung von Personen	Merkmale der Fahrerlaubnisprüfungen	Regeln für die Fahrerlaubnisprüfung (Verhaltensbeobachtung und adaptive Prüfstrategie, Verkehrswahrnehmung und Gefahrenerkennung) Besonderheiten der Fahrerlaubnisprüfung (Befähigung vs. Eignung, Umgang mit Eignungsmängeln)	FE
		Prüfungsdidaktik	Beziehungsfelder der an der Prüfung Beteiligten (Kommunikation, Argumentation, Interaktion) Testverfahren Umgang mit Prüfungsangst Prüfungsatmosphäre Handlungsunsicherheiten und Defizite im Vorausschauverhalten (Antizipationsdefizite), Handlungsunsicherheit vs. defensive Fahrweise) Einflussfaktoren auf das Prüfungsergebnis (z. B. Beobachtungs- und Beurteilungskriterien, Einfluss von Fahrerassistenzsystemen).	FE
	Weitere Tätigkeiten im Fahrerlaubniswesen	Besondere Prüfungen und Begutachtungen	Mitarbeit bei der Fahrlehrerprüfung Eignungsbegutachtung Fahrprobe	WI
C VII Begutachtung von Oldtimern	Begutachtung zur Einstufung von Fahrzeugen nach § 23 StVZO	Rechtsnormen zur Durchführung der Begutachtungen	Begriff Oldtimer Oldtimer-Kennzeichen Richtlinie für die Begutachtung von Oldtimern Theoretische und praktische Hilfsmittel zur Beurteilung der Originalität bzw. zeitgenössischer Umrüstungen Durchführende Personen Eingangsbedingungen für die Begutachtung Festlegung des Untersuchungs- und Begutachtungsumfangs Gebührenfestlegung nach GebOSt und Aufwand	FE FE FÄ FÄ FE FÄ FÄ FÄ

Anforderungsprofil	Profilbereich	Stoffgebiet	Lerninhalt	Lernziel-Taxonomie
		Untersuchung	Untersuchung im Umfang einer HU oder Durchführung einer HU	FE
		Begutachtung	Begutachtung nach Richtlinie zu § 23 StVZO Ggf. Begutachtung nach § 21 StVZO	FE
		Dokumentation	Gutachten gemäß Muster nach Richtlinie zu § 23 StVZO Ggf. Gutachten nach § 21 StVZO Ggf. Untersuchungsbericht nach § 29 StVZO	FE
C VIII Begutachtung von Fahrzeugen mit Gasanlagen zu Antriebszwecken	Begutachtung nach § 41a StVZO	Rechtsnormen und Grundlagen	ECE R67.01 ECE R110 ECE R115	FÄ
			Durchführende Personen	FE
			Festlegung des Begutachtungsumfangs	FÄ
			Anlage XVII StVZO Gassystemeinbauprüfung und Durchführungsrichtlinie nach § 41a StVZO	FÄ
			VdTÜV Merkblätter 750 und 757	FÄ
			DIN EN 12979	FÄ
			Gebührenfestlegung nach GebOSt und Aufwand	FÄ
			Hilfsmittel für die Prüfung / Begutachtung	FÄ
		Begutachtung und Prüfung ohne Systemgenehmigung	Einbau Bedienungsanleitung Identifizierung der Bauteile Dichtheit Funktion Abgasnachweis	FE
		Dokumentation	Gutachten gem. § 19 (2) i.V.m § 21 StZVO	FE
		Prüfung mit Systemgenehmigung	Systemgenehmigung Einbauprüfung Bedienungsanleitung Identifizierung der Bauteile Dichtheit Funktion	FE
		Dokumentation	Nachweis der GSP gem. Anlage XVII Nr. 2.4 StVZO	FE
C IX Begutachtung zum Erlangen von Ausnahmegenehmigungen nach § 70 StVZO	Begutachtung von Fahrzeugen	Rechtsnormen zur Durchführung der Begutachtung	Abweichungen von den Bau- und Betriebsvorschriften	FÄ
			Feststellung der Zumutbarkeit / Verhältnismäßigkeit	FÄ
			Richtlinie zu § 70 StVZO	FÄ
			Leitfaden zu Ausnahmegenehmigungen nach § 70 StVZO	WI
			Verwaltungsvorschriften zu § 29 StVO	WI
			Durchführende Personen	FE
			Zuständige Behörden	FÄ
			Gebührenfestlegung nach GebOSt und Aufwand	FÄ
			Theoretische und praktische Hilfsmittel für die Begutachtung	FÄ
		Begutachtung gemäß Richtlinien zu § 70 StVZO	Geeignete Begutachtungsstätte	FÄ
			Kurvenlaufeigenschaften	FÄ
			Fahrzeugeignung	FÄ
			Erfassung und Beurteilung von Messgrößen	FE
		Dokumentation	Ergebnis der Begutachtung (ggf. Begründungen / Auflagen)	FE

Anforderungsprofil	Profilbereich	Stoffgebiet	Lerninhalt	Lernziel-Taxonomie
C X Untersuchung von Fahrzeugen zur gewerblichen Beförderung von Personen	C X-1 Untersuchung von Fahrzeugen nach BOKraft allgemein	Rechtsnormen zur Durchführung der Untersuchungen	Untersuchungen nach § 41 BOKraft in Verbindung mit § 29 StVZO und ihre Rechtsfolgen Untersuchungen nach § 42 BOKraft – Geltungsbereich – Inhalt – Umfang – Rechtsfolgen Durchführende Personen Methodik der Untersuchungen Beurteilung der Einhaltung von Vorgaben, des Zustands, der Ausführung, der Funktion und der Anzahl der Ausrüstungsgegenstände von zur gewerblichen Beförderung von Personen eingesetzten Fahrzeugen Dokumentation	FE
	C X-2 Regelmäßige Untersuchung nach § 41 BOKraft sowie vor erstmaliger Inbetriebnahme nach § 42 BOKraft	Durchführung der Untersuchungen	Besonderheiten der Untersuchung nach BOKraft Identifizierung und Feststellung des Ist-Zustandes Einhaltung von Vorgaben einzelner Systeme und des Gesamtsystems Zustand, Ausführung, Funktion und Wirkung der Ausstattungen von zur gewerblichen Beförderung von Personen eingesetzten Fahrzeugen: – Taxi – Mietwagen – KOM für Linienverkehr, Schülerverkehr, Gelegenheitsverkehr	FE
C XI Untersuchung von Fahrzeugen nach GGVSEB	Technische Untersuchung von Fahrzeugen zum Transport von gefährlichen Gütern	Rechtsnormen zur Durchführung der Untersuchungen	Untersuchungen nach § 14 Abs. 5 GGVSEB: – Geltungsbereich – Inhalt – Verlängerung der ADR-Zulassungsbescheinigung – Rechtsfolgen Untersuchungen nach § 14 Abs. 4 GGVSEB: – Geltungsbereich – Inhalt – Durchführende Personen – Zusätzlich geltende Rechtsnormen – Verwendung von Nachweisen – Ausstellung einer ADR-Zulassungsbescheinigung – Rechtsfolgen Durchführende Personen Methodik der Untersuchungen	FE
		Anforderungen an Fahrzeuge zum Transport gefährlicher Güter	Klassifizierung von Gefahrgutfahrzeugen im Zusammenhang mit den Stoffklassen für Gefahrgut Kennzeichnung von Gefahrgutfahrzeugen Bau- und Betriebsvorschriften und Ausrüstung von Gefahrgutfahrzeugen Beurteilung der Einhaltung der Bau- und Betriebsvorschriften, der Kennzeichnung und der Ausrüstung von zum Transport von gefährlichen Gütern eingesetzten Fahrzeugen	FÄ WI FÄ FÄ
		Durchführung der Untersuchungen	Prüfung der Voraussetzungen für die Untersuchung nach GGVSEB Besonderheiten der Untersuchung nach § 14 Abs. 4 und 5 GGVSEB Identifizierung, Prüfung von Zustand, Ausführung, Kennzeichnung, Ausrüstung von Fahrzeugen zur Beförderung gefährlicher Güter	FE FÄ FÄ
		Dokumentation	Verlängerung oder Ausstellung einer ADR-Zulassungsbescheinigung	FE

Anforderungsprofil	Profilbereich	Stoffgebiet	Lerninhalt	Lernziel-Taxonomie
C XII Weitere Prüfungen und Begutachtungen	C XII-1 Sachverständigengutachten	Durchführung der Begutachtungen	Begutachtungen nach § 5 (3) FZV: – Geltungsbereich – Inhalt – Beauftragung – Rechtsfolgen	FE
			Begutachtungen nach § 17 StVZO: – Geltungsbereich – Inhalt – Beauftragung – Rechtsfolgen	FE
			Durchführende Personen	FE
			Besonderheiten der Prüfungen und Begutachtungen	FE
			Methodik der Prüfungen und Begutachtungen	FE
			Bewertung der Ergebnisse	FE
			Dokumentation	FE
			Tätigkeit der Verwaltungsbehörde	WI
	C XII-2 Tempo 100 Fahrzeugkombinationen	Durchführung der Untersuchung	Rechtsgrundlagen	FE
			Technische Anforderungen an Tempo 100 Fahrzeugkombinationen	FE
			Durchführende Personen	FE
			Untersuchungen zur Ausfertigung der Bestätigung	FE
			Dokumentation	FE
			Tätigkeit der Verwaltungsbehörde	WI

Übergangsregelung für Prüfungsfahrzeuge nach Verabschiedung der achten Verordnung zur Änderung der FeV und anderer straßenverkehrsrechtlicher Vorschriften

Ergebnis der Beratung im Ministerium für Infrastruktur und Landwirtschaft in Brandenburg am 8.1.2013

Klasse A

FeV Anlage 7		
bis 1. Juli 2004 Übergangsrecht bis 30.9.2013	ab 2. Juli 2004 Übergangsrecht bis 30.9.2013	Übergangsrecht ab 1.10.2013 bis 31.12.2013
2.2.1 Für Klasse A ohne Leistungsbeschränkung bei direktem Zugang Krafträder der Klasse A – Motorleistung mindestens 44 kW	**2.2.1 Für Klasse A** Krafträder ohne Beiwagen der Klasse A – Motorleistung mindestens 44 kW	**2.2.1 Für Klasse A** Krafträder ohne Beiwagen der Klasse A a) Motorleistung mindestens 44 kW und b) Hubraum mindestens 600 cm³, (595 cm³ zulässig) Änderung durch EG-Richtlinie 2012/36/EU vom 19.11.2012
		ab 1.1.2014 a) Motorleistung mindestens 50 kW und b) Hubraum mindestens 600 cm³, (595 cm³ zulässig) c) 180 kg Leermasse (175 kg zulässig) d) mit Elektromotor Verhältnis Leistung/Leermasse mindestens 0,25 kW/kg

Quelle: Übergangsrecht Prüfungsfahrzeuge; BVF, Gerhard von Bressensdorf, 1/2013

■ Klasse A mit Leistungsbeschränkung

FeV Anlage 7		
bis 1.Juli 2004 Übergangsrecht bis 30.9.2013	**vom 2. Juli 2004 Übergangsrecht bis 18.1.2017**	**ab dem 19.1.2013**
2.2.2 Für Klasse A mit Leistungsbeschränkung Krafträder der Klasse A – Motorleistung mindestens 20 kW, aber nicht mehr als 25 kW – Verhältnis Leistung/Leermasse von nicht mehr als 0,16 kW/kg – Hubraum mindestens 250 cm³ – durch die Bauart bestimmte Höchstgeschwindigkeit mindestens 130 km/h	**2.2.2 Für Klasse A mit Leistungsbeschränkung** Krafträder der Klasse A – Motorleistung mindestens 20 kW, aber nicht mehr als 25 kW – Verhältnis Leistung/Leermasse von nicht mehr als 0,16 kW/kg – Hubraum mindestens 250 cm³ und – durch die Bauart bestimmte Höchstgeschwindigkeit mindestens 130 km/h	**2.2.2 Für Klasse A2** Krafträder ohne Beiwagen der Klasse A2 a) Motorleistung mindestens 20 kW, jedoch nicht mehr als 35 kW b) Verhältnis Leistung/Leermasse von nicht mehr als 0,2 kW/kg c) Hubraum mindestens 400 cm³ (395 cm³ zulässig) und d) mit Elektromotor Verhältnis Leistung/Leermasse mindestens 0,15 kW/kg

■ Klasse A1

FeV Anlage 7		
bis 1.Juli 2004 Übergangsrecht bis 30.9.2013	**vom 2. Juli 2004 Übergangsrecht bis 18.1.2017**	**ab dem 19.1.2013**
2.2.3 Für Klasse A1 Krafträder der Klasse A1 – Hubraum mindestens 95 cm³ – durch die Bauart bestimmte Höchstgeschwindigkeit mindestens 100 km/h	**2.2.3 Für Klasse A1** Krafträder der Klasse A1 – Hubraum mindestens 95 cm³ – durch die Bauart bestimmte Höchstgeschwindigkeit mindestens 100 km/h	**2.2.3 Für Klasse A1** Krafträder ohne Beiwagen der Klasse A1 a) Motorleistung 11 kW b) Verhältnis von Leistung zu Leermasse von nicht mehr als 0,1 kW/kg c) durch die Bauart bestimmte Höchstgeschwindigkeit mindestens 90 km/h und d) Hubraum mindestens 120 cm³, (115 cm³ zulässig) e) mit Elektromotor Verhältnis Leistung/Leermasse mindestens 0,08 kW/kg

Klasse B

FeV Anlage 7		
bis 1.Juli 2004 Übergangsrecht bis 30.9.2013	**vom 2. Juli 2004 Übergangsrecht bis 18.1.2017**	**ab dem 19.1.2013**
2.2.4 Für Klasse B Personenkraftwagen – durch die Bauart bestimmte Höchstgeschwindigkeit mindestens 130 km/h – mindestens vier Sitzplätze – mindestens zwei Türen auf der rechten Seite	**2.2.4 Für Klasse B** Personenkraftwagen – durch die Bauart bestimmte Höchstgeschwindigkeit mindestens 130 km/h – mindestens vier Sitzplätze und – mindestens zwei Türen auf der rechten Seite	**2.2.4 Für Klasse B** Personenkraftwagen a) durch die Bauart bestimmte Höchstgeschwindigkeit mindestens 130 km/h b) mindestens vier Sitzplätze und c) mindestens zwei Türen auf der rechten Seite

Klasse BE

FeV Anlage 7		
bis 1.Juli 2004 Übergangsrecht bis 30.9.2013	**vom 2. Juli 2004 Übergangsrecht bis 18.1.2017**	**ab dem 19.1.2013**
2.2.5 Für Klasse BE Fahrzeugkombinationen bestehend aus einem Prüfungsfahrzeug der Klasse B und einem Anhänger, die als Kombination nicht der Klasse B zuzurechnen sind – Länge der Fahrzeugkombination mindestens 7,5 m – durch bauartbestimmte Höchstgeschwindigkeit min. 100 km/h – **zulässige** Gesamtmasse des Anhängers mindestens 1300 kg – Anhänger mit eigener Bremsanlage – Aufbau des Anhängers kastenförmig oder damit vergleichbar, mindestens 1,2 m Breite in 1,5 m Höhe – **tatsächliche** Gesamtmasse des Anhängers mindestens 800 kg* * ist ab 1. Oktober 2004 anzuwenden	**2.2.5 Für Klasse BE** Fahrzeugkombinationen bestehend aus einem Prüfungsfahrzeug der Klasse B und einem Anhänger gemäß § 30a Absatz 2 Satz 1 StVZO, die als Kombination nicht der Klasse B zuzurechnen sind – Länge der Fahrzeugkombination mindestens 7,5 m – **zulässige** Gesamtmasse des Anhängers mindestens 1 300 kg – **tatsächliche** Gesamtmasse des Anhängers mind. 800 kg – Anhänger mit eigener Bremsanlage – Aufbau des Anhängers kastenförmig oder damit vergleichbar, mindestens 1,2 m Breite in 1,5 m Höhe – Sicht nach hinten nur über die Außenspiegel alte BE noch bis 18.1.2017	**2.2.5 Für Klasse BE** Fahrzeugkombinationen bestehend aus einem Prüfungsfahrzeug der Klasse B und einem Anhänger gemäß § 30a Absatz 2 Satz 1 StVZO mit mehr als 4250 kg, die als Kombination nicht der Klasse B zuzurechnen sind a) Länge der Fahrzeugkombination mindestens 7,5 m b) **zulässige** Gesamtmasse des Anhängers mindestens 1300 kg c) **tatsächliche** Gesamtmasse des Anhängers mindestens 800 kg d) Aufbau des Anhängers kastenförmig oder vergleichbar Breite und Höhe mindestens wie das Zugfahrzeug und e) Sicht nach hinten nur über die Außenspiegel

Klasse C

FeV Anlage 7		
bis 1.Juli 2004 Übergangsrecht bis 30.9.2013	**vom 2. Juli 2004 Übergangsrecht bis 18.1.2017**	**ab dem 19.1.2013**
2.2.6 Für Klasse C Fahrzeuge der Klasse C – Mindestlänge 7 m – zulässige Gesamtmasse mindestens 12 t – tatsächliche Gesamtmasse mindestens 10 t* – durch die Bauart bestimmte Höchstgeschwindigkeit mindestens 80 km/h – Zweileitungs-Bremsanlage – Aufbau kastenförmig oder damit vergleichbar, Seitenhöhe mindestens 0,5 m – Sicht nach hinten nur über Außenspiegel Müssen mit einem EG-Kontrollgerät nach § 5 Abs. 3 DV-FahrlG ausgestattet sein * ist ab 1. Oktober 2004 anzuwenden	**2.2.6 Für Klasse C** Fahrzeuge der Klasse C – Mindestlänge 8,0 m – Mindestbreite 2,4 m – zulässige Gesamtmasse mindestens 12 t – tatsächliche Gesamtmasse mindestens 10 t – durch die Bauart bestimmte Höchstgeschwindigkeit mindestens 80 km/h – mit Anti-Blockier-System (ABS) – Getriebe mit mindestens acht Vorwärtsgängen – mit EG-Kontrollgerät – Aufbau kastenförmig oder vergleichbar, mindestens so breit und so hoch wie die Führerkabine und – Sicht nach hinten nur über Außenspiegel	**2.2.6 Für Klasse C** Fahrzeuge der Klasse C a) Mindestlänge 8,0 m b) Mindestbreite 2,4 m c) zulässige Gesamtmasse mindestens 12000 kg d) tatsächliche Gesamtmasse mindestens 10000 kg e) durch die Bauart bestimmte Höchstgeschwindigkeit mindestens 80 km/h f) mit Anti-Blockier-System (ABS) g) mit EG-Kontrollgerät h) Aufbau kastenförmig oder vergleichbar, mindestens so breit und so hoch wie die Führerkabine und i) Sicht nach hinten nur über Außenspiegel

■ Klasse CE

FeV Anlage 7		
bis 1.Juli 2004 Übergangsrecht bis 30.9.2013	**vom 2. Juli 2004 Übergangsrecht bis 18.1.2017**	**ab dem 19.1.2013**
2.2.7 Für Klasse CE Fahrzeugkombinationen bestehend aus einem Prüfungsfahrzeug der Klasse C und einem Anhänger – Länge der Fahrzeugkombination mindestens 14,0 m – zulässige Gesamtmasse der Fahrzeugkombination mindestens 18 t – tatsächliche Gesamtmasse der Fahrzeugkombination mindestens 15 t* – Zweileitungs-Bremsanlage – Höchstgeschwindigkeit der Fahrzeugkombination mindestens 80 km/h – Anhänger mit eigener Lenkung – Länge des Anhängers mindestens 5 m – Aufbau des Anhängers kastenförmig oder vergleichbar, Seitenhöhe mindestens 0,5 m – Sicht nach hinten nur über Außenspiegel oder Müssen mit einem EG-Kontrollgerät nach § 5 Abs. 3 DV-FahrlG ausgestattet sein * ist ab 1. Oktober 2004 anzuwenden	**2.2.7 Für Klasse CE** Fahrzeugkombinationen bestehend aus einem Prüfungsfahrzeug der Klasse C mit selbsttätiger Kupplung und einem Anhänger mit eigener Lenkung oder mit einem Starrdeichselanhänger mit Tandem-/Doppelachse – Länge der Fahrzeugkombination mindestens 14 m – zulässige Gesamtmasse der Fahrzeugkombination mindestens 20 t – tatsächliche Gesamtmasse der Fahrzeugkombination mindestens 15 t – Zweileitungs-Bremsanlage – durch die Bauart bestimmte Höchstgeschwindigkeit der Fahrzeugkombination mindestens 80 km/h – Anhänger mit Anti-Blockier-System (ABS) – Länge des Anhängers mindestens 7,5 m – Mindestbreite des Anhängers 2,4 m – Aufbau des Anhängers kastenförmig oder vergleichbar, mindestens so breit und so hoch wie die Führerkabine des Zugfahrzeugs und – Sicht nach hinten nur über Außenspiegel oder	**2.2.7 Für Klasse CE** a) Fahrzeugkombinationen bestehend aus einem Prüfungsfahrzeug der Klasse C mit selbsttätiger Kupplung und einem Anhänger mit eigener Lenkung oder mit einem Starrdeichselanhänger mit Tandem-/Doppelachse aa) Länge der Fahrzeugkombination mindestens 14 m bb) zulässige Gesamtmasse der Fahrzeugkombination mindestens 20 000 kg cc) tatsächliche Gesamtmasse der Fahrzeugkombination mindestens 15 000 kg dd) Zweileitungs-Bremsanlage ee) durch die Bauart bestimmte Höchstgeschwindigkeit der Fahrzeugkombination mindestens 80 km/h ff) Anhänger mit Anti-Blockier-System (ABS) gg) Länge des Anhängers mindestens 7,5 m hh) Mindestbreite des Anhängers 2,4 m ii) Aufbau des Anhängers kastenförmig oder vergleichbar, mindestens so breit und so hoch wie die Führerkabine des Zugfahrzeugs und jj) Sicht nach hinten nur über Außenspiegel oder →

FeV Anlage 7		
bis 1.Juli 2004 Übergangsrecht bis 30.9.2013	**vom 2. Juli 2004 Übergangsrecht bis 18.1.2017**	**ab dem 19.1.2013**
Sattelkraftfahrzeuge – Länge mindestens 12 m – zulässige Gesamtmasse mindestens 18 t – tatsächliche Gesamtmasse mindestens 15 t* – durch die Bauart bestimmte Höchstgeschwindigkeit mindestens 80 km/h – Getriebe mit mindestens acht Vorwärtsgängen – Aufbau kastenförmig oder vergleichbar, Seitenhöhe mindestens 0,5 m – Sicht nach hinten nur über Außenspiegel Müssen mit einem EG-Kontrollgerät nach § 5 Abs. 3 DV-FahrlG ausgestattet sein * ist ab 1. Oktober 2004 anzuwenden	**– Sattelkraftfahrzeuge** – Länge mindestens 14 m – Mindestbreite der Sattelzugmaschine und des Sattelanhängers 2,4 m – zulässige Gesamtmasse mindestens 20 t – tatsächliche Gesamtmasse mindestens 15 t – durch die Bauart bestimmte Höchstgeschwindigkeit mindestens 80 km/h – Sattelzugmaschine und Sattelanhänger mit Anti-Blockier-System (ABS) – Getriebe mit mindestens acht Vorwärtsgängen – mit EG-Kontrollgerät – Aufbau kastenförmig oder vergleichbar, mindestens so breit und so hoch wie die Führerkabine und – Sicht nach hinten nur über Außenspiegel	b) Sattelkraftfahrzeuge aa) Länge mindestens 14 m bb) Mindestbreite der Sattelzugmaschine und des Sattelanhängers 2,4 m cc) zulässige Gesamtmasse mindestens 20 000 kg dd) tatsächliche Gesamtmasse mindestens 15 000 kg ee) durch die Bauart bestimmte Höchstgeschwindigkeit mindestens 80 km/h ff) Sattelzugmaschine und Sattelanhänger mit Anti-Blockier-System (ABS) gg) mit EG-Kontrollgerät hh) Aufbau kastenförmig oder vergleichbar mindestens so breit und so hoch wie die Führerkabine und ii) Sicht nach hinten nur über Außenspiegel

Klasse C1

FeV Anlage 7		
bis 1.Juli 2004 Übergangsrecht bis 30.9.2013	**vom 2. Juli 2004 Übergangsrecht bis 18.1.2017**	**ab dem 19.1.2013**
2.2.8 Für Klasse C1 Fahrzeuge der Klasse C1 – Länge mindestens 5,5 m – zulässige Gesamtmasse mindestens 5,5 t – durch die Bauart bestimmte Höchstgeschwindigkeit mindestens 80 km/h – Aufbau kastenförmig oder vergleichbar, Seitenhöhe mindestens 0,3 m – Sicht nach hinten nur über Außenspiegel Müssen mit einem EG-Kontrollgerät nach § 5 Abs. 3 DV-FahrlG ausgestattet sein	**2.2.8 Für Klasse C1** Fahrzeuge der Klasse C1 – Länge mindestens 5 m – zulässige Gesamtmasse mindestens 5,5 t – durch die Bauart bestimmte Höchstgeschwindigkeit mindestens 80 km/h – mit Anti-Blockier-System (ABS) – mit EG-Kontrollgerät – Aufbau kastenförmig oder vergleichbar, mindestens so breit und so hoch wie die Führerkabine und – Sicht nach hinten nur über Außenspiegel	**2.2.8 Für Klasse C1** Fahrzeuge der Klasse C1 a) Länge mindestens 5 m b) zulässige Gesamtmasse mindestens 5 500 kg c) durch die Bauart bestimmte Höchstgeschwindigkeit mindestens 80 km/h d) mit Anti-Blockier-System (ABS) e) mit EG-Kontrollgerät f) Aufbau kastenförmig oder vergleichbar, mindestens so breit und so hoch wie die Führerkabine und g) Sicht nach hinten nur über Außenspiegel

Klasse C1E

FeV Anlage 7		
bis 1.Juli 2004 Übergangsrecht bis 30.9.2013	**vom 2. Juli 2004 Übergangsrecht bis 18.1.2017**	**ab dem 19.1.2013**
2.2.9 Für Klasse C1E Fahrzeugkombinationen bestehend aus einem Prüfungsfahrzeug der Klasse C1 und einem Anhänger – Länge der Fahrzeugkombination mindestens 9 m – Höchstgeschwindigkeit der Fahrzeugkombination mindestens 80 km/h – zulässige Gesamtmasse des Anhängers mindestens 2 000 kg – tatsächliche Gesamtmasse des Anhängers mindestens 800 kg* – Anhänger mit eigener Bremsanlage – Aufbau des Anhängers kastenförmig oder vergleichbar, mindestens 0,3 m – Sicht nach hinten nur über Außenspiegel * ist ab 1. Oktober 2004 anzuwenden	**2.2.9 Für Klasse C1E** Fahrzeugkombinationen bestehend aus einem Prüfungsfahrzeug der Klasse C1 und einem Anhänger – Länge der Fahrzeugkombination mindestens 9 m – durch die Bauart bestimmte Höchstgeschwindigkeit der Fahrzeugkombination mindestens 80 km/h – zulässige Gesamtmasse des Anhängers mindestens 1 300 kg – tatsächliche Gesamtmasse des Anhängers mindestens 800 kg – Anhänger mit eigener Bremsanlage – Aufbau des Anhängers kastenförmig oder vergleichbar, mindestens so hoch und etwa so breit wie die Führerkabine des Zugfahrzeugs (der Aufbau kann geringfügig weniger breit sein) – Sicht nach hinten nur über Außenspiegel	**2.2.9 Für Klasse C1E** Fahrzeugkombinationen bestehend aus einem Prüfungsfahrzeug der Klasse C1 und einem Anhänger a) Länge der Fahrzeugkombination mindestens 9 m b) durch die Bauart bestimmte Höchstgeschwindigkeit der Fahrzeugkombination mindestens 80 km/h c) zulässige Gesamtmasse des Anhängers mindestens 1 300 kg d) tatsächliche Gesamtmasse des Anhängers mindestens 800 kg e) Anhänger mit eigener Bremsanlage f) Aufbau des Anhängers kastenförmig oder vergleichbar, mindestens so hoch und etwa so breit wie die Führerkabine des Zugfahrzeugs (der Aufbau kann geringfügig weniger breit sein) und g) Sicht nach hinten nur über Außenspiegel

Klasse D

FeV Anlage 7		
bis 1.Juli 2004 Übergangsrecht bis 30.9.2013	**vom 2. Juli 2004 Übergangsrecht bis 18.1.2017**	**ab dem 19.1.2013**
2.2.10 Für Klasse D Fahrzeuge der Klasse D – Länge mindestens 10 m – durch die Bauart bestimmte Höchstgeschwindigkeit mindestens 80 km/h	**2.2.10 Für Klasse D0** Fahrzeuge der Klasse D – Länge mindestens 10 m – Mindestbreite 2,4 m – durch die Bauart bestimmte Höchstgeschwindigkeit mindestens 80 km/h – mit Anti-Blockier-System (ABS) und – mit EG-Kontrollgerät	**2.2.10 Für Klasse D** Fahrzeuge der Klasse D a) Länge mindestens 10 m b) Mindestbreite 2,4 m c) durch die Bauart bestimmte Höchstgeschwindigkeit mindestens 80 km/h d) mit Anti-Blockier-System (ABS) und e) mit EG-Kontrollgerät

Klasse DE

FeV Anlage 7		
bis 1.Juli 2004 Übergangsrecht bis 30.9.2013	**vom 2. Juli 2004 Übergangsrecht bis 18.1.2017**	**ab dem 19.1.2013**
2.2.11 Für Klasse DE Fahrzeugkombinationen bestehend aus einem Prüfungsfahrzeug der Klasse D und einem Anhänger – Länge der Fahrzeugkombination mindestens 13,5 m – durch die Bauart bestimmte Höchstgeschwindigkeit der Fahrzeugkombination mindestens 80 km/h – zulässige Gesamtmasse des Anhängers mindestens 2000 kg – tatsächliche Gesamtmasse des Anhängers mindestens 800 kg* – Anhänger mit eigener Bremsanlage – Aufbau des Anhängers kastenförmig oder vergleichbar, Seitenhöhe mindestens 30 cm – Sicht nach hinten nur über Außenspiegel * ist ab 1. Oktober 2004 anzuwenden	**2.2.11 Für Klasse DE** Fahrzeugkombinationen bestehend aus einem Prüfungsfahrzeug der Klasse D und einem Anhänger – Länge der Fahrzeugkombination mindestens 13,5 m – Mindestbreite des Anhängers 2,4 m – durch die Bauart bestimmte Höchstgeschwindigkeit der Fahrzeugkombination mindestens 80 km/h – zulässige Gesamtmasse des Anhängers mindestens 1300 kg – tatsächliche Gesamtmasse des Anhängers mindestens 800 kg – Anhänger mit eigener Bremsanlage – Aufbau des Anhängers kastenförmig oder vergleichbar, mindestens 2,0 m breit und hoch und – Sicht nach hinten nur über Außenspiegel	**2.2.11 Für Klasse DE** Fahrzeugkombinationen bestehend aus einem Prüfungsfahrzeug der Klasse D und einem Anhänger a) Länge der Fahrzeugkombination mindestens 13,5 m b) Mindestbreite des Anhängers 2,4 m c) durch die Bauart bestimmte Höchstgeschwindigkeit der Fahrzeugkombination mindestens 80 km/h d) zulässige Gesamtmasse des Anhängers mindestens 1 300 kg e) tatsächliche Gesamtmasse des Anhängers mindestens 800 kg f) Anhänger mit eigener Bremsanlage g) Aufbau des Anhängers kastenförmig oder vergleichbar, mindestens 2,0 m breit und hoch, und h) Sicht nach hinten nur über Außenspiegel

Klasse D1

FeV Anlage 7		
bis 1.Juli 2004 Übergangsrecht bis 30.9.2013	**vom 2. Juli 2004 Übergangsrecht bis 18.1.2017**	**ab dem 19.1.2013**
2.2.12 Für Klasse D1 Fahrzeuge der Klasse D1 – Länge mindestens 5 m, maximale Länge 8 m – durch die Bauart bestimmte Höchstgeschwindigkeit mindestens 80 km/h	**2.2.12 Für Klasse D1** Fahrzeuge der Klasse D1 – Länge mindestens 5 m, maximale Länge 8 m – durch die Bauart bestimmte Höchstgeschwindigkeit mindestens 80 km/h – zulässige Gesamtmasse mindestens 4 t – mit Anti-Blockier-System (ABS) und – mit EG-Kontrollgerät	**2.2.12 Für Klasse D1** Fahrzeuge der Klasse D1 a) Länge mindestens 5,0 m, maximale Länge 8,0 m b) durch die Bauart bestimmte Höchstgeschwindigkeit mindestens 80 km/h c) zulässige Gesamtmasse mindestens 4 000 kg d) mit Anti-Blockier-System (ABS) und e) mit EG-Kontrollgerät

Klasse D1E

FeV Anlage 7		
bis 1.Juli 2004 Übergangsrecht bis 30.9.2013	vom 2. Juli 2004 Übergangsrecht bis 18.1.2017	ab dem 19.1.2013
2.2.13 Für Klasse D1E Fahrzeugkombinationen bestehend aus einem Prüfungsfahrzeug der Klasse D1 und einem Anhänger – Länge der Fahrzeugkombination mindestens 8,5 m – Höchstgeschwindigkeit der Fahrzeugkombination mindestens 80 km/h – zulässige Gesamtmasse des Anhängers mindestens 2 000 kg – tatsächliche Gesamtmasse des Anhängers mindestens 800 kg* – Anhänger mit eigener Bremsanlage – Aufbau des Anhängers kastenförmig oder vergleichbar, Seitenhöhe mindestens 0,3 m – Sicht nach hinten nur über Außenspiegel * ist ab 1. Oktober 2004 anzuwenden	**2.2.13 Für Klasse D1E** Fahrzeugkombinationen bestehend aus einem Prüfungsfahrzeug der Klasse D1 und einem Anhänger – Länge der Fahrzeugkombination mindestens 8,5 m – durch die Bauart bestimmte Höchstgeschwindigkeit der Fahrzeugkombination mindestens 80 km/h – zulässige Gesamtmasse des Anhängers mindestens 1 300 kg – tatsächliche Gesamtmasse des Anhängers mindestens 800 kg – Anhänger mit eigener Bremsanlage – Aufbau des Anhängers kastenförmig oder vergleichbar, mindestens 2 m breit und hoch und – Sicht nach hinten nur über Außenspiegel	**2.2.13 Für Klasse D1E** Fahrzeugkombinationen bestehend aus einem Prüfungsfahrzeug der Klasse D1 und einem Anhänger a) Länge der Fahrzeugkombination mindestens 8,5 m b) durch die Bauart bestimmte Höchstgeschwindigkeit der Fahrzeugkombination mindestens 80 km/h c) zulässige Gesamtmasse des Anhängers mindestens 1 300 kg d) tatsächliche Gesamtmasse des Anhängers mindestens 800 kg e) Anhänger mit eigener Bremsanlage f) Aufbau des Anhängers kastenförmig oder vergleichbar, mindestens 2 m breit und hoch, und g) Sicht nach hinten nur über Außenspiegel

Klasse M

FeV Anlage 7		
bis 1.Juli 2004 Übergangsrecht bis 30.9.2013	**vom 2. Juli 2004 Übergangsrecht bis 18.1.2017**	**ab dem 19.1.2013**
2.2.14 Für Klasse M Zweirädrige Kleinkrafträder oder Fahrräder mit Hilfsmotor mit einer durch die Bauart bestimmten Höchstgeschwindigkeit von mindestens 40 km/h	**2.2.14 Für Klasse M** Zweirädrige Kleinkrafträder oder Fahrräder mit Hilfsmotor mit einer durch die Bauart bestimmten Höchstgeschwindigkeit von mindestens 40 km/h	**2.2.14 Für Klasse AM** Zweirädrige Kleinkrafträder oder Fahrräder mit Hilfsmotor mit einer durch die Bauart bestimmten Höchstgeschwindigkeit von mindestens 40 km/h

Klasse T

FeV Anlage 7		
bis 1.Juli 2004 Übergangsrecht bis 30.9.2013	**vom 2. Juli 2004 Übergangsrecht bis 18.1.2017**	**ab dem 19.1.2013**
2.2.15 Für Klasse T Fahrzeugkombinationen bestehend aus einer zweiachsigen Zugmaschine der Klasse T und einem Anhänger – durch die Bauart bestimmte Höchstgeschwindigkeit der Zugmaschine mehr als 32 km/h, bis höchstens 60 km/h – Höchstgeschwindigkeit der Fahrzeugkombination mehr als 32 km/h – Zweileitungs-Bremsanlage – Anhänger mit eigner Lenkung – Länge der Fahrzeugkombination mindestens 7,5 m	**2.2.15 Für Klasse T** Fahrzeugkombinationen bestehend aus einer Zugmaschine der Klasse T und einem Anhänger – durch die Bauart bestimmte Höchstgeschwindigkeit der Zugmaschine mehr als 32 km/h – Höchstgeschwindigkeit der Fahrzeugkombination mehr als 32 km/h – Zweileitungs-Bremsanlage – Anhänger mit mindestens geschlossener Ladefläche (Fahrgestell ohne geschlossenen Boden nicht zulässig) – Länge des Anhängers bei Verwendung eines Starrdeichselanhängers mindestens 4,5 m und – Länge der Fahrzeugkombination mindestens 7,5 m	**2.2.15 Für Klasse T** Fahrzeugkombinationen bestehend aus einer Zugmaschine der Klasse T und einem Anhänger a) durch die Bauart bestimmte Höchstgeschwindigkeit der Zugmaschine mehr als 32 km/h b) Höchstgeschwindigkeit der Fahrzeugkombination mehr als 32 km/h c) Zweileitungs-Bremsanlage d) Anhänger mit mindestens geschlossener Ladefläche (Fahrgestell ohne geschlossenen Boden nicht zulässig) e) Länge des Anhängers bei Verwendung eines Starrdeichselanhängers mindestens 4,5 m und f) Länge der Fahrzeugkombination mindestens 7,5 m

Anlagen 1–3 der Verfahrensanweisung Qualitätskontrolle und weitere ergänzende Bestimmungen

Anlage 1 zur Verfahrensanweisung Qualitätskontrolle – Mengengerüste

Q-Maßnahme	Kriterium	Bezugs-größe	Mindest-anzahl	Bemerkung
Summe aller Qualitätskontrollen pro Kalenderjahr	Angekündigte und Unangekündigte Kontrollen	Anzahl der Fahrzeug-untersu-chungen gem. Ziff. 4	X = 1 / 4000	
Produktaudit am Fahrzeug (PA-F)	Personenaudit		50 %	
Qualitätszirkel (QZ)	TN aaSoP / PI			
Unangekündigte Nachkontrolle (UN)	Einzelkontrolle		50 %	–
Verdeckter Test (VT)	Einzelkontrolle			davon mindestens 10 %
Produktaudit Q-Infosystem (PA-I)	Personenaudit	Anzahl aaSoP/PI	50 %	Mind. 30 Berichte pro Audit

Verfahrensanweisung Qualitätskontrolle (Stand März 2012)

Anlage 2 Meldung der Qualitätskontrollen gemäß Ziffer 4 und 7.1 der Verfahrensanweisung zur Durchführung von Qualitätskontrollen

Stand 10.08.2011

Berichtszeitraum (Kalenderjahr)	
Unternehmensgruppe	
Die Meldung beinhaltet folgende Anerkennungsträger	
Berichterstatter	
Bezugsgrößen	
Anzahl HU bundesweit im Vorjahr	
Anzahl aaSoP/PI bundesweit im Vorjahr	

Qualitätskontrollen gemäß Ziffer 4		
	geplant	**durchgeführt**
Anzahl der Produktaudits am Fahrzeug (PA-F)		
Anzahl der Q-Zirkel (Anzahl Teilnehmer an QZ)		
Teilsumme Q-Kontrollen mit Vorankündigung		
Anzahl der Unangekündigten Nachkontrollen (UN)		
davon Anzahl UN ÜI-übergreifend (QM e.V.) durchgeführt		
Anzahl der Verdeckten Tests (VT)		
Teilsumme Q-Kontrollen ohne Vorankündigung		
Anzahl der Produktaudits gemäß Q-Infosystem (PA-I)		
Gesamtsumme Q-Kontrollen im Jahr		

Ort, Datum für die Richtigkeit

Verfahrensanweisung Qualitätskontrolle (Stand März 2012)

Anlage 3 Maßnahmeplan nach Unangekündigter Nachkontrolle (UN)

Stand 20.02.2012

Stufe	Plakette unberechtigt zugeteilt	Mängel-dokumentation	Maßnahmen
1	Nein	max. zwei geringe Mängel nicht dokumentiert	Positive Rückkopplung (Lob)
2	Nein	max. ein EM oder bis zu drei Mängel nicht dokumentiert	Qualitätsgespräch mit Ursachenanalyse und Ergebnisprotokoll
3	Ja	oder mindestens zwei EM oder mehr als drei Mängel nicht oder falsch dokumentiert	1. Qualitätsgespräch mit Ursachenanalyse und Ergebnisprotokoll mit dem betreffenden aaSoP/PI und. ggfs. dem Betreiber der Untersuchungsstelle 2. zielorientierte Korrekturmaßnahmen, z.B. vertiefte Schulung zur Behebung von fachlichen bzw. persönlichen Defiziten (fachliche Ausarbeitung, Begleitung durch einen Mentor)
			3. Audit als Ergebniskontrolle*
4	Wiederholungsfall der Stufe 3 innerhalb von 12 Monaten		1. schriftliche Stellungnahmen der UP und ggfs. des Prozessverantwortlichen der Organisationseinheit 2. Qualitätsgespräch mit Ursachenanalyse und Ergebnisprotokoll 3. zielorientierte Korrekturmaßnahmen, z.B. vertiefte Schulung zur Behebung von fachlichen bzw. persönlichen Defiziten (fachliche Ausarbeitung, Begleitung durch einen Mentor) 4. mind. 1 Woche Begleitung bei der Prüftätigkeit durch einen Mentor mit Weisungsbefugnis (keine eigenverantwortliche Tätigkeit) 5. Ermahnung, ggf. Abmahnung
			6. Durchführung eines verdeckten Tests oder einer unangekündigten Nachkontrolle nach Maßnahme-Ende*
5	Zweiter Wiederholungsfall nicht zufriedenstellend abgeschlossen		Personelle Einzelmaßnahme

Die Aufzählung der Maßnahmen legt keine Reihenfolge fest. Der TPL/TLÜO entscheidet in besonderen Einzelfällen nach Ergebnis und Umstand der UN, ob in den Stufen die niedrigere oder eine höhere Stufe zum Ansatz kommt.

* Ein Audit als Ergebniskontrolle setzt voraus, dass die übrigen Maßnahmen der jeweiligen Stufe durchgeführt sein müssen.

Verfahrensanweisung Qualitätskontrolle (Stand März 2012)

Stand:
06.12.2010

Maßnahmenplan nach unangekündigter Nachkontrolle (UN)

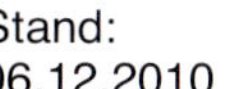

Stufe	Plakette unberechtigt zugeteilt	Mängeldokumentation	Maßnahmen	Verantwortlich*
1	Nein	max. 2 geringe Mängel nicht dokumentiert	Positive Rückkopplung (Lob)	Leiter OE
2	Nein	max. 1 EM oder bis 3 Mängel nicht dokumentiert	1. Qualitätsgespräch mit Ursachenanalyse und Ergebnisprotokoll	Leiter OE
3	Ja	oder mindestens 2 EM oder mehr als 3 Mängel nicht oder falsch dokumentiert	1. Qualitätsgespräch mit Ursachenanalyse und Ergebnisprotokoll 2. zielorientierte Korrekturmaßnahmen, z.B. vertiefte Schulung zur Behebung von fachlichen bzw. persönlichen Defiziten (fachliche Ausarbeitung, Begleitung durch einen Mentor)	Leiter OE
			3. Audit als Ergebniskontrolle**	Fachverantwortlicher der OE
4	Wiederholungsfall der Stufe 3 innerhalb von 12 Monaten		1. schriftliche Stellungnahmen des Mitarbeiters und des Prozessverantwortlichen der Organisationseinheit 2. Qualitätsgespräch mit Ursachenanalyse und Ergebnisprotokoll 3. zielorientierte Korrekturmaßnahmen, z.B. vertiefte Schulung zur Behebung von fachlichen bzw. persönlichen Defiziten (fachliche Ausarbeitung, Begleitung durch einen Mentor) 4. mind. 1 Woche Begleitung bei der Prüftätigkeit durch einen Mentor mit Weisungsbefugnis (keine eigenverantwortliche Tätigkeit) 5. Ermahnung, ggf. Abmahnung	Leiter OE
			6. Durchführung eines verdeckten Tests oder einer unangekündigten Nachkontrolle nach Maßnahmenende ** 7. Vertieftes Audit der QM-Prozesse in der Organisationseinheit, wenn die Ursachenanalysen zu 1 dazu Anlass geben	QMB

Die Aufzählung der Maßnahmen legt keine Reihenfolge fest.
TPL/TLÜO entscheidet in besonderen Einzelfällen nach Ergebnis und Umstand der UN, ob in den Stufen die niedrigere oder eine höhere Stufe zum Ansatz kommt.

* Verantwortlichkeiten sind von den Mitgliedern individuell zu regeln. Die hier gewählten Bezeichnungen kennzeichnen nur die Funktionen mit bestimmten Fach- und Regelungskompetenzen. Die unternehmensinternen Bezeichnungen können daher abweichen.
** Audit als Ergebniskontrolle setzt voraus, dass die übrigen Maßnahmen der Stufe durchgeführt sein müssen.

Maßnahmenplan nach verdecktem Test

Stufe	Ergebnis: Plakette unberechtigt zugeteilt	Ergebnis: Mängel-Dokumentationsquote (MDQ)	Korrektur-stufen	Maßnahmen	Zuständigkeiten / Verantwortlicher
1	nein	und MDQ = 80 %	0	positive Rückkopplung (Lob)	Fachaufsicht
2	nein	und MDQ = 60 bis 79 % keine Höherstufung im Wiederholungsfall	1	1. Kritikgespräch mit der untersuchenden Person 2. Produktaudit	Fachaufsicht QMB
3	nein	und MDQ = 30 bis 59 % nur geringe Mängel nicht erkannt keine Höherstufung im Wiederholungsfall	2	1. Kritikgespräch mit der untersuchenden Person 2. zielorientierte Schulung zur Beseitigung persönlicher und / oder fachlicher Defizite 3. Erarbeitung eines persönlichen, strukturierten Untersuchungsablaufs 4. Unangemeldete Nachprüfung ca. 4 Wochen nach Maßnahmenende	Fachaufsicht TL / TPL TL / TPL QMB
4	ja	und / oder MDQ < 30 %	3	wie Korrekturstufe 2 (Maßnahmen 1 – 4) zusätzlich - Ermahnung - Prüftätigkeit unter Aufsicht eines Mentors – mindestens eine Woche - Durchführung eines verdeckten Tests bei nächster Gelegenheit	s. Korrekturstufe 2 (Maßn. 1 – 4) TL / TPL TL / TPL QMB
1. Wiederholung nach Ergebnisstufe 4					
5	ja	und / oder MDQ < 30 %	4	wie Korrekturstufe 2 (Maßnahmen 1 – 4) zusätzlich - Ermahnung - Zeitlich begrenzte Untersagung der Tätigkeit, mindestens eine Woche alternativ: Prüftätigkeit unter Verantwortung eines Mentors –mindestens zwei Wochen - Durchführung eines verdeckten Tests innerhalb von sechs Monaten	s. Korrekturstufe 2 (Maßn. 1 – 4) TL / TPL TL / TPL QMB
2. Wiederholung nach Ergebnisstufe 4					
6	ja	und / oder MDQ < 30 %	5	- Information der Aufsichtsbehörde	TL / TPL

Stand: 08/11/02

Ablaufschema UN

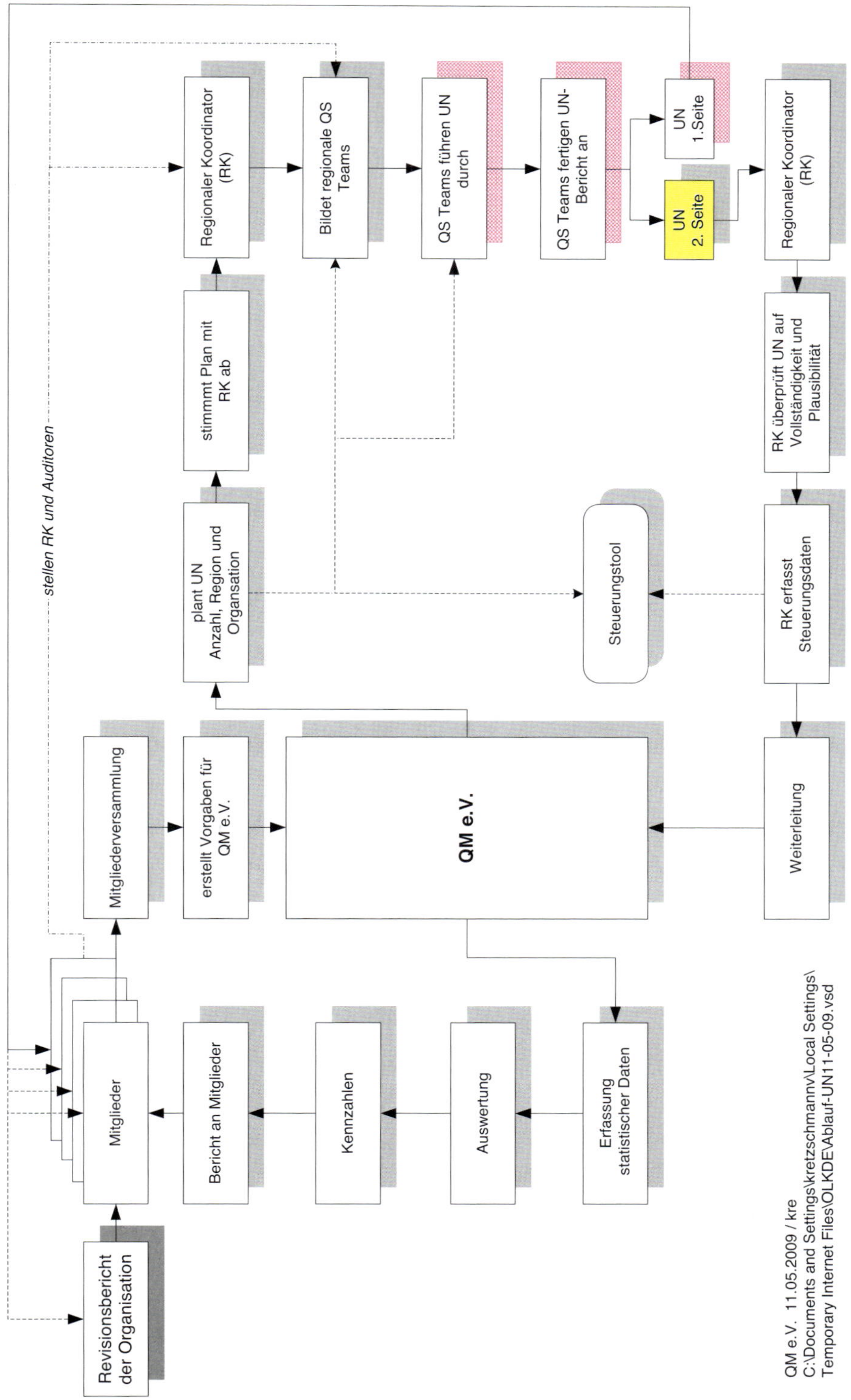

Revisionsbericht der Organisation

Mitglieder

Mitgliederversammlung

stellen RK und Auditoren

erstellt Vorgaben für QM e.V.

QM e.V.

plant UN Anzahl, Region und Organsation

stimmmt Plan mit RK ab

Regionaler Koordinator (RK)

Bildet regionale QS Teams

QS Teams führen UN durch

QS Teams fertigen UN-Bericht an

UN 1.Seite

UN 2. Seite

Regionaler Koordinator (RK)

RK überprüft UN auf Vollständigkeit und Plausibilität

RK erfasst Steuerungsdaten

Steuerungstool

Weiterleitung

Erfassung statistischer Daten

Auswertung

Kennzahlen

Bericht an Mitglieder

QM e.V. 11.05.2009 / kre
C:\Documents and Settings\kretzschmann\Local Settings\
Temporary Internet Files\OLKDE\Ablauf-UN11-05-09.vsd

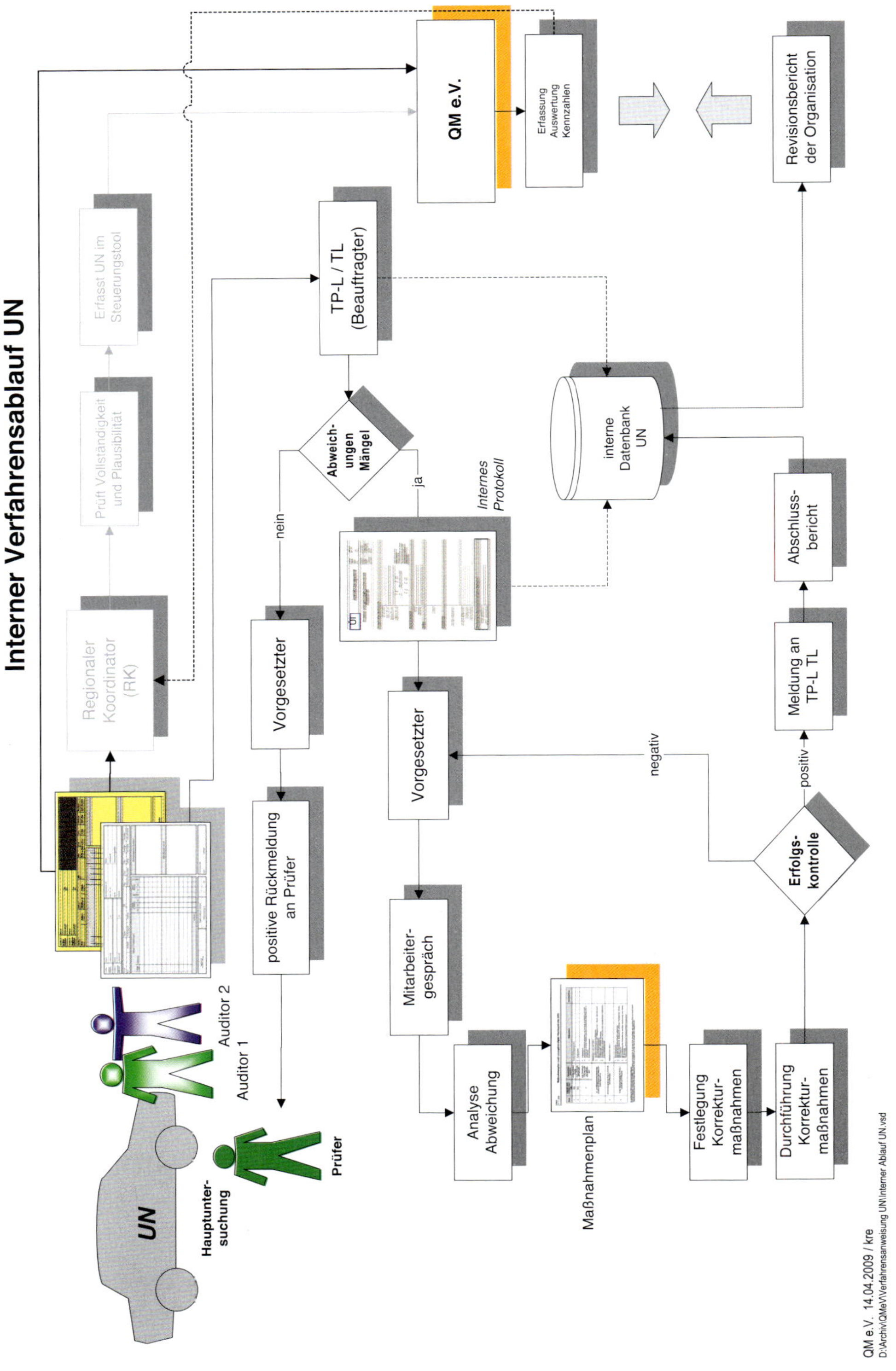

Interner Verfahrensablauf UN

UN
Hauptuntersuchung
Auditor 1
Auditor 2
Prüfer
Regionaler Koordinator (RK)
Prüft Vollständigkeit und Plausibilität
Erfasst UN im Steuerungstool
QM e.V.
Erfassung Auswertung Kennzahlen
TP-L / TL (Beauftragter)
Abweichungen Mängel
nein
ja
Vorgesetzter
positive Rückmeldung an Prüfer
Internes Protokoll
Vorgesetzter
Mitarbeitergespräch
Analyse Abweichung
Maßnahmenplan
Festlegung Korrekturmaßnahmen
Durchführung Korrekturmaßnahmen
Erfolgskontrolle
negativ
positiv
Meldung an TP-L TL
Abschlussbericht
interne Datenbank UN
Revisionsbericht der Organisation

QM e.V. 14.04.2009 / kre
D:\Archiv\QMeV\Verfahrensanweisung UN\Interner Ablauf UN.vsd

Workflow für die Tätigkeit von Auditoren bei der Durchführung von UN

Grundlage:

Planungsvorgabe der RK für den Einsatz von QS-Teams zur Durchführung von UN in einem Planungszeitraum nach kapazitiven Vorgaben des QM e.V.

Input	Auditor 1	Auditor 2	Output
Planungsvorgabe des RK für das QS-Team Nach Möglichkeit sind für das Team UN's bei UP beicer ÜI im Einsatzgebiet vorzusehen.*	Terminierung der UN mit Auditor 2	Terminierung der UN mit Auditor 1	Vorschlag für den Einsatzplan des QS-Teams (kapazitiv)
	Abstimmung des genauen Einsatzgebietes und Treffpunktes sowie der Anzahl der UN		
	Beschaffung von Tourenplänen bzw. anderer geeigneter Auswertungen zur Auswahl der US im vereinbarten Einsatzgebiet		

↓

Input	Auditor 1	Auditor 2	Output
Termin zur Durchführung der UN	Vorschlag zur Durchführung der UN am vereinbarten Treffpunkt: Untersuchungsstellen, zeitlicher Ablauf, Alternativen	Prüfen des Einsatzvorschlages und bestätigen, ggf. hinterfragen: Anfahrt-Kilometer, Zeitansatz	Neutralitätsprinzip: Gemeinsames Anfahren der ausgewählten Untersuchungsstellen in einem Pkw Ggf. Werkstatt verdeckt anrufen / Terminabfrage

↓

Input	Auditor 1	Auditor 2	Output
Aufsuchen der US	Vorstellen des QS-Teams in der US; ggf. Erläuterung der Q-Offensive		Festlegen des nachzukontrollierenden Fahrzeuges
	Feststellen, ob UP noch in der US tätig; telefoniscne Info an UP, wenn sie nicht mehr vor Ort ist		
	Feststellen, wieviel und welche Fahrzeuge in der US geprüft wurden anhand der bei der UP (ggf. US) einzusehenden UB's		
	Vorschlag über nachzukontrollierendes Fahrzeug	Verantwortlich für die Auswahl des nachzukontrollierenden Fahrzeuges	

↓

Input	Auditor 1	Auditor 2	Output
Nachkontrolle des Fahrzeuges	Nachkontrolle des ausgewählten Fahrzeuges im Umfang der Anlage VIIIa StVZO		UN-Berichtsdokument (Protokoll)
	Mängelfeststellung, Bewertung nach der HU-Richtlinie und Dokumentation der Mängel incl. der Einstufung im Berichtsdokument (Protokoll)		
	Vergleich mit den durch die UP dokumentierten Mängeln im UB; ggf. Ergänzung des Berichtsdokumentes um evtl. dort dokumentierte weitere Mängel		
	Festlegung des Kontrollergebnisses und Unterschrift auf dem Berichtsdokument		

↓

Input	Auditor 1	Auditor 2	Output
Mitteilung der Kontrollergebnisses an die UP	Info der UP über das Ergebnis der UN (ggf. auch telefonisch, wenn nicht vor Ort) Information der TL der ÜI bei Notwendigkeit von Sofortmaßnahmen		UN-Berichtsdokument (Protokoll)

↓

Input	Auditor 1	Auditor 2	Output
Versand des UN-Berichtsdokumentes (Protokoll)	Original/Deckblatt an TL der ÜI, Durchschlag an RK		Abschluß der UN und kapazitive Auswertung

* Sofern UN bei beiden beteiligten ÜI an einem Termin durchfgeführt werden, alternieren je nach Zugehörigkeit der UP die Rollen von Auditor 1 und Auditor 2.

Weiterführende Literatur

Literatur zum Teil IV

Handbuch zum Fahrerlaubnisprüfungssystem (Theorie), Herausgeber im Auftrag des BMVBS: TÜV | DEKRA Arge TP 21

Handbuch zum Fahrerlaubnisprüfungssystem (Praxis), Herausgeber: TÜV | DEKRA Arge TP 21 (2011), Dresden

Straßenverkehrsrecht, Beck'sche Ausgabe

Baumeister (2008), Berufskraftfahrerqualifikation, Pflicht zur besonderen Schulung der gewerblichen Kraftfahrer, Verkehrsverlag Fischer

Gemeinsame Richtlinie der Industrie- und Handelkammern DIHK 2008

Kompendium zur praktischen Prüfungsqualifikation gemäß BKrFQG – Personenverkehr

Kompendium zur praktischen Prüfungsqualifikation gemäß BKrFQG – Güterkraftverkehr

Schubert, Schneider, Eisenmenger, Stephan (2005), Begutachtungs-Leitlinien zur Kraftfahrereignung, Kommentar Kirschbaum Verlag Bonn

Mobilitätsbehinderte und Kraftfahrzeug (2010), Deutsche Fahrlehrerakademie e.V.

Handbuch des Fahrerlaubnisrechts (2013), Kirschbaum Verlag Bonn

Führerschein, Handbuch des aktuellen Fahrerlaubnisrechts und angrenzender Rechtsgebiete (2009), Vogel Verlag

Weitere Literatur

Braun, Heribert; Kolb, Günter: LKW – Ein Lehrbuch und Nachschlagewerk, Kirschbaum Verlag, Bonn 2012

Braun, Heribert; Kolb, Günter: KOM – Ein Lehrbuch und Nachschlagewerk, Kirschbaum Verlag, Bonn 2007

Mennicken, Christoph; Schmidt, Friedrich; Woyte, Bernd; Zeisberger, Helmut: Der merkantile Minderwert in der Praxis – Berechnung nach der Marktrelevanz- und Faktorenmethode (MFM), Kirschbaum Verlag, Bonn 2012

David, Hans-Peter; Hain, Thomas; Kunze, Klaus; Liehr, Hans; Löhrke, Fred; Meyer, Johann; Bierhoff, Klaus: Lichttechnische Einrichtungen an Kraftfahrzeugen und deren Anhängern, Kirschbaum Verlag, Bonn 2011

Konitzer, Heribert; Wehrmeister, Joachim: § 19 StVZO, Änderungen am Fahrzeug und Betriebserlaubnis, Kirschbaum Verlag, Bonn 2009

Brauckmann, Jürgen; Hähnel, Rainer; Mylius, Gerd: Der Kraftfahrsachverständige – Die Technische Prüfstelle und ihre amtlich anerkannten Sachverständigen und Prüfer für den Kraftfahrzeugverkehr, Kirschbaum Verlag, Bonn 2006

Brauckmann, Jürgen; Hähnel, Rainer; Mylius, Gerd: Motor vehicle Experts in Germany – The Technische Prüfstelle and its officially recognised motor vehicle experts and inspectors, Kirschbaum Verlag, Bonn 2008

Köhler, Burkhardt: Handbuch Mängelerkennung am Lkw und Kleintransporter, Kirschbaum Verlag, Bonn 2006

Bech-Schröder, Brigitte A.; Bijkerk, Kai Jan; Fuhr, Alfred; Gauf, Dieter; Hardenberg, Bettina von; Hübner, Johannes; Köhler, Burkhard; Kolb, Günter; Napierski, Klaus; Marquardt, Andreas; Scheuerlein, Jürgen; Segger, Tim; Wallenfels, Susanne: Der EU-Berufskraftfahrer – Lehrbücher + Schulungs-CDs für die Aus- und Weiterbildung LKW und KOM, Kirschbaum Verlag, Bonn 2010

Braun, Heribert; Konitzer, Heribert: StVZO – Straßenverkehrs-Zulassungs-Ordnung, Loseblatt Kommentar, Kirschbaum Verlag, Bonn 2013

Bönninger, Jürgen (Herausgeber); Kammler, Karen (Herausgeber); Sturzbacher, Dietmar

(Herausgeber): Die Geschichte der Fahrerlaubnisprüfung in Deutschland, Kirschbaum Verlag, Bonn 2009

Grundlagen der Nutzfahrzeugtechnik: Basiswissen Lkw und Bus, Kirschbaum Verlag, Bonn 2008

Abkürzungsverzeichnis

a.g.O.	ausserhalb geschlosser Ortschaft
aaP	amtlich anerkannter Prüfer
aaS	amtlich anerkannter Sachverständiger
aaSmT	amtlich anerkannter Sachverständiger mit Teilbefugnissen
aaSoP	amtlich anerkannter Sachverständiger oder Prüfer
ABE	Allgemeine Betriebserlaubnis
ABG	Allgemeine Bauartgenehmigung
ABS	Antiblockiersystem
Abs.	Absatz
ADR	Europäisches Übereinkommen über die internationale Beförderung gefährlicher Güter auf der Straße (Accord européen relatif au transport international des marchandises Dangereuses par Route)
ADAC	Allgemeiner Deutscher Automobil Club
AETR	Europäisches Übereinkommen über die Arbeit des im internationalen Straßenverkehr beschäftigten Fahrpersonals
AEUV	Vertrag über die Arbeitsweise der Europäischen Union
AKE	Arbeitskreis Erfahrungsaustausch
AltfahrzeugV	Altfahrzeug-Verordnung
Anh	Anhänger
Arge TP 21	TÜV/DEKRA Arbeitsgemeinschaft Technische Prüfstelle 21
ASU	Abgassonderuntersuchung
AU	Abgasuntersuchung
BASt	Bundesanstalt für Straßenwesen
BAG	Bundesamt für Güterverkehr
bbH	bauartbedingte Höchstgeschwindigkeit
BGBl.	Bundesgesetzblatt
BGH	Bundesgerichtshof
BKrFQG	Berufskraftfahrer-Qualifikations-Gesetz
BMVBS	Bundesministerium für Verkehr, Bau und Stadtentwicklung
BOKraft	Verordnung über den Betrieb von Kraftfahrunternehmen im Personenverkehr
BSU	Bremsensonderuntersuchung (aufgeh. zum 30.11.1999)
ca.	circa
CNG	Compressed Natural Gas
COC	EG-Übereinstimmungsbescheinigung
d.h.	das heißt
DA	Dienstanweisung
DAT	Deutsche Automobil Treuhand
DEKRA	Deutscher Kraftfahrzeugverein
DIN	Deutsches Institut für Normung e. V.
DV-FahrlG	Durchführungsverordnung zum Fahrlehrergesetz

ECE	Wirtschaftskommission der UN für Europa
EG	Europäische Gemeinschaft
EG-FGV	EG-Fahrzeuggenehmigungsverordnung
EM	Erheblicher Mangel (s. Anlage VIII StVZO, HU-Richtlinie)
EN	Europäische Norm
EU	Europäische Union
EUV	Vertrag über die Europäische Union
EWG	Europäische Wirtschaftsgemeinschaft
FahrlG	Fahrlehrergesetz
FahrlPrüfO	Fahrlehrer-Prüfungsordnung
FeV	Fahrerlaubnis-Verordnung
FIN	Fahrzeug-Indentifizierungsnummer
FKÜ	Freiwillige Kfz-Überwachung
Fz	Fahrzeug
FzTV	Fahrzeugteile-Verordnung
FZV	Fahrzeug-Zulassungsverordnung
GAP	Gasanlagen-Prüfung
GebOSt	Gebührenordnung für Maßnahmen im Straßenverkehr
GESA	Gemeinsame Stelle Altfahrzeuge
GG	Grundgesetz
ggf.	gegebenenfalls
GGVSEB	Gefahrgutverordnung Straße, Eisenbahn und Binnenschifffahrt
GM	Geringer Mangel (s. Anlage VIII StVZO, HU-Richtlinie)
GSP	Gassystemeinbauprüfung
GüKG	Güterkraftverkehrsgesetz
HU	Hauptuntersuchung
i. d. F.	in der Fassung
i. d. R.	in der Regel
i. R.	im Rahmen
i.g.O.	innerhalb geschlossener Ortschaft
i.V.m.	in Verbindung mit
IHK	Industrie- und Handelskammer
ISO	Internationale Organisation für Standardisierung
KBA	Kraftfahrt-Bundesamt
KfSachvG	Kraftfahrsachverständigengesetz
Kfz	Kraftfahrzeug
KOM	Kraftomnibus
Krad	Kraftrad
lfd.	laufend
Lkw	Lastkraftwagen
lof	land- oder forstwirtschaftlich
LPG	Liquefied Petroleum Gas

M-, N-, O-Fz	Fahrzeugdefinitionen nach EG (Anlage XXIX StVZO)
MAB	Merkblatt zur Anfangsbewertung
MPI	Medizinisch-Psychologisches Institut
Nr.	Nummer
OWiG	Ordnungswidrigkeitengesetz
PBefG	Personenbeförderungsgesetz
PflVG	Pflichtversicherungsgesetz
PI	Prüfingenieur
Pkw	Personenkraftwagen
QM	Qalitätsmanagement
RAL	Deutsches Institut für Gütesicherung und Kennzeichnung
RGBl.	Reichsgesetzblatt
Rili/RL	Richtlinie
RSEB	Richtlinien zur Durchführung der Gefahrgutverordnung Straße, Eisenbahn und Binnenschifffahrt
s.	siehe
SP	Sicherheitsprüfung
StGB	Strafgesetzbuch
StPO	Strafprozessordnung
StVG	Straßenverkehrsgesetz
StVO	Straßenverkehrs-Ordnung
StVZO	Straßenverkehrs-Zulassungs-Ordnung
TD	Technischer Dienst
TP	Technische Prüfstelle
TÜ	Technische Überwachung
TÜV	Technische Überwachungsvereine
u. a.	unter anderem/und andere
ÜI	Überwachungsinstitutionen (TP und ÜO)
ÜO	amtl. anerkannte Überwachungsorganisationen
usw.	und so weiter
UTM	Unfallursächliche oder -erschwerende technische Mängel
UN/UNO	Vereinte Nationen
VDA	Verband der Automobilindustrie e. V.
VdTÜV	Verband der TÜV e. V.
vergl.	vergleiche
VkBl.	Verkehrsblatt (Amtsblatt des BMVBS)
VO	Verordnung
VU	Verkehrsunsicher (s. Anlage VIII StVZO, HU-Richtlinie)

VwGO	Verwaltungsgerichtsordnung
VwV	Verwaltungsvorschrift
VwVfG	Verwaltungsverfahrensgesetz
VZR	Verkehrszentralregister
z. B.	zum Beispiel
ZB I/II	Zulassungsbescheinigung Teil I/Teil II
ZFER	Zentrales Fahrerlaubnisregister
Zgm	Zugmaschine
ZU	Zwischenuntersuchung (aufgeh. zum 30.11.1999)
zul.	zulässig

Stichwortverzeichnis